深入性能测试——LoadRunner 性能测试、流程、监控、调优全程实战剖析（第二版）

黄文高　编著

中国水利水电出版社
www.waterpub.com.cn
·北京·

内 容 提 要

本书主要深入系统地讲解性能测试及性能调优相关技术。全书紧紧围绕企业现阶段性能测试的核心内容进行编排，囊括了性能测试的三大核心内容，即性能测试过程、脚本开发、服务器监控与调优。其中，性能测试过程的内容主要包括性能测试流程、性能工作负载建模和生产环境下的性能测试；脚本开发的内容包括特殊协议的脚本开发、接口性能的脚本开发以及全链路性能测试的脚本开发；服务器监控与调优的内容主要包括操作系统资源的监控与调优、Apache 服务器监控与调优、Tomcat 服务器监控与调优、Nginx 服务器监控与调优、MS SQL 服务器监控与调优、MySQL 服务器监控与调优、Redis 服务器监控与调优和前端性能优化的 23 大规则。

本书适用于测试工程师或已经在做性能测试的朋友，为了让一些想进入性能测试领域工作但缺少性能测试相关基础知识的朋友也能使用本书，作者免费提供了《性能测试基础——LoadRunner 完全讲义》电子书，可通过扫描本书前言后面的二维码获取，通过二维码还可获取本书所有的相关代码等学习资源。希望本书能带领大家畅游性能测试的精彩世界。

图书在版编目（CIP）数据

深入性能测试 : LoadRunner性能测试、流程、监控、调优全程实战剖析 / 黄文高编著. -- 2版. -- 北京 : 中国水利水电出版社, 2022.9
ISBN 978-7-5226-0969-0

Ⅰ. ①深… Ⅱ. ①黄… Ⅲ. ①性能试验－软件工具
Ⅳ. ①TP311.561

中国版本图书馆CIP数据核字(2022)第163590号

策划编辑：周春元　　责任编辑：王开云　　封面设计：李　佳

书　名	深入性能测试——LoadRunner 性能测试、流程、监控、调优全程实战剖析（第二版） SHENRU XINGNENG CESHI—LoadRunner XINGNENG CESHI, LIUCHENG, JIANKONG, TIAOYOU QUANCHENG SHIZHAN POUXI
作　者	黄文高　编著
出版发行	中国水利水电出版社 （北京市海淀区玉渊潭南路 1 号 D 座　100038） 网址：www.waterpub.com.cn E-mail：mchannel@263.net（万水） sales@mwr.gov.cn 电话：（010）68545888（营销中心）、82562819（万水）
经　售	北京科水图书销售有限公司 电话：（010）68545874、63202643 全国各地新华书店和相关出版物销售网点
排　版	北京万水电子信息有限公司
印　刷	三河市鑫金马印装有限公司
规　格	184mm×240mm　16 开本　32 印张　751 千字
版　次	2013 年 6 月第 1 版　2013 年 6 月第 1 次印刷 2022 年 9 月第 2 版　2022 年 9 月第 1 次印刷
印　数	0001—3000 册
定　价	118.00 元

前　言

本书是《深入性能测试——LoadRunner 性能测试、流程、监控、调优全程实战剖析》的升级版，笔者用了整整两年的时间完成了本书的创作，相比本书第一版，现在的内容可以说已经是脱胎换骨。新增了很多当前企业开发中流行的、急需的性能测试及调优的技术内容，当前，这些相关内容系统性学习资料极少。

笔者从事软件测试 16 年，从事性能测试 13 年，见证了国内软件测试从起步到成熟的整个过程。10 年前国内很多公司没有软件测试团队，而今天一般的研发公司都有成型的软件测试团队。从 10 年前的手工测试，到今天不断完成接口测试、自动化测试、性能测试。

性能测试在近 10 年时间取得了长足的发展，特别是在移动互联不断发展的情况下，站点访问的用户越来越多，对系统的性能要求越来越高。10 年前性能测试的招聘岗位很少，那时候对性能测试的要求很低，只要掌握性能测试工具的使用即可找到一份不错的工作。后来，企业要求性能测试工程师能够监控服务器的一些指标，不包括对全栈指标进行监控，但现在性能测试的高度和要求已经大幅度提高，从简单的脚本开发到全链脚本开发，从简单的场景监控到混合场景百分比模型监控，从单点服务器监控到全链路场景，从只要监控数据到分析和调优等。

这也是笔者为何对此书的升级付出大量精力的原因，花了整整两年时间升级这本书，就是希望能够将性能测试过程中需要监控和分析的所有对象都覆盖到，这样可以更好地帮助读者解决性能测试过程中遇到的问题，也可以更好地帮助读者完善性能测试技术体系。

本次升级主要是更新性能调优部分的内容，这些升级的内容可以覆盖企业性能测试常见的测试要求，包括：

（1）脚本开发。本书在脚本开发部分做了重点升级，主要是升级了接口性能测试脚本开发和全链路脚本开发，以前企业要求的性能测试只需要会简单的脚本开发，但现在性能测试为了更好地模拟业务场景，都要求开发全链路脚本，将每个场景做成一个全链路，这样就可以更完美地模拟真实的业务场景。

（2）全链路中每个节点的监控。本书在调优方面主要升级的内容包括前端优化，随着前端界面的元素越来越复杂，前端优化在性能测试过程中越来越重要。数据库方面性能优化的升级主要包括关系型数据库 MySQL 的监控与优化、非关系型数据库 Redis 的监控与优化、Nginx 的性能监控与优化，完善了 JVM 的监控与优化。

（3）性能测试流程。深入剖析了性能测试的整个过程，详细介绍性能测试每个节点的工作内容、性能测试过程中的工作负载建模（建模是性能设计中最重要的环境，保证性能测试模拟的真实性），详细介绍生产环境下如何进行性能测试。

本书完全可以脱离性能测试工具来介绍性能测试，因为现在性能测试的核心是性能优化，性能测试工具只是模拟产生压力的一种方式，并不能提供更全面的监控信息，现在需要监控全链路过程中的每个服务器节点，只有这样才能更好地帮助读者解决性能问题，这也是本书最大的特点。

由于本次升级的内容比较多，书稿创作完成后达 900 多页，其中既包含了性能测试基础知识，又深入系统地讲解了性能测试与调优的内容。但显然，如果把这些内容放在一起，对于有一定测试基础的读者来讲会产生不必要的成本支出。因此，本书把性能测试的基础知识部分，即最新版的《性能测试基础——LoadRunner 完全讲义》，制作成了电子版的形式，免费向零基础读者提供。有需要的读者可扫描下面的二维码获取相关电子书的内容，以及本书中的源码等学习资源。

在本书完成之际，感谢那些曾经帮助、支持和鼓励过我的朋友。

由于编者水平有限，很多内容是自己的经验总结，谬误之处在所难免，欢迎广大读者批评指正。读者在阅读本书过程中如有任何不清楚的问题和批评、建议，可以发邮件到 arivnhuang@163.com或直接加编者微信 13590101972，编者将尽力给您答疑解惑。

最后，感谢您购买此书，希望您在书中可以找到那些正在困扰着您的问题的答案。

编　者

2022 年 5 月

第一版前言

12306，你懂的

每逢过年过节大家订票回家或出差旅游时，铁路 12306 订票网站几乎都会出现故障。很多人尤其是软件开发人员都在想一个问题：12306 订票网的性能怎么就这么差呢？不错，这是用户对这个网站的直观感受，这个性能表现的现象就是大家无法订票，而官方给出的系统每日的点击量超过 14 亿，这相当于全中国几乎每个人都点击了一次，如果单纯从这个数据来看，似乎订不了票不是 12306 网站的错，而是订票人太多的缘故，但仔细分析一下会发现这样一个问题，虽然 12306 网站被频繁地点击，但是每当登录的人很多时都会出现这样的提示："当前访问用户过多，请稍后重试!"，这就相当于门外有很多人敲门，但屋子里的人一直不开门一样，所以服务器根本就没有承受那么大的压力，又一次被忽悠了，其实市民的要求很简单，直接把每天从 12306 网站订出票的张数公布出来就可以，这可以直接反映出系统处理业务的能力，好理解又很简单，不用费脑子去思考"点击量"是什么意思。

从 12306 网站事件不难看出，在现在的软件质量体系中软件性能的重要性，而软件的性能必须依赖性能测试来验证，所以性能测试在未来软件测试体系中的地位显然是越来越重要，也越来越受企业的重视。

性能测试学习过程中的典型误区

在性能测试学习过程中最容易遇到以下两个典型误区：

（1）学好 LoadRunner 就等于学好性能测试。

很多朋友认为性能测试主要是学习性能测试工具，其实并不是这么回事，性能测试工具只能说是性能测试的一个组成部分，并不能与性能测试等同，其实随着自身对性能测试的认识，你会发现性能测试工具更多的是用于模拟客户端产生压力的工具，其在性能分析和调优方面给出的数据支持相对来说较弱，所以仅仅靠性能测试工具是远远不够的，还需要使用其他一些监控和调优工具，才能做好性能测试。此外，性能测试计划也很重要，如果计划不当，那么测试出来的性能数据就不准确，所以性能测试不仅仅是工具，还有计划、监控和调优。

（2）忽视性能测试过程。

对于一些有性能测试相关工作经验的性能测试工程师来说，很多人花很多时间去学习性能调优，当然这个并没有什么错，但是当调优的技能积累到一定程度后，又会发现自己在进行性能测试时总是缺少了点什么，导致性能测试总是做得不理想，而这部分被“缺失”的内容就是性能测试过程或者说是性能测试流程，这也可能是很多读者比较容易忽视的一部分内容。性能测试过程是进行性能测试前的准备阶段，试想如果在进行性能测试之前没有一个好的性能测试方案来指导如何进行性能测试，那么就将导致测试出来的性能数据是错误的，而测试的数据都出现了错误，那么调优也就失去了意义。所以读者不应该忽视性能测试的过程，在学习性能测试过程中需要对性能测试的流程有一个很深刻的理解，这样才能帮助我们做出正确的测试方案，特别是业务模型和场景模型的定义，这是性能测试过程中的重中之重，并且只有对性能测试的流程有了相当程度的了解后，才能有序地梳理性能测试的过程，不至于让整个性能测试团队的工作处于混乱状态之中，才能更好地提高性能测试的效果。

关于本书

（1）本书解决读者哪些学习问题。

读者买书都希望在书中学到一些可以使用的东西或编者思考问题的方式，那么本书主要帮助读者解决哪些问题呢？

- 通过对本书的学习，可以熟练地使用性能测试工具 LoadRunner。书中详细介绍了 LoadRunner 的使用，特别突出了关键知识点（如关联、参数化等）的介绍，并且使用很多案例来介绍这些知识点的使用，这样可以更好地解决实际测试过程中的问题。
- 帮助读者提高监控和调优的技能，一些有经验的朋友更希望看到该部分内容，而本书系统且全面地介绍了这方面的内容，并就其监控和调优的步骤进行了详细描述，这样可以更好地帮助读者掌握性能测试的技能。
- 熟悉性能测试流程，帮助读者更好地规范性能测试流程。编者在与做性能测试的朋友交流时，发现很多朋友都会提及这样一个问题：对性能测试工具 LoadRunner 使用得很熟练，在性能测试过程中会进行监控和调优，但感觉还是有点乱，有点没有条理的感觉，其实很大的一个原因就是对性能测试的流程不熟悉，导致总是没有一个规范的流程来指导如何进行性能测试。本书详细介绍了性能测试的流程，希望可以更好地帮助读者规范性能测试过程。

（2）本书的四个特点。

- 结构清晰，内容安排由浅入深，对初学者来说可以很轻松地入门，并且在描述概念的过程中尽量使用生活中的案例，便于读者对相关内容的理解。书中还详细描述了性能测试的流程、性能测试过程中如何监控与调优等，最大限度帮助那些有性能测试经验的读者朋友。本书包括四大部分：入门篇、提高篇、监控篇和实战篇，具体章节结构如下图所示。

深入性能测试

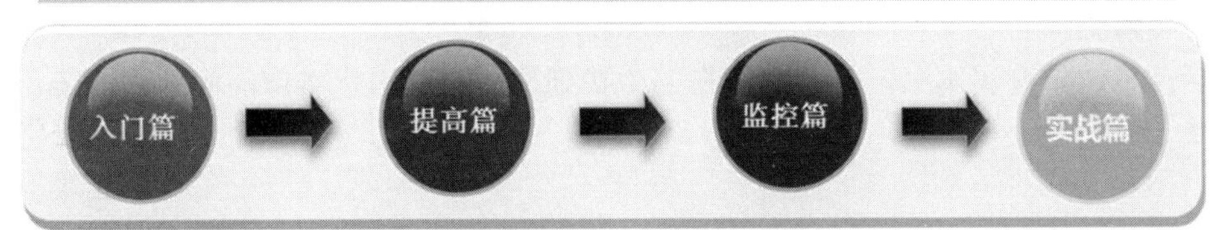

入门篇	提高篇	监控篇	实战篇
•性能测试基础知识 •LoadRunner的工作原理及组件 •LoadRunner的三大组件	•脚本编写技术：检查点、参数化、关联等 •场景设计：RTS、负载均衡、场景策略等 •分析器：视图合并、视图关联、钻取、页面细分等	•系统资源监控 •Web 服务器监控 •数据库监控 •性能测试流程	•B/S架构开源系统性能测试实战 •C/S信息管理系统性能测试实战

- 一些更关注于提高、调优方面的书籍并未对性能测试工具 LoadRunner 的使用进行详细描述，而本书详细描述了性能测试工具 LoadRunner 的使用，并就使用过程中需要注意的问题进行了详细讲解。
- 丰富了性能测试过程中监控和调优的内容。本书主要从系统资源、Web 服务器和数据库三个方面介绍了性能测试过程中的监控和调优技术，并将这几个方面的内容全面地展现出来，不仅仅是某个单方面的内容。
- 详细地介绍了性能测试的流程。在同类书中均未详细介绍性能测试的流程，但性能测试流程是规范性能测试、提高性能测试效率的一个重要环节，所以本书对这部分内容进行了详细阐述。

学习是一个漫长的过程，并且必须每天坚持，只有这样才能让自己不断地进步，而坚持是一个很痛苦的过程，所以有句话是这样说的："成功必须要超越寂寞"。在学习过程中应该学会思考、善于总结，而不仅仅是看书，还要学会问为什么，编者同样希望读者朋友在看此书的过程中将工作中的实践情况与本书中描述的内容相结合，将知识与工作经验更好地结合起来，这样才是我们真正需要的看书过程，希望读者朋友在本书中学到一些工作中需要的知识，祝读者朋友们学习愉快。

致谢

经过一年的努力，书稿终于完成，在这里感谢那些曾经帮助、支持和鼓励过我的朋友和家人。

由于编者水平有限，书中出现错误在所难免，欢迎广大读者批评指正。读者在阅读本书的过程中如有任何不清楚的问题和批评建议，可以发邮件到 arivnhuang@163.com，编者将尽力给您答疑解惑。

最后，感谢您购买本书，希望您能在书中找到那些正在困扰着您的问题的答案，祝大家阅读愉快！

黄文高

2013 年 5 月

目 录

第1章 性能测试过程

很多朋友错误地认为性能测试只需要学好性能测试工具 LoadRunner 即可，但实际测试过程中性能测试工具 LoadRunner 只是将性能测试策略转化为可执行的脚本并产生压力，在进行性能测试前还需要确定性能测试策略，这个过程很重要，即性能测试设计和性能测试构建。只有正确的性能设计才可能保证性能测试的正确性，否则测试出来的数据不一定正确，所以有必要对性能测试的整个过程有一个详细的理解。性能测试的过程主要包括四个阶段：性能测试设计、性能测试构建、性能测试执行和性能测试分析、诊断、调节。

本章节主要介绍以下几部分内容：

- 性能测试过程概述
- 性能测试设计
- 性能测试构建
- 性能测试过程执行
- 性能测试分析、诊断、调节

1.1 性能测试过程概述

性能测试过程分为四个阶段：设计、构建、执行和分析、诊断、调节，如图 1-1 所示。

图 1-1 性能测试过程

四个阶段的任务如下：

- 设计阶段定义待测试的业务流程、业务的平均处理量、业务处理量的最高峰值、组合业务流程、系统的整体用户和响应时间目标。

- 构建阶段涉及设置和配置测试系统及基础设施、使用自动化性能测试解决方案构建测试脚本和负载方案。
- 执行阶段包括运行负载方案和测量系统性能。
- 分析、诊断和调节阶段主要测量系统性能并使负载测试进入下一级别，重点查找问题原因以帮助开发工程师迅速解决问题，并实时调节系统参数以提高性能。

1.2 性能测试设计

设计阶段是性能测试团队与业务领域的经理合作以收集性能要求的主要业务响应时间。可以将需要关注的问题分为四个方面：业务需求、技术需求、系统要求和团队要求，分析时主要从需求调研、业务模型、场景模型、数据设计和环境设计五个方面进行，其中业务模型是该阶段最重要的一项工作。

1.2.1 需求调研

需求调研主要是确定本次性能测试活动需要测试的对象以及被测试对象的一些属性，在需求调研过程中需要完成以下几部分工作：

- 测试系统预研。
- 与项目经理沟通。
- 与业务专家沟通。
- 与技术专家沟通。
- 与数据库管理员沟通。
- 与用户代表沟通。

1. 测试系统预研

根据被测试系统的资料，尽可能多地了解被测试系统相关知识，通常包括系统目的、系统的技术架构、系统的业务架构等。在该阶段主要完成的工作内容如下：

- 确定被测试系统的开发组织和组织负责人。
- 向项目经理申请被测试系统相关资料。
- 一些其他的例外情况沟通。

2. 与项目经理访谈

与项目经理访谈主要是需要获取性能测试实施工作开展的相关信息、当前开发状态和期望的性能目标，包括性能测试实施起止时间和被测试系统所处的生命周期。

3. 与业务专家访谈

与业务专家访谈主要是为获取性能测试业务模型设计的相关数据，如被测试系统的关键业务、主要用户场景、用户操作核心业务交易的概率或百分比、期望响应时间等业务层面信息，除此之外还需要从业务团队中获得相关的业务工程师来支持后续脚本的开发，以避免脚本开发失败或出现错误。

那么什么样的业务才是关键业务呢？分析关键业务主要考虑三个方面：该业务使用频率、业务的优先级和业务占用资源情况。

（1）业务使用频率：是指客户操作该业务的频率，操作频率越大说明失效的概率越大。

（2）业务的优先级：业务的优先级是指业务的等级，优先级越高说明客户操作该业务的概率越大，一般从业务的角度来说，核心业务和基本业务的优先级比较高，所以性能测试时需要关注这两类业务。

（3）业务占用资源情况：操作一次该业务对系统资源消耗的情况，如果业务对系统资源消耗高，那么可能让系统处于高负荷的运行状态，这样业务失效的风险就变大了。

所以综上，关键业务是那些使用频率高、优先级高和消耗资源高的业务，这也是性能测试过程中需要重点关注的业务。

4. 与技术专家访谈

与技术专家访谈需要确定以下内容：

- 获取关键业务的技术路径，完善被测试系统的关键业务和用户场景。
- 从技术经理处获取合适的技术支持工程师。
- 请技术经理确定关键业务是否覆盖到被测试系统的所有业务请求点。
- 确定这些业务所使用到的关键数据库表。
- 监控阶段，技术支持人员配合实施监控配置工作。
- 一些特殊技术的支持，如加密、压缩等。

5. 与数据库管理员访谈

与数据库管理员访谈主要需要获取数据准备和测试数据建模的建议，主要包括以下几个方面的内容：

- DBA 辅助进行数据库的备份与恢复工作。
- 为数据建模提供建议。
- 为建基础数据模型做准备。

6. 与用户代表访谈

与用户代表访谈主要是需要获取用户在业务建模上的支持，保证业务流程的正确性。

1.2.2 业务模型

业务模型主要是用于指导如何将具体的业务变成可重复运行的代码，主要从业务流程列表、交易列表、百分比模型和交易量评估四个方面进行分析。

（1）业务流程列表：创建关键业务流程列表，以反映最终用户在系统上执行的活动，见表 1-1。业务流程表需要反映每个业务在高峰期时操作的用户数，这些问题主要是通过后台的历史数据来获取，获取这些历史数据的目的是作为新一轮测试的参考数据。

表 1-1 任务分布表

典型业务	并发用户数											
登录				30	50	100	110	60	40			
查询					20	80	70	30	20			
预定						30	500	20	10			
时间	2	4	6	8	10	12	14	16	18	20	22	24

（2）交易列表：交易业务流程需要确定关键业务（如“登录”或“转移资金”等）的负载情况、交易量等相关信息，见表 1-2。

表 1-2 交易列表

交易名称	日常业务/h	高峰期业务/h	Web 服务器负载	数据库服务器负载	风险
登录	70	210	高	低	大
开一个新账号	10	15	中等	中等	小
生成订单	130	180	中等	中等	中
更新订单	20	30	中等	中等	大
发货	40	90	中等	高	大

通过交易列表可以确定业务的优先级，这样在性能测试过程中可以确定哪些业务是需要优先测试的。如上表中登录、更新订单、发货是优先级最高的业务。

如何获得这些指标是很重要的。

1）日常业务：可以通过后台数据来统计，可以分析三个月、半年或一年的数据，得到这些业务每小时或每秒钟操作的笔数。

2）高峰期业务：选择峰值的情况下，单位时间内业务操作的笔数。

3）Web 服务器和数据库服务器负载情况的测试很难得到，需要与开发工程师进行沟通，确定每个业务对 Web 服务器和数据库服务器负载的情况。

4）风险：是指当该业务失效或发生错误时，对客户的影响。

（3）百分比模型：是指被测试的业务交易的笔数所占整个业务交易笔数的百分比，见表 1-3。

表 1-3 百分比模型

业务编号	业务名称	百分比
100101	查询	25%
100102	查询	20%
100103	存款	14%
100104	存款	8%
100105	取款	20%
100106	取款	13%

表1-3描述的是银行业务的百分比，但只是摘取了部分业务，在业务中可以看到一些业务名称一样但业务编号不一致，这是因为操作的方式不同，如查询，有的是在柜台机上查询，有的是在ATM自动取款机上查询，所以都统称为查询，但业务的编号不同。

如果在场景设计过程中使用的是百分比模型，那么在场景设计之前就必须先确定待测试业务的百分比模式，否则无法确定每个业务所占的百分比。每个业务操作的笔数主要是通过后台日志文件来获取，如果该系统是第一次测试，那么可以参考其公司类似的系统，或者试上线运行一段时间，这样可以得到一个粗略的百分比模型。

（4）交易量评估：通过历史数据来估算系统负载能力，通常使用的方法为80/20原理。

80/20原理是指每个工作日中80%的业务在20%的时间内完成。每年业务量集中在8个月，每个月集中在20个工作日中完成，每个工作日8小时，每天80%的业务在1.6小时完成。

实例：如去年全年处理业务约100万笔，其中15%的业务处理中每笔业务需对应用服务器提交7次请求；其中70%的业务处理中每笔业务需对应用服务器提交5次请求；其余15%的业务处理中每笔业务需对应用服务器提交3次请求。根据以往统计结果，每年的业务增量为15%，考虑到今后3年业务发展的需要，测试需按现有业务量的两倍进行。

每年总的请求数为：

$$(100\times15\%\times7+100\times70\%\times5+100\times15\%\times3)\times2=1000\text{万次/年}$$

每天请求数为：

$$1000/160=6.25\text{万次/天}$$

每秒请求数为：

$$(62500\times80\%)/(8\times20\%\times3600)=8.68\text{次/秒}$$

即服务器处理请求的能力应达到约9次/秒，如果需要满足3年后的业务增长，那么服务器处理请求的能力应达到约18次/秒。

1.2.3　场景模型

场景模型主要是用于指导在控制器中如何进行场景设计和场景监控。故关于场景模型包括两部分内容：场景设计和场景监控。

场景设计需要确定的内容主要包括：使用的场景设计类型（手动场景或目标场景）、并发用户数、虚拟用户加载过程、脚本持续运行时间、虚拟用释放过程、使用的负载机、IP欺骗技术和RTS的设置。

关于使用的场景设计类型（手动场景或目标场景）、并发用户数、虚拟用户加载过程、脚本持续运行时间、虚拟用释放过程、使用的负载机、IP欺骗技术的设计见表1-4。

在场景设计完成后，一定记住还需要设置RTS的策略，关于RTS策略设置主要包括：迭代次数、迭代时间间隔、思考时间、日志收集方式、脚本运行方式（进程或线程），见表1-5。

场景设计模型确定后还需要确定场景监控模型，场景监控包括：监控对象、服务器和相关计数器，见表1-6。

表 1-4　场景设计

业务（脚本名）	场景设计类型	并发用户数	百分比	虚拟用户加载策略	虚拟用户释放策略	负载机	IP 欺骗
柜台查询	手工百分比场景	200	25%	每 30 秒加载 50 个虚拟用户	持续运行 20 分钟	使用两台负载机（192.168.1.130 和 192.168.1.32）	分配 10 个虚拟 IP（192.168.1.41-50）
ATM 机查询	手工百分比场景	200	20%				
柜台存款	手工百分比场景	200	14%				
ATM 机存款	手工百分比场景	200	8%				
柜台取款	手工百分比场景	200	20%				
ATM 机取款	手工百分比场景	200	13%				

表 1-5　RTS 设置

业务（脚本名）	迭代次数	迭代时间间隔	思考时间	日志收集方式	脚本运行方式
柜台查询	迭代 2 次	时间间隔 3 秒	按录制时间回放，限制时间为 3 秒	扩展方式参数提交	以进程方式运行
ATM 机查询					
柜台存款					
ATM 机存款					
柜台取款					
ATM 机取款					

表 1-6　监控模型

监控对象	服务器	计数器
系统资源	192.168.0.98 192.168.0.112	列出相关计数器 如 Available Bytes
数据库	192.168.0.112	
Web 服务器	192.168.0.115	

1.2.4　数据设计

数据设计主要是确定在整个性能测试过程中需要使用的数据，关于这部分的数据有两个方面的含义：一是性能测试前需要准备的基础数据；二是性能测试过程中参数化需要使用到的数据。

基础数据是指测试前数据库应该准备好的数据，准备数据的不同直接影响到性能测试的结果，例如，查询功能，数据库中已存在 100 条记录和已存在 100 万条记录，查询的响应时间肯定是不同的，所以在测试前一定要确定数据库所拥有的基础数据。

基础数据设计见表 1-7。

表 1-7　基础数据设计

序号	业务	关键数据表	基础数据量	关键字段
1	交费	customer	10000000	id
		fee	10000000	romand
		balance	10000000	mand

参数化的过程中需要使用的数据来源也分有两种：一是自己构建的数据；二是历史数据。构建数据是测试过程中通过一些方法生成批量数据，制作数据的方法通常包括 Ultraedit 结合 Excel、数据库、Shell 编程和 Java 编程等。

历史数据则是真实存在的数据，是调用客户的真实数据，一般历史数据都存储在数据库中，所以在使用真实数据时，需要确定相关的查询语句，否则在脚本开发过程中就无法从数据库中获取历史数据。

数据设计见表 1-8。

表 1-8　数据设计

序号	业务	数据说明	数据量	数据提取 SQL 脚本
1	交费	全球通号码	13500000000～13500009999	select 字段 from 表 where 字段 between 13500000000 and 13500009999
2	清单查询	分不同品牌	13600000000～13600009999 15000000000～15000009999 13810000000～13899990000	select 字段 from 表 where 字段 between 13600000000 and 13600009999 select 字段 from 表 where 字段 between 15000000000 and 15000009999 select 字段 from 表 where 字段 between 13810000000 and 13899990000
3	改资料	分不同品牌	13600000000～13600009999 15000000000～15000009999 13810000000～13899990000	select 字段 from 表 where 字段 between 13600000000 and 13600009999 select 字段 from 表 where 字段 between 15000000000 and 15000009999 select 字段 from 表 where 字段 between 13810000000 and 13899990000

不管是自己构建数据还是使用历史数据，获得的数据都应该遵守以下原则：

（1）全面性。全面性是指设计的数据应该包含所有类型的数据，需要覆盖客户操作过程中所有类型的数据，如测试移动 BOSS 系统中的计费功能，在测试过程中参数化的数据就不能仅仅使用某个网段的手机号（如 135 段的手机号），使用的数据应该包含所有网段的手机号（如 135、136、138 等）。

（2）无约束性。无约束性是指数据与数据之间不能存在相互约束的现象，如测试银行系统的存取款业务，如果一张银行卡正在存款，这样就必定不能同时进行取款操作，如果设计的数据恰好同时进行存取款操作，那么取款就一定需要等待存款结束后才可以进行，这样取款的响应时间就包括了存款的时间，而这个响应时间显然不是真实的取款时间。

（3）正确性。正确性是指设计的数据应该保证业务能被正确地运行，因为性能测试的目的是测试业务的响应时间，而非测试功能（有一些朋友容易将性能误解为验证功能测试），所以设计数据时，不能因为人为的原因导致业务操作失败，如果是由于数据导致业务失败，那么在结果分析过程中分析事务的成功率时就不准确，导致影响性能测试的结果。如测试移动 BOSS 系统计费功能，设计一个已注销的手机号进行计费结算，这样必然导致业务失败，而这个业务失败是人为原因引起的，不是系统性能测试导致的。

（4）数据量充足。准备的数据是否充足也会影响到性能测试结果，在一些业务场景中，如果准备的数据不够多，即准备的数据比脚本迭代的次数少，那么当数据不够用时，将会重新循环或一直使用最后一个数据，这样很容易导致一些业务失败，如注册功能，假设共准备了 100 条数据，但迭代了 150 次，那么第 100 到第 150 次迭代即没有数据可用，必须重新循环一次或一直使用最后一条数据，而同一个数据不可能注册多次，这样导致第 100 到第 150 次注册业务失败。

（5）无敏感数据。软件的安全性是软件特性中一个很重要的维度，在设计数据进行性能测试时，需要注册避免一些敏感数据，即使使用敏感数据也应该是密文显示而非明文显示。

1.2.5 环境设计

环境设计主要是确定性能测试执行过程中服务器和测试机所处的环境，环境设计包括系统运行的拓扑结构图、服务器和测试机环境、环境的备份与恢复三部分内容。

（1）系统运行拓扑结构图主要用于指导如何搭建测试环境，如图 1-2 所示的实例图。

（2）服务器和测试机环境包括两部分内容：一是服务器和测试机的硬件配置；二是服务器和测试机的软件配置。服务器的硬件配置是一个基准环境，而负载机的硬件测试配置则受每个虚拟用户运行时所消耗的内存资源的影响，服务器和测试机环境配置见表 1-9。

（3）环境的备份与恢复是必须要注意的，在执行性能测试之前为了避免出现错误需要先将环境进行备份，当执行完成后需要恢复测试前的环境，之所以需要这样做主要有以下原因：

第一：测试前如果环境不确定，那么可能导致一些数据运行失败，进而导致一些业务运行失败。

第二：如果不及时恢复环境，可能会影响到手工测试的数据。

具体如何备份与恢复可以与数据库管理员一起确定。

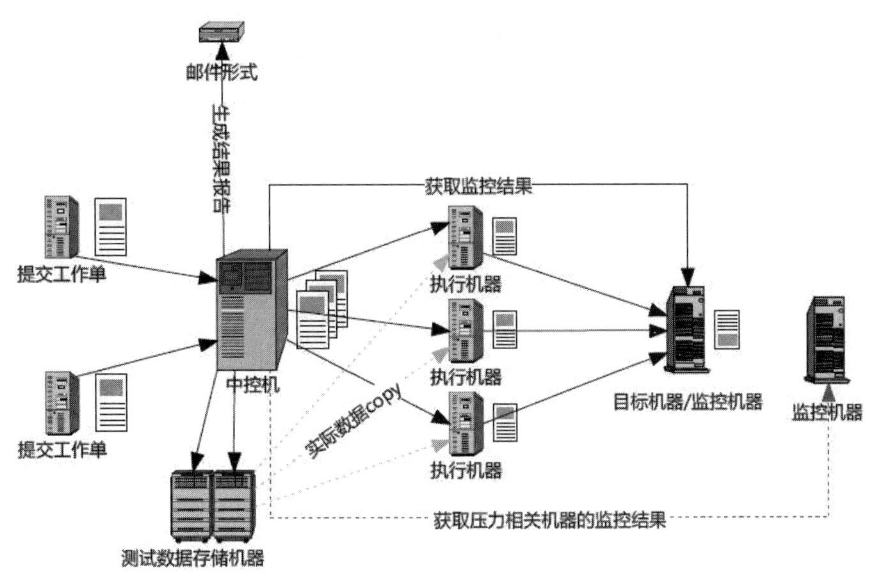

图 1-2 系统运行拓扑结构图

表 1-9 服务器和测试机环境配置

设备	硬件配置	软件配置
数据库服务器 应用服务器	PC 机（一台） CPU：Intel Xeon X3200 2.4GHz 内存：2.0GB 硬盘：300GB	Ubuntu20.04 MySQL Tomcat Nginx
控制器 负载机	PC 机（一台） CPU：Intel Celeron 3.06GHz 内存：512MB 硬盘：80GB	Win7 64 位 LoadRunner 12 IE 8.0

1.3 性能测试构建

性能测试设计完成后，接下来需要将设计的策略变成现实，这样才能接下来执行性能测试，在性能测试构建阶段主要需要完成脚本开发、场景设计、搭建测试环境和准备数据四方面的工作。

1.3.1 用例设计

在设计阶段确定好需要测试的业务后，再将业务转化为测试用例，用于指导脚本的开发。性能测试用例设计与手工测试用例设计有相同之处，但也存在一些不同之处，常用测试用例设计模板见表 1-10。

表 1-10 测试用例模板

<table>
<tr><td>用例编号：</td><td colspan="6">ST-PERF-SINGLE-001</td></tr>
<tr><td>测试项目：</td><td colspan="6">用户注册单业务负载测试</td></tr>
<tr><td>测试标题：</td><td colspan="6">150 并发压力下的注册业务的负载测试</td></tr>
<tr><td>预置条件：</td><td colspan="6">正确进入注册界面</td></tr>
<tr><td>输入：</td><td colspan="6">脚本、数据驱动文件</td></tr>
<tr><th>步骤</th><th>输入/动作</th><th>事务名称</th><th>参数化</th><th>集合点</th><th>检查点</th><th>关联</th></tr>
<tr><td>1</td><td>进入注册界面</td><td></td><td></td><td></td><td></td><td></td></tr>
<tr><td>2</td><td>输入用户注册信息，并提交注册</td><td>SINGLE</td><td>对用户名和密码进行参数化
参数化的规则：
Select next row：Sequential
Update value on：Each iteration
使用文件参数化</td><td>添加集合点 SINGLE</td><td>设置检查点，检查注册用户名是否正确</td><td>无</td></tr>
<tr><td>3</td><td></td><td></td><td></td><td></td><td></td><td></td></tr>
<tr><td rowspan="3">预期输出：</td><td colspan="6">1．业务成功率 100%</td></tr>
<tr><td colspan="6">2．业务的平均事务响应时间</td></tr>
<tr><td colspan="6">3．每秒页面请求数大于 500</td></tr>
<tr><td>监控点：</td><td colspan="6">整个过程都需要监控 Web 服务器、应用服务器、数据库服务器的 CPU 资源、内存资源、磁盘 IO 资源，以及从客户端到服务端的网络资源使用情况</td></tr>
</table>

测试用例编号一般是由字符和数字组合成的字符串，并且用例编号应具有唯一性、易识别性和自解释性。测试过程中用例定义的规则为：系统测试阶段-性能测试-功能点-序号，如 ST-PERF-SINGLE-001。

测试项目是指某个测试功能点。

测试标题是测试用例的简单描述，需要用概括的语言描述该用例的出发点和关注点，原则上每个用例的标题不能重复。

预置条件是指执行当前测试用例需要的前提条件，如果这些前提条件不满足，则后面的测试步骤无法进行或者无法得到预期结果，预置条件表示执行测试用例前系统应该达到的状态。如注册邮箱功能，预置条件为用户能正常进入用户注册界面，用户名、密码、确认密码、安全提问、回答、E-mail 地址等输入框可以输入信息。

输入是指用例执行过程中需要加工的外部信息，性能测试过程中的输入主要是输入的数据信息，如数据库和一些数据文件等。

步骤是描述在性能测试过程中业务执行的过程，在步骤中除了需要描述具体的执行步骤外，还需要描述以下信息：

- 事务名称：每个业务都需要插入事务，通过事务来获得平均响应时间，所以需要确定每个事务的名称。

- 参数化：说明哪些输入的数据需要参数化，并将参数化的策略写清楚，主要需要描述的策略参数为Select next row、Update value on 和参数类型。
- 集合点：确定是否需要插入集合点，如果需要则应该写清楚集合点名称。
- 检查点：确定是否需要插入检查点，如果需要插入检查点，应该描述检查的内容。
- 关联：是否需要关联可能录制脚本时无法确定，但对一些熟悉的功能应该知道关联的规则，如果知道关联规则那么应该注明。

预期结果是指当前测试用例的预期输出结果，性能测试预期结果通常需要从业务成功率（一般业务的成功率至少需要大于95%）、平均事务响应时间、每秒处理的页面数（或吞吐量）三个方面来描述。

1.3.2 脚本开发

脚本开发的过程主要是将业务模型变成可重复执行的脚本，脚本开发的过程如图1-3所示。

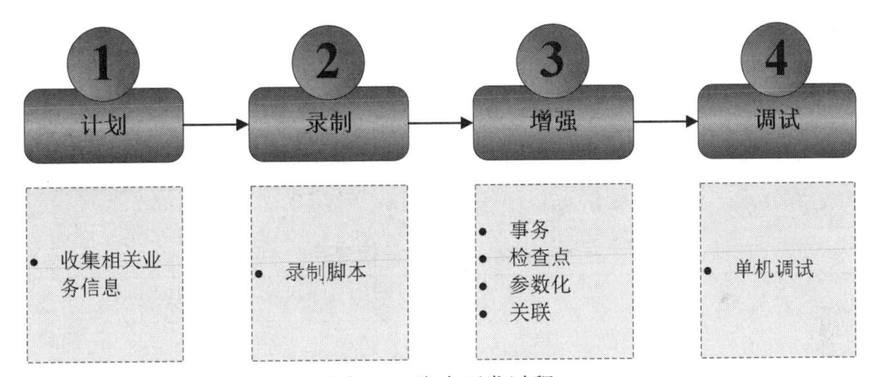

图1-3 脚本开发过程

检查脚本开发是否达到要求，通常需要注意以下检查点，见表1-11。

表1-11 脚本开发检查点

序号	规则要素内容	使用范围		审查结果			"否"的理由	"免"的理由
		规则	建议	是	否	免		
1	是否考虑了实时的思考时间	√						
2	是否有做关键的检查	√						
3	是否已经正确地参数化	√						
4	数据文件是否完整，如用户名、密码是否完整	√						
5	是否完成了关联		√					
6	是否考虑了错误异常处理		√					
7	是否设置了多循环的运行	√						

续表

序号	规则要素内容	使用范围		审查结果			"否"的理由	"免"的理由
		规则	建议	是	否	免		
8	脚本是否拥有作者、版本、修订记录等注释块信息（事务、关联、检查点、出错处理、集合点）	√						
9	脚本是否有必要的注释，比如事务的定义注释	√						
10	是否定义了事务和子事务	√						
11	是否定义了集合点		√					
12	是否使用 Block 技术来模拟特定的用户行为，比如数据依赖性		√					

1.3.3　场景设计

当脚本开发完成后，即可以创建场景，并设置相关场景策略，场景设计是将场景模型转化为场景策略的过程。场景设计主要包括：场景策略、负载机、RTS、集合点设置四个方面的内容，检查场景设计是否达到要求，通常需要注意以下检查点，见表 1-12。

表 1-12　场景设计检查点

序号	规则要素内容	使用范围		审查结果			"否"的理由	"免"的理由
		规则	建议	是	否	免		
1	是否检查了场景的类型是目标场景还是手工场景	√						
2	场景脚本的加载是否完整、正确	√						
3	场景的 Run-Time Setting 是否合理	√						
4	场景的 Schedule 是否同时按场景和脚本组来合理设计	√						
5	场景的集合点策略是否设置合理	√						
6	场景负载生成器是否网络连接正常		√					
7	场景是否启动了 IP 欺骗策略	√						
8	系统监控（包括常规监控、各类服务器资源监控，机器资源监控、数据库监控）等监控计数器是否正常	√						
9	运行结果是否已经设置好结果收集方式	√						
10	环境备份和清理准备工作是否就绪	√						

1.3.4 搭建测试环境

搭建测试环境是指根据环境设计的策略搭建需要执行测试时的环境，关于搭建测试环境包括两部分内容：一部分是搭建环境；另一部分是审核环境。

搭建环境是根据环境设计的策略搭建成测试的环境，而审核环境是指检查所搭建的测试环境是否满足环境设计的策略，环境搭建好后才可以执行测试。

1.3.5 准备数据

准备数据是指根据数据设计的策略生成测试过程中需要的数据，其中包含两类数据：一类是基础数据；另一类是测试过程中需要参数化的数据。基础数据一般都存储在数据库中，但对于参数化过程中需要使用的数据则不一定是存储在数据库中，可能存储在不同的载体中，那么在存储这些参数化过程中使用的数据时，选择的载体很重要，因为不同的载体会影响到参数化的技术。

1.4 性能测试过程执行

当脚本开发、场景设计、测试环境和数据准备都完成后，即可以开始执行性能测试，根据性能测试的策略不同，性能测试执行策略也有所不同，并且一般需要执行多次才能达到目的。

在性能测试过程中的主要内容是收集测试相关数据和信息，用于后期的分析和诊断，收集的信息主要包括两个方面：一是实时监控测试过程中的数据；二是统计和记录测试的结果数据。

实时监控测试过程中的数据主要是用于实时分析测试的一些动态信息，以避免人为的错误原因影响测试的结果。

统计和记录测试的结果数据主要是需要记录每次执行的结果数据，这些数据不仅仅可以用于完成测试报告，最重要的是用于分析每次测试结果的情况，这样便于分析每次测试系统性能的表现，以便确定下一次测试的策略。

1.5 性能测试分析、诊断、调节

在完成负载测试的设计、构建和执行阶段后，项目将进入分析、诊断和调节阶段，这些阶段是实时和反复进行的，负载测试解决方案应该提供有关最终用户、系统级别和代码性能数据的全面信息，同时查找导致性能降低的可能原因，这些信息能使你确定是否已经达到性能目标。

在监控、分析、诊断和调节过程中可以获取以下大量的信息：

- 监控：性能测试过程中的监控可显示基础设备每个层上所发生的一切，同时会更清晰地提供有关测试中数据库服务器、Web 服务器、应用程序服务器、单个应用程序或流程的信息。监控可快速获取有价值的信息，例如应用程序服务器的处理器（CPU）只能支持 150 名用户并发，远低于目标值。

- 分析：完成负载测试后，可将各种指标（如虚拟用户、CPU 或服务器 CPU）关联起来，以获取有关应用程序行为的其他信息。
- 诊断：高效的性能测试解决方案应该向性能工程师提供有关层、组件、SQL 语句是如何影响负载业务流程整体性能的单个统一视图，性能工程师应该能够看到由最终用户交易所接触到的所有组件，然后确定各组件使用的处理时间，以及调用的次数。有了这些信息，就可以针对 Web 服务器、应用程序和数据库服务器瓶颈进行调优。
- 许多企业都在应用程序部署前、部署中和部署后三个阶段进行自动化性能测试。有些自动化性能测试解决方案可系统地识别并分离基础实施性能瓶颈，然后通过修改系统配置设定来解决它们，通过反复解决基础设施瓶颈，可以不断改进配置。

1.6 小结

本章主要介绍性能测试的过程，性能测试主要包括性能测试设计、性能测试构建、性能测试过程执行和性能测试分析、诊断、调节四大过程。通常本章的学习需要对性能测试的整个流程有一个清楚的了解，性能测试过程中只有把这些内容都完成才能保证性能测试的正确性、权威性，否则很可能测试出来的结果不是真实的结果，导致性能测试失败，而性能测试工具 LoadRunner 则是实现这些策略的工具，所以性能测试过程是指导性能测试的核心思想。

第2章 工作负载建模

随着性能测试不断成熟，对性能测试的精准度也变得越来越高，这就要求在仿真过程中用户的实际行为更准确，用户的行为是性能测试的基础，如何覆盖所有关键场景和负载分布是性能测试计划中最重要的组成部分之一，所以如何确定工作负载变得尤其重要。

本章节将介绍工作负载建模及其重要性，设计性能测试工作负载模型所涉及的活动细节以及性能测试团队在设计工作负载模型时面临的各种挑战。

本章节主要介绍以下几部分内容：

- 什么是工作负载建模
- 工作负载建模主要活动

2.1 什么是工作负载建模

工作负载是指场景中的负载分配，为了更好地描述工作负载模型，应该尽量分析其在生产环境中的使用情况。获取的相关性能测试数据也应该尽量在与生产环境非常相似的工作负载模型上进行。

在对其工作负载建模之前，对被测试应用程序（Application Under Test，AUT）及其使用模式的完整理解是非常必要的。工作负载建模通常可以分为业务工作负载和基础设施工作负载两种。

在测试中为实现业务目标而执行的一组用户操作或业务场景称为业务工作负载。在对性能进行分析时必须完全了解所有应用程序主要业务事务及其对整体性能的影响。在后面的章节中将详细讨论如何识别、如何正确地选择性能测试场景。

在实现其场景目标时会涉及使用一些相关资源、基础设施，这些资源或基础设施其实就是服务器相关的硬件设施，这类负载称为基础设施工作负载，在性能测试过程中主要关注 CPU、Memory（内存）和 I/O（磁盘）的使用情况，即通常说的系统资源监控模型。

在性能测试过程越能准确地模拟生产系统的配置，性能测试出来的结果就越准确，而这些模拟参数必须通过分析工作负载模型来确定，所以工作负载模型会在性能计划过程中提供很多重要的信息，其中包括：

（1）性能场景识别：了解应用程序并识别其性能场景。

（2）测试数据准备：工作负载模型有助于确定在开始工作之前需要准备的测试数据类型和数量。

（3）确定哪些非功能需求转化为性能测试需求。

（4）可以帮助评估大概需要多少台负载机。

2.2　工作负载建模主要活动

上面介绍了评估工作负载的重要性，下面详细介绍工作负载如何建模，以及工作负载模型的主要活动和可能遇到的困难。

2.2.1　定义性能测试目标

不管是性能测试还是其他测试，首先需要确定的是本次测试的目标，确定好性能测试目标才能更好地制订性能测试计划，通常性能测试目标会围绕以下几个维度来制订：

（1）响应时间：确定核心业务接口或场景的响应时间，计算的是平均事务响应时间，如转账业务响应时间 30ms。

（2）吞吐量：确定每秒钟处理的事务数或业务数，一般现在都用每秒处理的业务数来定义吞吐量，如银行业务，每秒处理 1900 笔业务。

（3）最大用户负载：确定容纳的并发用户数，但这个值不是很好理解，或者不好确定，所以一般确定目标时直接使用吞吐量或业务处理能力来定义，这样会比较好理解和确定。

（4）业务成功率：确定被测试业务的成功率，成功率是很重要的一个指标，如果成功率太低，即使其他的指标没有问题，性能也是不达标的。一般成功率都会在 95%左右，有的系统性能比较好，会达到 98%或 99%以上。

（5）系统资源使用率：确定所有系统资源的阈值，如 CPU 使用率不能超过 85%等。

（6）峰值时的每秒查询率（Queries Per Second，QPS）：确定峰值时的 QPS，如峰值时 QPS 为 5 万/秒。

上面的 6 个维度是通常用于定义性能目标最常用的。

2.2.2　理解应用程序

在进行性能测试前必须对所测试对象中所有的功能有着充分的认识，其实不管是性能测试还是功能测试，如果不能全面地了解被测试对象，那么很难进行彻底的测试。对应用程序的理解必须解决以下几个问题：

（1）确定有多少类型的用户正在使用此应用程序，进而可以更好地确定一些用户场景或使用习惯。

（2）确定每个用户或每类用户使用时的业务场景，这样可以更好地确定有哪些场景是必须要的。

（3）随着时间的推移，所有用户操作的当前和预测峰值用户负载是多少，这样可以帮助确定并发用户数。

（4）预计用户负载随时间增长的趋势。

（5）特定用户操作将在多长时间内达到峰值负载。

（6）高峰负荷将持续多久，这样可以帮助确定性能测试持续时间。

性能测试团队可以与网络团队合作，检查服务器日志，以获得上述一些问题的答案。也可以采访营销团队和应用程序使用者，以获得一些答案。

2.2.3 关键场景识别

由于测试预算和时间的关系，在整个性能测试过程中是不可能模拟所有用户操作业务的，这是不现实的，也没有这个必要，就算做功能测试，也很难全面覆盖到所有场景，这样就必须将关键场景、重要场景挑选出来进行性能测试。

一般按以下维度来选择关键场景：

（1）场景的可度量性：所有被选择需要进行性能测试的场景，都有一个基本的标准，那就是该场景一定是可度量的。

（2）交易量或日 PV 量：选择日 PV 量或交易量多的场景或业务进行性能测试，或者可以简单地理解为选择经常访问的场景进行性能测试。

（3）关键业务场景：应用程序中核心业务显然是重点关注对象。

（4）逻辑复杂度：有一些业务场景可能并发交易量不是最多的，但是它会消耗更多的资源，这类业务场景也是重点测试对象。

（5）时间依赖：一些业务场景对时间有依赖，在特定的时间点访问量大增，如双 11、节假日的高铁票等。

（6）利益相关：投资者或利益者关注的应用场景，这也是重点要测试的场景。

（7）运营推广计划：运营推广重点推广的功能或应用场景，如早期淘宝推广支付宝。

2.2.4 确定关键场景使用路径

当确定好所有需要测试的场景后，接下来就需要确定每个场景所有可能使用的路径，最后再确定需要进行性能测试的路径。一个场景可能有多条测试路径，每个系统都可能有不同类型的用户，不同用户所在的领域和自身的专业知识也有所不同，所以即使使用同一个场景，操作路径也可能有所不同。例如使用网银 App 转账，不同的人使用的路径就可能完全不同，有的人会通过快捷来转账，有的人会找到账户界面来转账。

在性能测试计划过程中，性能测试团队应该确定需要进行性能测试场景的所有可能路径，并且需要对所有路径出现的频率进行估算，这样可以更好地决定哪些路径会包括在本次性能测试中。根据用户导航路径的不同，同一场景的应用程序响应都可能会有很大的差异，强烈建议在负载下测试所选场景的所有主要路径。

以下是识别场景关键路径时应该遵循的准则：

（1）找出可用于成功完成多个识别情景并具有主要性能影响的路径。

（2）阅读手册（设计和用户），找出已识别场景的所有可能路径。

（3）检查应用程序日志文件，找出用户的导航模式，以完成确定的场景。

（4）探索应用程序，尝试自己找出场景的所有可能路径。

（5）另一种方法是向新的和有经验的用户提供应用程序访问，并要求他们完成某些场景并观察他们的行为。

2.2.5 确定唯一测试参数

上面介绍了如何确定场景中的所有路径，但这不足以精准地去模拟整个性能测试，要准确地模拟工作负载模型，还需要确定整个测试过程中涉及的相关测试数据，准备的测试数据越精准，测试出来的结果就越精准。

一般可以从以下维度来确定所需要的数据：

（1）评估在确定的路径中，用户花费在页面上的时间。

（2）特定路径中需要输入哪些数据。

（3）哪些条件会迫使用户改变导航路径。

电子商务应用程序产品目录场景输入的相关唯一数据，见表2-1。

表2-1　唯一数约束

脚本	行动	输入数据	输出数据	思考时间/s
按现有用户浏览产品目录	登录	唯一的用户名		5～8
		用户名、密码		
	浏览	目录树	产品描述	4～30
		用户类型	标题	
			类别	
由新用户浏览产品目录	登录	唯一的用户名		5～15
		用户名、密码		
	浏览	目录树	产品描述	10～60
		用户类型	标题	
			类别	

仅仅准备上面的数据其实还是不够的，如果希望有效地执行多测试任务，还需要关注数据库状态和相关数据，在执行性能测试时还需要遵循注意以下事项：

（1）数据量充足：确保拥有所有必需的测试数据，因为在使用所有导航路径测试场景时，将需要更多测试数据，即保证数据量一定要足够，以防无法支持性能测试运行时所需要的数据量。

（2）避免数据约束：避免对多个用户使用相同的测试数据，因为这会产生无效结果，也会影响到业务测试的精确性。

（3）避免数据库出现过载：在测试执行期间定期测试数据库状态，并确保它没有过载，因为不断的性能测试迭代过程中，可能产生大量的测试数据，可能导致数据库过载。

（4）准备一些无效数据：还可以包括一些无效的测试数据，以模拟真实用户的行为，因为用户有时也会提供无效的值。

2.2.6 确定场景中的相对负载分布

已经确定好关键测试场景和每个场景的导航路径后，接下来将这些路径变成需要的脚本，每个脚本相当于一个场景或者一个负载，做好这些准备工作就可以进入到控制器来运行这些负载。但需要注意的是这里所有的负载并不能完全平衡分配，应根据业务的不同分配不同比例，这就是场景中的百分比模型，例如银行业务，取款肯定不如网银转账使用得频繁，那么在设置场景时就不能将取款与网银转账做成一样的百分比，这样不符合真实的使用情况。

一般从以下几个维度来获取负载分布的情况：

（1）分析后台服务器日志文件，来分析每个业务的一个趋势和比例。

（2）另一种方法可能是在一小部分用户之间共享测试版，并从服务器日志文件中查看他们在应用程序上的趋势和行为。

（3）咨询销售和营销团队，找出他们认为客户最常用的功能。

（4）还可以采访现有和潜在客户，找出他们最感兴趣的功能。

（5）如果上述方法都不起作用，那么利用经验和直觉来进行判断。

下面以电子商务平台为例，其负载分布百分比模型见表2-2。

表2-2 负载分布百分比模型

用户场景	负载分布百分比/%
浏览产品目录	40
创建用户账号	5
搜索产品	30
登录到应用程序	15
订单放置	10
总计	100

2.2.7 确定目标负载水平

在确定上面所有内容后，接下来需要确定的是每个场景的负载目标，或者理解为每个场景需要压测试到什么程度才能满足性能要求。这也是在测试计划过程需要评估的性能目标，需要为每个场景确定每月、每周、每日、每小时的平均负载目标，这样才能更好地去定义应用程序的负载。

一般从以下几个维度来获取负载目标：

（1）确定当前用户请求的正常值和峰值的情况，确定预期用户请求的正常值和峰值的情况。

（2）确定什么是应用程序关键测试场景。

（3）确定在测试的场景中，用户请求的分布情况。

（4）确定所有场景的导航路径以及每个场景的相对利用率。

表 2-3 是场景目标负载水平所需的信息。

表 2-3　场景目标负载水平所需的信息

时间段	正常加载请求（平均）	峰值负载请求（平均）	峰值负载建立时间/h	峰值负载持续时间/h
一个月	72000	216000	2	1
一周	16800	50400	2	1
一天	2400	7200	2	1
一小时	100	300	2	1

2.2.8　其他项设置

一旦确定了关键测试场景，以及每个场景相对分布和目标负载级别，最后一件事就是为工作负载设置不同的选项，比如浏览器组合、网络组合、思考时间和迭代之间的时间间隔，这就是在 LoadRunner 中的 RTS 设置，即运行时的相关设置，这些参数的设置主要是为了更好地模拟真实的工作负载。

其他项设置一般包括以下几个维度：

（1）网络组合：如今有各种各样的互联网连接可用。因此，最好在测试中包括主要的网络连接列表，并适当地分配它们的负载。

（2）思考时间：由于真实用户在采取不同行动时总是需要一些时间，因此根据应用程序用户在使用应用程序识别场景时的舒适度，在测试中纳入思考时间非常重要。

（3）暂停时间：在用户收到服务器的响应并发送新请求之前，总是会有一定的暂停，这可以通过迭代之间的暂停时间来满足。

2.3　小结

本章主要介绍了如何制订整个性能测试过程中的负载模型，这是性能测试中最重要的一环，如果负载模型无法很好地确定，那么后面测试出来的结果可能全部都是错误的。文中介绍了负载建模的 8 个步骤，以及每个步骤应该分析的内容和确定的数据。

第3章 生产系统性能测试

进行性能测试是检查在生产环境下目标应用是否能够满足用户的期望和需求,但性能测试结果在很大程度上是依赖或取决于测试环境的,即测试环境与生产环境的差异性会严重影响到性能测试的精准性。当然如果能让测试环境与生产环境一致，那显然可以在最大程度上保证性能测试数据的精准性。但设置测试环境是一项非常具有挑战性的任务，因为测试环境与生产环境之间有任何的微小差异，都可能导致性能测试结果受到很大的影响。在生产系统上进行性能测试，可以克服测试环境问题，但即使在生产环境下进行性能测试也会有很多挑战。性能测试团队最大的挑战是尽量减少生产系统性能测试对真实用户活动的影响，并彻底测试所有的应用瓶颈。

本章节主要介绍以下几部分内容：

- 什么是生产环境
- 生产环境性能测试风险
- 为什么需要在生产环境下进行性能测试
- 生产环境性能测试误解
- 生产环境下性能测试最佳实践

3.1 什么是生产环境

在性能测试过程中始终建议测试的环境一定是可以完全控制的,这个测试环境应该是生产环境的精确副本，可以在模拟虚拟用户、测试数据等有效环境中进行有效的应用程序测试，这些数据可以是随时刷新的，也可以根据不同负载条件进行性能测试。虽然在一个可以完全控制的测试环境下进行测试是我们希望看到的，但是准备这个环境也受到各种挑战，创建一个精确的副本也受到很多挑战，如数据大小、网络基础架构等。

当然上面所有的挑战也有解决方案，就是在生产环境对应用程序进行性能测试。在生产环境中进行测试时，需要非常仔细地设计、执行和监控测试，以尽量减少对实际用户活动的影响。同时，您需要在足够的负载下执行测试以检测所有应用程序瓶颈。

此外，将实验室环境测试结果与生产系统进行比较是非常危险和错误的。因为无法在实验室环境中复制 100%的生产系统，并且由于两种环境之间的区别，测试结果总是受到影响。在与生产系统不同的实验室环境中测试目标应用程序，然后根据这些结果进行生产计划显然是不对的。性能工程师的核心责任是彻底检查生产和测试环境，并列出所有差异及其对测试结果的可能影响，以获得更好的结果分析。

在讨论有关其性能测试的细节之前，对生产环境进行清晰的了解是非常重要的。

生产环境也被称为应用程序现场环境。这是一套为实际应用程序用户提供实时服务的资源。简而言之，实时用户互动的环境称为生产/现场环境。

通常在应用程序生命周期中使用以下三种不同的应用环境，如图 3-1 所示，并限制开发和测试团队以及实际应用用户之间的相互影响。

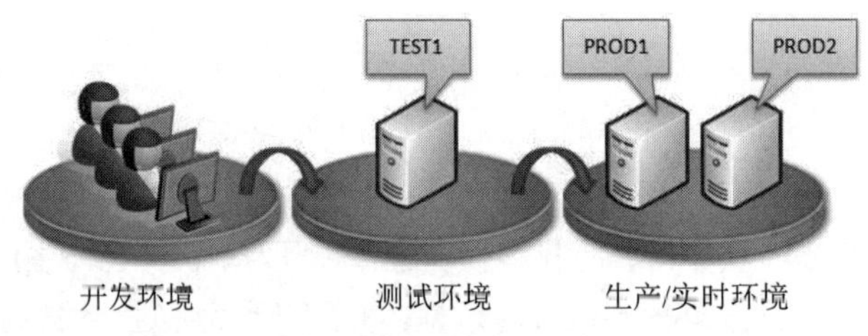

图 3-1　开发环境、测试环境、生产环境

开发环境：由开发团队访问的一组资源来构建应用程序。

测试环境：测试团队用于测试应用程序的资源集。

生产/实时环境：应用程序用户访问的一组资源以执行其交易。

3.2　生产环境性能测试风险

在生产环境下进行性能测试肯定是最理想的，但是，您还需要分析其可能存在的所有风险，并根据您对生产系统的测试需求做出决定。

以下是与生产环境进行性能测试相关的可能风险：

- 在生产环境下进行性能测试时，实际用户可能会遇到应用程序响应时间延长并且可能延长很多。
- 受性能测试的影响，由于响应时间变长，真实用户可能无法完成业务交易。
- 即使在性能测试完成后，由于在性能测试执行期间生成了一些测试数据，应用程序也可能变慢，响应时间变长。
- 真正的用户可能遇到应用程序错误，甚至应用程序可能停止响应等情况。
- 生产环境性能测试时，定位性能瓶颈可能会变得很麻烦，因为真实用户也在执行应用程序，同时模拟用户也在执行负载。

- 真正的用户需要停止应用程序的工作，以获得准确的测试结果，但这将使应用程序在此期间不可用，这对于关键业务应用程序可能无法实现，也无法让真实用户停止使用。

3.3 为什么需要在生产环境下进行性能测试

由于性能测试执行所涉及的成本、资源都会比较多，所以大多数据公司可能并没有对应用程序进行性能测试。一旦将应用程序投入生成，就可能会导致灾难性的结果，这样程序对性能就没有安全感。

此外，如果仅在测试环境中进行性能测试，很难实现所需的测试结果。应用及其基础设施的各个部分根本不在测试环境中进行测试，在测试环境下有一些地方是无法测试到的，应该尽量避免无法测试到的区域，主要测试不到的区域如下：

- 第三方内容交付网络（CDN）性能未经测试。
- 防火墙对应用程序性能的影响未经测试。
- 应用程序负载平衡在测试环境中未进行测试。
- 应用程序互联网连接性能未经测试。
- 在实验室的测试环境，无法很好地模拟测试 DNS 解析时间。

虽然前面已经讨论过，测试人员在进行生产系统的性能测试时面临着很大的风险，但是它仍然具有自己的重要性，并且被广泛使用，特别是当生产系统非常复杂并且创建其精确的副本更加困难时。还有许多其他因素，都鼓励在生产系统上进行性能测试。在生产环境下进行性能测试还有以下一些讨论的内容。

（1）测试结果验收。大多数性能测试是在目标应用程序的克隆上进行的，即是复制生产环境下进行测试的，并不是生产系统的 100%副本。完整的应用程序及其基础设施无法在测试环境中进行测试，一些测试不到的区域可能会显著改变测试结果。除了这些缺失的区域，测试环境中使用的软件、硬件和服务也可能与生产系统不同。所以基于这些差异，测试环境的结果不能直接映射到生产系统上。需要验证生产系统上的测试结果，以获得对应用程序的真实数据，并且对生产环境中的应用性能有足够的信心。

（2）成本有效。性能测试确实是一项昂贵且耗时的工作，特别是当需要在测试环境中复制生产系统时。每个应用程序由各种软件（操作系统、应用服务器、数据库等）、硬件（防火墙、路由器、负载均衡器、服务器等）和服务（内容交付网络、广告服务器、信用卡验证系统等）组成，并且复制这些环境都是一个很大的挑战，涉及大量的工作、时间和金钱。但事实上不管投入多少努力，要让测试环境与生产系统完全相同，几乎是不可能的。有时性能测试团队将测试环境中取得的成果，映射到生产系统，但还是难以找出超越规模环境的性能瓶颈。因此，通过对生产系统进行性能测试，可以节省大量的精力、成本和时间，以达到更好的效果。

（3）测试数据备份和崩溃恢复。性能测试概念相对复杂，但很多人甚至不了解性能测试活动应该关注的所有内容。测试数据库备份和崩溃后生产系统的恢复就是性能测试中需要重点注意的一个维度，但通常这个维度被很多公司所忽略。性能测试的目的不仅是检查应用程序在不同负载条件下的行为，还要检查其崩溃后的恢复过程。

这些重要的性能领域需要仔细处理，以确保在生产环境中所有应用程序都是健全的没有问题的。

关键业务应用程序崩溃后的恢复时间是必须明确的，并应该告知所有用户。在进行性能测试时，应确定和修复所有的这些问题，以免在生产环境中造成任何麻烦和在高峰工作时间内影响用户。

（4）更容易的测试环境设置。设计与生产环境相似的性能测试环境是整个测试活动中最具挑战性的任务之一。复制完整的应用程序基础架构（包括其所有服务器和网络基础设施）、所有应用层、数据库及其所有数据集等确实是一件艰巨的事情。但是，当在生产系统上进行测试时，不必担心复制所有这些来源。使用类似于生产系统的数据集进行测试对于获得准确的性能结果也是非常重要的，但它需要大量的精力。然而，通过在生产系统上进行性能测试，可以节省所有这些努力。

3.4 生产环境性能测试误解

以上讨论了公司在生产环境中测试应用程序的原因。尽管测试生产系统具有所有这些优势，但大多数公司仍然不愿意对生产系统进行性能测试，主要是由于性能测试可能产生以下误解：

（1）生产测试是实时测试。关于生产系统测试的最常见的误解就是生产环境性能测试会影响真实用户的行为和应用数据。虽然也有许多公司在实际用户与应用程序间进行交互时性能测试，但是在生产系统上执行性能测试仍然存在一些问题，其可能会影响实际用户和应用程序数据。通常在以下情况进行生产环境性能测试不会影响用户和应用程序数据：

- 在系统维护期间进行测试。
- 在发布应用程序之前进行性能测试。
- 性能测试时只执行只读事务。

（2）生产测试过于危险。生产系统的性能测试虽然看起来很危险，但实际上并不是那么危险。可以通过一些计划来减轻部分风险：

- 仔细选择本次性能测试目标。
- 通过遵循以上讨论的方法（即在维护期进行性能测试）。
- 必须在测试期间拥有完整的监控信息，以便您可以确定并对测试对应用程序的影响作出反应。

（3）生产测试会破坏系统。对于性能测试来说，这是一个很大的误解，生产环境下性能测试目的只是在这样的情况下测试应用程序，这样的情况可能会导致系统崩溃。虽然压力和故障测试技术是性能测试的一部分，但仍然有很多其他性能测试类型，其目的是在正常用户负载下测试应用程序行为。其中一些测试类型如下：

- 负载测试：在各种正常负载条件下测试系统响应时间。
- 基准测试：表示在一定条件下进行测试，将得到的数据作为性能指标的定量，用于和其他情况下测试出来的数据进行对比。

- 压力测试：在应用能力范围内，测试最大负载压力条件下应用程序的表现。
- 可靠性测试：在正常用户负载下测试应用程序的稳定性，持续长时间运行的情况（例如24小时）。
- 诊断分析：运行测试以验证任何问题的故障排除或观察基础设施更改的影响。

（4）性能测试太长了。很多人认为生产环境性能测试会消耗很长时间，这是不对的，虽然一个完整的性能测试周期需要花费相当长的时间，但是并不是整个性能测试都需要在生产环境下完成，生产环境下只是执行性能测试的一个过程，这只是性能测试活动的一小部分。性能测试中其他步骤（如性能测试计划、场景建立、分析和报告）对实际用户和应用程序数据几乎没有任何影响。

（5）生产环境下测试太困难了。很多公司不会在生产环境上进行性能测试，是因为他们认为这是一件很难的事情，如果在生产环境下进行性能测试不合理的话还会对应用程序造成负面影响，这导致很多公司害怕在生产环境下进行性能测试。但随着测试工具越来越高级，可提供的监控数据也越来越全面，做好规划可以在很大程度上降低生产环境下性能测试的风险。

（6）如果在测试环境进行彻底的测试，则不需要生产测试。很多公司可能会认为如果能在测试环境下进行彻底的性能测试，则不需要进行生产测试，但在上面已经阐述过，在测试环境下是不可能完全100%的复制生产环境的，所以是不可能在测试环境下彻底进行性能测试的。

3.5 生产环境下性能测试最佳实践

如果确定需要在生产环境下进行性能测试，那么一般应从以下几个维度进行生产环境的性能测试：

（1）维护期间进行性能测试。几乎所有的大型组织的应用程序都进行定期维护，在这段时间内，会限制用户与应用程序的交互。此时可以与负责任的团队协调，并将生产环境下性能测试计划制订在这个时间段，这样就不会影响实际用户的体验。

（2）发布前测试。还有一个很好的方法是在将应用程序提供给实际用户之前进行测试。可以将应用程序性能测试纳入发行管理计划的一部分，以确保在发布应用程序之前执行性能测试。

（3）休假或用户量最少时进行测试。如果上述两种选择不合适，那么可以考虑在休假日的非工作时间进行性能测试，将实际用户的影响降到最低。它不仅有助于最小化测试对实际用户活动的影响，而且有助于确定瓶颈的根本原因。考虑这种做法的最佳和最合适的时间是星期六或星期日的午夜。

（4）测试只读事务。由于担心测试数据可能与实际应用程序的用户数据混合，许多公司不愿意对其生产系统进行任何测试活动。特别是在关键业务应用的情况下，企业不愿意承担可能出现的风险。这就是为什么生产数据库几乎从未用于测试，即使它被使用，它仅用于只读操作。这些简单的事务不会影响应用程序数据，但可以显示重要的性能瓶颈。

（5）逐渐增加负荷。可以采取一种方法来最小化性能测试对真实用户的影响，即逐渐增加模拟用户，除非真实用户的事务处于可接受的阈值内。上面已经提到，性能测试不仅仅是破坏系统，而且也是在正常条件下找出应用程序行为。所以可以选择逐渐增加用户的方式来进行性能测试，并且保证用户在可接受的响应时间范围内，并能够成功完成交易。然后分析测试结果，解决瓶颈并重新测试。可以在多次迭代中彻底测试任何应用程序的大部分瓶颈，而不会真正影响真正的用户，但可能影响真实用户的响应时间，让业务响应变慢，一定要保证业务可以正常完成。

（6）测试执行过程中实时监控。在生产环境下进行性能测试时，应该实时地监控和分析数据，所有相关利益者都应该实时监控数据，如果超出其可接受的阈值影响实际用户，则应立即停止测试。

3.6 小结

设置与生产系统完全相似的测试环境对于获得准确的 AUT 性能结果始终至关重要。由于各种应用和基础设施映射的挑战，几乎不可能在测试实验室中设置生产系统的确切副本。建议对生产系统进行测试，因为它提供了目标应用程序的更确切的性能结果，同时以更少的精力和成本以及测试环境结果验证。大多数公司由于对实际用户的活动及其数据的影响，在生产环境中避免测试。关于生产系统的测试有许多误解，因为它的风险太大，它会破坏系统，耗时太长。生产系统测试对实际应用程序用户的影响可以通过以下几个安全措施来减少，例如在离线日期的非工作时间进行测试、发布前的测试、维护期间的测试、执行只读数据库操作和仔细监控测试执行。因此，必须通过遵循上述最佳实践来测试生产系统应用程序，以尽量减少其对应用程序及其实际用户的影响。

第4章 特殊协议

在工作中，HTTP 协议是使用得最多的，但除了这种协议外，还有一些其他的协议也会被使用，特别是 Windows Sockets 协议，它是一个底层协议，银行业务经常会使用到这种协议进行脚本录制。还有一种被常用到的协议是邮件服务协议，对于测试邮件系统就需要使用到这种协议。

本章节主要介绍以下几部分内容：

- Windows Sockets（WinSock）协议
- 邮件服务协议

4.1 Windows Sockets（WinSock）协议

WinSock 协议是一个底层协议。所有的高级协议（如 FTP、HTTP 协议等），以及所有基于 Windows 的应用（如 IE、FTP），其底层通信都是使用 WinSock 协议，因此任何高级协议的底层都使用 WinSock 通信。那么什么时候才选择 WinSock 协议呢？如果在录制脚本前，找不到更合适的协议，则都可以选择 WinSock 协议进行脚本录制。WinSock 的另一个特点就是非常适合应用程序代码级，所以需要查看缓冲区发送和接收的实际数据时，也可以选择 WinSock 协议。

使用 WinSock 协议开发脚本的过程如图 4-1 所示。

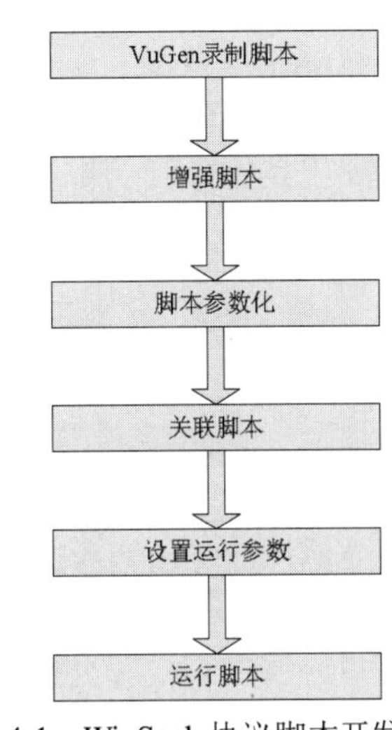

图 4-1　WinSock 协议脚本开发过程

4.1.1 Windows Sockets 录制选项设置

选择 Tools→Recording Options 或在 Start Recording 对话框中选择 Options，都会弹出如图 4-2 所示的 Recording Options 对话框。

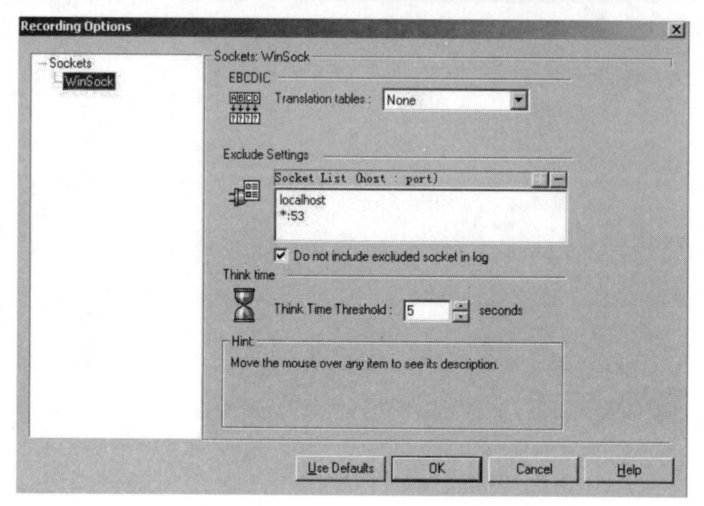

图 4-2　WinSock 选项对话框

1．配置转换表

需要以 EBCDIC 格式显示数据，请在录制选项中指定转换表。通过转换表可以指定录制会话的格式。这适用于大型机或 AS/400 服务器上运行的用户。服务器和客户端计算机都从系统上所安装的转换表中确定数据的格式。可以在 Translation tables 下拉列表框中选择转换选项。其中前四位表示服务器的格式，后四位表示客户端的格式。例如，002504e4 表示服务器格式为 0025，客户端格式为 04e4。

如果数据是 ASCII 格式，则不需要转换。此时必须选择默认的 None。如果确实选择了转换表，则 VuGen 将转换该 ASCII 数据。

2．排除套接字

VuGen 支持“排除套接字”功能，可以从录制会话中排除特定的套接字。要从脚本中排除某个套接字的所有操作，请在“排除套接字”列表中指定该套接字的地址。要向列表中添加套接字，单击该框右上角的加号，然后以下列格式之一输入套接字地址，具体见表 4-1。

表 4-1　排除套接字表

值	含义
主机:端口	仅排除指定主机上的指定端口
主机	排除指定主机上的所有端口
:端口	排除本地主机上的指定端口号
*:端口	排除所有主机上的指定端口号

这样可以将多个主机或端口添加到排除套接字列表中。要从排除列表中删除套接字，请选择该套接字地址，然后单击该框右上角的减号。

默认情况下，VuGen 不记录在“已排除套接字列表”中的套接字的操作，如果需要指示 VuGen 记录已排除的套接字操作，请清除“Do not include excluded socket in log”复选框。如果已排除的套接字启用了日志记录，那么在日志文件中，则会在这些套接字的操作之前加上 Exclude 字样。

3. 设置思考时间阈值

在录制期间，VuGen 会自动插入操作者的思考时间。可以设置阈值级别，录制的思考时间如果低于此阈值，则被忽略。如果录制的思考时间超出了阈值级别，VuGen 将在 LRS 函数之前放置 lr_think_time 语句。如果录制的思考时间低于阈值级别，则不会生成 lr_think_time 语句。

4.1.2 Windows Sockets 录制

前面已经讲述了使用 Windows Sockets 协议开发的过程，下面结合实例对这个开发过程进行详细讲解。

1. 录制脚本

首先录制一段脚本，被录制的程序主要功能是通过网络将数据从一台机器传输到另一台机器。下面是录制好的代码，后面所有关于这一章节的讲解都是围绕这段脚本来进行。

```
Action()
{
    lrs_create_socket("socket0", "TCP", "LocalHost=0", "RemoteHost=58.222.18.90:80", LrsLastArg);
    lrs_send("socket0", "buf0", LrsLastArg);
    lrs_receive("socket0", "buf1", LrsLastArg);
    lr_think_time(8);
    lrs_create_socket("socket1", "UDP", "LocalHost=8080", LrsLastArg);
    lrs_send("socket1", "buf2", "TargetSocket=edan-3a89b690e0:8080", LrsLastArg);
    lrs_receive("socket1", "buf3", LrsLastArg);
    return 0;
}
```

data.ws 文件中的内容如下：

```
;WSRData 2 1
send buf0 201
    "GET /download/cmsoft/UpgradeInfo/NetAssist.inf HTTP/1.1\r\n"
    "If-Modified-Since: Fri, 03 Jul 2009 03:57:53 GMT\r\n"
    "If-None-Match: \"e8ffa77092fbc91:633a6\"\r\n"
    "User-Agent: Internet+Explorer\r\n"
    "Host: www.cmsoft.cn\r\n"
    "\r\n"
recv buf1 297
    "HTTP/1.1 304 Not Modified\r\n"
    "Date: Tue, 14 Jul 2009 12:25:16 GMT\r\n"
    "Content-Location: http://www.cmsoft.cn/download/cmsoft/UpgradeInfo/NetAssi"
    "st.inf\r\n"
    "Last-Modified: Fri, 03 Jul 2009 03:57:53 GMT\r\n"
```

```
        "Accept-Ranges: bytes\r\n"
        "ETag: \"e8ffa77092fbc91:<port1>\"\r\n"
        "Server: Microsoft-IIS/6.0\r\n"
        "X-Powered-By: ASP.NET\r\n"
        "\r\n"
send buf2 5
        "hello"
recv buf3 5
        "hello"
-1
```

2. 增强脚本

增强脚本部分主要是对脚本进行插入开始事务、结束事务和集合点的操作，也包括对脚本进行单机调试，保证脚本能正确运行。

3. 脚本参数化

增强脚本之后，需要对脚本进行参数化。首先要确定脚本中哪些部分需要进行参数化。上一实例的脚本中 buf2 是手动输入的要发送的内容，buf3 是接收 buf2 的内容，两者内容一致，这里可以对发送的 buf2 中的数据进行参数化。但需要注意的问题是，由于在 Windows Sockets 协议录制时所有的传输数据均保存在数据文件 data.ws 中，因此在进行参数化时主要是对该文件中的相关数据进行参数化。在 data.ws 中选择 buf2 中内容“hello”，单击右键→Replace with a Parameter，如图 4-3 所示。接下来的参数化过程和普通的参数化过程一致。

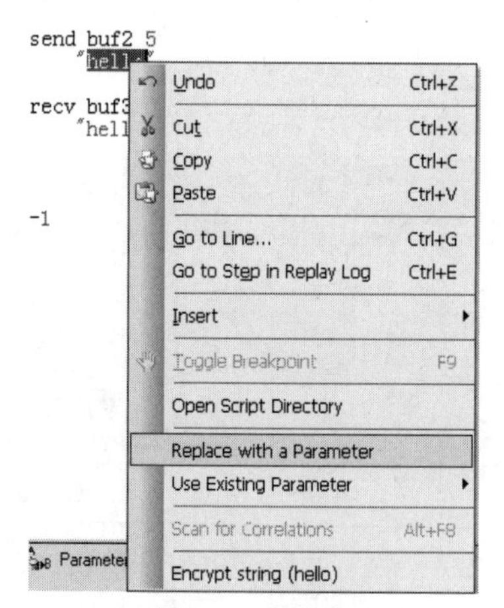

图 4-3　参数化

那么为什么不需要对 buf3 进行参数化呢？可以分析一下 buf2 和 buf3 的数据，这两个缓存中的数据内容是一样的，buf2 的关键字是 send，buf3 的关键字是 rev，也就是说 buf2 的内容是要传送给远程服务器的内容，而 buf3 的内容是录制时从远程服务器返回的数据，当然这个数据也是希望返回的数据。因此，一般情况下只需要对 send 中的相关内容进行参数化。

这里只是需要参数化 data.ws 数据文件中的内容，那么如果希望传输一个文件中所有的内容应该怎么办呢？这是在编写脚本时经常会遇到的一个问题，而 LoadRunner 本身并未提供直接读取文件的方法，不过 LoadRunner 可以兼容 C 语言，这样就可以使用 C 语言来增强这段代码。如下面的代码，让传输 buf2 的内容变成传输一个文件的内容。

```
int count;
char userbuffer[500];
long filestream;
char * filename = "E:\\1.txt";
if ((filestream = fopen(filename, "r")) == NULL ) {
    lr_error_message ("Cannot open %s", filename);
    return -1;
    }
        // Read until end of file
        while (!feof(filestream)) {
        // Read 500 bytes while maintaining a running count
                count = fread(userbuffer, sizeof(char), 500, filestream);
                lr_output_message ("%3d bytes read", count);
                if (ferror(filestream)) { /* Check for file I/O errors */
                        lr_output_message ("Error reading file %s", filename);
                        break;
                }
        }
        if (fclose(filestream)) // Close the file stream
                lr_error_message ("Error closing file %s", filename);
lrs_set_send_buffer("socket1",userbuffer,count);
```

上面这两种参数化的方法是最常用的方法。

4. 关联脚本

参数化完成之后，进行脚本回放，发现回放的日志文件中提示下面的信息：

Action.c(25): Mismatch in buffer's length (expected 299 bytes, 986 bytes actually received, difference in 687 bytes)。

这说明录制与回放的内容没有匹配，回放日志文件中详细记载了 Expected Buffer 和 Received Buffer 的值，通过比较这两种值可以发现录制和回放过程中不一致的地方。回放日志文件中提示缓存长度不匹配。

为什么脚本回放会提示缓存长度不匹配？首先来了解 Mismatch 匹配的机制。Mismatch 有两种匹配方式：长度匹配和内容匹配。所谓长度匹配是当 lrs_receive 在接收到数据之后就会和期望的缓冲区数据进行长度（字符数）对比，如果实际接收到的数据长度不等于期望值，就会提示 Mismatch 警告信息。长度匹配是 Mismatch 默认的匹配方式。

可以使用 lrs_set_receive_option 来设置匹配方式，将默认值设置为 MISMATCH_CONTENT 来指定匹配方式为内容匹配，那么 lrs_receive 在接收到返回数据后将与期望的数据内容进行匹配对比，这时即使长度相同，如果内容不一样（比如实际接收到的是“A”，而期望数据为“a”），同样会提示 Mismatch 警告信息。

既然提示 Mismatch 警告信息，那么就需要找到这个录制与回放不同的信息，然后对脚本进行关联。进入树模式，这里需要注意一个细节，关联的信息一定是在 Receive Buf 中，因为关联的信息一定是服务器发送给客户端的信息。这里需要关联的信息在 Receive Buf1 中，在 Action 中选择 Receive Buf1，在 Text View（文本视图）中选择要关联的信息后右击，选择 Create Parameter，如图 4-4 所示。

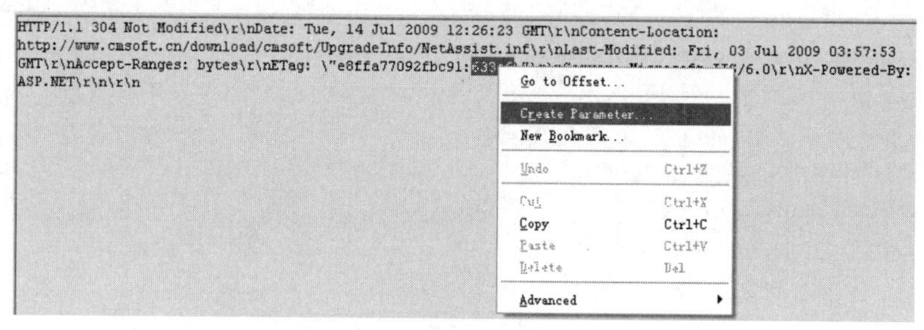

图 4-4 选择要关联的内容

此时，弹出 Create Parameter 对话框，如图 4-5 所示。

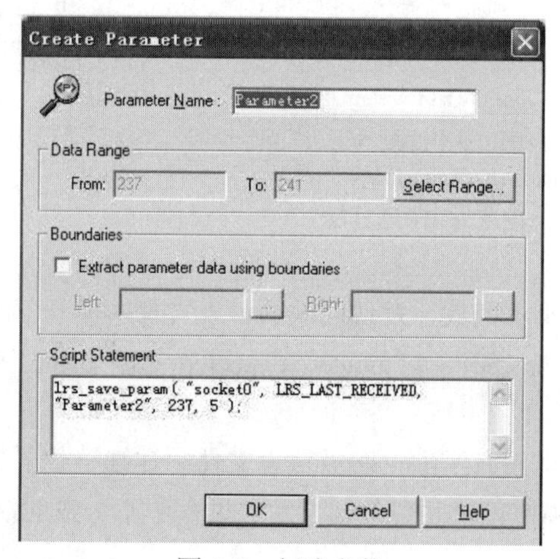

图 4-5 创建参数

“创建参数”对话框中各选项的含义如下：

- Parameter Name（参数名称）：设置定义的参数名称。
- Data Range（数据范围）：设置需要关联信息的偏移量，单击 Select Range 按钮，可以手动更改待关联内容的偏移量。
- Boundaries（边界）：可以手动设置参数左边界和右边界的值，这样可以固定参数的值。
- Script Statement（脚本声明）：显示生成的关联脚本，即脚本关联完成后脚本中添加的关联函数。当设置了左边界、右边界后发现脚本关联的函数发生了变化。

单击“确定”键，切换回脚本模式，可以看到脚本中多了一行关联的代码：

lrs_save_searched_string("socket0",LRS_LAST_RECEIVED,"port1","LB/BIN=e8ffa77092fbc91:", "RB/BIN=\"\r\\nServer:", 1, 0, -1)。

到这里关联工作也已经完成了。

5. 设置运行参数

上面的工作完成之后，脚本编辑已经完成。接下来设置运行时的参数，进入 Vuser→Run-time Settings 对话框，设置运行时的参数即可。

6. 运行脚本

上面的所有工作完成后即运行脚本。

4.1.3 Windows Sockets 数据操作

在使用 Windows Sockets 协议录制后，可以查看并操作数据。下面介绍几种常用的操作数据的方法。

1. 查看快照中的数据

在树视图中查看脚本时，VuGen 提供缓冲区快照窗口，可以以文本视图或二进制视图方式查看快照，并且可以对窗口中显示的数据进行编辑。

文本视图缓冲区快照，以文本形式表示其内容，如图 4-6 所示。

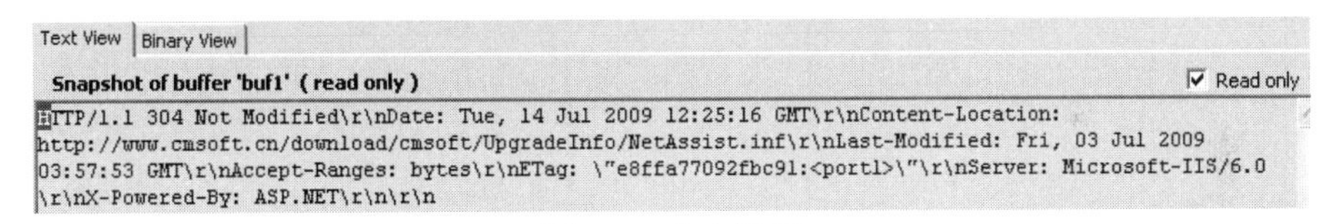

图 4-6 文本视图

二进制视图显示以十六进制表示的数据。左列显示该行中第一个字符的偏移量，中间的列显示数据的十六进制值，右列以 ASCII 格式显示数据，如图 4-7 所示。

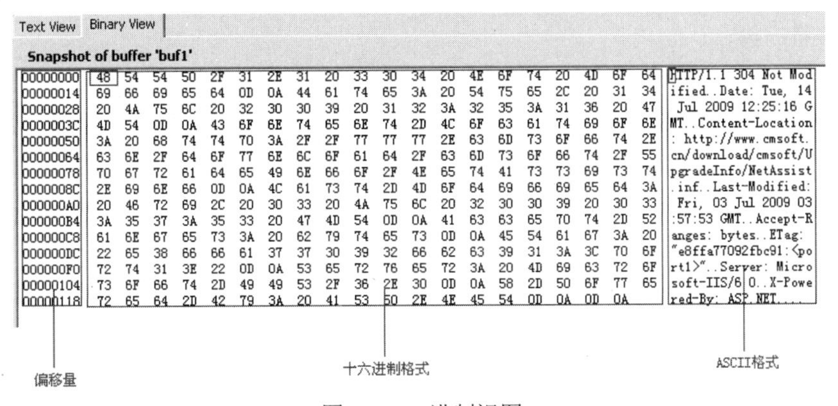

图 4-7 二进制视图

2. 缓冲区导航器

默认情况下，VuGen 左窗格中显示所有的步骤和缓冲区。缓冲区导航器是一个浮动窗口，通过它仅可以显示接收和发送缓冲区（lrs_send、lrs_receive、lrs_receive_ex 和 lrs_length_receive）。此外，还可以应用筛选器，以查看发送或接收缓冲区。

选择 View→Buffer Navigator，打开“缓冲区导航器”对话框，如图 4-8 所示。

当在缓冲导航区选择缓冲区时，其内容会显示在缓冲区快照中。

如果在录制之后更改缓冲区的名称，其内容将不会显示在快照窗口中。要查看已重命名的缓冲区数据，可以使用缓冲区导航器，并选择新缓冲区的名称。VuGen 将发出警告消息，指明选定的缓冲区将禁止创建参数。

3. 转至偏移量

通过指定偏移量，可以在数据缓冲区中移动。可以指定数据的绝对位置，也可以指示与缓冲区中光标当前位置相对的位置。在快照窗口中单击右键，选择 Go to Offset，将打开 Go to Offset 对话框，如图 4-9 所示。

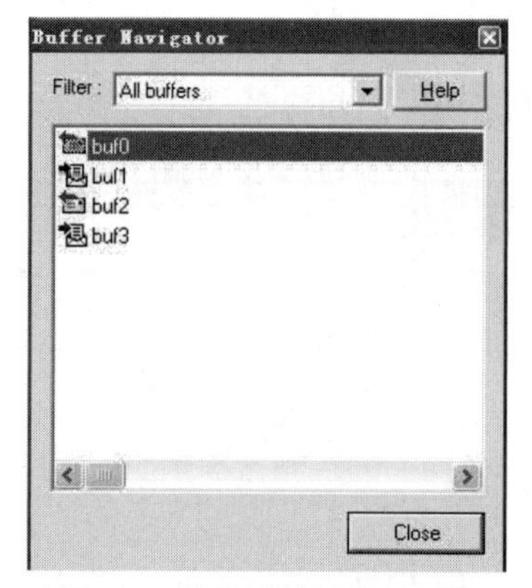

图 4-8　缓冲区导航器对话框

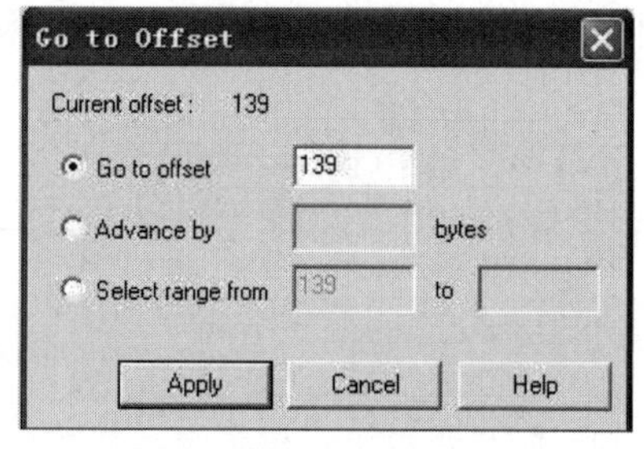

图 4-9　转至偏移量对话框

通过此对话框，可以指定开始和结束偏移量选择数据的范围，并且还可以为关联函数提供要关联数据的偏移量的值。

- Go to offset（转至偏移量）：转至缓冲区中特定的偏移量（绝对偏移量）。
- Advance by（前进）：要跳至与光标相对的位置。输入正值，表示要前进，输入负值，表示在缓冲区内后退。
- Select range from（选择范围）：选择缓冲区中数据的范围，指定开始和结束偏移量。

4. 书签

通过 VuGen，可以将缓冲中的位置标记为书签，并且可以为每个书签赋予一个描述性名称。单击该名称直接跳至该书签的位置。书签列在缓冲区快照下方“输出”窗口的“书签”选项卡中。

在缓冲区快照（文本或二进制视图）中选择一个或多个字节单击右键，选择 New Bookmark，并为书签输入一个描述性名称，如图 4-10 所示。

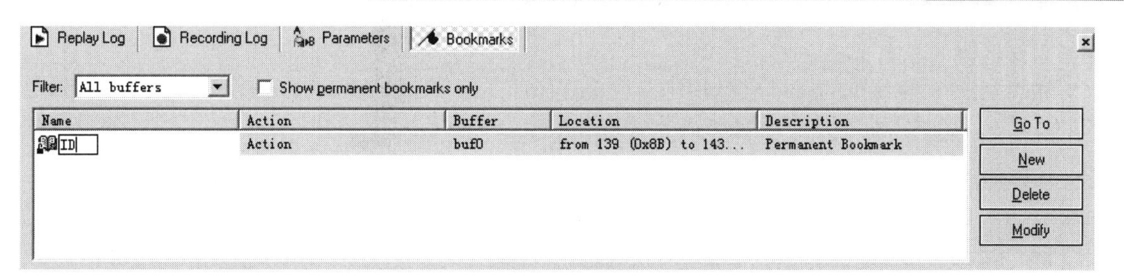

图 4-10　新建书签

书签可以标记单个字节或多个字节。在列表中单击书签时，它在缓冲区快照窗口中将作为选定内容显示。书签的数据内容在文本视图中最初以蓝色突出显示，在二进制视图中，书签则以红色标记。将光标置于缓冲区中的书签上时，将弹出一个文本框，显示书签的名称。

5. 修改缓冲区数据

在树视图中，VuGen 提供了几个工具，使用这些工具，可以通过删除、更改或向现有数据中添加数据对数据进行修改。

数据缓冲区中可以插入数值，可以是单字节、双字节或 4 字节值。

单击右键，选择 Advanced→Insert Number→Specify，弹出 Specify Value 对话框，如图 4-11 所示。

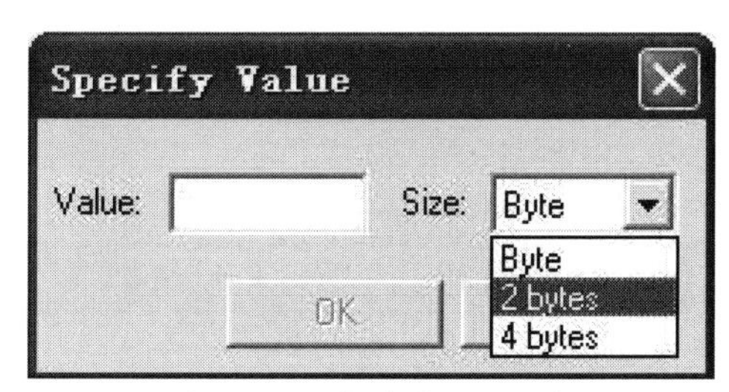

图 4-11　“指定值”对话框

输入想要插入到 Value 框中的 ASCII 值，Size 下拉框中可以选择数据的大小，包括单字节、双字节或 4 字节值，确定后，VuGen 将以十六进制的形式将数据插入缓冲区。

可以对缓冲区数据执行下列所有标准编辑操作：复制、粘贴、剪切、删除和撤销。

执行以上修改缓冲区数据的操作时，一定要保证缓冲区的数据是处于可修改的状态，即 Read only 复选框是未被选中的状态。

4.1.4　关于 LRS 函数

上面对 Windows Sockets 协议录制和使用进行了阐述，下面介绍一些常用的函数。

1. lrs_accept_connection 接收侦听套接字连接

格式：

int lrs_accept_connection(char *old_socket,char *new_socket);

参数说明：

old_socket：被侦听的套接字标识符，如 socket0。

new_socket：侦听到请求时建立的新套接字标识符，如 socket1。

返回值：

成功返回 0。

例：lrs_accept_connection(socket0,socket1);

函数从 old_socket 上的挂起连接队列中取出第一个连接，使用相同属性创建新的套接字。原来的套接字对于其他连接仍然是可用的。

侦听机制：当 accept 函数监听的 old_socket 收到连接请求时，old_socket 执行体将建立一个新的 socket 连接（标识符为 new_socket），收到服务请求的初始 socket 后（即 old_socket）仍可以继续在以前的 socket 上监听，同时可以在新的 socket 描述符上进行数据传输操作。

2. lrs_set_receive_option 设置套接字接收选项

格式：

int lrs_set_receive_option (int option,int value,[char *terminator]);

参数说明：

option：接收选项，表示何时停止接收数据。可用选项有 Mismatch 和 EndMarker。

value：选项的值详见表 4-2。

terminator：用于 value 中接收的结束标记。该选项仅在 EndMarker 选项被指定为 StringTerminator 时需要。

表 4-2 option 选项值

option	可用的值
Mismatch	1. MISMATCH_SIZE（默认值） 2. MISMATCH_CONTENT
EndMarker	1. EndMarker_None（默认值）——接收全部数据 2. StringTerminator——中断接收的字符串（仅 TCP 连接可用） 3. BinaryStringTerminator——中断接收的二进制标识串（仅 TCP 连接可用） 4. RecordingSize——指定接收长度等于预期长度（仅 TCP 连接可用）

返回值：成功返回 0。

例 1：该例指定对接收到的数据进行内容匹配性验证。

```
lrs_set_receive_option(Mismatch, MISMATCH_CONTENT);
lrs_send("socket1", "buf0", 1, 0);
lrs_receive("socket1", "buf1", LrsLastArg);
lrs_close_socket("socket1");
```

假设预期接收数据中包含一个“%”字符，而回放时该位置接收到的是“#”字符，则该例会报出 Mismatch 信息。如果选项值为 MISMATCH_SIZE 则不会报出 Mismatch 信息。

例 2：该例中 lrs_set_receive_option 函数指定接收的套接字长度等于预期长度。

```
lrs_create_socket("socket0", "TCP", "RemoteHost=199.203.77.12:80", LrsLastArg);
lrs_set_receive_option(EndMarker, RecordingSize);
lrs_receive("socket0", "buf0", LrsLastArg);
```

假如录制时得到的 buf0 的长度为 20 个字节，而回放时从服务器接收到的长度为 30 个字节，以上脚本将只接收前 20 个字节，剩余的 10 个字节将被下一个 lrs_receive 接收。

如果该例的 option 值为 EndMarker_None，那么 lrs_receive 接收完整的返回值并报一个 Mismatch 的消息。

例 3：该例中 lrs_set_receive_option 函数指定接收中断时的二进制标识串。

```
lrs_create_socket("socket0", "TCP", "RemoteHost=199.203.77.12:80", LrsLastArg);
lrs_set_receive_option(EndMarker, BinaryStringTerminator, "\\x00\\x07Mercury");
lrs_receive("socket0", "buf0", LrsLastArg);
```

假设服务器发送的内容如下：

```
"\x00\x01\x85\x80\x00\x01\x00\x01\x00\x00\x00\x00\x07"
"Mercury"
"\x02"
"co"
"\x02"
"il"
"\x00\x00\x01\x00\x01\xc0"
```

接收到的内容是：

```
"\x00\x01\x85\x80\x00\x01\x00\x01\x00\x00\x00\x00\x07"
"Mercury"
```

3. lrs_set_send_buffer 指定在套接字上发送的缓冲区

格式：

int lrs_set_send_buffer (char *s_desc,char *buffer,int size);

参数说明：

s_desc：套接字标识符。

buffer：指定要发送的缓冲区。

size：发送的字节数。

返回值：发送成功返回 0，失败返回错误码。

```
char *Buffer;
int Size;
lrs_receive("socket2", "buf20", LrsLastArg);
lrs_get_last_received_buffer("socket2", &Buffer, &Size);
/* 将缓冲区 buf20 中的值保存到用户缓冲区 Buffer 中*/
...
lrs_set_send_buffer("socket2", Buffer, 10 );
lrs_send("socket2","buf21", LrsLastArg );
lrs_free_buffer(Buffer);
```

函数 lrs_set_send_buffer 用来指定下一次调用 lrs_send 时要发送的缓冲区内容。该缓冲区在 lrs_set_send_buffer 中被指定后，其后的一个 lrs_send 中指定的缓冲区内容将不会被发送。

4. lrs_save_param 将静态数据或从缓冲区得到的数据保存到参数中

格式：

int lrs_save_param(char *s_desc,char *buf_desc,char *param_name,int offset,int param_len);

参数说明：

s_desc：套接字标识符。

buf_desc：缓冲区标识符。

param_name：存放缓存数据的参数名称。

offset：被保存到参数中的缓冲区偏移量。

param_len：要保存到参数中的字节数。

返回值：成功返回 0，失败返回错误码。

例 1：保存动态缓冲区数据到参数中。

```
lrs_save_param("socket0","buf0","param1",20,10):
lr_output_message("The content of param1 is%s",lr_eval_string("<param1>"));
```

脚本执行结果：

```
Vuser_init.c(28).lrs_save_param(socket0, buf0, param1,20,3):
Vuser_init.c(29):
The content of param1 is PID
```

例 2：将最后接收到的缓冲区数据保存到参数中。

```
lrs_receive("socket0","buf0",LrsLastArg);
lrs_save_param("socket0",NULL,"param1",20,3):
lr_output_message("the content of param1 is%s:",lr_eval_string("<param1>"));
```

利用该函数将指定的缓冲区数据成功保存到参数中，指定的参数和普通参数一样，可以在脚本的其他地方自由引用。

5. lrs_save_param_ex 将用户、静态或接收到的缓冲区（或缓冲区部分）保存到参数中

格式：

int lrs_save_param_ex(char *s_desc,char *type,char *buff,int offset,int length,char *encoding,char *param);

参数说明：

s_desc：套接字标识符。

type：要将数据保存到参数中的缓冲区类型，有 user（用户缓冲区）、static（data.ws 中的静态缓冲区）和 received（最后接收的缓冲区数据）三种。

buff：和 type 的值有关，如果 type 的值为 user（用户缓冲区），则 buff 的值为指定用户缓冲区；如果 type 的值为 static（data.ws 中的静态缓冲区），则 buff 的值为指定的动态缓冲区；如果 type 的值为 received（最后接收的缓冲区数据），则 buff 的值可设为 NULL。

offset：缓冲区偏移量。

length：保存到参数中的字节数。

encoding：编码方式可以指定为ASCII或EBCDIC，如果是用户缓冲区，则NULL默认为ASCII，如果type为static或received，则NULL默认为客户端编码方式。

param：参数名称。

返回值：成功返回0，失败返回错误码。

例1：保存用户缓冲区数据到参数中。

```
char *userbuffer="chuanshi";
lrs_save_param_ex("socket0","user",userbuffer,0,5,"ascii","param1");
lr_output_message("The content of param1 is %s",lr_eval_string("<param1>"));
```

脚本执行结果：

```
Action.c(9): lrs_save_param_ex(socket0, user, buf_p, 0, 8, ascii, param1)
Action.c(11): The content of param1 is chuanshi
```

例2：保存静态缓冲区数据到参数中。

```
lrs_save_param_ex("socket0","static","buf0",20,3,"ascii","param1");
lr_output_message("The content of param1 is %s",lr_eval_string("<param1>"));
```

脚本执行结果：

```
Action.c(9): lrs_save_param_ex(socket0, static, buf_p, 20, 3, ascii, param1)
Action.c(11): The content of param1 is PID
```

例3：将最后接收到的缓冲区数据保存到参数中。

```
lrs_receive("socket0","buf3",LrsLastArg);
lrs_save_param_ex("socket0","received",NULL,20,3,"param1");
lr_output_message("The content of param1 is %s",lr_eval_string("<param1>"));
```

脚本执行结果：

```
Action.c(9): lrs_save_param_ex(socket0, received, buf_p, 20, 3, null, param1)
Action.c(11): The content of param1 is PID
```

函数lrs_save_param_ex不识别用户缓冲区的参数化，如例1中如果userbuffer的内容为“chuan<shi>”（其中<shi>为参数名，值为hello），那么执行结果将是：
Action.c(11): The content of param1 is chuan<shi>

6. lrs_save_searched_string 在静态或接收到的缓冲区中搜索出现的字符串，将出现的字符串的缓冲区部分保存到参数中

格式：

int lrs_save_searched_string (char* s_desc,char* buf_desc,char* param_name,char* left_boundary, char* right_boundary,int ordinal, int offset,int param_len);

参数说明：

s_desc：套接字标识符。

buf_desc：缓冲区标识符。

param_name：参数名称。

left_boundary：标识搜索缓冲区部分左边界的字符串，格式为“LB=xxx”。

right_boundary：标识搜索缓冲区部分右边界的字符串，格式为“RB=xxx”。

ordinal：表示从第几次出现的左边界字符串开始搜索，如果指定了左边界则 ordinal 的值一定大于 0，如果没有指定左边界则将 ordinal 设为-1。

offset：要开始搜索的偏移量。如果指定了左边界则此偏移量相对于左边界计算，否则就从缓冲区的开始处计算偏移量。

param_len：要保存到参数中的缓冲区数据字节数，适用于没有指定右边界的情况。如果指定了右边界则将该参数设置为-1。

返回值：成功返回 0，失败返回错误码。

例 1：将左边界和右边界的值设为 NULL，指定偏移量和字节数。

```
lrs_save_searched_string("socket0","buf0","param1",NULL,NULL,-1,139,5);
lr_output_message("The content is %s",lr_eval_string("<param1>"));
```

数据文件 data.ws 中的内容如下：

```
send buf0 201
"GET /download/cmsoft/UpgradeInfo/NetAssist.inf HTTP/1.1\r\n"
"If-Modified-Since: Fri, 03 Jul 2009 03:57:53 GMT\r\n"
"If-None-Match: \"e8ffa77092fbc91:633a6\"\r\n"
"User-Agent: Internet+Explorer\r\n"
"Host: www.cmsoft.cn\r\n"
"\r\n"
```

脚本执行结果：

```
Action.c(27): lrs_save_searched_string(socket0, buf0, param1, null, null, -1, 139, 5)
Action.c(27): Notify: Saving Parameter "param1 = 633a6"
Action.c(29): Notify: Parameter Substitution: parameter "param1" =   "633a6"
```

例 2：指定左边界值为 e8ffa77092fbc91:，右边界值为\"\r\\nServer，偏移量为 0。

```
lrs_save_searched_string("socket0",LRS_LAST_RECEIVED,"Param1","LB/BIN= e8ffa77092fbc91:", "RB/BIN=\"\r\\nServer",
1, 0, -1);
lr_output_message("The text is:%s", lr_eval_string("<Param1>"));
```

脚本执行结果：

```
Action.c(27): lrs_save_searched_string(socket0, LRS_LAST_RECEIVED, param1, e8ffa77092fbc91:, \"\r\\nServer, 1, 0, -1)
Action.c(27): Notify: Saving Parameter "param1 = 633a6"
Action.c(29): Notify: Parameter Substitution: parameter "param1" =   "633a6"
```

函数 lrs_save_searched_string 将缓冲区中的一部分数据保存到参数中。如果左右边界指定的是二进制字符串，则使用“LB/BIN”或“RB/BIN”来指定，如“LB/BIN=\\x56”。缓冲区标识符表示结构从哪个缓冲区中获取数据，并保存到参数中，如果是从数据文件 data.ws 中读取则指定为“bufxxx”，如果设置为 NULL 则表示从最后一个接收到的缓冲区（LRS_LAST_RECEIVED）中读取数据。

该函数的参数列表有以下几种常见的组合方式：

- 左右边界均为 NULL，并指定偏移量和长度（等同于 lrs_sava_param）。

- 指定左边界和右边界出现的次数。
- 指定左边界、左边界出现的次数及读取的数据长度（字节数）。
- 指定左边界、左边界出现的次数、从左边界算起的偏移量及右边界。
- 指定左边界、左边界出现的次数、从左边界算起的偏移量及读取的字节数。
- 只限定偏移量和右边界。

4.2 邮件服务协议

在测试邮件系统时，需要使用到邮件服务协议。通常的邮件服务协议包括：IMAP 协议、MAPI 协议、POP3 协议和 SMTP 协议。本章节中详细介绍邮件服务协议的使用。

4.2.1 邮件服务协议简介

电子邮件的工作过程遵循客户/服务器模式。每份电子邮件的发送都要涉及发送方与接收方，发送方构成客户端，而接收方构成服务器，服务器含有众多用户的电子信箱。发送方通过邮件客户程序，将编辑好的电子邮件向邮件服务器（SMTP 服务器）发送。邮件服务器识别接收者的地址，并向管理该地址的邮件服务器（POP3 服务器）发送消息。邮件服务器将消息存放在接收者的电子信箱内，并告知接收者有新邮件到来。接收者通过邮件客户程序连接到服务器后，就会看到服务器的通知，打开自己的电子信箱来查收邮件。

通常 Internet 上的个人用户不能直接接收电子邮件，而是通过申请 ISP 主机的一个电子信箱，由 ISP 主机负责电子邮件的接收。一旦有用户的电子邮件到来，ISP 主机就将邮件移到用户的电子信箱内，并通知用户有新邮件。因此，当发送一封电子邮件给另一个客户时，电子邮件首先从用户计算机发送到 ISP 主机，接着到 Internet，然后到收件人的 ISP 主机，最后到收件人的个人计算机。

ISP 主机起着“邮局”的作用，管理着众多用户的电子信箱。每个用户的电子信箱实际上就是用户申请的账号名。每个用户的电子邮件信箱都要占用 ISP 主机一定容量的硬盘空间，由于这一空间是有限的，因此用户要定期查收和阅读电子信箱中的邮件，以便腾出空间来接收新的邮件。

电子邮件在发送与接收过程中要遵循 SMTP、POP3 等协议，这些协议确保电子邮件在各种不同系统之间的传输。而 LoadRunner 提供的 Mailing Services 的协议有四种：IMAP、MAPI、POP3 和 SMTP。

1. IMAP 协议

IMAP 是 Internet Message Access Protocol 的缩写，顾名思义，主要提供的是通过 Internet 获取信息的一种协议。IMAP 像 POP 那样提供了方便的邮件下载服务，让用户能进行离线阅读，但 IMAP 能完成的却远远不只这些。IMAP 提供的摘要浏览功能可以让你在阅读完所有的邮件到达时间、主题、发件人、大小等信息后才作出是否下载的决定。

IMAP 是与 POP3 对应的另一种协议，是美国斯坦福大学在 1986 年开始研发的多重邮箱电子邮件系统。它能够从邮件服务器上获取有关 E-mail 的信息或直接收取邮件，具有高性能和可扩展性的优点。IMAP 为很多客户端电子邮件软件所采纳，如 Outlook Express、Netscape Messenger 等，支持 IMAP 的服务器端软件也越来越多，如 CriticalPath、Eudora、iPlanet、Sendmail 等。

IMAP 也是一种用于邮箱访问的协议，使用 IMAP 协议可以在客户端管理服务器上的邮箱，它与 POP 不同，邮件是保留在服务器上而不是下载到本地，在这一点上 IMAP 是与 Webmail 相似的。但 IMAP 有比 Webmail 更好的地方，它比 Webmail 更高效和安全，可以离线阅读等，如果想试试，可以使用 Outlook Express，只要配好一个账号，将邮件接收服务器设置为 IMAP 服务器就可以了。

2. MAPI 协议

MAPI 接口是由微软公司提供的一系列供使用者开发 Mail、Scheduling、Bulletin Board、Communication 程序的编程接口。在使用 MAPI 设计程序时，首先必须在程序和 MAPI 之间建立一个或多个 Session；当 Session 建立好之后，客户端程序就可以使用 MAPI 提供的功能。

MAPI 的功能主要分成三大部分：Address Books、Transport 和 Message Store。Address Books 主要负责设置 E-mail type、protocol 等参数；Transport 负责文件的发送和接收等功能；Message Store 则负责发送接收信息的处理。

3. POP3 协议

POP 的全称是 Post Office Protocol，即邮局协议，用于电子邮件的接收，它使用 TCP 的 110 端口，现在常用的是第三版，所以简称为 POP3。

POP3 仍采用 Client/Server 工作模式。当客户机需要服务时，客户端的软件（如 Foxmail）将与 POP3 服务器建立 TCP 连接，此后要经过 POP3 协议的三种工作状态，首先是认证过程，确认客户机提供的用户名和密码，在认证通过后便转入处理状态，在此状态下用户可收取自己的邮件或将邮件删除，在完成响应的操作后客户机便发出 quit 命令，此后便进入更新状态，将具有删除标记的邮件从服务器端删除掉。到此为止整个 POP 过程完成。

4. SMTP 协议

SMTP 称为简单邮件传输协议（Simple Mail Transfer Protocol），目标是向用户提供高效、可靠的邮件传输。SMTP 的一个重要特点是它能够在传送中接力传送邮件，即邮件可以通过不同网络上的主机接力式传送。工作在两种情况下：一是电子邮件从客户机传输到服务器；二是从某一个服务器传输到另一个服务器。SMTP 是请求/响应协议，它监听 25 号端口，用于接收用户的邮件请求，并与远端邮件服务器建立 SMTP 连接。

SMTP 通常有两种工作模式：发送 SMTP 和接收 SMTP。具体工作方式为：发送 SMTP 在接到用户的邮件请求后，判断此邮件是否为本地邮件，若是直接投送到用户的邮箱，否则向 DNS 查询远端邮件服务器的 MX 记录，并建立与远端接收 SMTP 之间的一个双向传送通道，此后 SMTP 命令由发送 SMTP 发出，由接收 SMTP 接收，而应答则反方面传送。一旦传送通道建立，SMTP 发送者发送 MAIL 命令指明邮件发送者。如果 SMTP 接收者可以接收邮件则返回 OK 应答。SMTP 发送者再发出 RCPT 命令确认邮件是否接收到。如果 SMTP 接收者接收到，则返回 OK 应答；如果不能接收到，则发出拒绝接收应答（但不中止整个邮件操作），双方将如此重复多次。当接收者收到全部邮件后会接收到特别的序列，如果接收者成功处理了邮件，则返回 OK 应答。

4.2.2 邮件服务协议录制

这里采用两种常见的协议进行录制：POP3 和 SMTP。这两个协议的区别是：POP3 是负责收邮件的，SMTP 是负责发邮件的。

这里涉及的软件有：客户端使用 Foxmail 软件，邮件服务器使用 TurboMail 软件。在此进行一个简单的实验，将客户端和服务器安装到同一台机器上，但这并不影响后面的实验。当然实际情况下，服务器和客户端一般都是分开的，具体的网络结构拓扑图如图 4-12 所示。

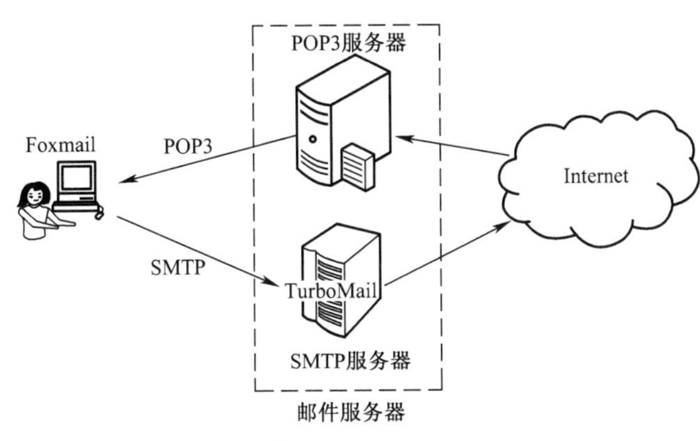

图 4-12 邮件服务器

运行 LoadRunner 的脚本录制器 VuGen，选择 New Multiple Protocol Script 双协议，同时选择 POP3 和 SMTP 两种协议进行录制，如图 4-13 所示。

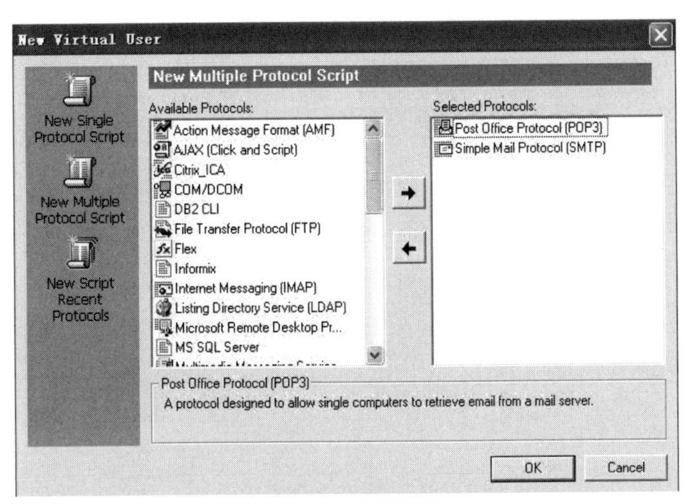

图 4-13 选择协议

在录制程序对话框中设置需要录制的程序，这里需要录制的是 Foxmail 程序。这时 LoadRunner 会自动激活 Foxmail 程序。Foxmail 程序运行后，撰写一封邮件并发送。此时发现一个意外的现象，录制过程中 LoadRunner 的那个浮动小窗口的标题栏一直显示“0 events”事件字样，这表明 LoadRunner 并没有捕获到网络通信包。停止录制后，发现里面没有生成相关的脚本语言。

当然这种情况可能并不是每个人都会遇到。在网上也看到很多朋友遇到过类似的情况。如果录制不下来，那么使用 LoadRunner 进行性能测试的希望就变成了泡影。并且没有任何规律表明什么时候能把脚本录制下来，什么时候录制不下来。一切都是凭运气。

为了解决这种情况，下面介绍一种新的录制方法——Port Mapping 录制。

选择录制协议的过程还是不变，接着选择录制的程序，在这里不再选择 Foxmail.exe，而是选择 LoadRunner 安装目录下\bin\wplus_init_wsock.exe 程序，如图 4-14 所示。

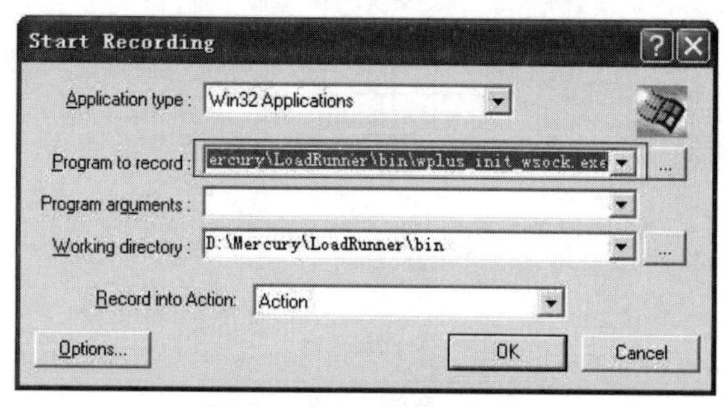

图 4-14　设置录制程序

单击 Options... 按钮，弹出 Recording Options 对话框。选择 Port Mapping 并单击 New Entry 按钮，弹出 Server Entry 对话框，对其进行如图 4-15 所示的设置。

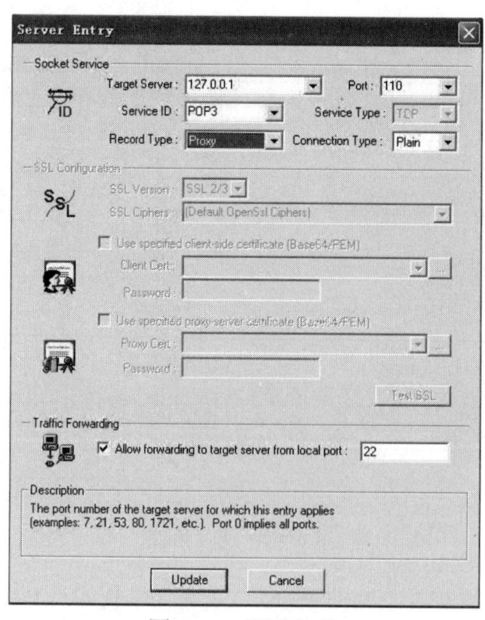

图 4-15　设置代理

各设置项具体含义如下：

- Target Server（目标服务器）：选择邮件服务器的地址，可以输入 IP 地址或域名地址，如 mail.myspace.com。
- Port（端口号）：设置服务 ID，这里是 POP3 协议，所以端口号为 110。
- Service ID（服务 ID）：选择需要的协议，这里设置为 POP3。
- Record Type（录制方式）：选择录制方式有代理和直接两种，这里设置为代理。
- Traffic Forwarding：将 Allow forwarding to target server from local port 复选框选中，并设置一个端口。这个端口可以随便设置，这里设置为 22。

LoadRunner 录制过程中，首先得到的是 22 端口的请求，得到 22 端口请求后，将 22 端口请求转发到 127.0.0.1 的 110 端口，其原理如图 4-16 所示。

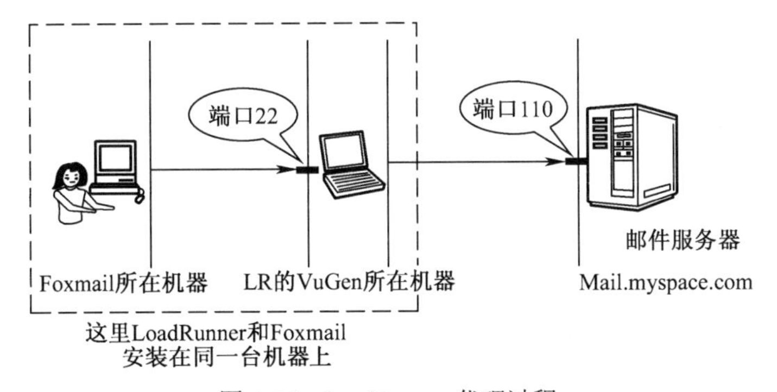

图 4-16　LoadRunner 代理过程

使用同样的方法，设置好 SMTP 代理。

接下来要对 Foxmail 进行一些设置。进入“邮箱账户设置”对话框，选择“邮件服务器”属性，将发送邮件服务器（SMTP）和 POP3 服务器的地址都设置为 127.0.0.1 或 localhost，如图 4-17 所示。

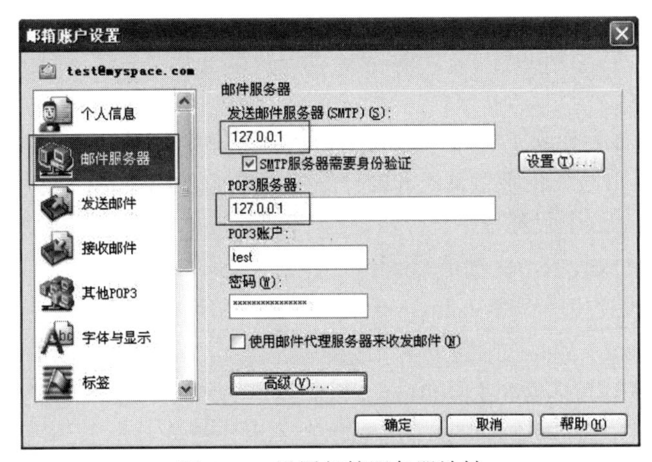

图 4-17　设置邮箱服务器地址

再在“邮箱账户设置”对话框单击“高级”按钮，进入“高级设置”界面。将 SMTP 服务器端口和 POP3 服务器端口分别设置为 22 和 21。22 和 21 是在设置 LoadRunner 录制选项中 Traffic Forwarding 的端口号，如图 4-18 所示。

设置完成之后，可以开始录制了，开始录制后，LoadRunner 会激活 wplus_init_wsock.exe 程序，这是一个代理服务器程序，如图 4-19 所示。

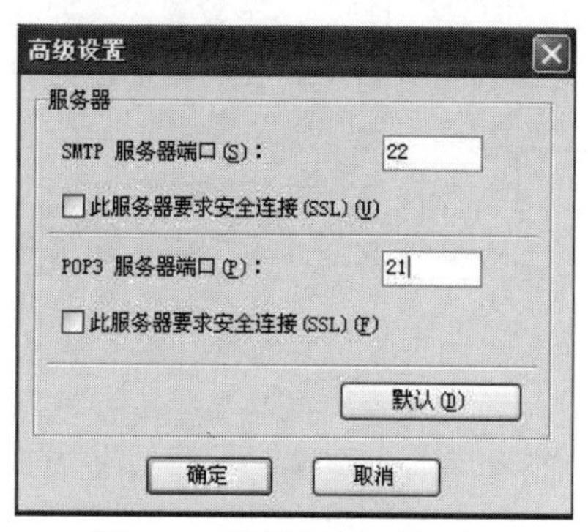

图 4-18　设置服务器端口号

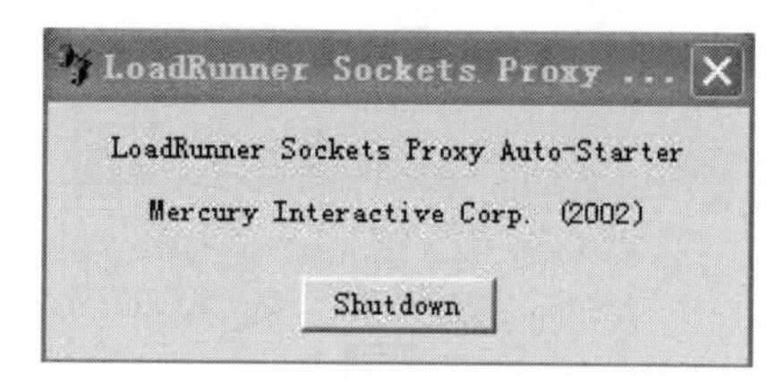

图 4-19　服务器代理程序

这时 LoadRunner 会做一些初始化的工作，会发现在没有做任何动作的情况下 LoadRunner 就已经捕获了网络通信包，如图 4-20 所示。

图 4-20　网络通信包

进行收取一封邮件操作。根据设置，Foxmail 会向 127.0.0.1 即本机 21 端口发送 POP3 命令。这些命令会被 wplus_init_wsock.exe 捕获，wplus_init_wsock.exe 捕获后会将这些命令转发到 mail.myspace.com 的 110 端口。这才是真正的邮件服务器，邮件服务器把信取出后，发给 wplus_init_wsock.exe，然后 wplus_init_wsock.exe 把信转发给 Foxmail。结果就是 Foxmail 里面正确地收取到了邮件。

此时 LoadRunner 显示捕获了 35 个网络包。扣除上面 19 个，实际上捕获了 35-19=16 个网络包。这些网络包就是 Foxmail 发出的取信请求和邮件服务器传递给 Foxmail 的邮件，只是这些请求是经过 wplus_init_wsock.exe 这个代理程序进行转发的。wplus_init_wsock.exe 转发的同时，会把这些通信包记录下来，并转化成脚本，这就是 LoadRunner 录制脚本的真正秘密。

录制结束后，应该把代理程序 wplus_init_wsock.exe 关闭掉，否则再次录制时，由于端口被占用，导致录制无法进行。

通过这个录制过程，可以看出 LoadRunner 录制脚本的方式是基于代理（proxy）的方式。只不过在典型的录制方式中，proxy 是看不见的，或者说不用处理录制方式，称之为“隐式 proxy 录制方式”。而这里介绍的方式称之为“显式 proxy 录制方式”。另外一种录制方式是基于以太网的 Sniffer

方式，利用以太网的通信特性，采用侦听的方式。网上偷窥别人 MSN 聊天的 MSN 嗅探器就是基于这个原理。但是这种 Sniffer 方式的最大缺陷是录制的客户端和服务器必须在同一个以太网段内。Proxy 方式则不受这个限制，甚至可以录制 UNIX 与 UNIX 之间的通信，即客户端和服务器都是运行 UNIX 系统下的录制工作。因此 Proxy 更加具有通用性。

录制完成后生成如下脚本，录制的业务是使用 Foxmail 发送一封邮件，邮件的接收方为自己，并使用 Foxmail 收取邮件。

```
Action()
{
        smtp1 = 0;
        smtp_logon_ex(&smtp1, "SmtpLogon",
            "URL=smtp://test:1234567@127.0.0.1",
            "CommonName=LoadRunner User",
            LAST);
        smtp_send_mail_ex(&smtp1, "SendMail",
            "To=test@myspace.com",
            "From=<test@myspace.com> SIZE=1443",
            "Subject=Hello",
            "ContentType=multipart/alternative;",
            MAILOPTIONS,
                "From: \"test\" <test@myspace.com>",
                "To: \"test\" <test@myspace.com>",
                "X-mailer: Foxmail 6, 15, 201, 22 [cn]",
            MAILDATA,
                "AttachRawFile=mailnote1_01.dat",
                "AttachRawFile=mailnote1_02.dat",
            LAST);
        smtp_logout_ex(&smtp1);
        smtp_free_ex(&smtp1);
        pop31 = 0;
        pop3_logon_ex(&pop31, "Pop3Logon",
            "URL=pop3://test:1234567@127.0.0.1",
            LAST);
        pop3_command_ex(&pop31, "Pop3Command",
            "Command=STAT",
            LAST);
        pop3_list_ex(&pop31, "Pop3List",
            LAST);
        pop3_retrieve_ex(&pop31, "RetrieveMail",
            "RetrieveList=1",
            "DeleteMail=No",
            LAST);
        pop3_logoff_ex(&pop31);
```

```
        pop3_free_ex(&pop31);
        return 0;
}
```

4.2.3 脚本分析

录制结束后，可以对脚本进行进一步的分析。

smtp_logon_ex： SMTP Vuser 函数，登录到 SMTP 服务器。

smtp_send_mail_ex： 是 SMTP Vuser 提供的一个最主要的函数，其作用主要是发送 SMTP 消息到指定的 E-mail 地址。

"From: \"test\" <test@myspace.com>"设置发件人地址。

"To: \"test\" <test@myspace.com>"设置收件人地址。

"Subject=Hello"是邮件的主题。

MAILDATA： 发送邮件的内容。

"AttachRawFile=mailnote1_01.dat"和"AttachRawFile=mailnote1_02.dat"是邮件的正文。在脚本左侧导航栏中多了"mailnote1_01.dat"和"mailnote1_02.dat"两个节点。这两个节点中包含的内容如下：

mailnote1_01.dat 的内容如下：

```
Content-Type: text/plain;
        charset="us-ascii"
Content-Transfer-Encoding: 7bit
How are you?
```

这也是发送邮件的正文。

mailnote1_02.dat 的内容如下：

```
Content-Type: text/html;
charset="us-ascii"
Content-Transfer-Encoding: 7bit
<!DOCTYPE HTML PUBLIC "-//W3C//DTD HTML 4.0 Transitional//EN">
<HTML><HEAD>
<META http-equiv=Content-Type content="text/html; charset=us-ascii">
<META content="MSHTML 6.00.2900.5848" name=GENERATOR><LINK
href="BLOCKQUOTE{margin-Top: 0px; margin-Bottom: 0px; margin-Left: 2em}"
rel=stylesheet></HEAD>
<BODY style="FONT-SIZE: 10pt; MARGIN: 10px; FONT-FAMILY: verdana">
<DIV><FONT face=Verdana size=2>How are you?</FONT></DIV>
<DIV><FONT face=Verdana size=2></FONT> </DIV>
<DIV align=left><FONT face=Verdana color=#c0c0c0 size=2>2009-08-03
</FONT></DIV><FONT face=Verdana size=2>
<HR style="WIDTH: 122px; HEIGHT: 2px" align=left SIZE=2>
<DIV><FONT face=Verdana color=#c0c0c0 size=2><SPAN>test</SPAN>
</FONT></DIV></FONT></BODY></HTML>
```

这段代码和网页的DOM源码非常像，类似于HTML格式。其实就是发送邮件内容的text/html源代码程序。

接下来要对脚本进行参数化，这里要实现的业务模型是模拟不同的用户向 test@myspace.com 邮箱发送邮件。这样涉及到参数化就有两部分，smtp_logon_ex 函数需要进行参数化，使用不同的用户登录 SMTP 服务器；smtp_send_mail_ex 函数中发件箱的地址也需要进行参数化。

参数化后的代码有如下变化：

```
Action()
{
    smtp1 = 0;
    smtp_logon_ex(&smtp1, "SmtpLogon",
        "URL=smtp://{user}:{pw}@127.0.0.1",
        "CommonName=LoadRunner User",
        LAST);
    smtp_send_mail_ex(&smtp1, "SendMail",
        "To=test@myspace.com",
        "From=<{user}@myspace.com> SIZE=1443",
        "Subject=Hello",
        "ContentType=multipart/alternative;",
        MAILOPTIONS,
            "From: \"test\" <test@myspace.com>",
            "To: \"test\" <test@myspace.com>",
            "X-mailer: Foxmail 6, 15, 201, 22 [cn]",
        MAILDATA,
            "AttachRawFile=mailnote1_01.dat",
            "AttachRawFile=mailnote1_02.dat",
        LAST);
    smtp_logout_ex(&smtp1);
    smtp_free_ex(&smtp1);
    pop31 = 0;
    pop3_logon_ex(&pop31, "Pop3Logon",
        "URL=pop3://test:1234567@127.0.0.1",
        LAST);
    pop3_command_ex(&pop31, "Pop3Command",
        "Command=STAT",
        LAST);
    pop3_list_ex(&pop31, "Pop3List",
        LAST);
    pop3_retrieve_ex(&pop31, "RetrieveMail",
        "RetrieveList=1",
        "DeleteMail=No",
        LAST);
    pop3_logoff_ex(&pop31);
```

```
    pop3_free_ex(&pop31);
    return 0;
}
```

参数化结束后，对脚本进行调试。

4.2.4 关于 SMTP 和 POP3 函数

1．smtp_logon_ex 登录到 SMTP 服务器

格式：

int smtp_logon_ex (SMTP *ppsmtp, char *transaction, char *url, [char *CommonName, char *LogonUser, char *LogonPass, char* LocalAddr, char* STARTTLS,] LAST);

参数说明：

ppsmtp：session 标识符。

transaction：定义该步骤的事务名称，事务名使用引号引用；如果不创建事务名，使用空字符（如""）。

url：登录 SMTP 服务器的 URL，如 URL=smtp://user0001t@myspace.com。

CommonName：登录 session 的名称，使用“CommonName=***”的格式。

LogonUser：可选项，登录 SMTP 服务器的用户名，使用格式“LogonUser=***”。

LogonPass：可选项，登录 SMTP 服务器的密码，使用格式“LogonPass=***”。

LocalAddr：可选项，为客户端设置一个 IP 地址，用于 IP 欺骗，格式为“LocalAddr=192.168.14.52”。

返回值：成功返回 LR_PASS，失败返回 LR_FAIL。

```
smtp_logon_ex(&smtp1, "SmtpLogon",
    "URL=smtp://test:123456@127.0.0.1",
    "CommonName=LoadRunner User",
    LAST);
```

2．smtp_send_mail_ex 发送 SMTP 邮件消息

格式：

int smtp_send_mail_ex (SMTP *ppsmtp, char *transaction, char *RecipientTo,
[char *RecipientCC,] [char *RecipientBCC,] char *Subject,[char *From,] [char *ContentType, <char *charset,>] char *MAILOPTIONS, char *MAILDATA, LAST);

参数说明：

ppsmtp：session 标识符。

transaction：定义该步骤的事务名称，事务名使用引号引用；如果不创建事务名，使用空字符（如""）。

RecipientTo：邮件接收地址，格式“To=email_address1”。

RecipientCC：抄送接收者地址，格式“CC=email_address1”。

RecipientBCC：秘密接收者地址，格式“BCC=email_address1”。

Subject：邮件主题。

ContentType：内容的形式，默认为 multipart/mixed。

MAILOPTIONS：邮件客户端选项与设置，格式为“MAILOPTIONS,"Option1:value", "Option2:value"”。

MAILDATA：邮件的内容，格式为：“MAILDATA, "MessageText=...", "MessageBlob=..."”，当然也可以指定一个附件，格式为："AttachRawFile= filename"，附件的内容一般都是脚本中的数据文件。

返回值：成功返回 LR_PASS，失败返回 LR_FAIL。

例：test 向 test001 发送一封邮件，邮件内容为附件 mailnote1_01.dat 和 mailnote1_02.dat 的内容。

```
smtp_send_mail_ex(&smtp1, "SendMail",
    "To=test@myspace.com",
    "From=<test001@myspace.com> SIZE=1443",
    "Subject=Hello",
    "ContentType=multipart/alternative;",
    MAILOPTIONS,
        "From: \"test\" <test@myspace.com>",
        "To: \"test\" <test@myspace.com>",
        "X-mailer: Foxmail 6, 15, 201, 22 [cn]",
    MAILDATA,
        "AttachRawFile=mailnote1_01.dat",
        "AttachRawFile=mailnote1_02.dat",
    LAST);
```

3. Pop_logon_ex 登录 POP3 服务器

格式：

int pop3_logon_ex (POP3 *pppop3, char *transaction, char *url, [char* LocalAddr, char* STARTTLS,] LAST);

参数说明：

pppop3：session 标识符。

transaction：定义该步骤的事务名称，事务名使用引号引用；如果不创建事务名，使用空字符（如""）。

url：定义 POP3 服务器的 URL，格式为"URL=pop3://username:password@server[:port]"。

LocalAddr：可选项，为客户端设置一个 IP 地址，用于 IP 欺骗，格式为“LocalAddr= 192.168.14.52”。

返回值：成功返回 LR_PASS，失败返回 LR_FAIL。

例：用户 test 登录 POP3 服务器。

```
pop3_logon_ex(&pop31, "Pop3Logon",
    "URL=pop3://test:1234567@127.0.0.1",
    LAST);
```

4. Pop3_retrieve_ex 从 POP3 服务器上获取邮件信息

格式：

long pop3_retrieve_ex(POP3 **pppop3*, char **transaction*, char **retrieveList*, char **deleteFlag*, [<Options>,] LAST);

参数说明：

pppop3：session 标识符。

transaction：定义该步骤的事务名称，事务名使用引号引用；如果不创建事务名，使用空字符（如""）。

retrieveList：设置返回邮件信息列表范围。

deleteFlag：设置当从 POP 服务器上返回邮件后，是否删除邮件的标记。

<Options>：可选项，设置可选参数，可选参数有四个：CreateParamForHeader、ShowMail、SaveTo 和 SaveAs。

返回值：成功返回 LR_PASS，失败返回 LR_FAIL。


```
pop3_retrieve_ex(&pop31, "RetrieveMail",
        "RetrieveList=1",
        "DeleteMail=No",
        LAST);
```

4.3 小结

本章主要介绍了两种协议：Windows Sockets 协议和邮件服务协议。而 Windows Sockets 协议是除 HTTP 协议外最常用的协议。介绍了使用 Windows Sockets 协议如何录制脚本、增强脚本、脚本参数化、关联脚本以及 Sockets 协议的常用函数。接着介绍了邮件服务协议的录制方法，以及关于 SMTP 和 POP3 的一些相关函数的使用。

第5章 基于接口性能测试

关于接口测试应该很多人都有所了解，目前可能很多人会使用 Jmeter 来做接口测试，但其实 LoadRunner 也是可以使用接口的。使用 LoadRunner 做接口测试准确地说是对接口的性能进行测试。关于性能测试从测试的对象角度来划分，有两种不同的分类：一是基于 GUI 界面的性能测试（这也是我们通常说的性能测试）；二是直接对服务器端的接口进行性能测试。在我国早期研究性能测试时，一般都是基于 GUI 界面的性能测试，也就是通常说的录制回放的方式进行脚本录制，但随着软件系统越来越复杂，前端界面变化越来越频繁，传统的基于 GUI 界面的性能测试存在很多弊端，因为当界面频繁变动的时候，每改一次性能测试就必须重新做一次，为了提高工作效率，我们会对后台的服务器所提供的方法直接进行接口测试，这样只要服务器的方法或属性没有变，那么就可以不用频繁地、重复地进行性能测试。

本章节主要介绍以下几部分内容：

- WSDL 协议简介
- Web Service 接口测试
- web_service_call 函数
- Java 环境
- JavaVuser 常用函数
- JavaVuser 脚本
- web_submit_data
- web_custom_request

5.1 WSDL 协议简介

WSDL（Web Services Description Language）是指网络服务描述语言。WSDL 是一种使用 XML 编写的文档。这种文档可描述某个 Web Service。它可规定服务的位置，以及此服务提供的操作（或方法）。

WSDL 文档主要是利用<portType>、<message>、<types>和<binding>这些元素来描述某个 Web Service，见表 5-1。

表 5-1　Web Service 组成元素

元素	定义
<portType>	Web Service 执行的操作
<message>	Web Service 使用的消息
<types>	Web Service 使用的数据类型
<binding>	Web Service 使用的通信协议

下面是一个常见的 WSDL 文档结构。

```
<definitions>

<types>
   definition of types........
</types>

<message>
   definition of a message....
</message>

<portType>
   definition of a port.......
</portType>

<binding>
   definition of a binding....
</binding>

</definitions>
```

WSDL 端口：<portType> 元素是最重要的 WSDL 元素。<portType>可以描述一个 Web Service、可被执行的操作，以及相关的消息。<portType> 元素相当于传统编程语言中的一个函数库（一个模块或一个类）。

请求-响应是最普通的操作类型，不过 WSDL 定义了四种类型：

（1）One-way：此操作可接收消息，但不会返回任何响应。

（2）Request-response：此操作可接收一个请求并会返回一个响应。

（3）Solicit-response：此操作可发送一个请求，并会等待一个响应。

（4）Notification：此操作可发送一条消息，但不会等待响应。

WSDL 消息：<message> 元素定义一个操作的数据元素。每个消息均由一个或多个部件组成。<message> 元素相当于传统编程语言中一个函数调用的参数。

WSDL types：<types> 元素定义 Web Service 使用的数据类型。为了最大限度的平台中立性，WSDL 使用 XML Schema 语法来定义数据类型。

WSDL Bindings：<binding> 元素为每个端口定义消息格式和协议细节。

下面是 WSDL 1.2 的标准语法。

```
<wsdl:definitions name="nmtoken"? targetNamespace="uri">

    <import namespace="uri" location="uri"/> *

    <wsdl:documentation .... /> ?

    <wsdl:types> ?
        <wsdl:documentation .... /> ?
        <xsd:schema .... /> *
    </wsdl:types>

    <wsdl:message name="ncname"> *
        <wsdl:documentation .... /> ?
        <part name="ncname" element="qname"? type="qname"?/> *
    </wsdl:message>

    <wsdl:portType name="ncname"> *
        <wsdl:documentation .... /> ?
        <wsdl:operation name="ncname"> *
            <wsdl:documentation .... /> ?
            <wsdl:input message="qname"> ?
                <wsdl:documentation .... /> ?
            </wsdl:input>
            <wsdl:output message="qname"> ?
                <wsdl:documentation .... /> ?
            </wsdl:output>
              <wsdl:fault name="ncname" message="qname"> *
                <wsdl:documentation .... /> ?
            </wsdl:fault>
        </wsdl:operation>
    </wsdl:portType>

    <wsdl:serviceType name="ncname"> *
        <wsdl:portType name="qname"/> +
    </wsdl:serviceType>

    <wsdl:binding name="ncname" type="qname"> *
        <wsdl:documentation .... /> ?
```

```
        <-- binding details --> *
        <wsdl:operation name="ncname"> *
            <wsdl:documentation .... /> ?
            <-- binding details --> *
            <wsdl:input> ?
                <wsdl:documentation .... /> ?
                <-- binding details -->
            </wsdl:input>
            <wsdl:output> ?
                <wsdl:documentation .... /> ?
                <-- binding details --> *
            </wsdl:output>
            <wsdl:fault name="ncname"> *
                <wsdl:documentation .... /> ?
                <-- binding details --> *
            </wsdl:fault>
        </wsdl:operation>
    </wsdl:binding>

    <wsdl:service name="ncname" serviceType="qname"> *
        <wsdl:documentation .... /> ?
        <wsdl:port name="ncname" binding="qname"> *
            <wsdl:documentation .... /> ?
            <-- address details -->
        </wsdl:port>
    </wsdl:service>

</wsdl:definitions>
```

5.2 Web Service 接口测试

前面我们简单介绍了关于 WSDL 的协议，现在我们开始学习如何使用 LoadRunner 对 Web Service 进行接口测试，现在市场上接口测试的工具也很多，例如 soapui、postman 等。下面我们就详细介绍使用 LoadRunner 如何对 Web Service 进行接口测试。

下面将以 http://fy.webxml.com.cn/webservices/EnglishChinese.asmx 这个 Web 服务为例介绍 Web Service 接口测试。该系统是一个中英文双向翻译的 Web 服务。

5.2.1 选择 Web Services 协议

单击【New Script】按钮，在弹出的【New Virtual User】对话框中，选择 Web Services 协议，如图 5-1 所示。

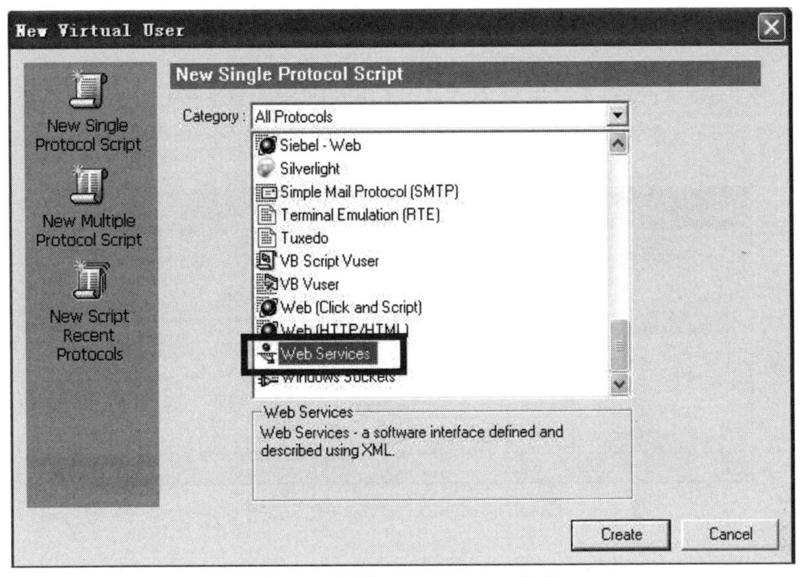

图 5-1　选择 Web Services 协议

5.2.2　选择 Manage Services 管理待测试的服务

在主界面单击【Manage Services】按钮，会弹出一个【Manage Services】对话框，如图 5-2 所示。在这个对话框中可以选择我们待测试的服务。

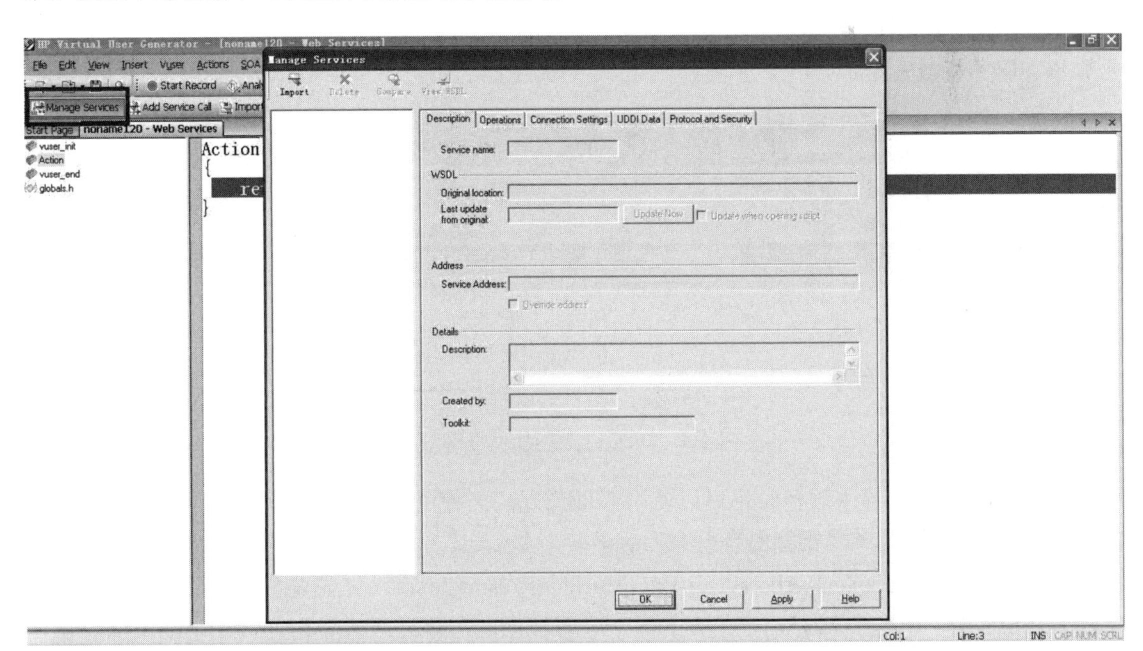

图 5-2　Manage Services 对话框

5.2.3 Import Services 导入服务

在弹出的【Manage Services】对话框中，单击【Import Service】按钮，会弹出【Import Service】对话框，如图 5-3 所示，在该对话框中来设置待测试的服务。

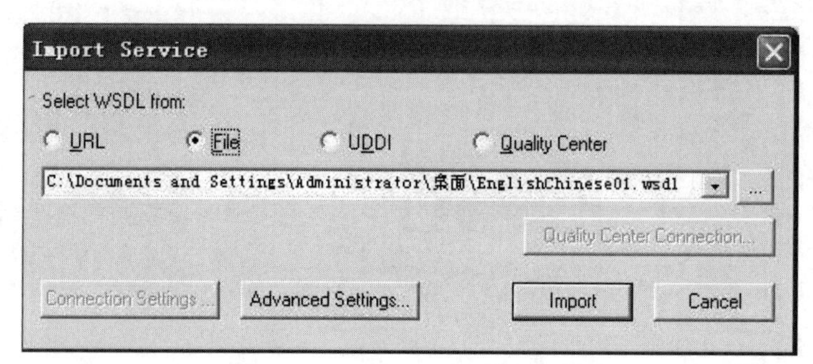

图 5-3　Import Service 导入服务

导入服务的方式有四种：URL、File、UDDI 和 Quality Center。但一般只会用到两种，即 URL 和 File，下面阐述如何使用 URL 和 File 两种方式来导入服务。

（1）URL 方式。如果选择 URL 方式，在下面的文本框中输入 Web 服务的 URL 地址，但需要注意的是必须在后面加上“?wsdl”，如我们测试的服务地址为 http://fy.webxml.com.cn/webservices/EnglishChinese.asmx，那么填入到文本框的地址实际上应该为 http://fy.webxml.com.cn/webservices/EnglishChinese.asmx?wsdl，如图 5-4 所示。因为我们测试的对象是 Web Services 的服务，它是一个类似 XML 格式的文件，所以我们在加载服务时，不能写 URL 地址，一定得在后面加上“?wsdl”，否则添加服务就会失败。

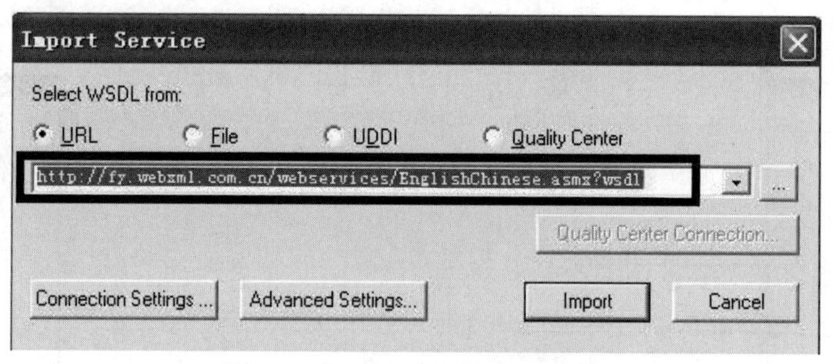

图 5-4　URL 方式添加 Web 服务

（2）File 方式。导入服务时也可以使用 File 方式，当使用文件导入服务时需要注意，在使用 File 方式导入服务之前，需要将内容另存为后缀名为“.wsdl”的文件，使用浏览器打开要测试的服务（http://fy.webxml.com.cn/webservices/EnglishChinese.asmx?wsdl，注意是包含“?wsdl”的 wsdl 文件），然后再单击“另存为”，但另存为时一定得注意，另存为后缀名为“.wsdl”的文件。再在【Import Service】对话框中选择需要导入的文件，如图 5-5 所示。

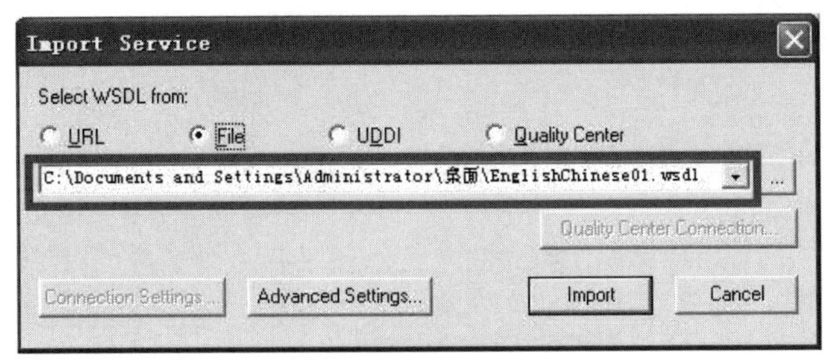

图 5-5　File 方式添加 Web 服务

当导入成功后可以在【Operations】标签页中看到该服务所包含的所有方法，如图 5-6 所示。

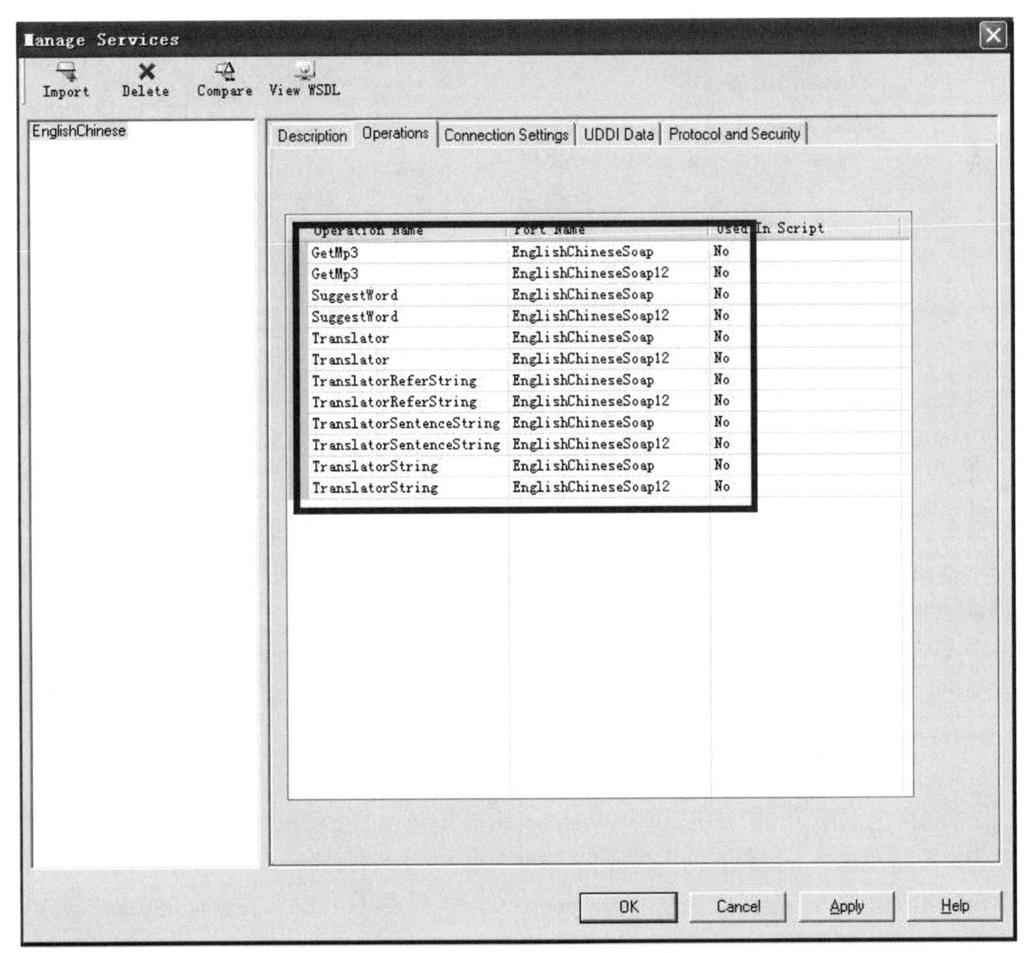

图 5-6　查看导入成功的方法或操作

在图 5-6 中所显示的方法与手工查看 http://fy.webxml.com.cn/webservices/EnglishChinese.asmx 所看到的方法是一致的，打开该 URL 地址所看的方法，如图 5-7 所示。

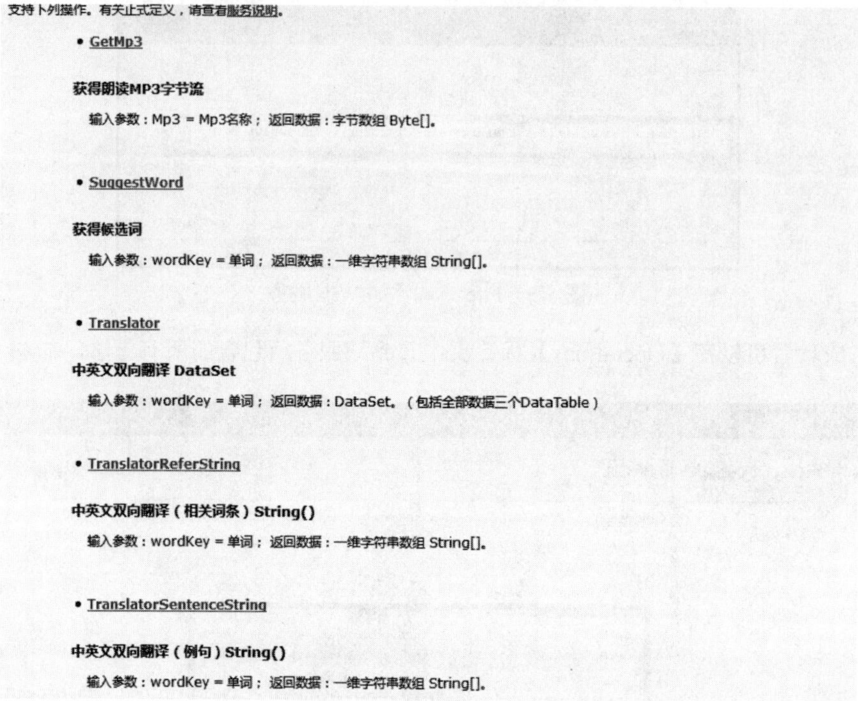

支持下列操作。有关正式定义，请查看服务说明。

- GetMp3

获得朗读MP3字节流

输入参数：Mp3 = Mp3名称；返回数据：字节数组 Byte[]。

- SuggestWord

获得候选词

输入参数：wordKey = 单词；返回数据：一维字符串数组 String[]。

- Translator

中英文双向翻译 DataSet

输入参数：wordKey = 单词；返回数据：DataSet。（包括全部数据三个DataTable）

- TranslatorReferString

中英文双向翻译（相关词条）String()

输入参数：wordKey = 单词；返回数据：一维字符串数组 String[]。

- TranslatorSentenceString

中英文双向翻译（例句）String()

输入参数：wordKey = 单词；返回数据：一维字符串数组 String[]。

图 5-7　查看 Web 站点的方法是否与导入的一致

在【Operations】标签页中可看到每种操作或方法都有两个不同的端口名，分别为：EnglishChineseSoap 和 EnglishChineseSoap12，这两种端口名表示支持 Soap 协议的两个版本。

5.2.4　添加服务调用（Add Service Call）

导入服务成功后，接下来就得确定要测试的对象，因为每个服务都可能有很多不同的操作，那么要测试哪个操作呢？这就是这个步骤要做的事情。

单击【Add Service Call】按钮，弹出【New Web Service Call】对话框，如图 5-8 所示。

在弹出的【New Web Service Call】对话框中，有以下几个选项需要注意：

Service：表示 Web Services 的服务器名。

Port Name：表示端口名。

Operation：表示操作或方法名，即该 Web Services 所包含的方法或操作名，也是做接口测试时待测试的对象。在这个下拉列表框中选择我们要测试的方法或操作。

以测试 TranslatorString 操作为例，在 Operation 下拉列表框中选择 TranslatorString 操作。该操作是中英文双向翻译（基本）String()，输入参数：wordKey = 单词；返回数据：一维字符串数组 String[]。

选中操作之后，可以在左边看到该操作输入和输出的相关数据，当然还可以设置 SOAP Header，但一般只要设置输入和输出参数即可。

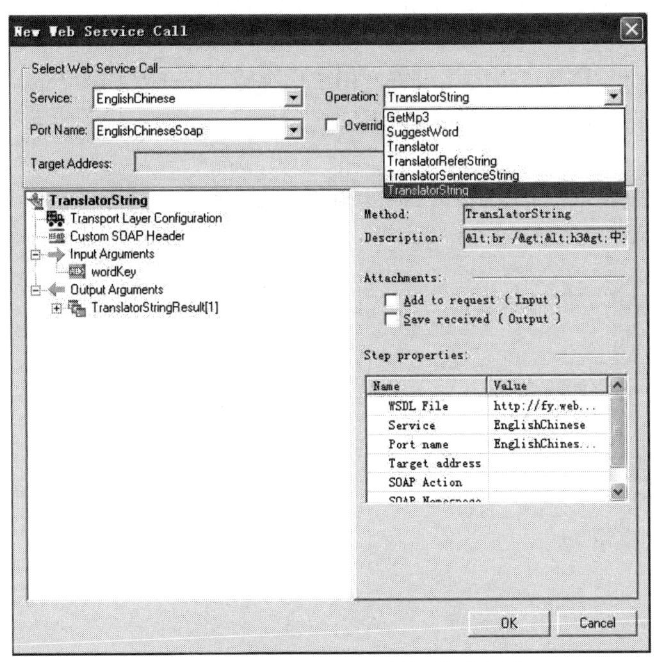

图 5-8　添加本次要测试的操作或方法

输入的参数就是该操作在调用过程中所需要输入的实参，所谓接口测试其本身就是测试该操作与外界打交道的内容，这就相当于函数，一个函数与外界打交道的只有输入时的实参和输出的结果，并没有其他的内容，所以输入的参数就相当于函数调用中的实参。单击【Input Arguments】就可以看到需要输入的参数情况，在这个实例中只需要输入一个参数（到底需求多少个参数，完全取决于在函数定义时所需要输入的形参个数），形参名叫“wordKey”，选中“Include argument in”选项，在下面选择“Value”选项，在该文本框中输入测试时具体的实参，这里以输入“Hello”为例，即测试的数据为“Hello”，如图 5-9 所示。

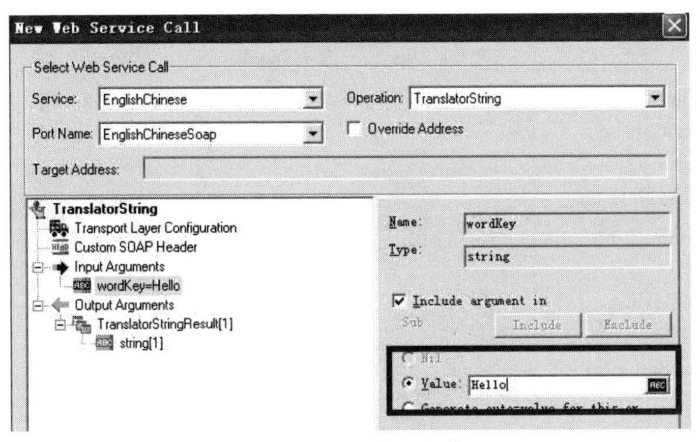

图 5-9　设置输入参数

单击【Output Arguments】可以设置输出结果的相关信息。选中“Save returned value in param”，可以设置参数名，这个参数名可以随便设置，用于保存输出结果，如图 5-10 所示。这个参数主要用于保存该操作的返回值，就相当于函数的返回值一样。

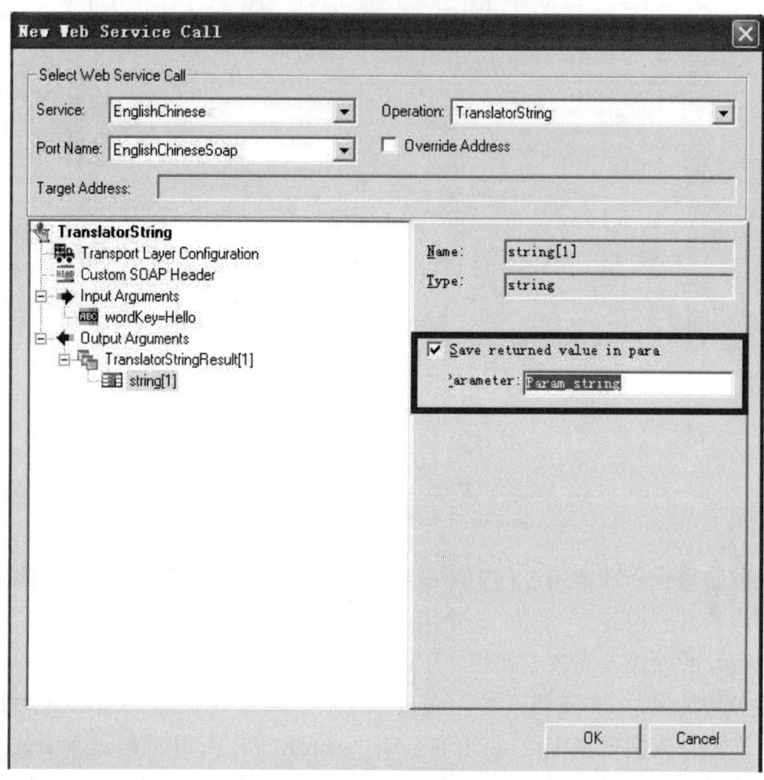

图 5-10　设置输出参数

设置完成后，LoadRunner 会生成一段代码插入在 Action 部分，代码如下：

```
web_service_call( "StepName=TranslatorString_102",
    "SOAPMethod=EnglishChinese|EnglishChineseSoap|TranslatorString",
    "ResponseParam=response",
    "Service=EnglishChinese",
    "ExpectedResponse=SoapResult",
    "Snapshot=t1525517692.inf",
    BEGIN_ARGUMENTS,
    "wordKey=Hello",
    END_ARGUMENTS,
    BEGIN_RESULT,
    "TranslatorStringResult/*[1]=Param_string",
    END_RESULT,
    LAST);
```

5.2.5 调试脚本

在 Action 里面其实只生成了一个函数（web_service_call），其实对 Web Services 进行接口测试时，只是通过这个函数来发送请求，也就是说如果对这个函数很熟悉，根本就不用上面几个步骤，可以直接写 web_service_call 函数来达到目的。

当代码生成后，接下来就是调试代码，检查结果是否正确，在调试代码之前，需要先在【Run-time Settings】对话框中设置一下“Log”的属性，需要将日志文件的格式设置为“Extended log->Parameter substitution”，这样可以在回放日志的地方将参数提交的相关日志都打印出来，设置好日志格式之后就可以回放脚本。回放后的日志文件内容如下：

```
Virtual User Script started at : 2018-05-05 19:11:43
Starting action vuser_init.
Web Services replay version 11.0.0 for WINXP; Toolkit: ".Net"; build 8859
Run-Time Settings file: "C:\Documents and Settings\Administrator\Local Settings\Temp\noname120\\default.cfg"
Vuser directory: "C:\Documents and Settings\Administrator\Local Settings\Temp\noname120"
Vuser output directory: "C:\Documents and Settings\Administrator\Local Settings\Temp\noname120\"
LOCAL start date/time:   2018-05-05 19:11:43
Ending action vuser_init.
Running Vuser...
Starting iteration 1.
Starting action Action.
Action.c(3): Web service call "TranslatorString_102" started
Action.c(3): Notify: Saving Parameter "TranslatorString_102_Response = <TranslatorString><TranslatorStringResult><string>hello</string><string>'hel?u, he'l?u</string><string></string><string>int.（见面打招呼或打电话用语）喂,哈罗</string><string>1059.mp3</string></TranslatorStringResult></TranslatorString>".
Action.c(3): Notify: Saving Parameter "response = <?xml version="1.0" encoding="utf-8"?><soap:Envelope xmlns:soap="http://schemas.xmlsoap.org/soap/envelope/" xmlns:xsi="http://www.w3.org/2001/XMLSchema-instance" xmlns:xsd="http://www.w3.org/2001/XMLSchema"><soap:Body><TranslatorStringResponse xmlns="http://WebXml.com.cn/"><TranslatorStringResult><string>hello</string><string>'hel 蓹 u, he'l 蓹 u</string><string /><string>int. 锛堣 闀㈡墦鎷涘懠鎴栨墦鐢佃瘽鐢ㄨ 锛夊杺，鍝堢綏</string><string>1059.mp3</string></TranslatorStringResult></TranslatorStringResponse></soap:Body></soap:Envelope>".
Action.c(3): Notify: Saving Parameter "Param_string = hello".
Action.c(3): Web service call "TranslatorString_102" was successful
Ending action Action.
Ending iteration 1.
Ending Vuser...
Starting action vuser_end.
Ending action vuser_end.
Vuser Terminated.
```

查看回放日志时，需要检查 TranslatorString_102_Response、response 和 Param_string 这三个参数的值是否正确，那么如何判断这三个参数返回来的值是否正确呢？可以进入 Web Service 的系统中进行手工测试，进入 http://fy.webxml.com.cn/webservices/EnglishChinese.asmx 地址单击 TranslatorString 操作，输入要测试的关键“Hello”，然后点“调用”就可以看到结果了，如果两次结果一样，说明测试的结果是正确的。

5.2.6 增强脚本

脚本调试没问题后，应该对脚本进行增强，那么这里增强脚本有两个方面要处理：一是参数化；二是设置检查点。

脚本检查点是必须的，一般情况每个脚本都会设置相对应的检查点，用于检查脚本运行结果的正确性。在之前的章节中会使用 web_reg_find 函数来检查内容是否正确，但在这个脚本中不需要使用 web_reg_find 函数来检查，因为待检查的内容就在上面所讲的那几个参数中，不用到缓存中去查询需要的结果，也即待检查的内容就在一个变量中，所以这个时候只要比较变量中的值是不是我们需要的，在这里使用 strstr 函数来检查就可以。

strstr(str1,str2) 函数用于判断字符串 str2 是否是 str1 的子串。如果是，则该函数返回 str2 在 str1 中首次出现的地址；否则，返回 NULL。

增强后的脚本代码如下：

```
web_service_call( "StepName=TranslatorString_101",
    "SOAPMethod=EnglishChinese|EnglishChineseSoap|TranslatorString",
    "ResponseParam=response",
    "Service=EnglishChinese",
    "ExpectedResponse=SoapResult",
    "Snapshot=t1523427287.inf",
    BEGIN_ARGUMENTS,
    "wordKey={keyword}",
    END_ARGUMENTS,
    BEGIN_RESULT,
    "TranslatorStringResult/*[1]=Param_translator",
    END_RESULT,
    LAST);
if(strstr(lr_eval_string("{Param_translator}"),lr_eval_string("{keyword}")) == NULL)
{
    lr_error_message("FAIL");
}
else
{
    lr_error_message("PASS");
}
    return 0;
```

脚本增强完成后，这个脚本就可以算是开发好了。

5.3 web_service_call 函数

对 Web Services 进行接口测试时，主要是通过 web_service_call 函数向服务器发送请求，在本节中将详细阐述 web_service_call 函数的使用。

```
int web_service_call( const char *StepName, [URL,] ExpectedResponse, <List of specifications>, [BEGIN_ARGUMENTS, Arguments, END_ARGUMENTS,] [Send Attachments, ][BEGIN_RESULT, Results, END_RESULT,] [Receive Attachments, ] LAST );
```

参数说明：

StepName：步骤的名称，它显示在测试树中。可以使用任何文本。

ExpectedResponse：要接受的响应的类型。ExpectedResponse 有三种模式，见表 5-2。

表 5-2 ExpectedResponse 响应类型

值	效果
"ExpectedResponse=SoapResult"	接受 SOAP 输出响应和由于 SOAP 故障的失败信息
"ExpectedResponse=SoapFault"	接受 SOAP 故障和在 SOAP 输出的失败响应
"ExpectedResponse=AnySoap"	接受 SOAP 输出和 SOAP 故障响应

URL：要加载的 Web 服务的 URL（统一资源定位符）。

List of specifications：规范列表格式"Specification = value"的逗号分隔列表。常见的列表参数如下：

（1）SOAPMethod。要调用的 Web Service 方法，包括服务名称、端口名称和方法名称。SOAPMethod 无法参数化。见以下实例：

```
SOAPMethod=EnglishChinese|EnglishChineseSoap|TranslatorString
EnglishChinese：是服务器名。
EnglishChineseSoap：是端口名。
TranslatorString：本次测试的方法名。
```

（2）Service。在 WSDL 中定义的服务的名称。

（3）WSDL。标识 WSDL 文档的位置。无法对 WSDL 及其参数进行参数化。

（4）Snapshot。包含步骤快照的.inf 文件的名称。此参数由服务测试记录。手动输入步骤时，不要添加。如果记录，不要编辑它。

（5）ResponseParam。服务器响应的输出信息的参数名。

（6）RecordedBuffer。用于保存录制期间缓存区的信息。不要编辑此参数或手动输入。

（7）ClientEmulation。此参数是采用工具包（DotNet 或 Axis）的名称或记录的关键字，如果设置此参数，意味着记录的缓冲区将被重放。ClientEmulation 是可选的。如果存在，它将覆盖运行时设置。

（8）SOAPAction。在 WSDL 中指定的 HTTP 头，从 LoadRunner 版本 8.0 以后，由服务测试记录。对于以前的脚本可以手动输入这个值。

（9）UseWSDLCopy。此可选参数确定在测试运行期间是否读取全局 WSDL 或本地副本。如果值为 1，则使用本地副本。如果值为 0，则使用全局 WSDL。默认是读取全局 WSDL。

（10）AsyncEvent。表示随后调用 web_service_wait_for_event 时要使用事件的名称。如果 web_service_call 调用包含非空的 AsyncEvent 参数，则调用发送请求，立即运行测试，而并不等待响应。直到 web_service_wait_for_event 调用时停止。此参数是可选的。

（11）WSAAction。要在目标服务器上执行的操作。

（12）WSAReplyTo。设置一个响应的 IP 地址用于存储 WS 的地址，该值通常是负载生成器的文本 IP 地址，当指定"WSAReplyTo = autodetect"时，要求服务可以使用 DNS 将负载生成器的主机名转换为 IP。并且在运行时检测负载生成器的 IP。Autodetect.NET 和 Axis 工具包支持 WS-Addressing。此参数是可选的。

（13）JMSSendQueueName。发送队列的 JNDI 名称。它指向可以通过 JNDI 查找操作找到的队列名称。使用 JMS 传输时，此值不能为空。如果不使用 JMS 传输，则不传递此参数。

（14）JMSReceiveQueueName。使用 JMS 传输时接收队列的 JNDI 名称。它指向可以通过 JNDI 查找操作找到的队列名称。如果此值缺失或为空，将使用临时队列进行接收。如果不使用 JMS 传输，则不传递此参数。

User Handler Arguments： 用户处理参数，关于用户处理参数常见的有以下几种：

（1）UserHandlerFunction。在脚本中定义函数的名称。

（2）UserHandlerName。用户处理程序的名称和脚本外部定义 DLL 处理程序。如果指定在脚本中定义为 UserHandlerFunction 的处理函数，那么将忽略 UserHandlerName。

（3）UserHandlerArgs。处理程序的配置参数的列表。使用处理程序的 GetArguments 方法来检索处理程序中的参数。

（4）UserHandlerOrder。请求中处理用户处理程序的顺序：BeforeSecurity、AfterSecurity、AfterAttachments 或 ReplaceTransport。

Sending attachments： 设置待发送附件的参数。需要发送附件时可以用 ATTACHMENTS_FORMAT_DIME 或 ATTACHMENTS_FORMAT_MIME 来指定消息的格式。

在发送附件时，需要使用 ATTACHMENT_ADD 来设置，如果只发送一个附件，那么这个参数只需要写一次，如果发送多次，附件就重复写多个，关于 ATTACHMENT_ADD 的参数设置如下：

- FileName：文件名，可以使用绝对路径来表示，也可以使用相当路径来表示。
- ParamName：包含附件的内容或者数据的参数名。
- ContentType（可选）：表示 MIME（多用途互联网邮件扩展类型）的类型，如果不设置这个参数，将会自动检测其类型。
- ID（可选）：指定附件的 ID 值，如果没有设置，那么会自动生成 ID 值。

下面是一个上传附件的实例。

```
web_service_call( "StepName=DimeUploadFile",
```

```
"ExpectedResponse=AnySoap",

"SOAPMethod=MyService|MyServiceSoap|DimeUploadFile",

"SOAPHeader=<SoapHeader><e>jb2018</e></SoapHeader>",

"WSDL=http://myServer/DimeGen/MyDimeService.asmx?WSDL",

"UseWSDLCopy=1",

"Snapshot=t118574494.inf",

BEGIN_ARGUMENTS,

"file_name=d:\\test\\Uploaded.txt",

END_ARGUMENTS,

ATTACHMENTS_FORMAT_DIME,

ATTACHMENT_ADD,
"FiLeNaMe=d:/test/attachment.in",//"ContentType=text/plain",

BEGIN_RESULT,

END_RESULT,

LAST );
```

如果需要将附件下载下来，那么可以使用 ATTACHMENT_SAVE_ALL 或 ATTACHMENT_SAVE_BY_INDEX 来实现。

ATTACHMENT_SAVE_ALL 的属性如下：

ParamNamePrefix：设置保存附件名参数的前缀，在保存附件名时，除了前面的那个前缀外，后面还有一个后缀，其最后保存的形式是“ParamNamePrefix_index”，index 是一些数字，例如“ParamNamePrefix_1”。

例如以下设置：

```
ATTACHMENT_SAVE_ALL, "ParamNamePrefix=myParam"
```

ATTACHMENT_SAVE_ INDEX 的属性如下：

Index：保存从服务器返回的附件中的第几个附件，index 表示附件的索引号。

ParamName：保存这个附件的名称。

例如以下设置，保存第一个附件：

```
ATTACHMENT_SAVE_BY_INDEX, "Index=1", "ParamName=myNameParam1"
```

5.4 Java 环境

在使用 JavaVuser 协议进行录制之前必须配置 Java 的运行环境，也就是必须保证 VuGen 所安装的机器上支持 JDK。关于 Java 环境设置的步骤如下：

第一步：安装 JDK 和 JRE 环境。

首先应该先安装 JDK 和 JRE，JDK 主要用于回放和编译脚本，JRE 主要用于代码生成和录制脚本。

需要注意的是，要编译和回放 JavaVuser 脚本，那就必须安装完整的 JDK 环境，因为 JRE 本身是不足以支持脚本运行的，因为在调试脚本时会涉及编译和回放脚本。在配置环境时，最好不要在一台机器上配置多个 JDK 或 JRE，如果有多个版本的 JDK 或 JRE，那么应该卸载不必要的版本。

第二步：在 JavaVuser 协议中的 Run time Settings 配置 Java 运行的相关参数。

（1）在 Run time Settings 对话框中的 Java VM 标签页中设计 JDK 路径，这里有两种方式可以设置 JDK 的路径：一是 Use internal logic to locate JDK（使用内部逻辑定位 JDK）；二是 Use the specified JDK（指定 JDK 路径），如果指定 JDK 的路径，那么应该在后面设置好 JDK 所安装的目录位置，如图 5-11 所示。

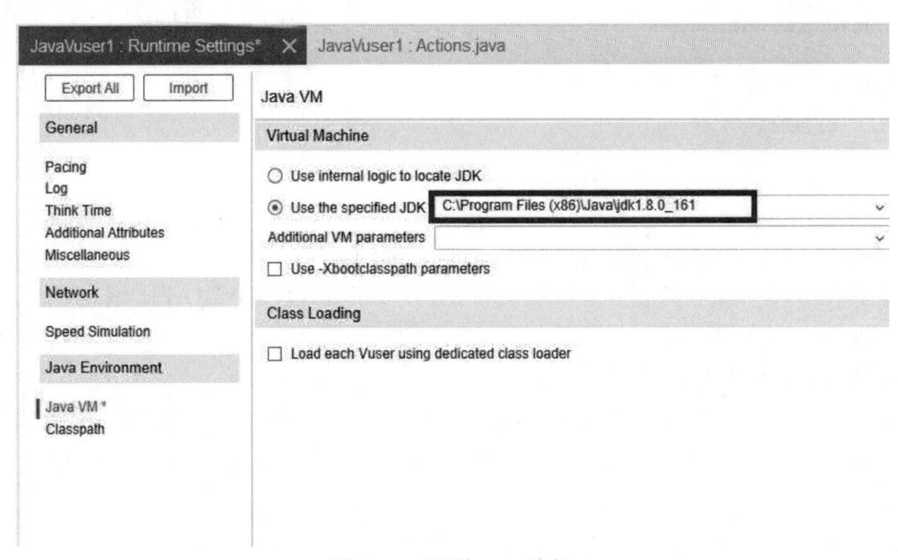

图 5-11　设置 JDK 路径

默认设置选项为“Use internal logic to locate JDK（使用内部逻辑定位 JDK）”。如果机器中安装了多个 JDK，VuGen 正常会选择环境变量中的 JDK 并且默认选择环境变量中第一个 JDK。

在录制脚本时需要保证使用的 JDK 与我们需要录制的一致，为了更好地保证所需要的 JDK 被选中，最好的方式是在环境变量中设置一个 JDK 的环境变量 LR_JAVA_HOME。否则将会使用 Windows 应用程序搜索算法搜索 java.exe。

（2）如果录制回放使用的是 64 位的 JDK，那么在 Run time Settings 对话框中的 Miscellaneous 设置项中选 Replay script with 64-bit。

（3）添加额外的 jar 包文件。如果在录制脚本时需要添加额外的 jar 包文件，那么可以通过以下两种方法来添加：

1）选择 File 菜单，在弹出来的下拉菜单中选择 Add Files to Script，可以选择需要添加的 jar 文件。

2）在 Run time Settings 对话框中选择 Java VM→Classpath，可以添加加载的 jar 包，如图 5-12 所示。

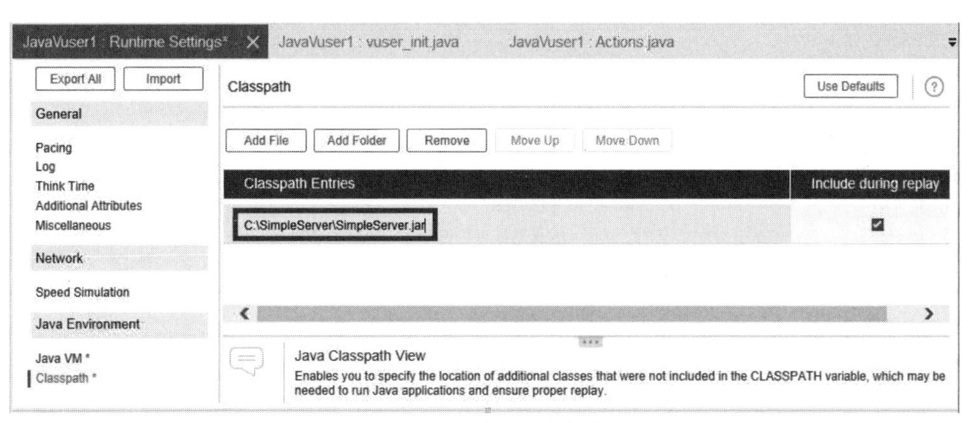

图 5-12 添加 jar 文件包

5.5 JavaVuser 常用函数

JavaVuser 录制脚本时，所用的函数与使用 C 语言写的函数还是有一些不同的，下面详细介绍在 JavaVuser 录制中常见的函数。

lr.eval_string 函数：

```
语法：String lr.eval_string( String instring )
```

返回值：返回脚本中的一个参数当前的值（从参数中取得对应的值，并且转换为一个字符串），类型为字符串。

```
//将“JavaVuser”字符串保存到 param 参数中，并判断 param 参数的值是否等于“JavaVuser”
lr.save_string("JavaVuser","param");
if(lr.eval_string("<param>").equals("JavaVuser"))
{
        lr.output_message("1");
}
else
{
```

```
        lr.output_message("0");
}
```

lr.save_string 函数：

```
语法：int lr.save_string( String param_value , String param_name);
```

定义：将以 null 结尾的指定字符串保存至参数。

```
//将“JavaVuser”字符串保存到 param 参数中
lr.save_string("JavaVuser","param");
```

lr.save_data 函数：

```
语法：int lr.save_data ( byte[ ] values, String param_name);
```

定义：将数组的内容保存到一个参数中，其中数组必须为字节数组。

```
// 定义字节数组
byte [] b_arr = new byte[]{(byte)0x5,(byte)0x15,(byte)0x1,(byte)0x3};
// 将数组保存在参数 ID 中
lr.save_data(b_arr,"ID");
lr.output_message("This is the value of the first output byte: " + Byte.toString(b_arr[1]));
```

lr.eval_data 函数：

```
语法：byte[ ] lr.eval_data ( String name );
```


定义：获得参数中字节数组内容。

```
// 定义字节数组
byte [] b_arr = new byte[]{(byte)0x5,(byte)0x15,(byte)0x1,(byte)0x3};
// 将数组保存在参数 ID 中
lr.save_data(b_arr,"ID");
// 将参数中的内容保存在另外一个数组中
byte [] output_arr = lr.eval_data("<ID>");
lr.output_message("This is the value of the first output byte: " + Byte.toString(output _arr[1]));
```

lr.eval_int 函数：

```
语法：int lr.eval_int ( String name );
```

定义：获取当前参数的值，当前参数的值是一个整型数据。

```
lr.save_int(10,"num");
lr.output_message("This num value is:" + lr.eval_int("<num>"));
```

lr.save_int 函数：

```
语法：int lr.save_int ( int value, String param_name);
```

定义：将一个整型数据保存到一个参数中。

```
//将 10 这个整数保存到 num 参数中
lr.save_int(10,"num");
```

5.6 JavaVuser 脚本

前面介绍了 JavaVuser 录制脚本所需要的环境和 JavaVuser 常用的函数，本小节主要介绍使用 JavaVuser 如何进行脚本录制和对脚本进行增强。

5.6.1 手工插入 Java 的方法

录制 JavaVuser 脚本的原理其实就是调用 jar 包中的方法，然后验证其他返回值是否正确，如果对 Java 比较熟悉，那么直接像调用方法一样调用就可以，如果对 Java 不是很熟悉，那么可以通过手工插入 Java 的方法来调用，下面主要介绍如何使用手工的方法插入 Java。

手工插入 Java 的方法步骤如下：

（1）确定脚本需要插入的位置。

（2）单击“Java Function”按钮，会弹出 Insert Java Function 对话框，如图 5-13 所示。

图 5-13　插入 Java Function

在该对话框中，可以添加需要的 jar 包，默认会列出在环境变量中已经定义的 jar 包，并且显示出其对应的方法。

（3）下面是一个 JavaVuser 的代码。

```
public int init() throws Throwable {
    return 0;
}//end of init


public int action() throws Throwable {


    lr.start_transaction("API Call");
    String returnValue = com.performancetestgurus.SimpleServer.SimpleClient.
        sendMessage("127.0.0.1", 8081, "www.linkedin.com/in/renard-vardy");
```

```
        lr.log_message(returnValue);
        if(returnValue.contains("performancetestgurus.com")){
            lr.end_transaction("API Call", lr.AUTO);
        }
        else{
            lr.end_transaction("API Call", lr.FAIL);
        }

        return 0;
    }//end of action


    public int end() throws Throwable {
        return 0;
    }//end of end
```

这个实例是一个比较简单的例子，实现一个加法的方法，生成的代码是不能直接运行的，需要适当地修改才可以，否则结果会是错误的。

JavaVuser 中调用的 Java API 源代码如下：

```
public class App
{
    public static void main(String args[]) {
        System.out.println(
                SimpleClient.sendMessage(
                "127.0.0.1", 8081, "linkedin.com/in/renard-vardy"));
    }
}
```

5.6.2 增强 Java 脚本

脚本录制好之后，必须对脚本进行增强，脚本增强其实和 HTTP 协议的脚本增强是一致的。通常增强脚本主要包括：插入事务、设置检查点、参数化和关联。这些内容在前面的章节中都有详细的介绍，在这一章节中就不详细介绍了，当然在实现时函数会有点不同。

5.6.3 Java 脚本关联

关联在前面的章节也有详细的介绍，主要是通过关联函数来获取服务器返回的值，所以关联更多的是关联函数的使用，所以这章也不做详细的介绍。

5.6.4 Java 脚本参数化

关于 Java 脚本参数化的步骤与其他的协议对脚本进行参数化的方法是一样的，选择需要参数化的字符串，单击右键->Replace with Parameter->Create New Parameter…可以创建参数，如图 5-14 所示。

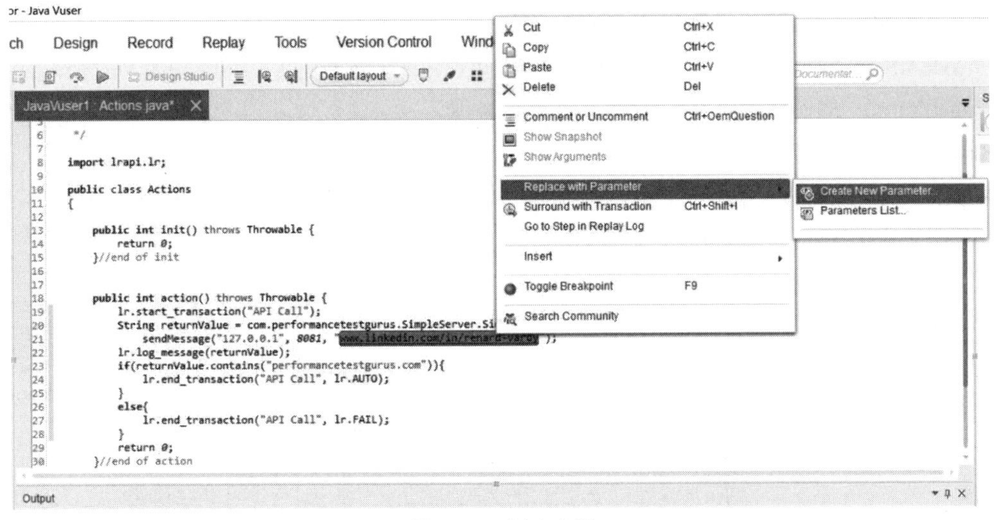

图 5-14 创建参数

关于参数化具体的设置此处不再详细介绍，之前的内容中都已详细介绍过。

5.7 web_submit_data

前面简要介绍了 WSDL 协议和 Java 类的接口测试方法，这一小节将介绍 HTTP 协议下如何使用 web_submit_data 进行接口测试。

web_submit_data 函数的语法如下：

```
int web_submit_data( const char *StepName, const char *Action, <List of Attributes>, ITEMDATA,<List of data>,
[ EXTRARES, <List of Resource Attributes>,] LAST );
```

下面对语法中的核心参数进行详细介绍。

1. StepName

StepName 是指步骤名，表示在 VuGen 中树形图中显示的名称，如果是自动事务处理也可以做事务名称。

2. Action

表示表单提交的 URL 地址，即要测试的 URL 地址，语法为"Action=<urlAddress>"。

3. List of Attributes

表示提交表单请求时所涉及的相关参数，主要的参数包括：

Method：表单提交方法，也可以理解为 HTTP 的请求方法，常见的有 GET 和 POST 两种，一般 POST 的使用更多。

EncType：是指使用的编码类型，指定其作为 Content-Type 请求头的值，设置的格式有以下三种：

- "EncType=application/x–www–form–urlencoded"
- "EncType=multipart/form–data"

- "EncType="（如果设置为空，表示没有产生内容类型请求头）

EncodeAtSign：表示是否使用 ASCII 值对“@”进行编码，如果是就设置为 YES，反之设置为 NO。

TargetFrame：表示当前链接、资源的 Frame 名称。

Referer：所涉及的 URL 地址，就是我们要发送请求的相关 URL 地址，一般情况这个可以省略。

Mode：脚本录制模式，有 HTML 和 HTTP 两种，通常都是使用 HTTP 的模式。

ITEMDATA：属性和数据列表的分割标记。

4. List of Data

表示需要提交的表单数据列表。提交表单数据的语法格式为：

```
"name=n1", "value=v1", ENDITEM,
"name=n2", "EncryptedValue=qwerty", ENDITEM,
```

在提交表单数据时可以提交简单的，也可以是一些经过加密的数据。

如果提交加密的数据，那么 value 值应该是加密后的值，如以下代码：

```
"Name=password", "EncryptedValue=5c0e2ec0330afc1b417d", ENDITEM,
```

要获取加密的值，可以使用 Password Encoder（Start→Programs Files→LoadRunner→Tools→Password encoder）工具来获取。

如果需要对已加密的字符串进行解密，那么可以使用 lr_decrypt 函数对已加密的字符串进行解密。如以下代码：

```
"Name=password", lr_decrypt("5c0e2ec0330afc1b417d "), ENDITEM,
```

关于 ItemData 通常有以下一些参数：

name：表示表单字段名称。

Value：表示该字段所对应的值。

File：表示提交数据中是否包含文件，如果是就设置为 YES。

ContentType：表示上传文件的文件类型标识符。如果指定了空值，那么“Content-Type”头将不包含在文件中。

ContentTransferEncoding：表示传输时内容的编码格式。

下面是一个添加商品的请求脚本：

```
web_submit_data("goods.php_3",
    "Action=http://192.168.40.128:8091/ECShop_V2.7.3_UTF8_release0411/upload/admin/goods.php?act=add",
    "Method=POST",
    "EncType=multipart/form-data",
    "RecContentType=text/html",
    "Referer=http://192.168.40.128:8091/ECShop_V2.7.3_UTF8_release0411/upload/admin/goods.php?act=add",
    "Snapshot=t54.inf",
    "Mode=HTTP",
    ITEMDATA,
    "Name=MAX_FILE_SIZE", "Value=2097152", ENDITEM,
    "Name=goods_name", "Value=IPHONE XS", ENDITEM,
    "Name=goods_name_color", "Value=", ENDITEM,
    "Name=goods_name_style", "Value=", ENDITEM,
```

```
"Name=goods_sn", "Value=", ENDITEM,
"Name=cat_id", "Value=1", ENDITEM,
"Name=addedCategoryName", "Value=", ENDITEM,
"Name=brand_id", "Value=1", ENDITEM,
"Name=addedBrandName", "Value=", ENDITEM,
"Name=shop_price", "Value=9999", ENDITEM,
"Name=user_price[]", "Value=-1", ENDITEM,
"Name=user_rank[]", "Value=1", ENDITEM,
"Name=volume_number[]", "Value=", ENDITEM,
"Name=volume_price[]", "Value=", ENDITEM,
"Name=market_price", "Value=11998.8", ENDITEM,
"Name=give_integral", "Value=-1", ENDITEM,
"Name=rank_integral", "Value=-1", ENDITEM,
"Name=integral", "Value=99", ENDITEM,
"Name=promote_start_date", "Value=2018-12-11", ENDITEM,
"Name=promote_end_date", "Value=2019-01-11", ENDITEM,
"Name=goods_img", "Value=C:\\goods \\goods001.JPG", "File=Yes", ENDITEM,
"Name=auto_thumb", "Value=1", ENDITEM,
"Name=goods_desc", "Value=", ENDITEM,
"Name=goods_weight", "Value=", ENDITEM,
"Name=weight_unit", "Value=1", ENDITEM,
"Name=goods_number", "Value=1", ENDITEM,
"Name=warn_number", "Value=1", ENDITEM,
"Name=is_on_sale", "Value=1", ENDITEM,
"Name=is_alone_sale", "Value=1", ENDITEM,
"Name=keywords", "Value=", ENDITEM,
"Name=goods_brief", "Value=", ENDITEM,
"Name=seller_note", "Value=", ENDITEM,
"Name=goods_type", "Value=0", ENDITEM,
"Name=img_desc[]", "Value=", ENDITEM,
"Name=img_url[]", "Value=", "File=Yes", ENDITEM,
"Name=cat_id1", "Value=0", ENDITEM,
"Name=brand_id1", "Value=0", ENDITEM,
"Name=keyword1", "Value=", ENDITEM,
"Name=is_single", "Value=1", ENDITEM,
"Name=cat_id2", "Value=0", ENDITEM,
"Name=brand_id2", "Value=0", ENDITEM,
"Name=keyword2", "Value=", ENDITEM,
"Name=price2", "Value=", ENDITEM,
"Name=article_title", "Value=", ENDITEM,
"Name=goods_id", "Value=0", ENDITEM,
"Name=act", "Value=insert", ENDITEM,
LAST);
```

5.8 web_custom_request

在录制脚本时，正常情况下一般都是使用 HTML 记录的方式。生成的脚本中绝大部分都是使用 web_submit_data 或 web_submit_form 函数来提交请求。但是如果请求不能使用 web_submit_data 或 web_submit_form 函数提交，那么 LoadRunner 会生成自定义请求函数来提交请求。自定义请求函数为 web_custom_request。

对于使用 HTML 方式录制好的脚本也可以通过重新生成脚本的方式，将脚本变成以自定义请求函数提交请求的脚本。其步骤如下：

（1）选择重新生成脚本。对于使用 HTML 方式录制好的脚本也可以通过重新生成脚本的方式，将脚本变成以自定义请求函数提交请求的脚本。单击 Tools 菜单，在弹出的下拉菜单中选择 Regenerate Script，如图 15-15 所示。

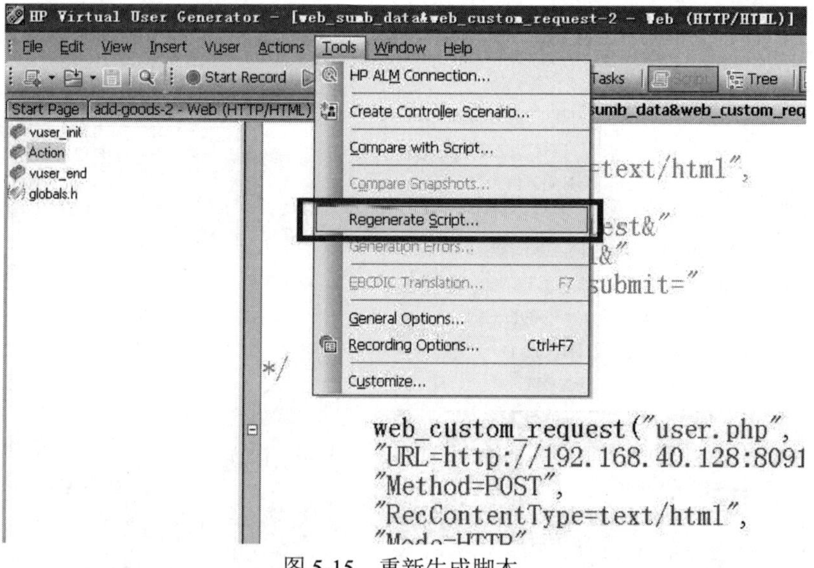

图 5-15　重新生成脚本

（2）在弹出的对话框中单击“选项”按钮，如图 5-16 所示。

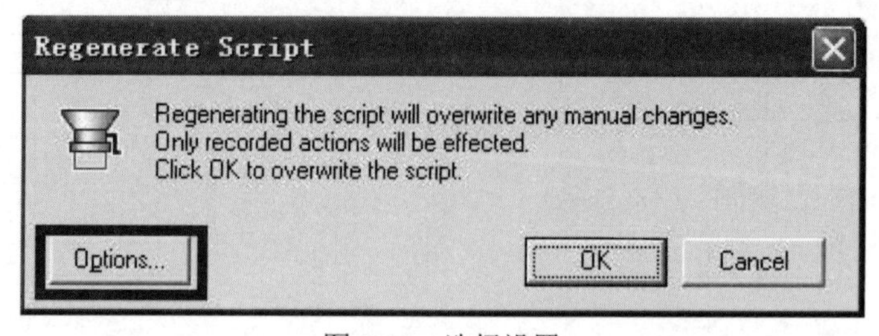

图 5-16　选择设置

（3）设置录制方式。在弹出的 Regenerate Options 对话框中，选择 Recording 选项，然后再选择 URL-based script 选项，单击“URL Advanced”。在弹出的 Advanced URL 对话框中，选中“Use_web_custom_request only”选择项，如图 5-17 所示。

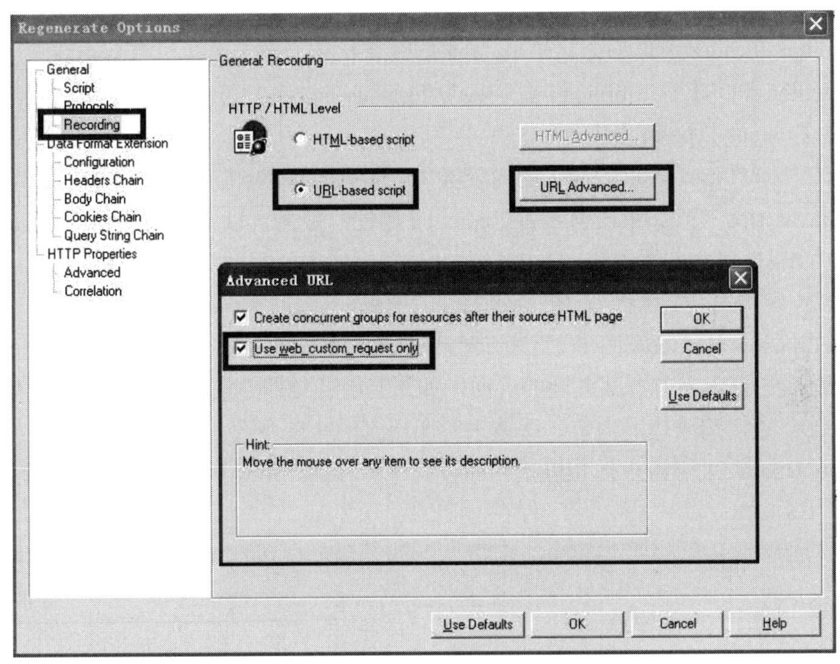

图 5-17　设置 web_custom_request 选项

完成后脚本会修改为都是以自动定义请求的方式发送请求。

web_custom_request 函数语法如下：

```
int web_custom_request( const char *RequestName, <List of Attributes>,
[EXTRARES, <List of Resource Attributes>,] LAST );
```

web_custom_request 函数主要包括以下属性选项：

（1）URL。提交请求的地址。

（2）Method。表单提交的方法，一般有两种：GET 或 POST。

（3）TargetFrame。表示当前链接或资源的 Frame 名称。除了 Frame 的名字，还可以设置以下参数：

_BLANK：打开一个新的窗口。

_PARENT：使用最新的 Frame 代替上级的 Frame。

_SELF：替换最新更改过的 Frame。

_TOP：替换整个页面。

（4）EncType。使用的编码方法的类型，指定内容类型（Content-Type），指定其作为回放脚本时“Content-Type”请求头的值，例如“text/html”。Web_custom_request 函数不会处理未编码过的请求体，请求体参数将会使用已经指定的编码方式。因此，如果指定了不匹配 HTTP 请求体的“EncType”，会引起服务端产生错误。通常建议不要手动修改录制时的“EncType”值，因为任何对于“EncType”的指定都会覆盖 web_add_[auto_]header 函数指定的 Content-Type。当指定了“EncType=”（空值）时，不会产生“Content-Type”请求头。当省略了“EncType”时，任何一个 web_add_[auto_]header 函数都会起作用。如果既没有指定 EncType 也没有 web_add_[auto_]header 函数，且“Method=POST”，“application/x-www-form-urlencoded”会作为默认值来使用。其他情况下，不会产生 Content-Type 请求头。

（5）RecContentType。表示响应头的内容类型。录制脚本时响应头的内容类型，例如 text/html、application/x-javascript 等。如果没有设置 Resource 属性，那么可以用它来确定目标 URL 是否是可记录的资源。此属性包含主要的和次要的资源。最频繁使用的类型是 text、application、image。次要的类型根据资源不同变化很多。例如：“RecContentType=text/html”表示 html 文本，“RecContentType=application/msword”表示当前使用的是 Msword。

（6）Referer。表示当前页面关联的页面，如果当前的位置是明确的，那么此项可以省略。

（7）Body。表示请求体的内容。即请求时所用到的相关参数。

（8）Raw Body。表示请求体是以指针的方式进行传递。Raw Body 的语法格式如下：


```
RAW_BODY_START,
缓存数据指针
(int) length,
RAW_BODY_END
如以下实例：
char *test="helloworld"
web_custom_request("StepName",
"URL= http://192.168.40.128:8091/ECShop_V2.7.3_UTF8_release0411/upload/user.php ",
"Method=POST",
RAW_BODY_START,
" test ",
5,
RAW_BODY_END,
LAST);
```

（9）BodyFilePath。作为请求体传送的文件的路径。它不能与下面的属性一起使用：Body 或者其他 Body 属性或 Raw Body 属性，包括 BodyBinary、BodyUnicode、RAW_BODY_START 或 Binary=1。

（10）Mode。表示两种录制方式：HTML 或 HTTP。

Body 中数据传输的方式有三种：一是表单格式的数据；二是 JSON 格式的数据；三是二进制格式的数据。

下面是一个登录的脚本，录制使用 web_submit_data 函数提交请求。

```
web_submit_data("user.php",
    "Action=http://192.168.40.128:8091/ECShop_V2.7.3_UTF8_release0411/upload/user.php",
```

```
    "Method=POST",
    "RecContentType=text/html",
    "Referer=http://192.168.40.128:8091/ECShop_V2.7.3_UTF8_release0411/upload/user.php",
    "Snapshot=t40.inf",
    "Mode=HTTP",
    ITEMDATA,
    "Name=username", "Value=test", ENDITEM,
    "Name=password", "Value=111111", ENDITEM,
    "Name=act", "Value=act_login", ENDITEM,
    "Name=back_act", "Value=http://192.168.40.128:8091/ECShop_V2.7.3_UTF8_release0411/upload/", ENDITEM,
    "Name=submit", "Value=", ENDITEM,
    LAST);
```

下面将使用 web_custom_request 函数以表单的方式进行提交请求：

```
web_custom_request("user.php",
    "URL=http://192.168.40.128:8091/ECShop_V2.7.3_UTF8_release0411/upload/user.php",
    "Method=POST",
    "RecContentType=text/html",
    "Mode=HTTP",
    "Body=username=test&password=111111&act=act_login&submit=",
    LAST);
```

为了让代码看上去更直观，可以将代码修改成以下格式：

```
    web_custom_request("user.php",
    "URL=http://192.168.40.128:8091/ECShop_V2.7.3_UTF8_release0411/upload/user.php",
    "Method=POST",
    "RecContentType=text/html",
    "Mode=HTTP",
    "Body=username=test&"
    "password=111111&"
    "act=act_login&submit="
    LAST);
```

下面将使用 web_custom_request 函数以 JSON 的方式进行提交请求：

```
    web_custom_request("user.php",
    "URL=http://192.168.40.128:8091/ECShop_V2.7.3_UTF8_release0411/upload/user.php",
    "Method=POST",
    "RecContentType=text/html",
    "Mode=HTTP",
    "Body=username=test&password=111111&act=act_login&submit=",
    "Body= {\"username\":test,\"password\":111111,\"act\":act_login,\"submit\":}",
    LAST);
```

也可以使用 Body 发送二进制格式的数据，如以下代码：

```
web_custom_request("test",
    "URL=http://www.bing.com",
    "Method=POST",
```

```
"TargetFrame=",
"Resource=0",
"Mode=HTTP",
"Body=\x68\x65\x6C\x6C\x6F",
LAST);
```

5.9 小结

本章主要介绍如何使用 LoadRunner 进行接口性能测试，现在的测试过程一般都是先进行接口性能的测试，再进行 GUI 的性能测试，所以接口性能测试是必须要掌握的一个内容。本章主要介绍了 Web Service 协议的接口测试函数 web_service_call，HTTP 协议接口性能测试函数 web_submit_data 和 web_custom_request，以及如何调用 Java API 进行接口性能测试。

第6章 全链路脚本开发

前面已经讲述了常见的脚本开发技术，但在真实的性能测试过程中，控制器在运行脚本时是很少单独运行某一个脚本的，为了更好地模拟真实的使用情况，一般会将脚本做成链路模式来运行，这样测试出来的业务场景显然会更适合真实的使用场景，所以学会开发全链路脚本是必须要掌握的专业内容。

本章主要涉及的内容有：

- 什么是全链路性能脚本
- 如何将脚本封装成.h 头文件
- 业务场景对全链路脚本的影响
- 全链路脚本开发实例

6.1 什么是全链路性能脚本

在早期的性能测试过程中，其实是没有全链路的概念的，早期的性能测试主要是录制后对脚本进行增强再放到控制器中运行，即通常说的 GUI 的性能测试，就是通过 GUI 界面进行脚本录制，将前端发送的请求都抓出来，进行性能测试。但随着系统越来越复杂，系统更新迭代的周期又在不断的缩短，所以早期的性能测试很难满足现在性能测试的要求，因为如果前端界面发生变化，就必须重新做性能测试。

所以现在性能测试一般不采用直接录制脚本的方式实现，而是先实现接口性能，保证接口的性能没有问题，这样即使前端修改了结构和样式上的实现方式，一旦出现问题，也仅仅影响前端页面的展示，即常说的前端优化。但仅有接口性能测试也是不够的，因为这仍然无法满足各类实际应用中的测试需求，通常我们会发现，虽然接口性能测试通过了，但功能上线后仍然会出现各种性能问题，此时，性能测试工程师就需要去思考和评估是哪里出现了问题，导致测试结果和上线后的预期结果相差较大。

为了改进上述遇到的问题，在模拟性能测试时只能仅仅对单个接口进行测试，因为用户进入系统后的行为是一系列连接的动作，因此，为了更真实和更充分地模拟用户实际使用系统的行为与场景，提出了全链路性能测试的概念，图 6-1 就是一个典型的全链路场景。

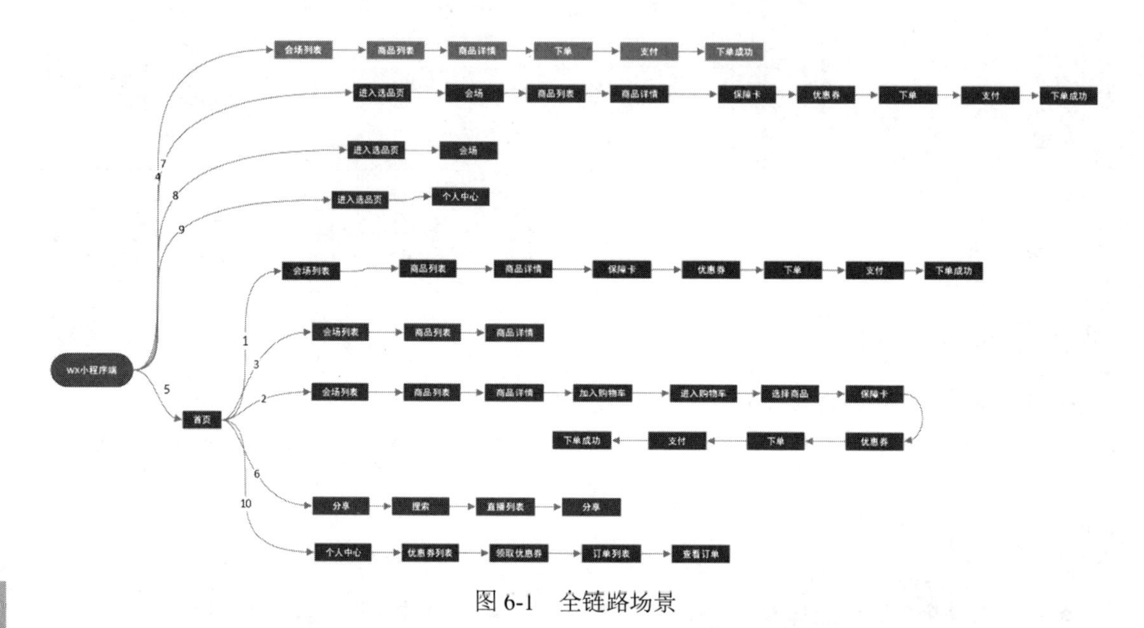

图 6-1　全链路场景

全链路性能测试就是基于用户的实际使用场景，按照上线的实际运行情况，将业务一个一个地串起来，串成一条链路，然后再对每条链路进行压力测试，如果是系统与系统之间，那么就需要将接口串接所有的子系统并完成链路，让交易数据在整个链路上进行流转。

以前性能测试一般都是在线下环境进行压力测试，即测试时模拟生产环境搭建一个测试环境，在测试环境下进行性能压测，现在不仅仅会进行线上性能压测，也会引流到生产环境下进行全链路压测。

线下压测阶段的压力测试是在测试环境进行的，且主要针对一些重点项目，由于项目的重要性，将会由专职的性能测试专家介入参与并评估。后由于公司的核心业务日益增多，逐步开始在测试环境进行迭代变更回归测试，并形成多版本性能对比评估机制。这种测试手段，难以用测试环境得出的结果评估生产环境的真实容量。

随着业务量的不断增长，考虑到线下测试结果的不够准确，开始尝试生产压测，这种压测手段，也称为引流压测。但这事实上没有真正的模拟放大压力进行测试，而是一种通过缩小在线服务集群数的方式来放大单机处理的方法。比如一个业务系统的集群有 100 个节点，将其中 90 个节点模拟下线或转发流量到剩余的 10 个节点上实施压测。

全链路压测的目标是希望在大型促销活动来临之前，在生产环境上模拟路演进行验证整体容量和稳定性，全链路压测方法通常涉及公网多地域流量模拟、全链路流量染色、全链路数据隔离、全链路日志隔离和全链路风险熔断等关键技术。

多地域流量模拟：通过全国各地 CDN 节点模拟向生产系统施加压力，并在压测过程中对生产系统健康度进行实时监控，快速识别压测对生产业务带来的风险，立即作出流量调节或熔断决策。

全链路流量染色：通过压测平台对输出的压力请求打上标识，在订单系统中提取压测标识，确保完整的程序上下文都持有该标识。

全链路数据隔离：当会员系统访问数据库时，在持久化层同样会根据压测标识进行路由访问压测数据表。数据隔离的手段有多种，比如影子库、影子表，或者影子数据，三种方案的仿真度会有一定的差异。

全链路日志隔离：当订单系统向磁盘或外设输出日志时，若流量是被标记的压测流量，则将日志隔离输出，避免影响生产日志。

全链路风险熔断：当订单系统访问会员系统时，通过 RPC 协议延续压测标识到会员系统，两个系统之间服务通信将会有白、黑名单开关来控制流量流入许可。该方案设计可以在一定程度上避免下游系统出现瓶颈或不支持压测所带来的风险。

6.2 如何将脚本封装成.h 头文件

实现全链路压测首先需要开发出全链路脚本，但是对于编程能力较弱的性能测试工程师来说会将整个流程全部录制下来，例如图 6-1 中的链路 1。链路 1 的路径为：会场列表→商品列表→商品详情→保障卡→优惠券→下单→支付→支付成功。很多做性能测试的朋友会将整个流程录制下来，其实这样是冗余的，因为我们慢慢的发现，这里所有的链路其实就是将一些相同的功能摆了不同的顺序，如商品列表在很多链路中都会使用到，那么有没有更好的办法来完善这个脚本开发的过程呢？

为了节约脚本开发的时间，可以将相同的功能抽取出来，成为一个独立的模块，然后将独立的模块使用不同的顺序进行排列，这样就成了一条链路，这就相当于邮轮装集装箱一样，一个集装箱代表一个功能，邮轮装不同的集装箱就相当于不同的链路，这样可以大大节约开发和维护脚本的时间，将这些通用的功能点封装一个函数，放入到一个.h 的头文件中，每个脚本只要将这些.h 的头文件加载进来，然后调用头文件中的函数，排成不同的链路。

所以如何将脚本封装成头文件就变得很重要了，封装头文件的步骤如下：

1．在 Action 中定义一个 Function，即定义一个函数

```
数据类型 函数名(数据类型 形参 1,…,数据类型 形参 n)     //函数说明
//数据类型表示函数返回值的数据类型
//如果该函数没有返回值，那么数据类型应该为 void
{
    函数体;
}
```

以电商搜索商品为例，如果对代码不是很熟悉，可以先录制搜索商品的脚本，然后删除多余的脚本，只保留提交数据的部分即可，加入购物车的代码如下：

```
Action()
{
    web_submit_data("search.php",
```

```
            "Action=http://192.168.10.64:8091/search.php",
            "Method=GET",
            "EncType=",
            "RecContentType=text/html",
            "Referer=http://192.168.10.64:8091/",
            "Snapshot=t32.inf",
            "Mode=HTTP",
            ITEMDATA,
            "Name=keywords", "Value=58", ENDITEM,
            "Name=imageField", "Value=鏄滅储", ENDITEM,
            LAST);
        return 0;
    }
```

这是搜索商品的请求，现在可以将这个请求写成一个 Function 函数，代码如下：

```
    void search()
    {
        web_submit_data("search.php",
            "Action=http://192.168.10.64:8091/search.php",
            "Method=GET",
            "EncType=",
            "RecContentType=text/html",
            "Referer=http://192.168.10.64:8091/",
            "Snapshot=t32.inf",
            "Mode=HTTP",
            ITEMDATA,
            "Name=keywords", "Value=58", ENDITEM,  //搜索商品的内容
            "Name=imageField", "Value=鏄滅储", ENDITEM, //乱码是一个按钮的动作，不影响性能测试，只是编码问题
            LAST);
    }
```

上面是一个很简单的将功能函数化的例子，但缺点很明显，这个函数不能传参数，即如果要检索不同的关键字，这个函数是无法处理的，所以现在需要传一个形参，来完成可以设置不同商品进行检索。

```
    void search(char *keywords)
    {
        lr_save_string(keywords,"search_keywords");

        web_submit_data("search.php",
            "Action=http://192.168.3.34:8091/search.php",
            "Method=GET",
            "EncType=",
            "RecContentType=text/html",
            "Referer=http://192.168.3.34:8091/",
            "Snapshot=t41.inf",
```

```
        "Mode=HTTP",
        ITEMDATA,
        "Name=keywords", "Value={search_keywords}", ENDITEM,
        "Name=imageField", "Value=搜索", ENDITEM,
        LAST);
}
```

上面这个函数优化后解决了无法输入不同关键字进行检索的问题，但不是最符合用户场景的函数，假如我们需要在检索出来的商品中随机选择一个加入购物车，这样可能更符合用户真实的使用场景。下面我们对代码进行进一步的优化。

```
char *search(char *keywords)    //定义一个函数指针，用于返回一串字符串
{
    int i_rand;
    char *Goods_id;
    lr_save_string(keywords,"search_keywords");
    //获取所有检索到的商品详细信息
    web_reg_save_param("search_goods",
        "LB=goods.php?id=",
        "RB=\"><img src=",
        "ORD=All",
        LAST );
    web_submit_data("search.php",
        "Action=http://192.168.3.34:8091/search.php",
        "Method=GET",
        "EncType=",
        "RecContentType=text/html",
        "Referer=http://192.168.3.34:8091/",
        "Snapshot=t41.inf",
        "Mode=HTTP",
        ITEMDATA,
        "Name=keywords", "Value={search_keywords}", ENDITEM,
        "Name=imageField", "Value=搜索", ENDITEM,
        LAST);
        //随机选择一个商品，提取该商品对应的 ID 号，作为函数的返回值
    srand(time(NULL));
    i_rand = rand() % lr_paramarr_len("search_goods") + 1;
    Goods_id = lr_paramarr_idx("search_goods",i_rand);
    return Goods_id;
}
```

到目前为止，已经完成了 Function 函数的封装。

2. 在 action 中调用自定义函数 Function

```
函数调用的格式如下：
函数名(实参 1,…,实参 n);
```

```
search_action()
{
    Res_GoodsID = search("keywords");   //输入需要查找的关键字
    return 0;
}
```

这样的代码还存在一个问题，由于每次查找的关键字都是一样的，如果将查找的关键字进行参数化，那么效果会更理想，下面是参数化后再调用函数的脚本，即 search 函数的传参，通过 LoadRunner 的参数化来实现，代码如下：

```
search_action()
{
    Res_GoodsID = search(lr_eval_string("{keywords}"));
    return 0;
}
```

3. 添加.h 头文件

先创建一个后缀名为.h 的头文件，将上面封装好的函数拷贝到.h 头文件中。.h 头文件存放的位置有两种方法：

第一种：将写好的.h 头文件拷贝到 LoadRunner 安装目录下的 include 目录下。

第二种：将写好的.h 头文件拷贝到当前脚本所保存的目录下。

因为 LoadRunner 会自动去检索这两个目录下的头文件，如果 LoadRunner 不能检索到这个头文件，那么头文件里面封装好的函数就不能被正确地调用，所以必须保证 LoadRunner 能正常读取到这个头文件。

一般建议将.h 头文件拷贝到 LoadRunner 安装目录下的 include 目录下，这样不管有多少个脚本需要调用这个头文件，都不用将这个文件分别拷贝到不同的脚本下面。

4. 在 globals.h 中添加已经写好的.h 头文件

globals.h 是存放全局相关的参数，如变量、头文件、宏定义等，将封装好的.h 头文件在 globals.h 中调用。加载头文件的语法格式如下：

```
#include "头文件名"

#include "test.h"
```

这样就完成了函数封装，使用以上相同步骤封装其他功能，然后再使用不同顺序来调用这些函数，即可完成全链路脚本的开发。

6.3 业务场景对全链路脚本的影响

上一节中介绍了如何将各功能封装成函数，但现在有一个很重要的问题，那就是怎么来确定需要测试的链路，因为如果无法确定需要测试的链路，那么开发出来的脚本就不能很好地模拟真实的运行场景，所以在开发全链路脚本之前必须先确定需要的全链路场景。

那么全链路场景是如何确定的呢？或者说全链路场景受哪些因素影响？影响全链路的核心是

用户使用的习惯或者说是用户如何使用这个系统的？解决该问题需要关注两点：一是关键场景识别；二是确定主要场景导航路径。

6.3.1 关键场景识别

由于测试时间和预算的限制，在性能测试过程中不可能模拟所有的用户操作行为，这是不现实的，所以必须选择出有影响的、主要的、核心的场景进行性能测试。关键场景识别一般主要从以下几个维度来衡量：

（1）可测量场景。在选择场景时，不管选择什么样的场景，基本要点都是，可以设定具体的性能目标，并且应该是可衡量的。如果无法设置其通过/失败标准或不完全可测量，则选择的负载测试场景将无效。因此，在选择任何场景之前，请确保可以设置其性能目标，并且一旦测试活动完成，其所有参数将以量化的方式提供用于分析。

（2）最经常访问的场景。标出应用程序访问量最多的地区，这个性能非常重要，这些区域是接收到客户请求最多的，大部分应用程序流量可能都来自于这些区域。如果最经常访问的场景性能表现得很糟糕，那么将丢失大量用户，特别是在这种应用场景导致的，如电子商务 Web 应用程序类的关键业务场景，浏览产品目录等。

那么如何识别 AUT 最常用的场景呢？下面是一些识别最常用场景的不同技术。

- 如果是实时应用程序，则 Web 服务器日志文件分析可以为您提供最常访问的应用程序区域的信息。
- 如果应用程序尚未投入生产，那么可以参考和分析同行的、类似的现有应用程序的大多数应用程序场景的信息。
- 可以从 BETA 测试人员或原型用户中获取此信息。
- 不断去使用和研究被测试的应用程序，并使用您的测试和相关领域技能来识别应用程序最常访问的场景。

（3）业务关键场景。任何应用程序的核心方案称为其业务关键方案。测试和优化最常访问的场景不仅仅是负载测试。事实上，应用程序业务关键场景的性能更重要。这些是应用程序的核心领域，并为公司带来了大量的收入。如果用户无法有效地完成应用程序业务流程，就会造成很大的挫折。在电子商务应用的情况下，购买产品将是业务关键情况的一个例子。

可以采用不同的方法来识别任何应用程序的业务关键场景。比如：

- 可以咨询应用程序的主要利益相关方，尤其是营销部门，并要求他们提供有关这些场景的相关素材或资料。
- 可以阅读营销材料，以确定 AUT 的业务关键场景。
- 浏览应用程序，并根据经验来确定自己拥有的业务关键场景。

（4）资源密集型场景。在 AUT 中总是有一些情况比其他业务需要更多的资源。此时就需要对这些场景进行性能测试，否则即使在非常少的用户负载下也可能影响系统。这些场景可能不是最常用的，但由于它们会对整体应用程序性能产生影响，所以它们仍然非常重要。数据库操作（读取、写入、更新和删除）通常被认为是任何应用程序中资源最多的情况，它们应该经过彻底的测试。在电子商务 Web 应用程序中，订单放置将是资源最多的情况，因为它将在执行期间访问数据库。处理器、内存、网络 I/O 和磁盘 I/O 是这种情况下资源使用的主要来源。

通过以下技术可以确定大多数资源密集型场景：

- 通过阅读应用程序设计文档来找出最耗资源的情况。
- 与开发人员进行协商和沟通，也可以识别这些场景。
- 通过研究应用程序来利用经验识别最耗资源的情况。

（5）技术特定场景。在 AUT 中可能有一些技术特定的情况不会很频繁地执行，但它们应该是负载测试的一部分。这些特殊场景的表现可以与 AUT 的其他场景完全不同，并且需要彻底测试它们。例如通过 FTP 上传文件可能是技术特定场景的一个例子。

可以使用以下方法来识别技术特定的场景：

- 阅读 AUT 设计文档找出这些情况。
- 向应用程序开发人员咨询有关情况。

（6）利益相关者的情况。可能有一些场景是利益者关注的，但这些场景在 AUT 中的表现并不是很重要，这类场景也是需要重点测试的场景，例如一些新的附加功能。

可能有一些利益相关者的相关场景对于 AUT 的整体表现并不重要，但与利益相关者直接相关。AUT 的利益相关者将非常关心这种场景的表现，并将其列为最需要的测试场景之一。新的附加功能可能是利益相关者关注的场景。

尽量多地与利益方相关负责人沟通，这样可以得到一些利益者关注的场景。

（7）时间依赖的常用场景。有时，AUT 包含一个或多个这样的场景，这些场景在特定时间经常执行。尽管这样的场景的影响在生产系统的早期阶段是不可见的，但它们可能会对这些特殊场景执行的时间产生巨大的影响。在上线前，可能对生产系统造成问题之前，应对这些场景进行负载测试，以了解其性能并排除其所有性能瓶颈。例如“查看在线工资单申请单上的每月工资单”就是这样的场景，这种场景并不是非常频繁地执行，一般一个月只有一次，但其每次执行都对性能影响比较大。

通过以下技术可以确定时间依赖的频繁访问的场景：

- 对于实时应用程序，可以通过查看 AUT 的 Web 服务器日志文件来找出这种情况。
- 读取应用程序的完整要求及其用例，以识别与时间相关的常用场景。

（8）合约义务的情况。有一些场景可能不会频繁地去访问，但存在一些合同义务或者合同约束，并且如果这些场景出现失败，可能会对公司造成重大损失，那么这些场景就必须进行性能测试。例如一些地方会列出所有数字合约，客户可以在任何时候对应用程序进行强制执行，这就是典型的合约义务。

以下方法可用于确定合同义务的情景：

- 阅读合同文件。
- 阅读用例和应用要求。

- 阅读营销材料。
- 采访利益相关者。

6.3.2 确定主要场景导航路径

一旦您确定了应该包含在性能测试中的所有 AUT 场景，下一步是找出每个场景的所有可能的路径，但其实每个用户受其工作领域、专业技能、工作习惯等相关因素影响，在使用同样一个场景时也不可能完全按相同的步骤来执行，在性能测试时需要尽量识别出不同用户可能遵循的所有可能的路径，并且最好确定每条路径使用的频率，以决定是否应将该路径包含在性能测试中。对于同一场景的应用程序响应可能因用户导航路径而异，因此建议您测试所选场景的所有主要路径。通常通过以下方法来获取场景的主要路径：

- 找出可用于成功完成多个识别场景并具有主要性能影响的 AUT 路径。
- 阅读手册（设计和用户），以找出识别的场景的所有可能的路径。
- 在生产应用的情况下，检查日志文件以找出用户的导航模式来完成识别的场景。
- 浏览应用程序，并尝试自己查找场景的所有可能路径。
- 向新的和有经验的用户提供应用程序访问，并要求他们完成某些场景并观察他们的行为。

解决了关键场景识别和主要场景导航路径后，就可以确定如何开发脚本，以及如何确定脚本链路的问题，这样就完成了全链路开发的方案支撑。

6.4 全链路脚本开发实例

前面章节介绍了如何封装.h 头文件，现在通过一个实例来介绍如何开发一个完整的全链路脚本，以电商购物系统为例，开发的链路为登录→搜索商品→随机选择一个搜索出来的商品加入购物车。

1. 将三个脚本分别封装，复制到.h 头文件中

登录脚本如下：

```
void login(char *username,char *password)
{
    lr_save_string(username,"login_username");

    lr_save_string(password,"login_password");

    web_reg_find("Text={login_username}",
        "SaveCount=num",
        LAST );

    web_submit_data("user.php",
        "Action=http://192.168.3.34:8091/user.php",
```

```
            "Method=POST",
            "RecContentType=text/html",
            "Referer=http://192.168.3.34:8091/user.php",
            "Snapshot=t39.inf",
            "Mode=HTTP",
            ITEMDATA,
            "Name=username", "Value={login_username}", ENDITEM,
            "Name=password", "Value={login_password}", ENDITEM,
            "Name=act", "Value=act_login", ENDITEM,
            "Name=back_act", "Value=http://192.168.3.34:8091", ENDITEM,
            "Name=submit", "Value=", ENDITEM,
            LAST);
    if(atoi(lr_eval_string("{num}")) >= 0)
    {
            lr_output_message("PASS");
    }
    else
    {
            lr_output_message("FAIL");
    }
}
```


搜索商品脚本如下：

```
char *search(char *keywords)
{
    int i_rand;
    char *Goods_id;
    lr_save_string(keywords,"search_keywords");
    web_reg_save_param("search_goods",
            "LB=goods.php?id=",
            "RB=\"><img src=",
            "ORD=All",
            LAST );
    web_submit_data("search.php",
            "Action=http://192.168.3.34:8091/search.php",
            "Method=GET",
            "EncType=",
            "RecContentType=text/html",
            "Referer=http://192.168.3.34:8091/",
            "Snapshot=t41.inf",
            "Mode=HTTP",
            ITEMDATA,
            "Name=keywords", "Value={search_keywords}", ENDITEM,
```

```
            "Name=imageField", "Value=搜索", ENDITEM,
            LAST);
        srand(time(NULL));
        i_rand = rand() % lr_paramarr_len("search_goods") + 1;
        Goods_id = lr_paramarr_idx("search_goods",i_rand);
        return Goods_id;
    }
```

加入购物车的脚本如下：

```
    void AddCart(char *goods_id)
    {
        lr_save_string(goods_id,"AddCart_goods_id");

        web_reg_find("Text=\"error\":0",
            "SaveCount=error_num",
            LAST );

        web_custom_request("flow.php",
            "URL=http://192.168.3.34:8091/flow.php?step=add_to_cart",
            "Method=POST",
            "Resource=0",
            "RecContentType=text/html",
            "Mode=HTTP",
            "Body=goods={\"quick\":1,\"spec\":[\"213\"],\"goods_id\":{AddCart_goods_id},\"number\":\"1\",\"parent\":0}",
            LAST);

        if(atoi(lr_eval_string("{error_num}")) == 1)
        {
            lr_output_message("PASS");
        }
        else
        {
            lr_output_message("FAIL");
        }
    }
```

2. 在action中调用脚本所对应的函数

前面章节介绍了如何封装.h头文件，现在通过一个实例来介绍如何开发一个完整的全链路脚本，以电商购物系统为例，开发的链路为登录→搜索商品→随机选择一个搜索出来的商品加入购物车。

在这个链路中有三个动作，可以创建三个action分别来存放这些动作，三个action分别为login_action、search_action和AddCart_action，如图6-2所示。

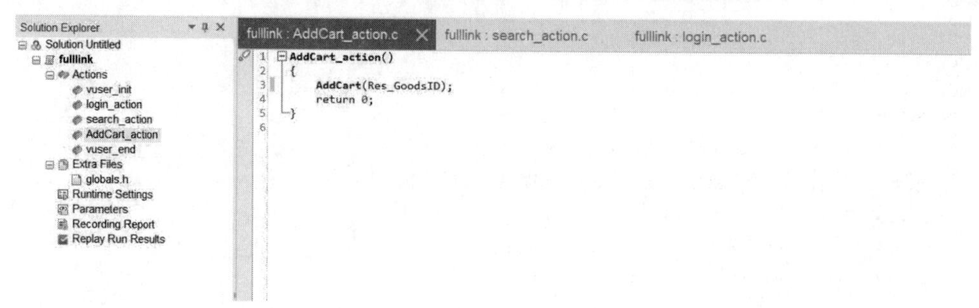

图 6-2　创建三个 action

login_action 中负责调用 login()函数。

```
login_action()
{
    login(lr_eval_string("{username}"),lr_eval_string("{pw}"));
    return 0;
}
```

search_action 中负责调用 search()。

```
search_action()
{
    Res_GoodsID = search(lr_eval_string("{keywords}"));
    return 0;
}
```

AddCart_action 中负责调用 AddCart()函数。

```
AddCart_action()
{
    AddCart(Res_GoodsID);
    return 0;
}
```

3. 在 globals.h 中添加引入 test.h 头文件

test.h 头文件是存放着三个脚本函数的文件，放在 LoadRunner 安装目录下的 include 目录下，所以只需要直接加载进来即可，同时创建一个全局变量用于存放返回的商品 id 号，在搜索商品时随时选择了一个商品 id 作为函数的返回值。

```
#ifndef _GLOBALS_H
#define _GLOBALS_H

char *Res_GoodsID;
//--------------------------------------------------------------------
// Include Files
#include "lrun.h"
#include "web_api.h"
#include "lrw_custom_body.h"
#include "test.h"
```

```
//------------------------------------------------------------------------
// Global Variables


#endif // _GLOBALS_H
```

4. 设置 Block 块参数

以上设置完成后，整个链路就差不多完成了，但这个链路还不是最佳的链路，因为如果按上个链路的顺序就相当于做 1 次登录，搜索了 1 次商品，加入了 1 次购物车，但真实情况可能并不是这样，真实的场景可能是登录了 1 次，搜索了商品很多次，假设搜索了商品 5 次，才有 1 次加入购物车，如果需要模拟这种情况，那么就应该再对 Block 块进行设置。

进入 Runtime Settings 设置对话框，选择 Run Logic 标签页，在 Run Logic 标签页单击 Insert Block 按钮，依次创建三个 Block 块，这三个 Block 块一定要创建在 Run 的部分，如图 6-3 所示。

图 6-3 创建 Block 块

在 Block2 上单击右键选择“Insert Action”，在弹出的下一级菜单中选择 login_action 脚本，使用同样的方法为 Block1 插入 search_action 脚本，为 Block0 插入 AddCart_action 脚本，如图 6-4 所示。

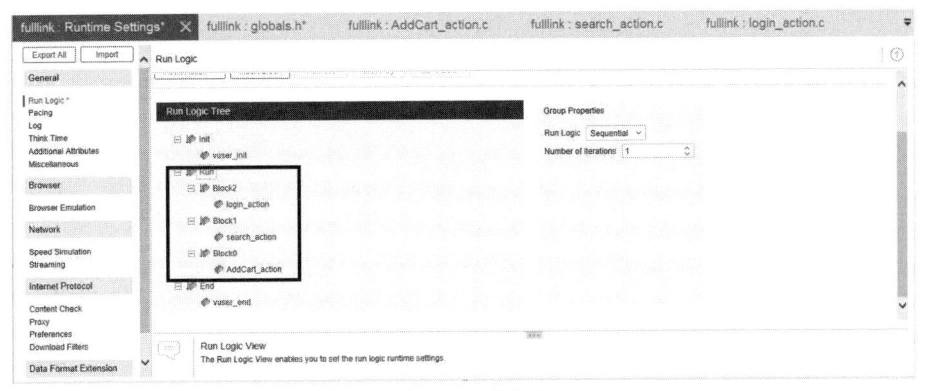

图 6-4 为 Block 块插入 action

再选中 Block，在右边 Group Properties 选项中设置需要运行的次数，针对这个实例，只要将 search_action 所对应的 Block1 次数设置为 5 次即可，如图 6-5 所示。

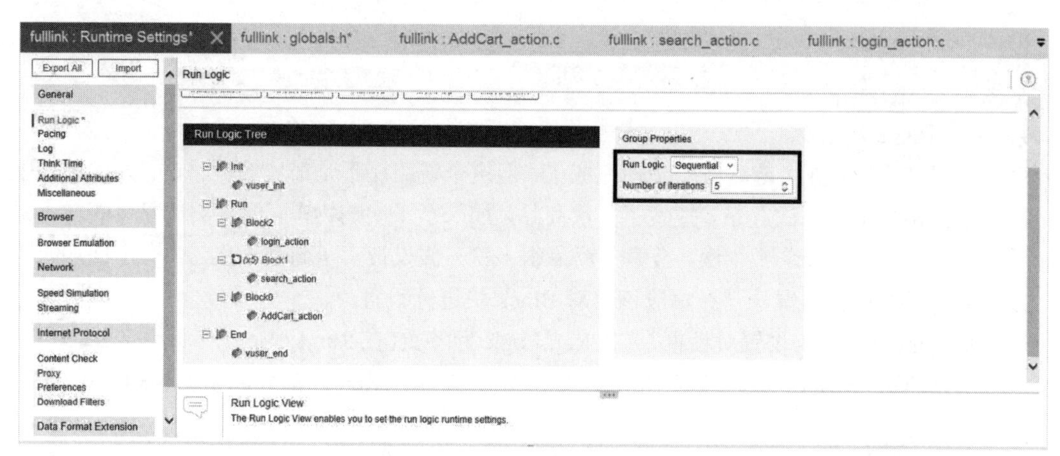

图 6-5　设置 Block 运行次数

完成上面的步骤后，才算开发完成一个链路，使用相同的步骤可以将所有需要的链路开发完成。

6.5　小结

本章主要介绍如何开发全链路脚本的相关内容，首先介绍了什么是全链路，再介绍如何将测试步骤封装成一个头文件，这是全链路开发的第一步，接着介绍了在开发全链路脚本过程中，全链路的场景和脚本是如何确定的，场景中关键路径是如何确定的，最后通过一个实例将这些知识串起来，实现一个完整的全链路脚本。

第7章 操作系统性能监控与调优

在软件质量模型中有一个维度为效率，即系统性能表现。效率项又包括两个子维度：时间和资源。时间是客户的直观感受，客户只关注系统的时间响应，但是性能测试工程师不能只关注时间，还需要关注系统资源的消耗情况。之所以需要关注资源消耗情况，是因为当资源消耗到临界值时，系统处理的业务很可能会出错，也许当前业务并没有出错，但出错的风险很大，所以系统资源的消耗必须低于临界值。举个简单的例子，假如一个人持续加班了一个月，身体处于很疲劳的状态，如果还让他加班，那么很可能将事情做错。因为疲劳会分散注意力，也许这次幸运地做对了，但如果不幸运的话结果可能就错了。在系统资源消耗到临界状态时，接下来的运行状态是不可控状态。

本章节主要介绍以下几部分内容：

- Windows 操作系统监控
- Linux/UNIX 操作系统监控
- nmon 系统资源监控工具

7.1 Windows 操作系统监控

如果数据库和应用服务器使用的是 Windows 操作系统，那么在测试过程中必须监控 Windows 操作系统资源消耗的情况。所幸 LoadRunner 对 Windows 操作系统的监控做得还不错，一般的监控 Windows 操作系统的方法有两种：一是使用 LoadRunner 直接监控；二是使用 Windows 操作系统自带的性能工具进行监控。

7.1.1 LoadRunner 直接监控

使用 LoadRunner 直接监控即通过添加计数器的方式来监控 Windows 操作系统，在 LoadRunner 控制器的监控页面中，选择 Windows Resources 视图（Windows 资源视图），单击右键，选择弹出菜单中的【Add Measurements…】子菜单，弹出【Windows Resources】对话框，如图 7-1 所示。

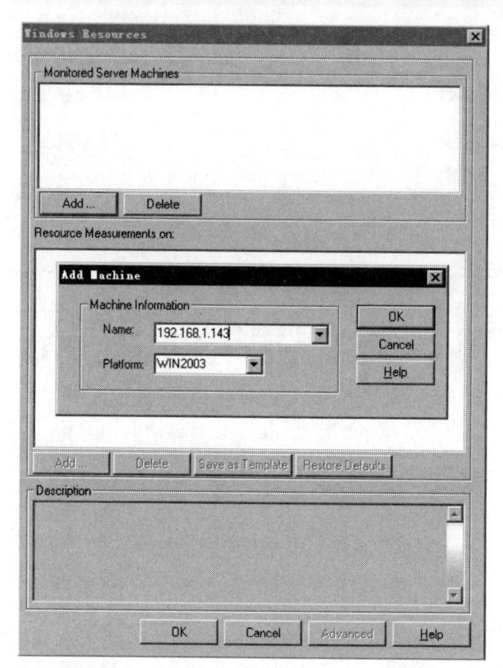

图 7-1　Windows Resources 对话框

单击【Add】按钮可以添加待监控的服务器，在【Add Machine】对话框中的 Name 栏中填写待监控服务器的 IP 地址即可，监控成功后，可以在场景监控的视图中看到关于服务器系统资源的曲线图，如图 7-2 所示。

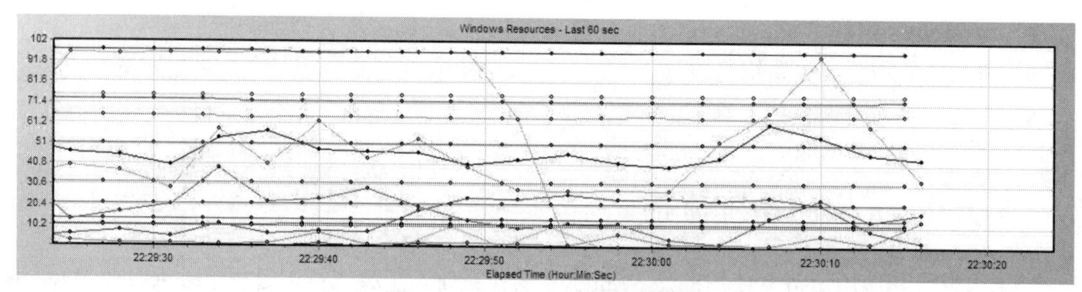

图 7-2　Windows 系统资源视图

7.1.2　Windows 性能工具监控

除了使用 LoadRunner 直接监控 Windows 系统资源外，使用 Windows 操作自带的性能工具也可以对 Windows 系统资源进行监控，准确地说使用 LoadRunner 监控的 Windows 系统资源数据是借用了 Windows 自带的性能监控工具的数据。

进入 Windows 操作系统中的控制面板，选择管理工具，在管理工具中有一个关于性能的工具，运行该性能工具可以开始监控系统资源消耗的情况，如图 7-3 所示。

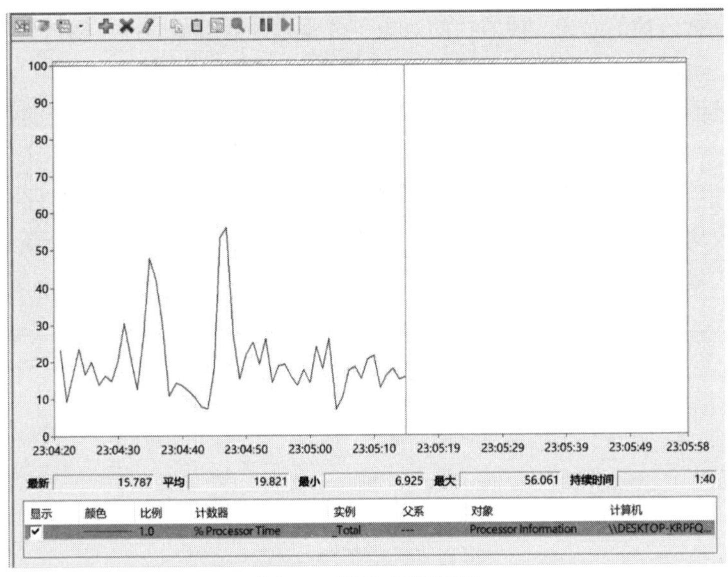

图 7-3 监控系统资源

如果在观察视图的过程中需要突出显示某条曲线，可以选中该曲线单击突出显示按钮✖，如果需要停止刷新曲线，可以单击冻结显示按钮▮▮。

默认情况下，Windows 操作系统自带的性能监控工具只监控 Pages/sec、Avg. Disk Queue Length 和% Processor Time 三个计数器，如果需要添加其他的计数器，在计数器显示区域单击右键，在弹出的菜单中选择添加计数器选项，弹出如图 7-4 所示的添加计数器对话框。

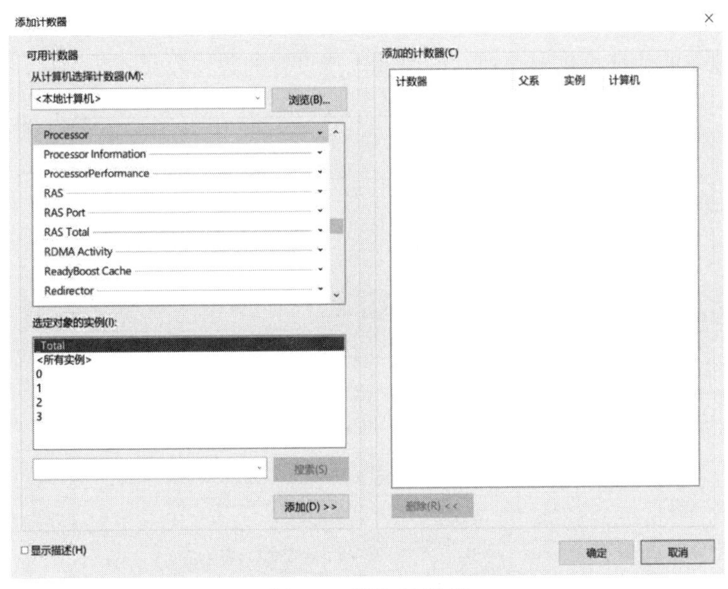

图 7-4 添加计数器

首先需要选择被监控的对象，被监控的对象可以是本地计算机，也可以是其他的计算机，需要指定其计算机名，需要注意的是被监控的计算机与本地计算机可以正常通信。

然后选择需要监控的性能对象，如 Processor、Memory 等，并且为被监控的性能对象选择其相应的计数器。

如果需要在性能测试过程中获得 Windows 操作系统资源消耗值，并将其保存供以后分析，那么需要新建数据收集器，单击监视工具树，选择性能监视器并单击右键，选择新建，在弹出的二级菜单中选择数据收集器集，如图 7-5 所示。

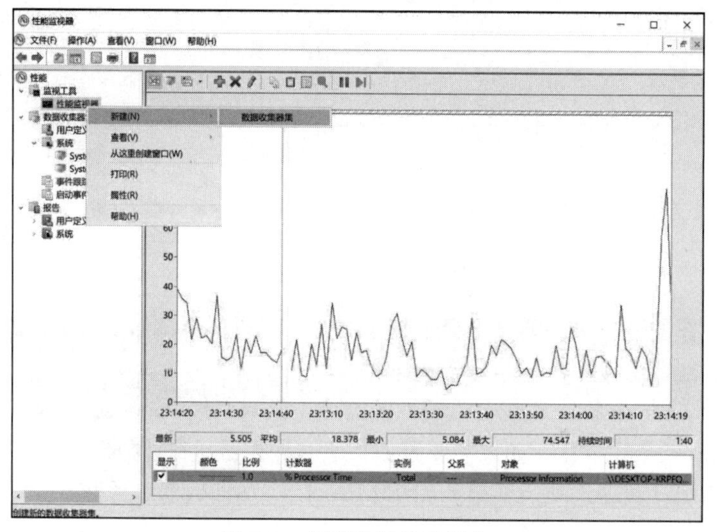

图 7-5　新建数据收集器集

在弹出的创建新的数据收集器集对话框中输入待设置的数据收集器集名称，如图 7-6 所示。

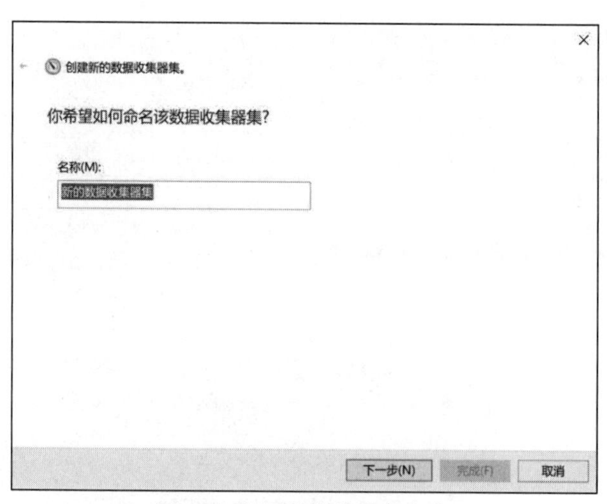

图 7-6　设置数据集器集名称

设置好数据收集器集名称后，下一步设置数据保存位置，即数据收集器集文件保存的位置，如图 7-7 所示。

图 7-7　保存数据文件位置

设置完成后，在数据收集器集树下，用户定义下会有一个刚创建的数据收集器集，如图 7-8 所示。

图 7-8　创建的数据收集器集

在图 7-8 中单击 ▶ 按钮可以设置启动监控数据的运行，也可以选中系统监视器日志单击右键，在弹出的二级菜单中选择属性，对系统监视器日志进行相关设置，如图 7-9 所示。

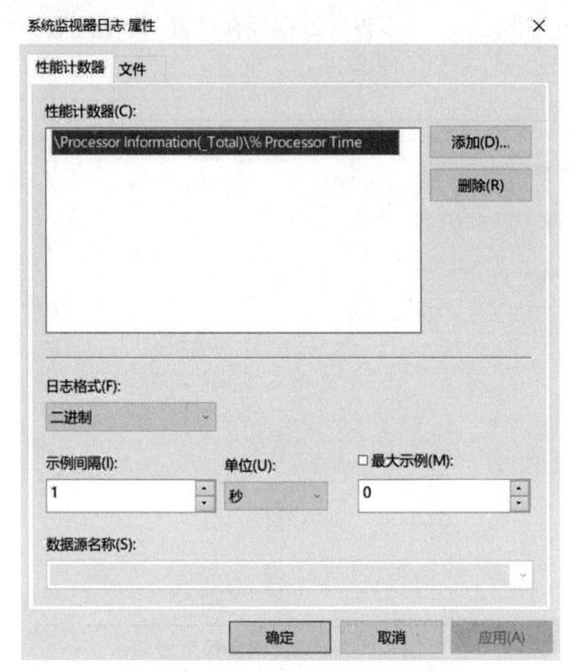

图 7-9　设置系统监视器日志属性

在该对话框中可以设置采样时间间隔，采样时间间隔是指每隔多长时间收集一个数据点，单位为秒，一般设置的采样时间为 10～15 秒。

日志文件类型是用于设置保存的监控文件的类型，可保存的日志文件类型有：文本文件（逗号分隔）、文本文件（Tab 分隔）、二进制文件、二进制循环文件、SQL 数据库，默认设置为二进制文件。

文件名结尾是指当每次运行该日志设置时，会自动生成一个日志文件，生成的日志文件结尾命名方式包括七种：nnnnnn、mmddhh、mmddhhmm、yyyydd、yyyymm、yyyymmdd、yyyymmddhh。如果选择 nnnnnn 的方式为文件名结尾，那么每运行一次，文件结尾名会依次累加，从 000001 开始，其他的都是时间加日期加时间的方式，当切换不同的格式时，都会有一个实例来展现切换后的格式形式。

覆盖现有日志文件是指生成的新的日志文件是否覆盖原有的日志文件，如果选中该选项则不会生成新的日志文件，新的日志文件会将原来的日志文件覆盖。

当监控数据收集完成后，可以在性能监视器中单击按钮来查看收集的性能数据，如图 7-10 所示。

在配置测试过程中会使用该工具监控在正常情况下系统资源的使用情况，这样可以先得到一份基准的系统资源消耗的数据，然后再修改测试方案，重新进行性能测试，同时在进行性能测试的过程中对系统资源进行再次监控得到一份新的数据，将这份新的数据与基准数据进行比较，即可分析调优的结果。

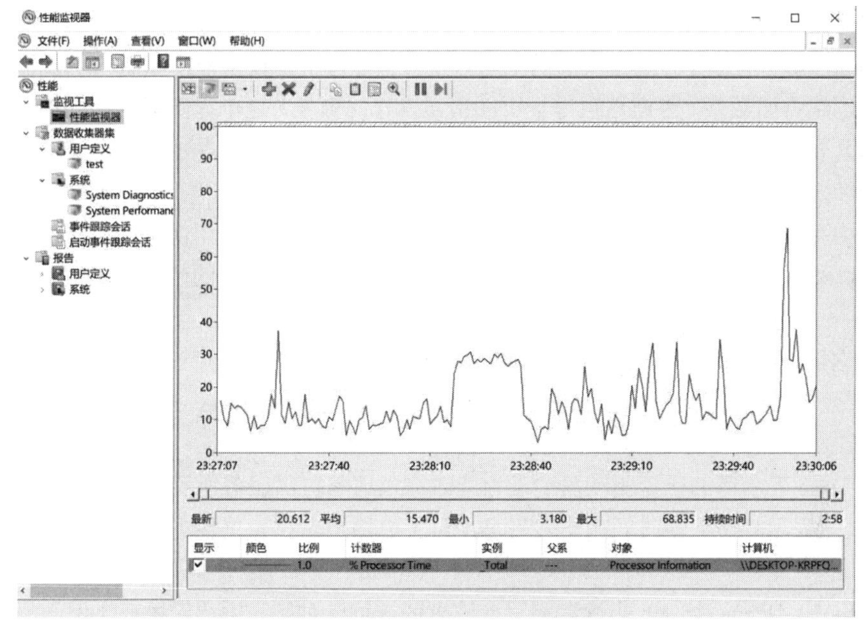

图 7-10　分析收集到的性能数据

7.1.3　Windows 计数器

监控系统资源的目的是为了分析是否由于系统资源引起性能瓶颈，通常分析的硬件资源消耗主要包括内存、磁盘和 CPU，那么如何定位这些硬件是否达到瓶颈呢？在实际测试过程中没有直接的指标可以指明硬件是否达到瓶颈，需要分析计数器来间接地去分析硬件资源是否出现瓶颈。

（1）内存计数器。关于内存计数器主要有三个：Available Bytes（Available Kbytes、Available Mbytes）、Memory Pages/sec、Page Faults/sec。

Available Bytes 表示计算机上可用于运行处理的有效物理内存的字节数量。是用零、空闲和备用内存表上的空间总值计算的。空闲内存指可以使用内存；零内存指为了防止以后的处理看到以前处理使用的数据而在很多页内存中充满了零内存。备用内存是指从处理的工作集（它的物理内存）移到磁盘的，但是仍旧可以调用的内存。这个计数器只显示上一次观察到的值；它不是一个平均值。一般不小于 4MB，如果该值低于阈值且 Pages/sec 持续地处于峰值状态下，那么说明计算机的物理内存不够。

Memory Pages/sec 是指为解决硬页错误从磁盘读取或写入磁盘的速度。这个计数器是可以显示导致系统范围延缓类型错误的主要指示器。它是 Memory\\Pages Input/sec 和 Memory\\Pages Output/sec 的总和。是用页数计算的，以便在不用做转换的情况下就可以同其他页计数，如 Memory\\Page Faults/sec，这个值包括为满足错误而在文件系统缓存（通常由应用程序请求）的非缓存映射内存文件中检索的页。如果系统运行在内存较少的状态，那么该值将逐渐增大，因为操作系统必须使用页面文件来进行临时数据存储，并且 Windows 会更加依赖页面文件来为用户请求提供服务，因此读写数据页面数目将增加。这个计数器的值应该保持或接近 0。

Page Faults/sec 是每秒钟出错页面的平均数量。由于每个错误操作中只有一个页面出错，计算单位为每秒出错页面数量，因此这也等于页面错误操作的数量。这个计数器包括硬错误（那些需要磁盘访问的）和软错误（在物理内存的其他地方找到的错误页）。许多处理器可以在有大量软错误的情况下继续操作。但是，硬错误可以导致明显的拖延。

在监控内存时应该注意内存泄漏的情况，一般以下两种情况表明出现内存泄漏的情况：

第一：观察内存分配池，如果内存池中可用内存消耗呈不断上升的趋势，说明可能出现内存泄漏的情况。

第二：进程分配内存后，但并未将用完的内存回收。

（2）磁盘计数器。关于磁盘计数器主要有四个：%Disk Time、Average Disk Queue Length、Average Disk Sec/Read 和 Average Disk Sec/Write。

%Disk Time 表示所选磁盘驱动器忙于为读或写入请求提供服务所用的时间的百分比。正常值<10，此值过大表示耗费太多时间来访问磁盘，可考虑增加内存、更换更快的硬盘、优化读写数据的算法。

Average Disk Queue Length 指读取和写入请求的平均队列数（所选磁盘在实例间隔中的列队），如驾车等信号灯，如果当前信号灯有很多车在等，那么排在后面的车就必须等待下一个信号灯才有可能通过。正常值<0.5，此值过大表示磁盘 I/O 太慢，要更换更快的硬盘。

Average Disk sec/Read 指以秒计算的在此盘上读取数据的所需平均时间。

Average Disk sec/Write 指以秒计算的在此盘上写入数据的所需平均时间。

监控到磁盘平均读写时间后，如何确定该值是否正常呢？磁盘是否遇到瓶颈呢？如果要确定磁盘读写时间是否遇到瓶颈，需要先获得物理磁盘读写一次所花费的时间，即磁盘服务时间，磁盘服务时间由寻道时间、旋转延迟时间和数据传输时间三部分组成。

寻道时间（Tseek）是指将读写磁头移动到正确的磁道上所需要的时间，寻道时间越短，I/O 操作越快，目前磁盘的平均寻道时间一般为 3～15ms。

旋转延迟时间（Trotation）是指盘片旋转将请求数据所在扇区移至读写磁头下方所需要的时间，旋转延迟取决于磁盘转速，通常为磁盘旋转一周所需要时间的 1/2。现在的磁盘转速一般为 5400r/min、7200r/min、10Kr/min 和 15Kr/min。以 7200r/min 为例，一秒钟可以转 120 转，那么磁盘转一周的时间为 1/120，大约为 8.33ms，旋转延迟时间为旋转一周所需时间的 1/2，即大概为 4.17ms。

数据传输时间（Transfer）是指完成传输所请求的数据所需要的时间，它取决于数据传输率，该值等于数据大小除于数据传输率，目前 IDE/SATA 的传输率达到 133Mb/s，SATA II 可达到 300Mb/s，所以数据传输的时间很短，相对于寻道时间和旋转延迟时间数据传输时间可以忽略不计。

以 7200r/min 为例，读写一次平均时间大约为 3ms（寻道时间）加上 4.17ms（旋转延迟时间），即 7.17ms，如果监控到的平均读写时间比计算出来的平均读写时间值大，则说明磁盘可能出现瓶颈。

但现在服务器磁盘都是以阵列的方式出现，对于使用不同的磁盘阵列，其他读写时间计算方式也有不同，在分析不同阵列方式读写时间时，首先需要了解磁盘阵列的相关内容。

磁盘阵列（Redundant Arrays of Inexpensive Disks，RAID），有“价格便宜且多余的磁盘阵列”之意，磁盘阵列的原理是利用数组方式来作磁盘组，配合数据分散排列的设计，提升数据的安全性。磁盘阵列由很多便宜、容量较小、稳定性较高、速度较慢的磁盘，组合成一个大型的磁盘组，利用个别磁盘提供数据所产生的加成效果提升整个磁盘系统效能。同时利用这项技术，将数据切割成许多区段，分别存放在各个硬盘上。磁盘阵列还能利用同位检查（Parity Check）的观念，在数组中任一颗硬盘故障时，仍可读出数据，在数据重构时，将数据经计算后重新置入新硬盘中。

RAID 的规范主要包括 RAID0～RAID7 等数个规范，它们的侧重点各不相同，常见的规范有以下几种：

1）RAID0：无差错控制的带区组。

要实现 RAID0 必须要有两个以上硬盘驱动器，RAID0 实现了带区组，数据并不是保存在一个硬盘上，而是分成数据块保存在不同驱动器上。因为将数据分布在不同驱动器上，所以数据吞吐率大大提高，驱动器的负载也比较平衡。如果刚好所需要的数据在不同的驱动器上效率最好，那么它不需要计算校验码，实现容易。它的缺点是它没有数据差错控制，如果一个驱动器中的数据发生错误，即使其他盘上的数据正确也无济于事了。不应该将它用于对数据稳定性要求高的场合。如果用户进行图像（包括动画）编辑和其他要求传输比较大的场合，使用 RAID0 比较合适。同时，RAID0 可以提高数据传输速率，比如所需读取的文件分布在两个硬盘上，这两个硬盘可以同时读取。那么原来读取同样文件的时间被缩短为 1/2。在所有的级别中，RAID0 的速度是最快的，但是 RAID0 没有冗余功能，如果一个磁盘（物理）损坏，则所有的数据都无法使用。RAID0 的结构图如图 7-11 所示。

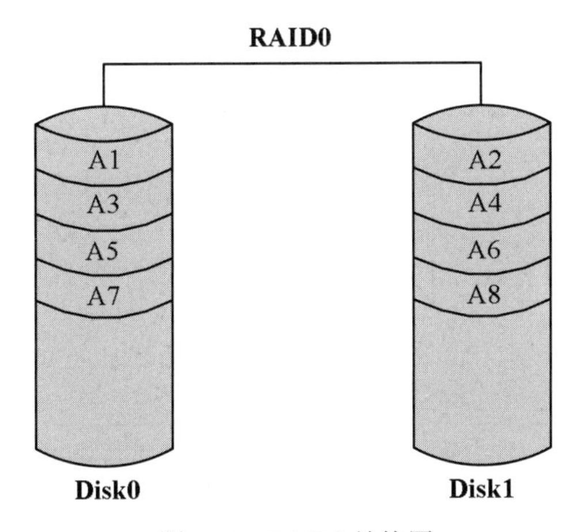

图 7-11　RAID0 结构图

2）RAID1：镜像结构。

RAID1 对于使用这种 RAID1 结构的设备来说，RAID1 控制器必须能够同时对两个盘进行读操作和对两个镜像盘进行写操作。RAID1 的结构图如图 7-12 所示。

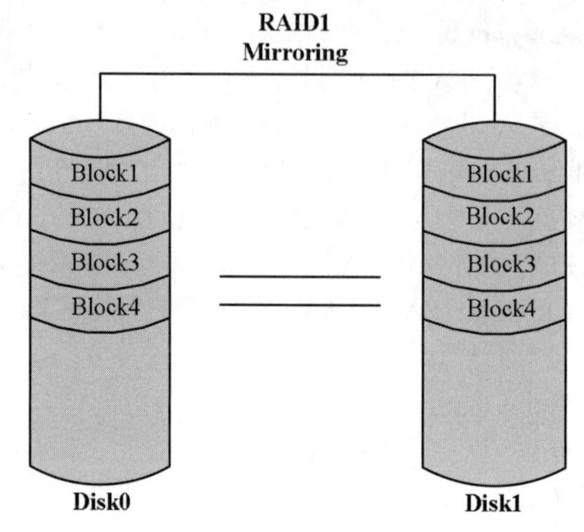

图 7-12　RAID1 结构图

从结构图中可以看到必须有两个驱动器，因为当镜像结构在一组盘出现问题时，可以使用镜像提高系统的容错能力。RAID1 比较容易设计和实现，每读一次盘只能读出一块数据，也就是说数据块传送速率与单独的盘的读取速率相同。因为 RAID1 的校验十分完备，因此对系统的处理能力有很大的影响，通常的 RAID 功能由软件实现，而这样的实现方法在服务器负载比较重的时候会大大影响服务器效率。当您的系统需要极高的可靠性时，如进行数据统计，那么使用 RAID1 比较合适，而且 RAID1 技术支持"热替换"，即不断电的情况下对故障磁盘进行更换，更换完毕只要从镜像盘上恢复数据即可。当主硬盘损坏时，镜像硬盘就可以代替主硬盘工作，镜像硬盘相当于一个备份盘，可想而知，这种硬盘模式的安全性是非常高的，RAID1 的数据安全性在所有的 RAID 级别上来说是最好的，但是其磁盘的利用率却只有 50%，是所有 RAID 级别中最低的。

3）RAID2：带海明码校验。

从概念上讲，RAID2 与 RAID3 类似，两者都是将数据条块化分布于不同的硬盘上，条块单位为位或字节。然而 RAID2 使用一定的编码技术来提供错误检查及恢复，这种编码技术需要多个磁盘存放检查及恢复信息，使得 RAID2 技术实施更复杂。因此，在商业环境中很少使用。RAID2 的结构图如图 7-13 所示。

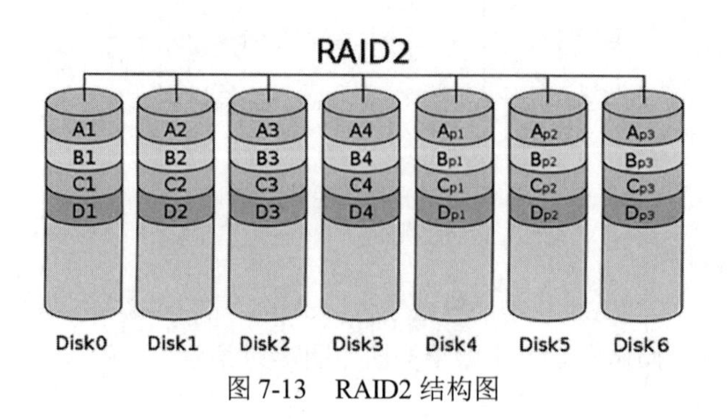

图 7-13　RAID2 结构图

由于海明码的特点，它可以在数据发生错误的情况下将错误校正，以保证输出的正确。它的数据传送速率相当高，如果希望达到比较理想的速度，那最好提高保存校验码 ECC 码的硬盘性能，对于控制器的设计来说，它又比 RAID3、RAID4 或 RAID5 要简单。但是要利用海明码，必须要付出数据冗余的代价，输出数据的速率与驱动器组中速度最慢的相等。

4）RAID3：带奇偶校验码的并行传送。

RAID3 与 RAID2 不同，只能查错不能纠错。它访问数据时一次处理一个带区，这样可以提高读取和写入速度，它像 RAID0 一样以并行的方式来存放数据，但速度没有 RAID0 快。校验码在写入数据时产生并保存在另一个磁盘上，需要实现时用户必须要有三个以上的驱动器，写入速率与读出速率都很高，因为校验位比较少，因此计算时间相对而言比较少，RAID3 的结构图如图 7-14 所示。

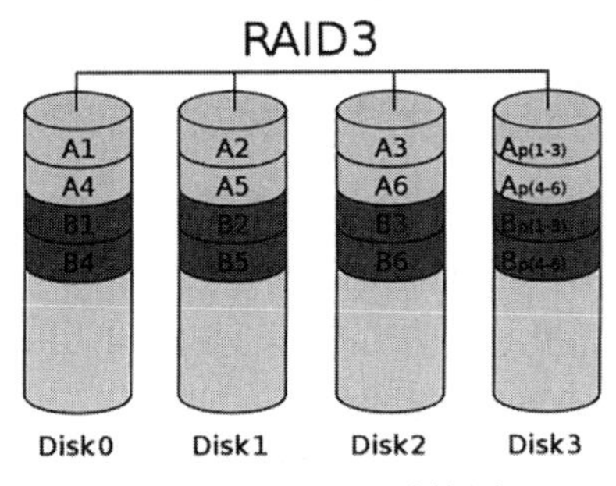

图 7-14 RAID3 结构图

用软件实现 RAID 控制将是十分困难的，控制器的实现也不是很容易，它主要用于图形（包括动画）等要求吞吐率比较高的场合，不同于 RAID2，RAID3 使用单块磁盘存放奇偶校验信息。如果一块磁盘失效，奇偶盘及其他数据盘可以重新产生数据，如果奇偶盘失效，则不影响数据使用。RAID3 对于大量的连续数据可提供很好的传输率，但对于随机数据，奇偶盘会成为写操作的瓶颈。利用单独的校验盘来保护数据虽然没有镜像的安全性高，但是硬盘利用率得到了很大的提高，硬盘利用率为 n-1。

5）RAID4：带奇偶校验码的独立磁盘结构。

RAID4 和 RAID3 很像，不同的是，它对数据的访问是按数据块进行的，也就是按磁盘进行的，每次是一个盘。RAID3 是一次一横条，而 RAID4 一次一竖条。它的特点和 RAID3 也挺像，不过在失败恢复时，它的难度可要比 RAID3 大得多，控制器的设计难度也要大许多，而且访问数据的效率不高。

6）RAID5：分布式奇偶校验的独立磁盘结构。

RAID5 不单独指定奇偶盘，而是在所有磁盘上交叉地存取数据及奇偶校验信息。在 RAID5 上，读/写指针可同时对阵列设备进行操作，提供了更高的数据流量。RAID5 更适合于小数据块和随机读写的数据。RAID3 与 RAID5 相比，最主要的区别在于 RAID3 每进行一次数据传输就需涉及到所有的阵列盘；而对于 RAID5 来说，大部分数据传输只对一块磁盘操作，并可进行并行操作。在 RAID5 中有“写损失”，即每一次写操作将产生四个实际的读/写操作，其中两次读旧的数据及奇偶信息，两次写新的数据及奇偶信息。RAID5的结构图如图7-15所示。

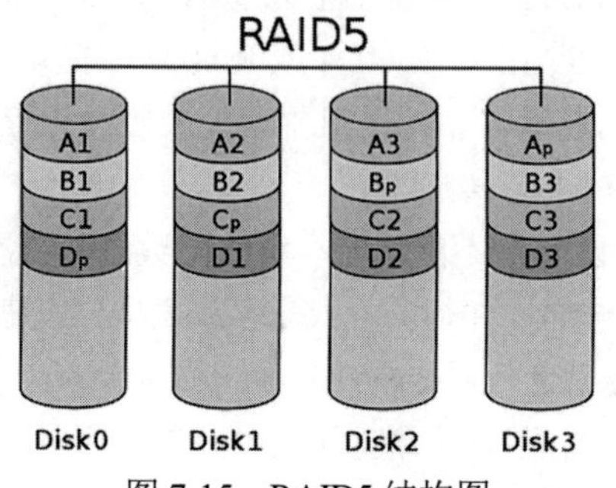

图7-15　RAID5结构图

7）RAID6：带有两种分布存储的奇偶校验码的独立磁盘结构。

与RAID5相比，RAID6增加了第二个独立的奇偶校验信息块，两个独立的奇偶系统使用不同的算法，数据的可靠性非常高，即使两块磁盘同时失效也不会影响数据的使用。但RAID6需要分配给奇偶校验信息更大的磁盘空间，相对于RAID5有更大的“写损失”，因此“写性能”非常差，较差的性能和复杂的实施方式使得RAID6很少得到实际应用。

8）RAID7：优化的高速数据传送磁盘结构。

RAID7所有的I/O传送均是同步进行的，可以分别控制，这样提高了系统的并行性，提高系统访问数据的速度，每个磁盘都带有高速缓冲存储器，实时操作系统可以使用任何实时操作芯片，达到不同实时系统的需要。允许使用SNMP协议进行管理和监视，可以对校验区指定独立的传送信道以提高效率，可以连接多台主机，因为加入高速缓冲存储器，当多用户访问系统时，访问时间几乎接近于0。由于采用并行结构，因此数据访问效率大大提高，需要注意的是它引入了一个高速缓冲存储器，这有利有弊，因为一旦系统断电，在高速缓冲存储器内的数据就会全部丢失，因此需要和UPS一起工作。但其价格也非常昂贵。

9）RAID10：高可靠性与高效磁盘结构。

这种结构无非是一个带区结构加一个镜像结构，因为两种结构各有优缺点，因此可以相互补充，达到既高效又高速的目的。大家可以结合两种结构的优点和缺点来理解这种新结构。这种新结构的价格高，可扩充性不好。主要用于容量不大，但要求速度和差错控制的数据库中。

（3）CPU计数器。关于CPU计数器主要有三个：% Processor Time、%User Time和%Privilege Time。

% Processor Time指处理器用来执行非闲置线程时间的百分比。计算方法是，测量范例间隔内非闲置线程活动的时间，用范例间隔减去该值（每台处理器有一个闲置线程，该线程在没有其他线程可以运行时消耗周期）。这个计数器是处理器活动的主要说明器，显示在范例间隔时所观察的繁忙时间平均百分比。这个值是用100%减去该服务不活动的时间计算出来的。如果该计数器的值持续高于80%，则说明CPU存在压力，接下来需要进一步将Processor Time分解，以便确定是内核模式进程还是用户模式进程消耗的时间更多。

%User Time 指处理器处于用户模式的时间百分比。用户模式是为应用程序、环境分系统和整数分系统设计的有限处理模式。另一个模式为特权模式，它是为操作系统组件设计的并且允许直接访问硬件和所有内存。操作系统将应用程序线程转换成特权模式以访问操作系统服务。这个计数值将平均忙时作为示例时间的一部分显示。

%Privilege Time 是在特权模式下处理线程执行代码所花时间的百分比。当调用 Windows 系统服务时，此服务经常在特权模式运行，以便获取对系统专有数据的访问，在用户模式执行的线程无法访问这些数据。对系统的调用可以是直接的（explicit）或间接的（implicit），例如页面错误或中断。不像某些早期的操作系统，Windows 除了使用用户和特权模式的传统保护模式之外，还使用处理边界作为分系统保护。某些由 Windows 为您的应用程序所做的操作除了出现在处理的特权时间内，还可能在其他子系统处理出现。

如果 User Time 占整个 Processor Time 的比例很大，那么说明是应用程序出现了问题，这样接下来需要确定是哪个进程消耗了 CPU 的时间。

7.2 Linux/UNIX 操作系统监控

其实不管是 Windows 操作系统还是 Linux/UNIX 操作系统，关于系统资源的监控都主要是 CPU、内存、磁盘，但 LoadRunner 对 Linux/UNIX 操作系统资源监控做得并不好，所以一般情况下不使用 LoadRunner 对 Linux/UNIX 操作系统进行资源监控。一般情况下有两种方法对 Linux/UNIX 操作系统进行监控：一是使用相关命令；二是使用监控工具 nmon。

7.2.1 程序执行模型

为了清楚地检查工作负载的性能特征，需要有一个动态而非静态的程序执行模型，如图 7-16 所示。

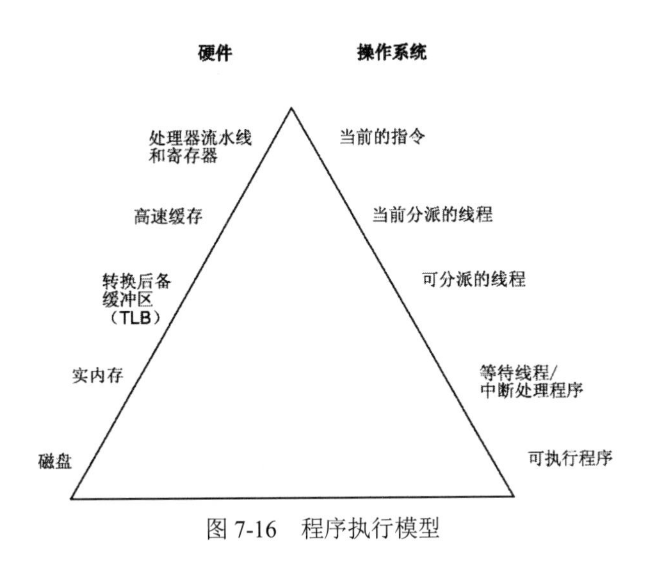

图 7-16 程序执行模型

程序执行模型的左边代表和右边适当的操作系统实体匹配的硬件实体，程序必须从存储在磁盘上的最低级别开始，到最高级别的处理运行程序指令，例如从底部到顶部，磁盘硬件实体容纳可执行程序；当内存容纳等待线程和中断处理程序；转换后备缓冲区容纳可分派的线程；高速缓存中包含当前分派的线程和处理器流水线；而寄存器中包含当前的指令。

程序为了运行必须沿着硬件和操作系统层次结构并行向上前进。硬件层次结构中的每个元素都比它下面的元素稀少和昂贵，不仅程序不得不为每个资源和其他程序竞争，而且从一个级别过渡到下一个级别也要花时间。为了理解程序执行动态，需要对层次结构中每一级别有个基本的了解。

通常，从一个硬件级别移动到另一个级别需要的时间主要是由较低级别的处理时间组成。硬件层次结构的内容如下：

（1）固定磁盘。对于一个在单机系统中运行的程序而言，最慢的操作是从磁盘上取得代码或数据，原因如下：

- 必须引导磁盘控制器直接访问指定的块（排队延迟）。
- 磁盘臂必须寻道以找到正确的柱面（寻道等待时间）。
- 读/写磁头必须等候直到正确的块旋转到它们下面（旋转等待时间）。
- 数据必须传送到控制器（传送时间）然后传递到应用程序中（中断处理时间）。

除了程序中显式的读或写请求以外，还有以上这些原因导致磁盘操作缓慢，频繁的系统调整活动证明是不必要地跟踪了磁盘 I/O。

（2）实内存。实内存通常称为随机存取存储器或 RAM，它比磁盘速度快很多，但每个字节的开销非常昂贵，操作系统尽量只将当前使用的代码和数据保存在 RAM 中，而将任何额外的内容存储在磁盘上，或者决不先将它们带入到 RAM 中。

然而，RAM 的速度并不一定比处理器快，通常在硬件意识到 RAM 访问需求与处理器可使用数据或指令的时间之间，会出现许多处理器周期的 RAM 等待时间。

如果要访问存储到磁盘上（或者尚未调进）的某一虚拟内存页，那么会产生一个缺页故障，并且程序的执行暂挂直到该页从磁盘读取。

（3）转换后备缓冲区（Translation Lookaside Buffer，TLB）。使程序员不会受限于系统的物理局限性的方法就是实现虚拟内存。程序员在设计和编写程序时认为内存非常大，系统将负责将程序中指令和数据的虚拟地址转换成需要用来从 RAM 取得的指令和数据的实际地址。因为这个地址转换过程可能很费时，系统将最近访问过的虚拟内存页的实际地址保存在一个叫转换后备缓冲区（TLB）的调整缓存中。

只要运行中的程序继续访问程序和数据页中的一小部分，那么完整的从虚拟到实际页地址的转换过程就不需要在每次 RAM 访问的时候都重做一次，当程序试图访问的虚拟内存页没有 TLB 入口（即 TLB 未命中）时，那么需要大量的处理器周期（即 TLB 未命中等待时间）来进行地址转换。

（4）高速缓存。为了将程序必须经历的 RAM 等待时间减到最小，系统为指令和数据组织了高速缓存。如果所需的指令和数据已在高速缓存中，那么产生高速缓存命中，处理器就可在下一个周期立刻使用该指令或数据。否则产生高速缓存未命中，伴随有 RAM 等待时间。

在某些系统中，有两到三级高速缓存，通常称它们为 L1、L2 和 L3。如果一个特殊的存储器引用导致 L1 未命中，那么检查 L2。如果 L2 产生未命中，那么引用转至下一个级别，要么是 L3（如果存在），要么是 RAM。高速缓存的大小与结构根据型号的不同而有所不同，但是有效使用它们的原理是相同的。

（5）流水线和寄存器。流水线型超标量体系结构使得在某些情况下可以同时处理多个指令。大批的通常寄存器和浮点寄存器使用可以将相当多的程序数据保存在寄存器中，而不需要频繁存储和重新装入。

可以设计优化编译器最大限度利用这些能力，当生成产品程序时，无论程序有多少编译器的优化函数都应该能使用。

程序为了运行还必须执行软件层次结构中的一系列步骤，具体如下：

（1）可执行程序。当请求运行某个程序时，操作系统执行一些操作以将磁盘上的可执行程序转换成运行中的程序。

首先，必须扫描当前 PATH 环境变量中的目录以查找程序的正确副本，然后系统装入程序（不要和 ld 命令混淆，该命令是用于绑定程序）必须解析出从程序到共享库的任何外部引用。

为了表示用户的请求，操作系统将创建一个进程或一组资源（例如专用虚拟地址段），任何运行中的程序都需要该进程或资源。

操作系统也会在该进程中自动创建一个单独的线程，线程是一个单独程序实例的当前执行状态，在 Linux 中，对处理器和其他资源的访问是根据线程来分配而不是根据进程分配的。应用程序可在一个进程中创建多个线程。这些线程共享由运行它们的进程所拥有的资源。系统转移到程序的入口点，如果包含入口点的程序页还不在内存中（可能因为程序最近才编译、执行和复制），那么由它引起的缺页故障中断将该页从它的后备存储器中读取出来。

（2）中断处理程序。通知操作系统发生了外部事件的机制是中断当前运行线程并将控制转移到中断处理程序。在中断处理程序可以运行之前，必须保存足够的硬件状态以保证在中断处理完成后系统能恢复线程的上下文。新调用的中断处理程序将经历在硬件层次结构中上移带来的所有延迟（除页面故障）。如果该中断处理程序最近没有运行过（或者中间程序很节约时间），那么它的任何代码或数据不太可能保留在 TLB 或高速缓存中。

当再次调度已中断的线程时，执行上下文（如寄存器内容）逻辑上将得到恢复，以便可以正确运行。然而，TLB 和高速缓存的内容必须根据程序的后续请求重新构造。因此，作为中断的结果，中断处理程序和被中断的线程都可能遇到大量的高速缓存未命中和 TLB 未命中延迟。

（3）等待线程。无论何时只要执行的程序发出不能立刻满足的请求，如同步 I/O 操作，该线程就会处于等待状态，直到请求完成为止。除了请求本身所需的时间以外，通常还会导致另外一些 TLB 和高速缓存的延迟时间。

（4）当前已分派的线程。调度程序选择处理器分配的线程。

（5）当前机器指令。如果未出现 TLB 或高速缓存未命中的情况，绝大多数机器指令都能在单个处理器周期内执行。相比之下，如果程序迅速转换到该程序的不同区域且访问大量不同区域中的数据，就会产生较高的 TLB 和高速缓存未命中的情况，执行每条指令使用的平均处理器周期（CPI）可能大于 1。这种程序被认为有较差的局域性引用能力，它可能在使用必需的最少指令数来做这个工作，但是需要消耗大量不必要的周期数。部分原因是指令数和周期数之间相关性弱，检查程序列表来计算路径长度不会直接生成一个时间值，由于较短的路径通常比较长的路径快，所以速度根据路径长度率的不同会有明显的不同。

7.2.2 CPU 监控

在单用户多任务的操作系统中，或者多用户多任务的操作系统中，系统同时运行多个程序，这些程序的并行运行势必形成对系统资源的竞争使用。因此，操作系统必须能够处理和管理这种并行运行的程序，使之对资源的使用按照良性的顺序进行。

进程是一个程序关于某个数据集的一次运行。进程是程序的一次运行活动，是一个动态的概念，而程序是静态的概念，是指令的集合。进程具有动态性和并发性，程序是进程运行所对应的运行代码，一个进程对应于一个程序，一个程序可以同时对应于多个进程。一个进程从创建而产生至撤销而消亡的整个生命周期，可以用一组状态加以刻画。为了便于管理进程，把进程划分为几种状态，分别有三态模型和五态模型。

当处理器不能即时处理进程时，就会出现进程排队的现象，如果出现持续排队的现象就说明 CPU 当前处于繁忙状态，所以分析 CPU 是否处于繁忙状态的第一个指标是 CPU 的队列长度。

进程的三态模型如图 7-17 所示。

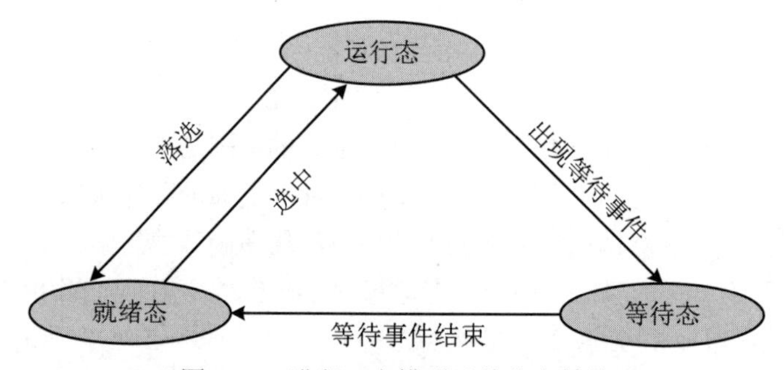

图 7-17 进程三态模型及其状态转换

按照进程在执行过程中的不同状况，至少可以定义三种不同的进程状态。

（1）运行态：占有处理器正在运行。

（2）就绪态：具备运行条件，等待系统分配处理器以便运行。

（3）等待态（阻塞态）：不具备运行条件，正在等待某个事件的完成。

一个进程在创建后将处于就绪状态。每个进程在执行过程中，都处于上面三种状态中的某一种状态。同时，在一个进程执行过程中，它的状态将会发生改变。

运行状态的进程将由于出现等待事件而进入等待状态，当等待事件结束之后等待状态的进程将进入就绪状态，而处理器的调度策略又会引起运行状态和就绪状态之间的切换。引起进程状态转换的具体原因如下：

（1）运行态→等待态：等待使用资源，如等待外设传输；等待人工干预。

（2）等待态→就绪态：资源得到满足，如外设传输结束；人工干预完成。

（3）运行态→就绪态：运行时间片到后出现有更高优先权进程。

（4）就绪态→运行态：CPU 空闲时选择一个就绪进程。

进程的五态模型如图 7-18 所示。

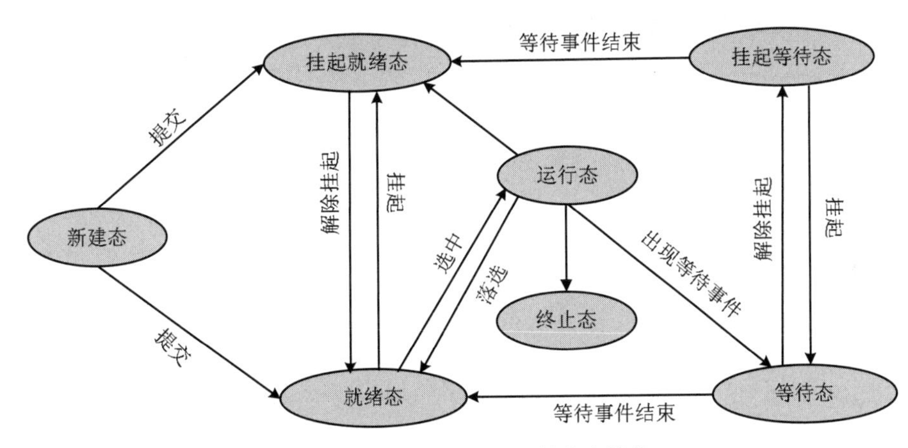

图 7-18　进程五态模型及其状态转换

相对于三态模型，五态模型增加了以下两种状态：

挂起就绪态：表明进程具备运行条件但目前在二级存储器中，当它被对换到主存才能被调度执行。

挂起等待态：表明进程正在等待某一个事件且在二级存储器中。

引起进程状态转换的具体原因如下：

（1）等待→挂起等待：没有进程处于就绪状态或就绪进程要求更多内存资源时，发生这种转换，以提交新进程或运行就绪进程。

（2）就绪→挂起就绪：当有高优先级阻塞（系统认为会很快就绪的）进程和低优先级就绪进程时，系统会选择挂起低优先级就绪进程。

（3）运行→挂起就绪：对抢占式系统，当有高优先级阻塞挂起进程因事件出现而进入就绪挂起时，系统可能会把运行进程转到挂起就绪状态。

（4）挂起就绪→就绪：没有就绪进程或挂起就绪进程优先级高于就绪进程时，发生转换。

（5）挂起等待→等待：当一个进程释放足够内存时，系统会把一个高优先级挂起阻塞（系统认为会很快出现所等待的事件）进程转换为等待状态。

为了了解系统当前进程队列状态信息，可以使用 vmstat 命令来查看进程队列信息，该命令可迅速提供关于各种系统资源和与之相关的性能问题的简要信息，vmstat 命令报告关于内核线程的统计信息，包括处于运行和等待队列中的、内存中的、页面调度中的、磁盘中的、中断、系统调用、上下文切换和 CPU 活动的内核线程。该报告显示 CPU 活动的详细信息：用户方式、系统方式、空闲时间和等待磁盘 I/O 的百分比。

vmstat 命令的基本使用方法如下：

```
vmstat interval count
```

interval 指每隔多长时间输出一次结果。

count 指需要输入多少次结果。

如果使用 vmstat 命令时不带任何选项，或者只带有间隔时间和任意的计数参数，例如 vmstat 2 10，那么 vmstat 报告中的第一行信息为自系统重新引导以来的平均值。

例如：vmstat 2 10 表示每隔 2 秒输出一次结果，一共输出 10 次结果。

```
root@jin-ThinkPad-X60:~# vmstat 2 10
procs -----------memory---------- ---swap-- -----io---- -system-- ----cpu----
 r  b   swpd    free     buff     cache   si   so   bi   bo   in    cs   us  sy  id  wa
 2  0     0   1679296  102132   943264   0    0   12   16   116   156   1   0  98   0
 0  0     0   1664656  102132   951348   0    0    0    0   949  4867  36   8  56   0
 0  0     0   1668500  102132   947488   0    0    0    0   398   592   4   1  95   0
 0  0     0   1668376  102140   947488   0    0    0   10   406   576   4   2  95   0
 0  0     0   1668376  102140   947660   0    0    0    0   788  1192   7   3  91   0
 1  0     0   1668136  102140   947556   0    0    0    0   984  1758   8   2  89   0
 0  0     0   1663176  102140   953344   0    0    0    0   868  1569   8   3  89   0
 0  0     0   1671640  102140   944144   0    0    0    0  1587  3216  11   6  83   0
 0  0     0   1672632  102140   943276   0    0    0    0   855  1196   4   2  94   0
 0  0     0   1668028  102140   948384   0    0    0    0  1016  2111  10   3  87   0
```

分析排列主要分析 procs（内核线程）的值，关于 procs 的列如下：

- -r：可运行的内核线程平均数据，包括正在运行的线程和正在等待 CPU 的线程。如果这个数字大于 CPU 的数目，那说明至少有一个线程要等待 CPU，等待 CPU 的线程越多，越有可能对性能产生影响。
- -b：每秒 VMM 等待队列中的内核线程平均数，这包括正在等待文件系统 I/O 的线程，或由于内存装入控制而暂挂的线程。如果进程由于内存装入控制而暂挂，在 vmstat 报告中阻塞列（b）表明线程数目增加，而不是运行队列数目增加。

关于进程控制的信息，需分析以下参数：

- -in：在某一时间间隔中观测到的每秒设备中断数。
- -cs：在某一时间间隔中观测到的每秒钟上下文切换次数，物理 CPU 资源细分为每个 10 毫秒的逻辑时间片，假设一个线程被调度运行，它将一直运行直到它的时间片用完、直到被抢先或直到它自愿放弃 CPU 控制权，当给予另一个线程 CPU 控制权时，必须保存前一个线程的上下文或工作环境，并且必须装入当前线程的上下文，操作系统有一个很有效的上下文切换过程，所以每次切换并不消耗资源，任何上下文切换的显著增加，如 cs 比磁盘 I/O 和网络信息包速率高得多，这些都应该进一步检查。

分析完成 CPU 队列值之后需要进一步分析 CPU 的繁忙程度，分析 CPU 的繁忙程度主要从以下几个方面进行：

- -us：us 列显示用户方式下所花费 CPU 时间的百分比，UNIX 进程可以在用户方式下执行，也可以在系统（内核）方式下执行，当在用户方式下时，进程在它自己的应用程序代码中执行，不需要内核资源来进行计算、管理内存或设置变量。
- -sy：sy 列详细描述了 CPU 在系统方式下执行一个进程所花时间的百分比，这包括内核进程和其他需要访问内核资源的进程所消耗的 CPU 资源，如果一个进程需要内核资源，它必须执行一个系统调用，并需要切换到系统方式，从而使资源变得可用。例如，对一个文件的读或写操作需要内核资源来打开文件、寻找特定的位置，以及读或写数据，除非使用内存映射文件。
- -id：id 列显示了没有使用本地磁盘 I/O 时 CPU 空闲或等待的时间百分比。如果没有线程可以执行（运行队列为空），系统会分派一个叫 wait 的线程，也称为空闲线程。在一个 SMP 系统中，每个处理器都有一个 wait 线程可以分派。
- -wa：wa 列详细显示了暂挂本地磁盘 I/O 和 NFS 加载的磁盘的 CPU 空闲百分比。如果在 wait 运行时至少有一个未完成的磁盘 I/O，该时间就归为 I/O 等待时间，除非进程使用异常 I/O，否则对磁盘的 I/O 请求会导致调用的进程阻塞（或睡眠），直到请求完成为止。一旦进程的 I/O 请求完成，该进程就放入运行队列中，如果 I/O 很快完成，该进程可以使用更多的 CPU 时间，如果 wa 的值超过 25%说明磁盘子系统可能没有被正确平衡，或者这也可能是磁盘密集工作负载的结果。

分析了 CPU 细分的百分比后，接下来应该继续分析 CPU 密集程序，分析 CPU 密集程序有两个标准工具，ps 命令和 top 命令。

ps 命令是一个灵活的工具，用来识别系统中运行的程序和它们使用的资源，它显示关于系统中进程的统计信息和状态信息，如线程或线程标识、I/O 活动、CPU 或内存利用情况。

一般使用 ps 命令需要分析三个可能输出的列：

- C：进程近来使用 CPU 的时间。
- TIME：从进程启动以来使用 CPU 的总时间（以分钟和秒为单位）。
- %CPU：从进程启动以来使用 CPU 的总时间除以线程启动后所经历的时间，这是度量程序对 CPU 依赖程度的一种方法。

需要获得最近使用 CPU 高度密集的用户进程，可以使用以下命令：

ps -ef 报告如图 7-19 所示。

```
 UID   PID  PPID   C    STIME    TTY  TIME CMD
mary 45742 54702 120 15:19:05 pts/29  0:02 ./looper
root 52122     1  11 15:32:33 pts/31 58:39 xhogger
root  4250     1   3 15:32:33 pts/31 26:03 xmconsole allcon
root 38812  4250   1 15:32:34 pts/31  8:58 xmconstats 0 3 30
root 27036  6864   1 15:18:35      -  0:00 rlogind
root 47418 25926   0 17:04:26      -  0:00 coelogin <d29dbms:0>
bick 37652 43538   0 16:58:40  pts/4  0:00 /bin/ksh
bick 43538     1   0 16:58:38      -  0:07 aixterm
 luc 60062 27036   0 15:18:35 pts/18  0:00 -ksh
```

图 7-19　ps -ef 报告

其中第四列（C）是最近 CPU 使用情况，循环进程很容易在该列中排在最前面。

如果需要分析 CPU 的时间比值，可以使用以下命令：

ps -au 报告如图 7-20 所示。

```
# ps au
USER       PID %CPU %MEM  SZ  RSS   TTY STAT    STIME TIME COMMAND
root     19048 24.6  0.0  28   44  pts/1 A   13:53:00 2:16 /tmp/cpubound
root     19388  0.0  0.0 372  460  pts/1 A     Feb 20 0:02 -ksh
root     15348  0.0  0.0 372  460  pts/4 A     Feb 20 0:01 -ksh
root     20418  0.0  0.0 368  452  pts/3 A     Feb 20 0:01 -ksh
root     16178  0.0  0.0 292  364      0 A     Feb 19 0:00 /usr/sbin/getty
root     16780  0.0  0.0 364  392  pts/2 A     Feb 19 0:00 -ksh
root     18516  0.0  0.0 360  412  pts/0 A     Feb 20 0:00 -ksh
root     15746  0.0  0.0 212  268  pts/1 A   13:55:18 0:00 ps au
```

图 7-20 ps -au 报告

%CPU 是自从进程启动以来分配给该进程的 CPU 时间百分比，它的计算公式如下：

（进程 CPU 时间/进程持续时间）×100

例如：假设有两个进程，进程 A 启动并运行 5 秒钟，但并不结束，然后启动进程 B 并运行 5 秒钟，但并不结束，此时使用 ps 命令显示进程 A 的%CPU 值为 50%（经历 10 秒，CPU 使用时间为 5 秒），进程 B 为 100%（经历 5 秒钟，CPU 时间为 5 秒钟）。

通过 top 命令也可以获取 CPU 密集程序，top 命令可以动态监控系统资源的使用情况。

```
top - 19:13:32 up  6:43,  2 users,  load average: 0.48, 0.31, 0.26
Tasks: 159 total,   2 running, 157 sleeping,   0 stopped,   0 zombie
Cpu(s): 36.7%us,  2.3%sy,  9.3%ni, 51.7%id,  0.0%wa,  0.0%hi,  0.0%si,  0.0%st
Mem:   3088480k total,  1071264k used,  2017216k free,    89284k buffers
Swap:  3135484k total,        0k used,  3135484k free,   721300k cached

 PID USER      PR  NI  VIRT  RES  SHR S %CPU %MEM    TIME+  COMMAND
3560 jin       20   0  252m  72m  50m S   63  2.4   0:10.49 update-manager
4478 root      25   5 52952  36m  23m R   27  1.2   0:00.81 aptd
 954 root      20   0 55608  12m 4820 S    3  0.4   1:01.83 Xorg
 746 messageb  20   0  4228 2060  876 S    1  0.1   0:04.97 dbus-daemon
1598 jin       20   0  154m  15m  11m S    1  0.5   0:56.41 indicator-apple
 606 syslog    20   0 31044 1464 1112 S    0  0.0   0:02.79 rsyslogd
1252 jin       20   0  6100 2556  628 S    0  0.1   0:03.94 dbus-daemon
1434 jin       20   0 60032  16m  11m S    0  0.5   0:54.21 compiz
1478 jin       20   0  250m  15m  11m S    0  0.5   0:08.88 nm-applet
4465 root      20   0  2836 1176  880 R    0  0.0   0:00.12 top
   1 root      20   0  3648 2008 1312 S    0  0.1   0:00.73 init
   2 root      20   0     0    0    0 S    0  0.0   0:00.00 kthreadd
   3 root      20   0     0    0    0 S    0  0.0   0:00.73 ksoftirqd/0
   6 root      RT   0     0    0    0 S    0  0.0   0:00.00 migration/0
```

关于 CPU 密集信息主要关注 CPU 的使用信息即可，并且 top 会按 CPU 使用率的降序排序，CPU 使用率最高的排在最前面，即 CPU 密集程序排在最前面。

综上所述，关于分析CPU是否到达瓶颈的指标如下：

（1）队列长度直观地反映CPU是否存在瓶颈。

（2）CPU的使用率，建议阈值一般不超过85%。

（3）热密集应用程序，找出消耗CPU资源最多的进程。

（4）wa的值建议阈值不超过25%，否则表示磁盘不平衡。

7.2.3 内存监控

在分析内存监控技术之前，首先需要了解一些内存相关的概念和内存分析的原理，通常所以说的内存都是物理层面的内存，但是操作系统要是使用这些内存就需要分页（pages），将内存分成一页一页的，这就是虚拟内存（VMM虚拟内存管理器）的概念。

VMM在处理虚拟地址空间时，会将虚拟地址空间划分成段，每段的大小是256MB，它是虚拟内存地址空间中一个邻接的部分，数据对象可以映射到该空间。进程对数据的寻址能力按段（或对象）的级别进行管理，所以段既可以在进程间共享，也可以进行专门维护，如进程可以共享代码段，但拥有独立和专用的数据段。

虚拟内存段划分成固定大小的单元，把这种单元叫作页，默认值页面大小为4096字节，但有一些系统也支持大页面，通常只能通过系统调用shmat访问。段中的每页在需要之前可位于内存（RAM）中，或存储在磁盘上，同样，实内存也可以划分成4096字节的页面帧，VMM的角色是管理分配实内存页面帧并且解析程序对虚拟内存页面的引用，这些页面当前不在实内存中或还不存在（例如，当进程第一次引用其数据段的某一页时），在任何给定时刻使用的虚拟内存数量可能比实内存大，所以VMM必须将余量存储在磁盘上。

程序在执行时某些类型的段和它们的页面在磁盘上的位置如图7-21所示。

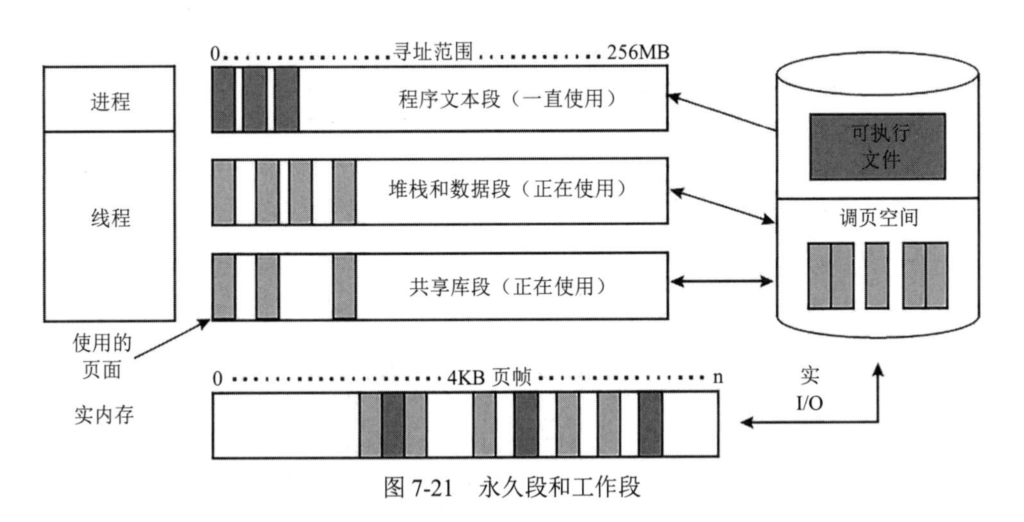

图7-21 永久段和工作段

图7-21显示了页面在实内存中的实际位置，工作段是暂时的，这意味着它们仅在由进程使用

时才存在并且没有永久的磁盘存储位置，进程堆栈和数据区域映射到工作段，这点和内核文本段、内核扩展文本段、共享库文本段和数据段相同。当工作段的页面不能保存在实内存时，它们也必须占有磁盘存储位置，磁盘调页空间就是用于这个目的。

永久段类型可以进一步划分，客户段用于映射远程文件，包括远程可执行程序，客户段的页面通过网络保存和恢复到它们的永久文件位置，而不是在本地磁盘调页空间。日志和延迟段是必须自动更新的永久段，如果选择从实内存中除去的页面来自于某个日志段或延迟段，那么必须将它写到磁盘调页空间中，除非它处于一种允许它提交的状态。

SWAP 又被称为交换分区，它的作用是在物理内存使用完之后，将磁盘空间（也就是 SWAP 分区）虚拟成内存来使用。它和 Windows 系统的交换文件作用类似，但是它是一段连续的磁盘空间，并且对用户不可见，但其访问速度远远慢于实内存的访问速度。

Buffers/cache：cache 是将最近使用过的文件放在内存中，下次需要访问的时候就直接读内存中的内容，而不需要再次访问硬盘。这样就提高了应用程序的效率。Buffers 是指当应用程序需要写数据到磁盘时，耗时会比较长，系统让这些数据暂时保存在内存中，程序继续执行其他操作。后续的一些时间点，把内存上的数据写到磁盘上。

Active/inactive：活动和非活动内存，当前被 process 使用内存为活动内存，已经分配但是未被使用内存为非活动内存。

Kernel Usage of Memory：在操作系统过程中，内核也需要使用内存，该值记录内核使用内存的情况。

监控内存使用情况的工具通常有：vmstat 和 ps。

vmstat 命令总结了系统中所有进程使用的总活动虚拟内存，以及空闲列表上实内存页帧的数量，活动的虚拟内存定义为虚拟内存中实际可以得到的工作段页面的数量。

当确定内存是否短缺或者是否需要进行某种内存调整时，在一组时间间隔里输入 vmstat 命令，检查结果报告中的 pi 和 po 列，这两列表明了每秒调页空间页面调入的数量和每秒调页空间页面调出的数量。如果这些值经常为非零值，说明可能存在内存瓶颈，偶尔出现非零值不用在意，因为页面调度是虚拟内存的主要原理。

vmstat 2 10 报告如图 7-22 所示。

```
[root@localhost ~]# vmstat 2 10
procs -----------memory---------- ---swap-- -----io---- --system-- -----cpu------
 r  b   swpd   free   buff  cache   si   so    bi    bo   in   cs us sy id wa st
 0  0      0 559908  31908 317524    0    0   365    33  751  171  2  5 87  5  0
 0  0      0 559776  31908 317524    0    0     0     0  722  104  1  2 98  0  0
 0  0      0 559776  31916 317524    0    0     0    18  709  111  1  1 96  3  0
 0  0      0 559776  31916 317524    0    0     0     0  694   81  1  1 99  0  0
 0  0      0 559776  31916 317524    0    0     0     0  699   86  1  1 98  0  0
 0  0      0 559776  31916 317524    0    0     0     0  702   80  1  1 98  0  0
 0  0      0 559776  31916 317524    0    0     0     0  701   84  0  1 99  0  0
 0  0      0 559776  31916 317524    0    0     0     0  702   84  1  1 98  0  0
 0  0      0 559776  31916 317524    0    0     0     0  711   83  1  1 99  0  0
 0  0      0 559776  31916 317524    0    0     0     0  703  122  1  1 98  0  0
```

图 7-22　vmstat 2 10 报告

从图 7-22 中到可以看出内存中 buffer 和 cache 的分配情况，其中 free 是指空闲的内存，一个页面是实内存4KB的区域，系统维护内存页面的缓冲区，称为空闲列表，当VMM需要空间时可以很方便地访问此空闲列表。一般情况下当free的值较大时swap的值则显示为零，因为当内存够用时就没有必要使用交换分区了，所以看到swap栏中的si/so两列的值也为零。

si：自上次取样以来从磁盘交换进来内存比特率（KB/s）。

so：自上次取样以来交换到磁盘的内存比特率（KB/s）。

vmstat -s命令向标准输出发送摘要报告，该报告从系统初始化开始，以绝对计数表示，而不是基于某个时间间隔。在性能测试过程中在负载测试之前先使用该命令保存一份报告，等负载测试完成后再使用该命令监控，并将保存监控结果，比较这两份报告的差异。

vmstat -s报告如图7-23所示。

```
[root@localhost ~]# vmstat -s
      1035140  total memory
       476000  used memory
       154644  active memory
       292696  inactive memory
       559140  free memory
        32316  buffer memory
       318336  swap cache
      2097144  total swap
            0  used swap
      2097144  free swap
         2617 non-nice user cpu ticks
           39 nice user cpu ticks
         5573 system cpu ticks
       228667 idle cpu ticks
         5137 IO-wait cpu ticks
          161 IRQ cpu ticks
          252 softirq cpu ticks
            0 stolen cpu ticks
       347604 pages paged in
        35402 pages paged out
            0 pages swapped in
            0 pages swapped out
      1756844 interrupts
       302100 CPU context switches
   1351915111 boot time
         4133 forks
```

图7-23 vmstat -s报告

该报告详细列出了内存的使用数据，其中页面调进和页面调出的数量代表虚拟内存从页面空间和文件空间调进或调出页面的活动。

使用ps命令也可以确定内存使用情况，通过ps命令可以监视个别进程对内存的使用，ps v PID命令为个别进程提供了最全面的内存相关统计信息的报告，主要报告的内容包括以下几个方面：

- 缺页故障。
- 工作段已经达到的大小。
- 内存中工作段和代码段的大小。
- 文本段的大小。
- 驻留集的大小。
- 进程合作的实内存百分比。

实例 ps v 报告如图 7-24 所示。

```
# ps v
   PID    TTY STAT  TIME PGIN  SIZE   RSS   LIM  TSIZ   TRS %CPU %MEM COMMAND
 36626  pts/3 A     0:00    0   316   408 32768    51    60  0.0  0.0 ps v
```

图 7-24　ps v 报告

结果报告中重要列描述如下：

- -PGIN：缺页故障引起的页面调进的数目，操作系统把所有 I/O 归于缺页故障，所以该项主要是 I/O 量的测量。
- -SIZE：进程数据区的虚拟大小（在调页空间），用千字节表示（在其他标志中用 SZ 来表示），这个数目等于进程可用的工作段页数的 4 倍。如果一些工作段页当前被调出，这个数字将大于所使用的实内存量，SIZE 包含了私有段的页面和进程的共享库数据段。
- -RSS：进程实内存（驻留集合）的大小，用千字节表示。这个数值等于内存中的工作段页和代码段页数和的 4 倍，代码段页是为所有当前程序运行的实例所共享的，如果 26 个 ksh 进程正在运行，那么只能是 ksh 可执行程序的任何给定页面的一份副本位于内存中。
- -TSIZ：文本（共享程序）映像的大小，这是可执行文件的文本区域的大小，可执行程序文本区的页面是只能在用到时带入内存中的，即转移到内存或从内存装入。这个值表明可以装入的文本量的上限，TSIZ 的值并不反映实内存的使用情况。
- -TRS：文本驻留集合（实内存）的大小，这个值等于进程可用的代码段页数值的 4 倍。
- %MEM：由内存中工作段和代码段页和的 4 倍（即 RSS 的值），再除以机器实内存的大小（单位为 KB），再乘以 100，四舍五入到最接近的百分点，这个值表明了进程使用的实内存，它不会夸大一个进程与其他进程共享程序文本的开销。

ps 命令并不表明共享内存段或内存映像段消耗的内存，因为许多应用程序使用共享内存或内存映像段。

如果需要获得物理内存和 swap 交换分区的详细信息，可以使用 procinfo 命令。

```
root@jin-ThinkPad-X60:~# procinfo
Memory:       Total        Used        Free      Buffers
RAM:        3088480      864708     2223772      138696
Swap:       3135484           0     3135484

Bootup: Sun Jun 10 16:07:37 2012    Load average: 0.48 0.53 0.41 1/331 2620

user:     00:01:43.01   0.4%  page in :          432775
nice:     00:00:06.33   0.0%  page out:           53968
system:   00:00:52.00   0.2%  page act:           51621
IOwait:   00:02:24.86   0.6%  page dea:               0
```

```
hwirq:    00:00:00.23    0.0%    page flt:        1249637
swirq:    00:00:03.89    0.0%    swap in:               0
idle:     07:10:56.11   98.8%    swap out:              0
uptime:   03:38:27.94            context :        2651923
```

综上所述，关于分析内存是否到达瓶颈的指标如下：

（1）内存的使用率，一般阈值不超过 85%，但即使超过 85%也不能完全判断内存是不够用的。

（2）swap 的使用，一般 swap 的使用值都为零，如果大于零，说明 RAM 不够。

（3）pi 与 po 的值，如果 pi 和 po 的值一直很小或者为 0 说明内存有问题。

（4）监控每个进程所消耗的内存值。

（5）RSS 显示为每个进程所消耗的实内存。

（6）CPU 上下文切换次数。

7.2.4 磁盘监控

在介绍磁盘监控前，先介绍固定磁盘存储管理的性能，固定磁盘存储器的层次结构如图 7-25 所示。

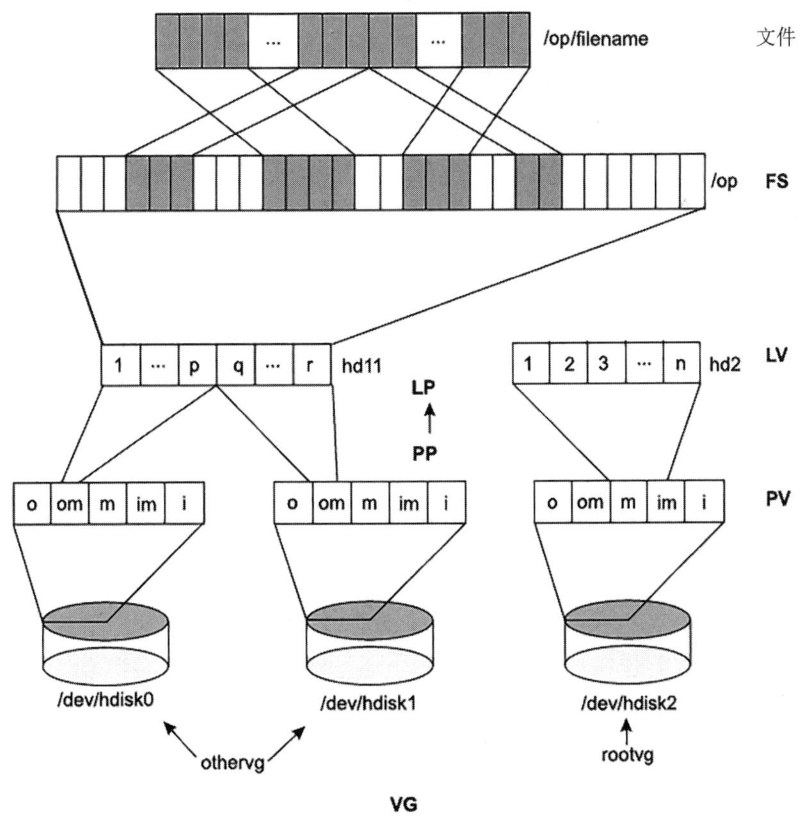

图 7-25 固定磁盘存储器的层次结构

每个单独的磁盘驱动器称为一个物理卷（PV），它们各有一个名称，例如/dev/hdisk0，如果物理卷在使用，那么它属于一个卷组（VG），卷组中所有物理卷划分成相同大小（如果卷组包含的物理卷小于 4GB，则默认值是 4MB，对于更大的磁盘该值为 8MB 或更多）的物理分区（PP）。

根据空间分配的用途，每个物理卷可以分成五个区域，根据磁盘驱动器的不同，每个区域中物理分区的数量也不同。在每个卷组中定义一个或多个逻辑卷（LV），每个逻辑卷由一个或多个逻辑分区组成，每个逻辑分区至少对应一个物理分区，如果指定为逻辑卷制作镜像，就需要分配额外的物理分区存储每个逻辑分区的额外副本，虽然逻辑分区是连续编号的，但底层的物理分区不必连续或邻接。

逻辑卷为系统用途提供服务（例如页面调度），但是每个容纳常规系统数据或用户数据或程序的逻辑卷都包含一个单独的日志文件系统（JFS 或增强型 JFS），每个 JFS 由页大小（4096 字节）块的池组成。当数据要写入某个文件中时，会为这个文件分配一个或多个额外的块，这些块彼此和与先前分配给这个文件的其他块之间可能邻接，也可能不邻接。

图 7-25 中显示了一个文件系统中可能发生的糟糕情况，这个文件系统已经使用了很长时间且没有重新组织过，文件/op/filename 物理记录在很多块上，这些块在物理位置上相互远离，不是邻接的，顺序读取这个文件将导致许多费时的寻道操作。虽然操作系统的文件在概念上是一个顺序且邻接的字节字符串，但物理实现可能非常不同，在一个文件系统中对逻辑卷的多次扩展和分配/释放/再分配活动可能出现磁盘分段，当一个文件系统的可用空间由大量小块空间组成，那么就会出现碎片，就不可能在邻接的块中写出新的文件。

在高度碎片化的文件系统中访问文件可能导致大量的寻道操作和较长的 I/O 响应时间（寻道等待时间决定 I/O 响应时间），例如，如果顺序访问文件，那么由大量广泛分散的小块组成的文件布局比文件块紧密相连的布局需要更长的寻道时间，当文件缓存在内存中时，文件布局对于 I/O 性能的影响减小，在操作系统中打开一个文件时，它被映射到虚拟内存中一个永久数据段，这个段代表该文件的虚拟缓冲区，文件的块直接映射到段的页面中，VMM 管理段页面，根据需要读取文件块到段页面中（当它们被访问时）。有几种环境会导致 VMM 将一页写回到磁盘上文件中相应的块，但如果某块最近已经被访问，VMM 通常会在内存中保留该页，因此，频繁访问的页倾向于在内存中停留较长时间，所以不需要物理磁盘访问就可以满足对相应块的逻辑文件访问，在某些地方，用户或系统管理员可以选择在逻辑卷中重新组织文件布局以及在物理卷中重新组织逻辑卷布局，从而减少磁盘碎片以及更均匀地分配总的 I/O 负载。

关于磁盘的监控应该重点考虑以下几方面的内容：

（1）查找当前最活跃的文件、文件系统和逻辑卷。

1）“热”文件系统是定位在一个物理驱动器上还是分散在多个物理驱动器上？

2）调页空间是否支配磁盘应用？

3）是否有足够的内存来高速缓存那些由正在运行进程使用的文件页面？

4）应用程序是否执行许多同步（非高速缓存）的文件 I/O？

（2）查看使用率最高的物理卷。

（3）测试磁盘读写时间。

一般的在对磁盘配置或调整参数作出重要改动之前，需要先对当前的配置和性能进行监控，得到一条评估的基线数据。

在系统处于工作负载高峰时期或者运行一个关键应用程序时，可以使用带间隔时间参数的 iostat 命令来开始评估。

iostat 5 3 报告如图 7-26 所示。

```
[root@localhost ~]# iostat 5 3
Linux 2.6.18-164.el5 (localhost.localdomain)    11/06/2012

avg-cpu:  %user   %nice %system %iowait  %steal   %idle
           1.99    0.02    5.05   11.37    0.00   81.56

Device:            tps   Blk_read/s   Blk_wrtn/s   Blk_read   Blk_wrtn
sda              29.00      1260.52       127.52     679985      68788
sda1              0.50         3.99         0.01       2150          4
sda2             28.46      1256.01       127.51     677555      68784
dm-0             54.29      1253.83       127.51     676378      68784
dm-1              0.21         1.66         0.00        896          0

avg-cpu:  %user   %nice %system %iowait  %steal   %idle
           0.41    0.00    0.41    3.09    0.00   96.09

Device:            tps   Blk_read/s   Blk_wrtn/s   Blk_read   Blk_wrtn
sda               0.41         0.00        18.11          0         88
sda1              0.00         0.00         0.00          0          0
sda2              0.41         0.00        18.11          0         88
dm-0              2.26         0.00        18.11          0         88
dm-1              0.00         0.00         0.00          0          0

avg-cpu:  %user   %nice %system %iowait  %steal   %idle
           0.21    0.00    0.21    0.00    0.00   99.59

Device:            tps   Blk_read/s   Blk_wrtn/s   Blk_read   Blk_wrtn
sda               0.00         0.00         0.00          0          0
sda1              0.00         0.00         0.00          0          0
sda2              0.00         0.00         0.00          0          0
dm-0              0.00         0.00         0.00          0          0
dm-1              0.00         0.00         0.00          0          0
```

图 7-26　iostat 5 3 报告

如果在 Linux 系统中未发现该命令，那么需要先安装 sysstat 包，安装命令为 rpm -ivh sysstat-7.0.2-3.el5.i386。sysstat 包中包括 iostat、mpstat、sar 和 sa 四个工具。

关于 CPU 统计信息列（%usr、%sys、%idle 和%iowait）提供了 CPU 使用的情况，该信息也在 vmstat 命令输出信息中存在，其对应的列名为 us、sy、id 和 wa。在运行一个应用程序的系统上，I/O 等待时间的高百分比可能与工作负载有关，在具有很多进程的系统上，一些可能在运行，而另一些可能在等待 I/O，在这种情况下，%iowait 可能很小或者为零，因为正在运行的进程“隐藏”了一些等待时间，但是%iowait 并不代表磁盘可能不存在瓶颈。如果 iostat 命令表明 CPU 受限的情况不存在，并且%iowait 时间大于 20%，则可能出现 I/O 或磁盘受限情况，这一情况可能在缺少实内存的情况下由过多调页产生，也可能是由于不平衡的磁盘负载、碎片数据或应用模式而产生，对一个不平衡负载来说，同样的 iostat 报告提供了必要的信息，但是有关文件系统或逻辑卷，即逻辑资源来说，必须使用诸如 filemon 或 fileplace 工具来获取信息。

如果需要指定磁盘名称，可以使用-d 选项。

例如：iostat -d sda1，报告如图 7-27 所示。

```
[root@localhost ~]# iostat -d sda1
Linux 2.6.18-164.el5 (localhost.localdomain)    11/06/2012

Device:            tps   Blk_read/s   Blk_wrtn/s   Blk_read   Blk_wrtn
sda1              0.08         0.65         0.00       2154          4
```

图 7-27　iostat -d sda1 报告

- -tps：表示每秒钟物理磁盘传送的次数，一次传送是从设备驱动程序到物理磁盘的一次 I/O 处理请求，多重逻辑请求可以组合成单一的磁盘 I/O 请求，传送的大小是不确定的。
- -Blk_read/s：显示在测量间隔中每秒从物理卷中读取的数据量（以 KB/s 为单位）。
- -Blk_wrtn/s：显示在测量间隔中每秒写入物理卷的数据量（以 KB/s 为单位）。
- -Blk_read：显示在测量间隔中总的从物理卷中读取的数据量（以 KB 为单位）。
- -Blk_wrtn：显示在测量间隔中总的写入物理卷的数据量（以 KB 为单位）。

使用 vmstat 命令也可以监控磁盘的性能，关于 vmstat 命令的使用在 7.2.2 节中进行了详细的介绍，这里就不详细介绍了。关于 vmstat 命令输入报告中需要重点关注 in 列的内容，in 列的内容表示评估间隔中（每秒）发生的硬件或设备中断的次数，中断的示例为磁盘请求完成和 10 毫秒的时钟中断，即一秒钟发生 100 次中断。

sar 命令是用来收集关于系统的统计数据的标准 UNIX 命令，通过该命令的-d 选项，可以详细地查看磁盘 I/O 的统计信息。

例如 sar -d 3 3 的报告如图 7-28 所示。

```
# sar -d 3 3

12:09:50     device   %busy   avque   r+w/s   blks/s   avwait   avserv

12:09:53     hdisk0     1      0.0      0        5      0.0      0.0
             hdisk1     0      0.0      0        1      0.0      0.0
                cd0     0      0.0      0        0      0.0      0.0

12:09:56     hdisk0     0      0.0      0        0      0.0      0.0
             hdisk1     0      0.0      0        1      0.0      0.0
                cd0     0      0.0      0        0      0.0      0.0

12:09:59     hdisk0     1      0.0      1        4      0.0      0.0
             hdisk1     0      0.0      0        1      0.0      0.0
                cd0     0      0.0      0        0      0.0      0.0


Average      hdisk0     0      0.0      0        3      0.0      0.0
             hdisk1     0      0.0      0        1      0.0      0.0
                cd0     0      0.0      0        0      0.0      0.0
```

图 7-28　sar -d 3 3 报告

- %busy：服务传送请求时，时间设备繁忙程度。
- avque：那段时间内所有从适配器到设备的未完成请求的平均数，可能有附加的 I/O 操作在设置驱动程序队列中，如果存在瓶颈，这个数字将是一个很好的指示符。
- r+w/s：进出设备的读/写传送次数，这同 iostat 命令中的 tps 列内容一致。
- blks/s：以 512 字节为单位传送的字节数。
- avwait：事物等候服务的平均次数（队列长度），传送请求在队列中空等候的平均时间（以毫秒为单位）。
- avserv：平均每次搜索的毫秒数，设备服务每次传送请求的平均时间（包括搜索时间、转动等待时间和数据传送时间）（以毫秒为单位）。

如果需要测试磁盘写能力，使用以下命令：

```
time dd if=/dev/zero of=/test.dbf bs=8k count=300000
```

因为/dev/zero 是一个伪设备，它只产生空字符流，对它不会产生 I/O，所以 I/O 都会集中在 of 文件中，of 文件只用于写，所以这个命令相当于测试磁盘的写能力。其中 300000 表示写的次数。

```
root@jin-ThinkPad-X60:~# time dd if=/dev/zero of=/test.dbfbs=8k count=300000
记录了 300000+0 的读入
记录了 300000+0 的写出
2457600000 字节(2.5 GB)已复制，35.1002 秒，70.0 MB/秒

real    0m35.449s
user    0m0.164s
sys     0m5.124s
```

如果需要测试磁盘读能力，使用以下命令：

```
time ddif=/dev/sda1 of=/dev/null bs=8k count=300000
```

因为/dev/sda1 是一个物理分区，对它的读取会产生 I/O，/dev/null 是伪设备，相当于黑洞，of 到该设备不会产生 I/O，所以，这个命令的 I/O 只发生在/dev/sda1 上，也相当于测试磁盘的读能力。其中 300000 表示读的次数。

```
root@jin-ThinkPad-X60:~# time dd if=/dev/sda1 of=/dev/null bs=8k count=300000
记录了 300000+0 的读入
记录了 300000+0 的写出
2457600000 字节(2.5 GB)已复制，33.5681 秒，73.2 MB/秒

real    0m33.571s
user    0m0.100s
sys     0m2.968s
```

如果需要测试磁盘同时读写能力，使用以下命令：

```
time dd if=/dev/sda1 of=/test1.dbf bs=8k count=300000
```

这个命令下，一个是物理分区，一个是实际的文件，对它们的读写都会产生 I/O（对/dev/sda1 是读，对/test1.dbf 是写），假设它们都在一个磁盘中，这个命令就相当于测试磁盘的同时读写能力。其中 300000 表示读的次数。

```
root@jin-ThinkPad-X60:~# time dd if=/dev/sda1 of=/test1.dbf bs=8k count=300000
记录了 300000+0 的读入
记录了 300000+0 的写出
2457600000 字节(2.5 GB)已复制，88.3523 秒，27.8 MB/秒
real     1m28.383s
user     0m0.152s
sys      0m7.740s
```

一般来说，高的%iowait 表明系统存在一个应用程序问题、缺少内存问题或低效的 I/O 子系统配置，例如，应用程序的问题可能是由于许多 I/O 请求，而不是处理许多数据。理解 I/O 瓶颈并且要清楚解决瓶颈问题的关键在于提高 I/O 子系统的效率。磁盘的灵敏度可以以下几种方式出现，并具有不同的解决方法，一些典型的解决方案如下：

- 限制在特定的物理磁盘上活动逻辑卷和文件系统的数目，该方法是为了在所有的物理磁盘驱动器中平衡文件 I/O。
- 在多个物理磁盘间展开逻辑卷，该方法在当有一些不同的文件被存取时特别有用。
- 为一个卷组创建多个 Journaled 文件系统（JFS）日志并且把它们分配到特定的文件系统中（最好在快速写高速缓存驱动器中），这对应用程序创建、删除或者修改大量文件特别是临时文件来说十分有用。
- 如果 iostat 命令的输出结果表明负载的 I/O 活动没有被均衡地分配到系统磁盘驱动器中，并且一个或多个磁盘驱动器的使用率经常在 70～80 之间或更高，就得考虑重组文件系统，例如备份和恢复文件系统以便减少碎片，碎片将引起驱动器过多地搜索并且可能产生大部分响应时间过长。
- 如果有迹象表明一小部分文件被一次又一次地读取，可以考虑附加的实存是否允许那些文件更加有效地缓存。
- 如果负载的存取模式是随机占主导地位，可以考虑增加磁盘并把那些随机存取的文件分布到更多更好的磁盘中。
- 如果负载的存取模式是顺序占主导地位并且涉及多个磁盘驱动器，可以考虑增加一个或多个磁盘适配器，也可以适当地考虑构建一个条带状逻辑卷来适应大型并且性能关键的顺序文件。
- 使用快速写高速缓存设备。
- 使用异步 I/O。

7.2.5 网络监控

如果系统的性能出现问题了，但其他指标并没有任何问题，那么这很可能是由于网络原因导致的。如何判断是否是网络的原因导致系统性能受影响呢？一个简单的办法是比较涉及网络的操作和与网络无关的操作，如果正在运行的程序在进行一定距离的远程读取和写入，而且运行很慢，但其他的操作是正常的，那这很可能是网络问题造成的，一些潜在的网络瓶颈可能由以下因素造成：

- 客户端网络接口。
- 网络带宽。
- 网络拓扑结构。
- 服务器端网络接口。
- 服务器 CPU 负载。
- 服务器存储器使用状态。
- 服务器带宽。
- 配置效率低下。

在下面这些情况下，ping 命令有帮助：

- 确定网络的状态和各种外部主机。
- 跟踪并隔离硬件和软件故障。
- 对网络的检测、测定和管理。

关于 ping 命令常用参数项如下：

- -c：指定了信息包数，如果有 IP 记录参数，那么这个参数也有可用的，可以捕捉到 ping 信息包的最小值。
- -s：指定信息包的长度，可以使用这个参数项来检查分段和重新组合。
- -f：以 10ms 的间歇发送信息包或者在每次回应之后立即发送，只有根用户才可以使用这个参数项。

ping 命令报告实例如图 7-29 所示。


```
# date; ping -c 1000 -f 192.1.6.1 ; date
Thu Feb 12 10:51:00 CST 2004
PING 192.1.6.1 (192.1.6.1): 56 data bytes
.
--- 192.1.6.1 ping statistics ---
1000 packets transmitted, 1000 packets received, 0% packet loss
round-trip min/avg/max = 1/1/23 ms
Thu Feb 12 10:51:00 CST 2004
```

图 7-29　ping 命令报告

注意　ping 命令在网络上运行可能很困难，应该小心使用，连续执行 ping 命令只能由根用户操作。

在图 7-29 中，1 秒钟发送了 1000 个信息包，这个命令使用了 IP 和网络控制信息协议（ICMP），因而没有涉及任何传输协议（UDP/TCP）和应用程序，测到的数据，比如往返时间，不会影响到总体的性能特征。

如果测试过程中发送大量的信息包到目的地址，需要考虑如下几个方面的内容：

- 发送信息包对系统来说，增加了负载。

- 使用 netstat -i 命令可以在试验过程中监测网络接口的状态，通过查看 0errs 的输出可以发现系统在发送过程中删除信息包的信息。
- 同时还需要监控其他的资源，如 mbuf 和发送/接收队列，很难在目标系统上增加一个大的负载，或者在其他的系统过载之前该系统就过载了。
- 考虑结果的相关性，如果想监控或测试的仅仅是一个目标系统，在其他的一些系统上做同样的测试进行比较，因为可能是网络或路由器出现故障。

netstat 命令可以用来显示网络的状态，一般来说，它是用来故障识别作为性能评定用的，通常该命令可以确定网络上的流量，从而可以确定性能故障是否由于网络阻塞所引起。netstat 命令显示关于配置网络上的流量，主要包括以下几方面：

- 和套接字有关的任何一个协议控制块的地址及所有套接字的状态。
- 收到、发送出去和通信子系统中丢失的信息包数量。
- 每个接口的累计统计信息。
- 路由和它们的状态。

netstat 命令格式如下：

```
netstat 选项
```

常用选项的含义如下：

- -a：显示所有 socket，包括正在监听的。
- -c：每隔 1 秒就重新显示一遍，直到用户中断它。
- -i：显示所有网络接口的信息，格式同“ifconfig -e”。
- -n：以网络 IP 地址代替名称，显示出网络连接情形。
- -r：显示核心路由表，格式同“route -e”。
- -t：显示 TCP 协议的连接情况。
- -u：显示 UDP 协议的连接情况。
- -v：显示正在进行的工作。

netstat -in 命令：显示所有配置接口的状态，如图 7-30 所示。

```
[root@localhost ~]# netstat -in
Kernel Interface table
Iface       MTU Met    RX-OK RX-ERR RX-DRP RX-OVR    TX-OK TX-ERR TX-DRP TX-OVR Flg
eth0       1500   0       13      0      0      0       40      0      0      0 BMRU
lo        16436   0     1660      0      0      0     1660      0      0      0 LRU
```

图 7-30　netstat -in 命令报告

MTU：最大传输单元，使用接口时可以传输的最大信息包大小，以字节为单位。

RX 和 TX 这两列表示的是已准确无误地收发了多少数据包（RX-OK/TX-OK）、产生了多少错误（RX-ERR/TX-ERR）、丢弃了多少包（RX-DRP/TX-DRP），由于误差而遗失了多少包（RX-OVR/TX-OVR）；最后一列展示的是为这个接口设置的标记，在利用 ifconfig 显示接口设置时，这些标记都采用一个字母。说明如下：

B：已设置了一个广播地址。

L：该接口是个回送设备。

M：接收所有数据包（混乱模式）。

N：避免跟踪。

O：在该接口上，禁用 ARP。

P：这是个点到点链接。

R：接口正在运行。

U：接口处于“活动”状态。

netstat -nr 命令：显示路由器的相关信息，如图 7-31 所示。

```
[root@localhost ~]# netstat -nr
Kernel IP routing table
Destination     Gateway         Genmask         Flags   MSS Window  irtt Iface
192.168.21.0    0.0.0.0         255.255.255.0   U         0 0          0 eth0
169.254.0.0     0.0.0.0         255.255.0.0     U         0 0          0 eth0
0.0.0.0         192.168.21.2    0.0.0.0         UG        0 0          0 eth0
```

图 7-31　netstat -nr 报告

输出结果中，第二列展示的是路由条目所指的网关，如果没有使用网关，就会出现一个星号(*)或 0.0.0.0；第三列展示路由的概述，在为具体的 IP 地址找出最恰当的路由时，内核将查看路由表内的所有条目，在对找到的路由和目标路由比较之前，将对 IP 地址和 Genmask 进行按位“与”计算；第四列显示了不同的标记，这些标记的说明如下：

Gateway：显示路由条目所指的网关，如果没有使用网关，就会出现一个星号(*)或 0.0.0.0。

Genmask：显示路由的概述，在为具体的 IP 地址找到最合适的路由时，内核将查看路由表内的所有条目，在对找到的路由和目标路由比较之前，将 IP 地址和 Genmask 进行按位“与”计算。

Flags：显示标记信息。常用标记如下：

G：路由将采用网关。

U：准备使用的接口处于“活动”状态。

H：通过该路由，只能抵达一台主机。

D：如果路由表的条目是由 ICMP 重定向消息生成的，就会设置这个标记。

M：如果路由表条目已被 ICMP 重定向消息修改，就会设置这个标记。

Iface：显示该连接所用的物理网卡，如 eth0 表示用第一张，eth1 表示用第二张。

如果需要显示活动或被动套接字的信息，可使用选项-t、-u、-w 和-x，其分别表示 TCP、UDP、RAW 和 UNIX 套接字连接。如果还需要显示出等待连接（也就是说处于监听模式）的套接字，可以使用-a 标记，这样就能得到一份服务器清单，当前所有运行于系统中的服务器都会列入其中。

netstat -ta 命令：显示 TCP 套接字连接，如图 7-32 所示。

```
[root@localhost ~]# netstat -ta
Active Internet connections (servers and established)
Proto Recv-Q Send-Q Local Address                Foreign Address             State
tcp        0      0 localhost.localdomain:2208   *:*                         LISTEN
tcp        0      0 *:mysql                      *:*                         LISTEN
tcp        0      0 *:sunrpc                     *:*                         LISTEN
tcp        0      0 localhost.localdomain:ipp    *:*                         LISTEN
tcp        0      0 localhost.localdomain:smtp   *:*                         LISTEN
tcp        0      0 localhost.localdomain:2207   *:*                         LISTEN
tcp        0      0 *:phonebook                  *:*                         LISTEN
tcp        0      0 *:ssh                        *:*                         LISTEN
```

图 7-32　netstat -ta 报告

7.3　nmon 系统资源监控工具

nmon（Nigel's Monitor）是由 IBM 公司提供的、免费监控 AIX 系统与 Linux 系统资源的工具。该工具可以将服务器系统资源消耗的数据收集起来并输出一个特定的文件，再使用分析工具（nmon analyser）进行数据统计分析。

7.3.1　nmon 工作流程

nmon 主要记录以下方面的数据：

- CPU 占用率。
- 内存使用情况。
- 磁盘 I/O 速度、传输和读写比率。
- 文件系统的使用率。
- 网络 I/O 速度、传输和读写比率、错误统计率与传输包的大小。
- 消耗资源最多的进程。
- 计算机详细信息和资源。
- 页面空间和页面 I/O 速度。
- 用户自定义的磁盘组。
- 网络文件系统。

nmon 工具工作流程如图 7-33 所示。

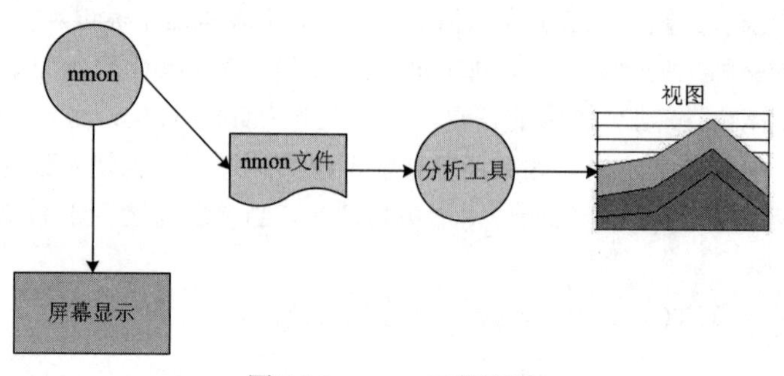

图 7-33　nmon 工作流程

nmon 工具包括两部分：nmon 工具和 nmon 分析工具，该工具可以在 IBM 官网上下载。

第一步：执行 nmon 工具命令，nmon 工具会将输出的内容显示到计算机屏幕，同时生成一份 nmon 文件。

第二步：将生成的 nmon 文件导出到 Windows 操作系统，使用分析工具对生成的数据文件进行分析。

第三步：该分析工具会将收集到的数据绘制成相关的图表，供分析使用。

7.3.2 nmon 命令

nmon 命令以交互显示的方式显示本地系统统计信息并记录系统统计信息，nmon 的语法如下：

交互方式：

```
nmon [ -h ]
nmon [ -s < seconds > ] [ -c < count > ] [ -b ] [ -B ] [ -g < filename > ] [ -k disklist ] [ -C < process1:process2:..:processN > ]
```

记录方式：

```
nmon [ -f | -F filename | -x | -X | -z ] [ -r < runname > ] [ -t | -T | -Y ] [ -s seconds ] [ -c number ] [ -w number ] [ -l dpl ]
[ -d ] [-g filename ] [ -k disklist ] [ -C <process1:process2:..:processN > ] [ -G ] [ -K ] [ -o outputpath ] [ -D ] [ -E ] [ -J ] [ -V ]
[ -P ] [ -M ] [ -N ] [ -W ] [ -S ] [ -^ ] [ -O ] [ -L ] [ -I percent ] [ -A ] [ -m < dir > ] [ -Z priority ]
```

注：在记录方式下，仅指定-f、-F、-z、-x 或-X 标志的其中之一作为第一个参数。

描述：nmon 命令显示和记录本地系统信息。此命令可以采用交互方式或记录方式运行。如果指定-F、-f、-X、-x 和-Z 标志中的任何一个，那么 nmon 命令处于记录方式。否则 nmon 命令处于交互方式。

nmon 命令以交互方式提供下列视图：

- 系统资源视图（使用 **r** 键）。
- 进程视图（使用 **t** 和 **u** 键）。
- AIO 进程视图（使用 **A** 键）。
- 处理器使用情况小视图（使用 **c** 键）。
- 处理器使用情况大视图（使用 **C** 键）。
- 共享处理器逻辑分区视图（使用 **p** 键）。
- NFS 面板（使用 **N** 键）。
- 网络接口视图（使用 **n** 键）。
- WLM 视图（使用 **W** 键）。
- 磁盘繁忙情况图（使用 **o** 键）。
- 磁盘组（使用 **g** 键）。
- ESS 虚拟路径统计信息视图（使用 **e** 键）。
- JFS 视图（使用 **j** 键）。
- 内核统计信息（使用 **k** 键）。
- 长期处理器平均使用率视图（使用 **l** 键）。

- 大页分析（使用 **L** 键）。
- 调页空间（使用 **P** 键）。
- 卷组统计信息（使用 **V** 键）。
- 磁盘统计信息（使用 **D** 键）。
- 磁盘统计信息及图形（使用 **d** 键）。
- 内存和调页统计信息（使用 **m** 键）。
- 适配器 I/O 统计信息（使用 **a** 键）。
- 共享以太网适配器统计信息（使用 O 键）。
- 冗余检查良好/警告/危险视图（使用 v 键）。
- 详细信息页统计信息（使用 **M** 键）。
- 光纤通道适配器统计信息（使用^键）。

在记录方式下，此命令会生成 nmon 文件。可以通过打开这些文件来直接进行查看，也可以使用后处理工具（例如，nmon 分析器）来查看。在记录期间，nmon 工具会与 shell 断开连接，以确保该命令即使在被注销的情况下仍然继续运行。

交互方式中的标志见表 7-1。

表 7-1　交互方式中的标志

项目	描述
-s < *seconds* >	刷新屏幕之间的时间间隔。默认值为 2 秒
-c < *count* >	必须刷新屏幕的次数
-g < *filename* >	其中包含用户定义的磁盘组的文件，可以使用 *filename* 参数来指定此文件。文件中的每一行以组名开头。磁盘列表跟在组名后面，各个硬盘之间用空格分隔。该文件最多可包含 64 个磁盘组。硬盘可属于各种磁盘组
-b	显示黑白方式的视图
-B	不要在视图中包括框。默认情况下该命令会显示框
-h	显示帮助信息
-k < *disklist* >	仅报告磁盘列表中的磁盘

记录方式中的标志见表 7-2。

表 7-2　记录方式中的标志

项目	描述
-A	在视图中包括异步 I/O 部分
-c	指定此命令必须生成的快照数。默认值为 10000000
-d	在视图中包括磁盘服务时间部分
-D	跳过磁盘配置部分

续表

项目	描述
-E	跳过 ESS 配置部分
-f	指定输出使用电子表格格式。默认情况下，此命令会生成系统数据的 288 个快照，两次生成快照之间的时间间隔为 300 秒。输出文件的名称为 *hostname_YYMMDD_HHMM*.nmon 格式
-F	指定输出使用电子表格格式，并且输出文件的名称为 *filename*。*filename* 参数指定输出文件的名称
-g	使用 *filename* 参数指定其中包含用户定义的磁盘组的文件。文件中的每一行以组名开头。磁盘列表跟在组名之后，磁盘之间用空格隔开。该文件最多可包含 64 个磁盘组。磁盘可属于各种磁盘组
-G	使用格林威治标准时间（GMT）来代替当地时间。针对处理器视图比较来自一个系统中多个 LPAR 的 nmon 文件，但 LPAR 在不同时区中时，此方法很有帮助
-I	指定命令忽略最繁忙进程统计信息时的进程阈值百分比。默认百分比为 0。如果进程使用的处理器资源低于指定的百分比，那么该命令不会保存最繁忙进程统计信息
-J	跳过 JFS 部分
-k	指定要记录的磁盘的列表
-K	在记录文件中包括 RAW 内核部分和 LPAR 部分。-K 标志会转储对应数据结构的原始数字。内存转储是可读的，并且可在命令记录数据时使用
-l	指定每一行上要列示的磁盘数。默认情况下，每行列示 150 个磁盘。对于 EMC 磁盘，指定值 64
-L	包括大页分析部分
-m	在命令将数据保存至文件之前切换目录
-M	在记录文件中包括 MEMPAGES 部分。MEMPAGES 部分会显示对应每个页大小的详细内存统计信息
-N	在记录文件中包括 NFS 部分。要收集 NFSv4 统计信息，请指定-NN
-o	指定要将已记录文件存储至的文件名或目录
-O	在记录文件中包括共享以太网适配器（SEA）VIOS 部分
-P	在记录文件中包括调页空间部分
-r	指定写至电子表格文件的 *runname* 字段的值。默认情况下，此值为 hostname
-s	指定两个连续的记录快照之间的时间间隔（以秒计）
-S	在记录文件中包括 WLM 部分以及子类
-t	在输出中包括最繁忙进程。不能同时指定-t、-T 或-Y 标志当中的任意两者
-T	在输出中包括最繁忙进程，并将这些命令行参数保存至 UARG 部分。不能同时指定-t、-T 或-Y 标志当中的任意两者
-V	包括磁盘卷组部分
-w	指定要记录的时间戳记的大小（Tnnnn）。时间戳记记录在 .csv 文件中。*number* 参数的值的范围是 4～16。对于 nmon 分析器，请使用值 4 或 8
-W	在记录文件中包括 WLM 部分

续表

项目	描述
-x	指定持续时间为 1 天的可感电子表格记录以用于容量规划。默认情况下，每 900 秒完成一次记录，一共完成 96 次。此标志相当于 -ft -s 900 -c 96
-X	指定持续时间为 1 小时的可感电子表格记录以用于容量规划。默认情况下，每 30 秒完成一次记录，一共完成 120 次。此标志相当于-ft -s 30 -c 120
-Y	在记录中包括最繁忙进程以及添加和记录的同名命令。不能同时指定-t、-T 或-Y 标志
-z	指定持续时间为 1 天的可感电子表格记录以用于容量规划。默认情况下，每 900 秒完成一次记录，一共完成 96 次。此标志相当于 -f -s 900 -c 96
-Z	指定正在运行的 nmon 命令的优先级。值为-20 时表示重要。值为 20 时表示不重要。只有 root 用户才能指定负值
-^	包括光纤通道（FC）部分

相关参数列表见表 7-3。

表 7-3　参数说明

项目	描述
disklist	指定磁盘列表
dir	指定目录
dpl	指定每行上要列示的磁盘数
filename	指定包含所选磁盘组的文件
number	指定刷新次数
count	指定记录次数
percent	指定处理器使用资源的百分比
priority	指定要运行的进程的优先级
runname	指定要运行的电子表格文件中的 *runname* 字段的值
seconds	指定刷新快照的时间间隔（以秒计）
outputpath	指定输出文件的路径

子命令列表见表 7-4。

表 7-4　子命令列表

项目	描述
space	立即刷新屏幕
.	仅显示繁忙磁盘和进程
~	切换至 topas 屏蔽
^	显示光纤通道适配器统计信息

续表

项目	描述
+	使屏幕刷新时间翻倍
-	将屏幕刷新时间缩短一半
0	将统计信息的峰值（显示在屏幕上）复位为0。仅适用于显示峰值的面板
a	显示适配器的I/O统计信息
A	总结异步I/O（AIO服务器）进程
b	显示黑白方式的视图
c	用条形图显示处理器统计信息
C	显示处理器统计信息。在处理器数目范围为15～128的情况下进行比较时很有用
d	显示磁盘的I/O信息。要仅显示特定磁盘，请指定-k标志
D	显示磁盘的I/O统计信息。要获取磁盘的附加统计信息，请多按几次D键
e	显示ESS 虚拟路径逻辑磁盘的I/O统计信息
g	显示磁盘组的I/O统计信息。必须使用此键指定-g标志
h	显示联机帮助信息
j	显示JFS统计信息
k	显示内核的内部统计信息
l	显示长格式的处理器统计信息。用条形图显示超过75个快照
m	显示内存和调页统计信息
M	显示多个页大小统计信息（以页计）。如果按两次M键，那么会以兆字节为单位显示统计信息
n	显示网络统计信息
N	显示NFS网络文件系统的统计信息。如果按两次N键，那么将看到NFSv4统计信息
o	显示磁盘I/O的映射
O	仅显示共享以太网适配器VIOS
p	显示分区的统计信息
P	显示调页空间的统计信息
q	退出。还可以使用x或Ctrl+C键序列
r	显示资源类型、系统名称、高速缓存详细信息、AIX版本和LPAR信息
S	显示 WLM 及子类
t	显示最繁忙进程的统计信息。可按下列键并使用此子命令： 1：显示基本详细信息。 2：显示累积的进程信息。 3：按处理器对视图排序。 4：按大小对视图排序。 5：按I/O信息对视图排序

续表

项目	描述
u	使用命令参数来显示最繁忙进程。要刷新新进程的参数，请按两次 u 键
U	使用命令参数来显示最繁忙进程以及工作负载类或工作负载分区信息
v	突出显示预先定义的系统资源的状态并将它们归类为危险、警告或正常
V	显示磁盘卷组的统计信息
w	显示与最繁忙进程一起使用的等待进程
W	显示工作负载管理器（WLM）的统计信息
[	触发定制的随需应变记录。如果已启动的记录未提前停止，那么它将与交互式 nmon 一起退出
]	将停止由] 触发的定制记录

在命令窗口中运行 nmon 工具，将进行 nmon 工具主界面，如图 7-34 所示。

```
nmon-14g          Hostname=localhost    Refresh= 2secs    22:46.42

                                        For help type H or ...
                                         nmon -?  - hint
                                         nmon -h  - full

                                        To start the same way every time
                                         set the NMON ksh variable

Use these keys to toggle statistics on/off:
   c = CPU        l = CPU Long-term    - = Faster screen updates
   m = Memory     j = Filesystems      + = Slower screen updates
   d = Disks      n = Network          V = Virtual Memory
   r = Resource   N = NFS              v = Verbose hints
   k = kernel     t = Top-processes    . = only busy disks/procs
   h = more options                    q = Quit
```

图 7-34　nmon 主界面

（1）进程视图。进程视图提供有关系统中的进程的详细信息。要显示此视图，请按 t 键或 v 键，如图 7-35 所示。

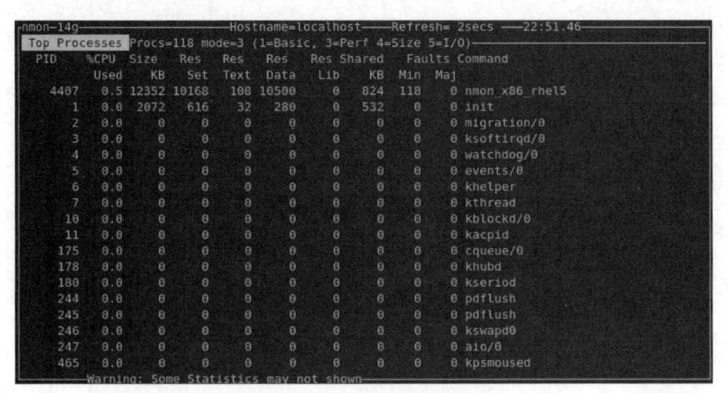

图 7-35　进程视图

PID：进程标识。

%CPU Used：上次时间间隔中使用的处理器资源百分比。

Size KB：页面大小（单位千字节）。

Res Set：进程的实内存数据与实内存文本大小的和。

Res Text：进程的实内存文本大小。

Res Data：进程的实内存数据大小。

（2）处理器视图。处理器使用情况视图提供有关用户、系统、逻辑处理器的空闲和等待时间、相应权利以及虚拟处理器使用情况的简短摘要。可使用 c 键生成处理器使用情况视图，如图 7-36 所示。

```
nmon—14g————[H for help]——Hostname=localhost——Refresh= 2secs ——23:14.10—
 CPU Utilisation
---------------------------+-------------------------------------------+
CPU  User%  Sys%  Wait   Idle|0          |25         |50         |75       100|
  1   0.0    0.0   0.5   99.5|  >                                            |
---------------------------+-------------------------------------------+
```

图 7-36　处理器视图

以下标签用于标识在不同方式下所花的时间：

s：标记在系统方式下所花时间的百分比。

u：标记在用户方式下所花时间的百分比。

（3）网络接口视图。网络接口视图显示有关网络错误的统计信息。可按 n 键来查看此信息。如果屏幕更新 3 次并且未发生任何网络错误，那么网络接口视图不会包含网络错误统计信息，网络接口视图如图 7-37 所示。

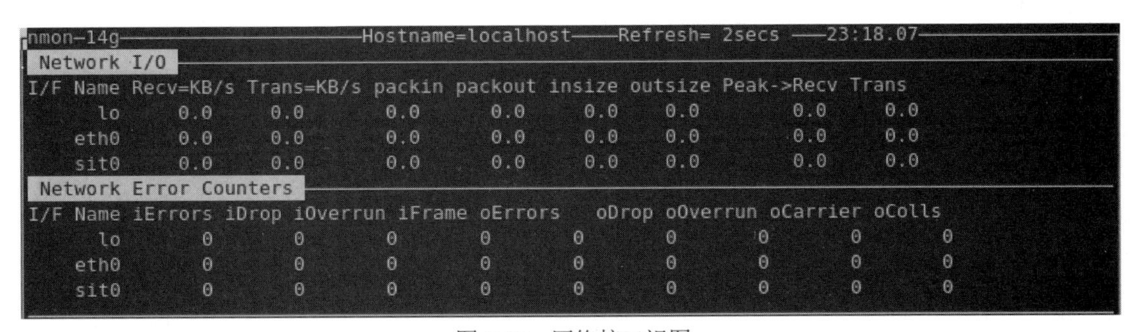

nmon—14g——Hostname=localhost——Refresh= 2secs ——23:18.07—
Network I/O
I/F Name Recv=KB/s Trans=KB/s packin packout insize outsize Peak->Recv Trans
lo 0.0 0.0 0.0 0.0 0.0 0.0 0.0 0.0
eth0 0.0 0.0 0.0 0.0 0.0 0.0 0.0 0.0
sit0 0.0 0.0 0.0 0.0 0.0 0.0 0.0 0.0
Network Error Counters
I/F Name iErrors iDrop iOverrun iFrame oErrors oDrop oOverrun oCarrier oColls
lo 0 0 0 0 0 0 0 0 0
eth0 0 0 0 0 0 0 0 0 0
sit0 0 0 0 0 0 0 0 0 0

图 7-37　网络接口视图

I/F Name：接口名称。

Recv=KB/s：在时间间隔的每秒内接收的数据（以千字节为单位）。

Trans=KB/s：在时间间隔的每秒内传输的数据（以千字节为单位）。

packin：在时间间隔内接收到的包数。

packout：在时间间隔内发送的包数。

insize：在时间间隔内接收到的包的平均大小。

outsize：在上一时间间隔内发送的包平均大小。

Peak->Recv：每秒接收的数据的峰值（以千字节为单位）。

Peak->Trans：每秒发送的数据的峰值（以千字节为单位）。

（4）JFS 视图。此视图提供日志文件系统（JFS）统计信息。要显示此视图，请按 j 键，如图 7-38 所示。

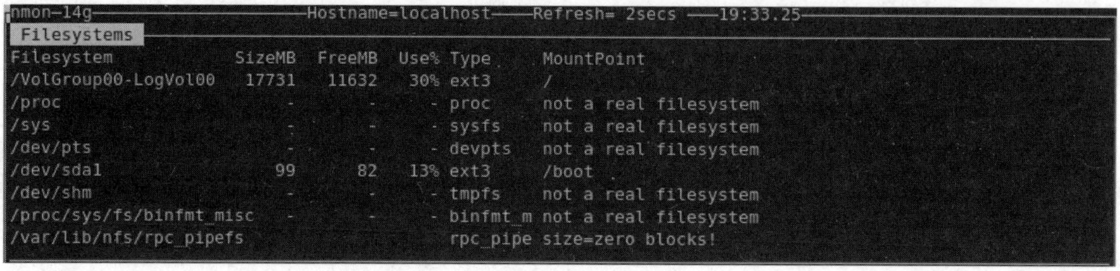

```
nmon—14g——————————————Hostname=localhost———Refresh= 2secs ———19:33.25——
 Filesystems
Filesystem               SizeMB   FreeMB   Use% Type      MountPoint
/VolGroup00-LogVol00      17731    11632    30% ext3      /
/proc                         -        -      - proc      not a real filesystem
/sys                          -        -      - sysfs     not a real filesystem
/dev/pts                      -        -      - devpts    not a real filesystem
/dev/sda1                    99       82    13% ext3      /boot
/dev/shm                      -        -      - tmpfs     not a real filesystem
/proc/sys/fs/binfmt_misc      -        -      - binfmt_m  not a real filesystem
/var/lib/nfs/rpc_pipefs                         rpc_pipe  size=zero blocks!
```

图 7-38　JFS 视图

Filesystem：文件系统的名称。

SizeMB：文件系统的大小（以兆字节为单位）。

FreeMB：文件系统中的可用空间（以兆字节为单位）。

Use%：使用的文件系统资源百分比。

Type：文件类型。

MountPoint：文件系统挂载点。

（5）磁盘统计信息视图。此视图显示磁盘统计信息视图，要显示此视图，请按 d 键，如图 7-39 所示。

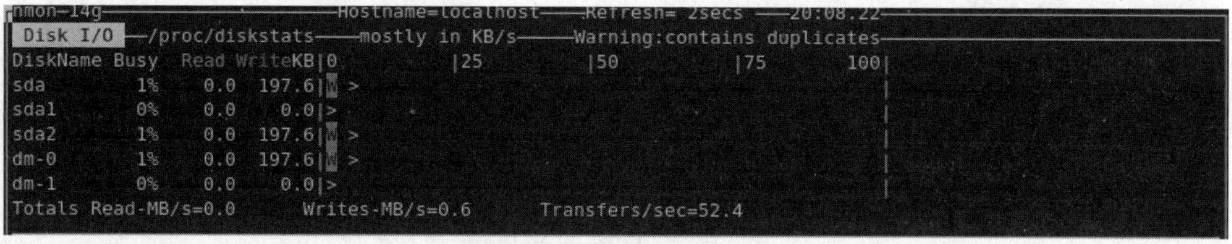

```
nmon—14g——————————————Hostname=localhost———Refresh= 2secs ———20:08.22——
 Disk I/O ——/proc/diskstats———mostly in KB/s———Warning:contains duplicates—
DiskName Busy  Read WriteKB|0          |25          |50          |75         100|
sda        1%    0.0  197.6|W >                                                 |
sdal       0%    0.0    0.0|>                                                   |
sda2       1%    0.0  197.6|W >                                                 |
dm-0       1%    0.0  197.6|W >                                                 |
dm-1       0%    0.0    0.0|>                                                   |
Totals Read-MB/s=0.0      Writes-MB/s=0.6      Transfers/sec=52.4
```

图 7-39　磁盘统计信息视图

DiskName：磁盘名称。

Busy：磁盘平均繁忙程度百分比。

Read-KB/s：每秒内读取数据的数据传输率（以千字节为单位）。

Write-KB/s：每秒内写入数据的数据传输率（以千字节为单位）。

（6）磁盘描述视图。要显示此视图，请按 D 键，如图 7-40 所示。

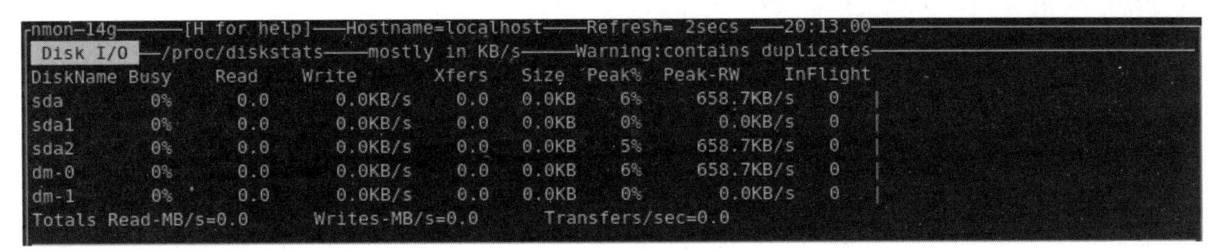

图 7-40 磁盘描述视图

DiskName：磁盘名称。

Busy：磁盘平均繁忙程度百分比。

Read-KB/s：每秒内读取数据的数据传输率（以千字节为单位）。

Write-KB/s：每秒内写入数据的数据传输率（以千字节为单位）。

Xfers：每秒传输数据。

Size：总的传输数据大小（以千字节为单位）。

Peak%：平均繁忙程度的峰值百分比。

Peak-RW：读写磁盘峰值（以千字节为单位）。

（7）内存和调页统计信息视图。此视图显示有关内存和调页统计信息的信息。要显示此视图，请按 m 键，如图 7-41 所示。

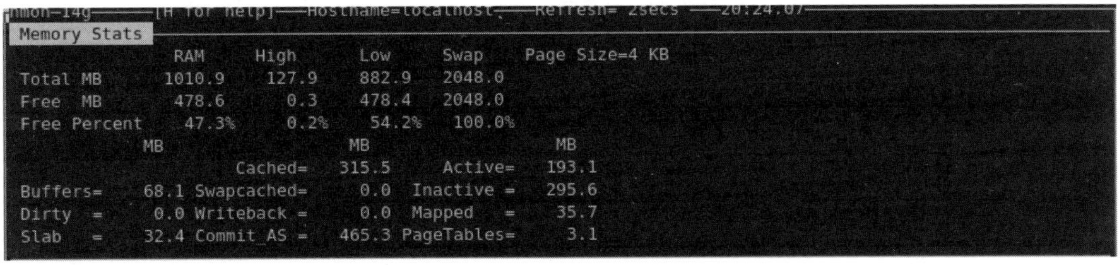

```
nmon—14g———[H for help]——Hostname=localhost——Refresh= 2secs ——20:24.07
 Memory Stats
                RAM      High      Low      Swap    Page Size=4 KB
 Total MB      1010.9    127.9     882.9    2048.0
 Free  MB       478.6      0.3     478.4    2048.0
 Free Percent    47.3%     0.2%     54.2%   100.0%
            MB                   MB                  MB
                      Cached=    315.5     Active=   193.1
 Buffers=    68.1 Swapcached=      0.0  Inactive =   295.6
 Dirty  =     0.0 Writeback =      0.0  Mapped   =    35.7
 Slab   =    32.4 Commit_AS =    465.3 PageTables=     3.1
```

图 7-41 内存和调页统计信息视图

7.3.3 结果分析

nmon 工具不但可以交互显示相关信息，还可以将这些信息记录到指定的文件中，之后再使用 nmon 分析工具对记录的数据进行分析，分析结果的步骤如下：

第一步：运行 nmon 记录命令，将收集系统运行机制时的数据。

运行命令为：./nmon -f -r test -s 10 -c 15

关于这些参数在记录方式标记中有详细的介绍。

第二步：将生成的.nmon 的文件转换为.csv 文件，命令如下:

sort test.nmon > test.csv

第三步：将.csv 文件传输到本地计算，并使用 nmon 分析工具对结果数据进行分析。

运行 nmon 分析工具，进入主界面，如图 7-42 所示。

	A	B	C	D
1	V3.3.g	4-May-11		
2				
3				
4				
5			Analyse nmon data	
6				
7				
8				
9				
10	**Output**			
11	GRAPHS	ALL	CHARTS	Specify output option for generated graphs (see user guide)
12	INTERVALS	1	999999	First and Last time intervals to process
13	MERGE	NO	NOTOP	Specify YES to merge the input files and TOP if you want to merge the TOP and UARG sections
14	PIVOT	NO		Specify YES to generate a Pivot chart using the parameters on the Settings sheet
15	ESS	YES		Set to NO to prevent additional ESS analysis (conserves memory)
16	FILELIST			Name of file containing a list of nmon files to be processed (blank = dialog)
17				

图 7-42　nmon 分析工具

单击【Analyse nmon data】按钮，选择.csv 数据文件，之后 nmon 通过视图的方式显示收集到的数据，如 CPU 的信息，如图 7-43 所示。

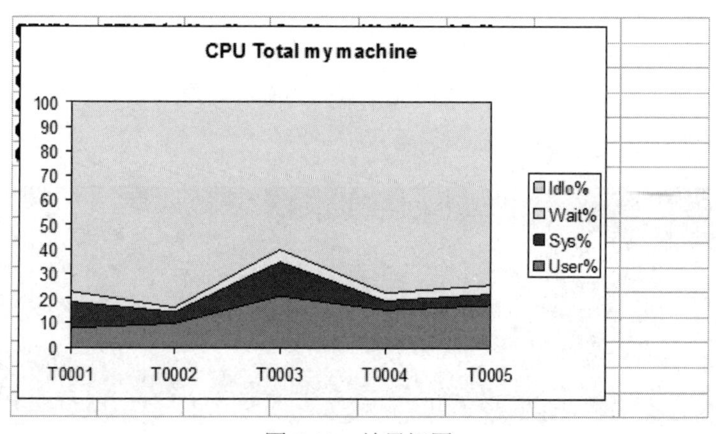

图 7-43　结果视图

7.4　小结

本章主要介绍了系统资源性能监控的方法，通常系统资源主要包括两类：Windows 操作系统和 Linux/UNIX 操作系统。首先介绍了 Windows 操作系统的系统资源监控，监控 Windows 资源可以使用 LoadRunner 直接进行监控，也可以使用 Windows 操作系统自带的性能工具进行监控，但对于 Linux/UNIX 操作系统，则很少使用 LoadRunner 进行监控，更多的是使用其他操作系统自带的命令进行监控，因为自带命令只能交互显示，不能将数据有效收集，所以需要将系统运行过程中的数据收集起来，一般使用 nmon 监控工具进行监控，nmon 不但可以交互显示系统资源信息，还可以将这些数据收集到文件中，通过其分析工具对这些数据进行详细地分析。

第8章 Apache监控与调优

Apache是世界上使用最多的Web服务器软件之一，它几乎可以运行在所有广泛使用的计算机平台上，并且可以快速、可靠地通过API进行扩充。Apache全称为Apache HTTP Server，是由Apache软件基金会开发的一款开源的网页服务器。本章节主要介绍Apache监控与调优方面的内容，如果工作中我们的项目使用的是Apache的Web服务器，那么就必须对其连接池和MPM等进行监控与调优。

本章节主要介绍以下几部分内容：

- Apache目录结构
- Apache配置文件
- Apache监控
- Apache调优
- MPM调优
- 日志文件分析

8.1 Apache目录结构

Apache安装好后，主要包含的目录文件有：bin、build、cgi-bin、conf、error、htdocs、icons、include、lib、logs、man、manual和modules。

这些目录文件主要的作用如下：

（1）bin目录。主要是存放一些命令文件，最常用的是Apache启动、关闭和重启的命令文件apachectl。

```
启动apache服务器命令
./apachectl start
停止apache服务器命令
./apachectl stop
```

```
重启 apache 服务器命令
./apachectl restart
```

（2）build 目录。主要是存放 apache 编译与构建时的相关文件。

（3）cgi-bin 目录。公共网管接口方式存放的目录。

（4）conf 目录。相关配置文件所在目录，最常用的配置文件为 httpd.conf。

（5）error 目录。存放一些错误信息，这些错误信息是当请求发生错误时返回给客户端的。

（6）htdocs 目录。发布网站所在的工作目录。

（7）icons 目录。icons 目录用于存放相关的图标文件。

（8）include 目录。include 目录主要存放一些封装好的头文件。

（9）lib 目录。lib 目录主要存放一些编译好的动态链接库的文件。

（10）logs 目录。logs 目录主要存放日志文件，包括一些常见的日志文件和一些错误日志文件。

（11）man。man 目录表示 Apache 的帮助手册。

（12）manual。manual 目录主要存放帮助手册相关的文件。

（13）modules 目录。modules 目录主要存放 Apache 调用模块的源文件。

8.2 Apache 配置文件

Apache 配置文件为 httpd.conf，所在位置为 conf 目录下。任何指令都可以放置在这个配置文件中，但这些修改的指令都只能是在 httpd 启动或重新启动时才能被识别。

httpd 配置文件每行包含一个指令。反斜杠“\”可以用作一行的最后一个字符，以指示该指令继续到下一行，反斜杠和行尾之间不得有其他字符或空格。指令的参数由空格分隔，如果参数包含空格，则必须将该参数用引号引起来。配置文件中的指令不区分大小写，但是指令的参数通常区分大小写。以“#”号开头的行被视为注释，并被忽略。注释不能与配置指令放在同一行。在指令之前会出现空白，因此为了清楚起见，可以缩进指令，空行也将被忽略。

可以使用语法在配置文件行中使用 Shell 环境变量的值${ENVVAR}。如果“ENVVAR”是有效环境变量的名称，则将该变量的值替换为配置文件行中的该位置，然后继续进行处理，就像直接在配置文件中找到该文本一样（如果找不到 ENVVAR 变量，则字符“$ {ENVVAR}”将保持不变，以供配置文件处理中的后续阶段使用）。

在环境变量替换之后，配置文件中一行的最大长度为 8192 个字符。

您可以使用 apachectl configtest 或-t 命令行选项在不启动服务器的情况下检查配置文件中的语法错误。

配置文件中常见配置项说明：

（1）ServerRoot：http-www 的 Home 目录，用来存放配置文件、错误文件、记录文件。

（2）Listen：用于设置服务器 IP 地址和端口号，Apache 默认端口号是 80。

（3）User：启动 Apache 的相关用户。

（4）Group：启动 Apache 相关组。

（5）PidFile：表示启动程序进程所在的位置。

（6）Timeout：表示连接超时，如果客户端与服务器已连接上，在超时范围内还未发送请求给服务器，那么服务器会自动与客户端断开连接。

（7）KeepAlive：表示是否保持长连接，即在一个 TCP 连接下可以发送多个 HTTP 请求。

```
语法：
KeepAlive On|Off
默认值：
KeepAlive On
```

HTTP1.0 的 Keep Alive 扩展功能和 HTTP1.1 的持久连接功能提供了长期存在的 HTTP 会话，该会话允许通过同一个 TCP 连接发送多个请求。

（8）KeepAliveTimeout：表示当开启长连接时，请求与请求之间的时间间隔。

```
KeepAliveTimeout seconds
KeepAliveTimeout 5
```

设置 KeepAliveTimeout 为较高的值，可能会导致服务器负载过重的性能问题。超时时间越长，等待与空闲客户端进行连接的服务器进程将被占用的时间越长。

（9）MPM 相关参数：MPM 是多通路处理模块，主要的参数包括 StartServers、MaxClients、Serverlimit、MinSpareThreads、MaxSpareThreads、ThreadsPerChild 和 MaxRequestsPerChild。这些参数具体的使用在后面进行详细介绍。

（10）ServerName：表示服务器的主机名。

（11）DocumentRoot：表示发布的应用程序所在的位置。

```
语法：
DocumentRoot directory-path
默认值：
DocumentRoot /usr/local/apache/htdocs
```

该指令设置 httpd 将从该路径下获取。例：

```
DocumentRoot /usr/web
```

如果访问 http://www.my.host.com/index.html 将指向 /usr/web/index.html。如果目录路径不是绝对路径，则假定它是相对于 ServerRoot 的相对路径。

（12）Directory 指令。<Directory>和</Directory>用于封装一组指令，使之仅对某个目录及其子目录生效。使用<Directory>… </Directory>设置指定目录的访问权限，其中可包含：Options、AllowOverride、Order、Allow、Deny。

其语法如下：

```
<Directory directory-path>
 ...
 </Directory>
```

Directory-path 可以是目录的完整路径，也可以是使用 UNIX Shell 样式匹配的通配符字符串。在通配符字符串中，“?”匹配任何单个字符，并且“*”匹配任何字符序列，也可以使用[]约束字

符的范围。所有通配符都不匹配'/'字符，因此<Directory /*/public_html>将不匹配/home/user/public_html，但<Directory /home/*/public_html>将匹配。例：

```
<Directory /usr/local/httpd/htdocs>
    Options Indexes FollowSymLinks
</Directory>
```

除了可以使用通配符匹配路径外，路径也可以支持正则表达式的形式。例如：

```
<Directory ~ "^/www/[0-9]{3}">
表示将匹配/www/由三个数字组成的目录。
```

如果多个（非正则表达式）<Directory>与包含文档的目录（或其父目录之一）匹配，则以最短匹配的顺序应用这些指令，并在这些文件中插入.htaccess文件中的指令。例如：

```
<Directory />
    AllowOverride None
</Directory>
<Directory /home>
    AllowOverride FileInfo
</Directory>
AllowOverride None：表示（禁用.htaccess 文件）。
AllowOverride FileInfo：表示（用于 directory /home）。
```

以访问文档/home/web/dir/doc.html 为例，其访问顺序如下：

应用所有 FileInfo 的指令 /home/.htaccess、/home/web/.htaccess、/home/web/dir/.htaccess，并按此顺序访问。

（13）DirectoryMatch 指令。包含适用于与正则表达式及其子目录匹配的文件系统目录的指令。

```
语法：
< DirectoryMatch regex >
 ...
 </DirectoryMatch >
```

这些指令将仅适用于命名目录和该目录的子目录（以及其中的文件）<Directory>。但是，它以正则表达式作为参数。例如：

```
<DirectoryMatch "^/www/(.+/)?[0-9]{3}">
```

将匹配/www/由三个数字组成的目录。

（14）IfModule 指令。

```
语法：
<IfModule [!]module-file|module-identifier> ... </IfModule>
```

表示检测特定的模块是否存在，如果存在则执行里面的指令，如果不存在则忽略开始标记到结束标记之间所有的内容。

（15）Location 指令。

```
语法：
<Location URL-path|URL> ... </Location>
```

该指令是将其附随的参数传递到 URL 中，Location 指令后面的参数就是直接应用于 URL 请求中的，如果需求生效，那么 URL 路径应该满足以下任一条件：

- 指定的位置与 URL 的路径完全匹配。
- 以反斜杠结尾的指定位置是 URL 路径的前缀。
- 指定的位置（带有尾部的斜杠）是 URL 路径的前缀。

如/private1、/private1/和/private1/file.txt，将这些目录附随到 URL 地址中。

该 URL 可以使用通配符。在通配符字符串中，“?”匹配任何单个字符，并且“*”匹配任何字符序列。这两个通配符都不匹配 URL 路径中的“/”。

除“~”字符外，还可以使用正则表达式。例如：

```
<Location ~ "/(extra|special)/data">
```

（16）Options 指令。

```
options 用于配置特定目录中可用的功能。
语法：
Options [+|-]option [[+|-]option] ...
```

该 Options 指令用于控制访问服务器目录的权限。选项可以设置为 None，在这种情况下，不会启用任何附加功能，或者以下一项或多项：

- All：表示除 MultiViews 之外的所有特性，该选项为默认值。
- ExecCGI：允许使用mod_cgi模块执行 CGI 脚本。
- FollowSymLinks：服务器允许在此目录中使用符号连接，如果需求将目录链接到其他的路径下，就需要使用到符号链接。如果该配置选项位于<Location>配置段中，将会被忽略。即使服务器遵循符号链接，它也不会更改<Directory>指令中的路径名。在 FollowSymLinks 和 SymLinksIfOwnerMatch Options只在<Directory>段中进行工作或针对于.htaccess 文件有效。
- Indexes：表示匹配的 index 文件类型，如果输入的网址中有这个 index 文件，那么就会显示出这个文件内容，如果没有 index 文件，则会返回由 mod_autoindex 模块生成的一个格式化的目录列表，并列出该目录下的所有文件。
- MultiViews：允许使用 mod_negotiation 模块提供内容协商的“多重视图”。简而言之，如果客户端请求的路径可能对应多种类型的文件，那么服务器将根据客户端请求的具体情况自动选择一个最匹配客户端要求的文件。在 HTTP 协议中，内容协商是这样一种机制，通过为同一 URI 指向的资源提供不同的展现形式，可以使用户代理选择与用户需求相适应的最佳匹配（例如，文档使用的自然语言，图片的格式，或者内容编码形式）。

  一份特定的文件称为一项资源。当客户端获取资源的时候，会使用其对应的 URL 发送请求。服务器通过这个 URL 来选择它指向的资源的某一变体——每一个变体称为一种展现形式——然后将这个选定的展现形式返回给客户端。整个资源，连同它的各种展现形式，共享一个特定的 URL。当一项资源被访问的时候，特定展现形式的选取是通过内容协商机制来决定的，并且客户端和服务器端之间存在多种协商方式。

- SymLinksIfOwnerMatch：服务器仅在符号连接与目标文件或目录的所有者具有相同的用户 ID 时才使用它。简而言之，只有当符号连接和符号连接指向的目标文件或目录的所有者是同一用户时，才会使用符号连接。如果该配置选项位于<Location>配置段中，将会被忽略。

Apache 允许在一个目录配置中设置多个 Options 指令，如果一个目录中设置了多个 Options 指令，那么特性最多的 Options 指令会被使用，其他的都会被忽略，默认情况下各个 Options 指令之间并不会合并，但可能通过“+”或“-”合并。“+”表示将该选项添加到选项来，“-”表示在选项中删除该选项。

混合使用前面带“+”/“-”和前面不带“+”/“-”的同一可选项，可能会导致出现意料之外的结果。

8.3 Apache 监控

关于 Apache 监控通常会有两种方法：一是使用 Apache 自带的 status 监控模块进行监控；二是使用 Apachetop 工具进行监控。本章节将会详细介绍这两种监控方法。

8.3.1 status 模块监控

status 模块是通过服务器管理来获取服务器性能的相关信息，这些信息将以一个 HTML 页面的方式来显示，该页面以比较简单的阅读方式来显示当前服务器的统计信息，并且还可以自动刷新的方式来实时显示这些统计信息。

使用 status 模块监控 Apache 服务器的步骤如下：

1. 开启 status 模块

Apache 服务器中的 httpd 配置文件中有很多可被调用的模块，主要包括以下模块：

```
# LoadModule foo_module modules/mod_foo.so
LoadModule access_module modules/mod_access.so
LoadModule actions_module modules/mod_actions.so
LoadModule alias_module modules/mod_alias.so
LoadModule asis_module modules/mod_asis.so
LoadModule auth_module modules/mod_auth.so
#LoadModule auth_anon_module modules/mod_auth_anon.so
#LoadModule auth_dbm_module modules/mod_auth_dbm.so
#LoadModule auth_digest_module modules/mod_auth_digest.so
LoadModule autoindex_module modules/mod_autoindex.so
#LoadModule cern_meta_module modules/mod_cern_meta.so
```

```
LoadModule cgi_module modules/mod_cgi.so
#LoadModule dav_module modules/mod_dav.so
#LoadModule dav_fs_module modules/mod_dav_fs.so
LoadModule dir_module modules/mod_dir.so
LoadModule env_module modules/mod_env.so
#LoadModule expires_module modules/mod_expires.so
#LoadModule file_cache_module modules/mod_file_cache.so
#LoadModule headers_module modules/mod_headers.so
LoadModule imap_module modules/mod_imap.so
LoadModule include_module modules/mod_include.so
#LoadModule info_module modules/mod_info.so
LoadModule isapi_module modules/mod_isapi.so
LoadModule log_config_module modules/mod_log_config.so
LoadModule mime_module modules/mod_mime.so
#LoadModule mime_magic_module modules/mod_mime_magic.so
#LoadModule proxy_module modules/mod_proxy.so
#LoadModule proxy_connect_module modules/mod_proxy_connect.so
#LoadModule proxy_http_module modules/mod_proxy_http.so
#LoadModule proxy_ftp_module modules/mod_proxy_ftp.so
LoadModule negotiation_module modules/mod_negotiation.so
#LoadModule rewrite_module modules/mod_rewrite.so
LoadModule setenvif_module modules/mod_setenvif.so
#LoadModule speling_module modules/mod_speling.so
LoadModule status_module modules/mod_status.so
#LoadModule unique_id_module modules/mod_unique_id.so
LoadModule userdir_module modules/mod_userdir.so
#LoadModule usertrack_module modules/mod_usertrack.so
#LoadModule vhost_alias_module modules/mod_vhost_alias.so
LoadModule ssl_module modules/mod_ssl.so
```

前面有“#”号的代码，表示该代码被注释不生效。如果需要该行代码生效，那么需要将前面的“#”号取消。监控 Apache 的状态需要启动 LoadModule status_module modules/mod_status.so 模块。

2. 设置扩展日志信息

设置扩展日志信息的命令如下：

```
语法：
ExtendedStatus On|Off
```

默认值：

ExtendedStatus Off

这个功能仅在 apache 1.3.2 或更高版本才可以使用。

在 httpd.conf 配置文件中添加这行代码即可。

默认情况下，只能看到以下一些基本信息，如图 8-1 所示。

```
PID Key:

   664 in state: _ ,   664 in state: _ ,   664 in state: _
   664 in state: _ ,   664 in state: _ ,   664 in state: _
   664 in state: _ ,   664 in state: _ ,   664 in state: _
   664 in state: _ ,   664 in state: _ ,   664 in state: _
   664 in state: _ ,   664 in state: _ ,   664 in state: _
   664 in state: _ ,   664 in state: _ ,   664 in state: _
   664 in state: _ ,   664 in state: _ ,   664 in state: _
   664 in state: _ ,   664 in state: _ ,   664 in state: _
   664 in state: _ ,   664 in state: _ ,   664 in state: _
   664 in state: _ ,   664 in state: _ ,   664 in state: _
   664 in state: _ ,   664 in state: _ ,   664 in state: _
   664 in state: _ ,   664 in state: _ ,   664 in state: _
   664 in state: _ ,   664 in state: _ ,   664 in state: _
   664 in state: _ ,   664 in state: _ ,   664 in state: _
   664 in state: _ ,   664 in state: _ ,   664 in state: _
   664 in state: _ ,   664 in state: _ ,   664 in state: _
   664 in state: _ ,   664 in state: _ ,   664 in state: _
   664 in state: _ ,   664 in state: _ ,   664 in state: _
   664 in state: _ ,   664 in state: _ ,   664 in state: _
   664 in state: _ ,   664 in state: _ ,   664 in state: _
   664 in state: _ ,   664 in state: _ ,   664 in state: _
   664 in state: _ ,   664 in state: _ ,   664 in state: _
   664 in state: _ ,   664 in state: _ ,   664 in state: _
   664 in state: _ ,   664 in state: _ ,   664 in state: _
   664 in state: _ ,   664 in state: _ ,   664 in state: _
   664 in state: _ ,   664 in state: _ ,   664 in state: _
   664 in state: _ ,   664 in state: _ ,   664 in state: _
   664 in state: _ ,   664 in state: _ ,   664 in state: _
   664 in state: _ ,   664 in state: _ ,   664 in state: _
   664 in state: _ ,   664 in state: _ ,   664 in state: _
```

图 8-1　基本信息

如果需要显示所有的状态信息，需要将 **ExtendedStatus** 的值设置为 **On**，该选项的默认值为 **Off**，所以正常情况下只能看到如图 8-1 所示的基本信息，在监控过程中需要将该选项的值设置为 **On**，以便显示 Apache 服务器所有的状态信息。

3. 设置 SeeRequestTail

该指令是使用设置显示请求的前 63 个字符，还是显示最后 63 个字符。

语法：

SeeRequestTail On|Off

默认值：

SeeRequestTail Off

这个功能仅在 Apache 2.2.7 或更高版本才可以使用。

在 httpd.conf 配置文件中添加这行代码即可。

4．设置访问 status 权限

服务器的状态信息是通常“server-status”中的“handler”调用，server-status 的代码如下：

```
<Location /server-status>
    SetHandler server-status
    Order deny,allow
    Deny from all
    Allow from all
</Location>
```

Deny from：表示禁止的访问地址。

Allow from：表示允许的地址访问。

注意 在监控之前一定要启动“server-status”模块，否则 SetHandler 无法读到服务器的状态信息，进而导致监控失败。

5．启用监控

现在可以通过使用 Web 浏览器访问页面来访问服务器统计信息，http://your.server.name/server-status。

测试是否可以正确地显示 Apache 服务器的状态信息，如果正确，则会显示如图 8-2 所示的详细信息。

Srv	PID	Acc	M	SS	Req	Conn	Child	Slot	Client	VHost	Request
0-0	9412	0/0/0	W	0	0	0.0	0.00	0.00	127.0.0.1	localhost	GET /server-status HTTP/1.1
0-0	9412	1/18/18	K	0	140	0.0	0.32	0.32	192.168.1.110	localhost	GET /sugarcrm/index.php? HTTP/1.1
0-0	9412	1/23/23	K	0	125	0.0	0.33	0.33	192.168.1.110	localhost	GET /sugarcrm/index.php? HTTP/1.1
0-0	9412	29/29/29	K	0	0	131.9	0.13	0.13	192.168.1.110	localhost	GET /sugarcrm/themes/Sugar5/images/delete_inline.gif?s=a933811d
0-0	9412	1/1/1	K	2	1718	4.0	0.00	0.00	192.168.1.110	localhost	GET /sugarcrm/index.php?action=Login&module=Users&login_module=
0-0	9412	1/1/1	K	2	1703	4.0	0.00	0.00	192.168.1.110	localhost	GET /sugarcrm/index.php?action=Login&module=Users&login_module=
0-0	9412	1/1/1	K	2	1750	4.0	0.00	0.00	192.168.1.110	localhost	GET /sugarcrm/index.php?action=Login&module=Users&login_module=
0-0	9412	1/1/1	K	2	1718	4.0	0.00	0.00	192.168.1.110	localhost	GET /sugarcrm/index.php?action=Login&module=Users&login_module=
0-0	9412	1/1/1	K	2	1765	4.0	0.00	0.00	192.168.1.110	localhost	GET /sugarcrm/index.php?action=Login&module=Users&login_module=
0-0	9412	1/1/1	K	2	1703	4.0	0.00	0.00	192.168.1.110	localhost	GET /sugarcrm/index.php?action=Login&module=Users&login_module=
0-0	9412	1/1/1	K	2	1843	4.0	0.00	0.00	192.168.1.110	localhost	GET /sugarcrm/index.php?action=Login&module=Users&login_module=
0-0	9412	1/1/1	K	2	1781	4.0	0.00	0.00	192.168.1.110	localhost	GET /sugarcrm/index.php?action=Login&module=Users&login_module=
0-0	9412	1/1/1	K	2	1765	4.0	0.00	0.00	192.168.1.110	localhost	GET /sugarcrm/index.php?action=Login&module=Users&login_module=
0-0	9412	1/1/1	K	2	1781	4.0	0.00	0.00	192.168.1.110	localhost	GET /sugarcrm/index.php?action=Login&module=Users&login_module=
0-0	9412	1/1/1	K	2	1828	4.0	0.00	0.00	192.168.1.110	localhost	GET /sugarcrm/index.php?action=Login&module=Users&login_module=
0-0	9412	1/1/1	K	2	1750	4.0	0.00	0.00	192.168.1.110	localhost	GET /sugarcrm/index.php?action=Login&module=Users&login_module=
0-0	9412	1/1/1	K	2	1843	4.0	0.00	0.00	192.168.1.110	localhost	GET /sugarcrm/index.php?action=Login&module=Users&login_module=
0-0	9412	1/1/1	K	2	1875	4.0	0.00	0.00	192.168.1.110	localhost	GET /sugarcrm/index.php?action=Login&module=Users&login_module=
0-0	9412	1/1/1	K	2	1828	4.0	0.00	0.00	192.168.1.110	localhost	GET /sugarcrm/index.php?action=Login&module=Users&login_module=
0-0	9412	1/1/1	K	2	1937	4.0	0.00	0.00	192.168.1.110	localhost	GET /sugarcrm/index.php?action=Login&module=Users&login_module=
0-0	9412	1/1/1	K	2	1906	4.0	0.00	0.00	192.168.1.110	localhost	GET /sugarcrm/index.php?action=Login&module=Users&login_module=
0-0	9412	1/1/1	K	4	937	0.0	0.00	0.00	192.168.1.110	localhost	GET /sugarcrm/index.php? HTTP/1.1
0-0	9412	1/1/1	K	3	1171	0.0	0.00	0.00	192.168.1.110	localhost	GET /sugarcrm/index.php? HTTP/1.1

图 8-2　详细信息

6．状态信息自动更新

关于显示详细状态还有两个参数：

?refresh=N：设置每 N 秒后动态刷新一次详细信息（?refresh=5 表示每 5 秒钟刷新一次），如果不设置具体的时间间隔（如?refresh），那么默认值为每 1 秒钟动态刷新一次详细信息。

?auto：表示服务器处于访问状态下的动态信息。

其语法格式为 http://your.server.name/server-status?refresh=N

如http://localhost/server-status?auto&refresh=5 表示每 5秒动态刷新一次详细信息，结果如图 8-3 所示。

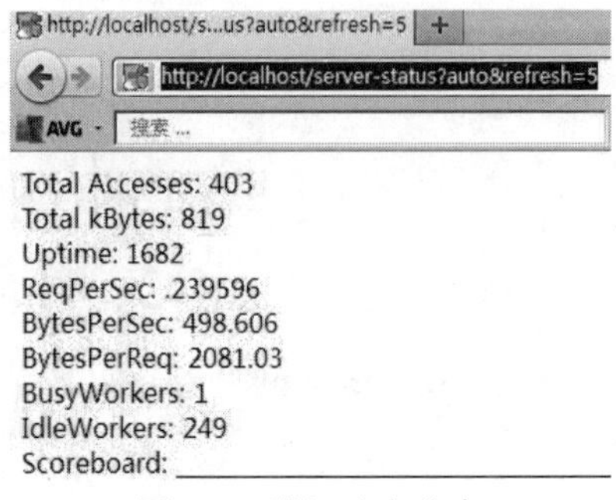

图 8-3　详细动态信息

Total Accesses：到目前为此 Apache 接收的联机数量及传输的数据量。

Total kBytes：接收的总的字节数。

Uptime：服务器运行的总时间（单位秒）。

ReqPerSec：平均每秒请求数。

BytesPerSec：平均每秒发送的字节数。

BytesPerReq：平均每个请求发送的字节数。

BusyWorkers：正在工作数。

IdleWorkers：空闲工作数。

BusyWorkers 加 IdleWorkers 的和为服务所允许的同时工作的线程数，配置文件中同时允许的最多线程中的设置项为 ThreadsPerChild，其缺少值为 250。即 ThreadsPerChild=BusyWorkers+IdleWorkers。

只输入http://IP/server-status，则只显示相关的统计信息，而非动态信息，信息内容如下：

```
Apache Server Status for localhost
Server Version: Apache/2.0.59 (Win32) mod_ssl/2.0.59 OpenSSL/0.9.8e PHP/5.2.5
Server Built: Jul 21 2006 08:48:52
________________________________________________________________________
Current Time: Thursday, 29-Nov-2012 19:41:08 中国标准时间
Restart Time: Thursday, 29-Nov-2012 18:53:47 中国标准时间
Parent Server Generation: 0
Server uptime: 47 minutes 21 seconds
Total accesses: 626 - Total Traffic: 1.3 MB
.22 requests/sec - 468 B/second - 2124 B/request
1 requests currently being processed, 249 idle workers
___________________________________________________
___________________________________________________
___________________________________________________
```

```
_______________________________________________W......
................................................................
................................................................
................................................................
................................................................
................................................................
................................................................
................................................................
................................................................
................................................................
................................................................
................................................................
................................................................
................................................................
Scoreboard Key:
"_" Waiting for Connection, "S" Starting up, "R" Reading Request,
"W" Sending Reply, "K" Keepalive (read), "D" DNS Lookup,
"C" Closing connection, "L" Logging, "G" Gracefully finishing,
"I" Idle cleanup of worker, "." Open slot with no current process
```

表示当前所有线程在处理请求时所处于的状态。线程处理主要的状态包括以下几种：

- "_"：表示等待连接。
- "S"：表示连接开始，可以发送请求。
- "R"：表示读请求的状态。
- "W"：表示服务器正响应回复数据的状态。
- "K"：表示保持长连接状态。
- "D"：表示域名解析状态。
- "C"：表示连接正在关闭。
- "L"：表示正在退出。
- "G"：表示退出完成。
- "I"：表示空闲的线程。
- "."：表示当前线程没有打开 slot。

Srv	PID	Acc	M	SS	Req	Conn	Child	Slot	Client	VHost	Request
0-0	784	10/626/626	W	0	0	42.9	1.27	1.27	127.0.0.1	localhost	GET/server-status HTTP/1.1

统计部分内容信息含义依次为：到目前为止 Apache 接收的联机数量及传输的数据量、已发送的总的字节数、平均每秒请求数、平均每秒发送的字节数、平均每个请求发送的字节数、当前正在请求的线程数、空闲的线程数。

关于 M 列的状态主要包括以下几种：

- _：等待连接中。

- S：启动中。
- R：正在读取要求。
- W：正在送出回应。
- K：处于保持联机的状态。
- D：正在查找 DNS。
- C：正在关闭连结。
- L：正在写入记录文件。
- G：进入正常结束程序中。
- I：处理闲置。
- .：尚无此程序。

关于请求表格中各列的含义见表 8-1。

表 8-1 各列含义

Srv	父程序编号
PID	本程序的进程 ID 号
Acc	表示本次联机、本程序所处理的存取次数
M	当前程序的状态
SS	距离上一次处理请求的时间
Req	最近一次处理请求所消耗的时间，单位为毫秒
Conn	本次联机所传送的数据量
Child	由该子程序所传送的数据量
Slot	由 Slot 所传送的数据量

HTTP 详细的请求信息如下：

```
Srv  PID   Acc       M   CPU  SS      Req  Conn  Child  Slot  Client Protocol  VHost           Request
0-2  6880  0/148/148  _       356.50  0    1786  0.0    0.95  0.95  192.168.40.134  http/1.1
192.168.40.129:80 POST /ecshop3/user.php HTTP/1.1
0-2  6880  0/153/153  W       353.67  1    0     0.0    0.98  0.98  192.168.40.134  http/1.1
192.168.40.129:80 POST /ecshop3/user.php HTTP/1.1
0-2  6880  0/150/150  W       351.29  1    0     0.0    0.98  0.98  192.168.40.134  http/1.1
192.168.40.129:80 POST /ecshop3/user.php HTTP/1.1
0-2  6880  0/154/154  W       353.97  3    0     0.0    0.96  0.96  192.168.40.134  http/1.1
192.168.40.129:80 POST /ecshop3/user.php HTTP/1.1
0-2  6880  0/164/164  W       354.19  0    0     0.0    1.06  1.06  192.168.40.134  http/1.1
192.168.40.129:80 POST /ecshop3/user.php HTTP/1.1
0-2  6880  0/162/162  W       355.96  0    0     0.0    1.03  1.03  192.168.40.134  http/1.1
192.168.40.129:80 POST /ecshop3/user.php HTTP/1.1
0-2  6880  0/154/154  _       356.59  0    1890  0.0    0.98  0.98  192.168.40.134  http/1.1
192.168.40.129:80 POST /ecshop3/user.php HTTP/1.1
```

各选项的含义：

- Srv：表示子进程。
- PID：子进程的进程号。
- Acc：表示连接数量、子进程、slot。
- M：表示当前请求所处的状态。
- CPU：表示 CPU 的使用情况。
- SS：表示当前一共有多少请求。
- Req：表示一共发的请求数。
- Conn：表示当前连接传输的字节数。
- Child：表示每个进程传输的字节数。
- Slot：表示当前 slot 一共传输了多少字节数。

8.3.2 Apachetop 监控

除了使用 status 监控外，还可以使用第三方软件来监控。现在使用最多的第三方监控软件是 Apachetop。

虽然使用 status 也可以监控到很多信息，但是对于一些统计信息来说，例如统计哪些 URL 的访问量最大，不同状态码下分别有多少个 HTTP 请求数等，status 模块是无法做到的，虽然这个也可以通过分析日志文件得到，但是我们无法手工去统计到这些数据。所以可以借助 Apachetop 工具来实时监控 Apache 的日志信息。

准确地说 Apachetop 其实是一款实时分析 Apache 日志文件的一个软件，它可以实时统计日志文件的信息，并呈现出来。

如果需要使用 Apachetop，那么必须先安装 Apachetop 工具，Apachetop 安装步骤如下：

1. 下载 Apachetop 安装包

在 https://pkgs.org/download/apachetop 网站下载最新版的 Apachetop，最新版的 Apachetop 版本为 0.12.6。

2. 使用以下命令进行安装

```
# ./configure
# make
# make install
```

安装好 Apachetop 工具后，就可以开始使用这个工具来监控 Apache 的日志文件。Apachetop 命令的语法如下：

```
ApacheTop v0.12.6 - Usage:
File options:
 -f logfile   open logfile (assumed common/combined) [/var/log/httpd-access.log]
              (repeat option for more than one source)
表示需要分析的日志文件
 URL/host/referrer munging options:
```

```
-q        保持请求字符串[no]
-l        所有的 URL 小写[no]
-s num    保持 URL 路径段数量 [all]
-p        在 referrer 前面保留协议 [no]
-r        保留每一个的主机/ip [no]
Status options:
必须提供两个参数 default: [-T 30]
默认设置为保持记录状态 30 秒，30 秒后数据刷新了。为了提供更多的分析信息，我们可以调节下面的参数。
-H hits   在单击率到达该值之前不刷新
如：
apachetop -f /var/log/nginx/wordpress_http_access.log -H 1000
表示将显示最近 1000 次单击的统计信息。
-T secs   保持状态直到 T 时间后
如：
apachetop -f /var/log/nginx/wordpress_http_access.log -T 600
表示显示最近 600 秒的统计信息。
-d secs   设置刷新时间周期
-h        帮助。
```

Apachetop 一般的用法为：

```
apachetop -f /var/log/nginx/wordpress_http_access.log
```

Apachetop 监控到的信息如下：

```
last hit: 09:00:45          atop runtime:   0 days, 00:00:40            09.00:47
All:           2005 reqs ( 154.2/sec)          40.7M ( 3202.1K/sec)        20.8K/req
2xx:   2005 ( 100%) 3xx:  0 ( 0.0%) 4xx:       0 ( 0.0%) 5xx:        0 ( 0.0%)
R ( 30s):      2005 reqs (   66.8/sec)          40.7M ( 1387.6K/sec)        20.8K/req
2xx:   2005 ( 100%) 3xx:  0 ( 0.0%) 4xx:       0 ( 0.0%) 5xx:        0 ( 0.0%)

 REQS REQ/S     KB KB/S URL
    77   5.92 651.2 50.1*/ecshop3/user.php
    45   3.46   1292    99 /ecshop3/js/common.js
    45   3.46 188.8 14.5 /ecshop3/js/utils.js
    45   3.46 378.3 29.1 /ecshop3/data/afficheimg/1462847712105834896.jpg
    45   3.46 280.2 21.6 /ecshop3/data/afficheimg/1462847641920447649.jpg
```

监控到的信息内容如下：

（1）总的请求数、每秒的请求数。

（2）总的字节数、每秒的字节数。

（3）每个请求的字节数。

（4）HTTP 返回状态码的统计。

（5）详细的 URL 信息。

*表示当前光标所在的位置，使用向上键和向下键可以切换我们要选择的记录。

使用向右键可以显示详细的 URL 信息，使用向左键返回列表模式。

通过方向按键可以切换显示的模式，通常有三种显示的模式：URL、Referrer、Host。

```
last hit: 14:37:43          atop runtime:   0 days, 00:01:09              14:37:58
All:              42 reqs (     0.7/sec)         60.2K ( 1044.1B/sec)      1466.7B/req
2xx:       7 (16.7%) 3xx:        35 (83.3%) 4xx:        0 ( 0.0%) 5xx:        0 ( 0.0%)
R ( 29s):          3 reqs (     0.1/sec)         31.4K ( 1107.8B/sec)      10.5K/req
2xx:       3 ( 100%) 3xx:  0 ( 0.0%) 4xx:        0 ( 0.0%) 5xx:        0 ( 0.0%)

 REQS REQ/S      KB KB/S
    2   0.12   21.0   1.3 /goods.php
                          HOST
    2   0.12   21.0   1.3   192.168.40.1 [192.168.40.1]




                          REFERRER
    2   0.12   21.0   1.3   Unknown
```

如果资源列表的内容过多，需要对列表内容进行筛选，那么可以通过 Apachetop 过滤器来实现。在 URL 列表视图中，按下 f 键，在前部可以看到一个菜单，如图 8-4 所示。

```
filters.. a) add/edit menu  c) clear all  s) show active
REQS REQ/S     KB KB/S URL
  29  0.35 314.3  3.8*/wp-content/themes/typoxp/img/none
  15  0.18 113.9  1.4 /wp-content/themes/typoxp/style.css
```

图 8-4　过滤器菜单

输入按键 a 可以添加一个过滤器，当按下 a 键时会出现以下菜单，如图 8-5 所示。

```
 filters: add.. u) to URLS  r) to REFERRERS  h) to HOSTS
 REQS REQ/S     KB KB/S URL
   46  0.32 498.5  3.5*/wp-content/themes/typoxp/img/none
```

图 8-5　添加过滤器信息

按 u 键表示使用 URL 过滤器，按下 u 键再输入过滤条件，按下回车键，此时列表视图中会显示出筛选后的内容，如图 8-6 所示。

```
    1  0.01  20.4  0.1 /ho
Filter: /howto/
```

图 8-6　输入需过滤的资源

如果需要对列表进行更多的操作，可以通过 H 键来获得帮助信息，帮助菜单会显示出所有相关的选项参数，如图 8-7 所示。

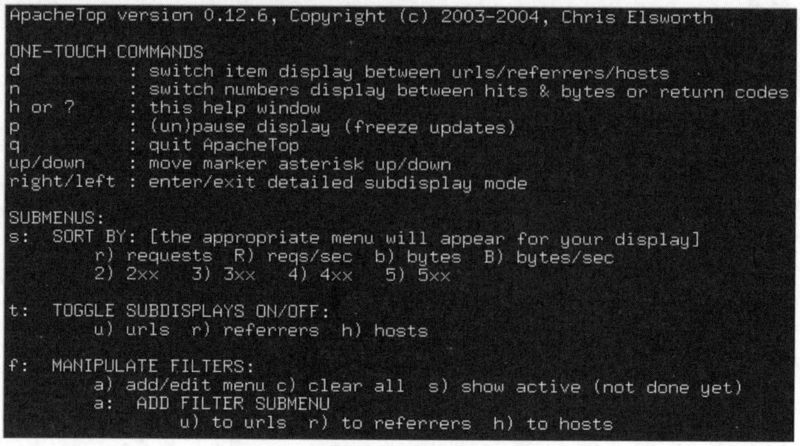

```
ApacheTop version 0.12.6, Copyright (c) 2003-2004, Chris Elsworth

ONE-TOUCH COMMANDS
d            : switch item display between urls/referrers/hosts
n            : switch numbers display between hits & bytes or return codes
h or ?       : this help window
p            : (un)pause display (freeze updates)
q            : quit ApacheTop
up/down      : move marker asterisk up/down
right/left   : enter/exit detailed subdisplay mode

SUBMENUS:
s:  SORT BY: [the appropriate menu will appear for your display]
        r) requests  R) reqs/sec  b) bytes  B) bytes/sec
        2) 2xx   3) 3xx   4) 4xx   5) 5xx

t:  TOGGLE SUBDISPLAYS ON/OFF:
        u) urls  r) referrers  h) hosts

f:  MANIPULATE FILTERS:
        a) add/edit menu c) clear all  s) show active (not done yet)
        a:  ADD FILTER SUBMENU
                u) to urls  r) to referrers  h) to hosts
```

图 8-7　Apachetop 帮助菜单信息

8.4　Apache 调优

Apache 最新的版本是 2.2 版，Apache 2.2 是一个多用途的 Web 服务器，其设计在灵活性、可移植性和性能中求得平衡。虽然没有在设计上刻意追求性能指标，但是 Apache 2.2 仍然在许多现实环境中拥有很高的性能。相比于 Apache 1.3，2.2 版本作了大量的优化来提升处理能力和可伸缩性，而且大多数的改进在默认状态下就可以生效。但是，在编译和运行时，都有许多可以显著提高性能的选择。本节主要阐述在安装 Apache 2.2 时，服务器管理员可以改善性能的各种方法。关于 Apache 调优主要包括三个方面的内容：硬件与操作系统、运行时的配置和编译时的配置。

8.4.1　硬件与操作系统

影响 Web 服务器性能的最主要因素是内存，一个 Web 服务器应该尽量不使用交换机制，因为交换产生的滞后使用户总感觉“不够快”，此时用户就可能去按“停止”和“刷新”，从而给 Web 服务器带来更大的负载。所以应该控制MaxClients的设置，以避免服务器产生太多的子进程而发生交换，先计算出每个 Apache 进程平均消耗的内存，然后再为其他进程留出足够多的内存。

其他因素也是比较常见的因素，如装一个足够快的 CPU，一个足够快的网卡，几个足够快的硬盘，这里说的“足够快”是指能满足实际应用的需求。

操作系统是很值得关注的另一个因素，已经被证实的很有用的经验有：

- 选择能够得到的最新、最稳定的版本并打好补丁。现在许多操作系统厂商都提供了可以显著改善性能的 TCP 协议栈和线程库。
- 如果操作系统支持 sendfile()系统调用，则务必安装带有此功能的版本或补丁。在支持 sendfile 的系统中，Apache2 可以更快地发送静态内容而且占用较少的 CPU 时间。

8.4.2 运行时的配置

运行时的配置主要涉及的相关模块为：mod_dir、mpm_common、mod_status，涉及的相关指令为：AllowOverride、HostnameLookups、DirectoryIndex、EnableMMAP、EnableSendfile、KeepAliveTimeout、MaxSpareServers、MinSpareServers、Options、StartServers。

（1）AllowOverride。AllowOverride 有两种设置：All 或 None，如果网站空间允许覆盖（通常是用.htaccess 文件），则 Apache 会试图对文件名的每一个组成部分都打开.htaccess，例如：

```
DocumentRoot /www/htdocs
<Directory />
    AllowOverride All
</Directory>
```

如果请求“/index.html”，则 Apache 会试图打开“/.htaccess”“/www/.htaccess”“/www/htdocs/.htaccess”。为了得到最佳性能，应当对文件系统中所有的地方都使用 AllowOverride None 设置。

（2）HostnameLookups 和其他 DNS。在 Apache1.3 以前的版本中，HostnameLookups默认被设为 On，这样会带来延迟，因为对每一个请求都需要作一次 DNS 查询。在 Apache 2.2 中，它被默认设置为 Off。如果需要日志文件提供主机名信息以生成分析报告，则可以使用日志后处理程序 logresolve，以完成 DNS 查询，而客户端无须等待。

一般情况下应该是在其他的机器上，而不是在 Web 服务器上执行后处理和其他日志统计操作，以免影响服务器的性能。

如果你使用了任何“Allow from domain”或“Deny from domain”指令（也就是 domain 使用的是主机名而不是 IP 地址），则代价是要进行两次 DNS 查询（一次正向和一次反向，以确认没有作假）。所以，为了得到最高的性能，应该避免使用这些指令（不用域名而用 IP 地址也是可以的）。

可以把这些指令包含在<Location /server-status>段中使之局部化。在这种情况下，只有对这个区域的请求才会发生 DNS 查询。下例禁止除了.html 和.cgi 以外的所有 DNS 查询：

```
HostnameLookups off
<Files ~ "\.(html|cgi)$">
    HostnameLookups on
</Files>
```

如果在某些 CGI 中偶尔需要 DNS 名称，则可以调用 gethostbyname 来解决。

（3）FollowSymLinks 和 SymLinksIfOwnerMatch。如果网站空间中没有使用 Options FollowSymLinks，或使用了 Options SymLinksIfOwnerMatch，Apache 就必须执行额外的系统调用以验证符号连接。文件名的每一个组成部分都需要一个额外的调用。例如，如果设置了：

```
DocumentRoot /www/htdocs
<Directory />
```

```
    Options SymLinksIfOwnerMatch
</Directory>
```

在请求“/index.html”时，Apache 将对“/www”“/www/htdocs”“/www/htdocs/index.html”执行 lstat()调用，而且 lstat()的执行结果不被缓存，因此对每一个请求都要执行一次，如果确实需要验证符号连接的安全性，则可以这样：

```
DocumentRoot /www/htdocs
<Directory />
    Options FollowSymLinks
</Directory>
<Directory /www/htdocs>
    Options -FollowSymLinks +SymLinksIfOwnerMatch
</Directory>
```

这样，至少可以避免对 DocumentRoot 路径的多余的验证。

如果Alias或 RewriteRule 中含有 DocumentRoot 以外的路径，那么同样需要增加这样的段。为了得到最佳性能，应当放弃对符号连接的保护，在所有地方都设置 FollowSymLinks，并放弃使用 SymLinksIfOwnerMatch。

（4）内容协商（Content Negotiation）。一个资源可能会有多种不同的表现形式，比如，可能会有不同语言或者媒体类型的版本甚至其组合。最常用的选择方法是提供一个索引页以供选择。但是由于浏览器可以在请求头信息中提供其首选项的表现形式，因此就有可能让服务器进行自动选择。比如，浏览器可以表明希望看见法语的信息，如果没有，英语的也行。如需仅请求法语的表现形式，浏览器可以发出：

```
Accept-Language: fr
```

此首选项信息仅当存在多种可选的语言表现形式时才有效。

下面是一个更复杂的请求，浏览器表明，可以接受法语和英语，但最好是法语；接受各种媒体类型，最好是 HTML，但纯文件或其他文本类型也可以；最好是 GIF 或 JPEG，但其他媒体类型也可以，并允许其他媒体类型作为最终表现形式：

```
Accept-Language: fr; q=1.0, en; q=0.5
Accept: text/html; q=1.0, text/*; q=0.8, image/gif; q=0.6, image/jpeg; q=0.6, image/*; q=0.5, */*; q=0.1
```

Apache 支持 HTTP/1.1 规范中定义的“服务器驱动”的内容协商，可以完全地支持 Accept、Accept-Language、Accept-Charset、Accept-Encoding 请求头，这些是 RFC2295 和 RFC2296 中定义的实验协商协议，但是不支持这些 RFC 中定义的“功能协商”。

资源（resource）是一个在 URI（RFC2396）中定义的概念上的实体，一个 HTTP 服务器，比如 Apache，以表现形式（representation）提供对其命名空间中资源的访问，各种表现形式由已定义的媒体类型、字符集和编码的字节流构成。任何一个特定的时刻，一个资源可以没有、或者有一个、或者有多个表现形式。如果有多个表现形式存在，则称该资源是可协商的（negotiable），其各种表现形式称为变种（variant），而一个可协商的资源的各种变种的区别途径称为变元（dimension）。

可以使用下述两种途径之一向服务器提供有关各变种的信息，以实现对资源的协商：

- 使用类型表（也就是一个*.var 文件）明确指定各变种的文件名。
- 使用"MultiViews"搜索，即服务器执行一个隐含的文件名模式匹配，并在其结果中选择。

1）使用类型表文件。类型表是一个与 type-map 处理器关联的文档（或者兼容早期 Apache 配置的MIME 类型：application/x-type-map），要使用这个功能，必须在配置中建立处理器，以定义一个文件后缀为 type-map，最好的方法是在配置文件中这样设置：

```
AddHandler type-map .var
```

类型表文件应该与所描述的资源同名，且对每个有效变种都有一个块（entry），每个块由若干连续的 HTTP 头行组成，不同变种的块用空行分开，块中不允许有空行，通常类型表都以一个描述总体性质的组合块作为开始（这不是必须的，如果有也会被忽略）。下例是一个描述资源 foo 的命名为 foo.var 的类型表文件：

```
URI: foo
URI: foo.en.html
Content-type: text/html
Content-language: en
URI: foo.fr.de.html
Content-type: text/html;charset=iso-8859-2
Content-language: fr, de
```

即使将 MultiViews 设置为 On，类型表仍然优先于文件后缀名，如果不同的变种具有不同的资源品质，就可以对媒体类型使用"qs"参数来表示这种不同。例如，一个图片的 jpeg、gif、ASCII-art 三个有效变种：

```
URI: foo
URI: foo.jpeg
Content-type: image/jpeg; qs=0.8
URI: foo.gif
Content-type: image/gif; qs=0.5
URI: foo.txt
Content-type: text/plain; qs=0.01
```

qs 的取值范围是 0.000 到 1.000，取值为 0.000 的变种永远不会被选择，没有指定 qs 值的变种其 qs 值为 1.0。qs 值表示一个变种相对于其他变种的"品质"，比如在表现一张照片时，jpeg 通常比字符构图有更高的品质；而如果要表现的本来就是一个 ASCII-art，那么字符构图就会比 jpeg 文件有更高的品质。因此，qs 的值取决于变种所表现的资源本身。mod_negotiation 类型表文档中有完整的 HTTP 头的列表。

2）MultiViews。MultiViews 是一个针对每个目录的选项，也就是说可以在 httpd.conf 或.htaccess（如果正确设置了AllowOverride）文件中的<Directory>、<Location>、<Files>配置段中，用Options 指令来指定。注意，Options All 并不会设置 MultiViews，必须明确地指定。

MultiViews 的效果是：如果服务器收到对/some/dir/foo 的请求，而/some/dir/foo 并不存在，但是如果/some/dir 启用了 MultiViews，则服务器会查找这个目录下所有的 foo.* 文件，并有效地伪造一个说明这些 foo.* 文件的类型表，分配给它们相同的媒体类型及内容编码，并选择其中最合适的匹配返回给客户。

MultiViews 还可以在服务器检索一个目录，用于DirectoryIndex指令搜索的文件名。如以下设置：

```
DirectoryIndex index
```

而 index.html 和 index.html3 并存，则服务器会作一个权衡；如果都没有，但是有 index.cgi，则服务器会执行它。

如果一个目录中没有任何文件具有 mod_mime 可以识别的表示其字符集、内容类型、语言和编码的后缀，那么其结果将取决于MultiViewsMatch指令的设置，这个指令决定了在 MultiViews 协商中将使用的处理器、过滤器和其他后缀类型。

实践中，内容协商的好处大于性能的损失，如果你很在意那一点点的性能损失，则可以禁止使用内容协商。但是仍然有个方法可以提高服务器的速度，就是不要使用通配符，如：

```
DirectoryIndex index.*
```

而使用完整的列表，如：

```
DirectoryIndex index.cgi index.pl index.shtml index.html
```

其中最常用的应该放在前面。

还有，建立一个明确的 type-map 文件在性能上优于使用“Options MultiViews”，因为所有需要的信息都在一个单独的文件中，而无须搜索目录。请参考内容协商文档以获得更详细的协商方法和创建 type-map 文件的指导。

（5）内存映射。在 Apache 2.2 需要搜索被发送文件的内容时，比如处理服务器端包含时，如果操作系统支持某种形式的 mmap()，则会对此文件执行内存映射。在某些平台上，内存映射可以提高性能，但是在某些情况下，内存映射会降低性能甚至影响到 httpd 的稳定性：

- 在某些操作系统中，如果增加了 CPU，mmap 还不如 read()迅速。比如，在多处理器的 Solaris 服务器上，关闭了 mmap，Apache 2.0 传送服务端解析文件有时候反而更快。
- 如果对作为 NFS 装载的文件系统中的一个文件进行了内存映射，而另一个 NFS 客户端的进程删除或者截断了这个文件，那么进程在下一次访问已经被映射的文件内容时，会产生一个总线错误。

如果有上述情况发生，则应该使用 EnableMMAP off 关闭对发送文件的内存映射。注意：此指令可以被针对目录的设置覆盖。

（6）sendfile。在 Apache2.2 能够忽略将要被发送的文件内容时（比如发送静态内容），如果操作系统支持 sendfile()，则 Apache 将使用内核提供的 sendfile()来发送文件。

在大多数平台上，使用 sendfile 可以通过免除分离的读和写操作来提升性能，然而在某些情况下，使用 sendfile 会危害到 httpd 的稳定性：

- 一些平台可能会有 Apache 编译系统检测不到的有缺陷的 sendfile 支持，特别是在将其他平台上使用交叉编译得到的二进制文件运行于当前对 sendfile 支持有缺陷的平台时。
- 对于一个挂载了 NFS 文件系统的内核，它可能无法可靠地通过自己的 cache 服务于网络文件。

如果出现以上情况，应使用“EnableSendfile off”来禁用 sendfile。注意，这个指令可以被针对目录的设置覆盖。

（7）进程的建立。在 Apache1.3 以前，MinSpareServers、MaxSpareServers、StartServers的设置对性能都有很大的影响。尤其是为了应对负载而建立足够的子进程时，Apache 需要有一个“渐进”的过程，在最初建立StartServers数量的子进程后，为了满足MinSpareServers设置的需要，每一秒钟只能建立一个子进程。所以，对一个需要同时处理 100 个客户端的服务器，如果StartServers使用默认的设置 5，则为了应对负载而建立足够多的子进程需要 95 秒。在实际应用中，如果不频繁重新启动服务器，这样还可以，但是如果为了提供 10 分钟的服务，这样就很糟糕了。

“一秒钟一个”的规定是为了避免在创建子进程过程中服务器对请求的响应停顿，但是它对服务器性能的影响太大了，必须予以改变，在 Apache1.3 中，这个“一秒钟一个”的规定变得宽松了，创建一个进程，等待一秒钟，继续创建第二个，再等待一秒钟，继而创建四个，如此按指数级增加创建的进程数，最多达到每秒 32 个，直到满足MinSpareServers设置的值为止。

从多数反映看来，似乎没有必要调整 MinSpareServers、MaxSpareServers、StartServers。如果每秒钟创建的进程数超过 4 个，则会在 ErrorLog 中产生一条消息，如果产生大量此消息，则可以考虑修改这些设置，可以使用 mod_status 的输出作为参考。

与进程创建相关的是由 MaxRequestsPerChild 引发的进程的销毁。其默认值是“0”，意味着每个进程所处理的请求数是不受限制的。如果此值设置得很小，比如 30，则可能需要大幅增加。在 SunOS 或者 Solaris 的早期版本上，其最大值为 10000 以免内存泄漏。

如果启用了持久链接，子进程将保持忙碌状态以等待被打开连接上的新请求，为了最小化其负面影响，KeepAliveTimeout 的默认值被设置为 5 秒，以谋求网络带宽和服务器资源之间的平衡，在任何情况下此值都不应当大于 60 秒。

8.4.3　编译时的配置

编译时的配置主要涉及的设置有：MPM 配置、模块、原子操作、mod_status、多 socket 情况下的串行 accept、单 socket 情况下的串行 accept、延迟关闭、Scoreboard 文件和 DYNAMIC_MODULE_LIMIT。

（1）MPM 配置。关于 MPM 的配置调优将在 8.5 小节中进行详细的介绍。

（2）模块。既然内存用量是影响性能的重要因素，就应当尽量去除不需要的模块，如何将模块编译成DSO，取消不必要的模块是一件非常简单的事情，只需要注释掉LoadModule指令中不需要的模块。

如果已经将模块静态链接进 Apache 二进制核心，就必须重新编译 Apache 并去掉不想要的模块。增减模块牵涉到的一个问题是，究竟需要哪些模块、不需要哪些模块？这取决于服务器的具体情况。一般说来，至少要包含下列模块：mod_mime、mod_dir、mod_log_config。也可以不要 mod_log_config，但是一般不推荐这样做。

（3）原子操作。一些模块，比如mod_cache和worker使用 APR（Apache 可移植运行时）的原子 API，这些 API 提供了能够用于轻量级线程同步的原子操作。

默认情况下，APR 在每个目标 OS/CPU 上使用其最有效的特性执行这些操作。比如许多现代 CPU 的指令集中有一个原子的比较交换（compare-and-swap，CAS）操作指令，在一些老式平台上，APR 默认使用一种缓慢的、基于互斥执行的原子 API 以保持对没有 CAS 指令的老式 CPU 的兼容。如果只打算在新式的 CPU 上运行 Apache，那么可以在编译时使用--enable-nonportable-atomics 选项：

```
./buildconf
./configure --with-mpm=worker --enable-nonportable-atomics=yes
```

--enable-nonportable-atomics 选项只和下列平台相关：

- SPARC 上的 Solaris，默认情况下，APR 使用基于互斥执行的原子操作。如果你使用 --enable-nonportable-atomics 选项，APR 将使用 SPARC v8plus 操作码来加快基于硬件的 CAS 操作。注意，这仅对 UltraSPARC CPU 有效。
- x86 上的 Linux，默认情况下，APR 在 Linux 上使用基于互斥执行的原子操作。如果使用 --enable-nonportable-atomics 选项，APR 将使用 486 操作码来加快基于硬件的 CAS 操作。注意，这仅对 486 以上的 CPU 有效。

（4）mod_status。如果 Apache 在编译时包含了mod_status，而且在运行时设置了“ExtendedStatus On”，那么 Apache 会对每个请求调用两次 gettimeofday()（或者根据操作系统的不同，调用 times()），以及（1.3 版之前）几个额外的 time()调用，使状态记录带有时间标志。为了得到最佳性能，可以设置“ExtendedStatus off”（这也是默认值）。

（5）多 socket 情况下的串行 accept。需要注意 UNIX socket API 的一个缺点，假设 Web 服务器使用了多个Listen语句监听多个端口或者多个地址，Apache 会使用 select()以检测每个 socket 是否就绪，select()会表明一个 socket 有零或至少一个连接正等候处理，由于 Apache 的模型是多子进程的，所有空闲进程会同时检测新的连接。

目前至少有两种解决方案：

第一：使用非阻塞型 socket，不阻塞子进程并允许它们立即继续执行。但是这样会浪费 CPU 的时间，设想一下，select 有 10 个子进程，当一个请求到达的时候，其中 9 个被唤醒，并试图 accept 此连接，继而进入 select 循环，并且其间没有一个子进程能够响应出现在其他 socket 上的请求，直到退出 select 循环。总之，除非有很多的 CPU，而且开了很多子进程。

第二：Apache 所使用的方案是使内层循环的入口串行化。

（6）单 socket 情况下的串行 accept。上面对多 socket 的服务器进行了讲述，那么对单 socket 的服务器又怎么样呢？理论上似乎应该没有什么问题，因为所有进程在连接到来的时候可以由 accept()阻塞，而不会产生进程“饥饿”的问题，但是在实际应用中，它掩盖了与上述非阻塞方案几乎相同的问题。按大多数 TCP 栈的实现方法，在单个连接到来时，内核实际上唤醒了所有阻塞在 accept 的进程，但只有一个能得到此连接并返回到用户空间，而其余的由于得不到连接而在内核中处于休眠状态。这种休眠状态为代码所掩盖，但的确存在，并产生与多 socket 中采用非阻塞方案相同的负载尖峰的浪费。

同时，在许多体系结构中，即使在单 socket 的情况下，实施串行化的效果也不错，因此在几乎所有的情况下，都这样处理了。在 Linux（2.0.30，双 Pentium pro 166/128M RAM）下的测试显示，对单 socket，串行化比不串行化每秒钟可以处理的请求少了不到 3%，但是，不串行化对每一个请求多了额外的 100ms 的延迟，此延迟可能是因为长距离的网络线路所致，并且仅发生在 LAN 中。如果需要改变对单 socket 的串行化，可以定义 SINGLE_LISTEN_UNSERIALIZED_ACCEPT，使单 socket 的服务器彻底放弃串行化。

（7）Scoreboard 文件。Apache 父进程和子进程通过 Scoreboard 进行通信，通过共享内存来实现是最理想的，在曾经实践过或者提供了完整移植的操作系统中，都使用共享内存，其余的则使用磁盘文件。磁盘文件不仅速度慢，而且不可靠。

在对 Linux 的 Apache1.2 移植版本之前，没有使用内存共享，此失误使 Apache 的早期版本在 Linux 中表现很差。

8.5　MPM 调优

Apache HTTP 服务器是一个设计强大并灵活的 Web 服务器，可以在很多平台下运行，Apache 通过模块化的设计，让其能适应各种环境。Apache 2.0 扩展 MPM 模块化设计到最基本的 Web 服务器功能。它提供了可以选择的多处理模块（MPM），用来绑定到网络端口上，接受请求，以及调度子进程处理请求。

MPM：Multi-Processing Module（多通路处理模块）。MPM 处理的模式有很多种：prefork MPM、worker MPM、BeOS MPM、NetWare MPM、OS/2 MPM、WinNT MPM 等。类 UNIX 常用的模块有三种：prefork、worker、event。Windows 主要使用 WinNT 模块。

8.5.1　选择 MPM

不同的操作系统支持的 MPM 模块也有所不同，那么如何选择 MPM 呢？一般情况下安装好 Apache 服务器后，会有一个默认选择好的 MPM 模块，通过以下命令可以查看所选择的 MPM 模块。

（1）Windows 下确定所安装的 MPM 模块。对于 Windows 在 CMD 窗口输入以下命令。

```
C:\Documents and Settings\Administrator>C:\wamp\Apache2\bin\httpd.exe -l
Compiled in modules:
  core.c
  mod_win32.c
  mpm_winnt.c
  http_core.c
  mod_so.c
```

（2）类 UNIX 下确定所安装的 MPM 模块。对类 UNIX 操作系统输入以下命令。

```
[root@localhost bin]# ./apachectl -l
Compiled in modules:
  core.c
  mod_so.c
  http_core.c
  event.c
```

如果需要修改所选择的 MPM 模块，可以使用--with-mpm=NAME 选项来设置。其语法格式如下：

```
./configure [OPTION]... [VAR=VALUE]...
./configure --with-mpm=MPM
MPM 为我们需要选择的 MPM 模块名。
```

8.5.2 MPM 模块工作原理

本小节主要介绍常用的几种 MPM 模块的工作原理。

（1）prefork 模块。prefork 模块的工作原理如图 8-8 所示。

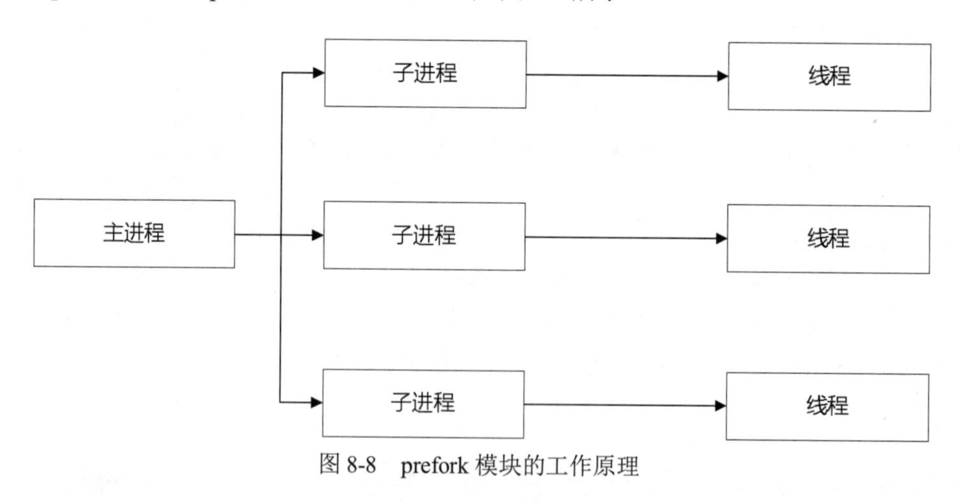

图 8-8 prefork 模块的工作原理

1）当 Apache 启动时，Apache 服务器会生成一个主进程，这个主进程由 root 来生成。

2）依靠主进程生成多个子进程，生成的这些子进程中，每个子进程会对应生成一个线程，至于服务器能生成多少子进程取决于 StartServer 和 ServerLimit 两个参数。

3）每子进程会生成一个线程，每个线程同时只能处理一个 HTTP 请求，即 Apache 服务器最多可能同时处理的 HTTP 请求数取决于服务器生成的子进程数。

服务器会实时监控为客户端所提交的 HTTP 提供空闲的子进程来处理请求，如果没有空闲的子进程，那么服务器就会生成更多的子进程来处理 HTTP 请求，直到达到最大的子进程数。

Apache 服务器会使用StartServers、MinSpareServers、MaxSpareServers 和 MaxRequestWorkers 四个参数来自动地调节服务器所需要生成的子进程。

MaxRequestsPerChild 参数主要用于防止服务器崩溃，因为如果将 MaxRequestsPerChild 设置成无限大时可能会导致内存不够用，最后导致服务器崩溃。

prefork 主要的问题是不能很好地处理更多的并发业务，因为每个子进程只能生成一个线程，即每个子进程只能处理一个 HTTP 请求，如果需要让其处理更多的并发业务，那么就必须生成更多的子进程，这样就会消耗更多的系统资源。

（2）worker 模块。worker 模块的工作原理如图 8-9 所示。

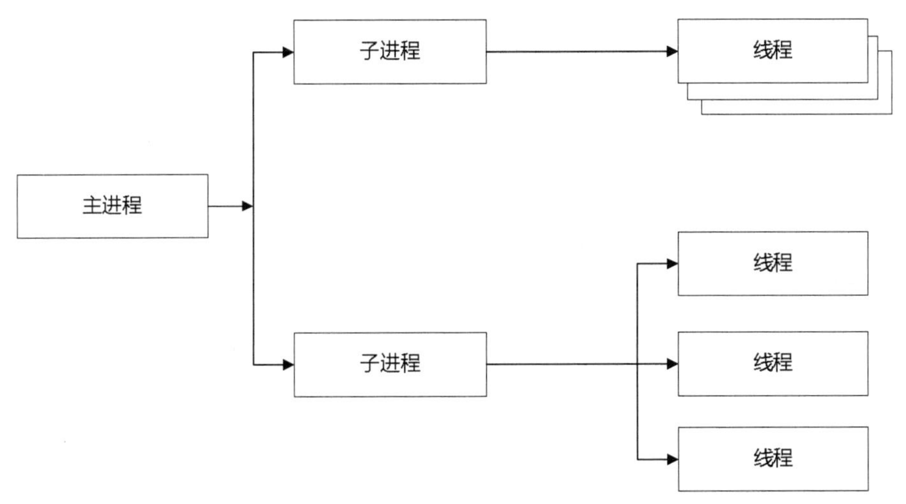

图 8-9 worker 模块的工作原理

worker 模块的工作原理是：

1）当 Apache 启动时，Apache 服务器会生成一个主进程，这个主进程是由 root 来生成的。

2）依靠主进程生成多子进程，至于能生成多少个子进程取决于 StartServer 和 ServerLimit。

3）每子进程会生成多个线程，以及一个侦听器线程，该线程侦听连接并在连接到达时将其传递给服务器线程进行处理。至于每个进程能生成多少个线程取决于 ThreadsPerChild。

4）每个线程同时只能处理一个 HTTP 请求。

Apache HTTP Server 始终会在维护一个备用的或空闲服务器的线程池，这样可以保证服务器随时准备处理客户端所送过来的请求，客户端也无需等待新的线程即可以处理 HTTP 请求。最初启动的进程数由 StartServers 指令来设置。在服务器运行期间，服务器会评估所有进程中空闲线程的数量，如果空闲线程数太多，服务器会尝试终止一些线程，以使空闲线程数保存在最小空闲数和最大空闲数之间。这些数据在整个过程中都是自我调节的，所以一般不要修改原来的默认值。服务器可以支持的同时服务的最大客户端的数量由 MaxRequestWorkers 指令确定。服务最大的活动子进程数量等于 MaxRequestWorkers 的值除以 ThreadsPerChild 的值。但实际过程中客户端的请求可能很难达到 MaxRequestWorkers 的值，因为在整个过程中子进程可能会被终止。通常我们会用以下设置来使请求最大化。

- 将 MaxConnectionsPerChild 的值设置为零。
- 将 MaxSpareThreads 的值设置为与 MaxRequestWorkers 的值一致。

相对于 prefork 来说，worker 主要是提高了并发能力。但是其最大的缺点为：

1）由于同一个子进程生成的线程是共享相同的内存的，所以如果有某个线程出现异常，会导致子进程出现异常。

2）如果某线程出现长连接等待，其他的线程必须也是长时间等待。

（3）event 模块。event 模块的工作原理如图 8-10 所示。

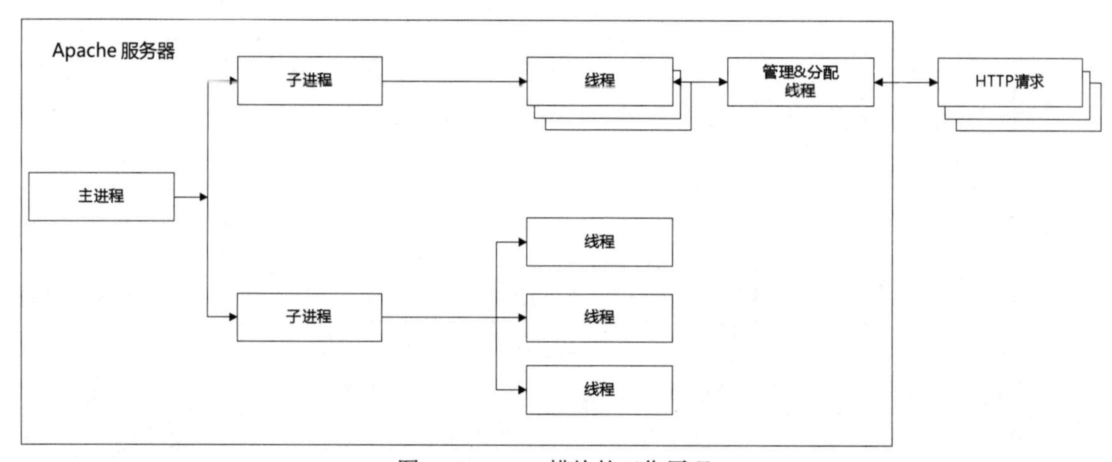

图 8-10　event 模块的工作原理

event 的工作原理是：

1）当 Apache 启动时，Apache 服务器会生成一个主进程，这个主进程是由 root 来生成的。

2）依靠主进程生成多个子进程，至于能生成多少个子进程取决于 StartServer 和 ServerLimit。

3）每个子进程会生成多个线程，以及一个侦听器线程，该侦听器会侦听所有当前活动的套接字以及整个套接字处理请求和数据的过程。至于每个进程能生成多少个线程取决于 ThreadsPerChild。

4）每个线程同时只能处理一个 HTTP 请求。

event 模块会尝试去修复 HTTP 中的“keep alive problem”，当完成第一个请求后，会将连接一直保持着，接下来会使用同一个套接字发送其他的请求。这样可以节约大量创建 TCP 连接的时间。但是这有一个问题，Apache HTTP Server 会一直保留着子进程或线程来等待客户端的数据。所以会有一个专门的侦听器，来侦听所有套接字以及剩余的需要处理的数据。

8.5.3 MPM 相关参数

MPM 模块常见的相关参数包括：MaxSpareThreads、MinSpareThreads、ServerLimit、StartServers、ThreadsPerChild、MaxConnectionsPerChild、MaxRequestWorkers、ListenBackLog、ListenCoresBucketsRatio、MaxMemFree 和 ReceiveBufferSize。

（1）MaxSpareThreads。

```
表示最大空闲线程数
语法：MaxSpareThreads number
适合的 MPM模块：event，worker，mpm_netware，mpmt_os2
```

该指令设置空闲子进程的最大数量。所谓空闲子进程是指没有正在处理请求的子进程。如果当前有超过 MaxSpareServers 数量的空闲子进程，那么父进程将杀死多余的子进程。只有在非常繁忙的机器上才需要调整这个参数，此参数通常不能设置过大，直到空闲线程的数量小于该数量为止。如果你将该指令的值设置为比 MinSpareServers 小，Apache 会自动将其修改成“MinSpareServers+1”。

对于worker和event，默认值为 MaxSpareThreads 250。

对于 mpm_netware，默认值为 MaxSpareThreads 100。

对于 mpmt_os2，默认值为 MaxSpareThreads 10。

MaxSpareThreads 值的范围受到限制。Apache httpd 将根据以下规则自动更正给定值：

- mpm_netware 该值需要大于MinSpareThreads。
- 对于worker和event，该值必须大于或等于 MinSpareThreads 和 ThreadsPerChild 的和。

（2）MinSpareThreads。

```
表示可用于处理请求峰值的最小空闲线程数
语法：MinSpareThreads number
适合的 MPM模块：event，worker，mpm_netware，mpmt_os2
```

表示处理请求峰值的最小空闲线程数。不同的 MPM 处理此指令的方式有所不同。

worker模块和event模块该项默认值为 MinSpareThreads 75。如果服务器的空闲线程数小于所设置的值，则会创建子线程，直到空闲线程数大于我们所设置的最小空闲线程数。

如果服务器中没有足够的空闲线程，则将创建子进程，直到空闲线程的数量大于 *number* 为止。如果ListenCoresBucketsRatio 启用，可能会创建其他进程/线程。mpm_netware模块的默认值为 MinSpareThreads 10，对于 mpmt_os2模块默认值为 5。

（3）ServerLimit。

```
表示可配置进程数的上限
```

语法：ServerLimit number
适合的模块：event，worker，prefork

对于 preforkMPM 来说是通过 MaxRequestWorkers 来配置的，因为 preforkMPM 是一个子进程，只生成一个线程。对于 worker 和 eventMPM 来说会通过 ThreadLimit 和 MaxRequestWorkers 两个参数来配置其最大值。MaxRequestWorkers指令可以在服务器重启过程中修改。

使用这个指令时必须特别注意的是，ServerLimit 的值不能设置得比实际使用的值高出太多，如果设置的值过大，则会分配很多我们并不需要使用的内存。如果将 ServerLimit 和 MaxRequestWorkers 都设置为高于系统可以处理的值，则 Apache httpd 可能无法启动，或者系统可能变得不稳定。

一般来说 ServerLimit 最大的值可以设置到 20000，这是由服务器限制的，如果需要设置为更大的值，那么需要修改 mpm 源文件中的 MAX_SERVER_LIMIT 值。

（4）StartServers。

表示服务器启动时创建的子进程数
语法：StartServers number
合适的 MPM模块：event，worker，prefork，mpmt_os2

StartServers 指令用于设置启动时创建的子服务器进程的数量。通常会根据 MinSpareThreads、MaxSpareThreads、MinSpareServers、MaxSpareServers 来动态调整 StartServers 的值。

默认值因 MPM 而异，worker 模块和 event 模块 StartServers 的默认值为 3，prefork 模块 StartServers 的默认值为 5，mpmt_os2 模块 StartServers 的默认值为 2。

（5）ThreadsPerChild。

表示每个子进程创建的线程数
语法：ThreadsPerChild number
适合的模块：event，worker，mpm_winnt

该指令表示设置每个进程创建的线程数，服务器启动时先是创建子进程数，再创建线程，如使用 mpm_winnt 模块，则只会生成一个子进程，那么该指令设置应该需要大于服务器处理的最大负载，如果使用worker模块，会生成多个子进程，则线程总数应大于服务器的负载。

mpm_winnt该指令的默认值为 25。其他的 MPM 默认值 ThreadsPerChild 是 64。

ThreadsPerChild 设置的值不能超过ThreadLimit的值。如果配置了更高的值，它将在启动时自动减小并记录警告日志信息。

（6）MaxConnectionsPerChild。

表示每个进程最多可以处理的连接数
语法：MaxConnectionsPerChild number
默认：MaxConnectionsPerChild 0
模块：event，worker，prefork，mpm_winnt，mpm_netware，mpmt_os2
兼容性：可用的 Apache HTTP Server 2.3.9 和更高版本。老的版本该参数为 MaxRequestsPerChild。

MaxConnectionsPerChild 指令主要用于设置单个子进程最多可以处理的连接数。如果子进程伺服的连接数达到最大值，那么该子进程就会被杀掉。如果将 MaxConnectionsPerChild 的值设置为 0，则表示该子进程可以处理无限多的连接数。将 MaxConnectionsPerChild 设为非零的值，可以限制由于内存泄漏导致进程消耗太多内存量的问题。

（7）MaxRequestWorkers。

```
描述：同时处理的最大连接数
句法：MaxRequestWorkers number
模块：event，worker，prefork
```

MaxRequestWorkers 指令主要用于设置服务器同时处理的最大连接数，如果超过所设置的值，那么就会出现排队的现象，最大排队值由 ListenBacklog 指令来设置，在排队过程中，只有当一个请求结束后才会释放出子进程给其他的连接服务使用。

对于非线程服务的 MPM 模块（如 prefork），MaxRequestWorkers 指令将转换为服务器最大的子进程数，即 ServerLimit 的值。MaxRequestWorkers 指令默认值为 256。

对于会产生多线程类的 MPM 模块（如 event 或 worker），MaxRequestWorkers 指令用来限制服务器客户端的连接数。混合的 MPM，默认的ServerLimit值为 16，默认的 ThreadsPerChild 值为 25，在这种情况下设置 MaxRequestWorkers 指令的值必须大于 16 乘以 25 的积。

在 2.3.13 版本之前，MaxRequestWorkers 指令称为 MaxClients。

（8）ListenBacklog。

```
表示挂起连接队列的最大长度，即排队的队列长度
语法：ListenBackLog backlog
默认：ListenBackLog 511
适合的模块：event，worker，prefork，mpm_winnt，mpm_netware，mpmt_os2
```

ListenBackLog 指令用于设置连接数队列长度，默认值为 511，一般情况下我们不需要对这个指令进行设置或调整，但当某些系统受到 TCP SYN 攻击时，可以适当地增加这个值。

（9）ListenCoresBucketsRatio。

```
表示在线 CPU 核数与监听桶的比率
语法：ListenCoresBucketsRatio ratio
默认值：ListenCoresBucketsRatio 0 (disabled)
适合的模块：event，worker，prefork
```

这个选项有两个核心内容要清楚：一是在线 CPU 核数；二是监听桶。

首先介绍什么是在线 CPU 核数。kernel 使用 4 个 bitmap 来保存分别处于 4 种状态的 CPU core：possible、present、active 和 online。其中 online 就是表示在线的 CPU 核数。在/sys/devices/system/cpu 目录下有一个文件 online 记录着当前所有在线的 CPU 核数。

Linux 操作系统在初始化的时候会调用开启 smp 多核。cpuhotplug 可以根据 CPU 负载的情况自动开核，做到性能与功耗的平衡。最后空闲的 CPU 会进入 cpuidle 状态。Cpuhotplug 工作原理如图 8-11 所示。

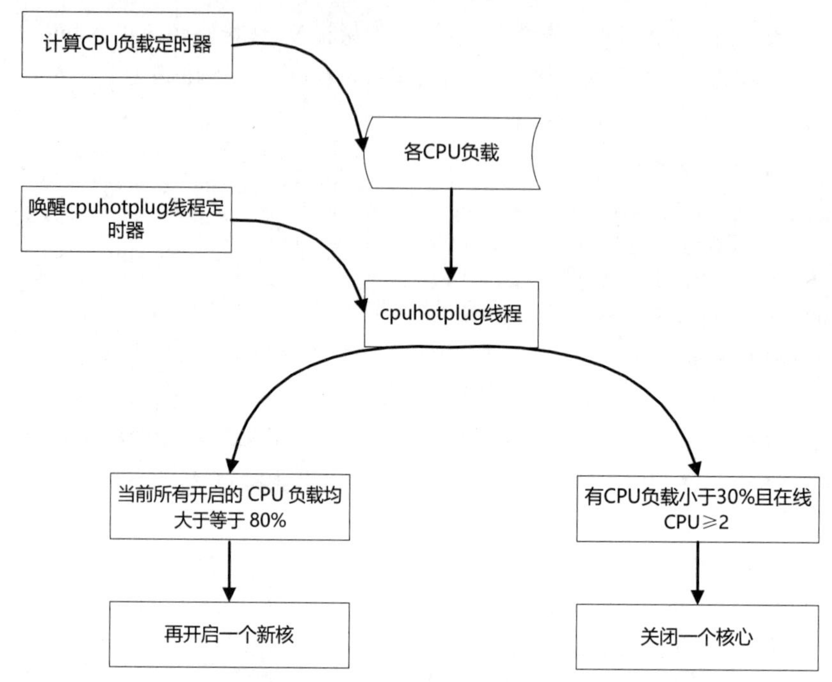

图 8-11 cpuhotplug 工作原理

要研究监听桶就必须先理解 TCP 连接的过程，以及 TCP 连接与套接字的关系。TCP 连接过程如图 8-12 所示。

listen 函数是用来监听已经通过 bind()函数绑定了 addr+port 的套接字。监听之后，套接字就从 CLOSE 状态转变为 LISTEN 状态，这个套接字就可以对外提供 TCP 连接的窗口。connect()函数则用于向某个已监听的套接字发起连接请求，也就是发起 TCP 的三次握手过程。

那么 TCP 连接与套接字有什么关系呢？每个 TCP 连接不管是客户端还是服务器端都会关联一个套接字和该套接字所指向的文件描述符。当服务器接收到 ACK 消息后，则表示三次握手已经完成，客户端和服务器端的 TCP 连接已经建立好了。TCP 连接建立好后，这个 TCP 连接会放在 listen()打开的 established queue 队列中等待 accept 的消息，此时 TCP 连接关联的套接字是 listen 套接字和指向文件的描述符。

当 established queue 队列中的 TCP 被 accept()接收后，就会关联 accept()所指定的套接字，并分配一个新的文件描述符，也就是说经过 accept()后，这个连接和 listen 套接字已经没有任何关系了。

一般情况下一个 addr+port 只能被一个套接字绑定，也就是说 addr+port 不能重用，不同套接字只能绑定在不同的 addr+port 上。

监听套接字的线程都是抢占式监听，在同一时刻监听套接字上只能有一个监听线程在监听或者说在使用，当这个监听线程接收到请求后，会让出监听的资格，此时其他的监听线程会去抢这个监听权，但同时只能有一个线程抢到监听权。监听线程与套接字工作原理如图 8-13 所示。

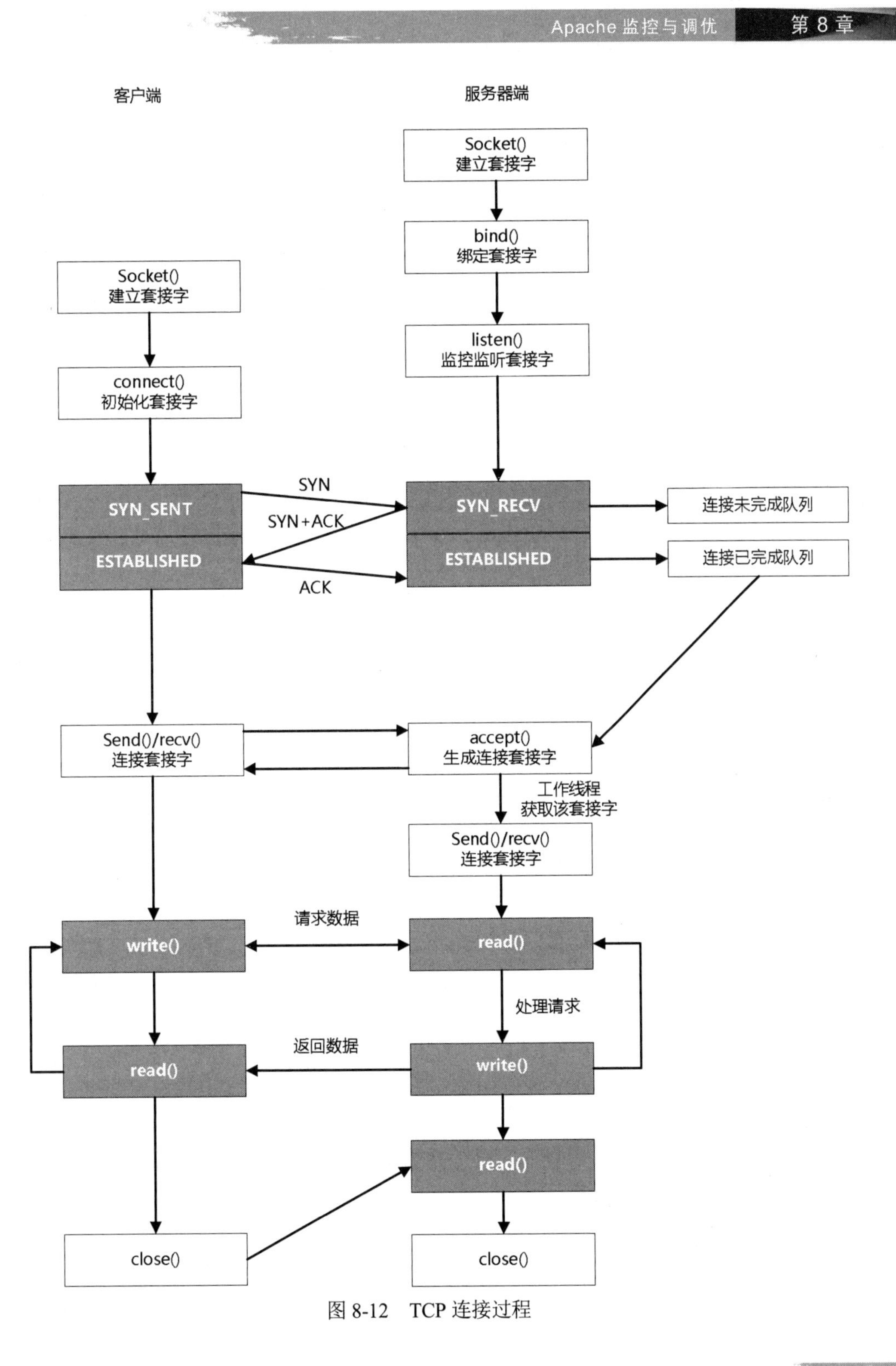

图 8-12 TCP 连接过程

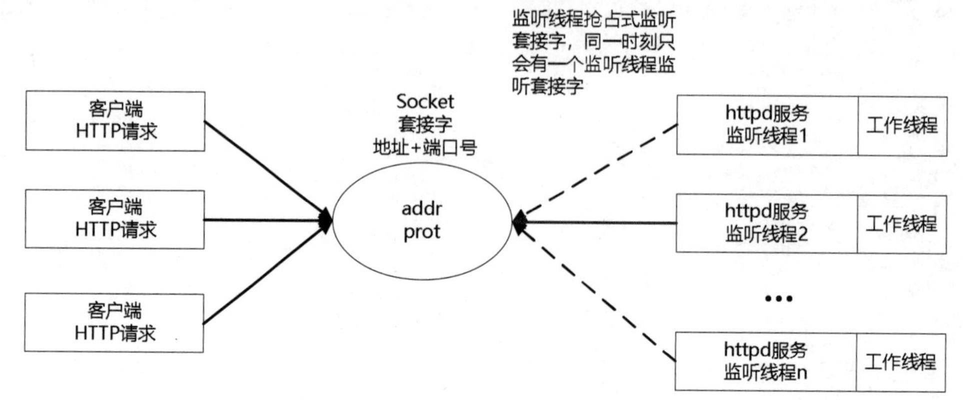

图 8-13　监听线程与套接字工作原理

正常情况下 addr+port 只能被一个套接字绑定，如果将地址和端口重用，那么组合起来就是套接字重用，在现在的 Linux 内核中支持地址重用，socket 选项为 SO_REUSEADDR，支持端口重用的 socket 选项为 SO_REUSEPORT。设置了端口重用选项后，再去绑定套接字，相当于一个实例绑定了两个或多个 addr+port。对于监听进程/线程来说，每次重用的套接字被称为监听桶（listener bucket），即每个监听套接字都是一个监听桶。以 httpd 的 worker 或 event 模型为例，假设目前有 N 个子进程，每个子进程又包含一个监听线程和 N 个工作线程，其工作过程如图 8-14 所示。

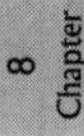

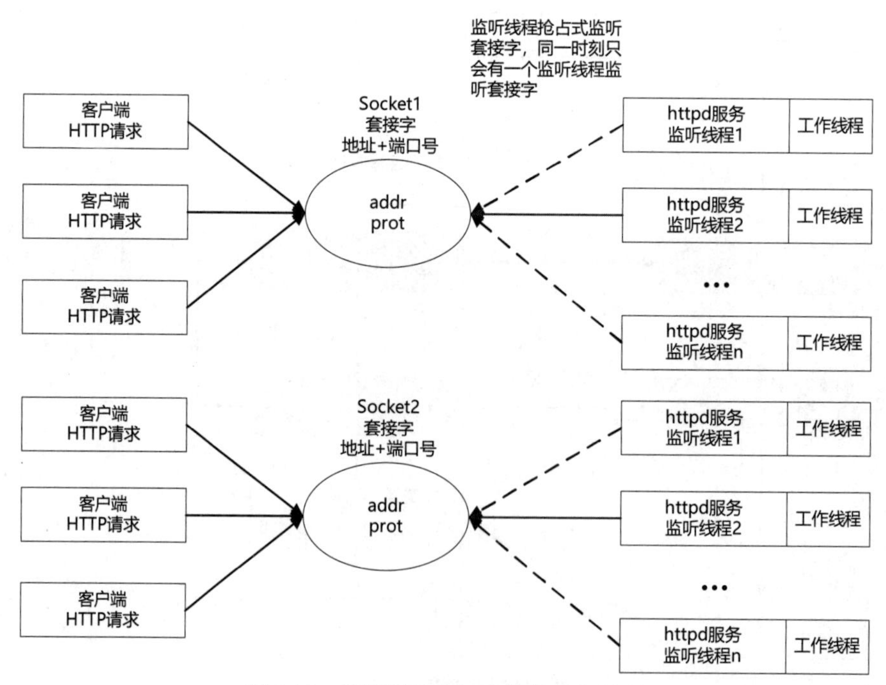

图 8-14　监听桶线程与套接字工作原理

使用了地址重用和端口重用技术，就相当于同一个 addr+port 绑定多个套接字。如一个监听桶下面绑定了三个套接字，同时会有三个线程来监听三个套接字，但每个套接字还是与地址未重用和端口未重用一样的逻辑，都是以抢占式的方式来获取监听权。

地址重用和端口重用带来的好处就是可以减轻监听时互斥锁的争抢，避免“饥饿问题”，提高监控效率，并且可以更好地实现负载均衡，但这个也受限于 CPU 的核心，如果只是单核的 CPU，那么地址重用和端口重用并没有什么优势，因为线程数不够。

ListenCoresBucketsRatio 这个选项的含义即设置在线 CPU 核数与监听桶的比例。

（10）MaxMemFree。

```
表示在不调用 free 分析内存的情况下允许分配器保留的最大空闲内存数。
语法：MaxMemFree KBytes
默认值：MaxMemFree 2048
适合的模块：event，worker，prefork，mpm_winnt，mpm_netware
```

在 MPM 线程中，每个线程都有自己的分配器，该参数表示不调用 free()函数进行释放内存时，允许每个分配器保持的最大空闲内存数。如果设置为 0 则表示该阈值不受限制。

（11）ReceiveBufferSize。

```
表示 TCP 接收数据时的缓存大小。
语法：ReceiveBufferSize bytes
默认值：ReceiveBufferSize 0
适合的模块：event，worker，prefork，mpm_winnt，mpm_netware，mpmt_os2
```

ReceiveBufferSize 用于设置 TCP 接收数据时缓存区的大小，如果设置为 0 则表示以操作系统的这个值为准。

以上是 MPM 模块中涉及的常见指令设置。

8.6 日志文件分析

为了有效地管理 Web 服务器，以及获取有关服务器活动和性能相关的数据反馈。Apache HTTP Server 提供了非常全面的和灵活的日志功能。本节主要介绍如何配置日志文件以及理解日志文件中所包含的内容。主要介绍的日志文件有两类：access_log 和 error_log。

8.6.1 access_log 日志文件

access_log 日志文件主要是记录客户端访问服务器的所有请求信息。access_log 日志文件所在位置由customLog指令设置，其指令语法如下：

```
CustomLog "logs/access_log" common
```

设置 access_log 日志文件格式可以使用 LogFormat 指令，日志的格式设置参数如下：

```
LogFormat "%h %l %u %t \"%r\" %>s %b \"%{Referer}i\" \"%{User-Agent}i\"" combined
LogFormat "%h %l %u %t \"%r\" %>s %b" common
```

日志格式设置有两种：common 和 combined。一般我们使用的是默认的 common 格式。

格式由百分号和相关指令组成，每个指令都表示服务器的一条特定的日志信息，文字字符也以字符串复制到日志中，如果要表示引号字符必须使用反斜杠进行转义，以防止将其解释为格式字符串的结尾。

common 格式的日志内容如下：

```
192.168.40.134 - - [19/Oct/2019:16:23:19 +0800] "GET /ecshop3/images/201605/thumb_img/62_thumb_G_1462952557730.jpg HTTP/1.1" 200 2064
192.168.40.134 - - [19/Oct/2019:16:23:19 +0800] "GET /ecshop3/data/afficheimg/1462958213922967180.jpg HTTP/1.1" 200 158999
```

日志内容各部分的含义如下：

- 192.168.40.134（%h）：表示向服务器发出请求的客户端（远程主机）的 IP 地址。如果将 HostnameLookups 指令设置为 On，那么这个内容可能为主机名，而非 IP 地址。但是，不建议使用此配置，因为它会显著降低服务器的速度。相反，最好使用日志后处理器（如 logresolve）来确定主机名。

需要注意的是我们看到日志文件内容中的 IP 地址不一定是用户所在机器的地址。如果在用户和服务器之间存在代理服务器，则该地址将是代理的地址，而不是始发机器的 IP 地址。

- - (%l)：输出中出现的“-”字符，是连字符的意思，表示请求的信息不可用，这是由客户机的 RFC 1413 本身的一些特性标识的，这种信息是很不可靠的，但是如果将IdentityCheck 设置为 On，那么 apache 服务器才会尝试去确定此信息。
- - (%u)：这是访问服务器的用户 ID，这个 ID 是由 HTTP 身份验证来确定的，这个值一般是保存到远程用户环境变量中的 CGI 脚本中。如果用户尚未通过身份验证，那么该值不会被服务器信任。如果文档不受密码保护，则此部分将与前一部分一样为“-”。
- [19/Oct/2019:16:23:19 +0800] (%t)：表示访问服务器时，服务器的时间。+0800 表示服务器所处时区位于 UTC 之后的 8 小时。
- GET /ecshop3/images/201605/thumb_img/62_thumb_G_1462952557730.jpg HTTP/1.1(\"%r\")：表示访问服务器的资源的相关信息，包括请求方式、服务器资源位置、客户端向服务器发送请求时的协议和协议版本信息。
- 200 (%>s)：表示客户端请求服务器后返回的状态码，此信息非常有价值，它揭示了请求是否成功。关于 HTTP 响应状态码的详细内容可以查看 HTTP 规范 RFC2616 第 10 节内容。
- 2064 (%b)：表示服务器发送给客户端的字节数，但这个字节数不包括响应头的信息，如果服务器没有向客户端发送任何内容，则该值为“-”，若记录为 0 则表示不记录任何内容。

Combined 格式的日志内容如下：

```
127.0.0.1 - frank [10/Oct/2000:13:55:36 -0700] "GET /apache_pb.gif HTTP/1.0" 200 2326 "http://www.example.com/start.html" "Mozilla/4.08 [en] (Win98; I ;Nav)"
```

Combined 日志内容与 common 日志内容信息差不多，只是多出了以下两个字段：

- "http://www.example.com/start.html"(\"%{Referer}i\")：表示客户端所访问资源的引用站点。如实例中表示所访问资源 apache_pb.gif 的链接或包含 apache_pb.gif 的页面。
- "Mozilla/4.08 [en] (Win98; I ;Nav)"(\"%{User-agent}i\")：表示发送 HTTP 请求的客户端自身的标识信息。

8.6.2 error_log 日志文件

error_log 记录两类错误信息：一是文档类的错误信息；二是 CGI 编译类的错误信息；是最重要的日志文件之一，错误日志命名和位置由 ErrorLog 指令来设置，error_log 日志文件会记录处理请求时遇到的任何错误相关信息，当启动服务器或服务器操作出现问题时，首先会分析 error_log 日志文件，分析错误的详细信息以及如何解决问题。

error_log 错误日志路径设置如下：

```
ErrorLog "logs/error_log"
```

错误日志的格式由 ErrorLogFormat 指令定义，可以使用该指令自定义记录的值。如果不指定格式，则默认为"格式定义"。典型的日志消息如下：

```
[Fri Sep 09 10:42:29.902022 2011] [core:error] [pid 35708:tid 4328636416] [client 72.15.99.187] File does not exist: /usr/local/apache2/htdocs/favicon.ico
```

第一部分内容表示记录错误日志信息的日期和时间。

第二部分内容表示引起错误信息的是模块，以及该错误信息的严重级别。

第三部分内容表示产生错误信息的进程号和线程号。

第四部分内容表示发送请求的客户端信息。

第五部分内容表示错误的详细信息，这种情况表示找不到资源，所访问的资源不存在。

在 Linux 或 UNIX 操作系统下，如果需要动态查看日志信息变化情况可以使用以下命令：

```
tail -f error_log
```

但这个命令不具有统计功能，如果需要对日志文件进行相关的统计，使用上面的命令是不够的。关于如何分析日志文件在下面的小节中会详细介绍。

8.6.3 日志文件分析工具或指令

上面介绍了两种常见的日志文件，在工作中很多人可能会使用 tail -f 命令来查看日志文件。但这个命令是不具有统计功能的，它只能实时地看到最后几行日志信息进行变化。并且在实际工作中，这个日志文件可能会很多，有的数据量比较多的时候可能一天会产生几 TB 的日志信息，这就给统计工作带来了难度，那么如果需要结合日志文件进行分析和统计，该怎么处理呢？

一般分析日志文件有两种方法：一是使用分析工具 Apache Logs Viewer；二是使用命令进行统计。

（1）Apache Logs Viewer。Apache Logs Viewer（ALV）是一个免费且功能强大的工具，可让您更轻松地监视、查看和分析 Apache / IIS / nginx 日志。它为日志文件提供搜索和筛选功能，并根据其状态代码突出显示各种 HTTP 请求。该工具还带有生成报告功能，因此可以在几秒钟内生成一个饼图/条形图。与此相关的还有统计信息，可以设置相关的筛选条件对日志信息进行筛选和统计。

关于分析服务器相关日志信息的工具其实也不少，有兴趣的读者可以在网上搜索这类日志文件的分析工具。

关于 Apache Logs Viewer 工具的使用方法比较简单，Apache Logs Viewer 主界面如图 8-15 所示。

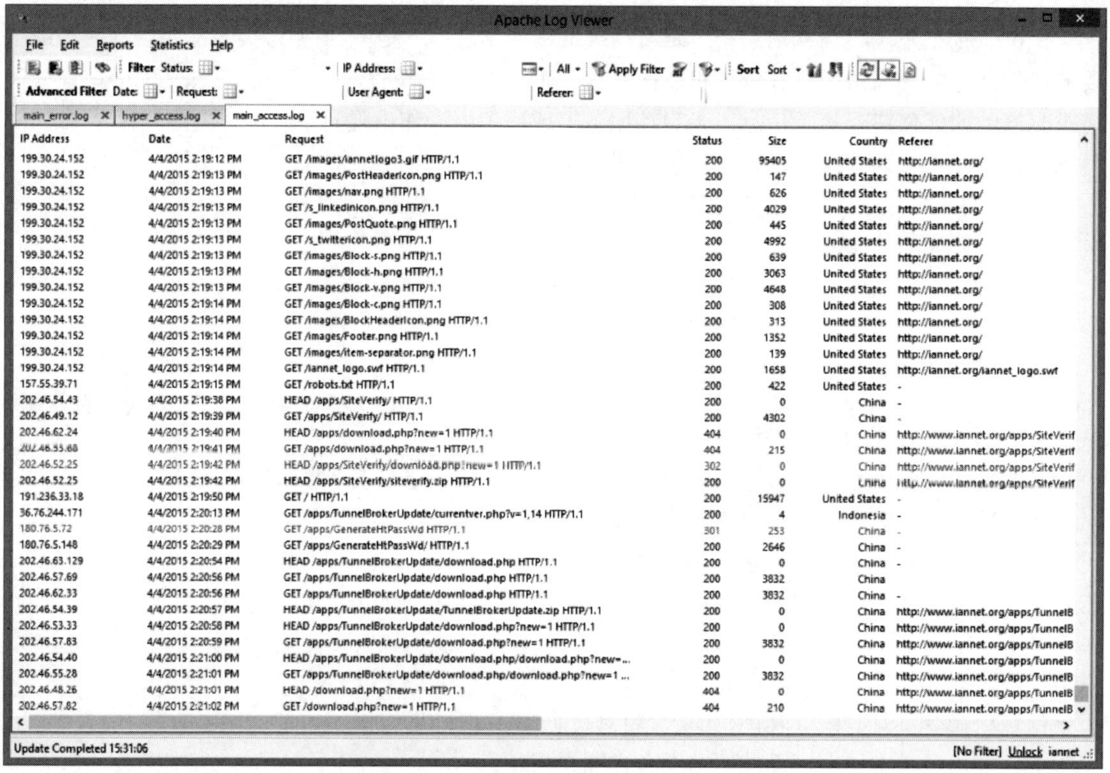

Apache Log Viewer

File Edit Reports Statistics Help

Filter Status: IP Address: All Apply Filter Sort Sort

Advanced Filter Date: Request: User Agent: Referer:

main_error.log | hyper_access.log | main_access.log

IP Address	Date	Request	Status	Size	Country	Referer
199.30.24.152	4/4/2015 2:19:12 PM	GET /images/iannetlogo3.gif HTTP/1.1	200	95405	United States	http://iannet.org/
199.30.24.152	4/4/2015 2:19:13 PM	GET /images/PostHeaderIcon.png HTTP/1.1	200	147	United States	http://iannet.org/
199.30.24.152	4/4/2015 2:19:13 PM	GET /images/nav.png HTTP/1.1	200	626	United States	http://iannet.org/
199.30.24.152	4/4/2015 2:19:13 PM	GET /s_linkedinicon.png HTTP/1.1	200	4029	United States	http://iannet.org/
199.30.24.152	4/4/2015 2:19:13 PM	GET /images/PostQuote.png HTTP/1.1	200	445	United States	http://iannet.org/
199.30.24.152	4/4/2015 2:19:13 PM	GET /s_twittericon.png HTTP/1.1	200	4992	United States	http://iannet.org/
199.30.24.152	4/4/2015 2:19:13 PM	GET /images/Block-s.png HTTP/1.1	200	639	United States	http://iannet.org/
199.30.24.152	4/4/2015 2:19:13 PM	GET /images/Block-h.png HTTP/1.1	200	3063	United States	http://iannet.org/
199.30.24.152	4/4/2015 2:19:13 PM	GET /images/Block-v.png HTTP/1.1	200	4648	United States	http://iannet.org/
199.30.24.152	4/4/2015 2:19:14 PM	GET /images/Block-c.png HTTP/1.1	200	308	United States	http://iannet.org/
199.30.24.152	4/4/2015 2:19:14 PM	GET /images/BlockHeaderIcon.png HTTP/1.1	200	313	United States	http://iannet.org/
199.30.24.152	4/4/2015 2:19:14 PM	GET /images/Footer.png HTTP/1.1	200	1352	United States	http://iannet.org/
199.30.24.152	4/4/2015 2:19:14 PM	GET /images/item-separator.png HTTP/1.1	200	139	United States	http://iannet.org/
199.30.24.152	4/4/2015 2:19:14 PM	GET /iannet_logo.swf HTTP/1.1	200	1658	United States	http://iannet.org/iannet_logo.swf
157.55.39.71	4/4/2015 2:19:15 PM	GET /robots.txt HTTP/1.1	200	422	United States	-
202.46.54.43	4/4/2015 2:19:38 PM	HEAD /apps/SiteVerify/ HTTP/1.1	200	0	China	-
202.46.49.12	4/4/2015 2:19:39 PM	GET /apps/SiteVerify/ HTTP/1.1	200	4302	China	-
202.46.62.24	4/4/2015 2:19:40 PM	HEAD /apps/download.php?new=1 HTTP/1.1	404	0	China	http://www.iannet.org/apps/SiteVerif
202.46.55.68	4/4/2015 2:19:41 PM	GET /apps/download.php?new=1 HTTP/1.1	404	215	China	http://www.iannet.org/apps/SiteVerif
202.46.52.25	4/4/2015 2:19:42 PM	HEAD /apps/SiteVerify/download.php?new=1 HTTP/1.1	302	0	China	http://www.iannet.org/apps/SiteVerif
202.46.52.25	4/4/2015 2:19:42 PM	HEAD /apps/SiteVerify/siteverify.zip HTTP/1.1	200	0	China	http://www.iannet.org/apps/SiteVerif
191.236.33.18	4/4/2015 2:19:50 PM	GET / HTTP/1.1	200	15947	United States	-
36.76.244.171	4/4/2015 2:20:13 PM	GET /apps/TunnelBrokerUpdate/currentver.php?v=1,14 HTTP/1.1	200	4	Indonesia	-
180.76.5.72	4/4/2015 2:20:28 PM	GET /apps/GenerateHtPassWd HTTP/1.1	301	253	China	-
180.76.5.148	4/4/2015 2:20:29 PM	GET /apps/GenerateHtPassWd/ HTTP/1.1	200	2646	China	-
202.46.63.129	4/4/2015 2:20:54 PM	HEAD /apps/TunnelBrokerUpdate/download.php HTTP/1.1	200	0	China	-
202.46.57.69	4/4/2015 2:20:56 PM	GET /apps/TunnelBrokerUpdate/download.php HTTP/1.1	200	3832	China	
202.46.62.33	4/4/2015 2:20:56 PM	GET /apps/TunnelBrokerUpdate/download.php HTTP/1.1	200	3832	China	-
202.46.54.39	4/4/2015 2:20:57 PM	HEAD /apps/TunnelBrokerUpdate/TunnelBrokerUpdate.zip HTTP/1.1	200	0	China	http://www.iannet.org/apps/TunnelB
202.46.53.33	4/4/2015 2:20:58 PM	HEAD /apps/TunnelBrokerUpdate/download.php?new=1 HTTP/1.1	200	0	China	http://www.iannet.org/apps/TunnelB
202.46.57.83	4/4/2015 2:20:59 PM	GET /apps/TunnelBrokerUpdate/download.php?new=1 HTTP/1.1	200	3832	China	http://www.iannet.org/apps/TunnelB
202.46.54.40	4/4/2015 2:21:00 PM	HEAD /apps/TunnelBrokerUpdate/download.php/download.php?new=...	200	0	China	http://www.iannet.org/apps/TunnelB
202.46.55.28	4/4/2015 2:21:01 PM	GET /apps/TunnelBrokerUpdate/download.php/download.php?new=1 ...	200	3832	China	http://www.iannet.org/apps/TunnelB
202.46.48.26	4/4/2015 2:21:01 PM	HEAD /download.php?new=1 HTTP/1.1	404	0	China	http://www.iannet.org/apps/TunnelB
202.46.57.82	4/4/2015 2:21:02 PM	GET /download.php?new=1 HTTP/1.1	404	210	China	http://www.iannet.org/apps/TunnelB

Update Completed 15:31:06 [No Filter] Unlock iannet

图 8-15　Apache Logs Viewer 主界面

（2）UNIX/Linux 命令统计。除了使用工具统计外，还可以使用一些常见的命令对日志文件进行分析与统计。以下是一些常见的用于监控和统计日志文件的命令。

- 动态查看日志文件：

```
tail -f access_log
```

- 查看 Apache 的进程数：

```
ps aux | grep 'httpd' | wc -l
```

- 分析某天的请求数：

```
cat access_log | grep '15/Jun/2019' | awk '{print $2}'|sort |uniq -c
```

- 分析某天指定的 IP 访问的 URL 情况：

```
cat access_log | grep '15/Jun/2019' | grep '192.168.40.134' | awk '{print $7}' | sort | uniq -c | sort -nr
```

- 查看当天访问排行前 10 的 URL：

```
cat access_log | grep '15/Jun/2019' |awk '{print $7}' | sort | uniq -c | sort -nr | head -n 10
```

- 查看访问次数最多的时间点：

```
awk '{print $4}' access_log |cut -c 14-18|sort|uniq -c|sort -nr|head
```

8.7 小结

本章主要介绍了 Apache 服务器的监控与调优。不管是什么类型的 Web 服务器和应用服务器，做性能测试首先应该掌握如何监控服务器，本章主要介绍了两种监控服务器的方法：status 和 apachtop。监控服务器是为了得到服务器的实时数据，为分析做准备。但仅仅是监控还是不够的，必须知道 Apache 的工作原理，分析哪些指令会影响服务器的信息，当然对 Apache 服务器来说，其调优最核心的就是 MPM 相关参数的设置，这些参数设置得如何会直接影响服务器的性能。所以必须对 MPM 的工作原理和参数有深入的了解。最后才是分析日志文件，通过分析日志文件来确定请求的相关信息，协助判断结果，分析日志的文件通常有两种：一是使用工具分析日志文件；二是使用相关的 Linux 命令来分析和统计日志文件。

第9章 Tomcat 监控与调优

Tomcat 最初是由 Sun 的软件架构师詹姆斯·邓肯·戴维森开发的。后来在他的帮助下将其变为开源项目，并由 Sun 贡献给 Apache 软件基金会。Tomcat 服务器是一个免费的开放源代码的 Web 应用服务器，属于轻量级应用服务器，在中小型系统和并发访问用户不是很多的场合下被普遍使用，是开发和调试 JSP 程序的首选。对于一个初学者来说，可以这样认为，当在一台机器上配置好 Apache 服务器时，Tomcat 是 Apache 服务器的扩展，但它是独立运行的，所以当运行 Tomcat 时，它实际上是以一个与 Apache 分开的进程单独运行的。

本章主要介绍以下几部分内容：

- Tomcat 结构体系
- Tomcat 监控
- Tomcat 调优
- JVM 调优
- 日志文件分析

9.1 Tomcat 结构体系

在介绍 Tomcat 监控与调优前先介绍一下 Tomcat 的结构体系，Tomcat 的结构通常包括：Context、Connector、Host、Engine、Service、Server 和 Listener 这几部分，如图 9-1 所示。

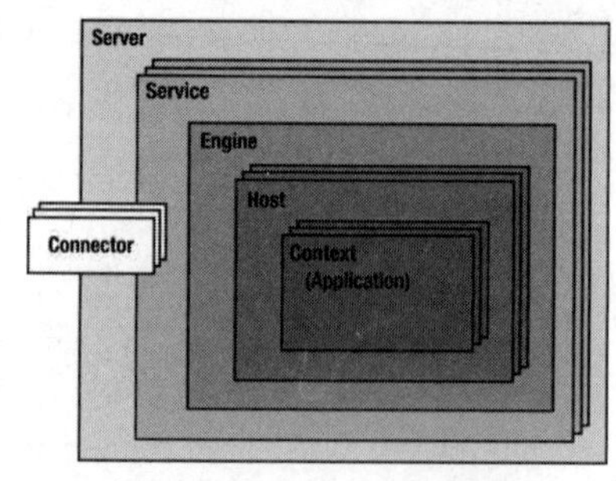

图 9-1　Tomcat 结构体系

这些组件主要是通过 server.xml 文件来配置。默认情况下 server.xml 文件主要包含以下配置内容。

```
<?xml version='1.0' encoding='utf-8'?>
<Server port="8005" shutdown="SHUTDOWN">
    <Listener className="org.apache.catalina.core.AprLifecycleListener" SSLEngine="on" />
    <Listener className="org.apache.catalina.core.JasperListener" />
    <Listener className="org.apache.catalina.core.JreMemoryLeakPreventionListener" />
    <Listener className="org.apache.catalina.mbeans.GlobalResourcesLifecycleListener" />
    <Listener className="org.apache.catalina.core.ThreadLocalLeakPreventionListener" />
    <GlobalNamingResources>
      <Resource name="UserDatabase" auth="Container"
                type="org.apache.catalina.UserDatabase"
                description="User database that can be updated and saved"
                factory="org.apache.catalina.users.MemoryUserDatabaseFactory"
                pathname="conf/tomcat-users.xml" />
    </GlobalNamingResources>
    <Service name="Catalina">
      <Connector port="8080" protocol="HTTP/1.1"
                 connectionTimeout="20000"
                 redirectPort="8443" />
      <Connector port="8009" protocol="AJP/1.3" redirectPort="8443" />
      <Engine name="Catalina" defaultHost="localhost">
        <Realm className="org.apache.catalina.realm.LockOutRealm">
          <Realm className="org.apache.catalina.realm.UserDatabaseRealm"
                 resourceName="UserDatabase"/>
        </Realm>
        <Host name="localhost"  appBase="webapps"
              unpackWARs="true" autoDeploy="true">
          <Valve className="org.apache.catalina.valves.AccessLogValve" directory="logs"
                 prefix="localhost_access_log." suffix=".txt"
                 pattern="%h %l %u %t &quot;%r&quot; %s %b" />
        </Host>
      </Engine>
    </Service>
</Server>
```

（1）Context。上下文是一组内部的元素，称之为容器。表示单个 Web 应用程序，Tomcat 在加载应用程序时会自动实例化和配置标准化一些信息。\WEB-INF\web.xml 文件中定义的属性也会被处理，并作为配置的一部分，在应用程序中使用。

（2）Connector。连接器用来处理与客户端的通信，Tomcat 支持多种连接器，例如使用最多的 HTTP 连接器和 AJP 连接器。

默认情况下 Tomcat 就已经配置了 HTTP 连接器，并且端口号为 8080，即默认为 http://localhost:8080 这个 URL 地址。需求注意的是所有应用程序都是通过此连接的单个实例，在发送请求时会实例化一个线程来完成，这个线程在请求期间一直保持在连接器中活动。

connectionTimeout 表示连接超时时间，默认值为 20000，表示 20000 秒内会话没有活动就终止该连接，redirectPort 表示安全套接字 SSL 传输的端口号 8443。

通常在配置文件中还会看到 AJP 连接器，如果处理一些动态 Web 页面，并且允许纯 HTML 服务器处理静态页面的请求，这样可以提升高处理请求的效率，但现在一般用得比较少，因为现在的 Tomcat 服务器本身就很快了，所以如果不需要这个连接器，可以将这个连接器注释掉。

（3）Host。Host 表示定义的主机，用于与 Tomcat 服务器进行关联，主要通过域名与 IP 地址映射规则来确定。一个服务器可以定义多个主机，例如，如果已经注册域 chuansinfo.com，则可以定义主机名，如 w1. chuansinfo.com 和 w2. chuansinfo.com。

Tomcat 默认的主机名为 localhost，localhost 和计算机的关联是通过一条记录来实现的，这条记录写在 C:\\Windows\\System32\\drivers\\etc\\hosts 文件中。

Host 中“appBase”参数定义了发布应用程序所在的目录位置，当使用外部 URL 来访问该服务器时，其实是直接访问了 appBase 对应的目录，以上面的 server.xml 文件配置为例，如果输入的 URL 地址为 http://localhost:8080，那么相当于访问的地址为 http://localhost:8080/webapps 目录下的索引文件。

Host 中“unpackWARs”参数表示对 WAR 文件处理的方法，如果设置为“true”，表示如果是 WAR 文件放到 appBase 目录中，Tomcat 会自动将其解压成一个普通的文件；如果设置为“false”，则应用程序会直接从 WAR 文件运行，这样会影响运行的速度，因为 Tomcat 服务器在运行该文件时必须先解压 WAR 文件。

Host 中“autoDeploy”参数如果设置为“true”，则表示放在 appBase 目录下的程序会自动部署。

（4）Engine。Engine 属于全局引擎容器。它主要是把不同 JVM 的全局引擎容器内的所有应用都抽象成集群，让它们能在不同的 JVM 之间互相通信，使会话同步，集群部署得以实现。Engine 用于处理连接器中的所有请求，并将响应结果返回到客户端，当然连接器可能会有多个。

Engine 容器中包含一个或多个 Host 组件，每个 Host 组件相当于一个虚拟机。Engine 引擎还会 Container，这是容器的父接口，连接器的请求是通过这个父接口传入请求的。

Engine 容器主要包括：Host 组件、AccessLog 组件、Pipeline 组件、Cluster 组件、Realm 组件、LifecycleLister 组件和 Log 组件。

（5）Service。Service 组件可以看成 Tomcat 内的不同服务的抽象，将一个或多个连接器绑定到一个引擎上，Tomcat 默认配置服务为 Catalina，一般情况下我们不会对 Service 进行修改或定义。

Service 组件下又包括两类组件：若干个 Connector 组件和 Executor 组件。Connector 组件负责监听某端口的客户请求，不同的端口对应不同的 Connector。Executor 组件在 Service 抽象层面提供了线程池，让 Service 下的组件可以共用线程池。

（6）Server。Server 组件可以看成 Tomcat 的运行实例的抽象，是最顶层的组件，它可以包含一个或多个 Services。

Server 组件主要包含 6 个监听器组件：AprLifecycleListener 监听器、JasperListener 监听器、JreMemoryLeakPreventionListener 监听器、GlobalResourcesLifecycleListener 监听器、

ThreadLocalLeakPreventionListener 监听器和 NamingContextListener 监听器。但还包括 3 个组件 GlobalNamingResources 组件、ServerSocket 组件和 Service 组件。

（7）Listener。侦听器是一个 Java 对象，通过实现 org.apache.catalina.LifecycleListener 接口来控制，侦听器主要是用于侦听客户端提交的请求信息，它能够侦听以下特定事件。

- AprLifecycleListener：这个侦听器可以很好地侦听 APR（Apahce Portable Runtime），APR 库可以更好地提高 Tomcat 服务器操作系统的性能。
- JSPListener：JSP 侦听器它是 JSP 引擎。这个监听器可以对已更新的 JSP 文档重新编译。
- JreMemoryLeakPreventionListener：这个侦听器主要用于处理可能导致内存泄漏的情况。
- GlobalResourcesLifecycleListener：主要是负责侦听管理实例化与全局 Java 命名和目录接口（JNDI）的关联。
- ThreadLocalLeakPreventionListener：与 JreMemoryLeakPreventionListener 侦听器类似，也用于处理内存泄漏的情况。

下面介绍 Tomcat 的工作原理，如图 9-2 所示。

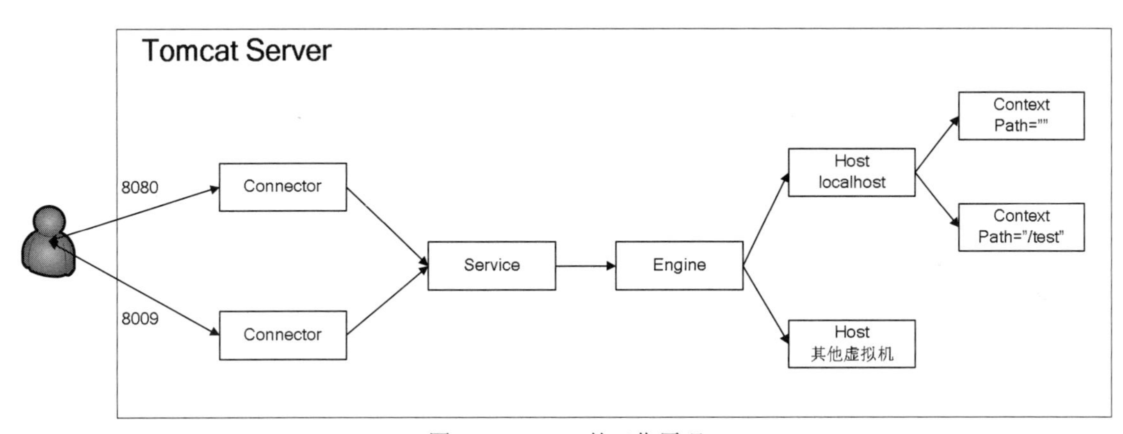

图 9-2　Tomcat 的工作原理

Tomcat 工作原理的具体步骤如下：

（1）用户单击网页时，客户端会将请求发送到本机端口 8080，被在那里监听的 Coyote HTTP/1.1 Connector 获得。

（2）Connector 连接器把该请求交给它所在的 Service 的 Engine 来处理，并等待 Engine 回应的结果。

（3）Engine 获得请求的资源，如 index.jsp，匹配所有的虚拟主机 Host。

（4）Engine 匹配到名为 localhost 的 Host（就算匹配不到也会把请求交给该 Host 处理，因为该 Host 被定义为该 Engine 的默认主机），名为 localhost 的 Host 获得请求资源的信息，如 /test/index.jsp，匹配它所拥有的所有的 Context。Host 匹配到路径为/test 的 Context（如果匹配不到就把该请求交给路径名为“ ”的 Context 去处理）。

（5）path="/test"的 Context 获得请求/index.jsp，在它的 mapping table 中寻找出对应的 Servlet。Context 匹配到 URL PATTERN 为*.jsp 的 Servlet，对应于 JspServlet 类。

（6）构造 HttpServletRequest 对象和 HttpServletResponse 对象，作为参数调用 JspServlet 的 doGet()或 doPost()。执行业务逻辑、数据存储等程序。

（7）Context 把执行完之后的 HttpServletResponse 对象返回给 Host。

（8）Host 把 HttpServletResponse 对象返回给 Engine。

（9）Engine 把 HttpServletResponse 对象返回给 Connector。

（10）Connector 把 HttpServletResponse 对象返回给客户 Browser。

9.2 Tomcat 监控

Tomcat 服务器是一个免费的开放源代码的 Web 应用服务器，Tomcat 是 Apache 软件基金会（Apache Software Foundation）Jakarta 项目中的一个核心项目，由 Apache、Sun 和其他一些公司及个人共同开发而成。

Tomcat 是一个轻量级应用服务器，在中小型系统和并发访问用户的场合下被普遍使用，是开发和调试 JSP 程序的首选。所以在性能测试过程中需要经常监控 Tomcat 服务器。

通常，监控 Tomcat 服务器的方法有以下三种：

（1）使用 Tomcat 自带的 Status 页进行监控。

（2）使用 Java 管理扩展监测工具 JConsole 进行监控。

（3）使用 Probe 进行监控。

在本小节将对这三种监控方法进行详细介绍。

9.2.1 Status 页监控

Status 页对 Tomcat 监控的步骤如下：

步骤 1：修改配置文件 tomcat-users（该文件在 Tomcat 安装程序根目录中的 conf 文件夹中），添加一个 admin 设置权限，在<tomcat-users>中添加的内容如下：

```
<role rolename="admin-gui"/>
<user username="admin" password="1234" roles="manager-gui,admin-guii"/>
```

步骤 2：修改完成后，重启 Tomcat 服务器，在浏览器中输入 URL（http://localhost:8080/），如果是远程访问，访问的 URL 为http://IP:8080，如图 9-3 所示。

在 Status Management 页面，提供几种监控 Tomcat 的内容，主要包括 Server Status 和 Host Manager 两个方面的内容。

Server Status 主要是显示服务器相关的信息，包括 Server Information、JVM 和接连器相关的内容。

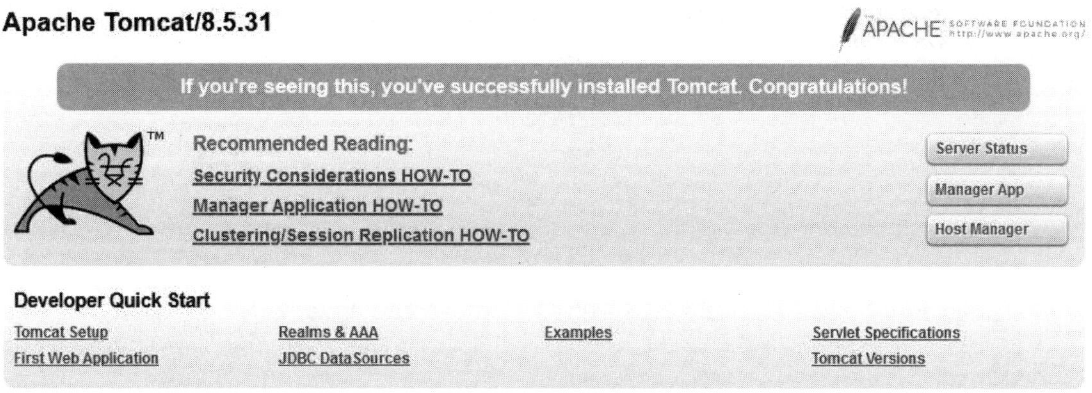

Apache Tomcat/8.5.31

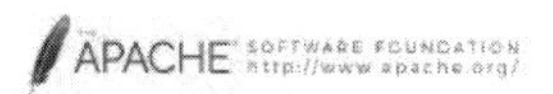

If you're seeing this, you've successfully installed Tomcat. Congratulations!

Recommended Reading:

Security Considerations HOW-TO

Manager Application HOW-TO

Clustering/Session Replication HOW-TO

Developer Quick Start

Tomcat Setup | Realms & AAA | Examples | Servlet Specifications

First Web Application | JDBC DataSources | Tomcat Versions

图 9-3 Status Management 页面

Server Information 主要是显示了服务器配置的相关信息，如图 9-4 所示。

Manager			
List Applications	HTML Manager Help	Manager Help	Complete Server Status

Server Information							
Tomcat Version	JVM Version	JVM Vendor	OS Name	OS Version	OS Architecture	Hostname	IP Address
Apache Tomcat/8.5.31	1.8.0_172-b11	Oracle Corporation	Linux	2.6.32-696.el6.i686	i386	localhost.localdomain	127.0.0.1

图 9-4 Server Information 内容

JVM 部分主要显示了 JVM 的详细信息，如图 9-5 所示，包括 JVM 总的大小、剩余大小等，并统计了年轻代和年老代所消耗内存的情况，如果需要看懂这些值，就必须和 JVM 设置相关的参数对照着来看，这样才可以更好地理解，如果要看详细的每个时间值的变化情况，这里是无法看到的。

JVM

Free memory: 307.96 MB Total memory: 450.00 MB Max memory: 955.75 MB

Memory Pool	Type	Initial	Total	Maximum	Used
Eden Space	Heap memory	150.00 MB	150.00 MB	204.81 MB	100.82 MB (49%)
Survivor Space	Heap memory	50.00 MB	50.00 MB	68.25 MB	19.84 MB (29%)
Tenured Gen	Heap memory	250.00 MB	250.00 MB	682.68 MB	21.35 MB (3%)
Code Cache	Non-heap memory	0.15 MB	5.31 MB	32.00 MB	5.28 MB (16%)
Metaspace	Non-heap memory	0.00 MB	26.14 MB	-0.00 MB	25.55 MB

图 9-5 JVM 信息

```
Free memory: 30.38 MB Total memory: 65.60 MB Max memory: 506.31 MB
```

Free memory：空闲内存大小。

Total memory：总内存大小。

Max memory：最大内存大小。

接连器在这里其实有两种：AJP 和 HTTP，我们一般看到的多是 HTTP 连接器，因为一般来说都是通过 HTTP 来发送请求的。HTTP 连接器的内容如图 9-6 所示。

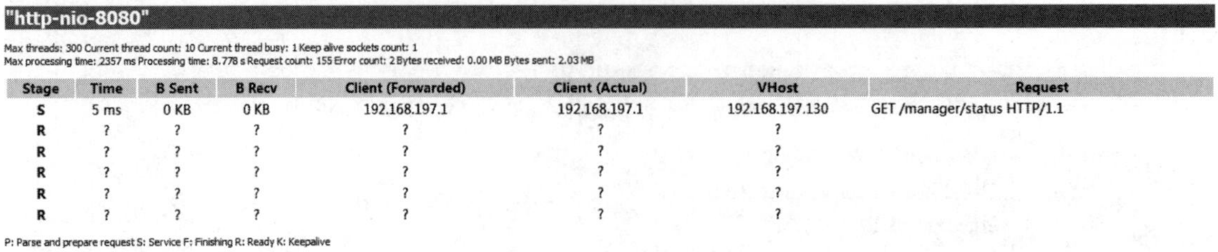

"http-nio-8080"

Max threads: 300 Current thread count: 10 Current thread busy: 1 Keep alive sockets count: 1
Max processing time: 2357 ms Processing time: 8.778 s Request count: 155 Error count: 2 Bytes received: 0.00 MB Bytes sent: 2.03 MB

Stage	Time	B Sent	B Recv	Client (Forwarded)	Client (Actual)	VHost	Request
S	5 ms	0 KB	0 KB	192.168.197.1	192.168.197.1	192.168.197.130	GET /manager/status HTTP/1.1
R	?	?	?	?	?	?	
R	?	?	?	?	?	?	
R	?	?	?	?	?	?	
R	?	?	?	?	?	?	
R	?	?	?	?	?	?	

P: Parse and prepare request S: Service F: Finishing R: Ready K: Keepalive

图 9-6　HTTP 连接器信息

```
Max threads: 300 Current thread count: 10 Current thread busy: 1 Keep alive sockets count: 1
Max processing time: 2357 ms Processing time: 8.778 s Request count: 155 Error count: 2 Bytes received: 0.00 MB Bytes sent: 2.03 MB
```

Max threads：最大线程数。

Current thread count：最近运行的线程数。

thread busy：正在运行的线程数。

Max processing time：最大 CPU 时间。

Processing time：CPU 消耗总时间。

Request count：请求总数。

Error count：错误的请求数。

Bytes received：接收字节数。

Bytes sent：发送字节数。

关于请求阶段的有以下几种情况：

P：表示正准备发送的请求。

S：表示请求正在服务器端处理。

F：表示已经完成的请求。

R：表示即将发送的请求。

K：表示当前活动的请求。

9.2.2　JConsole 监控

JConsole 的图形用户界面是一个符合 Java 管理扩展（JMX）规范的监测工具，JConsole 使用 Java 虚拟机（Java VM），提供在 Java 平台上运行的应用程序的性能和资源消耗的信息。在 Java 平台，标准版（Java SE 平台）6，JConsole 的用户界面已经更新到目前的外观，类似于 Windows 和 GNOME 桌面。

JConsole 是一个可执行文件，在 Java 根目录下有一个 bin 文件，该文件下可以找到 jconsole 文件，单击可直接运行该程序，如果将该 jconsole 的路径设置为环境变量，那么可以直接在开始菜单运行命令中键入 jconsole 命令，来运行 jconsole 程序，如果未设置为环境变量，则需要写全路径。

启动 JConsole 程序的方式有两种：一种是带参数启动；另外一种是不带参数启动。

带参数启动 JConsole 时，又分两种情况：一种是监控本地进程；另一种是远程监控。

本地监控的命令格式如下：

```
JConsole processID
```

processID 是指应用程序的进程 ID（PID），可以使用以下方式确定一个应用程序的 PID：

- 在 UNIX 或 Linux 系统，可以使用 ps 命令找到正在运行的 Java 实例的 PID。
- 在 Windows 系统上，可以使用任务管理器，找到 Java 或者 Javaw 进程的 PID。

例如，如果监控 JConsole 程序，JConsole 的进程号为 5604，那么可以用下面的命令启动 JConsole：

```
JConsole 5604
```

远程监控的命令格式如下：

```
JConsole 主机名：portNum
```

主机名是需要监听的主机，portNum 是启动 Java 虚拟机时指定的 JMX 代理的端口号。

注意　使用 JConsole 监视正在开发阶段和开发原型的本地应用程序是非常有用的，但不推荐用于生产环境，因为 JConsole 本身也消耗大量的系统资源。

执行 JConsole 程序时，不带任何参数命令，会弹出 JConsole 新建链接对话框，如图 9-7 所示。

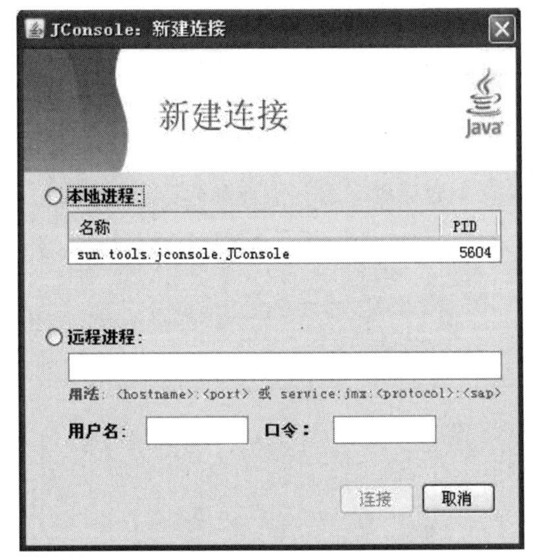

图 9-7　JConsole 新建连接对话框

JConsole 有两种监控方式：本地进程监控和远程进程监控。

选择本地进程监控，在下面的列表框中会列出与 JConsole 程序相同用户的进程，选择其中一个进程，单击连接按钮，即可以进入监控的主界面。

选择远程进程监控，需要的内容包括主机名和 JMX 代理的端口号，以及访问服务器的用户名和密码。

当连接成功后，会弹出监控界面，如图 9-8 所示。

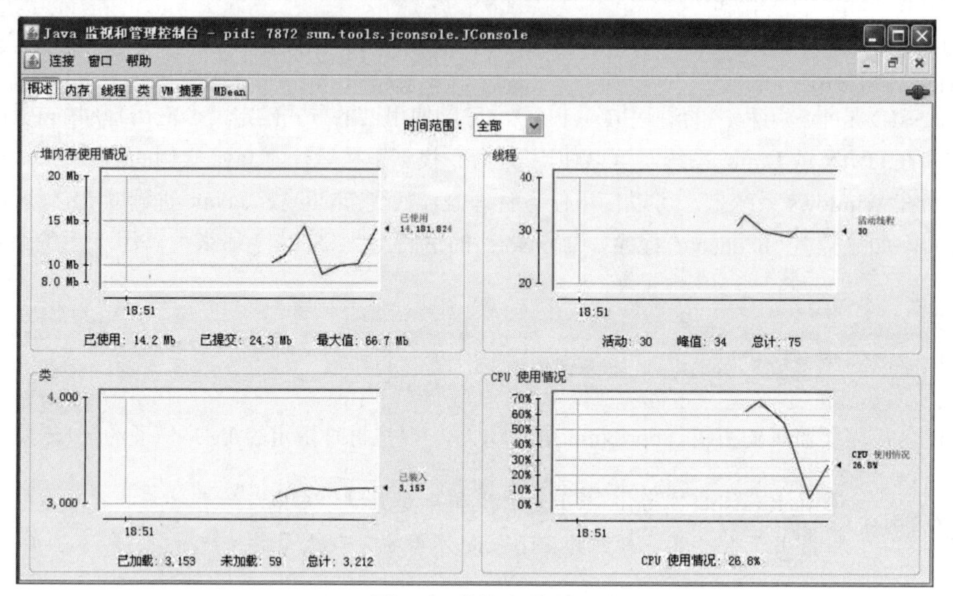

图 9-8 监控主界面

监控的内容主要包括六个方面：概述、内存、线程、类、VM 摘要和 MBean。

（1）概要信息。概述信息监控界面主要包括堆内存使用情况、线程数、Java VM 中加载类和 CPU 使用情况。选中各视图可以切换监控的时间片段，同时也可以将视图中的数据保存在一个逗号分隔（CSV）文件中。

（2）内存信息。内存信息主要提供了内存消耗和内存池的信息，如图 9-9 所示。

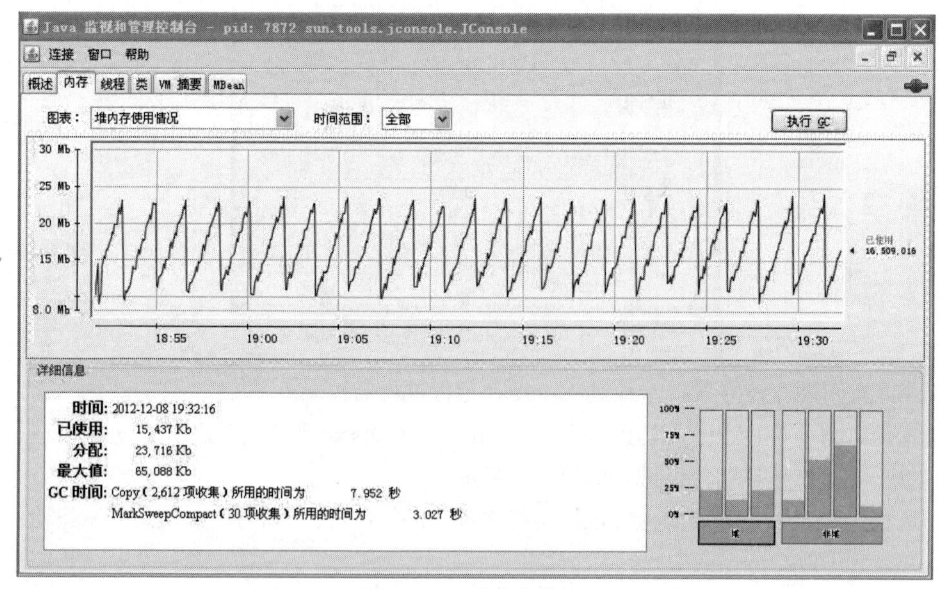

图 9-9 内存监控信息

内存信息主要监控了两类内存消耗的信息：堆内存和非堆内存，这两种内存也是 Java 虚拟机管理的，这两者都是 Java 虚拟机启动时创建的。

- 堆内存是运行时数据区域，Java VM 的所有类实例和数组分配内存，可能是固定或可变大小的堆。
- 非堆内存包括在所有线程和 Java 虚拟机内部处理或优化所需的共享的方法。它存储了类的结构、运行常量池、字段和方法数据，以及方法和构造函数的代码，方法区在逻辑上是堆的一部分。根据实现方式的不同，Java 虚拟机可能不进行垃圾收集或压缩。与堆内存一样，方法区域的大小可能是固定的，也可能是可变的，方法区的内存不需要是连续的。

除了方法区，Java 虚拟机可能需要进行内部处理或优化，这也属于非堆内存的内存。例如，实时（JIT）编译器需要内存用于存储从 Java 虚拟机的高性能的代码翻译的机器码。

JConsole 提供的监控的堆和非堆的内存主要包括以下几类：

- Eden Space 内存池：大多数对象初始化时分配的内存池。
- Survivor Space 内存池：这个内存池包含的对象是回收 Eden Space 内存池后所幸存的对象。
- Tenured Gen 内存池：这个内存池包含的对象是在 Survivor Space 内存池中已经存在一段时间的对象。
- Code Cache 内存池：包括 HotSpot Java VM 的代码缓存和编译、存储代码所消耗的内存。
- Perm Gen[shared-rw]内存池：Perm Gen 内存池中读写的区域。
- Perm Gen[shared-ro]内存池：Perm Gen 内存池中只读的区域。
- Perm Gen 内存池：该内存池包括虚拟机本身反射的数据，如类和方法，Java 虚拟机在运行时会共享这些类数据区域，共享的区域有只读和读写两种方式。

在图表下拉列表框中可以选择不同内存池进行监控，并获得当前内存池所消耗的内存信息，此外右下角显示了堆和非堆的图标，切换显示的图表，内存池图表显示的内容也随着切换，如果显示为红色，那说明使用的内存超过内存的阈值。

内存池和内存管理器是 Java 虚拟机内存系统的关键环节。

- 一个内存池表示 Java 虚拟机管理的内存区域。Java 虚拟机至少有一个内存池，它可能在执行过程中创建或删除内存池，一个内存池可以属于堆或非堆内存。
- 一个内存管理器管理一个或多个内存池，垃圾收集器是一个负责回收不可达的对象使用内存的内存管理器，Java 虚拟机可能有一个或更多的内存管理器，在执行过程中，它可以添加或删除内存管理器，一个内存池可以由一个以上的内存管理器进行管理。

“详细信息”框中显示了内存使用的详细信息，主要包括以下信息：

已使用：当前使用的内存数，包括已经使用的、可获得或未获得的内存。

分配：分配的内存必须保证 Java 虚拟机所需要的使用量，提交的内存可能会随时间的改变而改变，Java 虚拟机可能会释放系统内存，分配的内存可能会少于最初启动时分配的内存量，分配的内存大于或等于需要使用的内存量。

最大值：内存管理中可用的最大内存，该值是变化的或不确定的，如果 Java 虚拟机使用的内存不断增长并且大于所分配的内存量，那么分配内存将失败。

GC 时间：累积垃圾收集的时间和总调用的时间，它可能包含多行，其中每行代表一个垃圾收集器算法在 Java 虚拟机中所消耗的时间。

垃圾收集（Garbage Collect，GC）是 Java 虚拟机如何释放不再被引用的对象所占用的内存的机制，它通常认为的对象，有当前活动的“活着”的对象和无法引用或不活动的“死”对象，垃圾收集是释放“死”对象所占用内存的过程，垃圾收集的算法和参数对性能有很大的影响。

Java HotSpot 虚拟机的垃圾收集器使用代 GC，代 GC 的优势大多数都符合以下的概括：

- 它们创建一些短暂一生的对象，如迭代和局部变量。
- 它们创建一些长生命的对象，如高层次的持久对象。

代 GC 分为几代，并给每个指定一个或多个内存池，当一代使用了分配的内存，虚拟机上执行一个局部的 GC（也叫 minor collection），内存池回收死对象使用的内存，这部分的 GC 速度通常远远优于一个完整的 GC。

Java HotSpot 虚拟机定义了两代：年轻代（有时也被称为“托儿所”）和年老代，年轻代包括一个“Eden space”和两个“Survivor Spaces”。最初，JVM 将所有的对象保存在“Eden space”内存池中，并且大多数对象“死”在那里，当它执行了一次局部 GC（minor GC），JVM 将剩余的对象从“Eden space”转移到“Survivor Spaces”，虚拟长生存时间的对象移动到年老代的“tenured”空间，当年老代填满时，将是一个完整的 GC，一个完整的 GC 往往会很慢，因为它涉及所有存活的对象，持久代包含虚拟机所有本身数据的反射，如类和方法。

如果垃圾收集器出现瓶颈，那么可以通过自定义代大小来提高性能。

（3）线程信息。线程的监控信息如图 9-10 所示。

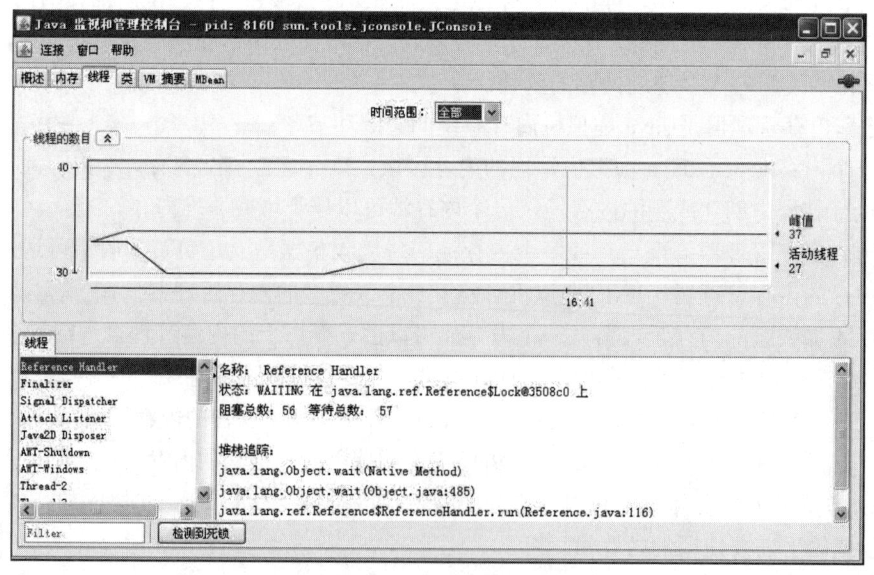

图 9-10 线程监控信息

在左下角"线程"列表中显示了所有活动的线程，如果需要查找指定的线程，可以在"过滤器"字段中输入待查找的线程，选中某个线程，右边文本框即会显示出当前线程的名称、状态和堆栈追踪信息。

上面的"线程的数目"视图中动态地显示当前活动线程数，主要包括两部分内容：当前活动线程数和峰值线程数。

线程监控视图中还提供了一个检测死锁线程的功能，单击【检测到死锁】按钮，如果存在任何线程对象监视器出现死锁情况，则会显示出该死锁线程的 ID 号，并且会显示出当前线程的相关信息。

在 MBean 选项卡中可以监视 Java 虚拟机线程信息的所有属性和操作。

（4）类信息。类的监控信息如图 9-11 所示。

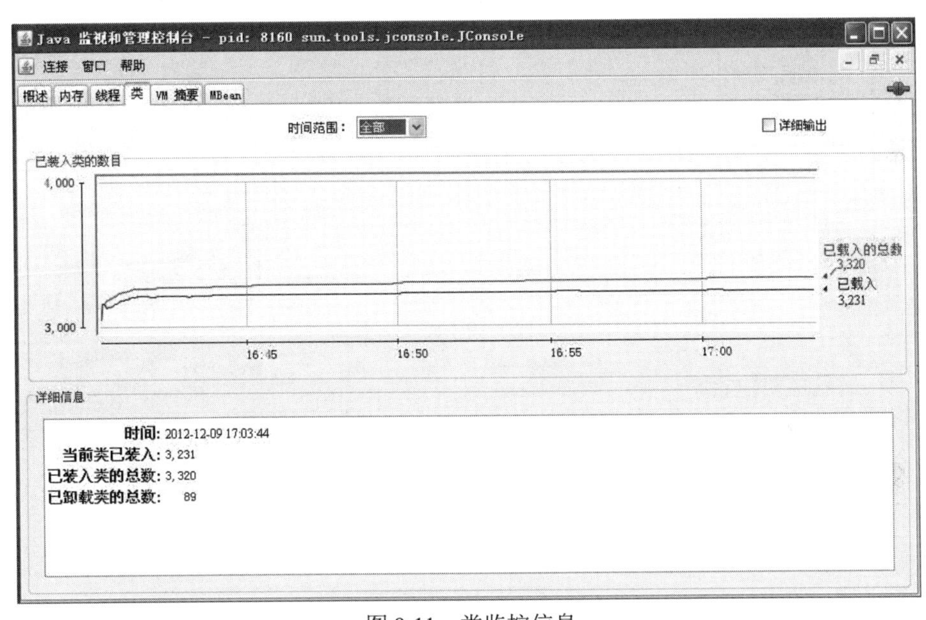

图 9-11　类监控信息

"已装入类的数目"视图中显示了已装入类的总数和当前加载的类，详细信息中显示了当前已装入的类、已装入类的总数和已卸载类的总数。

（5）VM 摘要信息。VM 摘要的监控信息如图 9-12 所示。

在 VM 摘要信息中主要包括五方面的内容：摘要信息、线程和类信息、内存信息、操作系统信息和其他信息。

摘要信息主要包括：

- 连接名称：连接监控时的进程 PID 信息。
- 正常运行时间：开始以来 Java 虚拟机运行的时间总额。
- 处理 CPU 时间：Java VM 的开始，消耗的 CPU 时间总量。
- 编译总时间：累计时间花费在 JIT 编译所花费的时间。

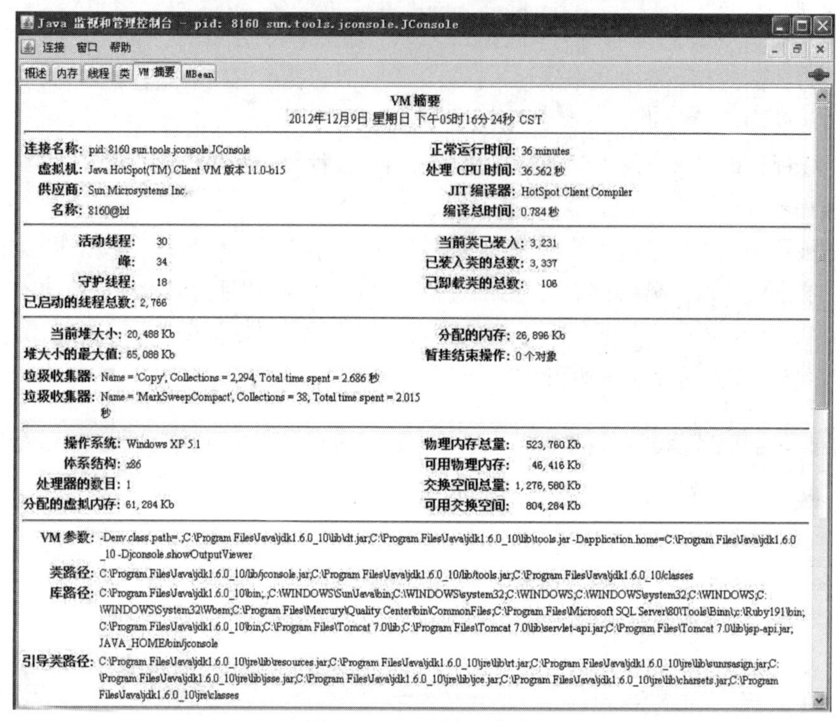

图 9-12　VM 摘要信息

线程和类信息主要包括：

- 活动线程：当前活动的线程。
- 峰值：最大线程数。
- 守护线程：即运行在后台的线程。
- 已启动的线程总数：运行到目前为止共启动的线程数。
- 当前类已装入：当前正在运行过程中已装载类的总数。
- 已装入类的总数：运行到目前为止所装载类的总数。
- 已卸载类的总数：运行到目前为止已卸载类的总数。

内存信息主要包括：

- 当前堆大小：当前堆分配的内存空间。
- 分配的内存：当前已分配的内存大小。
- 堆大小的最大值：堆分配内存的最大值。
- 暂挂结束操作：当前暂时挂起结束的对象。
- 垃圾收集器：垃圾收集器描述了收集器的名称、收集器收集的内存数量和收集这些内存所消费的时间。

操作系统信息主要包括：

- 操作系统名。

- 体系结构。
- 分配的虚拟内存。
- 物理内存总量。
- 可用物理内存。
- 交换空间总量。
- 可用交换空间。

其他信息主要包括：

- VM 参数：显示通过应用程序传送给 Java 虚拟机的参数，这些参数不包括主要方法的参数。
- 类路径：由系统类加载器用于搜索类文件的类路径。
- 库路径：加载库时要搜索的路径列表。
- 引导类路径：引导类加载器搜索类文件的路径列表。

（6）MBean 信息。MBean 选项卡显示 MBean 服务器所注册的 MBean 的类，MBean 选项卡允许访问平台 MXBean 服务器，此外，还可以监控和管理应用程序的 MBean，MBean 信息如图 9-13 所示。

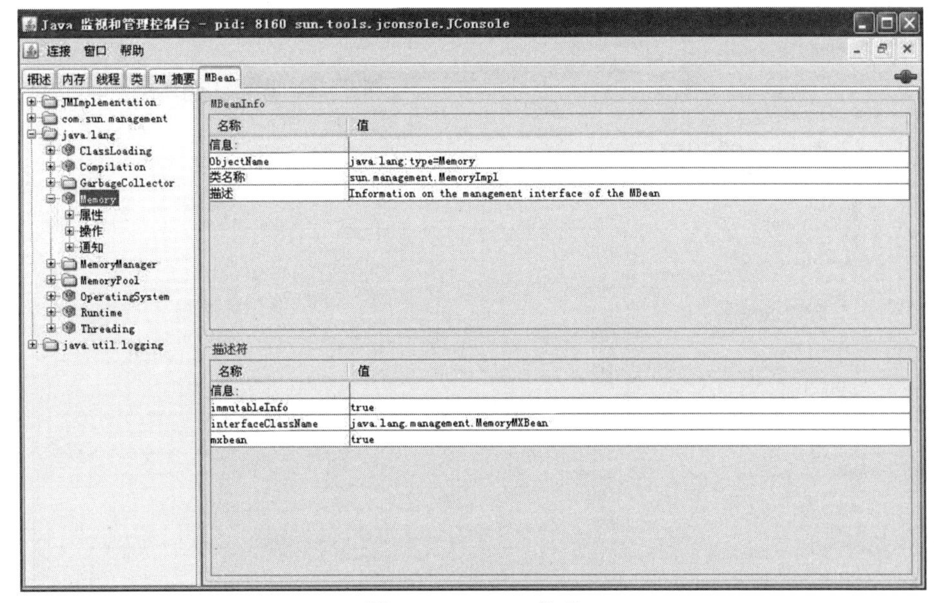

图 9-13　MBean 信息

左侧显示了当前所有运行的 MBean，当选中 MBean 树中某个 MBean 时，右侧会显示当前被选中 MBean 的 MBeanInfo 和描述符信息，在下面会显示当前 MBean 的相关属性、操作和通知信息。

1）MBean 属性。在 MBean 树中选择一个 MBean，单击“属性”节点，将显示 MBean 的所有属性，以 Memory 为例，如图 9-14 所示。

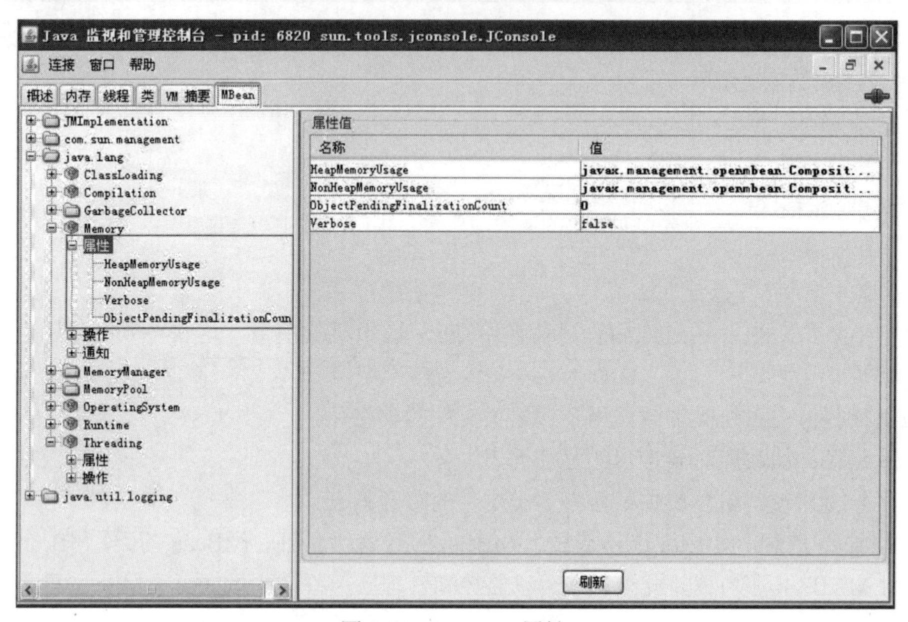

图 9-14　Memory 属性

选中属性下面的单个属性，在右侧会显示出当前属性的详细信息，如图 9-15 所示。

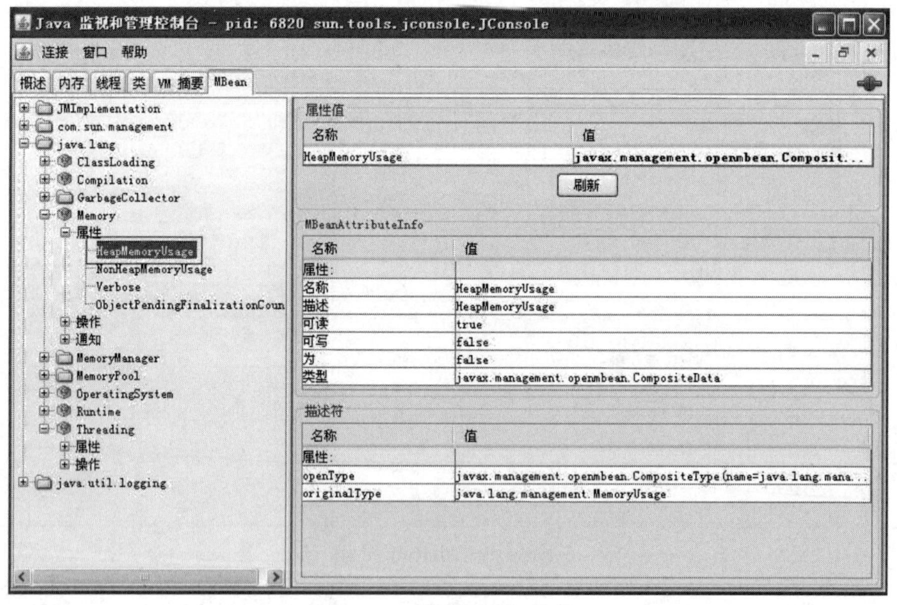

图 9-15　属性的详细信息

单击属性值（即右侧黑体字），可以展开详细的属性值信息，HeapMemoryUsage 属性展开后的值如图 9-16 所示。

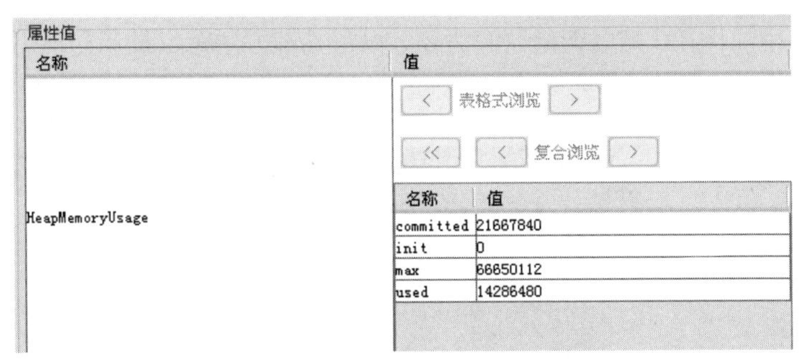

图 9-16　HeapMemoryUsage 详细信息

双击属性值，可以对这些显示的值进行修改，有的属性是以图表的方式显示，如图 9-17 所示显示的是 Threading 中的 CurrentThreadUserTime 属性值。

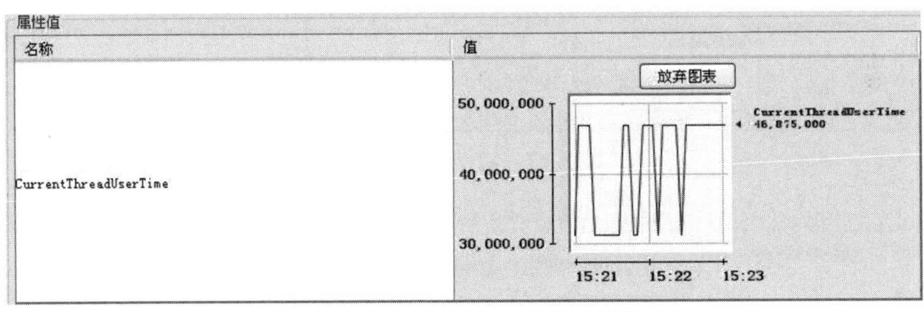

图 9-17　图表方式显示的属性值

2）MBean 操作。在 MBean 树中选择一个 MBean，单击“操作”节点，将显示 MBean 的所有相关操作，以 Threading 为例，如图 9-18 所示。

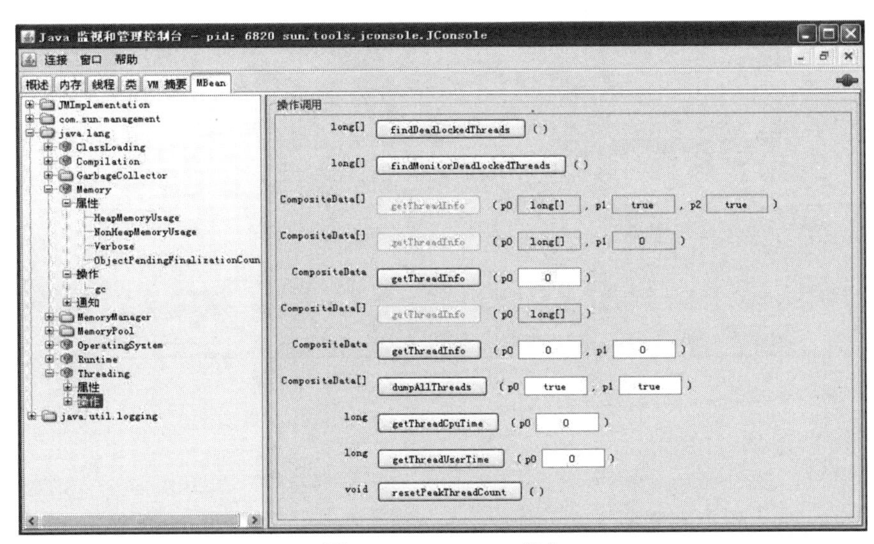

图 9-18　Threading 操作

单击操作调用中的按钮，可以调用这些方法，单击某种方法可以显示当前方法的详细信息，如图 9-19 所示。

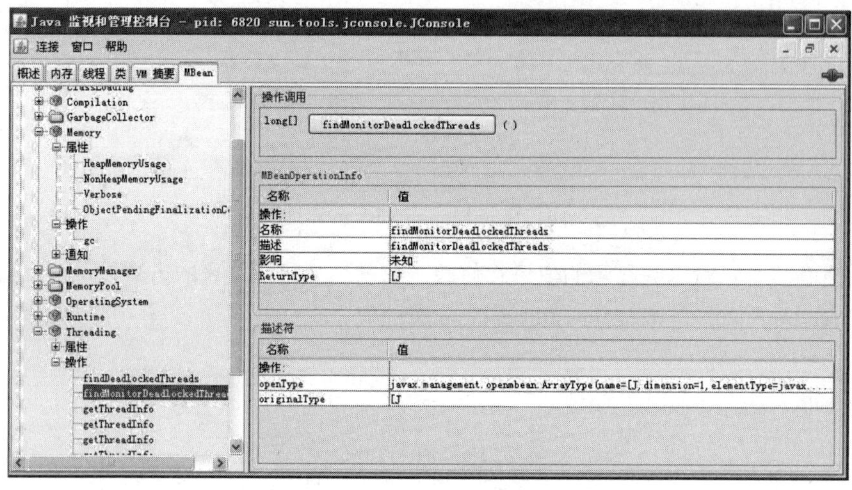

图 9-19　方法的详细信息

3）MBean 通知。在 MBean 树中选择一个 MBean，单击“通知”节点，选择某个通知，右侧将显示该通知的详细信息，以 Memory 为例，如图 9-20 所示。

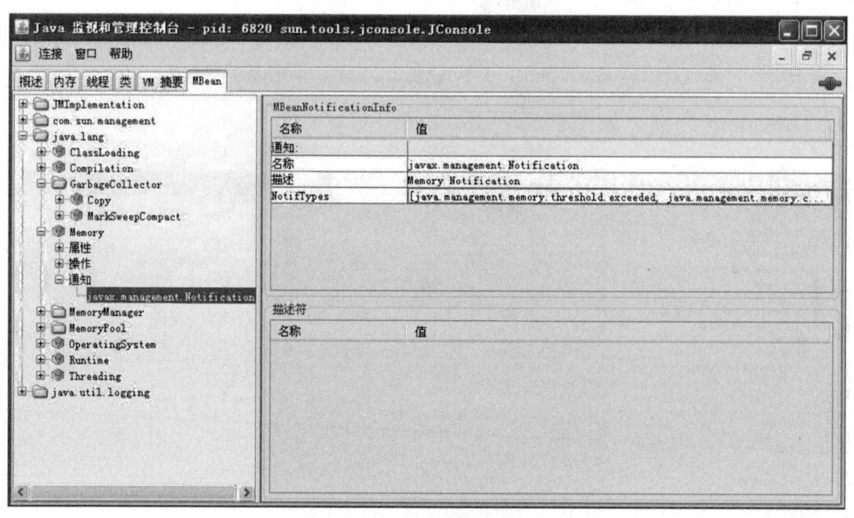

图 9-20　通知详细信息

9.2.3　Probe 监控

这是一款 Tomcat 管理和监控工具，前身是 Lambda Probe。由于 Lambda Probe 2006 不再更新，所以 Psi-Probe 算是对其的一个 Fork 版本，并一直更新至今。

Psi-Probe 是在相同的开源许可证（GPLV2）下分发的社区驱动的 Lambda Probe，Psi-Probe 的前身是 Lambda Probe，由于 Lambda Probe 2006 之后不再更新，所以 Psi-Probe 算是对其的一个 Fork 版本并一直更新至今。它的目的是替换和扩展 Tomcat 管理器，使得管理和监视 Apache Tomcat 的实例更容易。与许多其他服务器的监控工具不同，Psi-Probe 不需要对现有应用程序进行任何更改。它通过一个 Web 可访问的接口提供所有特性，只需将它部署到服务器即可。

使用 Psi-Probe 监控的步骤如下：

（1）安装 Probe。目前我们一般都是安装 Psi-Probe 的版本，将下载的安装包解压缩，放进 webapps 目录。

（2）配置用户与角色。使用 Probe 监控工具时，会提醒输入登录的用户信息，该登录的用户信息角色必须为 manage-gui。在 tomcat-users.xml 文件中配置即可。具体的代码如下：

```
conf/tomcat-users.xml 文件中添加以下代码
//设置角色名
<role rolename="manager-gui"/>
//设置用户
<user username="admin" password="admin" roles="manager-gui"/>
```

（3）重启 Tomcat 服务器。

```
tomcat 停止
./usr/local/apache-tomcat-8.5.31/bin/shutdown.sh
tomcat 启动
./usr/local/apache-tomcat-8.5.31/bin/startup.sh
```

（4）进入监控界面。

```
http://ip:port/probe
例如
http://192.168.40.133:8080/probe/
```

监控界面的信息如图 9-21 所示。

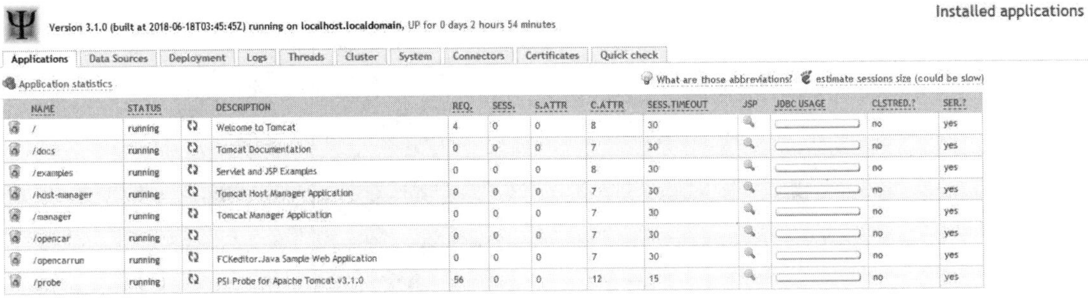

Version 3.1.0 (built at 2018-06-18T03:45:45Z) running on localhost.localdomain, UP for 0 days 2 hours 54 minutes

Installed applications

Applications | Data Sources | Deployment | Logs | Threads | Cluster | System | Connectors | Certificates | Quick check

Application statistics

What are those abbreviations? estimate sessions size (could be slow)

NAME	STATUS		DESCRIPTION	REQ.	SESS.	S.ATTR	C.ATTR	SESS.TIMEOUT	JSP	JDBC USAGE	CLSTRED.?	SER.?
/	running		Welcome to Tomcat	4	0	0	8	30			no	yes
/docs	running		Tomcat Documentation	0	0	0	7	30			no	yes
/examples	running		Servlet and JSP Examples	0	0	0	8	30			no	yes
/host-manager	running		Tomcat Host Manager Application	0	0	0	7	30			no	yes
/manager	running		Tomcat Manager Application	0	0	0	7	30			no	yes
/opencar	running			0	0	0	7	30			no	yes
/opencarrun	running		FCKeditor.Java Sample Web Application	0	0	0	7	30			no	yes
/probe	running		PSI Probe for Apache Tomcat v3.1.0	56	0	0	12	15			no	yes

图 9-21　Probe 监控界面

监控界面的内容主要包括：Applications、Data Sources、Deployment、Logs、Threads、Cluster、System、Connectors、Certificates 和 Quick check。

（1）Applications。Applications 标签页的内容如图 9-22 所示。

Applications | Data Sources | Deployment | Logs | Threads | Cluster | System | Connectors | Certificates | Quick check

Application statistics　　What are those abbreviations?　estimate sessions size (could be slow)

NAME	STATUS		DESCRIPTION	REQ.	SESS.	S.ATTR	C.ATTR	SESS.TIMEOUT	JSP	JDBC USAGE	CLSTRED.?	SER.?
/	running		Welcome to Tomcat	6	0	0	8	30			no	yes
/docs	running		Tomcat Documentation	0	0	0	7	30			no	yes
/examples	running		Servlet and JSP Examples	0	0	0	8	30			no	yes
/host-manager	running		Tomcat Host Manager Application	0	0	0	7	30			no	yes
/manager	running		Tomcat Manager Application	0	0	0	7	30			no	yes
/opencar	running			0	0	0	7	30			no	yes
/opencarrun	running		FCKeditor.Java Sample Web Application	70	1	2	8	30			no	yes
/probe	running		PSI Probe for Apache Tomcat v3.1.0	129	23	69	12	15			no	yes

图 9-22　Applications 标签页

Applications 中主要显示所有应用程序相关的情况，表示服务器上运行的应用程序的情况。

STATUS 列：表示应用程序运行的状态。

REQ.列：表示应用程序所接收到的 HTTP 请求数。

SESS.列：表示发送请求使用到的 session 数。

JSP 列：表示发布程序所有 JSP 文件。

Application statistics 显示所有应用程序的统计信息：所有应用程序的请求数、每个应用程序的请求数、所有应用程序响应的时间（ms）、每个应用程序平均响应时间（ms），如图 9-23 所示。

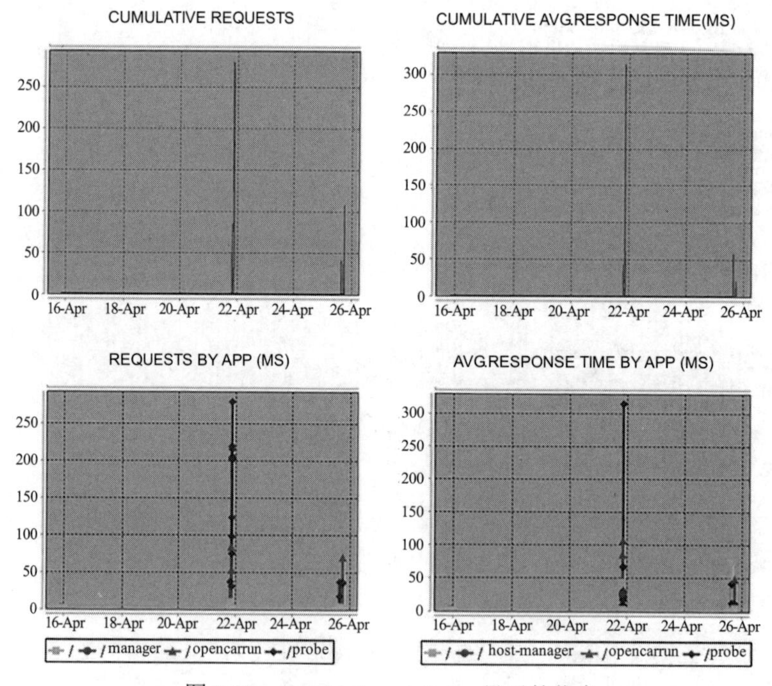

图 9-23　Application statistics 显示的信息

（2）Data Sources。表示所配置的数据源，如果没有配置就不会显示这个内容。

（3）Deployment。可以在当前页面下上传 jar 包到服务器端，对服务器进行更新程序。

（4）Logs。该标签页主要是显示了日志的相关信息，如图 9-24 所示。

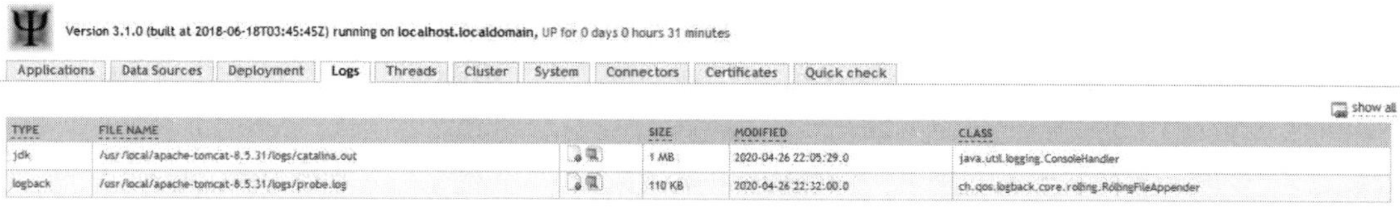

Version 3.1.0 (built at 2018-06-18T03:45:45Z) running on localhost.localdomain, UP for 0 days 0 hours 31 minutes

Applications | Data Sources | Deployment | Logs | Threads | Cluster | System | Connectors | Certificates | Quick check

show all

TYPE	FILE NAME	SIZE	MODIFIED	CLASS
jdk	/usr/local/apache-tomcat-8.5.31/logs/catalina.out	1 MB	2020-04-26 22:05:29.0	java.util.logging.ConsoleHandler
logback	/usr/local/apache-tomcat-8.5.31/logs/probe.log	110 KB	2020-04-26 22:32:00.0	ch.qos.logback.core.rolling.RollingFileAppender

图 9-24　Logs 信息

这里显示日志文件名、日志大小、日志更新时间以及涉及到的类的信息。

单击日志文件链接可以查看日志文件信息，这个日志信息的内容就是 Tomcat 目录下的日志信息，日志内容如下：

```
    at java.lang.reflect.Method.invoke(Method.java:498)
    at org.apache.catalina.startup.Bootstrap.start(Bootstrap.java:353)
    at org.apache.catalina.startup.Bootstrap.main(Bootstrap.java:493)
    26-Apr-2020 22:05:28.532 信息 [main] org.apache.coyote.AbstractProtocol.pause Pausing ProtocolHandler ["http-nio-8080"]
    26-Apr-2020 22:05:28.532 信息 [main] org.apache.coyote.AbstractProtocol.pause Pausing ProtocolHandler ["ajp-nio-8009"]
    26-Apr-2020 22:05:28.532 信息 [main] org.apache.catalina.core.StandardService.stopInternal Stopping service [Catalina]
    26-Apr-2020 22:05:29.062 警告 [localhost-startStop-1] org.apache.catalina.loader.WebappClassLoaderBase.clearReferencesThreads
The web application [opencarrun] appears to have started a thread named [Thread-3] but has failed to stop it. This is very likely to
create a memory leak. Stack trace of thread:
    java.lang.Thread.sleep(Native Method)
    org.apache.log4j.net.SocketAppender$Connector.run(SocketAppender.java:440)
    26-Apr-2020 22:05:29.089 信息 [main] org.apache.coyote.AbstractProtocol.stop Stopping ProtocolHandler ["http-nio-8080"]
    26-Apr-2020 22:05:29.089 信息 [main] org.apache.coyote.AbstractProtocol.destroy Destroying ProtocolHandler ["http-nio-8080"]
    26-Apr-2020 22:05:29.090 信息 [main] org.apache.coyote.AbstractProtocol.stop Stopping ProtocolHandler ["ajp-nio-8009"]
    26-Apr-2020 22:05:29.090 信息 [main] org.apache.coyote.AbstractProtocol.destroy Destroying ProtocolHandler ["ajp-nio-8009"]
```

当然要看得懂这个日志信息，就必须了解这些 Java 类，否则可能很难看明白。

如果有需要也可以将这个日志文件下载下来。

（5）Threads。线程标签页主要显示服务器线程池的信息，如图 9-25 所示。

Applications | Data Sources | Deployment | Logs | Threads | Cluster | System | Connectors | Certificates | Quick check

Threads Pools　　What are those abbreviations?

ID	NAME	EXEC. POINT	STATE	IN.NATIVE	SUSP.	WC	BC
1	main	java.net.PlainSocketImpl.socketAccept (native code)	RUNNABLE	true	false	1	1
12	AsyncFileHandlerWriter-8039463	sun.misc.Unsafe.park (native code)	TIMED_WAITING	false	false	6013	0
13	RMI TCP Accept-0	java.net.PlainSocketImpl.socketAccept (native code)	RUNNABLE	true	false	0	0
14	GC Daemon	java.lang.Object.wait (native code)	TIMED_WAITING	false	false	1	0
15	NioBlockingSelector.BlockPoller-1	sun.nio.ch.EPollArrayWrapper.epollWait (native code)	RUNNABLE	true	false	0	1133
16	NioBlockingSelector.BlockPoller-2	sun.nio.ch.EPollArrayWrapper.epollWait (native code)	RUNNABLE	true	false	0	0
19	logback-1	sun.misc.Unsafe.park (native code)	WAITING	false	false	2	0
2	Reference Handler	java.lang.Object.wait (native code)	WAITING	false	false	15	15
20	logback-2	sun.misc.Unsafe.park (native code)	WAITING	false	false	1	0
21	logback-3	sun.misc.Unsafe.park (native code)	WAITING	false	false	1	0
22	Probe_Quartz-1	java.lang.Object.wait (native code)	TIMED_WAITING	false	false	11892	343
23	Probe_Quartz-2	java.lang.Object.wait (native code)	TIMED_WAITING	false	false	11899	363

图 9-25　线程信息

单击左上角的“Threads Pools”链接，会显示线程池相关的参数信息，如图 9-26 所示。

Applications | Data Sources | Deployment | Logs | **Threads** | Cluster | System | Connectors | Certificates | Quick check

Running threads

NAME	CURRENT THREAD COUNT	CURRENT THREADS BUSY	MAX THREADS	MAX SPARE THREADS	MIN SPARE THREADS
"ajp-nio-8009"	10	0	200	0	0
"http-nio-8080"	10	1	300	0	0

图 9-26　线程池

这个界面显示了当前线程数、当前正在忙的线程、最大线程数、最大空闲线程数和最小空闲线程数。关于线程的参数在 server.xml 文件中可以设置。

（6）Cluster。Cluster 标签页主要是显示集群相关的信息。

（7）System。System 主要是显示系统相关的信息，如图 9-27 所示。

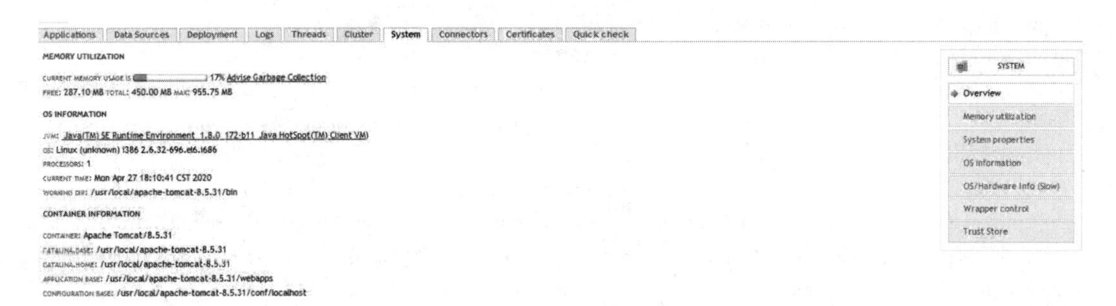

图 9-27　系统相关的信息

MEMORY UTILIZATION 显示了系统内存以及内存的使用情况，单击“Advise Garbage Collection” 选项可以对内存进行回收。下面是服务器操作系统相关的信息。

单击右侧 Memory utilization 选项，会显示出所有关于内存使用的信息，包括 HEAP（堆）和 NON_HEAP（非堆）的信息，如图 9-28 所示。

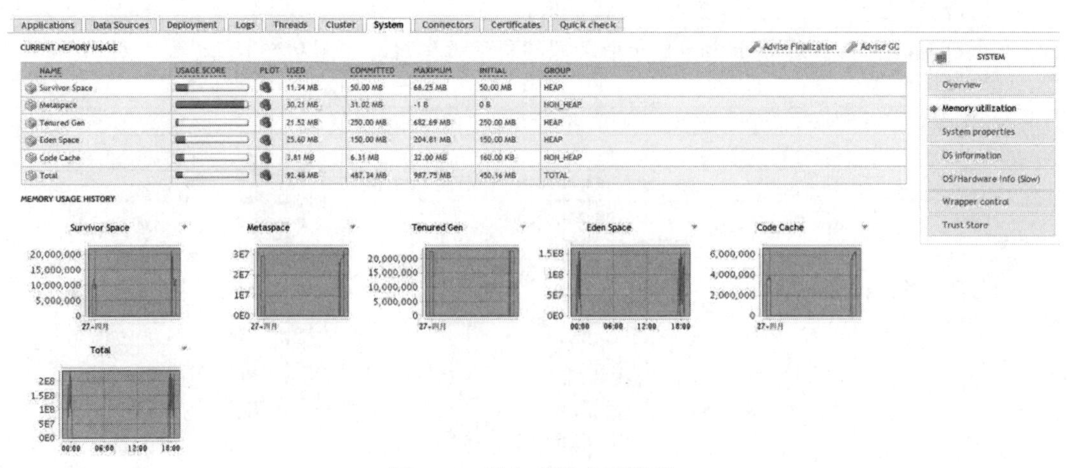

图 9-28　堆与非堆内存使用

如果要看懂图里面的信息，特别是关于 HEAP（堆）和 NON_HEAP（非堆），必须对 JVM 有深入的理解。图 9-28 上半部分显示了堆中三代使用内存的情况以及相关的参数信息，但是最新版的 JVM 并没有持久代，而是将持久代换成了元空间。

图 9-28 下半部分则显示出了所有代所消耗内存的情况。这个消耗的内存正常一定是锯齿形状，就是一高一低的，因为 GC 会在后面回收内存。

内存使用是监控 Tomcat 一个很重要的数据。所以必须要看得懂这些数据和曲线图。

（8）Connectors。Connectors 标签页主要显示了连接器相关的信息，如图 9-29 所示。

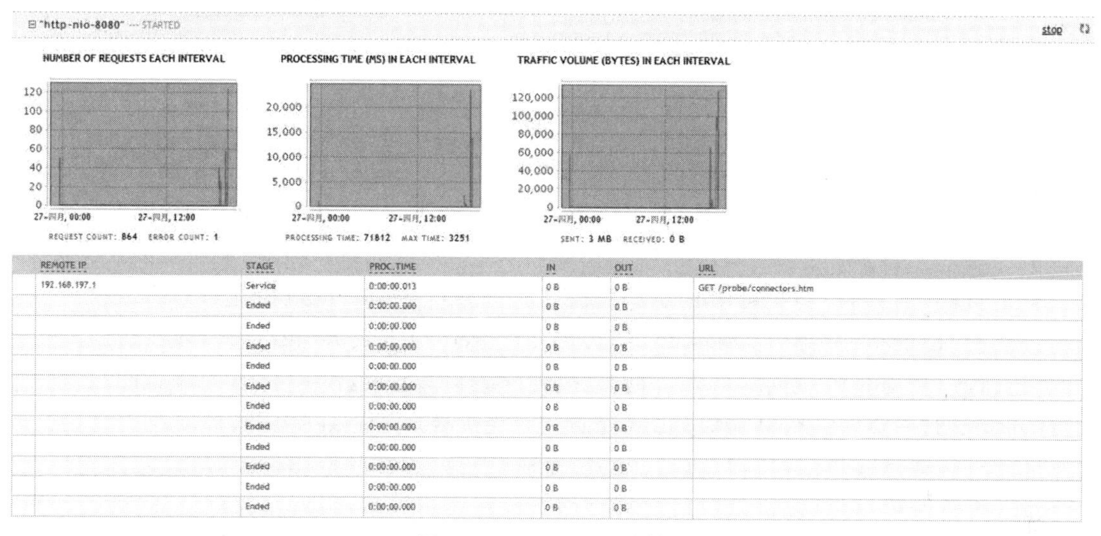

图 9-29　Connectors 连接器

这里显示了所有连接器处理请求的情况：每秒钟处理的请求数、请求的响应时间、请求的字节数等。图 9-29 中下方列表中的内容为客户端访问服务器的相关资源信息。

（9）Certificates。Certificates 标签页显示了证书相关的信息。

（10）Quick check。Quick check 标签页显示了检查服务器状态的一些信息。主要包括以下信息：

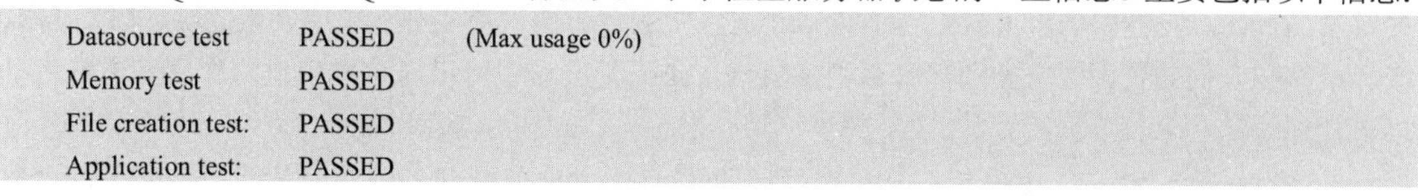

Datasource test	PASSED	(Max usage 0%)
Memory test	PASSED	
File creation test:	PASSED	
Application test:	PASSED	

9.3　Tomcat 调优

在对 Tomcat 进行调优之前，需要对 Tomcat 的结构体系有一个清楚的了解，这对调优会起到至关重要的作用，Tomcat 结构体系图如图 9-30 所示。

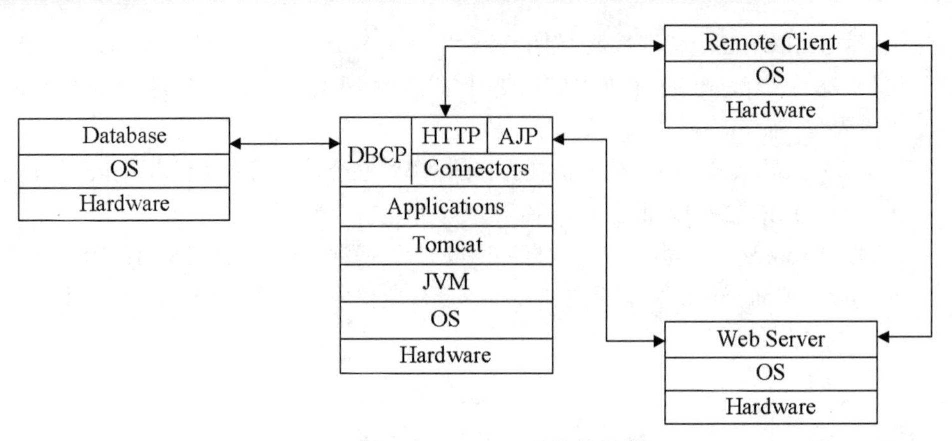

图 9-30　Tomcat 结构体系图

Hardware（硬件）：硬件方面影响性能的主要有 CPU、内存网络 I/O 和文件 I/O。

OS（操作系统）：多处理机操作系统（Symmetric Multi-Processing，SMP）和线程支持情况会影响性能。

JVM：JVM 的版本、分配可使用的内存值和 GC 内存回归机制会影响性能。

Tomcat：Tomcat 的版本对其性能也会有影响，最近的版本在这方面做了很大的改进。

Database（数据库）：数据库允许的并发连接数、数据库连接池和缓存都会影响性能。

Tomcat 调优主要包括 JVM 调优、Tomcat 配置、连接器配置和 APR 配置。

9.3.1　Tomcat 配置

当 Tomcat 服务器安装好并开始运行后，需要对服务器进行一些基本配置，通常关于 Tomcat 服务器的配置包括两部分：一是编辑 Tomcat 的 XML 配置文件；二是确定适当的环境变量。

（1）XML 配置文件。Tomcat 服务器有两个很重要的 XML 配置文件：server.xml 和 web.xml。通常情况下这两个文件存放在 Tomcat 安装目录下的 conf 文件夹中。

server.xml 文件是 Tomcat 最主要的配置文件，该文件主要是指定 Tomcat 启动时的初始配置，并定义 Tomcat 启动和构建的方式。server.xml 文件中包含五类基本类别：顶层元素、连接器、容器、嵌套组件和全局设置。这些类别都有着很多属性，在配置过程中可以对这些值进行微调，通常包括以下几部分：

1）顶层元素（Top Level Elements）。关于顶层元素主要包括服务器和服务两类，服务器主要定义一个单个的 Tomcat 服务器，包括 Logger 和 ContextManager 配置，此外还包括服务器支持的“端口”“关机”和“类名”属性。服务则是一个元素，该元素嵌套在一个服务器中，服务包含一个或多个用于共享相同引擎的组件，该组件主要功能是定义一个单一服务器的组件，服务的名称在“name”属性中指定。

2）连接器（Connectors）。在服务器标签中可以定义一个或多个连接器，通过 Catalina 从这些端口向引擎组件发送请求，Tomcat 允许定义 HTTP 和 AJP 两种连接器，关于这两种连接器将在连接器部分的内容中进行详细介绍。

3）容器（Containers）。这些元素使用 Catalina 直接处理设备的请求。

4）上下文（Context）。此元素是一个单一的 Web 应用，并且包含如果查找到最适合的应用程序资源的路径信息，当 Catalina 接收到一个请求后，它使用 Context 去匹配最长的 URL，直到找到正确的服务请求元素，Context 元素为每个元素设置一个最大的嵌套实例，虽然可以通过修改 server.xml 文件来修改 Context 的内容，但一般情况下不应该修改 Context 内容，因为这些配置如果不重启 Tomcat 服务器不能被加载。

5）主机（Host）。这个元素嵌套在引擎元素中，用于关联 Catalina 服务器所在网络中的网络服务器名，这个元素的功能只有在虚拟机注册 DNS 管理域的过程中才能正确使用，该元素最大的作用是嵌套别名，可以为同一个虚拟机定义多个不同的别名。

6）集群（Cluster）。集群元素能够提供上下文属性复制、WAR 部署、会话复制并且将其嵌套在一个引擎或主机元素中，虽然可以对这个元素进行配置，但一般情况下默认设置就可以满足用户的需求。

7）全局命名资源（Global Naming Resources）。这个元素主要是为一个指定服务器指定全局 Java 名和目录接口资源，可以在该元素中定义<resource-ref>和<resource-env-ref>的查找特征并且可以使用<ResourceLink>进行链接。如果使用该技术定义其他的参数，那么必须指定和配置对象属性。

8）范围（Realm）。这个元素可以被嵌套在任何容器元素中，用于定义数据库用户名、密码和容器的角色，如果嵌套在主机或引擎元素中，那么 Realm 元素的特征将会继承低级别容器的特性。Realm 元素中最重要的属性是“classmate”，其主要提供不同类型容器的安全性，并且实现的方式有多种。

9）资源（Resources）。这个元素主要是用于通过 Web 应用程序引导 Catalina 的静态资源，常见的静态资源有：类、HTML 和 JSP 文件等。

10）Web.xml 文件。Web.xml 文件遵从 Servlet 规范，其主要包含的信息用于部署和配置 Web 应用程序，如果是第一次配置 Tomcat，那么主要是定义 Servlet 映射到主要的部件（如 JSP）。在 Tomcat 中，这个文件以同样的方式在 Servlet 规范中描述这些功能。

（2）环境变量。在第一次配置 Tomcat 时，有几个环境需要进行适当地修改，主要包括：JAVA_OPTS、CATALINA_HOME、CATALINA_OPTS。

1）JAVA_OPTS。使用该变量可以定义 JVM 中堆的大小，堆大小是一个很重要的指标，当在部署一个新的应用程序时，需要设置一个适当的堆大小的值，否则会影响系统性能，同时可以消除或减小 OOME 消息。

2）CATALINA_HOME。该变量用于指定 Tomcat 的安装位置，当 Tomcat 脚本启动时会自动去检查这个变量的值，以确定设置是否正确，避免运行过程中出现问题。

3）CATALINA_OPTS。该变量用于设置 Tomcat 指定的不同的选项。

除了以上一些配置外，还有两个相关的配置会影响系统性能：DNS 查找和 JSP 编译。

（1）DNS 查找。如果 Web 应用服务器需要获得客户端的日志信息，那么通常有两种方式：

一种是记录客户端机器的 IP 地址；另一种是在 DNS 中查找客户端主机名信息。而 DNS 查询需要网络流量，在查询过程中可能会经历多个服务器的往返查找，但也可能不需要，这样就会导致出现延迟响应的情况，如果需要消除这些延迟响应，就必须关闭 DNS 查询，在 HTTP 对象中有一个 getRemoteHost 的方法，通过这个方法可以找到一个唯一的 IP 地址，关于 DNS 的选项在 server.xml 文件中的 connector（连接器）中设置，源代码如下：

```
<!--
  Define a non-SSL Coyote HTTP/1.1 Connector on port 8080
-->
<Connector
    className="org.apache.coyote.tomcat4.CoyoteConnector"
    port="8080" minProcessors="5" maxProcessors="75"
    enableLookups="true" redirectPort="8443"
    acceptCount="10" debug="0" connectionTimeout="20000"
    useURIValidationHack="false"
/>
```

如果需要关闭 DNS 查找，那么将该选项设置为“false”。除非需要指定一个完整的主机名去访问网站，否则都需要将该选项设置为“false”，这样不但可以节约带宽、查找时间和内存。当然对于低流量的网站，这个设置项可能不会有明显的效果，但是不能排除它某天变成了一个高流量的网站。

（2）JSP 编译。在一个 JSP 页面第一次被访问时，它需要转换为 Java servlet 源码，并且编译为 Java 字节码，而当许多不同用户同时访问 JSP 页面时，服务器可能会处于一种高负载状态，所以应该改善网站对 JSP 页面的处理方法，进而优化 JSP 的性能。

1）Tomcat 如何处理 JSP 页面。JSP 是 Java servlet 代码与 HTML 标记的组合，Tomcat 处理 JSP 是使用一个称为 Jasper 2 的引擎，该引擎包括各种处理和解析 JSP 的组件，以及 JSP 的编译器。在一个 JSP 页面第一次被访问时，Jasper 引擎会将源码转换为 Java servlet 源码，并且使用 Java 编译器将其编译成 Java 字节码。

2）审核动态内容。JSP 性能改进的第一步是分析网站的结构、预期负载和 JSP 页面需要实现的功能，如果创建的网站中混杂着动态和静态，当网站可以完成定期更新静态内容时，那么应该是动态处理结束后才去处理静态内容，例如网站的标题，这是一个动态的内容，但是一天可能才处理一两次。

现在有一些开源于 Java 模板（如 Velocity 或 Freemarker）来解决动态审核问题，在未来可能会成为一个新的功能。

3）JSP 预编译技术。当服务器运行 JSP 页面时服务器会使用最佳的性能来编译 JSP 页面，如何缓解这一问题？一般会对 JSP 进行预编译操作，而不是等运行时才进行实时编译。通常有以下三种预编译的方法来提高系统的性能。

第一：使用请求进行预编译。

预编译的一次最简单的方法是，在发送请求的过程中进行预编译，因为在第一次发送请求时，JSP 会自动进行编译，这样在第一个真实的用户访问该 JSP 页面时就不需要再编译了，如果只有少数 JSP 页面，并且不需要频繁地启动服务器，则可以在服务器启动时，使用一个小脚本自动爬行所有的 JSP 页面，这样可以大大地提高性能。这个方法在开发过程中很有用，因为这种方法可以查找哪些用户第一时间访问 JSP 页面，并且可以纠正一些错误。

第二：启动时进行预编译。

Java 中有一个 Java servlet 模块，它包括 JSP 指定的一些功能和语法元素，这些语法在 Web 应用程序启动时会指定 JSP 进行编译，在“WEB-INF/web.xml”文件中可以对 JSP 进行预编译设置，如以下实例：

```
<web-app ...>
 <servlet>
  <servlet-name> YourJSP.jsp </servlet-name>
  <jsp-file> /path/to/yourjsp.jsp </servlet-name>
  <load-on-startup> 1 </load-on-startup>
 </servlet>
</web-app>
```

整数“1”是用来指定编译顺序的，所以可以为预编译创建一个层次结构，这样可以消除第一个用户访问预编译页面的时间延迟，减少 Web 程序重启时所需要的资源。

第三：在编译过程中进行预编译。

在编译过程中进行预编译是指在构建 Web 应用程序时，使用 JspC 进行预编译 JSP 代码，而不是在 Tomcat 服务器上进行动态编译，在一些情况下这种技术可以提高 4%的系统性能。

JSP 性能最佳实践

前面介绍了通过修改 Tomcat 配置文件来提高 JSP 性能，而遵守一些编码规则也可以提高 JSP 的性能，通常有两种方法：高效缓存和目标控制。

第一：在代码中如何有效提高 JSP 原始的缓存数据可以有效地提高性能，即如何有效地利用缓存中的数据或如何高效使用缓存方法来处理数据。

第二：目标控制，主要包括会话长度/范围、线程池配置和缓存区大小。

（1）JSP 数据缓存。如果 JSP 页面已经产生了一些静态或动态内容，那么这种情况不要它再出现，因为它可以通过会话或应用程序调用缓存数据，为了得到安全的动态内容，这样会重复使用所有活动会话。

生成静态文件使用了一次_jsplnit()方法，同时使用_jspService 方法对数据进行备份，但不在每次请求页面时使用 out.print()。缓存中的动态数据有 4 个持久机制：Tomcat 原始的持久机制、cookies、URL 重写和隐藏区域。

在使用 JSP 数据缓存时，需要平衡客户端和服务器间的负载、安全缓存（Tomcat 持续支持安全的存储数据）和处理隐藏区域。

（2）对象控制。在关闭会话、重新使用标签和配置缓存区时，很容易浪费服务器 CPU 时间周期，特别是在清理 JSP 代码时需要考虑这个问题，所以可以考虑移除大数据和关闭会话、对象。在整个页面生成过程中一次性移除大数据（如图片），通常使用 flush()方法，并且应该考虑设置缓存大小。在控制对象时，JSP 包括处理会话、孤立对象和饥饿内存的处理机制，如超时和序列化。

9.3.2 连接器配置

接连器元素是 Tomcat 用于连接外部程序的，其允许 Catalina 接受请求，传送到 Web 应用程序，将生成的动态信息通过连接器返回到 Tomcat 服务器。Tomcat 的连接器包括两种：HTTP 和 AJP。

每个连接器元素都有一个端口，Tomcat 会通过这个端口来监听请求，并且会为服务器和引擎中的连接器元素设置等级，这样管理员可以通过创建逻辑结构来管理这些数据流。此外，用户的请求通过路由器可以找到相应的服务器，连接器通过连接可以将 Tomcat 与其他 Web 技术进行连接（如 Apache 服务器），这样可以有效平衡负载。

连接器元素只有一件事，就是监听请求，并通过引擎获得指定端口上返回的结果。就它本身来说，这个连接器自身没什么功效，这个元素包含的唯一信息是输入和输出的端口，以及一些告诉它如何准确输入和输出的特性。

那么如何通过嵌套连接器来实现我们需要的功能呢？下面是一个例子：

```
<Server>
  <Service>
    <Connector port="8443"/>
    <Connector port="8444"/>
    <Engine>
      <Host name="yourhostname">
        <Context path="/webapp1"/>
        <Context path="/webapp2"/>
      </Host>
    </Engine>
  </Service>
</Server>
```

上例中定义了两个连接元素，监听的两个端口号为 8443 和 8444，但需要注意的是每个操作系统每个连接器只允许一个端口，所以每个连接器需要为自己定义一个指定的端口。并且这两个连接器元素都嵌套在一个服务器元素中，这样可以告诉连接器如何监听指定的端口，并且通过服务器的引擎连接器可以处理这些请求并将处理后的结果返回到连接器。

根据该例设置，这两个连接器都是使用相同的引擎发送请求，同样反过来，也是通过这个引擎来获得 Web 应用程序返回的结果。

如果现在想修改当前配置，不需要每个连接器返回的请求有两个响应，只需要每个连接器返回其指定的端口信息，要实现该功能，只要对配置进行如下修改即可：

```
<Server>
  <Service name="Catalina">
    <Connector port="8443"/>
    <Engine>
      <Host name="yourhostname">
```

```
            <Context path="/webapp1"/>
          </Host>
        </Engine>
      </Service>
      <Service name="Catalina8444">
        <Connector port="8444"/>
        <Engine>
          <Host name="yourhostname">
            <Context path="/webapp2"/>
          </Host>
        </Engine>
      </Service>
    </Server>
```

该例中使用了两个不同的服务，使用两个不同的连接器，通过连接器中两个不同的端口和引擎连接到同一台服务器，虽然变得复杂了，但是层次结构更简单。

1. HTTP 连接器

虽然 Tomcat 设计了一个 servlet 容器，但其他功能只能适用于一个独立的 Web 服务器，而 servlet 容器的这些功能 HTTP 连接器也可以实现。HTTP 连接器使用 HTTP/1.1 协议，它代表一个单独的连接器组件，监听一个给定的服务器上指定的 TCP 端口的连接。

连接器有很多属性，通过修改这些属性可以精确地指定它的功能，并且可以对功能进行受权，如代理和重定向。其两个最重要的属性是“协议”和“SSLEnabled”。

“协议”属性主要定义连接器使用的通信协议，默认的通信协议为 HTTP/1.1，但可以对通信协议进行修改，并且允许设置更多的其他的协议。例如，希望调整 socket 的性能，可以将“协议”属性项设置为 NIO（Java New IO 的简称）协议。如果将“SSLEnabled”属性设置为“True”连接器会使用 SSL 握手、SSL 加密和 SSL 解密。

HTTP 连接器也可以作为负载均衡的一种解决方案，配合 HTTP 负载平衡器可以支持粘性会话，如 mod_proxy 方法，但是如果处理代理的情况 AJP 连接器比 HTTP 连接器效果更好。

2. AJP 连接器

AJP 连接器的工作方式与 HTTP 连接器的一样，但其使用的协议为 AJP 协议，Apache JServ 协议或 AJP 协议，AJP 协议是一个优化的二进制版本的协议，通常用于 Tomcat 服务器与 Apache Web 应用程序进行通信。

3. Connector 参数配置

以下代码是连接器配置的一个实例：

```
<Connector executor="tomcatThreadPool"
    port="80" protocol="HTTP/1.1"
    connectionTimeout="50000"
    keepAliveTimeout="20000"
    maxKeepAliveRequests="1"
```

```
redirectPort="444"
maxHttpHeaderSize="8192" URIEncoding="UTF-8" enableLookups="false" acceptCount="100" disableUploadTimeout="true"/>
```

常见的连接器参数如下：

connectionTimeout：网络连接超时时间，单位为毫秒，如果设置为“0”则表示永不超时，不建议这样设置。

keepAliveTimeout：保持连接的最长时间，单位为毫秒。

maxKeepAliveRequests：最大的连接数（“1”表示禁用该设置，“-1”表示不限制个数，默认值为100）。

maxHttpHeaderSize：表示允许的HTTP请求头的最大值，超过此值的请求将不予受理。

URIEncoding：设置Tomcat容器的URL编码格式。

acceptCount：指定当所有可以使用的处理请求的线程数都被使用时，可以放到处理队列中的请求数，超过这个数的请求将不予处理，默认为10个。

disableUploadTimeout：上传文件时是否使用超时机制。

enableLookups：是否启动反查域名机制（取值为true或false），为了提高处理能力，应设置为false。

bufferSize：定义连接器所提供的输入流中缓存区大小，默认值为2048个字节。

maxSpareThreads：最大空闲连接数，如果创建的线程超过这个值，Tomcat就会关闭不再需要的线程数，默认值为50。

maxThreads：最多同时处理的连接数，Tomcat 使用线程来处理接收的每个请求，这个值表示Tomcat可创建的最大的线程数。

minSpareThreads：最小空闲线程数，Tomcat初始化时创建的线程数，该值应该小于maxThreads，默认值为4。

minProcessors：最小空闲连接线程数，默认值为10。

maxProcessors：最大连接线程数，默认值为75。

4. maxThreads配置

maxThreads代表Tomcat的HTTP连接器所创建的请求处理线程的最大数目，如以下代码：

```
<Executor name="tomcatThreadPool" namePrefix="catalina-exec-"
        maxThreads="250" minSpareThreads="20" maxIdleTime="60000" />
<Connector executor="tomcatThreadPool"
        port="80" protocol="HTTP/1.1"
        connectionTimeout="60000"
        keepAliveTimeout="15000"
        maxKeepAliveRequests="1"
        redirectPort="443"
        ...../>
```

表示Tomcat服务器最大可以处理250个请求，如果不设置该值，那么默认值为200。

maxThreads 处理过程如下：

（1）当服务器启动时，HTTP 连接器将创建一个基础线程数，这个值为 minSpareThreads（最小空闲连接数）。

（2）每个传入的请求都需要一个持续时间，允许的最大时间为 keepAliveTimeout 所设置的值。

（3）如果需要同时处理的请求数超过 minSpareThreads 设置的值，那么额外的线程数将以最大配置数为准，即 maxThreads 的值。

（4）如果同时处理的请求数超过最大配置值，即超过 maxThreads 所设置的值，那么这些请求将会排成队列，队列最大值由 acceptCount 确定。

（5）如果队列长度超过 acceptCount 所设置的值，那么请求连接时将会被拒绝，直到有可用资源时才建立连接。

maxThreads 是一个很重要的参数，在配置过程中它应该遵守什么原则呢？

```
org.apache.tomcat.util.threads.ThreadPool logFull SEVERE: All threads (150) are currently busy, waiting. Increase maxThreads (150) or check the servlet status
```

如果出现上述错误，首先需要调查请求所花费的时间，并检查它是否返回线程池，例如，数据库连接一直不释放，线程需要等获得数据库连接后才能运行，这样导致其他的请求不能被处理，如果此时增大 maxThreads 值，可以会导致以下后果：

- 消耗大量内存。
- 在切换上下文内容时所花费的时间将会进一步增多。

这些元素使用 Catalina 直接处理设备的请求。

所以，如果在优化系统性能过程中，将该设置值设为 500～750，将带来上述两个问题。maxThreads 的值大于 750，则需要使用 Tomcat 服务器集群来解决这个问题，如需要将 maxThreads 的值设置为 1000，需要使用两个 Tomcat 服务器，各自设置为 500，而不是将一个 Tomcat 服务器设置为 1000。

5. connectionTimeout 配置

connectionTimeout 用于设置网络连接超时时间。设置通信的超时时间对于改善通信过程非常重要，它可以帮助发现问题和稳定分布系统，JK 有几种不同的超时类型，按属性分，通常包括：CPing/CPong、低级别 TCP 超时、连接池和空闲超时、防火墙连接和回复超时，通常在 httpd.conf、workers.properties 和 server.xml 三个文件中进行设置，也可以分别对这些选项进行设置。但这些选项默认情况是禁用状态，一般不设置超时的极端值，否则可能适得其反。

（1）CPing/CPong。CPing/CPong 用于测试后端小数据包的状态，在建立连接后和请求返回数据包之前 JK 可以直接测试数据包，可以通过配置来设置 CPong 与 CPing 之间的最大空闲时间。

在 ping_mode 模块中可以设置各种连接方式的超时时间：

连接模式（connect mode）：使用 connect_timeout 属性设置超时时间。

前岗模式（prepost mode）：使用 prepost_timeout 属性设置超时时间。

间隔模式（interval mode）：使用 connection_ping_interval 属性设置空闲间隔时间。

（2）低级别 TCP 超时。一些平台允许设置 TCP 套接字操作超时，这种情况只允许在 Linux 和 Windows 操作系统中使用，其他的平台不支持，如果平台 TCP 发送和接受超时，那么可以通过 socket_timeout 属性进行设置，该属性在文件 workers.properties 中。如果平台不支持套接字操作超时，JK 也会接受这个属性，但这种情况下，该属性没有任何效果，默认值为“0”，表示禁用超时，该属性的单位为秒，而非毫秒，这个超时是一个低层次的，用于套接字中每个读与写的操作。

使用此属性 JK 可以很快地反映关于网络类型的问题，但这也有一些负影响，因为平台太多，如果真的是由于网络问题引起的超时，或者没有收到后端返回的数据包，那么 JK 不可能很快恢复，故不可能将这个值设置得太小。

一般情况下当建立连接后，可以使用 socket_connect_timeout 来测试超时时间，其单位为毫秒，因为一些平台不支持 socket_timeout，超时时间一般设置为 1000～5000 毫秒。

（3）连接池和空闲超时。JK 会处理每个 Web 服务器连接池中的每个连接，连接被用于持久模式，当一个请求处理完成后，连接会处于断开状态，等待下一个发送过来的请求，连接池希望增加并行请求的数量。

大多数应用程序每个时间段所承受的负载是有所不同的，所以当连接数在不断增加时，连接会被临时保存在后端，这样导致前端越来越拥挤，所以后端可能会使用一个线程来处理提交的新的连接，当系统负载减少时可以将连接池缩小。

JK 允许在连接池的一些连接在一些空闲时间后被关闭，使用 connection_pool_timeout 属性可以设置最大空闲时间，单位为秒，其默认值为“0”，表示禁止关闭空闲连接。一般建议设置为 10 分钟，即 600 秒。如果需要设置此属性，那么在 Tomcat 服务器中 server.xml 配置文件中的 AJP 连接器中修改 connectionTimeout 选项，单位为毫秒。

JK 并不会立即关闭那些超时的连接，而是先运行一些内部自动维护的任务，每隔 60 秒自动检查所有空闲状态的连接，60 秒的时间间隔可以使用全局属性（worker.maintain）进行重新设置，但不建议修改该值。

（4）防火墙连接。空闲连接来自于防火墙，这往往是在网络服务器和后端之间，如果连接长时间处于闲置状态，那么连接的状态表将会丢失，TCP 是一个可靠的协议，它会检测 TCP ACKs 是否丢失，并且会重新发送那些时间相对较长的包，当然这一般需要几分钟的时间。因此 JK 配置时常常需要配置 connection_pool_timeount 和 connection_pool_minsize 两个属性，Tomcat 测试需要配置 connectionTimeout 属性来防止空闲连接下降。

另外，使用可以配置 socket_keepalive 标准套接字选项，这样当连接处于空闲状态时，会自动向每个连接发送 TCP keepalive 包，默认值为“false”，如果怀疑是防火墙引用的空闲连接，可以将该选项设置为“true”。但是对于不同的平台，默认的时间间隔和算法是不一致的，所以要调整 TCP 的设置项来测试其控制 TCP keepalive 的效果。

（5）回复超时。对于请求的响应 JK 也可能出现超时的情况，出现超时的响应不能被处理，反之一样，连接响应的数据包需要多长时间才能完成，这是我们关注的问题，例如一个长时间的下载，无法设置一个全局的回复超时的时间，因为无法确定最后下载的时间。

通过设置 reply_timeout 属性可以设置超时时间，单位为毫秒，默认值为“0”，表示不禁用超时，如以下配置：

```
worker.worker1.port = 8888
worker.worker1.reply_timeout = 120000
worker.worker1.socket_timeout = 150000
```

该配置在 workers.properties 文件中设置。

配合 Apache 一起使用时，可以通过设置 http 的环境变量 reply_timeout 来设置超时时间，这样更灵活。

6. acceptCount 配置

acceptCount 是指当所有可以使用的处理请求的线程数都被使用时，可以放到处理队列中的请求数，超过这个数的请求将不予处理，默认为 10 个，即允许请求队列的最大长度，如果客户端提交的请求不能被同时并发处理完成，即客户端请求数超过 maxThreads 的值，其余的请求将会以队列的方式存储着，如果这个队列的长度大于 acceptCount 所设置的值，客户端提交的请求就不会被处理，即被服务器拒绝，导致连接失败。

在设置该值时应该注意，这个值不能设置得太小，也不能设置得太大，如果设置得太小会出现大量请求可能被直接拒绝的情况，但此时这些请求可能根本没有超时；如果将该值设置得过大，则会出现请求被超时的情况，因为如果排的队列过长，后面的队列很可能出现超时的情况，keepAliveTimeout 和 connectionTimeout 两个属性值会影响决定连接是否超时，如果队列过长后面的请求就会出现超时，请求同样也无法被正确处理，所以在设置该值时，需要以服务器访问的峰值或平均值来衡量，但实际测试过程中可以通过配置该值来测试性能的表现。

9.3.3 APR 配置

Tomcat 可以使用 APR（Apahce Portable Runtime）来提高 Tomcat 的性能，并且更好地集成本地服务器技术，APR 是一个高可移植库，它以 Apache HTTP Server 2.x 为核心。APR 有很多用途，包括访问高级 IO 功能（如 sendfile、epoll 和 OpenSSL）、OS 级别功能（随机数生成、系统状态等）、本地进程管理（共享内存、NT 管道和 UNIX sockets），这些功能可以使 Tomcat 作为一个通常的前台 Web 服务器，更好地和其他本地 Web 技术集成，总体上让 Java 更有效率地作为一个高性能 Web 服务器平台，而不是简单作为后台容器。

APR 安装需要三个主要组件：

- APR 库。
- 基于 APR 的 JNI（Native Interface）安装包。
- OpenSSL 库。

在 Windows 下安装：在 Windows 二进制包中提供了 tcnative 包，它是一个静态包，包括 OpenSSL 和 APR 两个组件，针对自身的平台可以下载适合自己的平台，从安全性角度考虑，建议使用单独的 OpenSSL 和 APR 包。

在 Linux 下安装：在很多 Linux 发行版中其实已经封装了 APR 和 OpenSSL 安装包，JNI 安装包则依赖于 APR、OpenSSL 和 JDK。

安装包是二进制的源文件，在 tomcat-native.tar.gz 包中，对该文件进行解压和提取，提取后对文件进行配置、编辑和安装即可。即./configure、make 和 make install。

安装好之后，在 server.xml 文件中可以看到关于 APR 配置的内容，如下是一个实例：

```
<?xml version='1.0' encoding='utf-8'?>
<Server port="-1" shutdown="SHUTDOWN">

  <Listener className="org.apache.catalina.core.AprLifecycleListener" SSLEngine="on" />
  <Listener className="org.apache.catalina.core.JasperListener" />
  <Listener className="org.apache.catalina.mbeans.ServerLifecycleListener" />
  <Listener className="org.apache.catalina.mbeans.GlobalResourcesLifecycleListener" />

  <GlobalNamingResources>
    <Resource name="UserDatabase" auth="Container"
              type="org.apache.catalina.UserDatabase"
              description="User database that can be updated and saved"
              factory="org.apache.catalina.users.MemoryUserDatabaseFactory"
              pathname="conf/tomcat-users.xml" />
  </GlobalNamingResources>

  <Service name="Catalina">

    <Executor name="tomcatThreadPool" namePrefix="tomcat-http--" maxThreads="300" minSpareThreads="50"/>

    <Connector
               executor="tomcatThreadPool"
               port="8080"
               protocol="org.apache.coyote.http11.Http11AprProtocol"
               connectionTimeout="20000"
               redirectPort="8443"
               acceptCount="100"
               maxKeepAliveRequests="15"/>

    <Connector
               executor="tomcatThreadPool"
               port="8443"
               protocol="org.apache.coyote.http11.Http11AprProtocol"
               connectionTimeout="20000"
               redirectPort="8443"
               acceptCount="100"
```

```
                maxKeepAliveRequests="15"
                SSLCertificateFile="${catalina.base}/conf/tcserver.crt"
                SSLCertificateKeyFile="${catalina.base}/conf/tcserver.key"
                SSLPassword="changeme"
                SSLEnabled="true"
                scheme="https"
                secure="true"/>

        <Engine name="Catalina" defaultHost="localhost">

          <Realm className="org.apache.catalina.realm.UserDatabaseRealm"
                 resourceName="UserDatabase"/>

          <Host name="localhost"  appBase="webapps"
                unpackWARs="true" autoDeploy="true" deployOnStartup="true" deployXML="true"
                xmlValidation="false" xmlNamespaceAware="false">
          </Host>
        </Engine>
      </Service>
    </Server>
```

APR 生命周期的监控配置如下：

```
<Listener className="org.apache.catalina.core.AprLifecycleListener" SSLEngine="on" />
```

className 表示监控的类名，SSLEngine 属性用于配置是否启动 SSL 引擎，如果设置为“on”则表示启动，如果设置为“off”则表示不启动，默认值为“on”，这只是初始化 SSL 引擎。如果需要在连接器中使用 SSL 引擎，需要配置“SSLEnabled”属性，将“SSLEnabled”属性设置为“true”表示在该连接器中启动 SSL 引擎，将“SSLEnabled”属性设置为“false”表示在该连接器中不启动 SSL 引擎。

APR 中配置连接器通常有三种：HTTP、HTTPS 和 AJP 三种。

HTTP 连接器配置：当 APR 启动时，HTTP 连接器会发送文件来处理大型静态文件，增加服务器的可伸缩性，HTTP 连接器的常用配置选项见表 9-1。

表 9-1 HTTP 连接器常用配置选项

属性	描述
keepAliveTimeout	连接关闭前等待下一个请求的时间，即下一个 HTTP 请求多长时间没有到达时即关闭当前连接，单位为毫秒，默认值与 connectionTimeout 的时间一致
pollTime	调用 poll 的持续时间，降低该属性值将会轻微地减少连接保持存活的等待时间，但是更多的 poll，将会更多地占用 CPU，默认值为 2000ms
pollerSize	负责轮询存活连接的 poller 在一给定时间内保持的 socket 数量，超过的连接将会立即被关闭。默认值为 8192，最多只能有 8192 个存活的连接

续表

属性	描述
pollerThreadCount	用于轮询的线程数保持活动的连接数。默认是 Windows 设置方式，默认值小于 1024。对于 Linux 的默认值是 1。在 Windows 下更改默认值可能有负面的性能影响
useSendfile	使用内核级的 sendfile 对于某些静态文件。默认值是 true
sendfileSize	在给定时间 poller 用于异步发送静态文件所需保持的 socket 数量。多的连接在没有发送任何数据的情况下立即被关闭（导致客户端收到一个 0 字节的文件）。注意在大多数情况下，sendfile 调用会立即返回，不会使用 sendfile poller，因此并发发送静态文件的数量要远大于该属性的指定值。该属性的默认值为 1024
sendFileThreadCount	用于发送文件的线程数，默认是 Windows 设置方式，默认值小于 1024。对于 Linux 的默认值是 1，在 Windows 下更改默认值可能有负面的性能影响

HTTPS 连接器配置：当 APR 启动后，HTTPS 连接器将使用 socket 用于轮询，以增加服务器的可伸缩性，也可以使用 OpenSSL，但是否比 JSSE 更有优势，取决于处理器，与 HTTP 连接器不同的是，HTTPS 连接器不能发送文件对静态文件进行处理。HTTPS APR 与 HTTP APR 有很多相同的基本属性，但 OpenSSL 是特定的，HTTPS 连接器的常用配置选项见表 9-2。

表 9-2　HTTPS 连接器常用配置选项

属性	描述
SSLEnabled	在套接字上启用 SSL，默认值是“false”，将此值设置为“true”以启用 SSL 握手/加密/解密的 APR 连接器
SSLProtocol	用于与客户端通信的协议。默认值是“all”
SSLCipherSuite	用于与客户端进行通信的加密算法。默认值是“all”
SSLCertificateFile	服务器证书文件名称，格式为 PEM 编码
SSLCertificateKeyFile	服务器私钥文件，格式为 PEM 编码，默认值为“SSLCertificateFile”，并且双方的证书与私钥都得保存在这个文件中
SSLPassword	私钥进行加密，如果使用“SSLPassword”加密将不提供回调函数
SSLVerifyClient	是否要求客户端提供证书，默认值为“none”，即客户端在提交请求时不附证书
SSLVerifyDepth	客户端证书最大验证深度，默认值为 10
SSLCACertificateFile	一个进行客户端验证的 PEM 编码的 CA 证书文件
SSLCACertificatePath	PEM 编码的 CA 证书文件所在的目录
SSLCertificateChainFile	服务器端 PEM 编码的 CA 证书文件
SSLCARevocationFile	客户端 PEM 编码的 CA 证书的 CRLs 文件
SSLCARevocationPath	客户端 PEM 编码的 CA 证书 CRLs 文件所在目录

一个关于 SSL 连接器配置的实例：

```
<Connector port="443" maxHttpHeaderSize="8192"
        maxThreads="150"
        enableLookups="false" disableUploadTimeout="true"
        acceptCount="100" scheme="https" secure="true"
        SSLEnabled="true"
        SSLCertificateFile="${catalina.base}/conf/localhost.crt"
        SSLCertificateKeyFile="${catalina.base}/conf/localhost.key" />
```

AJP 连接器配置：当 APR 启动后，AJP 连接器将使用 socket 用于轮回，以增加服务器的可伸缩性，与 HTTP 连接器不同的是，HTTPS 连接器不能发送文件对静态文件进行处理。

AJP 连接器的常用配置选项见表 9-3。

表 9-3 AJP 连接器常用配置选项

属性	描述
pollTime	调用 poll 的持续时间，降低该属性值将会轻微地减少连接保持存活的等待时间，但是更多的 poll，将会更多地占用 CPU，默认值为 2000ms
pollerSize	负责轮询存活连接的 poller 在一个给定时间内保持的 socket 数量，超过数量的连接将会立即被关闭。默认值为 8192，最多只能有 8192 个存活的连接

9.4 JVM 调优

JVM 全称为 Java Virtual Machine，即 Java 虚拟机，Java 语言最大的特点就是可以跨平台操作。Java 之所以可以跨平台操作，是因为 Java 将写好的目标代码装载在一个叫 Java 虚拟机的平台上，这样可以保证在不同平台上运行时，不需要再次编译代码。运行的代码其实是在 JVM 中，即代码不是直接运行在我们的操作平台中，所以 JVM 调优的核心是如何让 Java 源代码在 JVM 中运行的效率更高。影响 JVM 运行效率的核心指标是内存的使用，所以通常说的 JVM 调优都是内存分配的问题。

9.4.1 JVM 内存模型

JVM 的内存模型是由 JMM 来定义的，是一种规范，主要定义 JVM 在计算机内存 RAM 中的工作方式。它屏蔽了各种硬件和操作系统的访问差异，不像 C 语言可以直接访问硬件内存，相对来说会更安全些。其主要是解决多线程通过共享内存进行通信时本地内存数据不一致、指令重排序、代码乱序等执行相关的问题。这样可以更好地保证并发时场景中的原子性、可见性和有序性。

其实关于 JVM 内存模型是开发人员要理解的，但做性能测试的人员也要理解，是因为在做性能测试监控 JVM 时，如果不理解 JVM 内存使用的原理，就无法很好地去理解 JVM 分代、堆、非堆等使用的情况，就更无法理解 JVM 调优的相关参数了。

JVM 内存模型主要包括五大内存区域，如图 9-31 所示。

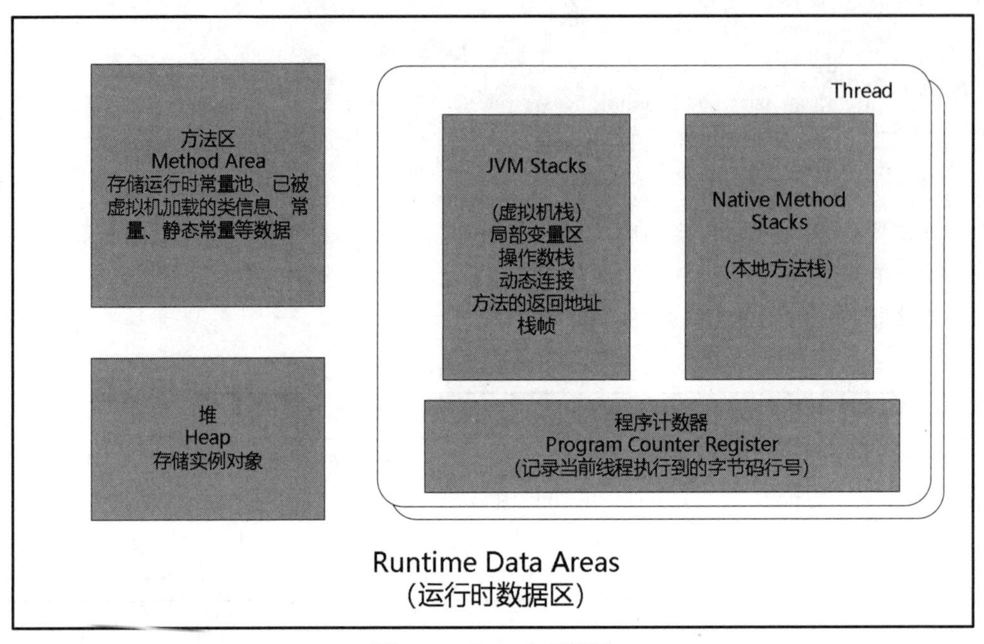

图 9-31　JVM 内存模型

（1）程序计数器。程序计数器（Program Counter Register，PCR）是JVM中一块较小的内存区域，是当前线程执行的字节码行号指标器，记录下一条执行 JVM 指令的地址。因为一个处理器在同一个时刻只会执行一条线程指令，但一个线程中有多个指令，为了在线程切换时可以恢复到正确的执行位置，会为每个线程设置一个独立的程序计数器，这样可以让不同线程之间的程序计数器互不影响，独立存储。所以每个程序计数器都是线程私有的。

这个区域是唯一一个在 Java 虚拟机规范中不存在 OutOfMemoryError 内存溢出的区域，程序计数器由虚拟机内部维护，不需要开发者进行操作。这个程序计数器对应的 JVM 参数为-Xss。

（2）Java 栈（虚拟机栈）。当启动一个新线程的时候，Java 虚拟机都会为它分配一个 Java 栈，Java 在运行时会以栈帧为单位来保存线程的运行状态。Java 虚拟机栈也是线程私有的，它的生命周期与线程相同。虚拟机对 Java 栈只执行两种操作：以栈为单位的压栈或出栈。

当然如果线程请求的栈深度大于虚拟机所允许的尝试，会抛出 StackOverflowError 异常，如果虚拟机栈可以动态扩展，但在扩展时无法申请到足够的内存，就会抛出 OutOfMemoryError 的错误。

栈帧（Stack Frame）是用于支持虚拟机进行方法调用和方法执行的数据结构。它是虚拟机运行时数据区中的 Java 虚拟机栈的栈元素。栈帧存储了方法的局部变量表、操作数栈、动态连接和方法返回地址等信息。

栈帧结构图如图 9-32 所示。

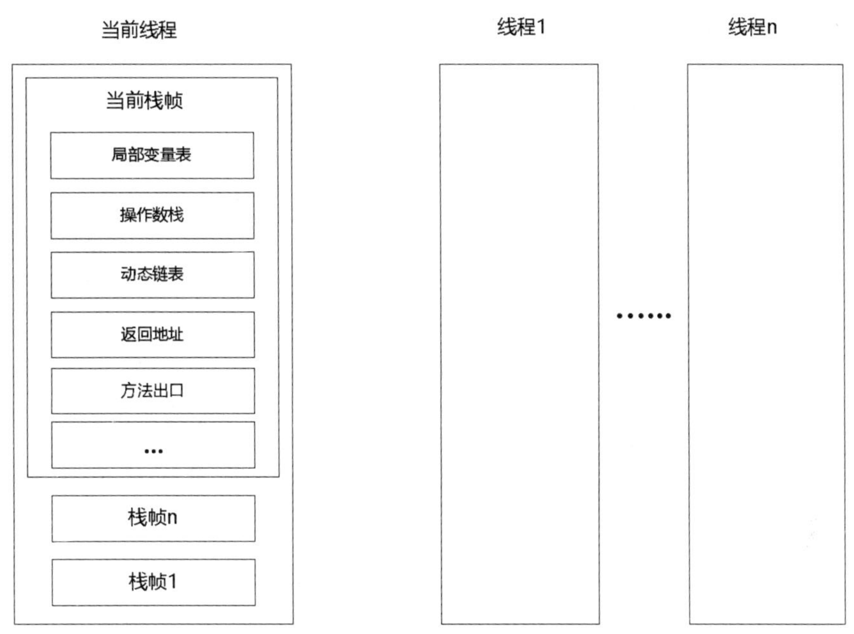

图 9-32　栈帧结构图

局部变量表（Local Variable Table）是一组变量值的存储空间，用于存放方法参数和方法内部定义的局部变量，并且在 Java 编译为 Class 文件时，可以计算出该方法所需要分配的局部变量表的最大容量。局部变量表会将一些基本数据类型，如 boolean、byte、char、short、int、float、long、double 等存放在里面。

变量槽是局部变量表容量的最小单位，每个变量槽存储 32 位长度的内存空间，例如 boolean、byte、char、short、int、float、reference。但是对于 64 位长度的数据类型，如 long 和 double，虚拟机会以高位对齐的方式分配两个连接的存储空间，就相当于把 long 和 double 数据类型读写分割成两次 32 位读写。

在 Java Class 文件中会存放很多符号引用，字节码中的方法调用指令就是以常量池中指向方法的符号引用作为参数。这些符号引用有一部分会在类加载阶段或第一次使用时转化为直接引用，这种转化过程称为静态解析。另一部分将在每一次运行期转化为直接引用，这种称为动态连接。

方法执行完成后，该方法必须退出，所谓的方法退出就相当于当前栈帧出栈。方法退出一般有两种方法：

1）使用方法返回指令，执行引擎遇到方法返回的字节码指令，然后将值传递给上层的方法调用者，这是一种正常的退出方式。

2）异常的退出方式，如果在方法执行过程中遇到了异常情况，并且如果没有即时处理这个异常，就会导致该方法退出。

一般来说，该方法正常退出时，调用者计数器的值可以作为返回地址，栈帧中会保存这个计数器值。而方法异常退出时，返回地址是要通过异常处理器表来确定的，栈帧中一般不会保存这部分信息。但无论采用何种退出方式，在方法退出之后，都需要返回到方法被调用的位置，程序才能继续执行，方法返回时可能需要在栈帧中保存一些信息。

当该方法退出时可能执行的操作会恢复上层方法的局部变量表和操作数栈，如果有返回值，则把它压入调用者栈帧的操作数栈中，调整计数器的值以指向方法调用指令后面的一条指令。

（3）本地方法栈。本地方法栈即管理 Native 方法的地方，Native 方法是 Java 通过 JNI 直接调用本地 C/C++库，也就是 Native 方法相当于一个接口，一个 C/C++暴露给 Java 的接口，Java 会通过这个接口去调用到 C/C++方法。当线程调用 Java 方法时，虚拟机会创建一个栈帧，并将栈帧压入到 Java 虚拟机栈中。但当线程调用的是 Native 方法时，虚拟机会保持 Java 虚拟机栈不变，也不会向 Java 虚拟机栈中压入新的栈帧，虚拟机只是简单地连接并直接调用指定的 Native 方法。

本地方法栈与 Java 虚拟机栈所发挥的作用是十分相似的，两者具有很多共同点，但也存在一些差异，具体如下：

- 不管是 Java 虚拟机栈还是本地方法栈，线程都是私有的。
- 压栈时都是先进后出的方式。
- 对于 Java 虚拟机会存储栈帧来支持 Java 方法的调用、执行和退出。
- 对于本地方法栈主要是支撑 Native 方法的调用、执行和退出。
- 都可能出现 OutOfMemoryError 异常和 StackOverflowError 异常。
- 有一些虚拟机（如 HotSpot）将 Java 虚拟机栈和本地方法栈合并实现。

（4）堆。堆是我们在分析 JVM 中谈到最多的内容，它就是通常说的年轻代、年老代、持久代所保存的地方。

堆是 Java 虚拟机管理内存最大的一块内存区域，堆存放的对象是线程共享的，所以多线程的时候也需要同步机制。堆是垃圾收集器管理的主要区域，因此也被称为“GC”堆。

从内存回收的角度来说，堆可以分为年轻代和年老代，堆大小可以通过-Xmx 和-Xms 来设置，当内存空间不足时会提示 OutOfMemoryError 错误。

（5）方法区。方法区又称为非堆，是所有线程共享的内存区域。用于存储被虚拟机加载的类信息、常量、静态变量、静态代码块、即时编译器编译后的代码数据等。主要目标是针对数量池的回收和对类型的卸载。

在 JDK8 之前，HotSpot 是通过“持久代”来实现方法区的，其他虚拟机（如 JRockit、J9VM）不存在持久代这个概念。方法区可以和 Java 堆一样被 HotSpot 的垃圾收集器所管理，不需要单独处理。

9.4.2 堆与栈

在上一节介绍 JVM 内存模型时，发现 JVM 内存分为堆和栈两种，将内存分为堆和栈是为了 JVM 在调用内存时更好地对内存进行管理。

在 Java 虚拟机中使用的数据又分为两类：一是基础数据；二是引用数据。基础数据是引用数据本身，引用数据是引用数据对象。基础数据通常包括：byte、short、int、long、char、float、double、

Boolean、returnAddres。引用数据包括：接口、类、数组。

栈是运行单位，所有的运行对象，都在是栈中，当程序运行时 JVM 会为每个线程分配一个栈大小空间。每个线程栈是不通用的，因为每个任务都有一个独立的线程来执行。堆是存储单位，所以有需要使用的数据都在堆中，堆是可以共享的。堆是处理数据的地方，栈是处理逻辑的地方。之所以分堆与栈，是为了将业务逻辑与数据进行分离，同时也可以提高数据的共享程度。

从软件设计的角度来看，栈代表了处理逻辑，而堆代表了数据，这样将数据与逻辑分离可以让处理逻辑更为清晰。这种隔离、模块化的思想在软件设计的方方面面都有体现。

堆与栈的分离，使得堆中的内容可以被多个栈共享，但栈不管理 Java 栈还是方法栈，其线程都是私有的，是无法共享的，所以这样就可以让数据被多个线程共享进行操作。这种共享有很多好处，一方面提供了一种有效的数据交互方式（如内存共享），另一方面，节省了内存空间。

栈因为运行时的需要进行址段的划分。由于栈只能向上增长，因此会限制住栈存储内容的能力。而堆不同，堆的大小可以根据需要动态增长。因此，堆与栈的分离，使得动态增长成为可能，相应栈中只需要记录堆中的一个地址即可。

9.4.3 PermGen 与 Metaspace 的区别

在 Java 8 之前 JVM 第三代都是持久代 PermGen，在 Java 8 和之后的版本都是 Metaspace 元空间。

持久代 PermGen space 的全称是 Permanent Generation space，是指内存的永久保存区域，出现内存溢出，是因为存放 Class 的信息在被加载时会放入到持久代 PermGen space 区域，如果出现很多 Class，就可能出现 PermGen space 错误。

JVM 的类型也有很多种，比如 Oralce-Sun Hotspot、ralce JRockit、IBM J9、Taobao JVM 等。当然用得最多的还是 Hotspot。需要注意的是，只有 Oracle-Sun Hotspot 才有 PermGen space，JRockit 以及 J9 没有这个区域。现在讨论的多是 Hotspot 的 JVM，所以通常会说持久代。

持久代中包含了虚拟机中所有通过反射获取到的数据，如类和方法对象，不同的 Java 虚拟机之间可能会进行类的共享操作，因此持久代又分为只读区和读写区。关于 JVM 运行时会使用到多少持久代的空间取决于该程序用到了多少类。除此之外，Java SE 库中的类和方法也都存储在这里。当 JVM 对类的操作完成后，发现不再需要使用这个类时，就会将这个类释放出来，释放的空间需要使用 Full GC 进行回收。

在 JVM 中可以通过 MaxPermSize 参数来设置持久代，默认值为 64M，Java 堆中分配的区域尽量是连续的，如果是非连续的堆空间，那要定位出持久代到新对象的引用是非常复杂的，也是很耗时的。在堆中有一种记忆集叫卡表，可以记录某个内存代在普通对象指针的修改情况。当持久代都使用了后，系统就会抛出 OutOfMemoryError 的异常信息，当然解决的办法就是清理不用的类或者增加 MaxPermSize 的值。

在现在的 JVM 中将原来的持久代取消了，因为原来的持久代有以下一些缺点：

（1）以前的版本中 PermGen 会存储一些字符串，PermGen 内存的大小是通过-xx:PermSize 参数来设置的，但是由于字符串池的大小是经常变化的，导致设置-xx:PermSize 参数变得困难，这样很容易出现 OOM 提示的错误：java.lang.OutOfMemoryError: PermGen space。

（2）以前主要将方法存储在 PermGen 中，现在将方法都移到 Metaspace 中，Metaspace 不在 JVM 中，而是在本地的内存中。

（3）减少经常使用 Full GC 的频率。

由于上面的各种原因，持久代最终被移除，原来持久代中的方法区移至 Metaspace 元空间中，字符串常量移至 Java Heap 堆中。

Metaspace 元空间由两大部分组成：Class Metaspace 和 NoClass Metaspace。

（1）Class Metaspace。Class Metaspace 是用来存放 Class 的，就是 class 文件在 JVM 中运行时的数据结构，这部分内存空间默认放在 Compressed Class Pointer Space 中，是一个连续的内存区域块，紧接着 Heap 堆，在 JVM 中可以-XX:CompressedClassSpaceSize 来控制这块内存大小，默认值为 1G。

Compressed Class Pointer Space 不是必须存在的，如果设置了-XX:-UseCompressedClassPointers 或者设置的-Xmx 值大于 32G，那么这块内存就不会存在，这种情况下 Class 就会存在 NoClass Metaspace 中。

（2）NoClass Metaspace。NoClass Metaspace 专门来存 Class 相关的其他内容，如 method、constantPool 等，它可以是多个不连续的内存组成。这块内存是必须的，不能不存在，并且是在本地内存中进行分配。

Class Metaspace 和 NoClass Metaspace 两个部分的内存空间是所有类加载器都可以共享的，当然这些加载器都需要分配内存，为了更好地管理这些类加载器，每个类加载器都有一个 SpaceManger（空间管理）来管理这些类加载器如何分配内存大小。分配的内存都是来自于实内存，如果 Class Metaspace 用完了，就会提醒 OutOfMemoryError 异常，但一般的情况下是不会出现这种情况的，NoClass Metaspace 是由一小块一小块内存累加起来的。

元空间和持久代在使用内存上是很类似的，都是对 JVM 规范中方法区的实现，但是它们分配内存是不同的，持久代内存是在虚拟机中，但是元空间是本地内存，所以正常情况下元空间的大小不受限制，如果说受限制那只是受本地内存限制，并且元空间一般是不可能出现 OutOfMemoryError 异常的。设置元空间大小一般可以通过以下几个参数来实现：

（1）-XX:MetaspaceSize。-XX:MetaspaceSize 为初始空间大小，达到该值就会触发垃圾收集进行类型卸载，同时 GC 会对该值进行调整：如果释放了大量的空间，就适当降低该值；如果释放了很少的空间，就会提高该元空间的值，但不管怎么提高或增加元空间的值，都不能超过 MaxMetaspaceSize 所设置的值。

（2）-XX:MaxMetaspaceSize。-XX:MaxMetaspaceSize 表示元空间可以达到的最大值，默认是没有限制的，取决于机器的内存，限制类的元数据使用的内存大小，以免出现虚拟内存切换以及本地内存分配失败。如果怀疑有类加载器出现泄漏，应当设置这个参数；元空间的初始大小是 21M，这是 GC 的初始高水位线，超过这个大小会使用 Full GC 来进行类的回收。如果启动后 GC 过于频繁，请将该值设置得大一些，可以设置成和持久代一样的大小，这个 GC 可以不用那么频繁地执行。

（3）-XX:MinMetaspaceFreeRatio。-XX:MinMetaspaceFreeRatio 表示 GC 之后，最小的 Metaspace 剩余空间容量的百分比，目的是控制减少为分配空间所导致的垃圾收集。MinMetaspaceFreeRatio 和 MaxMetaspaceFreeRatio 主要是影响触发 metaspaceGC 的阈值。默认值为 40，表示每次 GC 完之后，如果 metaspace 内存的空闲比例小于 MinMetaspaceFreeRatio%，那么将尝试做扩容，增大触发 metaspaceGC 的阈值。不过这个增量至少大于 MinMetaspaceExpansion 值才会增加，不然不会增加这个阈值。这个参数主要是为了避免触发 metaspaceGC 阈值和 GC 之后 committed 内存值比较接近的问题。

注意：这里不用 GC 之后 used 的量来算，主要是担心可能出现 committed 的量超过了触发 metaspaceGC 的阈值，这种情况一旦发生会很危险，会不断做 GC。

（4）-XX:MaxMetaspaceFreeRatio。-XX:MaxMetaspaceFreeRatio 表示 GC 之后，最大的 Metaspace 剩余空间容量的百分比，目的是控制减少为释放空间所导致的垃圾收集。默认值为 70，这个参数和-XX:MinMetaspaceFreeRatio 基本是相反的，是为了避免触发 metaspaceGC 的阈值过大，而想对这个值进行缩小。这个参数在 GC 之后 committed 的内存比较小的时候，并且离触发 metaspaceGC 的阈值比较远的时候才进行调整。

（5）-verbose。-verbose 通过这个参数可以获取类型加载和卸载的信息。

元空间的内存由元空间虚拟机来管理，通常说的一个元空间是指一个类加载器的存储区域，当然所有元空间合在一起就称为元空间，以前对于类的元数据需要不同的垃圾回收器来进行处理，但现在只需要执行虚拟机的 C++代码即可以完成，并且类和其元数据的生命周期与类加载器是相同的，如果类加载器还是存活的，那么类的元数据也是存活的，这个时候不会被回收。当一个类加载器被垃圾回收器标记为不再存活时，其对应的元空间就会被回收。

元空间虚拟机负责元空间的分配，其采用的形式为组块分配，组块的大小因类加载器的类型而异，在元空间虚拟机中存在一个全局的空闲组块列表，当一个类加载器需要一个组块时，它就会从这个全局的组块列表中获取，并不断地维持一个属于自己的组块列表，当类加载器不再存活时，这个组块也就会被释放，并返回给全局组块列表，类加载器拥有的组块会被分成很多个块，每个块存储一个单元的元信息，组块中的每个块是线性分配的，组块分配自内存映射区域。这些全局的虚拟内存映射区域以链表形式连接，一旦某个虚拟内存映射区域清空，这部分内存就会返回给操作系统。

如果需要监控 Metaspace 元空间的信息，可以使用 JDK 自带的一些工具来展示 Metaspace 的详细信息。

针对 Metaspace，JDK 自带的一些工具做了修改来展示 Metaspace 的信息：

jmap -clstats：打印类加载器的统计信息（取代了在 JDK8 之前打印类加载器信息的 permstat）。

jstat -gc：Metaspace 的信息会被打印出来。

jcmd GC.class_stats：这是一个新的诊断命令，可以使用户连接到存活的 JVM，转储 Java 类元数据的详细统计。

9.4.4 GC 回收机制

所谓的 GC 回收就是回收一些不用的内存，因为程序在运行过程中，这些对象运行结束后都得释放出来，这些对象释放后，就必须对这些内存进行回收。如果不能有效地回收这些内存就可能导致内存溢出的问题。

通常可以通过以下情况来判断对象是否可以被回收：

（1）对象没有被引用。

（2）作用域发生未捕获到的异常信息。

（3）程序在作用域正常执行完毕。

（4）程序执行了 system.exit 的方法。

（5）程序出现异常意外终止。

判断垃圾的算法通常会有两种：引用计数法和可达性分析算法。

（1）引用计数法。引用计数法是为每个对象添加一个计数器，相当于一个变量用来计算对象引用和回收的情况，当该对象被引用时计数器就会加 1，如图 9-33 所示，当引用失效时计数器减 1。最后判断对象计数器是否为 0，如果对象计数器为 0，那么表示这个对象可以被回收。但引用计数法有一个缺点，这个无法循环使用。

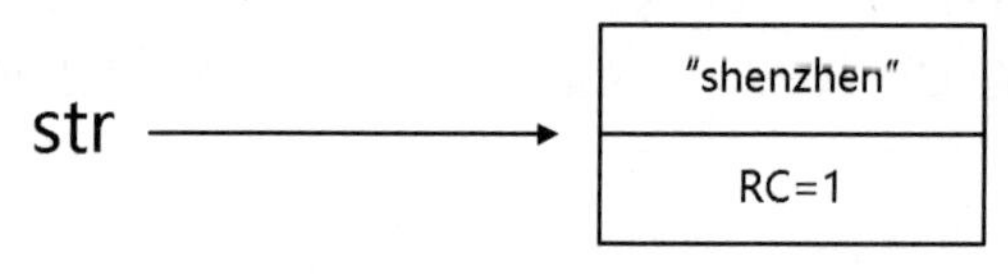

图 9-33　计数器增加

先创建一个字符串，String str = new String("shenzhen");，这时候"shenzhen"有一个引用，就是 str。然后将 str 设置为 null，这时候 " shenzhen "的引用次数就等于 0 了，在引用计数算法中，意味着这块内容就需要被回收了，如图 9-34 所示。

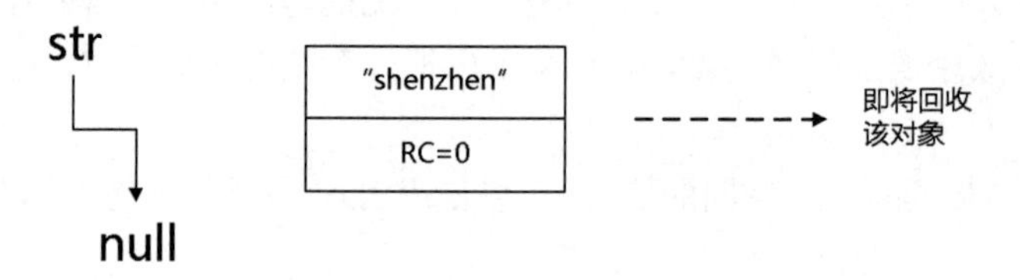

图 9-34　引用计数器释放对象

（2）可达性分析算法。在 Java 中，是通过可达性分析（Reachability Analysis）来判定对象是否存活的。该算法的思路是通过以 GC ROOT 对象作为搜索起始点向下搜索，搜索经过的路径称为引用链（Reference Chain），当一个对象到 GC Roots 没有任何引用链相连时（即从 GC Roots 节点到该节点不可达），则证明该对象是不可用的。那么这个对象是可以回收的，如图 9-35 所示。

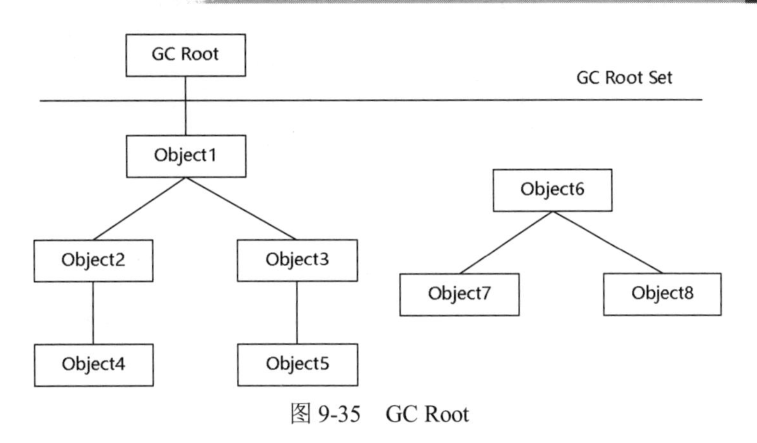

图 9-35 GC Root

图 9-35 中，Object1 到 Object5 这五个对象是可以到达 GC Root 的，说明不需要回收，但是 Object6、Object7 和 Object8 对 GC Root 节点不可达，说明这三个对象可以被回收。

但即使对象不可以到达 GC Root 也不一定就立即确定对象一定能回收，对象最终是否被回收，必须由 finalize()方法来确定，finalize()方法在 Object 类中定义，每个类可以重写这个方法，但一般不建议对这个方法进行重写，因为这个方法在调用时存在太多的不确定性。

要确定对象是否真的被回收，需要 finalize()方法进行两次标记，第一次标记并进行一次筛选，筛选对象是否有必要执行 finalize()方法，当对象没有覆盖 finalize()方法，或者 finalize()方法已经被虚拟机调用过，虚拟机将这两种情况都视为“没有必要执行”，对象被回收。

如果该对象被判定为必须执行 finalize()方法，那么这个对象就会被放置在一个名为 F-Queue 的队列之中，并会在由虚拟机自动建立的、低优先级的 Finalizer 线程中执行，即在虚拟机中触发这个方法，然后 GC 会对 F-Queue 队列中的对象进行第二次标记，如果对象被第二次标记，这个对象就会被回收。如果在 finalize()中没有被第二次标记，那么重新与引用链上的任何一个对象建立关联即可。

9.4.5 垃圾收集算法

上面介绍了 GC 回收的机制，当触发回收机制时，常见的垃圾收集算法包括：标记-清除算法、复制算法、标记-整理算法、分代收集算法。

（1）标记-清除算法（Mark-Sweep）。标记-清除算法分为两个阶段完成：标记阶段和清除阶段。标记阶段是将所有需要被回收的对象标记出来，清除阶段就是回收被标记的对象所占用的空间。具体过程如图 9-36 所示。

标记-清除算法是使用 finalize()方法来进行标记，从根集合 GC Roots 开始进行扫描，对还存活的对象进行标记，等标记完成后，再重新扫描一次，将未被标记的对象找到并对其进行回收，标记-清除算法如图 9-37 所示。使用标记-清除算法并不会将对象进行移动，只是对不存活的对象进行回收处理即可，如果处理的对象中存活对象比很高，那么这种方法是很高效的，但是由于不存活的对象可能不是连续的，所以会出现一个问题，会造成内存碎片。

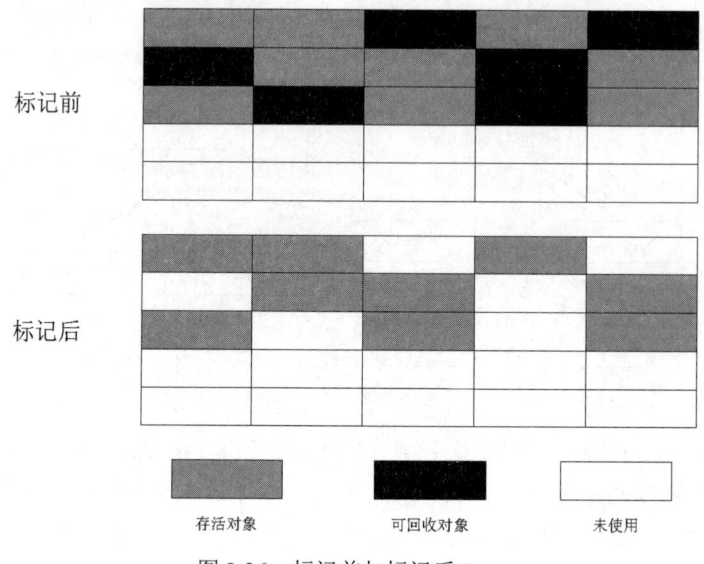

图 9-36　标记前与标记后 1

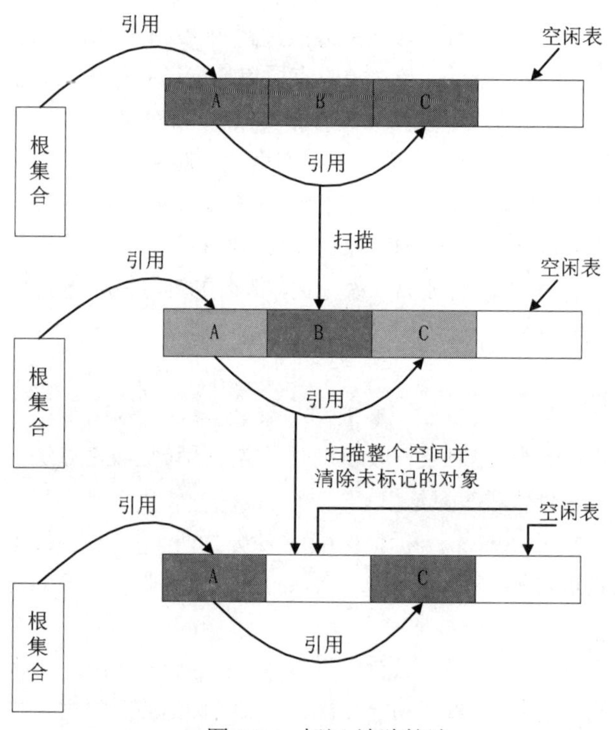

图 9-37　标记-清除算法

（2）复制算法（Copying）。为了解决标记-清除算法中关于内存碎片的问题，提出了 Copying 复制算法，原理是将可用内存划分为大小相等的两块，每次只使用其中的一块，当这块内存使用完成后，就会将还存活的对象复制到另外一块上面，然后把已使用的一块内存清理掉，这样就不会出现标记-清除算法内存碎片的问题，如图 9-38 所示。

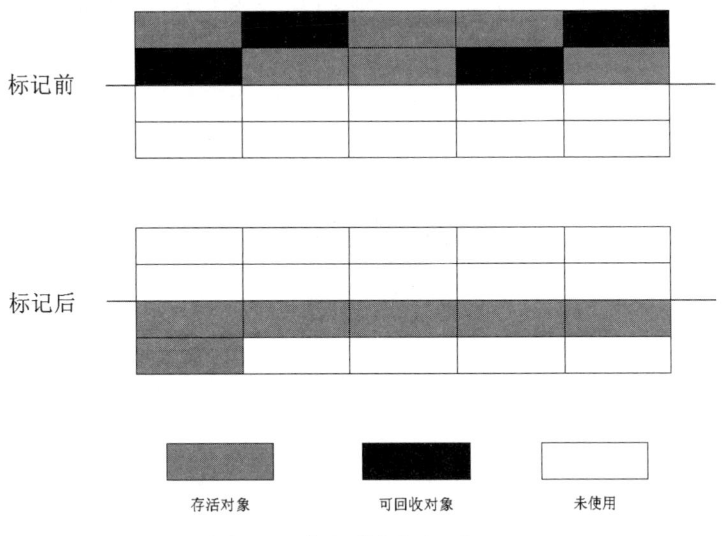

图 9-38 标记前与标记后 2

复制算法很简单，运行也很高效且不容易产生内存碎片，但前提是以内存为代价，使能够使用的内存缩减到原来的一半。当然复制算法的效率快慢就与存活对象的数目有很大关系了，如果存活的对象很多，那么复制算法的效率就大大地降低了。

复制算法为了解决句柄开销和内存碎片的问题，在一开始就会把堆分成一个对象面和多个空闲面，程序在对象面为工作的对象分配空间，当对象填满后，复制算法的垃圾收集器就从根集合 GC Roots 中扫描活动对象，并将每个活动对象复制到空闲面，这样空闲面变成了对象面，原来的对象面就变成了空闲面，程序会在新的对象面中来分配内存，如图 9-39 所示。

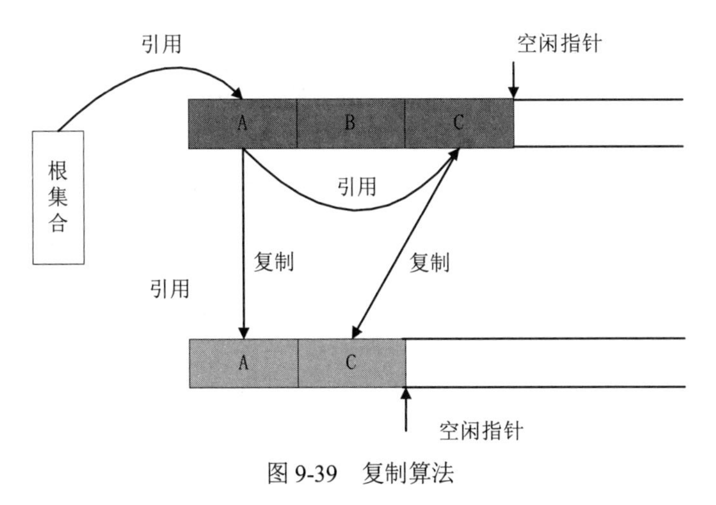

图 9-39 复制算法

（3）标记-整理算法（Mark-Compact）。复制法牺牲了内存空间，为了解决复制算法的问题，提出了标记-整理算法。该算法与 Mark-Sweep 有一些相似之处，首先也需要标记对象，但标记完成后不会直接清理可回收的对象，而是将存活的对象都向一端移动，然后清理掉端边界之外的内存。标记-整理算法是在标记-清除算法的基础上，又进行了对象的移动，因此成本更高，但是解决了内存碎片的问题，如图 9-40 所示。

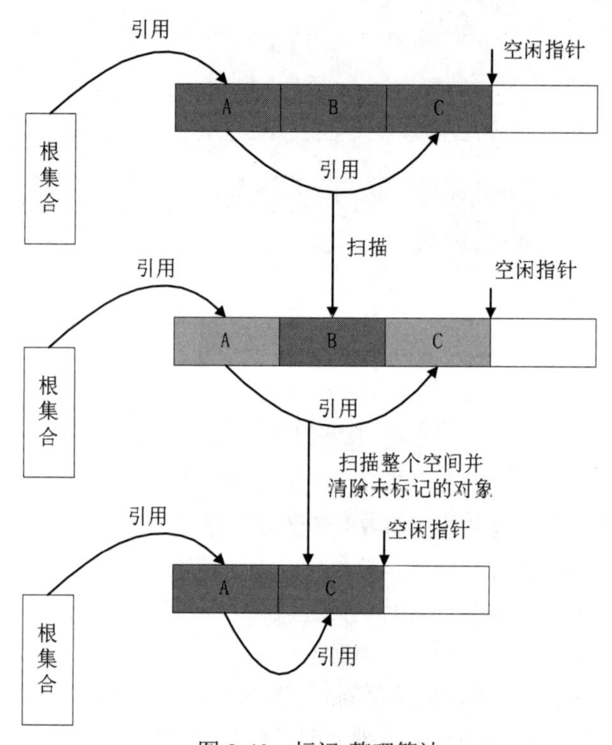

图 9-40　标记-整理算法

（4）分代收集算法（Generational Collection）。分代收集算法应该是目前用得最多的一种 JVM 垃圾收集器采用的算法，之所以使用分代收集算法，是因为 JVM 把内存划分为年轻代、年老代和持久代，如果没有持久代就不用考虑，其中年轻代和年老代是存放在堆中的，因为每个代需要收集的对象有很大的不同，使用的频率也有很大的不同，所以会对不同代进行不同的回收算法。

分代收集算法其实通常也是使用上面说的三种收集算法，只是在不同的代采用不同的方法来收集而已，对于年轻代一般采用的都是复制算法，年轻代每次垃圾回收时都会回收大部分对象，这样复制的操作次数就会少一些，年轻代由一块较大的 Eden 空间和两块小一些的 Survivor 空间组成，一般每次使用 Eden 空间和其中的一块 Survivor 空间，当进行垃圾回收时，会将 Eden 和 Survivor 中还存活的对象复制到另一块 Survivor 空间中，然后将 Eden 空间和刚才使用过的 Survivor 空间清理掉。年老代就不可能像年轻代回收得那么频繁，并且每次回收的对象也不会像年轻代那么多，所以年老代一般使用标记-整理算法。

对于年轻代来说，需要尽快回收那些生命周期短的对象，年轻代分为一个 Eden 区和两个 Survivor 区，大部分对象是在 Eden 区中生成，当 GC 回收后会将 Eden 区中存活的对象复制到一个 Survivor0 区中，这样 Eden 区就会被清空，当 Survivor0 区都已经存满对象后，就会将对象复制到另外一个 Survivor1 区，再清空 Eden 和 Survivor0 区，此时 Survivor0 区是空的，然后将 Survivor0 区和 Survivor1 区交换，即保持 Survivor1 区为空，如此循环。

但当 Survivor1 区不能再存放 Eden 和 Survivor0 的存活对象时，就将存活对象直接放到年老代中，重复这个过程循环后，年老代就可能会存满对象，如果年老代也存满了对象，就会触发一次 Full GC 回收。如果只是年轻代发生 GC 回收则称为 Minor GC。

如果 JVM 有持久代，持久代也会进行 GC 回收，但持久代回收的效果并不明显，因为持久代主要用于存放静态文件，如 Java 类、方法等。

GC 有两种类型：Scavenge GC 和 Full GC。

当新对象生成时，在 Eden 区中申请空间失败时，就会触发 Scavenge GC 进行回收，Scavenge GC 的效率比 Full GC 高得多，因为 Eden 区要经常进行回收，所以 GC 回收的效果一定要高，否则无法进行经常回收。

一般情况下，当新对象生成，并且在 Eden 申请空间失败时，就会触发 Scavenge GC，对 Eden 区域进行 GC，清除非存活对象，并且把尚且存活的对象移动到 Survivor 区，然后整理 Survivor 的两个区。这种方式的 GC 是对年轻代的 Eden 区进行，不会影响到年老代。因为大部分对象都是从 Eden 区开始的，同时 Eden 区不会分配得很大，所以 Eden 区的 GC 会频繁进行。因而，一般在这里需要使用速度快、效率高的算法，使 Eden 能尽快空闲出来。

由于 Full GC 回收的内容比较多，所以一般不可能频繁地发 Full GC 回收。

一般有以下条件触发时才会触发 Full GC 回收机制：

（1）年老代被写满。

（2）持久代被写满。

（3）system.gc()被调用。

（4）上一次 GC 后，Heap 分配的策略发生改变。

9.4.6 垃圾回收器

前面介绍了回收的算法，但真正进行回收的是实现这些算法的收集器，JVM 垃圾回收器一共有七种，其中年轻代收集器有三种：Serial、ParNew、Parallel Scavenge，年老代收集器也有三种：CMS、Serial Old、Parallel Old，对整个堆有效的收集器为 G1 收集器，如图 9-41 所示。

（1）Serial 收集器。Serial 收集器也叫串行收集器，它是最基本的、发展历史最悠久的收集器，是单线程收集器，但这个单线程只能是一个 CPU 或一条收集线程去完成垃圾收集工作，Serial 收集器在收集垃圾时，必须暂停其他所有工作线程直到回收结束，如图 9-42 所示。

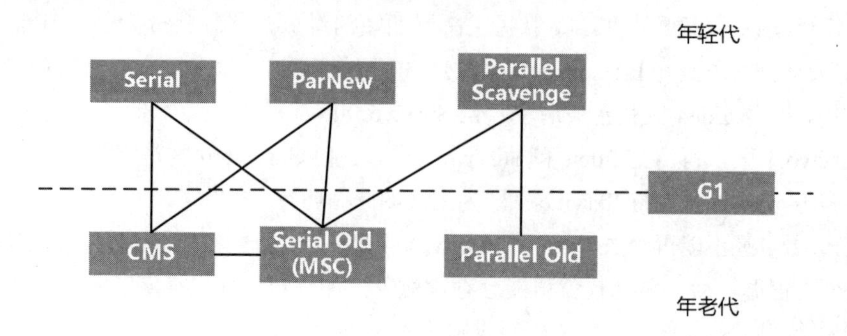

图 9-41　收集器

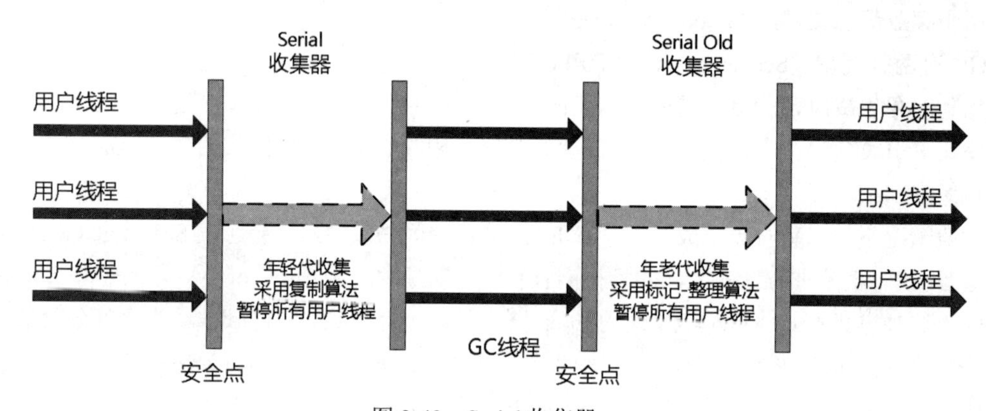

图 9-42　Serial 收集器

Serial 收集器的优点：该收集器简单高效，因为采用的是单线程的方法，因此与其他类型的收集器相比，对单个 CPU 来说没有了上下文之间的切换，由于没有线程交互的开销，专心垃圾收集自然可以获得最高的单线程效率。

缺点：会停止所有在工作线程。

适用场景：Client 模式（桌面应用）；单核服务器。

参数：可以以下参考设置来开启 Serial 作为年轻代收集器。

```
-XX:+UserSerialGC #选择 Serial 作为年轻代垃圾收集器
```

（2）ParNew 收集器。ParNew 收集器是在 Serial 收集器上进行优化的，主要优化的是在年轻代阶段收集时不再是单线程收集，而是多线程收集，但在年老代还是使用单线程进行收集。ParNew 收集器在每个阶段收集的收集算法与 Serial 收集器的算法一致。ParNew 收集器工作原理如图 9-43 所示。

ParNew 收集器是大部分运行在 Server 模式下虚拟机的首选，因为除 Serial 收集器外，目前也只有 ParNew 收集器可以与 CMS 收集器配合工作。CMS 收集器是一个很重要的并发收集器，在后面会有详细的介绍。ParNew 收集器可以设置最大可以同时使用的线程数量，如果是单个 CPU 的情况，ParNew 收集器并不会比 Serail 收集器有更好的效果，因为线程交互需要开销。

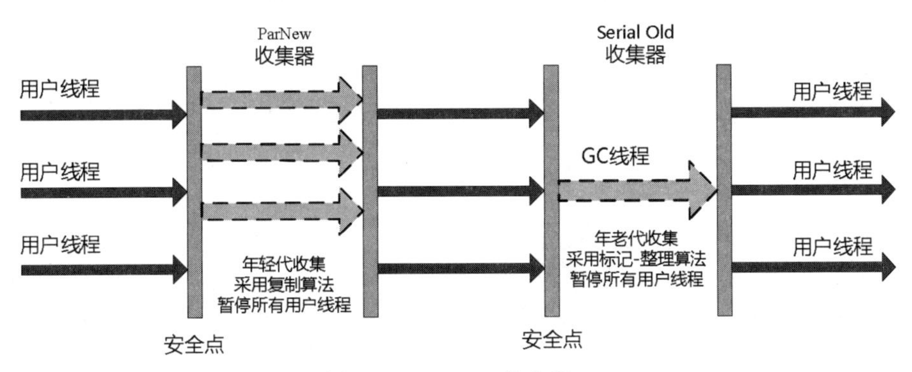

图 9-43　ParNew 收集器

ParNew 收集器设置的相关参数如下：

```
如果指定使用 CMS，会默认使用 ParNew 作为年轻代收集:
"-XX:+UseConcMarkSweepGC"
强制设置使用 ParNew
"-XX:+UseParNewGC"
设置 ParNew 开启的收集线程数，默认是与 CPU 数量相同
"-XX:ParallelGCThreads"
```

（3）Parallel Scavenge 收集器。Parallel Scavenge 收集器是用于年轻代的一种收集器，收集时也是使用复制算法，并且也是多线程收集器，这与 ParNew 收集器很相似。只是 Parallel Scavenge 收集器更关注吞吐量。

吞吐量是指 CPU 中用于运行用户代码的时间与 CPU 总消耗时间的比值［吞吐量=CPU 用于用户代码的时间/CPU 总消耗时间的比值，即等于运行用户代码的时间/(运行用户代码时间+垃圾收集时间)］。

Parallel Scavenge 收集器的工作原理如图 9-44 所示。

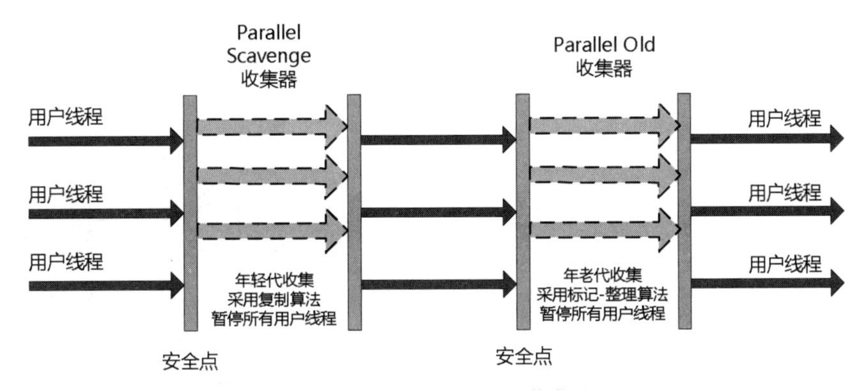

图 9-44　Parallel Scavenge 收集器

Parallel Scavenge 收集器有两个参数可以用于精确控制吞吐量：最大垃圾收集停顿时间和垃圾收集时间占总时间的比例。

最大垃圾收集停顿时间参数设置如下：

```
"-XX:MaxGCPauseMillis"
```

最大垃圾收集停顿时间单位是毫秒，值一般大于 0，MaxGCPauseMillis 不能设置太小，如果设置得太小，停顿的时间就会很短，这样可能会使吞吐量下降，因为时间过短可能会导致垃圾收集的次数更频繁。

垃圾收集时间占总时间的比例参数设置如下：

```
"-XX:GCTimeRatio"
```

垃圾收集时间占总时间的比例为大于 0 且小于 100 的整数。GCTimeRatio 参数相当于设置吞吐量大小。

垃圾收集执行时间占应用程序执行时间的比例的计算方法是：1/(1+n)。例如，选项 -XX:GCTimeRatio=39，设置了垃圾收集时间占总时间的 25% = 1/(1+39)；默认值是 1%，即 n 的值为 99。

与 ParNew 收集器不同的是，Parallel Scavenge 收集器还可以设置 GC 自适应调节策略，其设置参数如下：

```
"-XX:+UseAdptiveSizePolicy"
```

设置这个参数后，就不用手工指定一些参数了，如以下参数会自动调整。

- 不用再设置年轻代的大小中 Eden 与 Survivor 区的比例、晋升年老代的对象年龄等。
- JVM 还会根据当前系统运行情况收集性能监控信息，动态调整这些参数，以确定最合适的停顿时间或最大的吞吐量，这种调节方式称为 GC 自适应的调节策略（GC Ergonomics）。

（4）Serial Old 收集器。Serial Old 收集器是 Serial 收集器的年老代版本，Serial Old 收集器也是单线程收集器，采用的是标记-整理算法。主要也使用在 Client 模式下的虚拟机中，但也可在 Server 模式下使用。

在 Server 模式下可以与 Parallel Scavenge 收集器搭配使用，也可以作为 CMS 收集器的后备方案，在并发收集 Concurrent Mode Failure 时使用。

（5）Parallel Old 收集器。Parallel Old 收集器是 Parallel Scavenge 收集器针对年老代收集的一个版本，是多线程处理，使用“标记-整理”算法，其工作流程如图 9-44 所示。

其设置参数如下：

```
设置使用 Parallel Old 收集器:
"-XX:+UseParallelOldGC"
```

（6）CMS（Concurrent Mark Sweep）收集器。CMS 收集器是通过一种算法来获取最短回收停顿时间为目标的收集器。CMS 收集器使用的是“标记-清除”算法，其工作主要分以下四个步骤来完成。

第一步：暂停所有用户线程，初始标记 GC Roots 可以直接到达的对象。

第二步：并发标记，同时开启 GC 线程和用户线程，用一个闭包结构去记录可达对象。但即使这个阶段结束后，这个闭包结构也不一定能保证包含当前所有的可达对象。因为用户线程可能会不断地更新引用域，所以 GC 线程无法保证可达性分析的实时性。所以这个算法里会跟踪记录这些发生引用更新的地方。

第三步：重新标记，重新标记的目的是修正并发标记阶段因为用户线程而导致标记对象不完全正确的情况，重新标记需要“Stop The World”，这个停顿时间比初始标记会长一些，但会比并发标记的时间短很多。

第四步：并发清除，与用户线程同时进行，GC 线程开始对未标记的区域中的对象进行清除，回收所有的垃圾对象。

CMS 收集器的工作过程如图 9-45 所示。

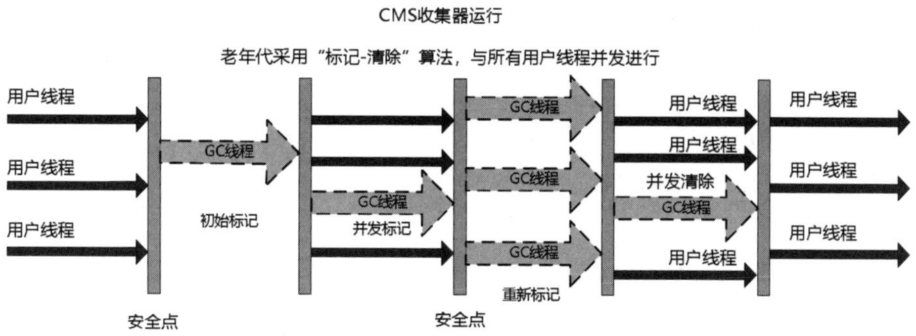

图 9-45　CMS 收集器

CMS 采集器参数设置如下：

```
设置使用 CMS 收集器
"-XX:+UseConcMarkSweepGC"
```

CMS 收集器会产生以下弊端：

- 对 CPU 资源要求会更高。

CMS 收集器虽然不会导致所有用户线程都停顿，但是会因为用户线程占用了 CPU 资源，从而导致应用程序变慢并且总吞吐量会降低。

CMS 的默认收集线程数量=(CPU 数量+3)/4；CPU 数量越多，回收的线程占用 CPU 就越少。例如，CPU 有 5 个时，并发回收时垃圾收集线程为 25%的 CPU 资源；当 CPU 不足 5 个时，影响更大，可能无法接受。比如 CPU 为 2 个时或者更少时，那么就启动一个线程回收，占了 50%以上的 CPU 资源。回收线程在工作过程中会一直占用 CPU 资源。

- 无法处理浮动垃圾。

当并发清除时，用户线程可能会产生新的垃圾，这类垃圾称为浮动垃圾，如果浮动垃圾无法处理，那么就会出现“Concurrent Mode Failure”的错误信息。

如果出现上述错误，说明年老代预留的内存空间不够，那么就需要将预留的空间设置得大一些，可以使用“-XX:CMSInitiatingOccupancyFraction”，设置 CMS 预留年老代内存空间。

- 产生大量内存碎片。

由于 CMS 对年老代使用的是“标记+清除”算法来回收对象，因此长时间运行后会产生大量的内存空间碎片，这样可能会导致年轻代对象晋升到年老代时失败。当碎片过多时，在给大对象分配内存时就可能出现问题。如果无法找到连续的内存空间，就不得不提前触发 Full GC 回收。

为了解决这个问题，可以通过“-XX:+UseCMSCompactAtFullCollection”和“-XX:+CMSFullGCsBeforeCompaction”两个参数来调整。

UseCMSCompactAtFullCollection 参数设置如下：

```
"-XX:+UseCMSCompactAtFullCollection"
```

这个参数是一个标记，如果出现这个标记，将不进行 Full GC，而是开启内存碎片的合并整理过程。默认值参数是开启的，但不会进行，需要结合 CMSFullGCsBeforeCompaction 参数一块使用。

CMSFullGCsBeforeCompaction 参数设置如下：

```
–XX:CMSFullGCsBeforeCompaction
```

由于合并整理是无法并发执行的，空间碎片问题没有了，但是会导致连续的停顿。因此，可以和这个参数一块使用，表示当多少次不压缩 Full GC 之后，对空间碎片进行压缩整理。这样可以减少合并整理过程中的停顿时间，这个参数的默认值为 0，即每次都执行 Full GC 不会进行压缩整理。

（7）G1 收集器。G1（Garbage-First）是 JDK7-u4 推出的商用收集器，是一款面向服务器的垃圾收集器，主要针对配备多颗处理器及大容量内存的机器。以极高概率满足 GC 停顿时间要求的同时，还具备高吞吐量性能特征。被视为 JDK1.7 中 HotSpot 虚拟机的一个重要进化特征。

G1 采用了分区（Region）的思路，将整个堆空间分成若干个大小相等的内存区域，每次分配对象空间将逐段地使用内存。因此，在堆的使用上，G1 并不要求对象的存储一定是物理上连续的，只要逻辑上连续即可；每个分区也不会确定地为某个代服务，可以按需在年轻代和年老代之间切换。

G1 收集器有以下优点：

- 并行与并发。G1 收集器可以更好地充分利用多 CPU、多核的硬件优势，通过使用多个 CPU 来缩短 Stop-The-World 停顿时间。原本部分收集器需要停顿 Java 线程来执行 GC 动作，G1 收集器仍然可以通过并发的方式让 Java 程序继续运行时进行 GC 回收。
- 分代收集。G1 收集器能够独自管理整个 Java 堆内存，并且可以采用不同的方式去处理新创建的对象和已经存活了一段时间的对象。
- 空间整合。G1 收集器运作期间不会产生空间碎片，收集后还能够提供规整的可用内存。
- 可预测的停顿。G1 除了追求低停顿外，还能建立可预测的停顿时间模型，这个和 Parallel Scavenge 收集器自适应 GC 很相似。能让使用者明确指定在一个长度为 M 毫秒的时间段内，消耗在垃圾收集上的时间不得超过 N 毫秒。

G1 收集器的工作过程分以下几个步骤：

第一步：初始标记（Initial Marking）。

将 GC Roots 可以直接关联到的对象先标记出来，同时会修改 TAMS（Next Top at Mark Start），这样在下一阶段并发运行时，可以在 Region 中正确地创建新对象。这个过程需要停顿其他的线程，但停顿的时间很短。

第二步：并发标记（Concurrent Marking）。

在初始标记的基础上，从 GC Roots 开始对所有对象的可达性进行分析，找出还存活的对象，这个过程所消耗的时间会长一些，但可以同时和用户线程并发执行，整个过程中也不能保证将所有的存活对象标记出来。因为用户线程在并发过程中是可能引用一些不确定的对象的。在并发标记阶段会将这些变化的对象记录在线程的 Remembered Set Log 中。

第三步：最终标记（Final Marking）。

最终标记是为了修正在并发标记阶段因用户线程继续运行导致标记对象发生变化的情况。这个需求用户线程会被停顿，停顿时间会比初始标记的时间长一些。

第四步：筛选回收（Live Data Counting and Evacuation）。

对各个 Region 的回收价值和成本进行排序，根据用户期望的 GC 停顿时间来制订回收计划，将价值高的 Region 中的垃圾对象进行回收。

回收时使用的是“复制”算法，从一个或多个 Region 复制存活对象到堆上的另一个空的 Region 中，并在此过程中压缩和释放内存，整个过程中可以并发进行，降低停顿时间，并增加吞吐量。

G1 收集器的工作原理如图 9-46 所示。

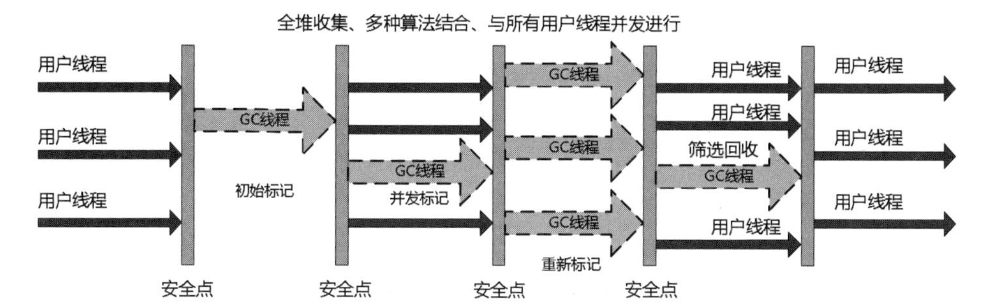

图 9-46　G1 收集器

G1 收集器相关参数设置如下：

```
指定使用 G1 收集器
"-XX:+UseG1GC"

设置整个 Java 堆的占用率，当达到该值时开始并发标记阶段，默认值为 45
"-XX:InitiatingHeapOccupancyPercent"

设置 G1 暂停时间目标，默认值为 200 毫秒
"-XX:MaxGCPauseMillis"

设置每个 Region 大小，范围从 1MB 到 32MB；目最小 Java 堆可以拥有约 2048 个 Region
"-XX:G1HeapRegionSize"
```

```
设置年轻代最小值，默认值 5%
"-XX:G1NewSizePercent"

设置年轻代最大值，默认值 60%
"-XX:G1MaxNewSizePercent"

设置 STW 期间，并行 GC 线程数
"-XX:ParallelGCThreads"

设置并发标记阶段，并行执行的线程数
"-XX:ConcGCThreads"
```

9.4.7 类加载过程

Java 语言最大的一个特点就是与平台无关，Java 语言可以很好地跨平台运行，这是因为 Java 引入了 JVM 虚拟机，这样可以更好地屏蔽与平台相关的信息，Java 语言编译程序只需要生成 Java 虚拟机上运行的目标代码，即字节码就可以在多种平台上不加修改地运行。

JVM 虚拟机加类的过程如图 9-47 所示。

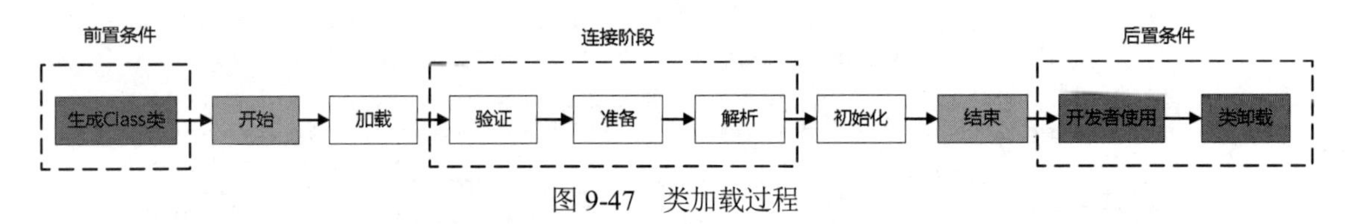

图 9-47　类加载过程

（1）生成 Class 类。Class 文件指的是以.class 为后缀的文件，Java 的编译器在编译 Java 类文件时，会将原来的文本文件翻译成二进制的字节码，并将这些字节码存储在.class 文件中。它包含可被 JVM 执行的字节码，通常由JVM 平台编程语言源代码文件（例如.java、.kt、.groovy 文件等）编译而来。也就是说 Java 类文件中的属性、方法，以及类的常量信息，都会被分别存储在.class 文件中，由 JVM 识别、分析、执行。

Class 文件是一组以 8 个字节为基础的二进制流，这些数据必须严格按照顺序紧凑排列在 Class 文件中，中间没有任务分隔符，这样可以保证 Class 文件中存储的内容几乎都是全部程序运行的内容。并且在 JVM 虚拟机规范中有规定，Class 文件格式必须采用类似 C 语言结构体的伪结构来存储数据，这类结构只有两种数据类型：无符号数和表。

无符号数属于基本数据类型，主要用来描述数字、索引符号、数量值或按照 UTF-8 编码构成的字符串值，大小使用 u1、u2、u4、u8 分别表示 1 字节、2 字节、4 字节和 8 字节。

表是由多个无符号数或者其他表作为数据项构成的复合数据类型，一般所有的表都以“_info”结尾，这些表主要用于描述有层次关系的复合结构的数据，比如方法、字段。需要注意的是 Class 文件是没有分隔符的，所以每个的二进制数据类型都是严格定义的。

（2）加载。当系统运行时，类加载器会将.class 文件二进制数据从外部存储器调入到内存中，

CPU 再从内存中读取指令和数据进行运算，再将运算结果存入内存中。类将.class 文件加载到运行的方法区后，会在堆中创建一个 Java.lang.Class 的对象，每个类都对应有一个 Class 类型的对象，Class 类的构造方法是私有的，只能是 JVM 能够创建，因此 Class 对象是反射的入口，通过这个对象可以获得目标类所关联的.class 文件中具体的数据结构。

所以类加载完成后就是位于堆中的 Class 对象，为用户提供访问方法区数据结构的接口，即 Java 反射接口。

在加载阶段，JVM 主要需要完成三件重要的事情：

第一：通过一个类名来获取定义此类的二进制字节流。

第二：将这个字节流所代表的静态存储结构转化为方法区的运行时数据结构。

第三：在内存中生成一个代表这个类的 java.lang.Class 对象，作为方法区这个类的各种数据的访问入口。

（3）验证。验证的目的是为了保证被加载类的正确性，保证被加载的类符合 javac 的编译规范，如果不验证那么任意的类都可能加载到 JVM 中来。为了保证 Class 文件的字节流中包含的信息符合当前虚拟机的要求，验证的内容主要包括以下几个方面：

- 验证文件格式：从文件格式和规范的角度进行验证，验证 Class 字节流是否符合 Class 文件规范，是否能被当前版本的 JVM 处理。
- 验证元数据：分析字节码所描述信息的语义，验证是否符合 Java 语言规范。
- 验证字节码：通过数据流和控制流分析，确定语义是合法的，是否符合逻辑。
- 验证符号引用：符号引用主要是在解析阶段进行验证。

（4）准备。当把合法的.class 文件加载到 JVM 中后，此时需要为后面的调用做一些准备工作，准备时应该先为这个类分配一个内存空间，再为类变量赋值一个默认的初始值，但是如果被 final static 修饰，那么就不是赋值初始值，而是具体的值。

（5）解析。在编码时，当一个变量引用某个对象时，这个引用在.class 文件中是以符号引用来存储的，在解析阶段时需要将其解析为直接引用，这样可以将目标引用在内存中。所以解析阶段主要的工作就是在 JVM 中将常量池的符号引用替换为直接引用。

（6）初始化。初始化阶段 JVM 才会真正开始执行类中所定义的 Java 代码，初始化阶段是执行类构造器<clinit>()方法的过程，类构造器<clinit>()方法是由编译器自动收集类中的所有类变量的赋值动作和静态语句块中的语句合并产生的。当初始化一个类的时候，如果发现其父类还没有进行过初始化，则需要先触发其父类的初始化。虚拟机会保证一个类的<clinit>()方法在多线程环境中被正确加锁和同步。

9.4.8　JVM 参数设置

JVM 参数设置是 JVM 调优中最重要的部分，所有调优的内容都是通过修改这些参数来实现的。通常修改 JVM 参数的方法有三种：一是使用 eclipse 进行设置；二是使用 Java 小程序来设置；三是修改配置文件来设置。

关于配置文件修改 JVM 的方法有两种：一是使用 bin/catalina.sh；二是修改 bin/startup.sh；通过修改这两个配置文件来修改 JVM 的值会有一点区别，主要区别是如果修改的是 startup.sh 文件，那么服务器停止后 JVM 的值还是生效的。

修改 JVM 配置的语法有三种：

```
第一种：
set CATALINA_OPTS= - Xmx512m  - Xms512m  - Xmn64m  - Xss2m
第二种：
set JAVA_OPTS= - Xmx512m  - Xms512m  - Xmn64m  - Xss2m
第三种：
JAVA_OPTS=" - Xms512m  - Xmx1024m  - Xmn512m"
```

如果需要更好地记住 JVM 参数，就需要先了解 JVM 的结构，JVM 的内存模式在前面的章节介绍过，JVM 结构如图 9-48 所示。

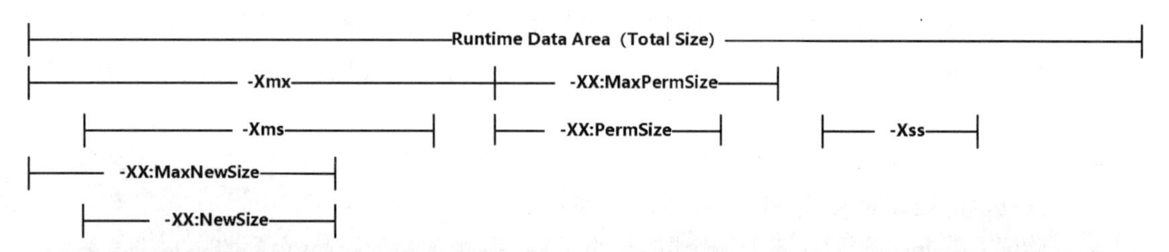

图 9-48　JVM 结构

JVM 常见的参数设置包括堆相关参数、metaspace 参数设置、收集器相关参数、垃圾回收统计信息相关参数等。

堆相关参数如下：

（1）-Xmx 参数：是指 JVM 最大可用堆内存。默认值一般为物理内存的 1/4，一般不超过 1GB。如果 MaxHeapFreeRatio 参数设置的空余堆内存大于 70%，JVM 就会减少堆的大小，直到-Xms 允许的最小限制。

（2）-Xms 参数：是指 JVM 初始化堆内存大小，默认值一般为物理内存的 1/64，一般不超过 1GB，如果 MinHeapFreeRatio 参数设置的空余堆内存小于 40%时，JVM 就会增大堆的大小，直到-Xmx 允许的最大值。一般可以设置为与-Xmx 的值相同，这样就不会在每次垃圾回收完成后 JVM 重新分配内存。

（3）-Xmn 参数：指定 JVM 中 New Generation 的大小，这个值是 Eden 和两个 Survivor 空间值的总和，与 jmap -heap 中显示的 New gen 是不同的。

整个堆大小等于年轻代大小加年老代大小加持久代大小，如果没有持久代就是年轻代大小加年老代大小的和。增大年轻代后，将会减小年老代大小。这个值对系统性能影响较大，Sun 官方推荐配置为整个堆的 3/8。

（4）-XX:PermSize：设置持久代初始值，一般不超过物理内存的 1/64。

（5）-XX:MaxPermSize：设置持久代 Perm Generation 的最大值，一般不超过物理内存的 1/4。

（6）-Xss：设置每个线程大小。在 JDK5.0 之前每个线程堆栈大小为 256K，在 5.0 之后每个线程堆栈大小为 1M，这个值可以根据应用的线程所需内存大小来进行调整，在相同物理内存下，减小线程堆栈大小可以生成更多的线程数，但操作系统也会针对一个进程具体可以生成的线程进行限制，不会无限生成，经验值一般在 3000～5000 个线程左右。一般如果是小的应用，应该设置 128K 即可，如果大的应用建议设置 256K。

（7）-XX:NewRatio：表示设置年轻代与年老代的比值，如-XX:NewRatio=4 表示年轻代和年老代的比例为 1:4，即年轻代占整个堆栈的 1/5。如果设置 Xms 和 Xmx 的值相同，并且设置了 Xmn 的情况下，就不需要设置该参数的值了。如果是 CMS GC 回收器，那么该参数失效。

（8）-XX:SurvivorRatio：表示设置 Eden 区与 Survivor 区的比例，例如设置为 3，则表示两个 Survivor 区与一个 Eden 区的比值为 2:3，每个 Survivor 区占整个年代的 1/5。

（9）-XX:MinHeapFreeRatio：表示当 GC 回收后，如果发现空闲堆内存占到整个预估堆内存的 40%，则增加堆内存的预估最大值，但不超过所设置的最大固定值。

（10）-XX:MaxHeapFreeRatio：表示当 GC 回收后，如果发现空闲堆内存占到整个预估堆内存的 70%，则收缩堆内存预估最大值。

预估堆内存是堆大小动态调控的重要选项之一。堆内存预估最大值一定小于或等于固定最大值（-Xmx 指定的数值）。前者会根据使用情况动态调大或缩小，以提高 GC 回收的效率。

（11）-XX:LargePageSizeInBytes：设置 Java heap 的分页页面大小，默认为 4MB，AMD64 位为 2MB。

垃圾收集器选择如下所述。

关于收集器的内容在 9.4.6 小节有详细的介绍，所以这里只介绍收集的设置。

（1）-XX:+UseSerialGC。将收集器设置为串行收集器。

（2）-XX:+UseParallelGC。设置为并行收集器。此配置仅对年轻代有效。即年轻代使用并行收集，而年老代仍使用串行收集。

（3）-XX:ParallelGCThreads。用于设置并行收集器启动时的线程个数，默认值为处理器的数值，同样适用于 CMS。

（4）c: -XX:+UseParallelOldGC。设置年老代垃圾收集方式为并行收集。

（5）d: -XX:+UseParNewGC。设置年轻代为并行收集，可以与 CMS 收集同时使用，是 UseParallelGC 的升级版本，有更好的性能或者优点。

（6）-XX:GCTimeRatio。设置垃圾回收时间占程序运行时间的百分比，公式为 1/(1+n)。GCTimeRatio 参数的值应当是一个大于 0 且小于 100 的整数，也就是垃圾收集时间占总时间的比例，相当于是吞吐量的倒数。如果把此参数设置为 39，那允许的最大 GC 时间就占总时间的 2.5% ［即 1/(1+39)］，默认值为 99，就是允许最大 1% ［即 1/(1+99)］ 的垃圾收集时间。

CMS 相关参数如下所述。

（1）-XX:+UseConcMarkSweepGC：表示指定在 Old Generation 使用 Concurrent CmarkSweep 收集器进行回收。

（2）-XX:CMSFullGCsBeforeCompaction：表示多少次后进行内存压缩，由于并发收集器不对内存空间进行压缩和整理，所以运行一段时间以后会产生“碎片”，使得运行效率降低。此值设置运行多少次 GC 以后对内存空间进行压缩和整理。

（3）-XX:+UseCMSCompactAtFullCollection：一般以下情况会影响 CMS 收集器在 FULL GC 时进行压缩：

1）CMSFullGCsBeforeCompaction 参数的影响，正常情况下 UseCMSCompactAtFullCollection 与 CMSFullGCsBeforeCompaction 搭配着使用，前者默认值为 TRUE，所以 CMS 收集器是否在 FULL GC 时进行压缩，也主要是取决于后者。

2）用户调用了 System.gc()，而且 DisableExplicitGC 没有开启。

3）如果年轻代预计年老代没有足够空间来容纳下次年轻代 GC 晋升的对象。

上述三种情况有任意一种成立都会让 CMS 决定这次做 FULL GC 时要做压缩。

CMSFullGCsBeforeCompaction 是上一次 CMS 并发 GC 执行后，再执行多少次 Full GC 才会进行压缩。这个值默认为 0，即在默认配置下每次 CMS GC 如果解决不了，就会在转入 Full GC 时进行压缩。如果将 CMSFullGCsBeforeCompaction 设置为 5，就表示每隔 5 次再做一次真正意义上的 Full GC，然后才进行一次压缩，但这样会减少压缩次数，容易导致出现碎片。

（4）-XX:+CMSIncrementalMode：设置为增量收集模式。一般适用于单 CPU 情况。

（5）-XX:CMSInitiatingOccupancyFraction：表示年老代内存空间使用到多少时就开始执行 CMS 收集，以确保年老代有足够的空间接纳来自年轻代的对象，避免 Full GC 的发生。

辅助信息参数设置如下所述。

（1）-XX:+PrintGC：表示开启简单 GC 日志模式，为每一次年轻代的 GC 和每一次的 Full GC 打印一行信息。打印的信息内容格式如下：

```
[GC 246656K->243120K(376320K), 0.0929090 secs]
[Full GC 243120K->241951K(629760K), 1.5589690 secs]
```

第一部分为 GC 的类型，如 GC 和 Full GC。

第二部分是堆的大小，前面的数据是 GC 前的堆大小，后面是 GC 后的堆大小。

第三部分表示 GC 所持续的时间。

简单模型的 GC 日志格式比较简单，提供的信息不太多，所以要详细的信息还是得详细的 GC

日志记录。

（2）-XX:+PrintGCDetails：表示开启了详细 GC 日志模式。详细日志模式下会将详细的日志信息记录下来，下面是一行日志信息。

```
[GC
    [PSYoungGen: 142816K->10752K(142848K)] 246648K->243136K(375296K), 0.0935090 secs]
]
[Times: user=0.55 sys=0.10, real=0.09 secs]
```

这个日志信息比上面的日志信息详细得多，从日志中可以看出，是在年轻代进行 GC 的，堆空间从 142816K 减少到 10752K，整个堆大小从 246648K 减少到了 243136K，用时 0.0935090 秒。

从上面的日志中可以看出，年轻代的堆空间几乎都已经使用，然后开始 GC，GC 后所有的对象几乎清空了，从 142816K 减少到 10752K，但这些对象并没有被释放，都转移给了年老代，因为总的堆空间 GC 后从 246648K 到 243136K，减少的空间很小。

详细日志中的“Times”部分主要显示了 GC 的 CPU 时间信息，分别显示了操作系统的用户空间和系统空间所使用的时间，如果 CPU 时间明显多于“真实”时间，那么说明 GC 使用了多线程运行。

下面是一个 Full GC 的详细日志实例：

```
[Full GC
    [PSYoungGen: 10752K->9707K(142848K)]
    [ParOldGen: 232384K->232244K(485888K)] 243136K->241951K(628736K)
    [PSPermGen: 3162K->3161K(21504K)], 1.5265450 secs
]
```

这里将三代 GC 后的信息详细地显示出来了，可以清楚地看到每代堆空间回收的情况，以及所消耗的 CPU 时间，整个 Full GC 持续的时间大约为 1.53 秒。

（3）-XX:+PrintGCTimeStamps 和-XX:+PrintGCDateStamps：使用-XX:+PrintGCTimeStamps 可以将时间和日期添加到 GC 日志中。表示自 JVM 启动至今的时间戳会被添加到每一行中。例子如下：

```
0.185: [GC 66048K->53077K(251392K), 0.0977580 secs]
0.323: [GC 119125K->114661K(317440K), 0.1448850 secs]
0.603: [GC 246757K->243133K(375296K), 0.2860800 secs]
```

如果指定了-XX:+PrintGCDateStamps，每一行就添加上了绝对的日期和时间。

```
2014-01-03T12:08:38.102-0100: [GC 66048K->53077K(251392K), 0.0959470 secs]
2014-01-03T12:08:38.239-0100: [GC 119125K->114661K(317440K), 0.1421720 secs]
2014-01-03T12:08:38.513-0100: [GC 246757K->243133K(375296K), 0.2761000 secs]
```

如果需要也可以同时使用两个参数，这样在关联不同来源的 GC 日志时很有帮助。

（4）-Xloggc：表示默认情况下 GC 日志输出到终端的情况，通过-Xloggc:filename 可以输出到指定的文件。

9.5 日志文件分析

在做性能测试时，日志文件是必须分析的，本节主要介绍 Tomcat 服务器的日志信息分析，Tomcat 服务器提供了很多日志信息，方便对服务器进行分析。

9.5.1 日志文件类型

tomcat 日志文件都在 log 目录下。

```
/usr/local/apache - tomcat - 8.5.31/logs
```

tomcat 的日志文件主要包含以下几类：

1. catalina.日期.log

该日志文件主要记录 tomcat 服务器启动、停止等相关的线程信息。

2. catalina.out

这个日志文件与 catalina.日期.log 日志文件的内容相似，主要是记录后台线程或守护进程的相关信息。

3. host-manager.日期.log

记录管理服务相关的信息，一般为空。

4. localhost.日期.log

主要记录相关线程运行时调用的方法或属性，以及 Java 线程号。

5. localhost_access_log.日期.txt

```
192.168.40.1 - - [20/Jul/2019:16:42:00 +0800] "GET /opencarrun/images/login_password_i.png HTTP/1.1" 200 21985
192.168.40.1 - - [20/Jul/2019:16:42:01 +0800] "GET /opencarrun/admin/myAdmin?tag=getCode HTTP/1.1" 200 664
主要记录客户端访问服务的相关信息：
第一列：表示访问的 IP
第二列：用户名
第三列：邮箱地址
第四列：日期与时间，以及 UAT 时间的偏移量
第五列：HTTP 请求使用方法
第六列：请求的 URL 地址
第七列：协议类型
第八列：HTTP 返回的状态码
第九列：发送的字节数
```

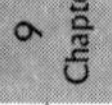

9.5.2 日志文件配置

在 logging.properties 文件中可以修改日志文件的相关参数。

```
/usr/local/apache - tomcat - 8.5.31/conf/logging.properties
```

设置日志文件通常会涉及以下三个选项：

```
1catalina.org.apache.juli.AsyncFileHandler.level = FINE
//设置日志文件被记录下来的级别
1catalina.org.apache.juli.AsyncFileHandler.directory = ${catalina.base}/logs
//设置日志文件所保存的目录
1catalina.org.apache.juli.AsyncFileHandler.prefix = catalina.
//设置日志文件的前缀
```

日志文件的级别有：SEVERE (highest value) > WARNING > INFO > CONFIG > FINE >FINER > FINEST (lowest value)。

设置日志文件开启和关闭的选项如下：

```
1catalina.org.apache.juli.FileHandler.level = OFF
1catalina.org.apache.juli.FileHandler.level = ON
```

Tomcat 服务启动后所有标准输出和标准出错都会默认重定向到${TOMCAT_HOME}/logs/catalina.out 文件中。但有的公司业务每天产生的日志文件可能很大，当日志文件不及时清理时将会占用服务器磁盘很大的容量，从而影响到整个系统的正常运行。并且当日志文件太大后，我们要对日志文件进行排查和分析，都是很麻烦的一件事，所以需要对日志文件进行分割，即每天按照日期命名新的一个日志文件。

一般分割日志文件有以下几种方法：

（1）使用 shell 脚本对 catalina.out 日志文件进行切割。编写一个.sh 文件并赋予文件执行权限，再将这个 shell 文件放入$TOMCAT_HOME/bin 目录下面，再结合 Linux 系统自带的定时器进行 Tomcat 日志切割。Shell 脚本代码如下：

```
#!/bin/bash
cd  'dirname $0'                    ##切换到$TOMCAT_HOME/的 bin 目录下
d='date +%Y%m%d'                    ##获取当前日期
d7='date -d'14 day ago' +%Y%m%d'    ##获取 14 天前的日期
cd  ../logs/                        ##进入日志所在目录
cp catalina.out   catalina.out.${d}   ##将日志文件拷贝到新日志文件中，新的日志文件是一个分割文件，分割文件名
以日期来命名
echo "" > catalina.out              ##清空当前日志文件内容
rm -rf catalina.out.${d14}          ##删除 14 天前的日志
```

（2）使用 cronolog 来分割 Tomcat 的 catalina.out 日志文件。首先安装 cronolog 软件，再来配置如何分割日志文件。

修改 bin/catalina.sh 文件，将文件中以下内容进行修改：

```
touch "$CATALINA_OUT"                 ##将这行代码注释
将两处
org.apache.catalina.startup.Bootstrap "$@" start   \
    >>"$CATALINA_OUT" 2>&1 "&"
修改为以下代码：
org.apache.catalina.startup.Bootstrap  "$@"  start   2>&1  \ | /usr/local/sbin/cronolog  "$CATALINA_BASE"/logs/catalina.
%Y-%m-%d_%H.out >> /dev/null &
```

修改后的 catalina.sh 文件内容如下：

```
shift
#touch "$CATALINA_OUT"
if [ "$1" = "-security" ] ; then
    if [ $have_tty -eq 1 ]; then
        echo "Using Security Manager"
    fi
    shift
    eval $_NOHUP "\"$_RUNJAVA\"" "\"$LOGGING_CONFIG\"" $LOGGING_MANAGER $JAVA_OPTS $CATALINA_OPTS \
        -D$ENDORSED_PROP="\"$JAVA_ENDORSED_DIRS\"" \
        -classpath "\"$CLASSPATH\"" \
        -Djava.security.manager \
        -Djava.security.policy=="\"$CATALINA_BASE/conf/catalina.policy\"" \
        -Dcatalina.base="\"$CATALINA_BASE\"" \
        -Dcatalina.home="\"$CATALINA_HOME\"" \
        -Djava.io.tmpdir="\"$CATALINA_TMPDIR\"" \
          org.apache.catalina.startup.Bootstrap "$@" start    2>&1 \
          | /usr/local/sbin/cronolog "$CATALINA_BASE"/logs/catalina.%Y-%m-%d_%H.out >> /dev/null &

else
   eval $_NOHUP "\"$_RUNJAVA\"" "\"$LOGGING_CONFIG\"" $LOGGING_MANAGER $JAVA_OPTS $CATALINA_OPTS \
        -D$ENDORSED_PROP="\"$JAVA_ENDORSED_DIRS\"" \
        -classpath "\"$CLASSPATH\"" \
        -Dcatalina.base="\"$CATALINA_BASE\"" \
        -Dcatalina.home="\"$CATALINA_HOME\"" \
        -Djava.io.tmpdir="\"$CATALINA_TMPDIR\"" \
          org.apache.catalina.startup.Bootstrap "$@" start    2>&1 \
          | /usr/local/sbin/cronolog "$CATALINA_BASE"/logs/catalina.%Y-%m-%d_%H.out >> /dev/null &

fi
```

然后再重启 Tomcat 服务器即可。

（3）使用 log4j 来分割 Tomcat 的 catalina.out 日志文件。

在 Tomcat 根目录下建立 common/classes/log4j.properties，该文件内容如下：

```
log4j.rootLogger=INFO, R
log4j.appender.R=org.apache.log4j.RollingFileAppender
log4j.appender.R.File=${catalina.home}/logs/tomcat.newlog        #设定日志文件名
log4j.appender.R.MaxFileSize=100KB                               #设置文件到达多大才进行分割，文件到 100KB 即分割
log4j.appender.R.MaxBackupIndex=10                               #设置日志文件保留的序号数
log4j.appender.R.layout=org.apache.log4j.PatternLayout
log4j.appender.R.layout.ConversionPattern=%p %t %c - %m%n
```

在 Tomcat 根目录下的 common/lib 下加入 log4j.jar 和 commons-logging.jar，然后重启 Tomcat 服务器即可。

9.6 小结

本章主要介绍了 Tomcat 服务器的监控和调优的常用方法。首先介绍了 Tomcat 的结构体系和 Tomcat 监控的方法；然后重点介绍了 Tomcat 的调优，重点介绍了 JVM 调优、Tomcat 连接器和 APR 配置三部分内容；接着将 JVM 调优化进行了详细介绍，有 JVM 内存模型、堆与栈、收集算法、回收器等相关的核心内容。最后介绍了日志文件的分析。

第10章 Nginx监控与调优

Nginx是一个高性能的HTTP和反向代理Web服务器，同时也提供IMAP、POP3、SMTP服务，在BSD-like协议下发行，其将源代码以类BSD许可证的形式发布，因它的稳定性、丰富的功能集、示例配置文件和低系统资源的消耗而闻名，其特点是占有内存少，并发能力强。Nginx是由伊戈尔·赛索耶夫为俄罗斯访问量第二的Rambler.ru站点（俄文：Рамблер）开发的，第一个公开版本0.1.0发布于2004年10月4日。

Nginx以事件驱动的方式编写，所以有非常好的性能，同时也是一个非常高效的反向代理、负载平衡服务器。在性能上，Nginx占用很少的系统资源，能支持更多的并发连接，达到更高的访问效率；在功能上，Nginx是优秀的代理服务器和负载均衡服务器；在安装配置上，Nginx安装简单、配置灵活。Nginx支持热部署，启动速度特别快，还可以在不间断服务的情况下对软件版本或配置进行升级，即使运行数月也无需重新启动。在微服务的体系之下，Nginx正在被越来越多的项目采用作为网关来使用，配合Lua做限流、熔断等控制。

本章主要介绍以下几部分内容：

- Nginx三大工作模块
- Nginx配置上下文
- Nginx监控
- Nginx负载均衡
- 健康检查
- Nginx压缩与解压
- Nginx缓存

10.1 Nginx 三大工作模块

在研究 Nginx 之前，必须先理解 Nginx 的工作原理，本小节从不同维度来介绍 Nginx 的工作原理。这样可以更好地对 Nginx 监控与调优。

10.1.1 Nginx 启动、停止

Nginx 提供了几个命令行参数，可以通过配置文件来配置，常见的命令行参数包括以下几个：

-c </path/to/config> 表示为 Nginx 指定一个配置文件，来代替默认的配置文件。

-t 不运行 Nginx 服务器，仅仅测试配置文件语法是否正确。Nginx 将检查配置文件语法的正确性，并尝试打开配置文件中所引用到的文件。

-v 显示 Nginx 的版本。

-V 显示 Nginx 的版本，编译器版本和配置参数。

Nginx 主进程的 pid 写入在/usr/local/nginx/nginx.pid 文件中，可以使用信号系统来控制主进程，通过传递参数给./configure 或使用 pid 指令来改变。

主进程可以处理以下的信号，见表 10-1。

表 10-1　主进程可以处理的信号

信号	解释
TERM、INT	快速关闭
QUIT	从容关闭
HUP	重载配置 用新的配置开始新的工作进程 从容关闭旧的工作进程
USR1	重新打开日志文件
USR2	平滑升级可执行程序
WINCH	从容关闭工作进程

Nginx 启动命令如下：

```
nginx -s reload
如果在启动 nginx 服务器过程中出现错误
nginx: [error] open() "/usr/local/nginx/logs/nginx.pid" failed (2: No such file or directory)
那么就再次去检测 nginx 配置文件
./usr/local/nginx/sbin/nginx -c /usr/local/nginx/conf/nginx.conf
```

Nginx 停止命令有以下几种方式：

（1）Nginx 从容停止命令，等所有请求结束后关闭服务。

```
ps -ef |grep nginx
kill -QUIT  nginx 主进程号
```

（2）Nginx 快速停止命令，立刻关闭 Nginx 进程。

```
ps -ef |grep nginx
kill -TERM nginx 主进程号
```

（3）强制停止。

```
kill -9 nginx 主进程号
```

（4）stop 停止服务。

```
nginx -s stop
```

检测配置文件停止命令如下：

```
/usr/local/nginx/sbin/nginx -t -c /usr/local/nginx/conf/nginx.conf
```

10.1.2 Nginx 工作原理

Nginx 工作原理如图 10-1 所示。

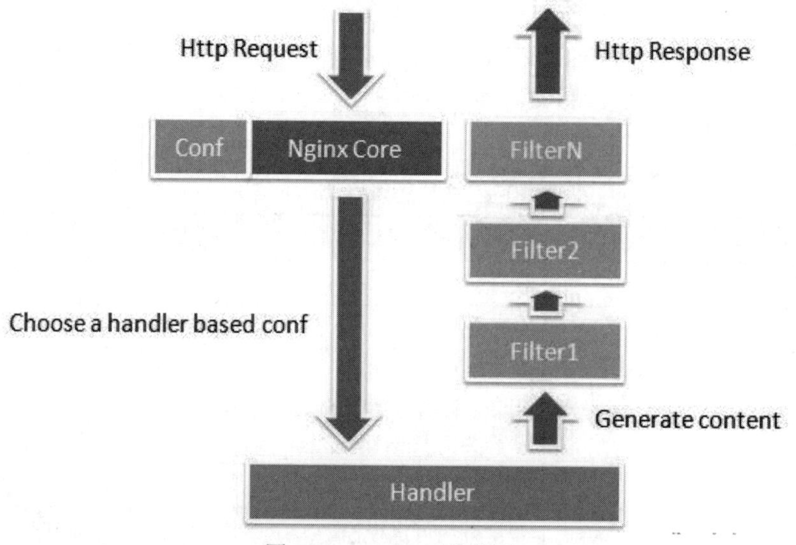

图 10-1 Nginx 工作原理

Nginx 从结构的层面来划分可以分为三类：核心模块、基础模块、第三方模块。

（1）核心模块主要包括：Http 模块、Mail 模块和 Event 模块。Http 模块和 Event 模块就是配置上下文中的 Http 上下文和 Event 上下文。

（2）基础模块主要包括：Http Access 模块、Http Rewrite 模块、Http Proxy 模块和 Http FastCGI 模块。

（3）第三方模块主要包括：Http Upstream Request Hash 模块、Notice 模块和 Http Access Key 模块。

Event 模块是 Nginx 最核心的模块，主要处理与服务器硬件的关系，例如磁盘的工作方式、网络端口的监听等。

Nginx 如果从功能的角度来划分可以分为：Handler 处理模块、Filter 过滤器模块、Proxy 模块。

（1）Handler 处理模块：处理发送过来的请求，并对内容和 Header 信息做适当的修改，再将内容输出到 Filter 过滤器模块。

（2）Filter 过滤器模块：主要是对 Handler 处理模块输出的信息进行修改并输出到客户端，即 Http Responser。

（3）Proxy 模块：主要是 Http Upstream 类的模块，与服务和操作系统打交道。

当客户端向服务器发送请求时，Http Access 模块会接受客户发送的请求，发送过来的请求是由连接器来决定的，连接器是通过 Event 模块来确定的，通过连接器再监控客户端的请求信息。如果使用了代理，那么会使用 Http Proxy 模块来代理分发请求，再通过 Proxy 模块让 Http 服务器和动态脚本语言进行通信，Http Rewrite 模块则是用于处理请求信息的。将处理好的请求发给 Handler 来处理，将处理好的请求信息输出到 Filter 过滤器模块，再返回到用户。

10.1.3 Nginx 进程模型

当 Nginx 服务器处理客户端请求时，所有的请求都是由后台的进程来处理，更准备地说是由线程来处理的，Nginx 服务器的分析进程模型如图 10-2 所示。

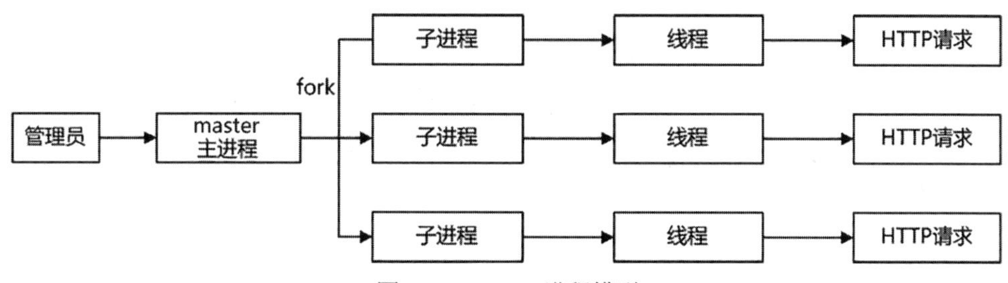

图 10-2 Nginx 进程模型

当启动 Nginx 服务器时，系统会生成一个 master 进程和多个 worker 进程，所有 worker 子进程都是由 master 进程来生成。master 进程不仅仅是会生成 worker 子进程，还会对 worker 子进程进行监控和管理。

worker 子进程会监控所有的用户提交上来的请求，监控请求通过 socket 来监控，当有请求进来时，所有的 worker 子进程会去抢着处理这个 Http 请求，这里只可能有一个进程处理这个请求，其他进程会失败，这就是所谓的“惊群”现象。

为了解决“惊群”现象，Nginx 会引入互斥锁 accept_mutex，只有获得 accept_mutex 的子进程才可以去处理客户端提交的请求。

10.1.4 Nginx Http 请求过程

当客户端发送 Http 请求时，从客户端到服务器处理的整个过程如图 10-3 所示。

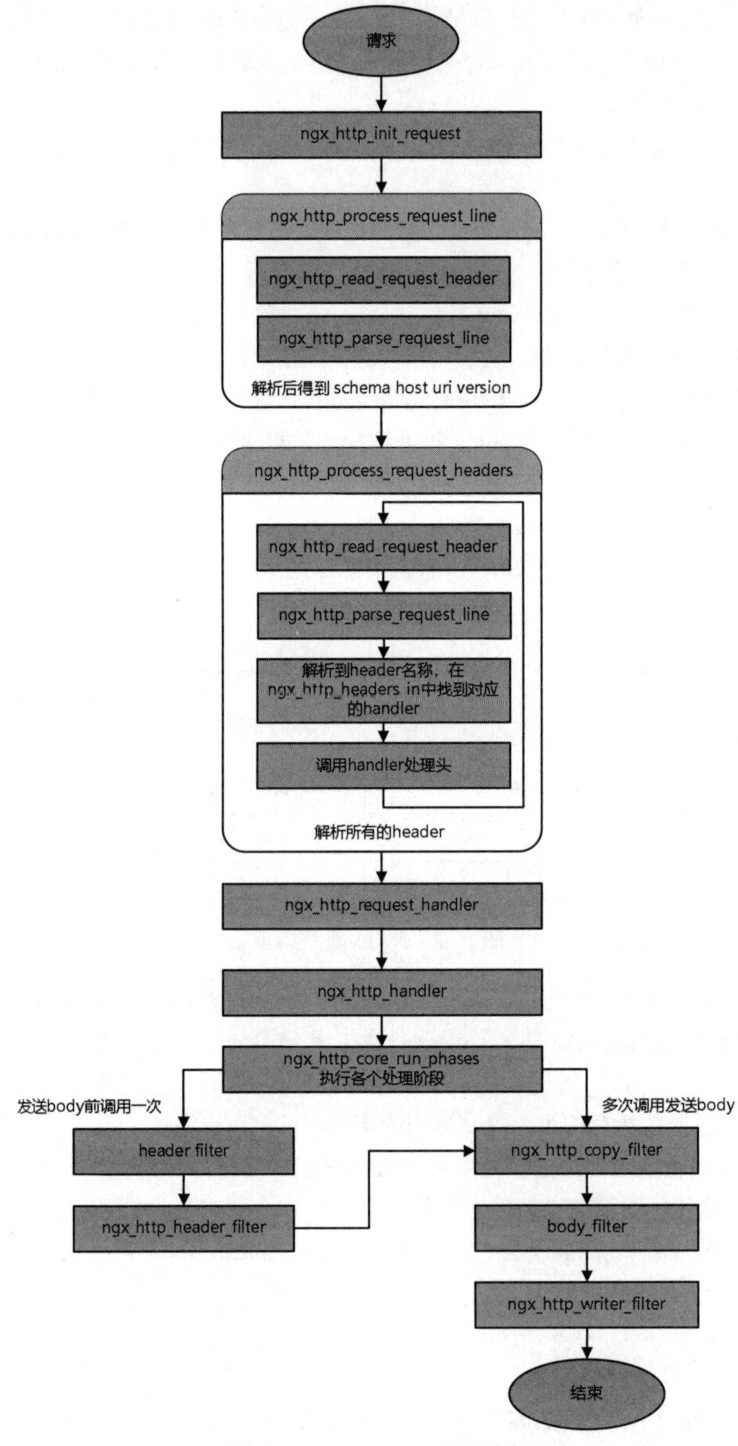

图 10-3　Nginx Http 处理过程

10.2　Nginx 配置上下文

在 Nginx 安装目录下有一个配置文件 nginx.conf，在这里可以配置所有相关的信息，把这个配置文件里面的选择内容作为配置上下文。

Nginx 配置上下文组成部分如下：

```
worker_processes    1;
events {
    ......
}

http {
    server {
        ......
        local {
            ......
        }
    }
}
```

主要包括：全局变量、events 上下文、http 上下文、server 上下文和 local 上下文。server 上下文必须是声明在 http 上下文中，local 上下文必须是声明在 server 上下文中。

常见配置项含义：

user：表示子进程用户，master process 是主进程，其他的子进程都是由 master process 来决定。

worker_processes：表示当服务器启动时，生成的子进程数，这个子进程数由 CPU 的核数来决定。

error_log：表示错误日志文件位置。

worker_connections：表示每个子进程最多允许的连接数。

use eproll：表示 IO 复用模型。

include mime.type：表示传输文件的格式。

log_format：表示日志文件的格式。

access_log：表示日志文件所在的位置。

keepalive_timeout：表示长连接时，请求与请求之间的时间间隔。

listen：表示监听的端口。

server_name：表示服务器的 IP 地址。

10.3　Nginx 监控

Nginx 监控通常有两种方式：一种是使用自带的 status 监控模块对 Nginx 服务器进行监控；另

一种是使用 Ngxtop 工具监控，这个工具可以实时通过命令来监控，可以实时统计和分析日志信息，准确来说 Ngxtop 更像一个日志分析工具。

监控主要是监控连接器的相关参数，主要包括 HTTP 请求、处理的 HTTP 请求等相关信息。

10.3.1 status 监控

status 是 Nginx 自带的一个监控模块，几乎所有的 Web 服务器都自带了 status 的监控模块，使用 status 监控模块的步骤如下：

（1）确定 Nginx 是否已安装 status 模块。使用 Nginx -v 命令可以查看 Nginx 服务器已经配置好的模块。

```
[root@localhost sbin]# nginx -V
nginx version: nginx/1.13.7
built by gcc 4.4.7 20120313 (Red Hat 4.4.7-18) (GCC)
configure arguments: --with-http_stub_status_module
```

如果发现 status 并没有安装，那么需要重新安装 status 模块，安装 status 模块的步骤如下：

第一步：先找到 Nginx 安装包所存放的位置，假如 Nginx 安装包所在的目录位置为/home/software/nginx-1.13.7，具体位置以实际目录为准。

第二步：重新编译 Nginx 安装包中的配置文件，具体命令如下：

```
./configure --with-http_stub_status_module      //在配置时将 status 模块添加进去
make
```

第三步：重新编译后，会发现 Nginx 目录下的 objs 目录下，即/home/software/nginx-1.13.7/objs 目录会重新生成一个 Nginx 文件，将这个文件拷贝到 Nginx 安装目录下的 sbin 目录下，假设安装的目录为/usr/local/nginx，即需要将/home/software/nginx-1.13.7/objs 目录下的 Nginx 文件拷贝到/usr/local/nginx/sbin 目录下，并覆盖原来的 Nginx 文件。

（2）在 http 上下文中的 server 上下文中声明一个 location 的上下文，代码如下：

```
//表示设置访问根目录下 nginx_status 的权限
//因为监控的模块就是 status，需要进入 status 界面才可以看到监控信息
//这个上下文内容主要是设置访问权限
location /nginx_status {
    stub_status on;         //开启监控模块
    access_log off;         //关闭日志文件
    allow all;              //允许所有的 IP 访问该模块
}
```

（3）进入监控界面。

```
//进入监控界面的地址格式如下：
http://ip/nginx_status
例如：
http://192.168.40.135/nginx_status
```

监控界面的内容如图 10-4 所示。

```
192.168.3.38/nginx_status

Active connections: 61
server accepts handled requests
 496 496 19055
Reading: 0 Writing: 1 Waiting: 60
```

图 10-4 Nginx 监控界面

监控界面显示的参数含义如下：

Active connections：表示当前 Nginx 正处理的活动连接数，每处理客户端一个请求就需要一个连接数，Nginx 所允许的最大连接数受 worker_processes 和 worker_connections 两个参数的影响。正常情况下 Nginx 最大的连接数为 worker_processes 乘以 worker_connections 的积，但是如果做了反向代理，那么最大的连接数可以到达的值为 worker_processes*worker_connections/2，因为如果设置了反向代理，那么 Nginx 接受到一个客户端的 HTTP 请求时，就消耗了一个连接数，但同时还需要一个连接数用于将这个 HTTP 请求转发到负载机，这样相当于客户端发送一个 HTTP 请求，Nginx 需要两个连接数才能处理好这个 HTTP 请求。

accepts：表示已处理的总的连接数。

handled：表示总的握手次数。

requests：表示处理的总的 HTTP 请求数。

Reading：表示读取到客户端的 Header 信息数。

Writing：表示返回给客户端的 Header 信息数。

Waiting：表示开启 keep-alive 的情况下，这个值等于 active－(reading + writing)，意思就是 Nginx 已经处理完正在等候下一次请求指令的驻留连接。

10.3.2 Ngxtop 监控

如果使用的是 Nginx 服务器，那么在监控时应该对 Nginx 服务器进行实时监控，当然也有很多工具，如 Nagios、Zabbix、Munin 等相关，可以实时地对 Nginx 服务器进行监控，但如果不需要提供综合性报告或者长时间数据分析统计，只需要一个快速简便的监控服务器，那么可以使用 ngxtop 命令工具进行监控。

Ngxtop 实时解析 Nginx 的日志信息，并将结果输出到终端，这样可以实时了解服务器发生了什么。Ngxtop 功能类似于系统命令 top，这样就不需要使用 tail 日志来看日志文件了。

Ngxtop 是设置一个短时间的采样数据，并不能长时间运行和监控服务器的状态。默认情况下，Ngxtop 会尝试确定 Nginx 访问日志文件所在的正确位置和格式，因此只需运行 Ngxtop 即可看到 Nginx 服务器的所有请求。

Ngxtop 的语法格式如下：

```
Usage:
    ngxtop [options]
    ngxtop [options] (print|top|avg|sum) <var> ...
```

```
    ngxtop info
ngxtop [options] query <query> ...

Options:

-l <file>, --access-log <file>  设置需要分析的日志文件，默认访问的是 Nginx 的日志文件

-f <format>, --log-format <format>   log_format 指令设置在分析日志文件时的格式，日志的格式 [默认: combined]

--no-follow  ngxtop default behavior is to ignore current lines in log

and only watch for new lines as they are written to the access log.

Use this flag to tell ngxtop to process the current content of the access log instead.

默认行为是忽略日志中的当前行，只显示更新行的信息

-t <seconds>, --interval <seconds>  report interval when running in follow mode [default: 2.0]
用于设置采样计数的时间间隔，默认值为 2 秒

-g <var>, --group-by <var>  根据变量分组 [默认: request_path]

-w <var>, --having <expr>  having clause [default: 1]    having 子条件

-o <var>, --order-by <var>  按什么列进行排序 [默认: count]

-n <number>, --limit <number>  限制显示的日志条数 [default: 10]

-a <exp> ..., --a <exp> ...  add exp (must be aggregation exp: sum, avg, min, max, etc.) into output

-v, --verbose  更多的输出

-d, --debug  print every line and parsed record    打印每一行并解析记录

-h, --help  当前帮助信息.

--version  输出版本信息.

高级选项:

-c <file>, --config <file>  运行 ngxtop 解析 Nginx 配置文件

-i <filter-expression>, --filter <filter-expression>  filter in, records satisfied given expression are processed.
对某个条件设置一些筛选的条件，通过表达式来设置

-p <filter-expression>, --pre-filter <filter-expression> in-filter expression to check in pre-parsing phase.
```

Ngxtop 监控的内容如图 10-5 所示。

```
root@localhost:/usr/local/nginx/logs
文件(F) 编辑(E) 查看(V) 搜索(S) 终端(T) 帮助(H)
running for 16 seconds, 4726 records processed: 293.50 req/sec

Summary:
|   count |    avg_bytes_sent |   2xx |   3xx |   4xx |   5xx |
|---------+-------------------+-------+-------+-------+-------|
|    4726 |          3614.910 |  4664 |    60 |     0 |     2 |

Detailed:
| request_path                              |   count |   avg_bytes_sent |   2xx |   3xx |   4xx |   5xx |
|-------------------------------------------+---------+------------------+-------+-------+-------+-------|
| /search.php                               |     120 |         2659.833 |    59 |    60 |     0 |     1 |
| /api/cron.php                             |     119 |            0.000 |   119 |     0 |     0 |     0 |
| /                                         |      61 |         7081.279 |    60 |     0 |     0 |     1 |
| /data/brandlogo/1240802922410634065.gif   |      60 |         1905.000 |    60 |     0 |     0 |     0 |
| /data/brandlogo/1240803062307572427.gif   |      60 |         4613.000 |    60 |     0 |     0 |     0 |
| /data/brandlogo/1240803144788047486.gif   |      60 |         2253.000 |    60 |     0 |     0 |     0 |
| /data/brandlogo/1240803247838195732.gif   |      60 |         3494.000 |    60 |     0 |     0 |     0 |
| /data/brandlogo/1240803352280856940.gif   |      60 |         3264.000 |    60 |     0 |     0 |     0 |
| /data/brandlogo/1240803412367015368.gif   |      60 |         3749.000 |    60 |     0 |     0 |     0 |
| /data/brandlogo/1240803482283160654.gif   |      60 |         1774.000 |    60 |     0 |     0 |     0 |
```

图 10-5　Ngxtop 监控内容

使用-l 可以指定需要分析的日志文件：

```
[root@localhost /]# ngxtop -l /usr/local/nginx/logs/access.log
```

要使用--log-format 指令中指定的日志格式，请使用所示选项：

```
[root@localhost /]# ngxtop -f main -l /var/log/nginx/site1/access.log
```

将错误状态码为 502 的前 10 个请求打印出来，如图 10-6 所示。

```
[root@localhost /]# ngxtop top request_path --filter 'status == 502'
```

图 10-6　状态码为 502 的前 10 个请求

将发送字节数前 10 位的排序并显示出来，如图 10-7 所示。

```
[root@localhost /]# ngxtop --order-by 'avg(bytes_sent) * count'
```

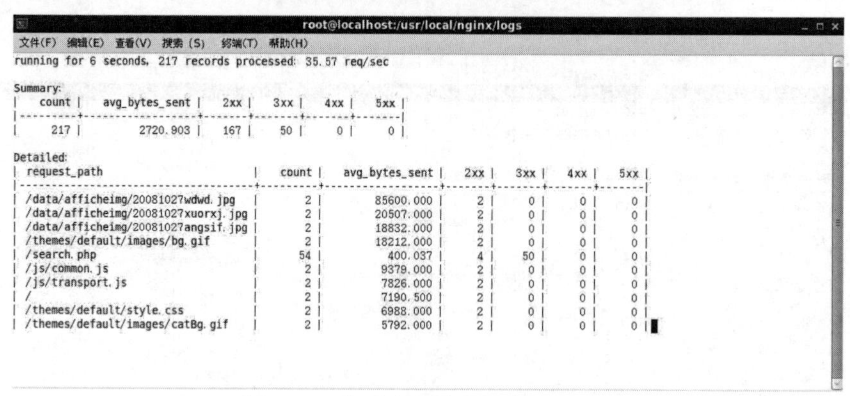

```
root@localhost:/usr/local/nginx/logs
文件(F) 编辑(E) 查看(V) 搜索(S) 终端(T) 帮助(H)
running for 6 seconds, 217 records processed: 35.57 req/sec

Summary:
|   count |   avg_bytes_sent |   2xx |   3xx |   4xx |   5xx |
|---------+------------------+-------+-------+-------+-------|
|     217 |         2720.903 |   167 |    50 |     0 |     0 |

Detailed:
| request_path                           |   count |   avg_bytes_sent |   2xx |   3xx |   4xx |   5xx |
|----------------------------------------+---------+------------------+-------+-------+-------+-------|
| /data/afficheimg/20081027wdwd.jpg      |       2 |        85600.000 |     2 |     0 |     0 |     0 |
| /data/afficheimg/20081027xuorxj.jpg    |       2 |        20507.000 |     2 |     0 |     0 |     0 |
| /data/afficheimg/20081027angsif.jpg    |       2 |        18832.000 |     2 |     0 |     0 |     0 |
| /themes/default/images/bg.gif          |       2 |        18212.000 |     2 |     0 |     0 |     0 |
| /search.php                            |      54 |          400.037 |     4 |    50 |     0 |     0 |
| /js/common.js                          |       2 |         9379.000 |     2 |     0 |     0 |     0 |
| /js/transport.js                       |       2 |         7826.000 |     2 |     0 |     0 |     0 |
| /                                      |       2 |         7190.500 |     2 |     0 |     0 |     0 |
| /themes/default/style.css              |       2 |         6988.000 |     2 |     0 |     0 |     0 |
| /themes/default/images/catBg.gif       |       2 |         5792.000 |     2 |     0 |     0 |     0 |
```

图 10-7　发送字节数前 10 位的排序

按访问服务器的远程地址进行分组，如图 10-8 所示。

```
[root@localhost /]# ngxtop --group-by remote_addr
```

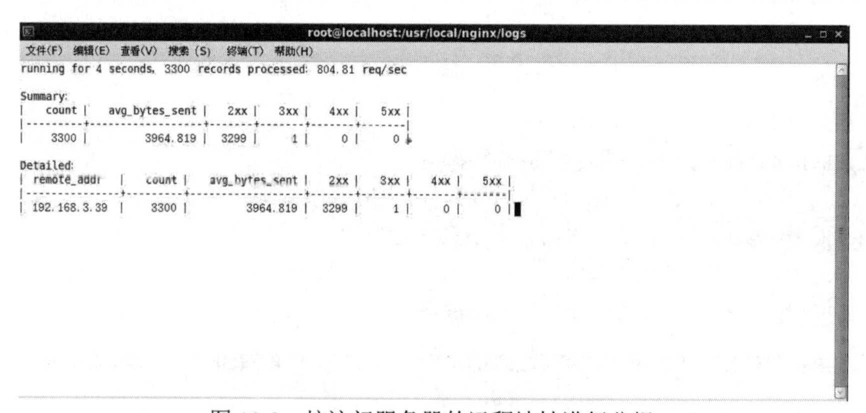

```
root@localhost:/usr/local/nginx/logs
文件(F) 编辑(E) 查看(V) 搜索(S) 终端(T) 帮助(H)
running for 4 seconds, 3300 records processed: 804.81 req/sec

Summary:
|   count |   avg_bytes_sent |   2xx |   3xx |   4xx |   5xx |
|---------+------------------+-------+-------+-------+-------|
|    3300 |         3964.819 |  3299 |     1 |     0 |     0 |

Detailed:
| remote_addr   |   count |   avg_bytes_sent |   2xx |   3xx |   4xx |   5xx |
|---------------+---------+------------------+-------+-------+-------+-------|
| 192.168.3.39  |    3300 |         3964.819 |  3299 |     1 |     0 |     0 |
```

图 10-8　按访问服务器的远程地址进行分组

将状态码大于 400 的打印出来，内容包括请求信息、状态码、相关的 URL 信息，如图 10-9 所示。

```
[root@localhost /]# ngxtop -i 'status >= 400' print request status http_referer
```

```
root@localhost:/usr/local/nginx/logs
文件(F) 编辑(E) 查看(V) 搜索(S) 终端(T) 帮助(H)
running for 92 seconds, 5 records processed: 0.05 req/sec

request, status, http_referer:
| request
                                                    |   status | http_referer         |
|-----------------------------------------------------------------------------------------------------------
----------------------------------------------------+----------+----------------------|
| GET / HTTP/1.1
                                                    |      502 | -                    |
| GET /search.php?encode=YTo0Ontz0jg6ImNhdGVnb3J5IjtzOjE6IjAiO3M6ODoia2V5d29yZHMiO3M6MjoiNTgiO3M6MTA6ImltYWdlRmllbGQiO3M6MDoiIjtzOjE40i
JzZWFyY2hfZW5jb2RlX3RpbWUiO2k6MTYzNTYwNDU0MDt9 HTTP/1.1 |      502 | http://192.168.3.38/ |
| GET /search.php?encode=YTo0Ontz0jg6ImNhdGVnb3J5IjtzOjE6IjAiO3M6ODoia2V5d29yZHMiO3M6MjoiNTgiO3M6MTA6ImltYWdlRmllbGQiO3M6MDoiIjtzOjE40i
JzZWFyY2hfZW5jb2RlX3RpbWUiO2k6MTYzNTYwNDU3Mzt9 HTTP/1.1 |      502 | http://192.168.3.38/ |
```

图 10-9　状态码大于 400 的请求

10.4　Nginx 负载均衡

Nginx 不仅仅可以做 Web 服务器，还可以将自己做成一个负载均衡的中间件，起到在中间转发请求的功能。本小节主要介绍 Nginx 如何实现负载均衡。

10.4.1　负载均衡概述

负载均衡（Load Balance）是指建立在现有网络结构基础上，提供一种廉价、有效、透明的方法来扩展网络设备和服务器的带宽、增加吞吐量、加强网络数据处理能力，提高网络的灵活性和可用性。通俗些讲，负载均衡就相当于在网络流中充当“交通指挥官”的角色，其处于前端和处理请求服务器的中间，用于调度和分配请求的任务，从而最大限度地提高响应速率和容量利用率，同时确保流量会相对均衡地发送到服务器端，尽量避免出现单台服务器超过负荷的可能性。如果单个服务器出现故障，负载均衡也可以将流量重定向到其他的集群服务器上，以保证服务器的稳定性，当新的服务器添加到服务器组后，也可以通过负载均衡的方法使用其开始自动处理客户端发来的请求，简言之，负载均衡实际上就是将大量请求进行分布式处理的策略。

负载均衡分为软、硬件负载均衡，对软件测试工程师来说，接触更多的是软件负载均衡，常见的软件负载均衡技术有以下几种：

1. 基于 DNS 的负载均衡

由于在 DNS 服务器中，可以为多个不同的地址配置相同的名字，最终查询这个名字的客户机将在解析这个名字时得到其中一个地址，所以这种代理方式是通过 DNS 服务中的随机名字解析域名和 IP 来实现负载均衡。

2. 反向代理负载均衡

该种代理方式与普通的代理方式不同，标准代理方式是客户使用代理访问多个外部 Web 服务器，之所以被称为反向代理模式是因为这种代理方式是多个客户使用它访问内部 Web 服务器，而非访问外部服务器。

3. 基于 NAT（Network Address Translation）的负载均衡技术（如 Linux VirtualServer，简称 LVS）

该技术通过一个地址转换网关将每个外部连接均匀地转换为不同的内部服务器地址，因此外部网络中的计算机就各自与自己转换得到的地址上的服务器进行通信，从而达到负载均衡的目的。其中网络地址转换网关位于外部地址和内部地址之间，不仅可以实现当外部客户机访问转换网关的某一外部地址时可以转发到某一映射的内部地址上，还可使内部地址的计算机能访问外部网络。

10.4.2　Nginx 负载均衡工作原理

跨多个应用程序实例进行负载均衡是一种常用的技术，它被用于优化资源的利用率，最大化吞吐量，减少延迟并确保容错配置。

可以使用 Nginx 作为一个非常有效的 HTTP 负载均衡器，将流量分配给多台应用服务器，并通过 Nginx 提高 Web 应用程序的性能、可扩展性和高可靠性。

Nginx 负载均衡也称为反向代理，正常代理有正向代理和反向代理两种：

正向代理（Forward Proxy）意思是一个位于客户端和原始服务器（Origin Server）之间的服务器，为了从原始服务器取得内容，客户端向代理发送一个请求并指定目标（原始服务器），然后代理向原始服务器转交请求并将获得的内容返回给客户端，如图 10-10 所示。

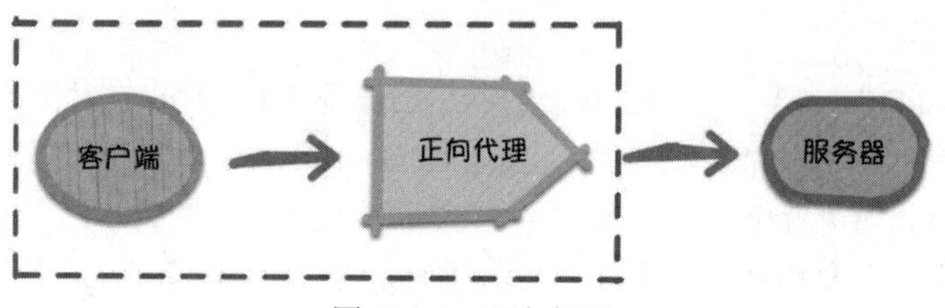

图 10-10　正向代理

Nginx 作为负载均衡是一种反向代理（Reverse Proxy），随着请求量的爆发式增长，一台服务器始终是应付不过来的，需要多台服务器来处理客户端的请求，但由于有多台服务器，那么就会涉及请求资源如何分配的问题，所以在这些服务器之间会设计一个代理的服务器，来负责分配这些请求信息，这个就是反向代理。

反向代理服务器位于用户与目标服务器之间，但是对于用户而言，反向代理服务器就相当于目标服务器，即用户直接访问反向代理服务器就可以获得目标服务器的资源。同时，用户不需要知道目标服务器的地址，也无须在用户端作任何设定。

Nginx 反向代理的工作原理如图 10-11 所示。

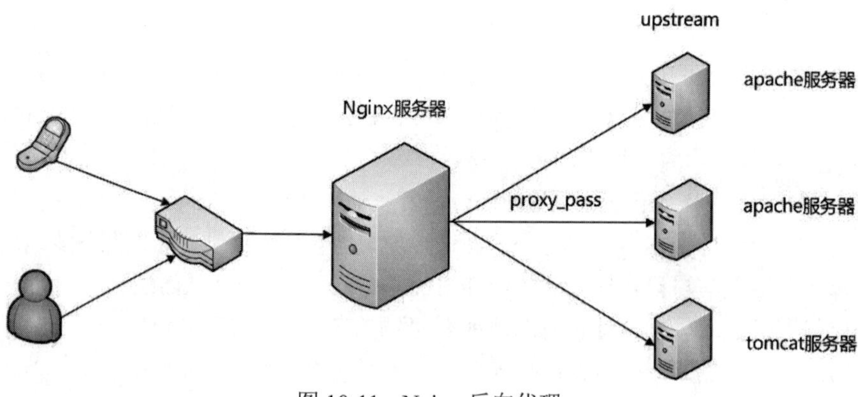

图 10-11　Nginx 反向代理

10.4.3　设置 Http 负载均衡

在 Nginx 服务器中设置 Http 负载均衡，首先需要创建一个 upstream 指令来设置服务器群，upstream 指令放在 http 上下文中，在 upstream 指令通过 server 指令来设置需要反向代理的服务器，当然不要把 upstream 指令中的 server 指令与 http 上下文中的 server 混淆了。如以下代码：

```
http {
    upstream proxy_test{
        server 192.168.10.1 weight=5;
        server 192.168.10.2;
        server 192.168.10.3;
    }
}
```

上面的代码通过 upstream 指令将请求反向代理到三台服务器上，反向代理的服务器建议最好使用私有 IP，这样可以提高安全性。

接下来需要设置 proxy_pass 指令，当从客户端接收到请求后，Nginx 会通过 proxy_pass 指令将接收到的请求反向发送给 upstream 指令，再传递给后台服务器群，proxy_pass 指令放在 server 上下文中，如以下代码：

```
#该服务器接收到端口 80 的所有流量并将其传递给上游 upstream
#需要注意的是，upstream 名称和 proxy_pass 需要匹配
server {
    location / {
        proxy_pass http:// proxy_test;
    }
}
```

下面的示例是结合了上面的两个代码段，展示了如何将 Http 请求代理到后端服务器组。该组由三台服务器组成，其中三台服务器都运行同一应用程序的实例。

```
http {
    upstream proxy_test {
        server 192.168.10.1 weight=5;
        server 192.168.10.2;
        server 192.168.10.3;
    }

    server {
        location / {
            proxy_pass http://proxy_test;
        }
    }
}
```

10.4.4 负载均衡算法

Nginx 收到客户端的请求后，会提供一些机制让用户选择如何将请求分发给服务器，Nginx 开源版支持四种负载均衡算法，Nginx plus 有六种负载均衡算法。Nginx 负载均衡的算法通常有以下几种：

1. Round Robin（轮询）

轮询是指将请求按顺序发送到服务器，默认情况下 Nginx 使用的是轮询方法，当然如果某台服务器设置了权重，就不是平均分配到各台服务器了，设置的代码如下：

```
upstream test{
    server test.example.com;
    server test.example.com;
}
```

2. Least Connections（最少连接数）

最少连接数的策略是指将请求发给当前连接数最少的服务器，当然如果设置了权重，权重会对这个策略有影响，设置的代码如下：

```
upstream test {
    least_conn;
    server test.example.com;
    server test.example.com;
}
```

3. IP Hash（IP 哈希）

根据客户端 IP 地址确定向其发送请求的服务器。在这种情况下，使用 IPv4 地址的前三个八位字节或整个 IPv6 地址来计算哈希值。该方法保证来自同一地址的请求到达同一服务器，除非该服务器不可用，设置的代码如下：

```
upstream test {
    ip_hash;
    server test.example.com;
    server test.example.com;
}
```

4. Generic Hash（通用哈希）

通用哈希是根据用户定义的键来决定将请求发到哪台服务器，这个键可以是文本字符串、变量或组合的方式，例如使用 IP 地址和端口做成一个密钥，或者一个 URI。

哈希指令的可选一致参数支持 ketama 一致哈希负载平衡。根据用户定义的散列键值，请求均匀地分布在所有 upstream 服务器上。如果 upstream 中的服务器出现添加或删除，则只需要重新映射几个键，从而让负载平衡缓存服务器或其他累积 state.hash 的应用程序的情况下最大限度地减少缓存未命中的情况。

```
upstream test {
    hash $request_uri consistent;
    server test.example.com;
    server test.example.com;
}
```

5. Least Time（最短时间）

最短时间设置仅限 Nginx plus 可以使用，Nginx 开源版本不可使用，表示对每个客户端的请求 Nginx plus 会选择它认为的平均延迟最小且活动连接数最少的服务器来处理，估算最短时间一般有以下几种参数设置方式：

- header：表示服务器接收第一个字节的最短时间。
- last_byte：表示服务器接收完整响应的最短时间。
- last_byte inflight：表示服务器接收完整响应的最短时间，但其包含考虑到不完整请求的情况。

```
upstream test {
    least_time header;
    server test.example.com;
    server test.example.com;
}
```

6. Random（随机）

随机是指每个请求被随机地发给服务器，如果指定了该参数，首先会考虑服务器权重，根据服务器权重随机选择两台服务器，然后再通过指定方法选择这两台中的一台服务器。

- least_conn：表示活动连接数最少。
- least_time=header(NGINX Plus)：表示服务器接收响应头的最小平均时间。
- Least_time=last_byte（NGINX Plus）：表示服务器接收完整响应的最小平均时间。

```
upstream test {
    random two least_time=last_byte;
    server test.example.com;
    server test.example.com;
    server test.example.com;
    server test.example.com;
}
```

10.4.5 设置服务器权重

在配置 upstream 中的服务器时，其实是有对每台服务器设置权重的，只是没有体现出来，因为默认未设置时每台服务器获得的权重都是 1，如果需要修改权重，可以使用 weight 指令来修改，如以下代码：

```
upstream test{
    server server_A weight=5;
    server server_B weight=3;
    server server_C;
}
```

server_A 服务器的权重为 5，server_B 服务器的权重为 3，server_C 服务器的权重为 1，因为默认情况下服务器的权重都为 1，所以可以不用 weight 指令来定义。

上面配置的意思为如果客户端发了 9 个请求到服务器，其中 server_A 服务器分到 5 个请求，server_B 服务器分到 3 个请求，server_C 服务器分到 1 个请求。这就是通常所说的加权轮询。

最早的加权轮询算法其实是有问题的，如果上面的加权轮询，运行时的情况是{A,A,A,A,A,B,B,B,C}，则会让请求连续加到某台服务器上，如果能分配得均匀些会好很多，目前加权轮询的方法做了改进，叫平滑加权轮询（smooth weighted round-robin balancing），和前者的主要区别是，这些请求不会连续地发给服务器，而是将其分散开来发送，如{A,A,B,A,C,A,B,A,B,}，具体是按什么顺序来发给服务器，由后台的算法来完成。

影响后台服务器计算如何分配发送请求的权重，主要受三个参数影响：weight、effectiveWeight 和 currentWeight。

（1）weight。约定权重，即在配置文件或初始化时设置好的每个节点的权重，这个值是固定不变的。

（2）effectiveWeight。表示有效权重，初始化的值为 weight，在释放后端时，如果发现在通信过程中存在异常，effectiveWeight 的值就会减 1，此后如果有新的请求过来，如果再次选取本节点，并且调用成功一次则对 effectiveWeight 的值加 1，直到 effectiveWeight 的值恢复到初始值 weight。这个变量主要用于判断节点是否有异常，以方便决定是否降低其权重。

（3）currentWeight。表示后端当前的权重，初始化的值为 0，之后这个值会动态调整。每次选取后端时，会遍历集群中所有后端，对于每个后端，让它的 currentWeight 增加它的 effectiveWeight，同时累加所有后端的 effectiveWeight，保存为 total。如果该后端的 currentWeight 是最大的，就选定这个后端，然后把它的 currentWeight 减去 total，如果该后端没有被选定，那么 currentWeight 不用减小。

Nginx 加权轮询的具体算法如下：

（1）轮询所有节点，计算当前状态下所有节点的 effectiveWeight 之和 totalWeight。

（2）currentWeight = currentWeight + effectiveWeight；选出所有节点中 currentWeight 中最大的一个节点作为选中节点。

（3）选中节点的 currentWeight = currentWeight - totalWeight。

（4）currentWeight 值最大的节点将会被选中。

假设有三个节点 server_A、server_B 和 server_C，其权重分别为 server_A=5，server_B=3，server_C=1。初始的 currentWeight 值为{0,0,0}，其每次分配后的结果见表 10-2。

表 10-2　currentWeight 值计算

请求序号	请求前的 currentWeight 值	选中节点	请求后的 currentWeight 值
1	{A=5,B=3,C=1}	server_A	{A=-4,B=3,C=1}
2	{A=1,B=6,C=2}	server_B	{A=1,B=-3,C=2}
3	{A=6,B=0,C=3}	server_A	{A=-3,B=0,C=3}
4	{A=2,B=3,C=4}	server_C	{A=2,B=3,C=-5}
5	{A=7,B=6,C=-4}	server_A	{A=-2,B=6,C=-4}
6	{A=3,B=9,C=-2}	server_B	{A=3,B=0,C=-2}
7	{A=8,B=3,C=-1}	server_A	{A=-1,B=3,C=-1}
8	{A=4,B=6,C=0}	server_B	{A=4,B=-3,C=0}
9	{A=9,B=0,C=1}	server_A	{A=0,B=0,C=1}

10.4.6 慢启动

对于一些刚恢复的服务器，很可能会在当大量请求分配过来时，由于在处理请求时出现错误而被 Nginx 标为不可用，最终导致连接的服务器被淹没，为了解决这个问题在 upstream 模块中使用了 slow_start 参数。通过这个参数可以设置服务器慢启动，慢启动允许上游服务器在恢复或变得可用之后逐渐将其权重从零恢复到其标称值。

```
upstream test{
    server server_A weight=5;
    server server_B weight=3;
    server server_C slow_start=30s;
}
```

需要注意的是，如果上游只有一台服务器，那么 slow_start 参数将被忽略，设置不设置没有影响，并且服务器永远不会被标记为不可用状态。开源的 Nginx 版本没有慢启动的功能，只有 Nginx Plus 才有这个功能。

10.4.7 限制连接数

如果需要限制上游服务器所允许的最大连接数，可以通过 max_conns 参数来设置，这个参数只适合于 Nginx Plus 的版本，开源版本的 Nginx 是不支持的。

如果客户端的连接数超过所设置的最大连接数，那么请求会被放入队列中，关于队列长度的设置可以使用 queue 指令来设置。设置其允许的最大队列长度，如果超过这个最大队列长度，那么请求就会断开，并且除了最大队列长度，还可以设置队列在等待时的超时时间，使用 timeout 可以设置排队时的超时时间。

```
upstream test{
    server server_A weight=5;
    server server_B weight=3 max_conns=3;
    server server_C slow_start=30s;
    queue 100 timeout=70;
}
```

需要注意的是，如果空闲的keepalive连接到另一个worker processes中，那么 max_conns 限制将会被忽略，但可能出现的问题是多个进程共享内存时，连接的总数可能会超出 max_conns 所设置的值。

10.4.8 开启会话持久性

HTTP 协议是一种无状态协议，表示每次客户端的访问请求是无关联的，例如张三对服务器进行了多次请求，李四也对服务器进行了多次请求，他们请求的顺序、时间都是无规则的，服务器根本不知道哪些请求是张三发送过来的，哪些请求是李四发送过来的，这样就会产生一个问题，即张三这次发送的请求，后台是服务器 A 处理，下一个请求可能又发到服务器 B 去处理了，但我们希望张三的请求尽量都交给同一台服务器来处理。

开启会话持久性简单理解就是指负载均衡器在作负载均衡时根据访问请求的源地址作为判断关联会话的依据。对来自同一 IP 地址的所有访问请求，在作负载均衡时都会被保持到一台服务器上去。

Nginx 是一个很高效的软负载均衡器，但就会话持久性的角度来说，Nginx 不如 F5、A10 硬件负载均衡器，F5、A10 硬件负载均衡器虽然价格昂贵，但它相对于 Nginx 来说配置更简单，并且有着成熟的传话保持措施。

Nginx plus 支持三种会话持久性方法：sticky cookie、sticky route 和 sticky learn，其都是通过 sticky 来设置。

（1）sticky cookie 方法。使用这个方法，Nginx Plus 会添加一个会话 cookie 给第一个来自这个上游分组的响应，并且识别谁发送一个响应的服务器。当一个客户端发出下一个请求，请求会带着这个 cookie 值，Nginx 会根据 cookie 的值把这个请求路由到相同的上游服务器，如以下代码：

```
upstream test{
    server www.chuansinfo.com;
    server xian.chuansinfo.com;
    sticky cookie srv_id expires=2h domain=.chuansinfo.com path=/;
}
```

上例中，srv_id 参数用于设置 cookie 名称，expires 参数用于设置浏览器保存 cookie 的时间，domain 参数用于设置 cookie 所在的域，该选项是可选的，path 参数用于定义 cookie 所保存的路径。

（2）sticky route 方法。sticky route 方法的原理是，当 Nginx Plus 服务器接到第一个请求后，会为发送该请求的客户端分配一个“路由”的标识，然后后面所有再发送过来的请求都会通过服务器的“路由”标识参数来确定处理该请求的代理服务器，这些路由相关的信息可以从 cookie 或 URI 中获取或生成，如以下代码：

```
upstream test{
    server www.chuansinfo.com route=A;
    server xian. chuansinfo.com route=B;
    sticky route $route_cookie $route_uri;
}
```

（3）sticky learn 方法。Nginx Plus 首先会通过请求和响应的内容来检查会话标识符，然后 Nginx Plus 会通过 learn 指令来查找上游服务器是哪台服务器与发送请求的会话标识一致。这些会话标识一般都是通过 cookie 传递的，如果请求中包含了“learned”的会话标识符，那么 Nginx Plus 会将请求转发到相应的服务器，如以下代码：

```
upstream test {
    server www.chuansinfo.com;
    server xian. chuansinfo.com;
    sticky learn
        create=$upstream_cookie_examplecookie
        lookup=$cookie_examplecookie
        zone=client_sessions:1m
        timeout=1h;
}
```

上面的实例中，其中一个上游服务器通过响应中的内容来创建会话，使用 cookie 设置的方式，设置了一个 examplecookie 的 cookie。

create 参数是必填参数，用于指定如何创建一个新的会话，本实例中，新会话是从上游服务器发送 cookie 的 examplecookie 值来创建的。

lookup 参数是必填参数，是指客户端如何搜索到已存在的会话，本实例中，会话的 sessions 会在 examplecookie 中存在。

必填参数 zone 用于存储会话信息的共享内存空间，本实例中共享内存空间名为 client_sessions，内存空间大小为 1MB。

这个方法比前面两种方法更复杂一些，因为这种方法不需要客户端保留任何 cookie，所有的 cookie 信息都保存在服务器共享内存空间中。

如果服务器使用多台 Nginx 进行集群，并且有多台服务器使用了“sticky learn”方法，则可以使用条件同步其共享内存空间：

- 共享内存区域使用相同的名称。
- 在每个实例中配置 zone_sync。
- 使用 sync 同步参数。

```
sticky learn
        create=$upstream_cookie_examplecookie
        lookup=$cookie_examplecookie
        zone=client_sessions:1m
        timeout=1h
        sync;
}
```

10.5　健康检查

Nginx 可以通过发送定期运行状态来检查上游组中 HTTP 服务器的运行状态，通过监控服务器来避免当服务器出现故障时，还给服务器发送请求，这样会导致请求失败，并且当出现服务器故障时可以在其恢复后重新加入到负载组中。

Nginx 健康检查有被动检查（Passive Health Checks）和主动检查（Active Health Checks）两种，主动检查只适用于 Nginx Plus 版本，不适用于 Nginx 开源版本。

10.5.1　被动式健康检查

当 Nginx 认为一台服务器不可用时，就会暂时停止发送请求到这台服务器，直到 Nginx 判断服务器是可用状态才会重新分配 HTTP 请求给服务器。在 Nginx 中主要有 fail_timeout 和 max_fails 两个参数来判断服务器是否可用。

fail_timeout：表示设置在一定时间内，如果服务器处理请求的失败次数达到了最大错误数，则该服务器暂时性不可使用，即在 fail_timeout 时间内，服务器处于不可用状态。

默认的 fail_timeout 时间为 10 秒，即如果判断服务器处于不可用状态，那么服务器被认为 10 秒内不可使用。

max_fails：表示在规定的时间内发生的失败次数达到这个所设置的值时，服务器不可用。

```
upstream test{
    server server_A max_fails=3 fail_timeout=60s;
    server server_B weight=3 max_conns=3;
    server server_C max_fails=5;
    queue 100 timeout=70;
}
```

需要注意的是，如果只有一台上游服务器，那么 fail_timeout 和 max_fails 两个参数设置将无效，并且这台服务器永远不会标识为不可用状态。

10.5.2 主动式健康检查

在 Nginx Plus 中提供了一次主动健康检查的方式来检查服务器的状态，在 Nginx Plus 中设置主动健康检查的步骤如下：

（1）在 locatoin 内容中设置 proxy_pass 上游服务器，并设置 health_check 指令。

```
server {
    location / {
        proxy_pass http://test;
        health_check;
    }
}
```

上面这段代码，只要客户端有发送请求后，都会将这些请求转发到上游服务器组，使用 health_check 可以启动高级运行监控，默认情况下 Nginx Plus 每 5 秒会向后台服务器发送一个请求到“/”目录下，如果发现通信错误或超时（即服务器响应的状态码在 200 到 399 之间），那么 Nginx 就会将服务器标识为不健康，这样 Nginx Plus 就不会再向其发送客户端的请求。

如果同一台服务器上运行了多个服务，也可以通过指定端口的方式来设置指定要监控的服务，如以下代码。

```
server {
    location / {
        proxy_pass http://test;
        health_check port=8080;
    }
}
```

（2）在 upstream 服务器组中，使用 zone 指令定义共享内存区域。

```
upstream test{
    zone test 64k;
    server server_A max_fails=3 fail_timeout=60s;
```

```
        server server_B weight=3 max_conns=3;
        server server_C max_fails=5;
        queue 100 timeout=70;
}
```

zone 指令定义了一个所有工作进程中共享的内存空间，这个内存空间的设置在 upstream 组中。所有工作进程使用同一个计数器来跟踪这个分组里的服务器的响应。

在 location 中设置的 health_check 参数，并没有传递参数的一些设置，使用的参数都是默认情况下的参数值，通常 health_check 有三个参数：interval、fails 和 passes。如以下代码：

```
server {
    location / {
        proxy_pass http://test;
        health_check interval=10 fails=3 passes=2;
    }
}
```

- interval：表示每隔多长时间进行一次健康检测，实例中是每 10 秒检测一次，默认值为 5 秒。
- fails：表示一个服务器如果连接 3 次健康检测都失败，那么这台服务器会被认为是不健康的。
- passes：表示每台被标为不健康的服务器必须再检测两次通过的情况下，才会是重新标识为健康状态。

上面是设置如何主动进行健康检测的步骤，除此之外，关于主动式的健康检测还有以下几个常用参数：

（1）指定要检测的 URI。如果需要对指定的 URI 进行健康检测，那么可以使用 health_check 指令中的 uri 参数进行设置，如以下代码：

```
location / {
    proxy_pass http://test;
    health_check uri=/shop/path;
}
```

提供的 URI 将添加到在 upstream 指令中 server 指令指定的服务器域名或者 IP 地址后面。例如，上述 backend 分组中第一个 server，健康检测的请求 URI 为“http://server-A/ shop /path”。

（2）自定义检测条件。可以使用 match 模块来设置检测服务器需要满足的条件，只有满足 match 模块的条件才会在运行时进行状态检查，这些条件都设置在 match 模块中，同时在 health_check 指令中使用 match 指令进行设置。如以下代码：

```
http {
    #...
    match server_ok {
        status 200-399;
        body !~ "maintenance mode";
    }
    server {
        #...
```

```
        location / {
            proxy_pass http://backend;
            health_check match=server_ok;
        }
    }
}
```

首先在 http 上下文中，使用 match 指令来定义要匹配的条件，这里所设置的匹配条件为响应状态码为 200～399，并且响应体中并不包含表达式中的内容才表示检测通过。

然后在 location 中的 health_check 参数中设置好 match 的参数即可，match 的参数名为 http 上下文中的 match 参数。

match 指令检测响应的状态、header 头字段和响应的实体 body 内容，通过 match 指令可以匹配状态码是否在规定的范围内，响应头中是否包含出现的内容以及响应体是否匹配指定的正则表达式，match 指令可以包含一个状态码条件，一个响应体条件和多个响应头条件。要想符合 match 块，响应必须满足里面定义的所有条件。

例如，下面这个 match 指令匹配状态码为 200，header 中包含“Content-Type”字段精准匹配“text/html”，响应体要包含文本“Welcome to 川石信息 www.chuansinfo.com!”，代码如下：

```
match test{
    status 200;
    header Content-Type = text/html;
    body ~ "Welcome to  川石信息 www.chuansinfo.com!";
}
```

下面这个例子使用了一个“!”，条件为匹配拥有 301、302、303、307 以外状态码和不包含“Refresh”头字段的响应。使用“!”表示非的意思，表示除这些条件外的，status 表示匹配返回状态码不是 301、302、303、307 的状态，响应头中不包含 Refresh 字段的，代码如下：

```
match not_redirect {
    status ! 301-303 307;
    header ! Refresh;
}
```


10.5.3 强制健康检查

默认情况下，当在 upstream 中添加了新的服务器时，Nginx Plus 会认为这台新添加的服务器是正常的，并且会立即向其发送流量。但对于新添加的某些服务器，尤其是通过 API 接口或 DNS 解析添加进来的服务器，正常应该先执行运行状况检查，然后再允许它们处理流量。

mandatory强制参数要求每个新添加的服务器在 Nginx Plus 向其发送流量之前通过所有配置的运行状况检查。

如果新添加的服务器使用 slow start 指令，新的服务器就有足够多的时间去连接数据服务器和足够多的时间进行预热，这样保证在接到所有流量前不出问题。

强制运行状况检查可以标记为持久，以便在重新加载配置时记住以前的状态。指定持久参数和必需参数，如以下代码：

```
upstream my_upstream {
    zone my_upstream 64k;
    server backend1.example.com slow_start=30s;
}

server {
    location / {
        proxy_pass      http://my_upstream;
        health_check mandatory persistent;
    }
}
```

这里在 health_check 中设置了强制检测参数并且是持久性的强制检测，新添加的服务器使用 slow_start 参数，使用 API 或 DNS 接口添加到上游组的服务器被标记为不健康，在通过健康检查之前不会收到流量，在这一点上，它们开始在 30 秒内接收逐渐增加的流量。如果重新加载 Nginx Plus 配置，并且在重新加载之前，服务器被标记为健康状态，则不会执行强制健康检查，并且服务器状态被视为已启动。

10.6　Nginx 压缩与解压

在前端优化过程中，经常会看到一些组件被压缩，之所以会对一些组件进行压缩是为了提高组件传输速度。Nginx 支持对服务器响应 responses 进行压缩，对不支持压缩的客户端进行解压缩。本节介绍如何配置响应的压缩或解压缩，以及如何发送压缩文件。

通常压缩响应内容可以明显地减少传输数据的大小，如图 10-12 所示。

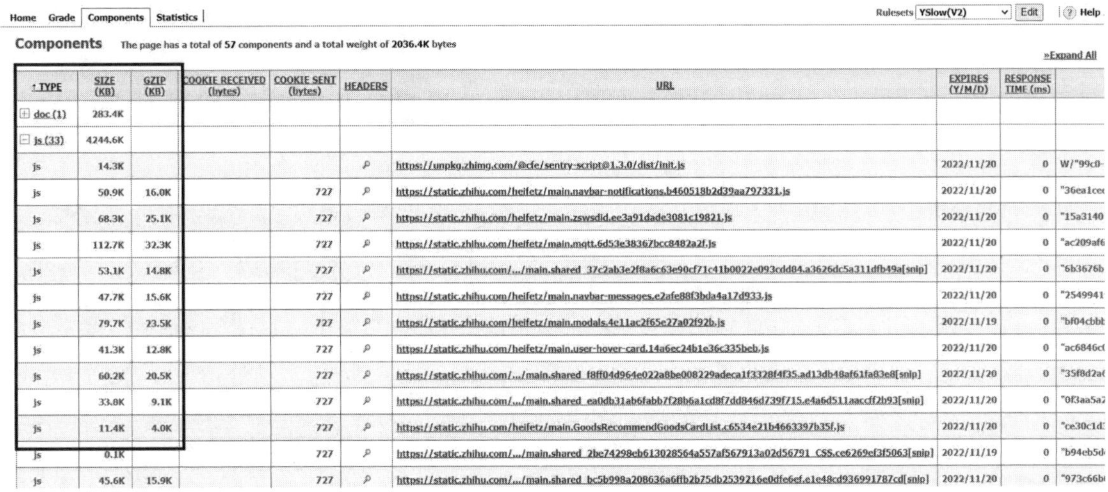

Home　Grade　Components　Statistics　　Rulesets YSlow(V2)　Edit　Help

Components　The page has a total of **57** components and a total weight of **2036.4K** bytes

»Expand All

↑TYPE	SIZE (KB)	GZIP (KB)	COOKIE RECEIVED (bytes)	COOKIE SENT (bytes)	HEADERS	URL	EXPIRES (Y/M/D)	RESPONSE TIME (ms)	
doc (1)	283.4K								
js (33)	4244.6K								
js	14.3K					https://unpkg.zhimg.com/@cfe/sentry-script@1.3.0/dist/init.js	2022/11/20	0	W/"99c0-
js	50.9K	16.0K		727		https://static.zhihu.com/heifetz/main.navbar-notifications.b460518b2d39aa797331.js	2022/11/20	0	"36ea1ce
js	68.3K	25.1K		727		https://static.zhihu.com/heifetz/main.zswsdid.ee3a91dade3081c19821.js	2022/11/20	0	"15a3140
js	112.7K	32.3K		727		https://static.zhihu.com/heifetz/main.mqtt.6d53e38367bcc8482a2f.js	2022/11/20	0	"ac209af6
js	53.1K	14.8K		727		https://static.zhihu.com/.../main.shared_37c2ab3e2f8a6c63e90cf71c41b0022e093cdd84.a3626dc5a311dfb49a[snip]	2022/11/20	0	"6b3676b
js	47.7K	15.6K		727		https://static.zhihu.com/heifetz/main.navbar-messages.e2afe88f3bda4a17d933.js	2022/11/20	0	"2549941
js	79.7K	23.5K		727		https://static.zhihu.com/heifetz/main.modals.4e11ac2f65e27a02f92b.js	2022/11/19	0	"bf04cbb
js	41.3K	12.8K		727		https://static.zhihu.com/heifetz/main.user-hover-card.14a6ec24b1e36c335beb.js	2022/11/20	0	"ac6846c
js	60.2K	20.5K		727		https://static.zhihu.com/.../main.shared_f8ff04d964e022a8be008229adeca1f3328f4f35.ad13db48af61fa83e8[snip]	2022/11/20	0	"35f8d2a
js	33.8K	9.1K		727		https://static.zhihu.com/.../main.shared_ea0db31ab6fabb7f28b6a1cd8f7dd846d739f715.e4a6d511aaccff2b93[snip]	2022/11/20	0	"0f3aa5a
js	11.4K	4.0K		727		https://static.zhihu.com/heifetz/main.GoodsRecommendGoodsCardList.c6534e21b4663397b35f.js	2022/11/20	0	"ce30c1d
js	0.1K			727		https://static.zhihu.com/.../main.shared_2be74298eb613028564a557af567913a02d56791_CSS.ce6269ef3f5063[snip]	2022/11/19	0	"b94eb5d
js	45.6K	15.9K		727		https://static.zhihu.com/.../main.shared_bc5b998a208636a6ffb2b75db2539216e0dfe6ef.e1e48cd936991787cd[snip]	2022/11/20	0	"973c66b

图 10-12　组件压缩

10 Chapter

但由于压缩是在服务器处理请求的过程中，因此也会增加服务器处理压缩的开销，从而对性能产生负面影响，Nginx 会在向客户端发送响应前执行压缩，但即使是反向代理，也不会进行“双向压缩”。

10.6.1 启用压缩

开启压缩，使用 gzip 命令，将 gzip 命令的参数设置为 on。

```
gzip on;
```

默认情况下 Nginx 仅仅对响应实体中 MIME 类型为 text/html 的内容进行压缩，如以下响应报文。

```
cache-control              private, must-revalidate, no-cache, no-store, max-age=0
content-encoding           br
content-security-policy    default-src * blob:; img-src * data: blob: resource: t.captcha.qq.com cstaticdun.126.net necaptcha.nosdn.127.net; connect-src * wss: blob: resource:; frame-src 'self' *.zhihu.com mailto: tel: weixin: *.vzuu.com mo.m.taobao.com getpocket.com note.youdao.com safari-extension://com.evernote.safari.clipper-Q79WDW8YH9 zhihujs: captcha.guard.qcloud.com pos.baidu.com dup.baidustatic.com openapi.baidu.com wappass.baidu.com passport.baidu.com *.cme.qcloud.com vs-cdn.tencent-cloud.com t.captcha.qq.com c.dun.163.com; …dication.com cpro.baidustatic.com pos.baidu.com dup.baidustatic.com i.hao61.net 'nonce-f8025f9e-06cc-4a2c-946d-2e1746f87a49' hm.baidu.com zz.bdstatic.com b.bdstatic.com imgcache.qq.com vs-cdn.tencent-cloud.com ssl.captcha.qq.com t.captcha.qq.com cstaticdun.126.net c.dun.163.com ac.dun.163.com/ acstatic-dun.126.net; style-src 'self' 'unsafe-inline' *.zhihu.com unicom.zhimg.com resource: captcha.gtimg.com ssl.captcha.qq.com t.captcha.qq.com cstaticdun.126.net c.dun.163.com ac.dun.163.com/ acstatic-dun.126.net
content-type               text/html; charset=utf-8
date                       Mon, 22 Nov 2021 03:50:36 GMT
expires                    0
pragma                     no-cache
referrer-policy            no-referrer-when-downgrade
server                     CLOUD ELB 1.0.0
set-cookie                 KLBRSID=af132c66e9ed2b57686ff5c489976b91|1637553036|1637553024; Path=/
strict-transport-security  max-age=15552000; includeSubDomains

surrogate-control          no-store
vary                       Accept-Encoding

x-backend-response         0.245
x-cache-lookup             Cache Miss
x-cdn-provider             tencent
x-content-type-options     nosniff

x-edge-timing              0.294
X-Firefox-Spdy             h2
```

```
x-frame-options          SAMEORIGIN

x-idc-id                 2
x-lb-timing              0.252
x-nws-log-uuid           7859431734805584466
x-secng-response         0.25
x-udid                   AXDQHUhsxBOPTma9C9YJsiBzZZuEwlsSVNs=
x-xss-protection         1; mode=block
```

但真实情况下，看到最多的被压缩的组件是 CSS、JavaScript 等，如果希望压缩其他的 MIME 类型，那么可以使用 gzip_type 来设置。

```
gzip_types text/plain application/xml;
```

压缩的最小长度也需要设置，如果文件过小是不建议压缩的，因为压缩本身也需要时间，使用该gzip_min_length指令可以设置响应最小长度，默认值为 20 个字节：

```
gzip_min_length 1000;
```

正常情况下 Nginx 不会压缩代理服务器的请求，如果需要对代理服务器的请求进行压缩，则使用 gzip_proxied 指令来设置，gzip_proxied 指令参数比较多，一般可以通过判断响应头中的一些关键字来决定是否对代理服务器的请求进行压缩，如检查 Cache-Control 报头字是否包含 no-cache、no-store 等，如果包含这些关键字就对请求进行压缩，如以下代码：

```
gzip_proxied no-cache no-store private expired auth;
```

gzip 指令与其他的指令所写的位置一样，都是配置在 http 上下文的 server 或 location 配置块中，gzip 压缩的整体配置一般如下列代码所示。

```
server {
    gzip on;
    gzip_types        text/plain application/xml;
    gzip_proxied      no-cache no-store private expired auth;
    gzip_min_length 1000;
    ...
}
```

10.6.2 启用解缩

Nginx 对组件压缩后，服务器会将该组件发送到客户端，当客户端接收到压缩的组件后，必须对组件进行解压，但有些客户端是不支持 gzip 编码的，此时就需要通过 Nginx 来解压，Nginx 可以将数据发送到客户端后进行动态解压缩数据。要启用运行时解压缩，可以使用 gunzip 指令，代码如下：

```
location /storage/ {
    gunzip on;
    ...
}
```

gunzip 指令可以与 gzip 指令放在同一个上下文进行设置，如以下代码：

```
server {
    gzip on;
    gzip_min_length 1000;
    gunzip on;
    ...
}
```

10.6.3 发送压缩文件

如果需要将一个类似于.gz 的压缩文件发送到客户端，而非正常文件的情况下，可以使用 gzip_static 指令来设置，代码如下：

```
location / {
    gzip_static on;
}
```

上面实例表示为了向服务器发送/path/to/file 的资源请求，Nginx 会尝试查找并发送/path/to/file.gz，如果该文件不存在或者客户端不支持 gzip，Nginx 则将发送文件的未压缩版本到服务器。

需要注意的是，gzip_static 指令不启用动态压缩，它必须在使用前预先将文件压缩好。

10.7 Nginx 缓存

在前端优化内容中强调过尽量让内容可以缓存，缓存的目的很简单，就是减少在服务器上读取数据的次数，进而提高前端的响应速度，但缓存并不是由客户端决定，而是由服务器端的设置来确定的，Nginx 就提供了缓存设置的指令。

10.7.1 启用响应缓存

在 Nginx 中开启缓存可以使用 proxy_cache_path 指令，proxy_cache_path 指令定义在 http 最顶层的上下文，第一参数为缓存内容所在的文件系统路径，keys_zone 参数用于定义存储缓存项共享内存区域的名称和大小，如以下代码：

```
http {
    # ...
    proxy_cache_path /data/nginx/cache keys_zone=mycache:10m;
}
```

上面的实例中缓存所保存的路径为/data/nginx/cache，缓存共享区域名称为 mycache，大小为 10MB。但这个参数并不限制最大可以使用的缓存大小，这个值相当于一个初始值，如果需要限制共享缓存空间最大值，应该使用 max_size 参数，但是当缓存的数据超过 max_size 的值时，就会自动删除一些以前的缓存数据。

设置好缓存的相关属性后需要在 server 上下文中设置使用缓存的情况，代码如下：

```
http {
    # ...
    proxy_cache_path /data/nginx/cache keys_zone=mycache:10m;
    server {
        proxy_cache mycache;
        location / {
            proxy_pass http://localhost:8000;
        }
    }
}
```

需要注意的是在 server 上下文中设置的缓存使用情况，其他缓存名应该也和 proxy_cache_path 指令中定义的缓存名一致。

设置好缓存后，重启 Nginx 服务器即可，如图 10-13 所示。

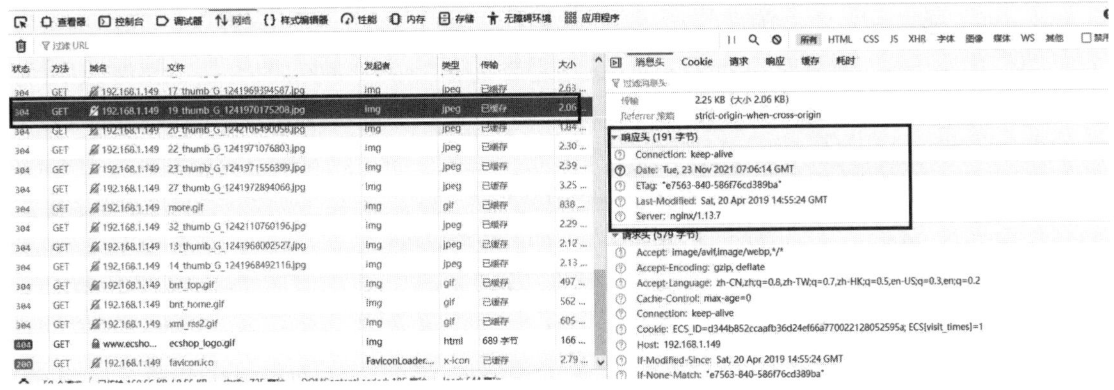

图 10-13　开启 Nginx 缓存

如果需要关闭 Nginx 缓存功能，可以使用 add_header Cache-Control no-store 指令，如以下代码：

```
http {
    # ...
    proxy_cache_path /data/nginx/cache keys_zone=mycache:10m;
    server {
        add_header Cache-Control no-store;
        location / {
            proxy_pass http://localhost:8000;
        }
    }
}
```

再分析前端的报文就会发现 Nginx 不会产生缓存的效果，如图 10-14 所示，所有的组件都不可能会被缓存。

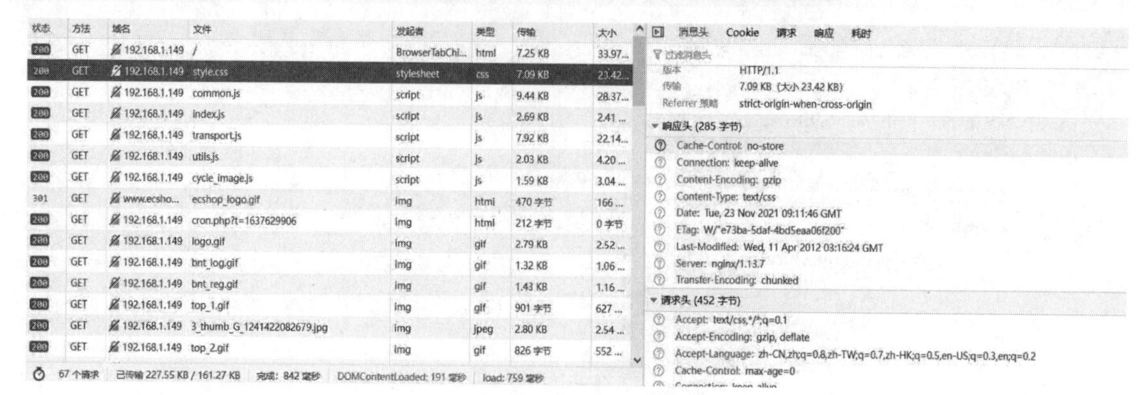

图 10-14　缓存功能关闭

10.7.2　与进程相关的缓存

在 Nginx 服务器中，还涉及两个进程，用于控制缓存相关的内容。

（1）cache manager 进程。Cache manager 进程会周期性地检查缓存的状态，如果缓存大小超过代理缓存 proxy_cache_path 中的 max_size 设置的值，缓存管理器则会将最近访问频率最小的数据删除，当然在缓存管理器周期性地检查缓存状态的这个时间间隔内，缓存数据是可能短时间地超过最大缓存限制值的。

（2）cache loader 进程。cache loader 只在 Nginx 启动后运行一次。它将有关以前缓存的元数据加载到共享内存区域。但存在的问题是当第一次加载之前的数据时，会消耗很多系统资源，这样在服务器启动时的前几分钟可能会导致 Nginx 性能下降，为了避免这个问题，可以通过 proxy_cache_path 指令中的以下参数来配置：

loader_threshold：表示迭代加载持续时间，以毫秒为单位（默认情况下为 200）。

loader_files：表示迭代期间加载的最大文件数（默认情况下为 100）。

loader_sleeps：表示迭代之间的延迟，以毫秒为单位（默认情况下为 50）。

以下示例中，迭代持续时间 300 毫秒或直到 200 个文件被加载进去就结束加载，代码如下：

```
proxy_cache_path /data/nginx/cache keys_zone=one:10m loader_threshold=300 loader_files=200;
```

10.7.3　指定缓存的请求

默认情况下，Nginx Plus 会将第一次从代理服务器获取的 HTTP GET 和 HEAD 请求响应信息进行缓存，但其实在实际工作中，并不希望什么请求都进行缓存，Nginx Plus 可以通过一个字符串来设置请求键和标识符，如果请求和缓存响应具有相同的密钥，那么 Nginx Plus 会将缓存响应发送给客户端。如果需要更改请求键，可以使用 proxy_cache_key 来设置，其设置在 http 上下文或 location 上下文中，如以下代码：

```
proxy_cache_key "$host$request_uri$cookie_user";
```

如何需要指定请求至少被发送了多少次以上时才缓存，可以使用proxy_cache_min_uses指令，这样可以防止低频请求被缓存，如以下代码：

```
proxy_cache_min_uses 5;
```

如果需要指定哪些 HTTP 请求方法被缓存，可以使用 proxy_cache_methods 指令进行设置，如以下代码：

```
proxy_cache_methods GET HEAD POST;
```

10.7.4 限制或禁用响应缓存

正常情况下，所有的响应，不管是什么类型的响应状态码都会被无限地缓存，除非当缓存超过最大配置大小时才可能会被删除，如果需要对不同的响应码缓存的有效期进行设置，可以使用 proxy_cache_valid 指令，代码如下：

```
proxy_cache_valid 200 302 10m;
proxy_cache_valid 404      1m;
```

上面的实例表示响应状态码为 200 和 302 的缓存有效期为 10 分钟，响应状态码为 404 的缓存有效期为 1 分钟，如果需要对所有响应状态码设置缓存有效期，可以使用 any 参数，如以下代码：

```
proxy_cache_valid any 5m;
```

如果需要对缓存是否发送到客户端进行设置，可以使用 proxy_cache_bypass 指令，这个指令可以设置多个参数，proxy_cache_bypass 指令中所有的参数必须都不能为 NULL 且不能为 0，Nginx 服务器才会将缓存发送到客户端，否则将请求转到后端服务器，如以下代码：

```
proxy_cache_bypass $cookie_nocache $arg_nocache$arg_comment;
```

如果要控制 Nginx 服务器不缓存任何响应条件，可以使用 proxy_no_cache 指令，其参数与 proxy_cache_bypass 指令中的参数一致，如以下代码：

```
proxy_no_cache $http_pragma $http_authorization;
```

10.7.5 清除缓存内容

对一些过时的缓存内容进行清除是很有必要的，这样可以防止让旧版网页和新版网页同时运行时出现问题的可能性，在收到包含自定义的 HTTP 标头或 HTTP PURGE 方法时会对缓存进行清除，清除缓存的步骤如下：

（1）配置缓存清除。在 http 下下文中创建一个变量，如以下实例，创建的变量名为 $purge_method，其依赖于$request_method 变量，并设置好 HTTP PURGE 方法的语法，删除匹配的 URL。

```
http {
    # ...
    map $request_method $purge_method {
        PURGE 1;
        default 0;
    }
}
```

在需要配置缓存的 location{}块中，通过 proxy_cache_purge 指令，以指定缓存清除请求的条件。

在我们的示例中，它是在上一步中配置的$purge_方法，代码如下：

```
server {
    listen          80;
    server_name www.example.com;

    location / {
        proxy_pass    https://localhost:8002;
        proxy_cache mycache;

        proxy_cache_purge $purge_method;
    }
}
```

（2）发送清除缓存指令。配置 proxy_cache_purge 指令后，需要发送一个特殊的缓存清除请求来清除缓存。也可以使用一系列工具发出清除请求，包括本例中的 curl 命令，代码如下：

```
[root@localhost sbin]# curl -X PURGE -D - 'http://www.chuansinfo.com/*'
HTTP/1.1 200 OK
Server: nginx/1.13.7
Date: Mon, 29 Nov 2021 05:46:53 GMT
Content-Type: text/html; charset=utf-8
Transfer-Encoding: chunked
Connection: keep-alive
X-Powered-By: PHP/5.3.29
Set-Cookie: ECS_ID=ef8c1ce0933c0dab4f0393825cf0bc71a8c57924; path=/
Cache-control: private
Set-Cookie: ECS[visit_times]=1; expires=Mon, 28-Nov-2022 21:46:53 GMT; path=/
```

在该示例中，将清除www.chuansinfo.com地址下所有的缓存（由星号通配符指定）。但这些缓存不会从缓存中完全删除，会保留在磁盘上，直到这些缓存被删除为不活动对象或缓存被清除（使用 proxy_cache_path 指令中的 directive 参数）或客户端偿试访问它们。

（3）限制对清除命令的访问。在对缓存进行清除时，可以限制允许发送缓存清除的 IP 地址范围，如以下代码：

```
geo $purge_allowed {
   default          0;  # 拒绝其他的 IP 清除缓存
   109.10.0.1         1;  # 允许 109.10.0.1 清除缓存
   192.168.0.1/24   1;  # 允许清除 IP 地址范围 192.168.0.1/24
}

map $request_method $purge_method {
   PURGE    $purge_allowed;
   default 0;
}
```

以上实例中，首先会判断请求中是否使用清除方法，如果使用了清除方法，那么会判断 IP 地址是否被允许清除缓存，$purge_allowed 方法中每个 IP 地址后面会有一个数字 1 或 0，1 表示允许清除缓存，0 表示拒绝清除缓存。

（4）从缓存中完整地移除文件。如果要完全删除缓存文件，需要先激活一个特殊的缓存进程 purger，该进程将不停地迭代对所有清除缓存项中的内容进行删除，purger 进程需要在 proxy_cache_path 指令中开启，代码如下：

```
proxy_cache_path /data/nginx/cache levels=1:2 keys_zone=mycache:10m purger=on;
```

（5）清除缓存配置实例。上面介绍了清除缓存的四个维度，下面是综合以上内容的一个实例，代码如下：

```
http {
    # ...
    proxy_cache_path /data/nginx/cache levels=1:2 keys_zone=mycache:10m purger=on;

    map $request_method $purge_method {
        PURGE 1;
        default 0;
    }

    server {
        listen      80;
        server_name www.example.com;

        location / {
            proxy_pass        https://localhost:8002;
            proxy_cache       mycache;
            proxy_cache_purge $purge_method;
        }
    }

    geo $purge_allowed {
       default         0;
       10.0.0.1        1;
       192.168.0.0/24  1;
    }

    map $request_method $purge_method {
       PURGE   $purge_allowed;
       default 0;
    }
}
```

10.7.6 字节范围缓存

当遇到一些大文件时，对初始缓存填充时可能需要花费很多时间，例如，一些视频文件开始下载后对满足该文件一部分初始请求时，后续请求必须等待整个文件下载后并放入缓存。这个时间就会很长。

Nginx 可以缓存这些范围请求，并使用 Cache Slice 模块填充缓存，该模块会将文件划分为更小的“片”。每个范围请求选择覆盖请求范围的特定切片，如果该范围仍未缓存，则将其放入缓存。对这些片的所有其他请求都从缓存中获取数据。

启用字节范围缓存的步骤如下：

（1）确保使用 Cache Slice 模块编译 Nginx。

（2）使用 slice 指令指定切片大小，代码如下：

```
location / {
    slice   1m;
}
```

上面的指令用于设置切片大小，但这个值不能设置得过小，如果设置得过小，在频繁的切片过程中会消耗大量的内存，并且会在处理请求时打开大量的文件描述符，但过大的切片又会导致延迟。

（3）在缓存键中设置$slice_range 变量，代码如下：

```
proxy_cache_key $uri$is_args$args$slice_range;
```

（4）设置响应状态缓存，代码如下：

```
proxy_cache_valid 200 206 1h;
```

（5）在 Range header 中设置$slice_range变量，这样就可以将范围请求的设置传递到代理服务器并生效，代码如下：

```
proxy_set_header   Range $slice_range;
```

综合设置后的代码如下：

```
Location / {
    slice                   1m;
    proxy_cache             cache;
    proxy_cache_key     $uri$is_args$args$slice_range;
    proxy_set_header    range $slice_range;
    proxy_cache_valid 200 206 1h;
    proxy_pass              http://localhost:8000;
}
```

10.7.7 组合缓存配置实例

综合上述所有的缓存设置项：启用响应缓存、进程相关缓存、指定缓存请求、限制或禁用响应缓存、清除缓存和字节范围缓存的组合缓存配置实例代码如下：

```
http {
    # ...
    proxy_cache_path /data/nginx/cache keys_zone=one:10m loader_threshold=300
                     loader_files=200 max_size=200m;

    server {
```

```
        listen 8080;
        proxy_cache one;

        location / {
            proxy_pass http://test1;
        }

        location /some/path {
            proxy_pass http://test2;
            proxy_cache_valid any 1m;
            proxy_cache_min_uses 3;
            proxy_cache_bypass $cookie_nocache $arg_nocache$arg_comment;
        }
    }
}
```

在本例中，有两个位置使用了缓存，分别为 test1 和 test2，但方式和参数还有所不同。

test1 设置的缓存比较简单，因为 test1 后端响应更改得比较少，所以并没有一些控制指令，响应会在第一次发出请求时被缓存，并无限期保持有效状态。

但对于 test2 的后端来说，其提供的请求响应经常更改，所以设置其响应的有效期是 1 分钟，并且在同一请求必须发出 3 次以上才会被缓存。此外，如果请求符合 proxy_cache_pass 指令定义的条件，Nginx Plus 会立即将请求传递给 test2，而不在缓存中查找相应的响应。

10.8　小结

本章主要介绍 Nginx 服务器在性能测试过程中需要监控和需要调优的相关内容，Nginx 现在越来越多地应用在项目中，所以 Nginx 监控与优化是必须要掌握的知识体系，本章先介绍了 Nginx 的工作原理，再介绍了 Nginx 是如何监控的，监控的方式通常有两种：一种是自带的 status 模块；另一种是使用第三方 ngxtop 工具监控与分析。接下来介绍了 Nginx 服务器优化的核心内容，主要包括 Nginx 负载均衡即反向代理的设置、健康检查、压缩与解压和缓存的内容。反向代理的算法和相关的参数设置是优化的重点，健康检查也是反向代理里面重要的参数，这些都会影响到反向代理时的性能，而压缩和缓存就是影响前端性能的重要优化手段，所以关于压缩、解压以及缓存就必须掌握。

第11章 MS SQL数据库监控与调优

在进行性能测试过程中，选择的业务都与数据库有关，即选择的业务都会经过数据库的处理，所以业务的响应时间就包含数据库查询的时间。同样，如果数据库查询的时间过长，将直接导致事务的响应时间过长，所以数据库的调优也是性能调优的重要组成部分。关于数据库调优有两部分内容：监控与调优。关于数据库的监控又分为两个方面：一是SQL Server资源监控；二是查询语句执行的监控。调优则主要是索引调优级、T-SQL调优和阻塞、死锁的调优。

本章节主要介绍以下几部分内容：

- 监控SQL Server资源
- SQL Server等待类型
- SQL Profiler监控查询
- 索引调优
- T-SQL调优

11.1 监控SQL Server资源

如果测试过程中发现是由于SQL Server性能引起的事务响应时间过长，那么接下来就必须分析是什么原因导致SQL Server出现性能问题，原因通常有两个方面：一是SQL Server资源出现问题；二是查询语句速度太慢。如果是资源的原因导致性能出现问题，那么接下来需要深入分析是什么系统资源导致SQL Server性能出现问题。

11.1.1 瓶颈类型

所谓的瓶颈是指数据库的性能受到某个方面的资源的限制，导致数据库的性能未达到预期期望或是性能没有达到最佳状态，这样在性能测试过程中就必须分析诊断是什么原因导致数据库性能出现瓶颈，当找到原因后就需要想办法解决，例如，某服务器的CPU使用率将近100%，那么可以确定是服务器的 CPU 出现瓶颈。

关于瓶颈的原因可能有很多种，在性能测试过程中不可能一次性找到所有的问题所在，必须经过多次测试才能找到最佳的配置方案，当然这样做的目的很简单，就是希望数据库服务提供最佳的性能，同时在资源利用率上达到一个平衡。

从硬件资源的维度来划分，瓶颈主要包括三个方面：内存、磁盘和 CPU。数据库中所有的数据都存储在磁盘中，当数据库从磁盘中读取或写入数据页面时，需要消耗内存，如果此时缺少内存，会对 SQL Server 产生严重的影响，因为当内存不够时，SQL Server 被将分页写到磁盘，这会给性能带来很大的损失。

同理，如果系统的磁盘出现问题，那么读取磁盘中的数据页和往磁盘中写数据页时，都会导致读写数据和速度被延迟。

在一些时候 SQL Server 需要计算总和、排序或连接数据库，这些操作都需要 CPU 时钟周期，那么如果 CPU 不够使用，SQL Server 也一样会受到严重的影响。

11.1.2 内存瓶颈

SQL Server 服务器内存通常有两种分类：虚拟地址空间（Virtual Address Space VAS）和物理内存。如果内存压力是由自身进程引起的，称为内部内存压力，如果内存压力是由于 Windows 中其他的进程引起的，则称为外部内存压力。

内部内存压力通常由两种原因引起：第一，缓冲池变化。缓冲池收缩导致内存出现问题，此时需要注意是不是 Max server memory 的值在减小。第二，一些相关的作业消耗了 SQL Server 的内部内存。如扩展存储过程、COM 对象、SQLCLR 以及链接服务器都会消耗内存，导致缓冲池出现压力。

外部内存压力是指由于其他的 Windows 进程争用内存引起的，如果 Windows 操作系统给 SQL Server Operating System（SQLOS）中的 Resource Monitor 发出请求信号，要求 SQL 减少其分配的内存空间，SQL 会重新计算目标占用水平以决定是否减少内存占用水平。

判断是否出现外部内存压力，通常可以分析以下计数器：

Process-Working Set：指这个处理的 Working Set 中的当前字节数，Working Set 是在处理中被线程最近触到的那个内存页集。在输出中找出消耗内存最多的进程，可以发现除 SQL Server 之外，哪个应用程序消耗了较多的内存，进而可以判断 SQL Server 是否有足够的使用内存。

SQL Server:Buffer Manager-Total Pages：Buffer Manager-Total Pages 计数器表示 SQL Server 已获得的页面总数。

SQL Server:Buffer Manager-Target Pages：SQL Server:Buffer Manager-Target Pages 计数器表示 SQL Server Buffer Pool 所需要的理想页面数。

如果 Target Pages 与 Total Pages 的值相同，则表示 SQL Server 拥有足够的内存，如果 Total Pages 的值小于 Target Pages 说明存在外部内存压力，SQL Server 不能获得足够的内存数量。

在确定内存是否存在瓶颈时，除了需要检查 Available Bytes、Pages/sec、Paging File utiliztion

这三个计数器之外还需要检查以下几个计数器：

SQL Server：Buffer Manager-Page Life Expectancy：Buffer Manager 中的 Page Life Expectancy 计数器表示数据页在缓冲池中驻留的时间长度，单位为秒。Page Life Expectancy 值越大，说明服务器的性能越好，如果服务器存在内存压力，那么 Page Life Expectancy 的值将小于 300 秒，如果监控到的值小于 300 秒，那么很有可能是因为缺少内存引起的，还有一种情况，如果在整个监控过程中发现 Page Life Expectancy 的值在不断地降低，那么就需要多加留意了。

SQL Server:Buffer Manager-Buffer cache hit ratio：Buffer cache hit ratio 计数器显示待查询请求页面在 SQL Server 缓冲池（即物理内存中）中被找到的数目，如果在缓冲池中没有找到数据页，那么 SQL Server 必须将数据页从磁盘中读入到缓冲区，而从磁盘读入到缓冲池的过程相对较慢，主要影响的时间是磁盘寻道时间和旋转延迟时间，即使是企业级的 SAN 上，从磁盘上读取一个页面所花费的时间也是直接从内存中读取页面所花费时间的数倍，所以显然希望该值越大越好，这样从磁盘读取的页面数就越来越少，即所花费的时间就越短。

缓冲池的大小由 sp_config 中的 min server memory（最小服务器内存）和 max server memory（最大服务器内存）两个选项决定，但需要注意的是，假设配置了最大服务器的内存为 512MB，但并不代表 SQL Server 就一定能够储备这么多的内存，很可能出现一些应用程序优先于 SQL Server 进行了内存储备的情况。在规划缓冲池大小时，需要注意至少应该保证 buffer cache hit ratio 计数器的值大于 98%，在测试过程中如果 buffer cache hit ratio 的值小于 98%，则有可能表示服务器没有足够的空闲内存。

SQL Server：Buffer Manager-Stolen pages：Stolen pages 计数器表示内存中被其他进程挪用的页面，如果该值相对于总目标页面数来说是一个较高的值，那么说明服务器正在经受内存压力，在查询窗口中，输入 dbcc memorystatus 命令可以查看当前关于内存的详细信息，如图 11-1 所示。

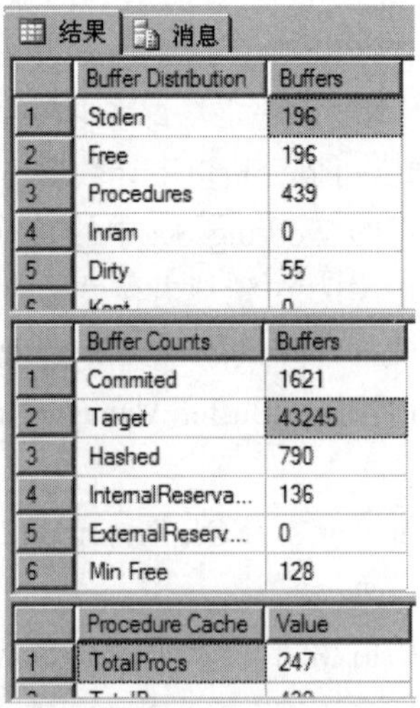

结果 | 消息

	Buffer Distribution	Buffers
1	Stolen	196
2	Free	196
3	Procedures	439
4	Inram	0
5	Dirty	55

	Buffer Counts	Buffers
1	Commited	1621
2	Target	43245
3	Hashed	790
4	InternalReserva...	136
5	ExternalReserv...	0
6	Min Free	128

	Procedure Cache	Value
1	TotalProcs	247

图 11-1　内存详细信息

SQL Server：Buffer Manager-Memory Grants Pending：Memory Grants Pending 表示等待内存授权的进程队列，正常情况下服务器应该是没有明显的等待内存授权的进程，如果出现等待内存的进程队列，那么服务器的性能将下降。

SQL Server：Buffer Manager-Checkpoint pages/sec：SQL Server 检查点会检查所有的脏页是否写到磁盘上，检查点进程在磁盘输入/输出方面付出的代价很昂贵，当服务器运行的内存较少时，检查点进程会比正常情况下更频繁地发生，因为 SQL Server 会试图在缓冲池中创建空间，如果测试过程中发现 Checkpoint pages/sec 的值出现持续高于服务器正常速度的情况，那么表示服务器缺少内存。

SQL Server：Buffer Manager-Lazy writes/sec：表示每秒钟 SQL Server 将脏页从缓冲池中重新部署到磁盘的次数，正常情况应该提供足够的缓冲池空间，以使 Lazy writes 尽可能接近于 0，如果显示的每秒钟 Lazy writes 的次数大于 20，则说明缓冲池不够大。

11.1.3　瓶颈类型

如果发现 CPU 的使用率过高，通常是高于 85%，那么很有可能是 CPU 出现了瓶颈，接下来需要进一步分析是什么原因导致 CPU 的使用率过高的，通常需要分析的读数器包括：System-Processor Queue Length、Processor-%Privilege Time、Processor-%User Time、Processor-%User Time-sqlserver、SQLServer：SQL Statistics-SQL Compilations/sec 和 SQLServer：SQL Statistics-SQL Re-Compilations/sec，Processor-%Privilege Time 和 Processor-%User Time 这两个计数器，在第 7.1.3 节中进行了详细的介绍，本节主要介绍其他几个计数器，具体如下：

System-Processor Queue Length：处理器的队列长度，正常情况下服务器不忙碌的时候不可能出现处理器排队的现象，只有当服务器处于忙碌的状态时，才可能出现处理器队列的问题，所以当处理器出现排队现象时，就说服务器和性能受到了影响，一般情况下处理器的队列长度不超过 CPU 个数。

Processor-%User Time-sqlserver：该计数器显示 SQL Server 进程所消耗的 CPU 时间数量，通过分析该计数器，可以分析过高的用户模型所消耗的 CPU 的时间是否是由 SQL Server 进程引起的。

SQLServer：SQL Statistics-SQL Compilations/sec 和 SQLServer：SQL Statistics-SQL Re-Compilations/sec 这两个计数器表示执行计划编译与重编译率，对于一台暖服务器，执行计划的重用率至少应该在 90%以上，即在执行过程中，最多只有 10%的查询计划需要重新进行编译，如果执行过程中需要重新编译的查询计划过多，将导致消耗过高的 CPU 资源。

11.1.4　磁盘瓶颈

在执行查询计划过程中，最多的是对磁盘进行写入与读出数据的操作，所在 SQL Server 服务器应该尽可能地避免频繁地在磁盘与内存间进行传递数据，以降低对服务器性能的影响，为了解决这个问题，SQL Server 使用缓冲高速缓存（buffer cache）和计划高速缓存（plan cache），其中 buffer cache 用于预载数据，plan cache 用于加载检索数据的方法是否是最优计划。如果对磁盘进行调优，在调优之前需要获得磁盘性能的一个基线值，否则测试过程中如果遇到磁盘出现队列或出现延迟现象，就无法确定这个问题是否正常。

如果怀疑磁盘出现瓶颈，通常需要监控的计数器包括：PhysicalDisk- Avg.Disk Queue Length、PhysicalDisk- Avg.Disk sec/Read、PhysicalDisk- Avg.Disk sec/Write、SQL Server：Access Methods-Full scans/sec 和 SQL Server：Access Methods-Page Splits/sec。

SQL Server：Access Methods-Full scans/sec：该计数器表示每秒钟完全扫描索引或完全扫描基本表的数目，在数据库设计过程中应该尽量降低全表扫描的次数，特别是对于那些大表，如果进行全表扫描将会直接导致性能下降，如果扫描频率大于 1 次，那么说明缺少索引或索引较差。

SQL Server：Access Methods-Page Splits/sec：该计数器表示每秒钟页面拆分数量，在执行插入或更新计划时，如果当前的数据页没有足够的空间来完成这些操作，那么就必须增加新页来完成插入或更新操作，过多的拆分页会损害服务器的性能。

11.1.5 Wait Statistics 监控

新的 SQL Server 版本中添加一个新的性能监控对象 SQL Server:Wait Statistics，该计数器报告有关等待状态的信息，也包含一些全局的等待信息，SQL Server:Wait Statistics 性能对象的 12 个计数器具体见表 11-1。

表 11-1 Wait Statistics 计数器

SQL Server:Wait Statistics 计数器	说明
Lock waits	等待锁进程的统计信息
Log buffer waits	等待日志缓冲区可用的进程的统计信息
Log write waits	等待写入日志缓冲区的进程的统计信息
Memory grant queue waits	等待内存授予的进程的统计信息
Network IO waits	与等待网络 I/O 相关的统计信息
Non-Page latch waits	与非页闩锁相关的统计信息
Page IO latch waits	与页 I/O 闩锁相关的统计信息
Page latch waits	与页闩锁（不包括 I/O 闩锁）相关的统计信息
Thread-safe memory objects waits	等待线程安全内存分配器的进程的统计信息
Transaction ownership waits	与同步访问事务的进程相关的统计信息
Wait for the worker	与等待工作线程变得可用的进程相关的统计信息
Workspace synchronization waits	与同步访问工作空间的进程相关的统计信息

其中每个计数器对象包含 4 个实例，这 4 个实例都是相同的，具体见表 11-2。

表 11-2　计数器对象实例

实例	说明
平均等待时间（ms）	所选类型等待的平均等待时间
每秒的累积等待时间（ms）	所选类型等待的每秒累积等待时间
正在进行的等待数	当前正在等待的以下类型的进程数
每秒启动的等待数	每秒启动的所选类型等待的等待数

常用的几个计数器对象为：SQL Server:Wait Statistics- Lock waits、SQL Server:Wait Statistics- Memory grant queue waits 和 SQL Server:Wait Statistics- Page IO latch waits，具体内容如下：

SQL Server:Wait Statistics- Lock waits：该计数器主要显示进程等待获得锁的时间，通过该计数器可以对进程获得锁的能力进行评估，对判断加锁很有帮助。

SQLServer:Wait Statistics- Memory grant queue waits：该计数器表示正在等待内存授权的进程数，也可以理解为进程在队列中等待所花费的时间长度。

SQL Server:Wait Statistics- Page IO latch waits：统计与页 I/O 闩锁相关的统计信息，SQL Server 要求锁存器来确保数据同步，在争锁存器的过程中可能存在超时现象，这样将直接影响 SQL Server 的性能。

11.2　SQL Server 等待类型

通常可能更多地去监控每个查询执行步骤所消耗的时间，但其实这些还不够，因为每个执行计划在执行前可能需要等待，而这些等待的时间是被消耗了，没有任何作用，所以如果能缩短等待时间显然可以提高 SQL Server 的性能。

11.2.1　SQL 等待类型

SQL Server 通过 SQLOS（SQL Server Operating System）调度程序来管理用户请求执行，SQLOS 则通过 scheduler、worker、task 等对任务进行调度和处理。

默认情况下调度程序的数量与服务器中的逻辑 CPU 数量相同，即 scheduler 的个数与 CPU 的个数相匹配，因为一个 CPU 某时刻只能运行一个调度程序，如果服务器中包含 2 个 CPU，则调试程序数量为 2，如果是双核的，那么调度程序为 4，如果是双核且超线程的，则调度程序数量为 8。只有拿到 scheduler 所有权的任务 worker 才能在这个逻辑 CPU 上运行。

使用以下查询语句可以查询到当前 CPU 数和 scheduler 数。

```
SELECT cpu_count,scheduler_count FROM sys.dm_os_sys_info
```

结果如图 11-2 所示。

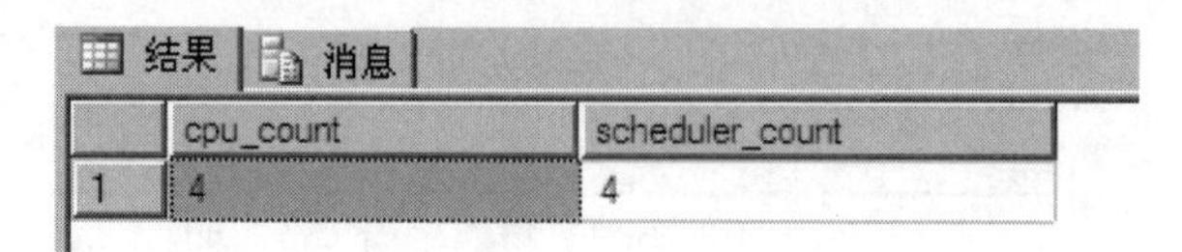

	cpu_count	scheduler_count
1	4	4

图 11-2　CPU 与 scheduler 查询值

在调度程序内部，会话通常有三种状态：running、runnable 和 suspended，但会话只可能是这三种状态中的一种，在任何时刻，调度程序上只能有一个会话处于 running 状态，其他的会话都处于等待状态，存储在 runnable 队列之中，停止执行并将某等待的会话状态更改为 suspended。会话的三种状态如图 11-3 所示。

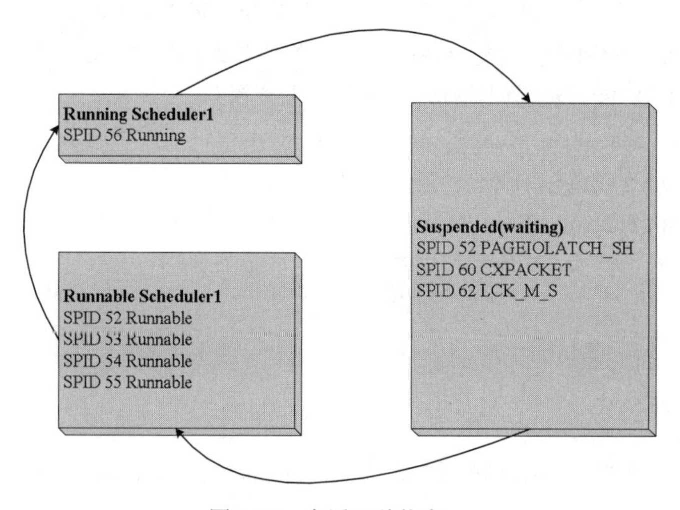

图 11-3　会话三种状态

worker（又称为 worker thread）是指工作线程，在一台服务器上，可以有多个工作线程。因为每一个工作线程要耗费资源，所以，SQL Server 有一个最大工作线程数。一个 task（task 是 worker 中运行最小的任务单元）进来，系统会给它分配一个工作线程进行处理，但是当所有的工作线程都在忙，而且已经达到了最大工作线程数，SQL Server 就要等待，直到有一个忙的工作线程被释放，最大工作线程数可以通过下面的查询得到。SQL Server 并不是一开始就把这些所有的工作线程都创建了，而是依据需要而创建。

使用以下查询语句可以查询到当前最大工作线程数。

```
SELECT max_workers_count FROM sys.dm_os_sys_info
```

结果如图 11-4 所示。

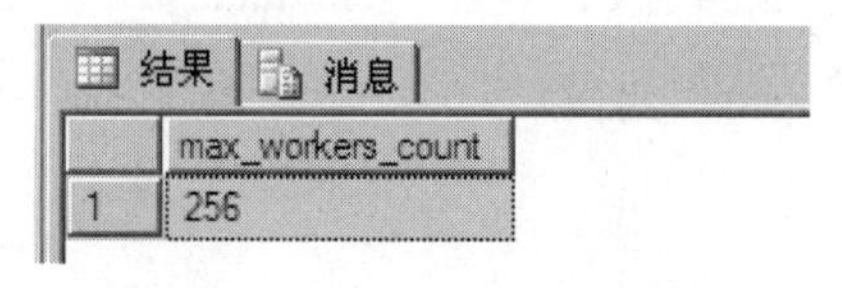

	max_workers_count
1	256

图 11-4　最大工作线程查询值

Windows 使用抢占方式（pre-emptive）调度模型进行调度，意味着由调度程序决定运行某个任务的线程何时需要为另外一个任务让路并切换出去，这种方式可以很好地运行在很多同等重要的不同服务的服务器上，但对于运行 SQL Server 的服务器来说，这种方式并不理想，因为一个 SQL Server 任务可能随时被切换出去，而仅仅是为了给一个次要的 Windows 任务一些 CPU 的时间。SQL Server 有着自身的调度程序，采用非抢占式或协作模型，它依赖于所有线程在必须等待某事件时能产生处理时间，对于 SQL Server 来说这种模型是一种高效的模型，因为它可以判断某个线程在何时需要处理器时间，即 CPU 时间。

task 由 batch 生成，一个连接可以包含多个 batch，而每个 batch 则可以分解成多个 task，如下面某一个连接要做的事情，这个连接要做的有两个 batch，而每个 batch，如以下查询语句，可能会被分解成多个 task，因为可以支持并行化查询。具体 batch 怎么分解成 task，以及分解成多少个，则是由 SQL Server 内部进行处理。

```
INSERT INTO TABLE_B VALUES ('aaa')
GO
SELECT * FROM TABLE_B
GO
```

connection、batch、task、worker、scheduler 之间的关系如图 11-5 所示。

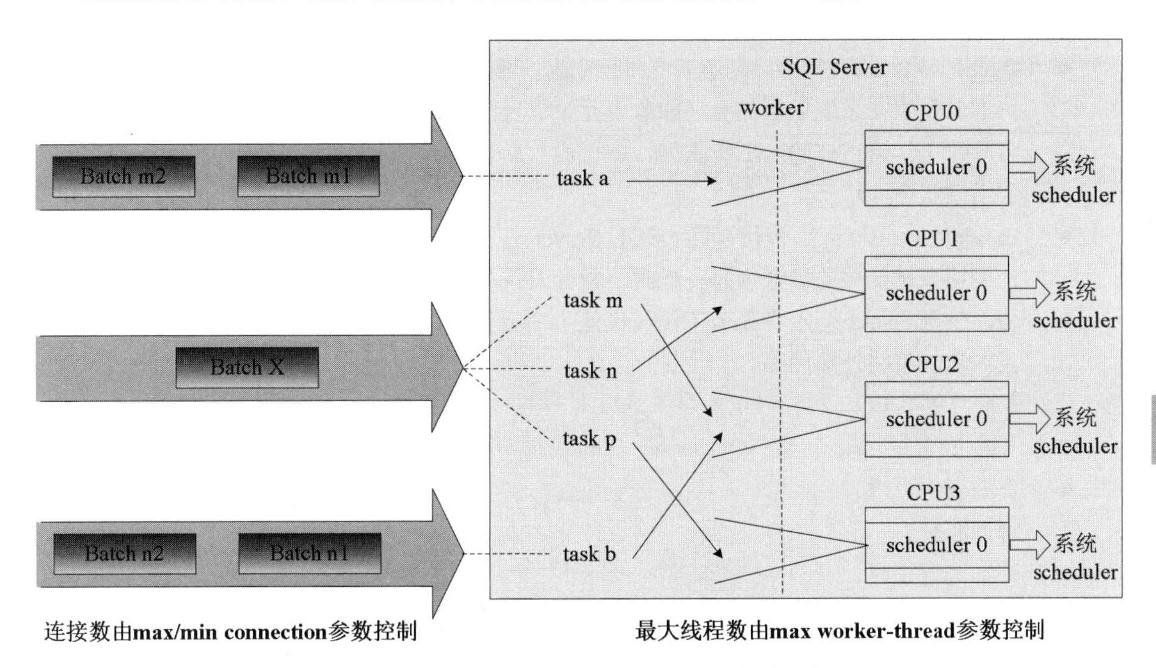

图 11-5　batch、task、worker、scheduler 之间的关系

客户端向服务器发送请求时，会先建立一个连接，建立的连接数受 max/min connection 两个参数的影响，每个连接有一个相应的 SPID，只要用户没有退出，或者没有 timeout，这个始终是存在的。

在每一个连接里，可能会有多个 batch，在一个连接里，batch 都是按顺序的，只有上一个 batch 执行完了，才会执行下一个 batch。因为有很多连接，所以从 SQL Server 层面上看，同时会有很多个 batch 并行进行。每一个 batch 可能会分解成多个 task 以支持如并行查询，这样在 SQL 层面上来看，同时会有很多个 task。

SQL Server 上，每一个 CPU 通常会对应一个 scheduler，有几个额外的系统 scheduler，只是用来执行一些系统任务，对用户来讲，只需要关心 User Scheduler 就可以了，如果有 4 个 CPU 的话，那么通常就会有 4 个 User Scheduler。

每个 scheduler 上，可以有多个 worker 对应，worker 是真正的执行单元，scheduler（对 CPU 的封装）是执行的地方，worker 的总数受 max worker_thread 限制，每一个 worker 在创建的时候，自己需要申请 2M 内存空间，如果 max worker_thread 为 1024，并且那些 worker 全部创建，至少需要 2G 空间，所以过多的 worker 会占用很多系统资源。

在 SQL Server 中根据等待类型进行分类，通常可以分为三类：

- Resource waits（资源等待）。当某个工作线程请求访问某个不可用的资源（因为该资源正在由其他某个工作线程使用，或者该资源尚不可用）时，便会发生资源等待。资源等待的示例包括锁等待、闩锁等待、网络等待以及磁盘 I/O 等待，锁等待和闩锁等待是指等待同步对象。
- Queue waits（队列等待）。当工作线程空闲，等待分配工作时便会发生队列等待，队列等待通常发生在系统后台任务（如监视死锁以及清除已删除的记录等任务）中，这些任务将等待工作请求被放入工作队列，即使没有新数据包放入队列，队列等待也可能定期处于活动状态。
- External waits（外部等待）。当 SQL Server 工作线程正在等待外部事件（如扩展存储过程调用或链接服务器查询）完成时，便会发生外部等待。当诊断有防碍的问题时，请记住，外部等待不会始终表示工作线程处于空闲状态，因为工作线程可能处于活动状态且正在运行某些外部代码。

资源等待，包括 I/O、加锁以及内存，是最为常见的等待。

如果出现下列任一情况，则 SQL Server 工作线程不可能处于等待状态：

- 资源变得可用。
- 查询非空。
- 外部进程完成。

尽管线程不再处于等待状态，但是它并不表示立即开始运行，因为此类线程首先放入可运行工作线程的队列中，并且必须等待线程在计划程序中运行，在 SQL Server 2005 中，等待时间计数器为 bigint 值。

使用以下查询语句可以查看等待类型，如图 11-6 所示。

```
select * from sys.dm_os_wait_stats
```

结果 | 消息

	wait_type	waiting_tasks_count	wait_time_ms	max_wait_time_ms	signal_wait_time_ms
1	MISCELLANEOUS	0	0	0	0
2	LCK_M_SCH_S	0	0	0	0
3	LCK_M_SCH_M	0	0	0	0
4	LCK_M_S	1	8390	8390	0
5	LCK_M_U	0	0	0	0
6	LCK_M_X	0	0	0	0
7	LCK_M_IS	0	0	0	0
8	LCK_M_IU	0	0	0	0
9	LCK_M_IX	0	0	0	0
10	LCK_M_SIU	0	0	0	0
11	LCK_M_SIX	0	0	0	0
12	LCK_M_UIX	0	0	0	0
13	LCK_M_BU	0	0	0	0
14	LCK_M_RS_S	0	0	0	0
15	LCK_M_RS_U	0	0	0	0

图 11-6　等待类型

关于 sys.dm_os_wait_stats 字段说明见表 11-3。

表 11-3　sys.dm_os_wait_stats 字段说明

列名	数据类型	说明
wait_type	nvarchar(60)	等待类型的名称
waiting_tasks_count	bigint	该等待类型的等待数。该计数器在每开始一个等待时便会增加
wait_time_ms	bigint	该等待类型的总等待时间（毫秒）。此时间包含 signal_wait_time
max_wait_time_ms	bigint	该等待类型的最长等待时间
signal_wait_time	bigint	正在等待的线程从收到信号通知到其开始运行之间的时差

关于等待类型说明见表 11-4。

表 11-4　等待类型说明

等待类型	说明
ASYNC_DISKPOOL_LOCK	当尝试同步并行的线程（执行创建或初始化文件等任务）时出现
ASYNC_IO_COMPLETION	当某任务正在等待 I/O 完成时出现
ASYNC_NETWORK_IO	当任务被阻止在网络之后时出现在网络写入中
BACKUP	当任务作为备份处理的一部分被阻止时出现
BACKUP_OPERATOR	当任务正在等待磁带装入时出现，若要查看磁带状态，请查询 sys.dm_io_backup_tapes。如果装入操作没有挂起，则该等待类型可能指示磁带机发生硬件问题
BACKUPBUFFER	在备份任务等待数据或等待用来存储数据的缓冲区时发生。此类型不常见，只有当任务等待装入磁带时才会出现
BACKUPIO	在备份任务等待数据或等待用来存储数据的缓冲区时发生。此类型不常见，只有当任务等待装入磁带时才会出现

续表

等待类型	说明
BACKUPTHREAD	当某任务正在等待备份任务完成时出现。等待时间可能较长，从几分钟到几个小时。如果被等待的任务正处于 I/O 进程中，则该类型不指示发生问题
BAD_PAGE_PROCESS	当后台错误页记录器正在尝试避免每隔五秒以上的时间运行时出现
BROKER_RECEIVE_WAITFOR	当 RECEIVE WAITFOR 正在等待时出现。如果没有准备接收的消息，则通常出现该状态
BROKER_TRANSMITTER	当 SQL Server 2005 Service Broker 传输代码中出现非常短暂的等待时出现
BROKER_SHUTDOWN	当按计划关闭 Service Broker 时出现。该状态出现的时间应当尽量短暂
BROKER_MASTERSTART	当某任务正在等待 Service Broker 的主事件处理程序启动时出现。该状态出现的时间应当非常短暂
BROKER_EVENTHANDLER	当某任务正在 Service Broker 的主事件处理程序中等待时出现。出现时间应该非常短暂
BROKER_REGISTERALLENDPOINTS	在初始化 Service Broker 连接端点的过程中出现，出现时间应该非常短暂
BROKER_INIT	当初始化每个活动数据库中的 Service Broker 时出现。该状态不应当频繁出现
BUILTIN_HASHKEY_MUTEX	仅供内部使用
CHKPT	在服务器启动时出现以通知检查点线程可以启动
CLR_AUTO_EVENT	当某任务当前正在执行公共语言运行时（CLR）执行并且正在等待特殊的自动事件启动时出现
CLR_CRST	当某任务当前正在执行 CLR 执行并且正在等待输入当前由另一项任务正在使用的任务的关键部分时出现
CLR_MANUAL_EVENT	当某任务当前正在执行 CLR 执行并且正在等待特定手动事件启动时出现
CLR_MONITOR	当某任务当前正在执行 CLR 执行并且正在等待获取用于监视器的锁时出现
CLR_RWLOCK_READER	当某任务当前正在执行 CLR 并且正在等待读取器锁时出现
CLR_RWLOCK_WRITER	当某任务当前正在执行 CLR 并且正在等待编写器锁时出现
CLR_TASK_JOIN	当某任务当前正在执行 CLR 执行并且正在等待另一项任务结束时出现。当两任务之间具有联接时出现该等待状态
CLR_SEMAPHORE	当某任务当前正在执行 CLR 执行并且正在等待信号量时出现
CMEMTHREAD	当某任务正在等待线程安全内存对象时出现。当多项任务尝试分配来自同一个内存对象的内存而导致出现争用时，便可能延长等待时间
CXPACKET	当尝试同步查询处理器交换迭代器时出现。如果针对该等待类型的争用成为问题，可以考虑降低并行度

续表

等待类型	说明
DEADLOCK_ENUM_MUTEX	当死锁监视器和 sys.dm_os_waiting_tasks 尝试确保 SQL Server 不同时运行多个死锁搜索时出现
DEADLOCK_TASK_SEARCH	当某任务正在等待内部死锁监视器同步时出现。对于该等待类型的事件，死锁监视器在大多数时间都处于空闲状态
DISABLE_VERSIONING	当 SQL Server 轮询版本事务管理器，以查看最早的活动事务的时间戳是否晚于状态开始更改时的时间戳时出现。如果是，则所有在 ALTER DATABASE 语句运行之前启动的快照事务都已完成。当 SQL Server 通过 ALTER DATABASE 语句禁用版本控制时使用该等待状态
DISKIO_SUSPEND	当某任务正在等待访问文件（外部备份处于活动状态）时出现。针对每个正在等待的用户进程报告该状态。每个用户进程大于五的计数可能指示外部备份需要太长时间才能完成
DROPTEMP	当某任务在连接处于死锁状态的情况下进入睡眠时出现。该任务将在每次（指数化）重试删除操作前进行等待
DTC	当某任务正在等待用于管理状态转换的事件时出现。该状态控制当 SQL Server 接收 Microsoft 分布式事务处理协调器（MS DTC）服务不可用的通知之后执行 MS DTC 事务恢复的时间。 该状态还说明在 SQL Server 启动了 MS DTC 事务提交并且 SQL Server 正在等待 MS DTC 提交完成时进行等待的任务
DTC_ABORT_REQUEST	当 MS DTC 工作线程会话正在等待获得 MS DTC 事务的所有权时，在该会话中出现。当 MS DTC 拥有了事务后，该会话可以回滚事务。通常，该会话将等待另一个正在使用事务的会话
DTC_RESOLVE	当恢复任务正在等待跨数据库事务中的 master 数据库以查询该事务的结果时出现
DTC_STATE	当某任务正在等待对内部 MS DTC 全局状态对象的更改进行保护的事件时出现。该状态应当保持非常短的时间
DTC_TMDOWN_REQUEST DTC_TMDOWN_REQUEST	当 SQL Server 接收到 MS DTC 服务不可用的通知时，在 MS DTC 工作线程会话中出现。首先，工作线程将等待 MS DTC 恢复进程启动。然后，工作线程等待获取其正在处理的分布式事务的结果。此过程可能一直执行，直到重新建立与 MS DTC 服务的连接
DTC_WAITFOR_OUTCOME	当恢复任务等待 MS DTC 处于活动状态以启用准备好的事务的解决方法时出现
DUMP_LOG_COORDINATOR	当主任务正在等待子任务生成数据时出现。该状态通常不会出现。长时间的等待指示出现意外的阻塞。应当对子任务进行调查
ENABLE_VERSIONING	当 SQL Server 在声明数据库可以转换到 DBVER_ON 状态之前，等待该数据库中的所有更新事务完成时出现。当 SQL Server 通过 ALTER DATABASE 语句启用版本控制时使用该状态

续表

等待类型	说明
EXCHANGE	在同步查询处理器交换迭代器期间出现。很少发生
EXECSYNC	在同步与交换迭代器无关的区域内的查询处理器期间出现。此类区域的示例包括位图、大型二进制对象（LOB）以及假脱机迭代器。LOB 可能经常使用该等待状态。位图和假脱机使用不应当导致争用
FCB_REPLICA_READ	当同步快照（或 DBCC 创建的临时快照）稀疏文件的读取时出现
FCB_REPLICA_WRITE	当同步快照（或 DBCC 创建的临时快照）稀疏文件的页推送或页请求时出现
HTTP_ENDPOINT_COLLCREATE	在启动时出现以创建端点集合。注意：该状态并非特定于 HTTP
HTTP_ENUMERATION	在启动时出现，以枚举 HTTP 端点以启动 HTTP
IMPPROV_IOWAIT	当 SQL Server 等待 Bulkload I/O 完成时出现
IO_AUDIT_MUTEX	仅供内部使用
LATCH_DT	针对分布式事务闩锁的闩锁等待。它不包括缓冲区闩锁或事务标记闩锁
LATCH_EX	针对排他闩锁的闩锁等待。不包括缓冲区闩锁或事务标记闩锁
LATCH_KP	针对保留闩锁的闩锁等待。不包括缓冲区闩锁或事务标记闩锁
LATCH_NL	针对空闩锁的闩锁等待。不包括缓冲区闩锁或事务标记闩锁
LATCH_SH	针对共享闩锁的闩锁等待。不包括缓冲区闩锁或事务标记闩锁
LATCH_UP	针对更新闩锁的闩锁等待。不包括缓冲区闩锁或事务标记闩锁
LAZYWRITER_SLEEP	当惰性编写器被挂起时出现。正在等待的后台任务所用时间的度量值。在查找用户档位时不要考虑该状态
LCK_M_BU	当某任务正在等待获取大容量更新锁时出现
LCK_M_IS LCK_M_IU	当某任务正在等待获取意向共享锁时出现
LCK_M_IU	当某任务正在等待获取意向更新锁时出现
LCK_M_IX	当某任务正在等待获取意向排他锁时出现
LCK_M_RIn_NL	当某任务正在等待获取当前键值上的 NULL 锁以及当前键和上一个键之间的插入范围锁时出现。键上的 NULL 锁是指立即释放的锁
LCK_M_RIn_S	当某任务正在等待获取当前键值上的共享锁以及当前键和上一个键之间的插入范围锁时出现
LCK_M_RIn_U	任务正在等待获取当前键值上的更新锁以及当前键和上一个键之间的插入范围锁
LCK_M_RIn_X	当某任务正在等待获取当前键值上的排他锁以及当前键和上一个键之间的插入范围锁时出现
LCK_M_RS_S	当某任务正在等待获取当前键值上的共享锁以及当前键和上一个键之间的共享范围锁时出现.

续表

等待类型	说明
LCK_M_RS_U	当某任务正在等待获取当前键值上的更新锁以及当前键和上一个键之间的更新范围锁时出现
LCK_M_RX_S	当某任务正在等待获取当前键值上的共享锁以及当前键和上一个键之间的排他范围锁时出现
LCK_M_RX_U	当某任务正在等待获取当前键值上的更新锁以及当前键和上一个键之间的排他范围锁时出现
LCK_M_RX_X	当某任务正在等待获取当前键值上的排他锁以及当前键和上一个键之间的排他范围锁时出现
LCK_M_S	当某任务正在等待获取共享锁时出现
LCK_M_SCH_M	当某任务正在等待获取架构修改锁时出现
LCK_M_SCH_S	当某任务正在等待获取架构共享锁时出现
LCK_M_SIU	当某任务正在等待获取共享意向更新锁时出现
LCK_M_SIX	当某任务正在等待获取共享意向排他锁时出现
LCK_M_U	当某任务正在等待获取更新锁时出现
LCK_M_UIX	当某任务正在等待获取更新意向排他锁时出现
LCK_M_X	当某任务正在等待获取排他锁时出现
DBMIRROR_SEND	某任务正在等待清除网络层的通信积压以便能够发送消息时出现。指示通信层正在开始重载并影响数据库镜像数据吞吐量。 注意事项：Microsoft 支持策略不适用于 SQL Server 2005 的数据库镜像功能。根据默认设置，数据库镜像当前已被禁用，但通过使用跟踪标志 1400 作为启动参数可以启用该功能，该功能仅供评估使用。不要在生产环境中使用数据库镜像，Microsoft 支持服务不支持使用数据库镜像的数据库或应用程序。在 SQL Server 2005 中包括数据库镜像文档仅供评估使用，SQL Server 2005 支持和升级文档策略不适用于数据库镜像文档
DBMIRRORING_CMD	当某任务正在等待日志记录刷新到磁盘时出现。该等待状态应当保留较长的时间
LOGBUFFER	当某任务正在等待日志缓冲区的空间以存储日志记录时出现。连续的高值可能指示日志设备无法跟上服务器生成的日志量
LOGMGR	当某任务正在等待任何未完成的日志 I/O 在关闭日志之前完成时出现
LOGMGR_FLUSH	仅供内部使用
LOGMGR_RESERVE_APPEND	当某任务正在等待查看日志截断是否能释放日志空间以使该任务能写入新的日志记录时出现
LOWFAIL_MEMMGR_QUEUE	当某任务正在从因内存不足而失败的队列中删除页时出现

续表

等待类型	说明
MSQL_DQ	当某任务正在等待分布式查询操作完成时出现。使用该状态检测潜在的多个活动的结果集（MARS）应用程序死锁。该等待将在分布式查询调用完成时结束
MSQL_XACT_MGR_MUTEX	当某任务正在等待获取会话事务管理器的所有权以执行会话级别事务操作时出现。互斥体用于同步同一个会话中不同线程的事务管理器对象的使用
MSQL_XP	当某任务正在等待扩展存储过程结束时出现。SQL Server 使用该等待状态检测潜在的 MARS 应用程序死锁。该等待将在扩展存储过程调用结束时停止
OLEDB	当 SQL Server 调用 Microsoft SQL Native Client OLEDB 访问接口时发生。该状态不用于同步
PAGEIOLATCH_DT	在任务等待 I/O 请求中缓冲区的闩锁时发生。闩锁请求处于“破坏”模式
PAGEIOLATCH_EX	在任务等待 I/O 请求中缓冲区的闩锁时发生。闩锁请求处于“独占”模式
PAGEIOLATCH_KP	在任务等待 I/O 请求中缓冲区的闩锁时发生。闩锁请求处于“保持”模式
PAGEIOLATCH_NL	在任务等待 I/O 请求中缓冲区的闩锁时发生。闩锁请求处于“空”模式
PAGEIOLATCH_SH	在任务等待 I/O 请求中缓冲区的闩锁时发生。闩锁请求处于“共享”模式
PAGEIOLATCH_UP	在任务等待 I/O 请求中缓冲区的闩锁时发生。闩锁请求处于“更新”模式
PAGELATCH_DT	在任务等待 I/O 请求中缓冲区的闩锁时发生。闩锁请求处于“破坏”模式
PAGELATCH_EX	在任务等待不处于 I/O 请求中的缓冲区闩锁时发生。闩锁请求处于“独占”模式
PAGELATCH_KP	在任务等待不处于 I/O 请求中的缓冲区闩锁时发生。闩锁请求处于“保持”模式
PAGELATCH_NL	在任务等待不处于 I/O 请求中的缓冲区闩锁时发生。闩锁请求处于“空”模式
PAGELATCH_SH	在任务等待不处于 I/O 请求中的缓冲区闩锁时发生。闩锁请求处于“共享”模式
PAGELATCH_UP	在任务等待不处于 I/O 请求中的缓冲区闩锁时发生。闩锁请求处于“更新”模式
PRINT_ROLLBACK_PROGRESS	用于等待用户进程在已通过 ALTER DATABASE 终止子句完成转换的数据库中结束。有关详细信息，请参阅 ALTER DATABASE (Transact-SQL)
PWAIT_QPJOB_WAITFOR_ABORT	指示异步统计信息自动更新在运行时通过调用 KILL 命令而取消。目前更新已完成，但是在终止线程消息协调完成之前一直处于挂起状态。这是一个普通而少见的状态，应当非常短暂。正常情况下，该值不到一秒钟

续表

等待类型	说明
PWAIT_QPJOB_KILL	指示异步统计信息自动更新在开始运行时通过调用 KILL 命令而取消。终止线程处于挂起状态，等待它开始侦听 KILL 命令。正常情况下，该值不到一秒钟
QRY_MEM_GRANT_INFO_MUTEX	当查询执行内存管理尝试控制对静态授予信息列表的访问时出现。该状态列出当前已批准的内存请求以及正在等待的内存请求的有关信息。该状态是一个简单的访问控制状态。该状态始终不应当等待较长的时间。如果未释放互斥体，则所有占用内存的新查询都将停止响应
QUERY_NOTIFICATION_MGR_MUTEX	保护查询通知管理器中的垃圾收集队列
QUERY_NOTIFICATION_SUBSCRIPTION_MUTEX	基于每个订阅控制事务的互斥体。这表示每个订阅具有一个互斥体并使用该互斥体更改其事务状态
QUERY_NOTIFICATION_TABLE_MGR_MUTEX	仅供内部使用
QUERY_NOTIFICATION_UNITTEST_MUTEX	仅供内部使用
SQLTRACE_BUFFER_FLUSH	当某任务正在等待后台任务将跟踪缓冲区每隔四秒刷新到磁盘时出现

11.2.2　如何跟踪等待

在动态管理器（Dynamic Management Views，DMV）中，有三个函数用于查看等待的相关信息，sys.dm_exec_requests 用于查看会话级信息，sys.dm_os_waiting_tasks 用于查看任务级信息，sys.dm_os_wait_stats 用于显示等待时间的聚合。

（1）sys.dm_exec_requests。sys.dm_exec_requests 只提供会话级的相关信息，可以显示 SQL Server 内执行的每个请求的相关信息，如果需要获得更多的性能视图可以通过任务级进行查看，系统进程可以在没有建立会话的情况下运行任务，但相关信息并不会被显示，并且并行查询也很难进行故障诊断，因为在会话级只显示一个等待。下面的代码显示了等待信息以及当前运行在每个会话中的 T-SQL。

```
select er.session_id,
er.database_id,
er.blocking_session_id,
er.wait_type,er.wait_time,
er.wait_resource,
syst.text
from sys.dm_exec_requests er
outer apply sys.dm_exec_sql_text(er.sql_handle) syst
```

查询结果如图 11-7 所示。

结果 | 消息

	session_id	database_id	blocking_session_id	wait_type	wait_time	wait_resource	text
8	9	1	0	ONDEMAND_TASK_QUEUE	22789093		NULL
9	11	1	0	BROKER_EVENTHANDLER	19395359		NULL
10	12	1	0	NULL	0		NULL
11	13	1	0	NULL	0		NULL
12	14	1	0	NULL	0		NULL
13	15	1	0	NULL	0		NULL
14	16	1	0	BROKER_TRANSMITTER	22778343		NULL
15	17	1	0	BROKER_TRANSMITTER	22778343		NULL
16	18	1	0	NULL	0		NULL
17	52	1	0	NULL	0		sele...
18	54	5	53	LCK_M_S	19332390	RID: 5:1:40:0	sele...

图 11-7　相关等待会话信息

（2）sys.dm_os_waiting_tasks。sys.dm_os_waiting_tasks 列出所有正在等待的任务，它是查看当前等待最为精确的 DMV 函数，它包含识别任务、关联的会话、等待的详细资料以及阻塞任务的信息，但任务只在它正在等待的期间拥有一个表项，因为 sys.dm_os_waiting_tasks 更多的用于交互式调查，而不是作为监控目的，可以使用报告阻塞任务的列来识别阻塞锁。下面的示例脚本，通过 T-SQL 显示当前哪个 session_id 可用，当前运行的 T-SQL 的等待任务的所有信息。

```
select wt.*,
    syst.text
from sys.dm_os_waiting_tasks wt left join sys.dm_exec_requests er
on wt.waiting_task_address = er.task_address
outer apply sys.dm_exec_sql_text(er.sql_handle) syst
order by wt.session_id
```

查询结果如图 11-8 所示。

结果 | 消息

	waiting_task_address	session_id	exec_context_id	wait_duration_ms	wait_type	resource_address	blocking_task_a
1	0x0071A208	2	0	19502172	LOGMGR_QUEUE	0x027E0C00	NULL
2	0x00E642F8	3	0	265	LAZYWRITER_SLEEP	NULL	NULL
3	0x00BAE208	4	0	22946156	KSOURCE_WAKEUP	NULL	NULL
4	0x00BA82F8	5	0	4484	REQUEST_FOR_DEADLOCK_SEARCH	0x341A00AC	NULL
5	0x00BA84D8	7	0	3375	SQLTRACE_BUFFER_FLUSH	NULL	NULL
6	0x0071A2F8	9	0	22956906	ONDEMAND_TASK_QUEUE	0x027E6430	NULL
7	0x00E643E8	10	0	22956906	CHECKPOINT_QUEUE	0x027E7A00	NULL
8	0x00BAE3E8	11	0	19563172	BROKER_EVENTHANDLER	NULL	NULL
9	0x00BA86B8	16	0	22946156	BROKER_TRANSMITTER	NULL	NULL
10	0x00BAE4D8	17	0	22946156	BROKER_TRANSMITTER	NULL	NULL
11	0x0071A5C8	52	0	0	OLEDB	NULL	NULL

图 11-8　等待任务

（3）sys.dm_os_wait_stats。sys.dm_os_wait_stats 用于统计聚合时间，只要 SQL Server 启动，即对所有查询的等待时间进行了聚合，它在监视及服务器范围内调校等方面非常理想。下面的脚本示例，用于获得等待时间（CPU 等待）和资源等待时间。

```
select signalwaittimems = sum(signal_wait_time_ms),
    '%signal waits' = cast(100.0*sum(signal_wait_time_ms)/sum(wait_time_ms) as numeric(20,3)),
```

```
            resourcewaittimems = sum(wait_time_ms - signal_wait_time_ms),
        '%resource waits' = cast(100.0*sum(wait_time_ms - signal_wait_time_ms)/sum(wait_time_ms)as
    numeric(20,3))
    from sys.dm_os_wait_stats
```

查询结果如图 11-9 所示。

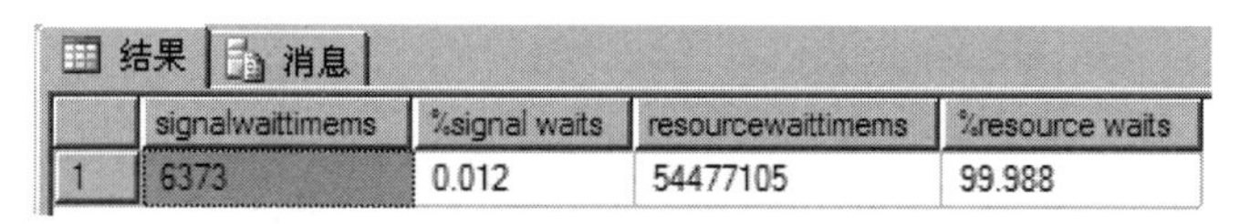

	signalwaittimems	%signal waits	resourcewaittimems	%resource waits
1	6373	0.012	54477105	99.988

图 11-9 聚合时间

如果在运行前希望将历史数据清空，可以使用以下脚本：

```
dbcc sqlperf('sys.dm_os_wait_stats',clear)
```

%signal waits 表示信息等待时间的百分比，从列表中可以看出信息等待时间百分比非常小，表示 CPU 的需求相对繁重。

11.2.3 阻塞与锁

在讨论阻塞与加锁之前，需要先理解一些核心概念：并发性、事务、隔离级别、阻塞锁及死锁。

并发性是指多个进程在相同时间访问或者更改共享数据的能力。一般情况下，一个系统在互不干扰的情况下可以激活的并发用户的进程数越多，该系统的并发性就越强。就像通常所说的系统性能表现，系统同时处理的并发用户数越多，说明系统的性能越强。当正在更改数据的进程阻止其他进程读取该数据时，或者当读取数据的进程阻止其他进程更改该数据时，并发性会减弱。另外，当多个进程试图同时更改相同数据时，且无法在不牺牲数据的一致性的前提下都能成功时，并发性也会受到影响。在 SQL Server 中提供了两种方法对并发性进行有效的管理：悲观控制法和乐观控制法。悲观控制法认为不同进程将会试图同时读写相同的数据，并且通过锁来阻塞另一个进程对正在使用的数据进行访问，即当一个进程读数据时，需要通过加锁防止其他进程对它进行写操作，当一个进程写数据时，需要通过加锁防止其他进程对它进行读操作，这样，读数据进程阻塞写数据进程，写数据进程阻塞读数据进程。乐观控制方法假设系统中很少有数据在读进程和写进程中发生交叉的情况，因此不需要对数据进行加锁操作，这意味着读进程不会阻塞写进程，写进程不会阻塞读进程。

SQL Server 默认设置是悲观式并发控制，因此为了提高应用程序的并发性，需要对资源加锁和解锁，在 SQL Server 2005 发布后，可以采用乐观式的策略，之所以可以采用这种策略，是因为 SQL Server 可以使用数据行版本控制，允许读进程读取的数据是写进程开始进行修改之前的版本。在并发过程中容易产生以下几种情况的异常：丢失更新、脏读、不可重复读、幻影。

（1）丢失更新（Lost Updates）。丢失更新是指两个进程对同一个数据进行读取操作，并且同时试图对该数据值进行更新，这很容易出现更新初始值错误的现象。例如：一个人找两个朋友借钱，这个人银行卡中的余额为 5000 元，结果这两个朋友同时向这张银行卡存款，假设朋友 A 向这张银行卡账户中存 5000 元，朋友 B 向这张银行卡账户中存 6000 元，当朋友 A 存款完成后，银行的出纳员将银行卡账户中的钱修改为 10000 元（5000+5000），当朋友 B 存款完成后，银行的出纳员将银行卡账户中的钱修改为 11000 元（5000+6000），由于出现更新丢失，导致损失了 5000 元，这个结果显然无法接受。

（2）脏读（Dirty Reads）。脏读是指对提交的数据进行读取操作，一个进程对数据进行了修改，但在提交修改后的数据时取消了当前的操作，即没有更新成功，但另一个进程已经读取了修改后的值并开始使用它。例如：你有一套房产，最近由于资金紧张，想将该处房产卖掉，这样房产中介公司的经纪人 A 则将该信息写入到公司资源池中（这样公司所有的房产销售人员都可以看到该信息），但过了一些时间通过另外的方式筹到了这笔资金，你又不打算卖掉这处房产了，所以通知经纪人 A 取消该房产信息，但此时经纪人 B 已经找到了买家，经纪人 B 读取到的就是脏数据。

（3）不可重复读（Non-Repeatable Reads）。不可重复读是指一个进程在同一个事务中对数据进行了两次读取操作，这样第二次读到的数据很可能与第一次读到的数据不一致。例如：超市统计当前 8 台收银机收银总和，将每台收银机的金额读取出来并相加得到总和，之后再次逐台收银机相加检查统计出来的总和，结果发现这两次计算出来的结果并不相同，因为在第一次统计结束后，有的收银机再次收银了，所以第二次计算出来的结果与第一次计算出来的结果不同。

（4）幻影（Phantoms）。幻影是指一个处理插入或删除一行数据的事务，在处理该事务时，该数据行在另一个事务可读取的范围内。例如：在中国人才热线上去搜索软件测试相关职位，假设可以搜索到 20 家公司，然后再按 E-mail 地址进行搜索，但搜索发现有 25 个 E-mail 地址，那么第一次搜索中没有找到的职位就是幻影数据行。

事务是数据库并发控制的基本单元，可以执行一个或多个动作。事务分为显式事务和隐式事务，显式事务是显式地开始一个事务并显式地滚回或提交事务，除了显式的事务还有隐式的事务，隐式事务是数据库自己根据情况完成的事务处理，如单独的 select、update、delete、select 语句。在关系数据管理系统（Relational Database Management System，RDBMS）中，事务必须满足 ACID 属性。

（1）原子性（Atomicity）。一个事务是一个整体，所有的动作都发生并都被执行，要么全部执行成功，如果在执行过程中有一个动作失败，那么事务中之前所有的动作都必须回滚，就当之前的动作没有执行。例如：做一个入库操作，在这个事务里，审核入库单和修改库存作为一个整体，要么单据变成审核过，库存增加相应的值，要么就是单据未审核，库存不变。

（2）一致性（Consistency）。一致性是指事务不能违背数据库的完整性规则，当事务处理结束后，数据库必须处于一个一致的状态。例如：库存的值不能为负数，sex 的字段必须是 male 或 female。

（3）隔离性（Isolation）。SQL Server 在设计时应该注意其必须能为很多并发用户提供服务，但从用户的角度来看，数据集必须看上去就像该用户是系统中唯一的用户，每个事务都必须是完全自包含的，并且所作的修改必须对于任何其他事务是不可读的，SQL Server 中关于事务的隔离有 5 种不同的级别，后面的内容中会有详细介绍。

（4）持久性（Durability）。持久性是指事务提交后，必须持久地保存，即使事务处理完成后系统发生故障。如果在事务执行的过程中发生故障，那么事务就会全部撤销，当 SQL Server 提交事务成功时，在提交成功的消息返回给用户之前，需要将相关的信息写入到事务日志中。

SQL Server 中关于事务的隔离有 5 种不同的级别：读取未提交、读取提交、可重复读、可串行化和快照。

（1）读取未提交（Read Uncommitted）。这是最低隔离，它可以允许脏读、不可重复读和幻影，如果一个事务已经开始写数据，则另外一个数据不允许同时进行写操作，只允许对该事务进行读操作，如果不介意脏读并且希望以可能的最轻量级接触来读取数据，则可以使用该隔离级别，在读取数据时，这种方式在数据上不加任何锁。

（2）读取提交（Read Committed）。这种隔离方式不允许脏读，但仍可能存在不可重复读和幻影，读取数据的事务允许其他事务继续访问该行数据，但未提交的写事务则会禁止其他事务访问该行，这是 SQL Server 的默认隔离级别，通常可以在性能和业务需求之间提供最佳平衡。当读操作的语句执行完成后，所持有的锁都会被释放，即使是在事务内部也是如此。

（3）可重复读（Repeatable Read）。该隔离可以防止脏读以及不可重复读，但是幻影仍然可能发生，读取数据的事务将会禁止写事务，但允许读事务，如果是写事务则禁止任何其他的事务，如果在事务持续期间保持读锁，以防止其他事务修改数据，那么实现可重复读也是有可能的。

（4）可串行化（Serializable）。该隔离方式要求事务序列化执行，对数据只能进行串行化访问，并且在事务持续期间一直保持着锁定状态，这样可以有效地锁定那些虽然不存在但位于键范围内的数据行，防止所有的副作用，该隔离程度是最高级别的，不允许高并发性执行。

（5）快照（Snapshot）。快照隔离级别是唯一可用的乐观的隔离级别，其使用的是数据行版本控制，而不是锁定，这意味着在一个事务中，由于读一致性可以通过行版本控制实现，因此同样的数据总是可以像在序列化级别上一样被读取，而不必为防止来自其他事务的更改而被锁定。但是仍然允许更新冲突的发生，这在事务串行化运行中是不会发生的，这种冲突发生在一个快照事务内部即将改变的数据被另外一个事务并发更改时，在执行过程中 SQL Server 能够自动进行检测，如果发生冲突，则快照事务进行回滚，以防止丢失更新。

关于隔离级别与可能的异常关系见表 11-5。

表 11-5　隔离级别与可能的异常关系

隔离级别	脏读	不可重复读	幻影	更新冲突	并发模型
读取未提交	是	是	是	否	悲观的
读取提交	否	是	是	否	悲观的
可重复读	否	否	是	否	悲观的
可串行化	否	否	否	否	悲观的
快照	否	否	否	是	乐观的

如果希望更改默认事务隔离级别，可以使用命令：

```
set transaction isolation level 隔离级别名
go
```

例如：如果希望将隔离级别更改为 repeatable read（可重复读），使用的命令如下：

```
set transaction isolation level repeatable read
go
```

无论哪种模型，锁在并发控制中是必需的，SQL Server 会自动处理锁，在 SQL Server 中有三种基本的粒度级别：行锁、页锁和表锁。

行锁（row-level lock）：是指锁定一个数据页或索引页中的一行数据。行是可以锁定的最小空间，行级锁占用的数据资源最少，所以在事务的处理过程中，允许其他事务继续操纵同一个表或者同一个页的其他数据，大大降低了其他事务等待处理的时间，提高了系统的并发性。

页锁（page lock）：用于锁定一个页，一个页由 8KB 的数据或索引信息组成。在事务的操作过程中，无论事务处理多少数据，每一次都锁定一页，在这个页上的数据不能被其他事务操作，页级锁锁定的资源比行级锁锁定的数据资源多，在页级锁中，即使是一个事务只操作页上的一行数据，那么该页上的其他数据行也不能被其他事务使用。

表锁（table lock）：用于锁定包含数据与索引的整个表。用于表级别的锁定。事务在操作某一个表的数据时，锁定了这个数据所在的整个表，其他事务不能访问该表中的其他数据，当事务处理的数据量比较大时，一般使用表级锁，表级锁的特点是使用比较少的系统资源，但是却占用比较多的数据资源。

在执行过程中获得每种锁均占用一定数量的系统资源，但并不是使用粒度越小的锁越好，在某个临界点上，使用一个较大粒度的锁会比使用多个小粒度的锁更有效率，当达到该临界点时，SQL Server 将锁升级为表锁，这个过程被称为锁升级。当事务中某个语句在一个对象上使用的锁的数量超过 5000 时，SQL Server 将试着升级到表锁，SQL Server 还会在出现内存压力时试图升级锁，升级时都会升级到表锁，一般情况下，查询优化器会在创建执行计划时选择最合适的锁粒度，因此不会经常发生锁升级。

SQL Server 支持的锁定模式包括：共享锁、排他锁、更新锁、架构锁和意向锁。

共享锁（S）：用于保护资源，只允许对其进行只读数据操作，当资源上存在共享锁时，其他事务均不能修改数据。共享锁是非独占的，即允许多个并发事务读取该锁定的资源，默认情况下，数据被读取后，SQL Server 立即释放共享锁。例如，执行查询“SELECT * FROM TEST”时，首先锁定第一页，读取之后，释放对第一页的锁定，然后锁定第二页。这样，就允许在读操作过程中，修改未被锁定的第一页。但是，事务隔离级别连接选项设置和 SELECT 语句中的锁定设置都可以改变 SQL Server 的这种默认设置。例如，“SELECT * FROM TEST HOLDLOCK”就要求在整个查询过程中，保持对表的锁定，直到查询完成才释放锁定。

排他锁（X）：是数据修改时需要申请的锁，例如插入、更新或删除，确保不能同时对同一资源进行多个更新，只能对数据加上一个排他锁。当事务 T 对数据 A 加上排他锁后，其他事务不能再对 A 加任何类型的锁，获准排他锁的事务既能读数据，又能修改数据。

其他的锁模式要么是以上两者的混合，要么用来对上述的两种锁模式提供坚持，主要包括：更新锁、架构锁和意向锁。

更新锁（U）：防止常见形式的死锁，当一个进程需要在更新之前读取数据时需要申请更新锁，每次只有一个事务可以获得资源上的更新锁，如果事务修改资源，则更新锁将转换为排他锁。更新锁不会阻塞共享锁。

架构锁：在执行依赖于表架构的操作时使用。架构锁的类型是架构修改（Sch-M）和架构稳定性（Sch-S）。执行表的数据定义语言操作（如添加列或除去表）时，使用架构修改（Sch-M）锁，当编译查询时，使用架构稳定性（Sch-S）锁，架构稳定性（Sch-S）锁不阻塞任何事务锁，包括排他锁。因此在编译查询时，其他事务（包括在表上有排他锁的事务）都能继续运行，但不能在表上执行数据定义语言操作。

意向锁：建立锁层次结构，这些锁指示事务正在处理层次结构中较低级别的某些资源，而不是所有资源，较低级别的资源将具有共享锁、更新锁或排他锁。意向锁说明 SQL Server 有在资源的低层获得共享锁或排他锁的意向。例如，表级的共享意向锁说明事务意图将排他锁释放到表中的页或者行。意向锁又可以分为共享意向锁、独占意向锁和共享式独占意向锁。共享意向锁说明事务意图在共享意向锁所锁定的低层资源上放置共享锁来读取数据，独占意向锁说明事务意图在共享意向锁所锁定的低层资源上放置排他锁来修改数据。共享式排他锁说明事务允许其他事务使用共享锁来读取顶层资源，并意图在该资源低层上放置排他锁。

通常有两种情况会导致加锁问题：阻塞锁和死锁。阻塞锁是当一个进程对资源进行了加锁，但该资源已经被另一个进程锁定，这就产生了锁冲突，即出现了阻塞，当然 SQL Server 在处理并发时本身就是采用该方式对资源进行处理，但是如果第一个进程需要等待很长时间才能获得锁，那么显然就产生了性能问题，在工作中还可能产生一条阻塞进程链，当统计中发现阻塞锁非常高的时候，那么阻塞锁就成了影响性能的问题了。那么进程在等待多久获得锁资源才是合理的呢？SQL Server 有一个锁超时的原理，默认情况下 SQL Server 锁定超时的时间为两秒钟，除了尝试访问数据并有可能发生超时以外，在对资源进行锁定之前，没有办法测试该资源是否已被锁定。LOCK_TIMEOUT 设置允许应用程序设置语句等待被阻塞资源的最长等待时间，当语句等待的时间超过 LOCK_TIMEOUT 设置的时间时，将自动取消阻塞的语句，并将错误消息 SSCE_M_LOCKTIMEOUT 返回给应用程序。如果应用程序不捕获错误，它可以继续执行，但将不会知道事务中的单个语句已被取消。由于事务中后面的语句可能依赖于未执行的语句，因此可能会出现错误。若要设置会话的当前 LOCK_TIMEOUT 设置，请执行 SET LOCK_TIMEOUT 语法，如下列代码示例所示：

```
SET LOCK_TIMEOUT 2000
```

死锁是指当两个进程各自拥有一个锁，而这个锁是对方继续运行所需要的，这样就会出现两个进程相互阻止对方运行的情况，这就会出现死锁，如果对这种情况不进行处理，那么就将无限期地等待下去，在 SQL Server 中内置了死锁探测，每 5 秒钟锁监视器就会检查死锁状态，如果发现死锁，这个检查就会变得很频繁，SQL Server 通常选择终止回滚成本较低的进程来解决死锁问题。如果是在 SQL Server Mobile 中则使用锁定超时处理死锁，因为 SQL Server Mobile 中没有死锁探测器，如果一个事务试图锁定某个资源，但无法在锁定超时时间内实现锁定，就会出现错误。锁定超时可确保一个事务不会无限期地等待由另一个事务控制的资源，可以使用 LOCK_TIMEOUT 修改锁定超时。如果一个死锁涉及两个事务，则其中一个事务会等待资源超时，同时会出现错误。超时的事务仍然处于活动状态，它不会被提交或回滚，另一个事务于是获得了所需的锁，然后继续执行。

11.3 SQL Profiler 监控查询

SQL Server Profiler 是一个功能丰富的界面，用于创建和管理跟踪，并分析和重播跟踪结果。对 SQL Server Profiler 的使用取决于您出于何种目的监视 SQL Server 数据库引擎实例。例如，如果正处于生产周期的开发阶段，则会更关心如何尽可能地获取所有的性能详细信息，而不会过于关心跟踪多个事件会造成多大的开销。相反，如果正在监视生产服务器，则会希望跟踪更加集中，并尽可能占用较少的时间，以便尽可能地减轻服务器的跟踪负载。本小节将会介绍如何及何时使用 SQL Profiler 收集并分析查询性能数据。

11.3.1 SQL Trace 相关术语

在设置一个跟踪之前，需要理解 SQL Profiler 和 SQL Trace 中常用的术语。以下是常用的术语：

服务器实例：是指 Profiler 跟踪时需要连接到的 SQL Server 的一个实例，需要指定实例名称，如果 SQL Server 运行在 Windows，那么需要知道其虚拟名称。

SQL 跟踪事件：是指在整个性能监控过程中需要跟踪哪些方面的问题，该项设置直接影响到监控过程中将获得的数据，一个跟踪事件代表 SQL Server 产生的不同的活动，将问题症状与可跟踪的事件进行匹配是一项比较难的工作。

事件类别：在 SQL Profiler 中可跟踪的事件有很多，事件类别是对事件类进行分组，相同类的事件归纳到一个事件类别中，例如所有关于 lock 的事件类都分组到 Locks 事件类别中。SQL Profiler 中的事件类别如图 11-10 所示。

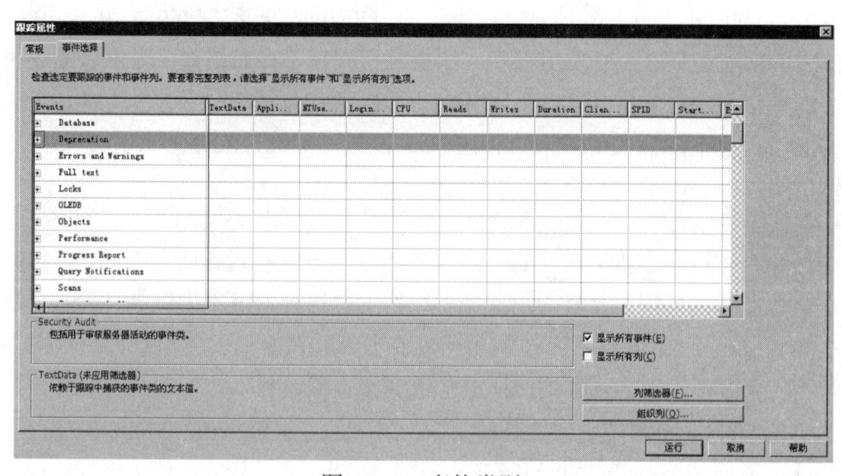

图 11-10　事件类别

事件类：是指能够被 SQL Server 实例跟踪的特定类型事件，事件类包含描述一个事件的所有数据，在 SQL Server 中，大约有 200 个事件类，而一个事件类别中又包含多个事件类，每个事件类都有自身的数据列集（如 TextData、ApplicationName、NTUserName 等），如图 11-11 所示。

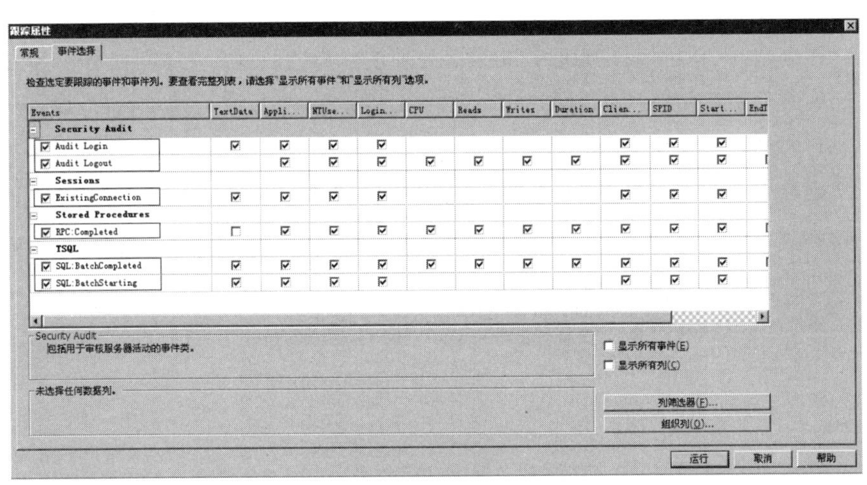

图 11-11　事件类

数据列：数据列与一个跟踪中所捕获的事件类相关联，它是每个事件类中的属性，一个事件类可能有多个不同的相关联的数据列。在 SQL Server Profiler 中有一种内部逻辑处理数据列与事件类之间的依赖关系，这样每个事件类只显示与其相关联的一些数据列，而并不是每个事件类都显示出所有的数据列，如图 11-12 所示。

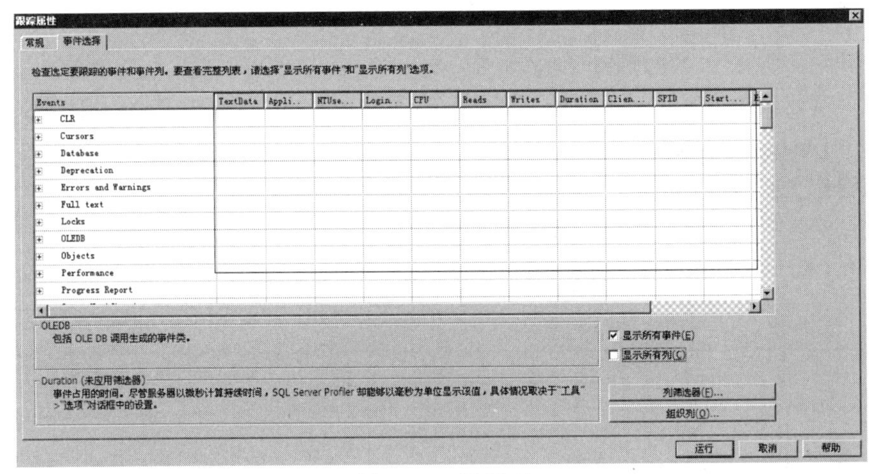

图 11-12　数据列

跟踪：是指由 SQL Server 的一个实例返回的可跟踪的事件类及数据的集合，它是一个动作，是对一个 SQL Server 中的一个实例进行监控，并且在监控过程中收集事件类的相关数据，跟踪会根据选中的事件类、数据列以及筛选器来收集监控过程中的数据。

跟踪文件：是指保存跟踪结果的文件，在设置跟踪过程可以指定跟踪文件的位置。

跟踪表：是指将保存跟踪结果保存到一个数据库的表中，在设置跟踪过程中可以将跟踪数据保存到指定的数据库表中。

筛选器：在创建一个跟踪或模板时，如果不对列进行筛选，那么在跟踪过程中 SQL Profiler 会收集事件类中所有列的数据值，为了防止跟踪变得过于庞大，通过设置筛选器可以对事件数据进行筛选，确保只收集其中一部分数据。例如：对 SPID 进行筛选，可以指定跟踪的 SPID，这样跟踪过程中只会收集所指定的 SPID 的相关数据。筛选器设置如图 11-13 所示。

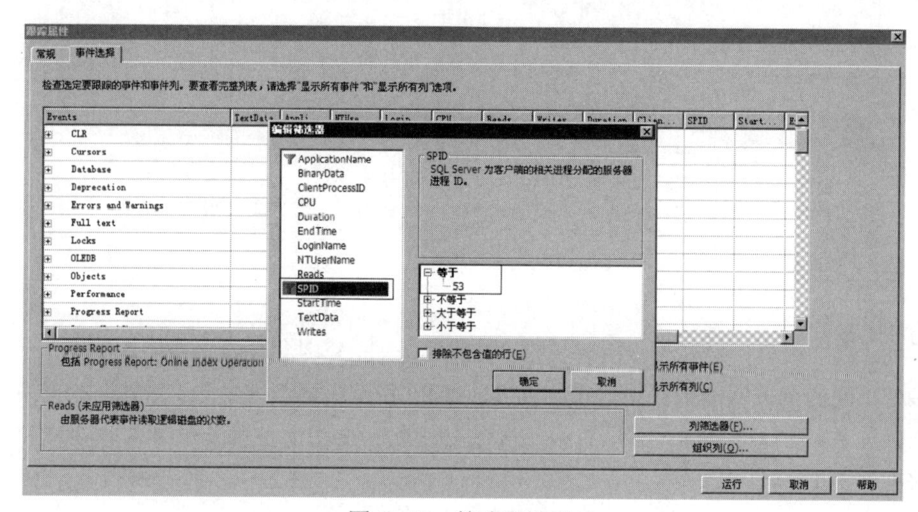

图 11-13　筛选器设置

模板：模板用于定义一个跟踪的默认配置，SQL Server Profiler 可以自定义模板，也可以使用自建的模板，自建模板包括：Standard、TSQL、TSQL_Duration、TSQL_Grouped、TSQL_Replay、TSQL_SPs 和 Tuning。在测试过程中可以使用自建模板也可以自己配置模板，模板中包括监控的事件类，如果自定义模板，需要确定监控的事件、数据列以及筛选器。

常见的跟踪场景以及建议使用的事件类见表 11-6。

表 11-6　跟踪场景及建议使用的事件类

场景	建议使用的事件类	动作
监视长时间运行查询	Stored Procedures-RPC:Completed TSQL-SQL:BatchCompleted	捕获所有完成的存储过程调用以及由客户端提交到 SQL Server 的 Transact-SQL 语句，在跟踪中包含所有数据列，根据 Duration 进行分级，并指定事件标准。如指定事件的 Duration 必须至少为 500ms，可以从跟踪中消除那些短时间运行的事件。 可用模板：TSQL_Duration

续表

场景	建议使用的事件类	动作
一般性能调优	Stored Procedures-RPC:Completed Stored Procedures-SP:StmtCompleted TSQL-SQL:BatchCompleted Performance-Showplan XML	捕获关于存储过程和 Transact-SQL 批作业执行的信息 可用模板：Tuning
跟踪死锁	Locks-Lock:Deadlock Chain Locks-Lock:Deadlock Locks-Deadlock Graph Stored Procedures-RPC:Starting TSQL-SQL:BatchCompleted	在跟踪中包含所有数据列并根据 Event Class 分组，如果每次只希望监视一个数据库，那需要为 Database ID 事件标准指定一个值
跟踪阻塞	Errors and Warnings-Blocked process report	包含所有数据列
审计登录活动	Security Audit-Audit Login Event Sessions	输出数据可用于法律目的以证明活动和用于技术目的以跟踪安全策略违反情况
建立基准或重放一个跟踪工作负荷	Cursors-CursorsClose Cursors-CursorsExecute Cursors-CursorsOpen Cursors-CursorsPrepare Cursors-CursorsUnprepare Security Audit-Audit Login Security Audit-Audit Logout Sessions-ExistingConnection Stored Procedures-RPC Output Parameter Stored Procedures-RPC:Completed Stored Procedures-RPC:Starting TSQL-Exec Prepared SQL TSQL-Prepare SQL TSQL-SQL:BatchCompleted TSQL-SQL:BatchStarting	用于执行迭代调校，如基准测试，如果输出数据将用于跟踪重放，则要求捕获 Transact-SQL 语句的详细信息 可用模板：TSQL_Replay

11.3.2 SQL Trace 选项

使用 SQL Server Profiler 跟踪数据库事件时有一些设置选项，一些选项对特定用例场景是有益的，并且在实际执行环境中对于使用跟踪将消耗多少系统资源也是很敏感的。本节主要介绍 SQL Trace 输出数据选项、File 选项影响、收集时间范围选项和 Duration 列配置。

（1）SQL Trace 输出数据选项。关于跟踪输出数据有五种可选方式，输出的对象通常有三种：Profiler 屏幕、跟踪输出文件和跟踪数据库表，见表 11-7。

表 11-7　SQL Trace 输出数据选项

选项	SQL Trace	Profiler 屏幕	跟踪输出文件	跟踪数据库表
1	SQL Server Profiler	√		
2	SQL Server Profiler	√	√	
3	SQL Server Profiler	√		√
4	SQL Server Profiler	√	√	√
5	服务器端跟踪		√	

选项 1：User SQL Profiler to trace without saving data（使用 SQL Profiler 进行跟踪，但不保存结果）：在执行跟踪过程中，SQL Server Profiler 将从本地的或远程的 SQL Server 中收集事件，产生的跟踪数据由配置的事件类决定，并且立即显示在 SQL Profiler 屏幕上，而并不保存跟踪数据。一般情况下跟踪大数据库事务实际执行过程时，不使用这种设置，当服务器处于资源压力下时，一般使用服务器端跟踪比 SQL Profiler 更合适。

选项 2：User SQL Profiler to trace and save data to a file system（使用 SQL Profile 进行跟踪，并将跟踪数据保存到文件系统中）：该选项设置有跟选项 1 一样的优缺点，此外，使用该选项设置会将跟踪数据保存到 Windows 文件系统中，并且生成一个后缀名为.trc 的文件，但同时也增加了写磁盘的开销。如果选择将跟踪数据保存到文件，则必须指定跟踪文件的最大大小，默认值为 5MB，最大大小仅受保存该文件的文件系统（NTFS、FAT）的限制。

当跟踪的数据大于 5MB 时，可以选中“启动文件滚动更新”选项，选择此选项允许在达到最大文件大小时创建其他文件来接受跟踪数据，每个新文件名都由原始.trc 文件名按顺序编号而成。例如，当 NewTrace.trc 达到最大文件大小时，将关闭该文件，并打开一个新文件 NewTrace_1.trc，在新文件达到最大文件大小时将打开 NewTrace_2.trc，以此类推。默认情况下，在将跟踪保存到文件时将启用文件滚动更新。

选项 3：User SQL Profiler to trace and save data to a database table（使用 SQL Profile 进行跟踪，并将跟踪数据保存到数据库表中）：该选项设置有跟选项 1 一样的优缺点，此外，它将跟踪数据保存到数据库表中，这个进程直接增加了被监视 SQL Server 的开销。当选中该选项时，同时需要设置数据库表中所允许保存数据的最大行数，默认值为 1000 行。

选项 4：User SQL Profiler to trace and save data to both the file system and the database table（使用 SQL Profile 进行跟踪，并将跟踪数据保存文件系统和数据库表中）：该选项将跟踪数据同时保存到文件系统和数据库表中，这是一种冗余的做法，在一些特定的条件下使用，一般不使用这种模式。

选项 5：Use server-side trace and save data to a file system（服务器端跟踪，并将跟踪数据保存到文件系统中）：一般情况下如果不对事件类进行实时监控，则可以使用该监控方式，同时该方式提供了数据库性能调校及故障诊断的相关数据，在跟踪过程中服务器端使用缓存 I/O 将跟踪的数据写入到文件系统中。

（2）File 选项影响。SQL Profiler 可以通过本地或远程连接到被监视的服务器上，那么如果启动 SQL Profiler Trace 跟踪并且需要保存结果，则受以下两个重要因素决定：

- SQL Profiler 对被监控 SQL Server 服务器的开销影响。
- 遗漏跟踪事件对跟踪数据收集的影响。

SQL Profiler 是一个调用 T-SQL 函数集以及系统过程的 GUI 前端工具，在启动 SQL Profiler 时，Windows 系统会启动一个名为 PROFILER90.exe 的进程，而执行 PROFILER90.exe 进程也是需要开销的，这个通过系统自带的性能监视器可以测量，如果为了将监视 SQL Server 上的 Profiler 跟踪的开销最小化，那么可以从远程服务器或工作站上启动 Profiler。

为了确保在跟踪过程中所收集的数据不被遗漏，可以选中跟踪属性常规设置中的“服务器处理跟踪数据”选项，该选项要求在被监视的 SQL Server 上创建一个系统文件来保存跟踪数据的结果，即使在服务器处于压力条件下，这种方式也能保证不会遗漏任何事件，但这样可能使服务器的性能受到影响。

常见配置利弊见表 11-8。

表 11-8　常见配置利弊

序号	本地或远程	File 选项	注释
1	在监控服务器上启动 Profiler	（1）不将数据保存到文件 （2）将跟踪数据保存到本地文件系统或文件共享，但不选中“服务器处理跟踪数据”选项	该选项运行在非实际执行服务器和低负载服务器上，为对数据库应用进行故障诊断提供简单的跟踪环境，通常适用于校准一个非常小的跟踪或检验跟踪配置
2	在监控服务器上启动 Profiler	将跟踪数据保存到本地文件系统或文件共享，选中“服务器处理跟踪数据”选项	该设置可以确保收集所有配置的跟踪事件，但由于需要写文件系统，所以对监视的服务器会增加额外开销
3	在远程服务器或工作站上启动 Profiler 跟踪	（1）不将数据保存到文件 （2）将跟踪数据保存到本地文件系统或文件共享，但不选中“服务器处理跟踪数据”选项	在被监视服务器上的开销较低，但是如果对于一个繁忙的服务器进行监控可能会导致丢失事件数据
4	在远程服务器或工作站上启动 Profiler 跟踪	将跟踪数据保存到本地文件系统或文件共享，选中“服务器处理跟踪数据”选项	该设置可以确保收集所有配置的跟踪事件，但是被监视 SQL Server 服务不仅需要将一个事件流发送到 Profiler 界面还需要将另一个事件流发送到本地文件系统，如果需要对一个繁忙的服务器进行跟踪，而且希望不丢失跟踪事件数据，那么可以考虑使用这个配置

（3）收集时间范围选项。由于收集事件数据会给系统增加开销，所以明确指定跟踪的时间范围可以将系统开销减少到最小，如果在故障诊断过程中，已经明确知道性能问题所发生的时间范围，那么可以定位到该特定的时间范围，如果不明确性能问题所发生的时间范围，那么尝试较短的跟踪时间间隔。如果收集数据是出于基线目的，则需要考虑目的和频度，表 11-9 是具体的实例。

表 11-9　数据收集时间范围

基线类型	时间范围	频度	目的
高峰时间	10:00～11:00	每周	捕获一个工作日中日常高峰期事务处理情况
整天（24 小时）	每天的 24 小时	每月	每月第16个工作日捕获24小时内核心数据库处理事务的情况
季节性事件	完整的 24 小时	假日购物季节、管理报表季节等	在每季度捕获完成的 24 小时的季节性事务处理情况

（4）Duration 列配置。在 SQL Profiler 2005 之前的版本中，无论是在 Profiler 屏幕中显示的持续时间，还是保存在输出文件或保存在数据库中的持续时间，Duration 列的量度都是以毫秒为单位，如图 11-14 所示。

无标题 - 2 (WJ5AJ00AN85D3XK\SQLEXPRESS)

EventClass	TextData	ApplicationName	NTUserName	LoginName	CPU	Reads	Writes	Duration	ClientProcessID	SPID	StartTime
SQL:BatchStarting	SELECT @@LOCK_TIMEOUT	Microsoft SQ...	Adminis...	WJ5AJO...					6000	52	2013-01-22 23:
SQL:BatchCompleted	SELECT @@LOCK_TIMEOUT	Microsoft SQ...	Adminis...	WJ5AJO...	0	0	0	151	6000	52	2013-01-22 23:
SQL:BatchStarting	SELECT cfg.name AS [Name], cfg.conf...	Microsoft SQ...	Adminis...	WJ5AJO...					6000	52	2013-01-22 23:
SQL:BatchCompleted	SELECT cfg.name AS [Name], cfg.conf...	Microsoft SQ...	Adminis...	WJ5AJO...	0	87	0	303712	6000	52	2013-01-22 23:
SQL:BatchStarting	SELECT @@LOCK_TIMEOUT	Microsoft SQ...	Adminis...	WJ5AJO...					6000	52	2013-01-22 23:
SQL:BatchCompleted	SELECT @@LOCK_TIMEOUT	Microsoft SQ...	Adminis...	WJ5AJO...	0	0	0	159	6000	52	2013-01-22 23:
SQL:BatchStarting	SET LOCK_TIMEOUT 10000	Microsoft SQ...	Adminis...	WJ5AJO...					6000	52	2013-01-22 23:
SQL:BatchCompleted	SET LOCK_TIMEOUT 10000	Microsoft SQ...	Adminis...	WJ5AJO...	0	0	0	63942	6000	52	2013-01-22 23:
SQL:BatchStarting	SELECT CAST(SERVERPROPERTY('EngineE...	Microsoft SQ...	Adminis...	WJ5AJO...					6000	52	2013-01-22 23:
SQL:BatchCompleted	SELECT CAST(SERVERPROPERTY('EngineE...	Microsoft SQ...	Adminis...	WJ5AJO...	0	0	0	353	6000	52	2013-01-22 23:
SQL:BatchStarting	use [master]	Microsoft SQ...	Adminis...	WJ5AJO...					6000	52	2013-01-22 23:
SQL:BatchCompleted	use [master]	Microsoft SQ...	Adminis...	WJ5AJO...	0	0	0	6215	6000	52	2013-01-22 23:
SQL:BatchStarting	SELECT CAST(serverproperty(N'Server...	Microsoft SQ...	Adminis...	WJ5AJO...					6000	52	2013-01-22 23:
SQL:BatchCompleted	SELECT CAST(serverproperty(N'Server...	Microsoft SQ...	Adminis...	WJ5AJO...	0	0	0	85908	6000	52	2013-01-22 23:

图 11-14　Duration 列的量度

但是在 SQL Profiler 2005 之后的版本，如果一个跟踪是将事件数据保存到文件或数据库，那么这个列的单位默认为微秒，关于 Duration 列的单位可以在【常规选项】对话框中进行设置，打开菜单【工具】->【选项】，弹出常规选项对话框，如图 11-15 所示。

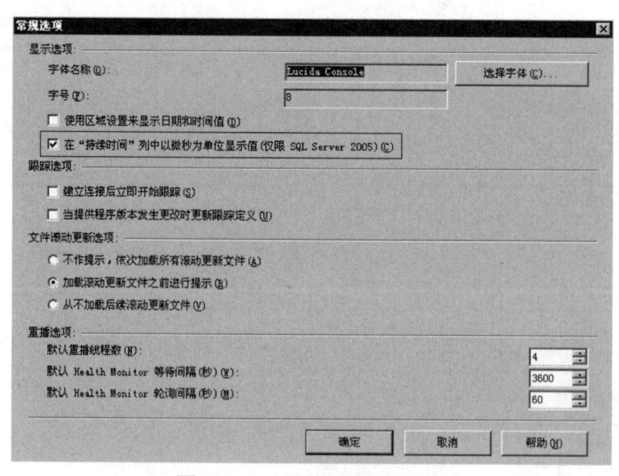

图 11-15　常规选项对话框

选中“在‘持续时间’列中以微秒为单位显示值（仅限SQL Server 2005）”复选框，那么SQL Profiler界面、文件和数据表中Duration列的单位都为微秒。

11.3.3 捕获阻塞事件

在SQL Server 2005之前的版本，分析哪些进程产生阻塞以及哪些进程被阻塞，都需要使用脚本手工执行。现在使用SQL Profiler可以直接监控阻塞的情况，使用SQL Profiler监控哪些进程被阻塞，首先需要确定SQL Trace的事件类，监控阻塞的事件类为Errors and Warnings-Blocked process report，如图11-16所示。

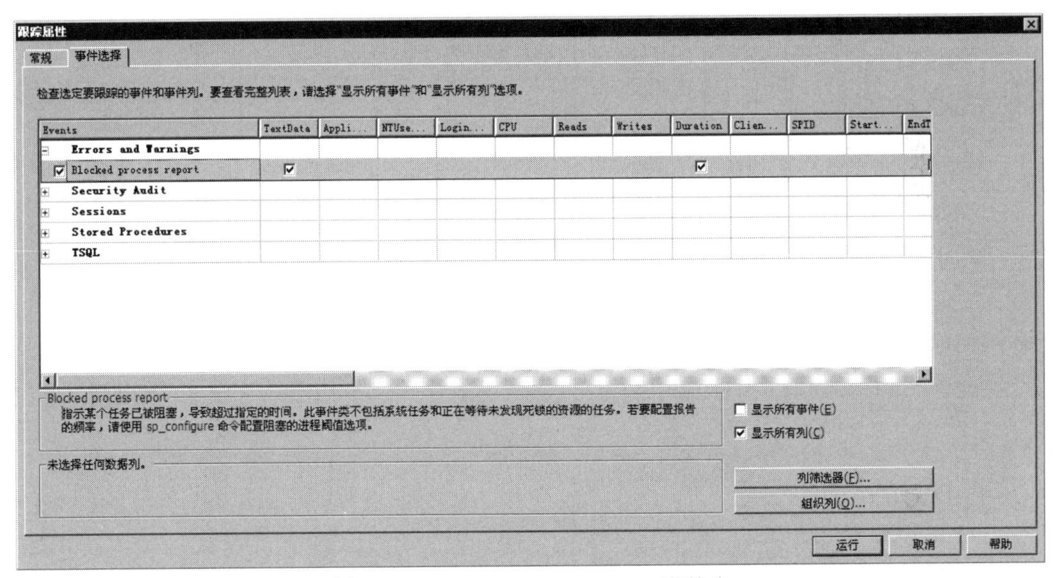

图11-16 Blocked process report事件类

Blocked process report：表示某个任务已被阻塞，导致超过指定的时间，此事件类不包括系统任务和正在等待未发现死锁（non-deadlock-detectable）的资源任务。若要配置报告的频率，请使用sp_configure 命令配置阻塞的进程阈值选项。

通过sp_configure命令可以重新配置“blocked process threshold”选项的值，单位为秒，但默认情况下并不会显示阻塞进程的具体报告，下面是一个实例，修改默认情况下阻塞进程的报告并将“blocked process threshold”选项的值设置为12，即每12秒钟报告一次阻塞事件，脚本如下：

```
sp_configure 'show advanced option', 1
go
reconfigure
go
sp_configure 'blocked process threshold', 12
go
```

```
reconfigure
go
sp_configure
```

运行结果如图 11-17 所示。

	name	minimum	maximum	config_value	run_value
1	Ad Hoc Distributed Queries	0	1	0	0
2	affinity I/O mask	-2147483648	2147483647	0	0
3	affinity mask	-2147483648	2147483647	0	0
4	Agent XPs	0	1	0	0
5	allow updates	0	1	0	0
6	awe enabled	0	1	0	0
7	blocked process threshold	0	86400	12	12
8	c2 audit mode	0	1	0	0
9	clr enabled	0	1	0	0
10	cost threshold for parallelism	0	32767	5	5
11	cross db ownership chaining	0	1	0	0
12	cursor threshold	-1	2147483647	-1	-1

图 11-17　运行结果

实例：创建一个如图 11-18 所示的简单的表结构，表名为 test。

	ID	name
▶	1	aaa
	2	bbb
	3	ccc
*	NULL	NULL

图 11-18　test 表结构

按上面的配置，创建一个 SQL Trace 跟踪，之后打开一个查询窗口，执行如下更新的脚本：

```
begin tran
update TEST
set name = 'abc123'
where id = 1
```

再打开第二个查询窗口，执行查询操作，查询的是同一行数据，脚本如下：

```
select *
from test
where id = 1
```

由于第一个查询窗口中开始了一个事务并且一直没有将该事务关闭，所以导致第二个查询语句脚本阻塞，如果出现阻塞，SQL Profiler 会每隔 10 秒报告一次阻塞事件的情况，跟踪的结果如图 11-19 所示。

该报告以 XML 的格式显示，在该报告中详细地显示了产生阻塞的进程以及被阻塞的进程。

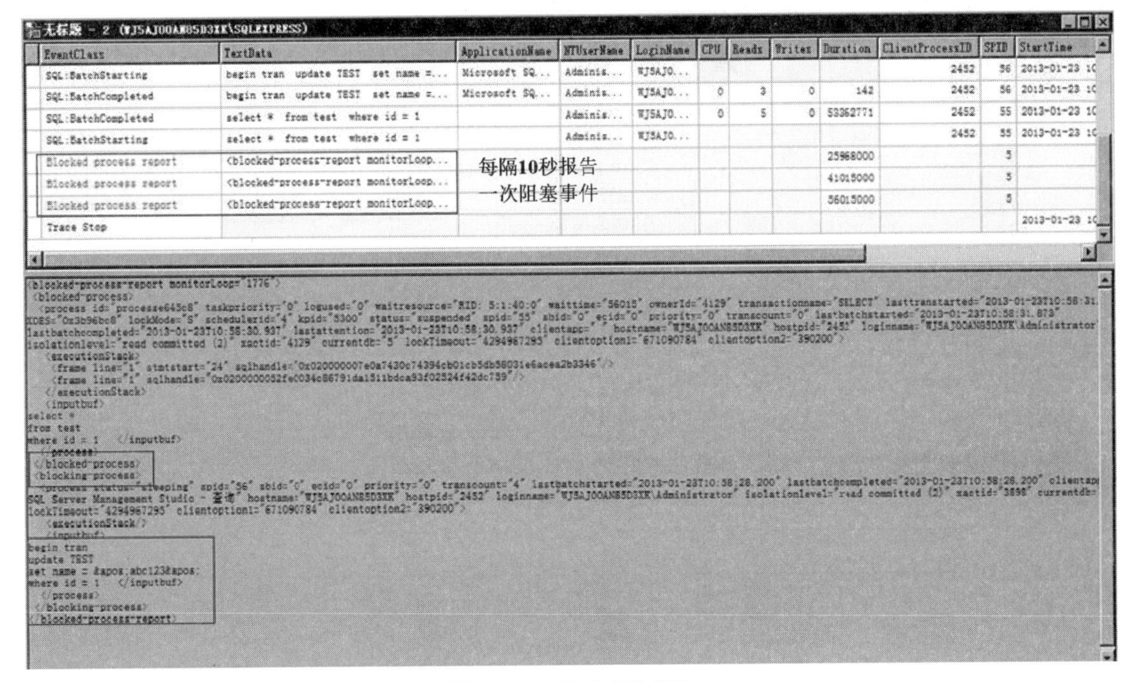

图 11-19 跟踪事件报告

11.3.4 捕获 Showplan XML 数据

在数据库调优过程中，分析执行计划前对执行计划进行优化是很重要的内容，在 SQL Server 中通常有两种方式可以捕获执行计划的相关信息：SQL Server Management Studio 和 SQL Server Profiler 中的 Showplan XML 事件类。

（1）SQL Server Management Studio。提供显示实际执行计划和显示估计执行计划等功能，这将用图形方式来呈现计划，这些功能为直接检查提供了最适合的解决方案，是目前最常用的显示和分析执行计划的方法。

使用 SQL Server Management Studio 连接数据库服务器，新建一个查询号窗口，选中查询语句单击右键，在弹出的菜单中选择“显示估计的执行计划”选项，如图 11-20 所示。之后会生成一个图形查询计划，如图 11-21 所示。

图形查询计划阅读的方法是由右至左，通常由底部向上，最左边、最上方的步骤是计划中的最后步骤，阅读图形计划需要注意以下几个方面的内容：

- 计划中的每个步骤由图标表示，不同的图标表示不同的含义。
- 计划中每个步骤都有一个开销百分比，表示该步骤占整个查询计划成本的百分比。
- 查询计划会在查询框中为每条语句显示一个执行计划，这些计划会在结果框中顺序列出，每个计划均有相对于批处理的成本，这个成本通过百分比表示。
- 步骤之间通过箭头连接，显示查询执行时采用的顺序以及操作之间的数据流。

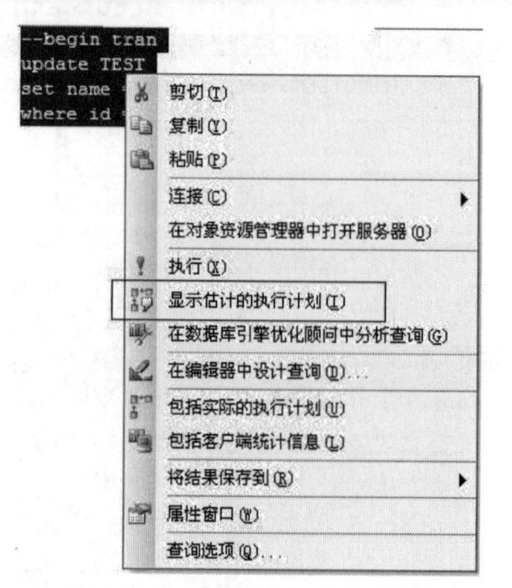

图 11-20　显示估计执行计划

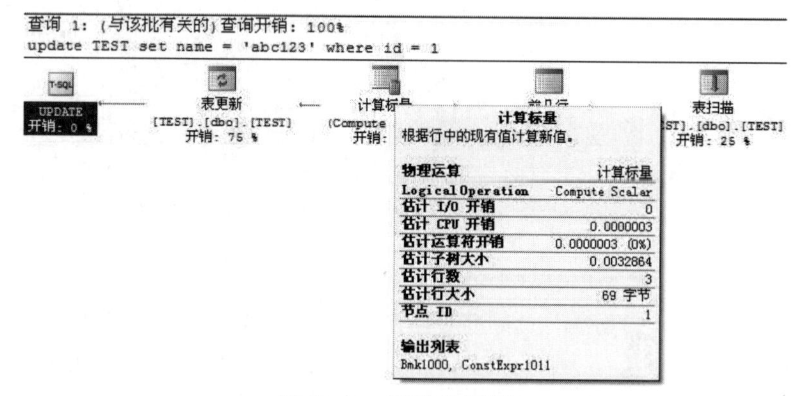

图 11-21　图形查询计划

- 将光标悬停在任意步骤之上时，会弹出一个信息框，显示指定步骤的详细信息和影响到的记录条数。
- 步骤间的连接箭头有着不同的厚度，其厚度表示每个步骤之间移动数据行的数量、大小等相对成本，厚度越大表示相对成本越高，通过这个指示器可以快速地衡量查询计划的成本，如果返回过多的数据行，那么说明当前的查询计划可能不是最优的。

（2）SQL Server Profiler 中的 Showplan XML 事件类。当 Microsoft SQL Server 执行 SQL 语句时，会发生 Showplan XML 事件类，包括 Showplan XML 事件类以标识 Showplan 运算符，此事件类将每个事件存储为定义完善的 XML 文档。

使用 SQL Server Profiler 中的 Showplan XML 事件类可以分析查询执行计划，当跟踪中包含 Showplan XML 事件类时，其开销将明显影响性能，查询优化后，Showplan XML 将存储查询计划，若要将引起的开销降到最低，请限制该事件类，仅在监视主要时段内的特定问题的跟踪中使用它。

在配置 Profiler 跟踪时，使用新的事件类 Showplan XML，它包含以下事件的设置：

- Showplan XML：XML Showplan 输出可作为一个单独的文件进行保存，如图 11-22 所示。
- Stored Procedures-RPC:Completed：指示一个远程过程调用已经完成。
- TSQL-SQL:BatchCompleted：指示 Transact-SQL 批作业已经完成。

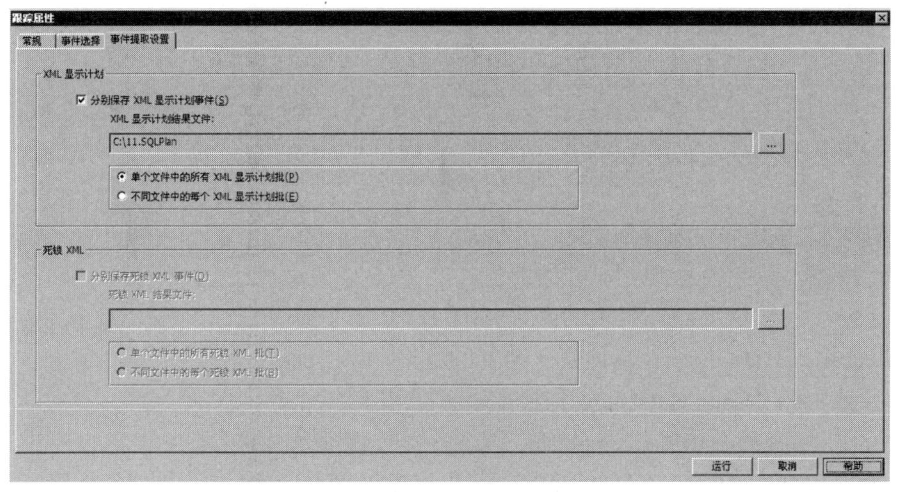

图 11-22　提取事件设置

在提取事件设置对话框中有提取 XML 计划和死锁 XML 两种，保存文件的后缀名为.sqlplan，而关于生成的提取文件又有两种设置：

- 单个文件中的所有 XML 显示计划批（P）：表示所有的查询执行计划结果只保存在一个文件中。
- 不同文件中的每个 XML 显示计划批（E）：表示不同的查询执行计划使用不同的文件来保存。

Profiler 跟踪设置完成后，执行一个跟踪，Profiler 捕获到的查询计划结果如图 11-23 所示。

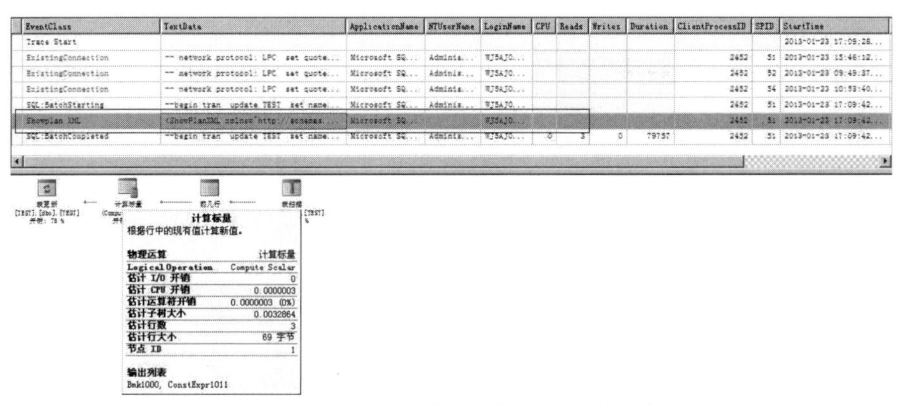

图 11-23　Profiler 捕获到的查询计划信息

11.3.5 捕获死锁图

死锁有时也称为抱死，不只是关系数据库管理系统，任何多线程系统上都会发生死锁，并且对于数据库对象的锁之外的资源也会发生死锁。例如，多线程操作系统中的一个线程要获取一个或多个资源（例如，内存块）。如果要获取的资源当前为另一线程所拥有，则第一个线程可能必须等待拥有线程释放目标资源，这就是说，对于该特定资源，等待线程依赖于拥有线程，在数据库引擎实例中，当获取非数据库资源（例如，内存或线程）时，会话会出现死锁。

SQL Server 中有一个锁管理器负责检测死锁，当检测到死锁时，为了打破死锁，锁管理器会选择一个 SPID 作为牺牲者，锁管理器会取消牺牲 SPID 当前的批作业，回滚它的事务。

如果经常出现死锁，那么数据库的性能将会受到影响，通过配置 SQL Server Profiler 跟踪，可以捕获数据库列锁事件的相关信息并进行分析。

关于死锁跟踪，应该包含以下事件的设置，如图 11-24 所示。

- Locks-Deadlock graph：提供死锁的 XML 描述，这个类和 Lock:Deadlock 事件类同时发生。
- Locks-Lock:Deadlock：标识哪个 SPID 被选为死锁牺牲者。
- Locks-Lock:Deadlock Chain：监控死锁状况何时发生。
- Stored Procedures-RPC:Completed：指示一个远程过程调用已经完成。
- TSQL-SQL:BatchCompleted：指示 Transact-SQL 批作业已经完成。

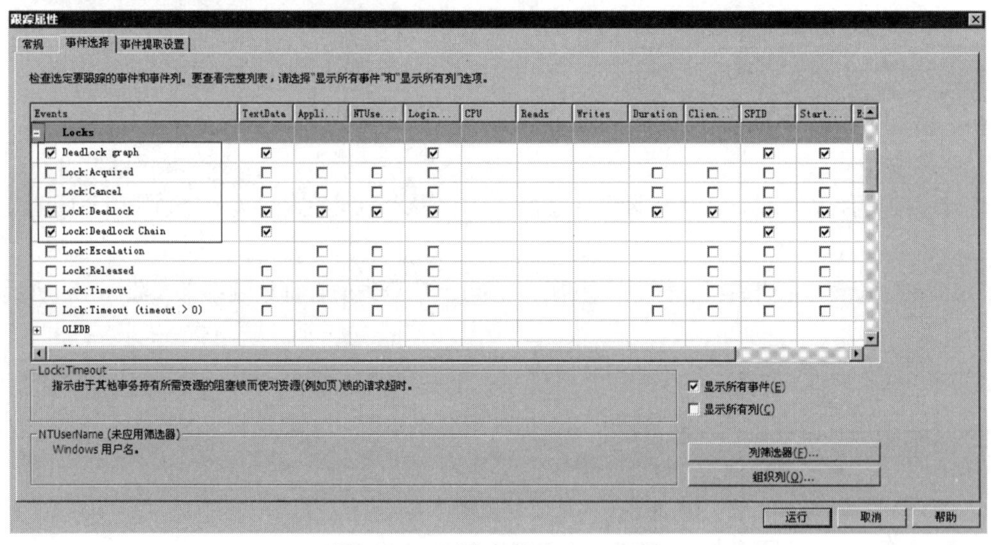

图 11-24　死锁事件 Profiler 配置

实例：创建一张如图 11-18 所示的简单的表结构，接下来使用脚本来触发死锁，打开一个查询窗口（查询 1），输入以下代码：

```
use test
set nocount on
```

```
select @@spid as spid
begin tran
update test
set name = 'efg123'
where id = 1

waitfor delay '00:0:30'
update test

set name = 'abc456'
where id = 2
```

以上代码，在一个事务中有两个 T-SQL UPDATE 语句，第一个 update 语句是修改 ID 号为 1 的数据行，并等待 30 秒，第二个 update 修改 ID 号为 2 的数据行，暂时先不执行这段代码。

再打开另一个查询窗口（查询 2）并输入以下代码：

```
use test
set nocount on
select @@spid as spid
begin tran
update test
set name = 'abc456'
where id = 2

waitfor delay '00:0:30'

update test
set name = 'efg123'
where id = 1
```

这段代码的逻辑与第一个查询窗口类似，第一个 update 语句是修改 ID 号为 2 的数据行，并等待 30 秒，第二个 update 修改 ID 号为 1 的数据行，暂时先不执行这段代码。

现在执行如下步骤：

（1）配置好 SQL Server Profiler 并启动。

（2）执行查询 1 窗口中的代码。

（3）在查询 1 窗口开始执行的 30 秒时间内，执行查询 2 中的代码。

查询 1 执行的结果如图 11-25 所示，本实例中 SPID 号为 54。

查询 2 执行的结果如图 11-26 所示。查询 2 执行时，显示如下错误信息：

```
消息 1205，级别 13，状态 45，第 5 行
事务(进程 ID 53)与另一个进程被死锁在锁资源上，并且已被选作死锁牺牲品。请重新运行该事务。
```

SQL Server Profiler 捕获到的死锁事件信息，如图 11-27 所示。

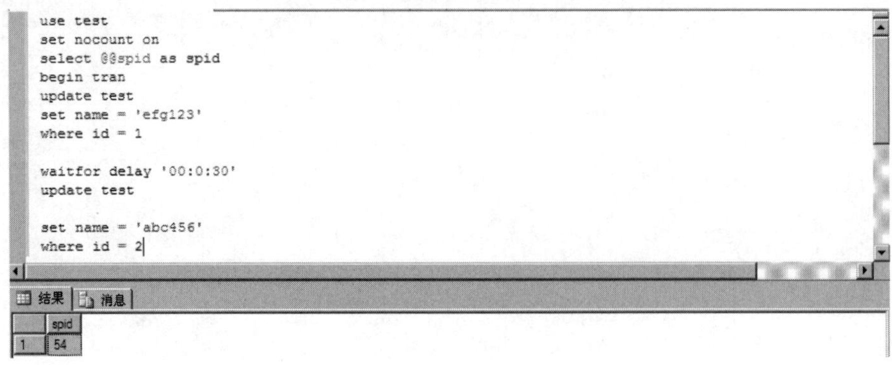

图 11-25　查询 1 执行的结果

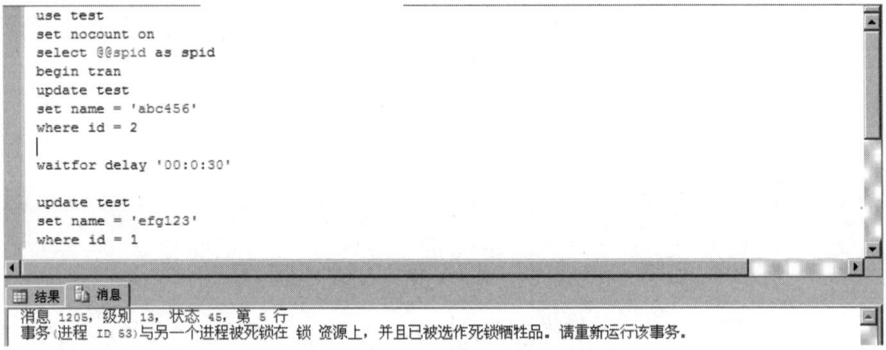

```
use test
set nocount on
select @@spid as spid
begin tran
update test
set name = 'abc456'
where id = 2

waitfor delay '00:0:30'

update test
set name = 'efg123'
where id = 1
```

结果　消息

消息 1205，级别 13，状态 45，第 5 行
事务(进程 ID 53)与另一个进程被死锁在 锁 资源上，并且已被选作死锁牺牲品。请重新运行该事务。

图 11-26　查询 2 执行的结果

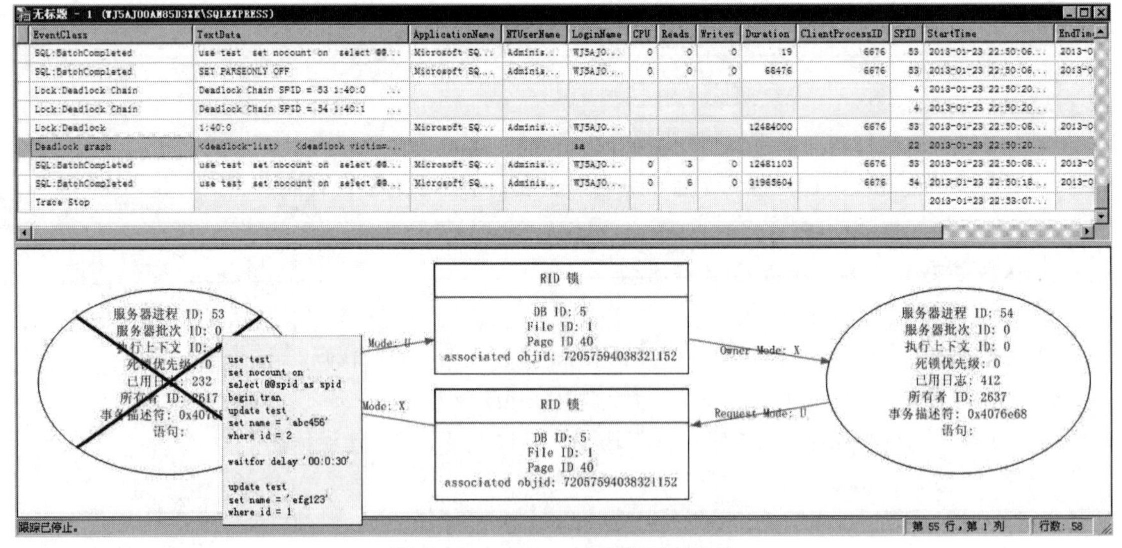

图 11-27　Profiler 捕获的死锁事件

在死锁图中，显示了 SPID53 是牺牲者，并且被删除，当光标移动到圆圈内时，会显示所执行的语句。

如果对上例的查询语句进行修改，使两次更新 ID 号的顺序一致，则不会发生死锁现象。

11.3.6 SQL Profiler 识别长时间查询

在很多情况下需要监控长时间运行查询的结果，在一些时候数据库用户可能会抱怨执行查询的响应时间并不一致，有时快点，有时慢点，当查询慢的时候就会导致应用程序超时。通过 SQL Server Profiler 可以监控哪个查询的时间最长或哪个查询时间最短。使用 SQL Server Profiler 可以监控负荷中的数据库长时间运行的查询，使用 SQL Profiler 识别长时间查询包括四个步骤：确定监控、设置模板、跟踪、分析与调校。

（1）确定监控。

在监控之前需要确定两个问题：第一，确定事件类；第二，设置筛选器。

事件类必须与待分析的问题匹配，查询执行的时间显示在 Duration 列，通常使用的事件类如下：

- Stored Procedures-RPC:Completed：在完成远程过程调用时发生，该事件可以捕获客户端调用的存储过程。
- Stored Procedures-SP:StmtCompleted：指示存储过程中的 Transact-SQL 语句已完成执行。
- TSQL- BatchCompleted：表示存储过程内部的 Transact-SQL 语句完成时发生。

筛选器设置主要需要确定使用哪些筛选器以及确定哪些阈值，目的是在跟踪运行时更好地收集准确数据。如何确定筛选器中的阈值是设置筛选器的重点，通常可以使用这种方法：首先测试系统处于小负荷状态下，各查询所消耗的时间，将所消耗的时间记录下来，假设查询消耗的时间绝大部分都大于 2 秒，那么可以将该值定义为阈值，这样可以屏蔽查询时间少于 2 秒的查询，可以更好地收集数据。

（2）设置模板。

第一步：启动 SQL Profiler，单击【文件】菜单，在下拉菜单中选择【新建跟踪】选项，弹出跟踪属性对话框。

第二步：在跟踪属性对话框中选择“常规”标签页，单击【使用模板】下拉框，选择“Standard（默认值）”选项。

第三步：在跟踪属性对话框中选择“事件选择”标签页，选择“Stored Procedures-RPC:Completed”“Stored Procedures-SP:StmtCompleted”和“TSQL- BatchCompleted”事件类，如图 11-28 所示。

第四步：设置阈值，单击【列筛选器】按钮，选择“Duration”选项，并设置其阈值大于 50 毫秒，如图 11-29 所示。

第五步：单击【组织列】按钮，选择“Duration”选项，单击【向上】按钮，将其置顶，即在 SQL Profiler 显示界面上第一列显示为“Duration”的值，如图 11-30 所示。

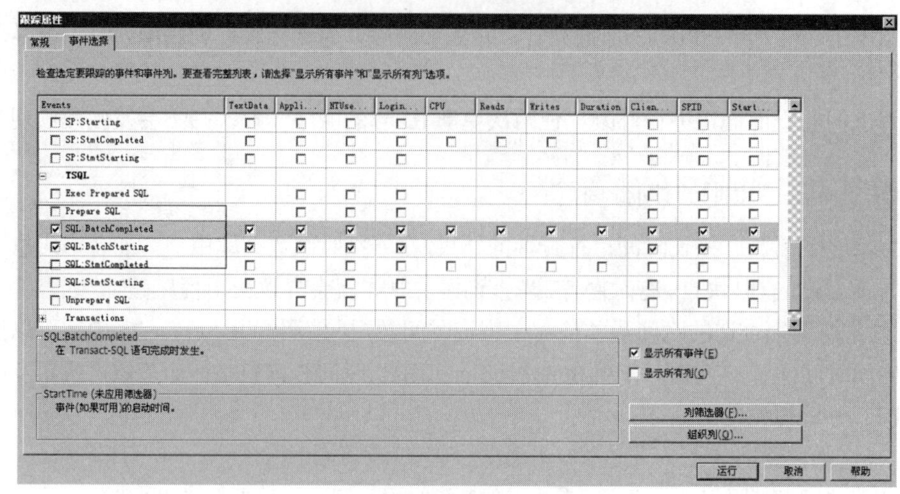

图 11-28　设置事件类

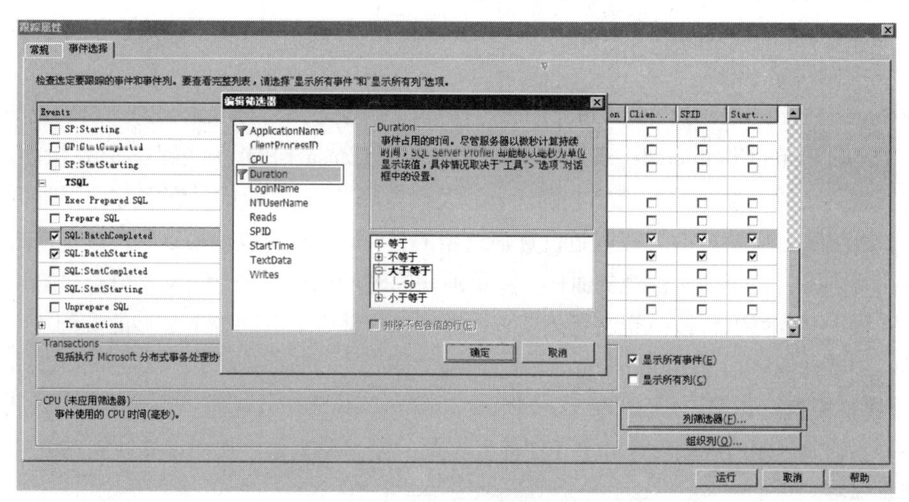

图 11-29　设置阈值

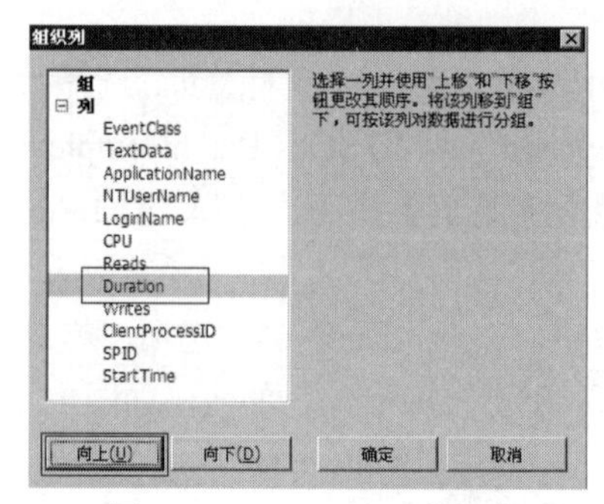

图 11-30　Duration 列置顶

（3）跟踪。

实例：首先创建一个表，代码如下：

```
CREATE TABLE test
(
num varchar(255),
soc int,
id int
)
```

然后向该表中添加 100 万条记录，代码如下：

```
DECLARE @max AS INT, @rc AS INT;
SET @max = 1000000;
SET @rc = 1;

WHILE @rc <= @max
BEGIN
  INSERT INTO TEST values('2012001',90,@rc);
  SET @rc = @rc + 1;
END
```

接着启动跟踪程序，再打开一个查询窗口，执行一个查询语句，代码如下：

```
select * from test
```

SQL Profiler 跟踪结果如图 11-31 所示。

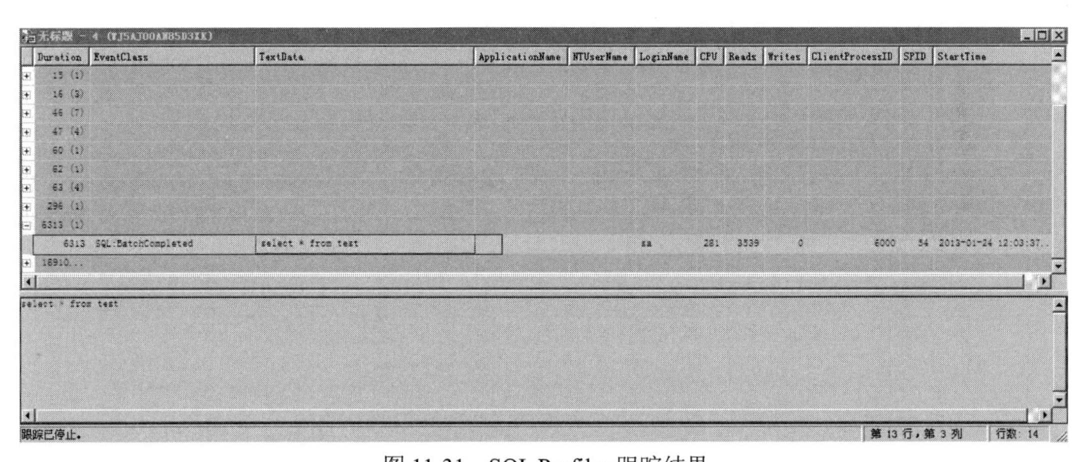

图 11-31 SQL Profiler 跟踪结果

“Duration”列显示查询的时间，依次从小到大升序排序，一般首先分析时间长的查询语句。

（4）分析与调校。

一般分析最后一行的数据，因为最后一行的数据是模拟脚本查询的语句，因此在该实例中先分析倒数第二行的数据。以分析倒数第二行数据为例，分析的工具一般使用 SQL Server 2005 Database Tuning Advisor（DTA）。

在 SQL Server Management Studio 中新建一个查询窗口，输入如下查询语句：

```
select * from test
```

然后单击右键，选择“在数据库引擎优化顾问中分析查询”，如图 11-32 所示。

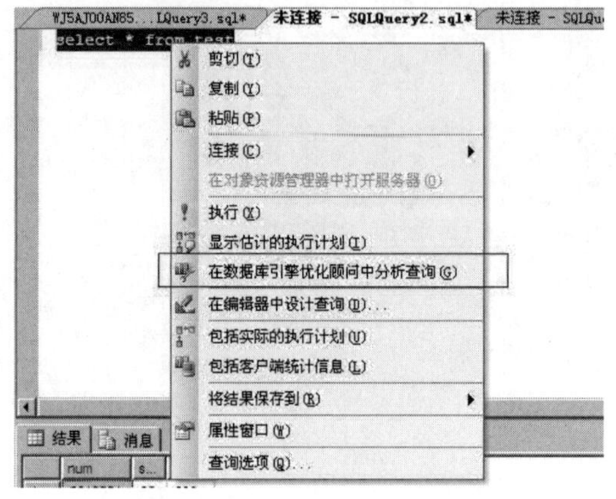

图 11-32　执行优化分析查询

之后弹出“Database Engine Tuning Advisor”对话框，如图 11-33 所示。

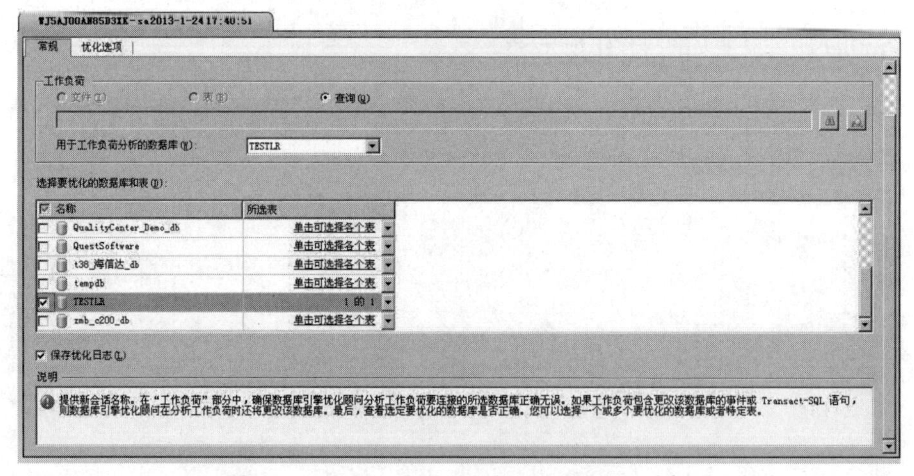

图 11-33　Database Engine Tuning Advisor 分析

单击“优化选项”标签页，可以对优化项进行详细设置，之后单击【开始分析】按钮，分析结束后显示分析结果，分析可以得知，DTA 建议为 test 表创建一个索引。

如果调用 DTA 来分析查询，需要使用 SQL Server 身份认证在 SQL Server Management Studio 中连接 SQL Server，这样在 DTA 管理界面单击“开始分析”之前必须重新连接到一个数据库实例，并选择需要调校的数据库，如果使用 Windows 身份验证，那么在分析时就会报错，因为它不会要求重新连接到一个数据库实例。

11.3.7 Profile Trace 与 System Monitor 关联

在 SQL Server 2005 之前，并没有可用的工具将 SQL Trace 事件数据与 Windows System Performance（Perfmon）计数器数据相关联，这样有一个弊端，如果发现查询时间过长，需要分析当前系统资源使用的情况，那么就无法进行分析。在 SQL Server 2005 版本增加了这个新特征，在 SQL Server Profiler 可以将 Microsoft Windows 系统监视器计数器与 SQL Server 事件或 SQL Server 2005 Analysis Services（SSAS）事件关联，Windows 系统监视器将指定计数器的系统活动记录在性能日志中。

在收集数据时，必须要求 SQL Profiler 与 Windows 计数器收集数据的时间戳是相同的，因为 SQL Profiler 是通过时间戳来同步数据的，如果时间戳不同，那么在导入性能数据时，会弹出错误的提示信息。

将跟踪与性能日志数据关联的步骤如下：

（1）在 SQL Server Profiler 中，打开保存的跟踪文件或跟踪表，不能关联仍在收集事件数据的运行中的跟踪，为实现与系统监视器数据的准确关联，跟踪必须同时包含 StartTime 和 EndTime 数据列。进入 SQL Server Profiler 主界面，单击【文件】菜单，在弹出的下拉菜单中选择【打开】菜单项，在弹出的级联菜单中选择【跟踪文件】菜单项，如图 11-34 所示。

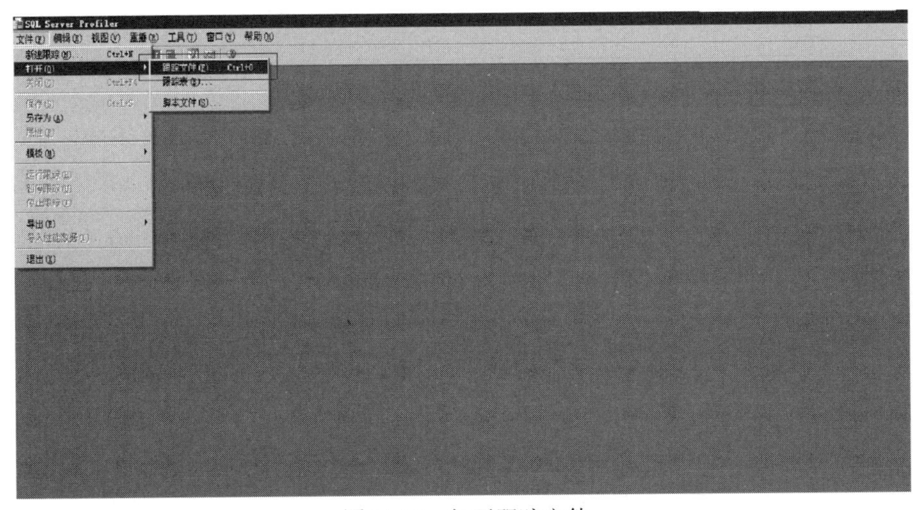

图 11-34　打开跟踪文件

（2）进入 SQL Server Profiler 主界面，单击【文件】菜单，在弹出的下拉菜单中选择【导入性能数据】菜单项，导入一个 Windows 计数器文件，如图 11-35 所示。

（3）在“性能计数器限制”对话框中，选中与要显示在跟踪旁边的系统监视器对象和计数器相对应的复选框，单击【确定】按钮，如图 11-36 所示。

（4）关联后，结果如图 11-37 所示。

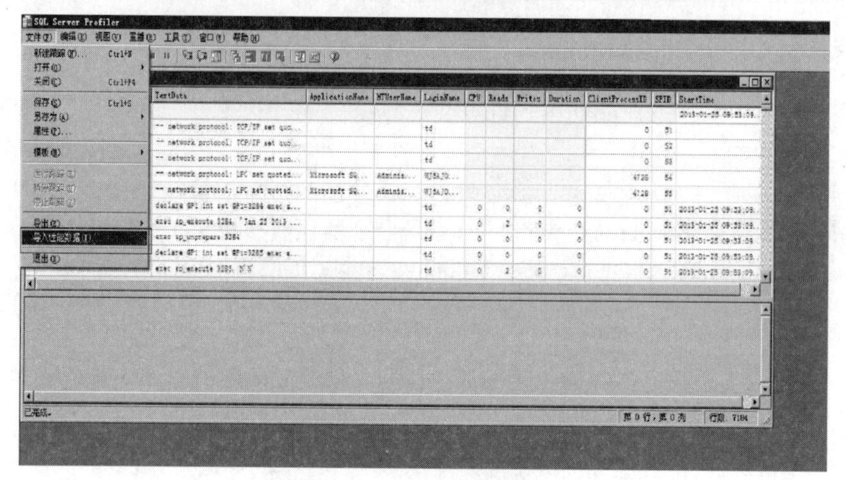

图 11-35　导入性能数据

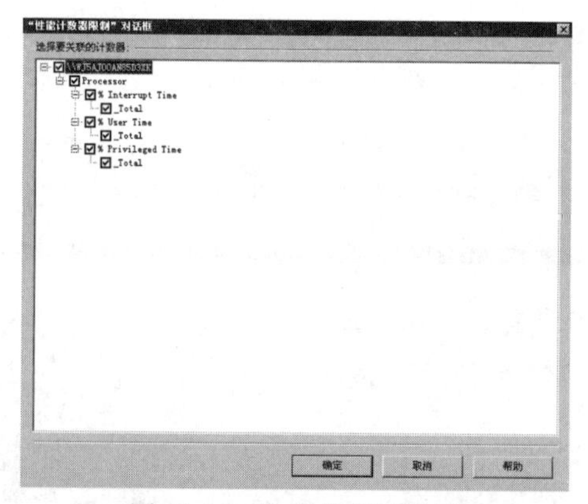

图 11-36　选择关联计数器

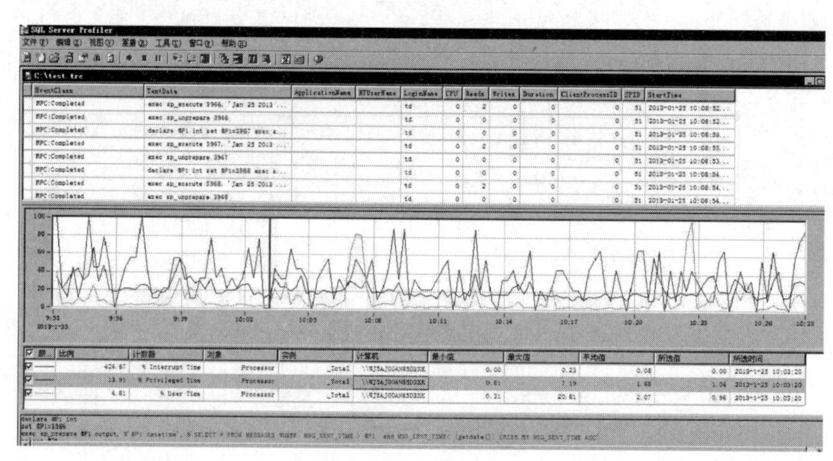

图 11-37　关联结果

（5）在跟踪事件窗口中选择一个事件，或者使用方向键在跟踪事件窗口的几个相邻行中导航。“系统监视器数据”窗口中的红色竖线指明与所选跟踪事件关联的性能日志数据。

（6）在系统监视器图形中单击一个相关点，选中时间最接近的相应跟踪行，若要扩大时间范围，请在系统监视器图形中按住并拖动鼠标指针。

11.4 索引调优

索引可以用来解决很多性能问题，索引是用于提供对数据快速访问的一种方式，在对数据库进行调优时，索引是首先需要关注的内容，故索引调优是数据库调优的一个重要内容。

11.4.1 索引原理

在 SQL Server 中，索引是按 B 树（平衡树）结构进行组织的，索引 B 树中的每一页称为一个索引节点，B 树的顶端节点称为根节点，索引中的底层节点称为叶节点，根节点与叶节点之间的任何索引级别统称为中间级，当加入新的数据时，为了保证需要相同次数的读取来找到每个页，中间级页会进行拆分生成新的层，如图 11-38 所示。

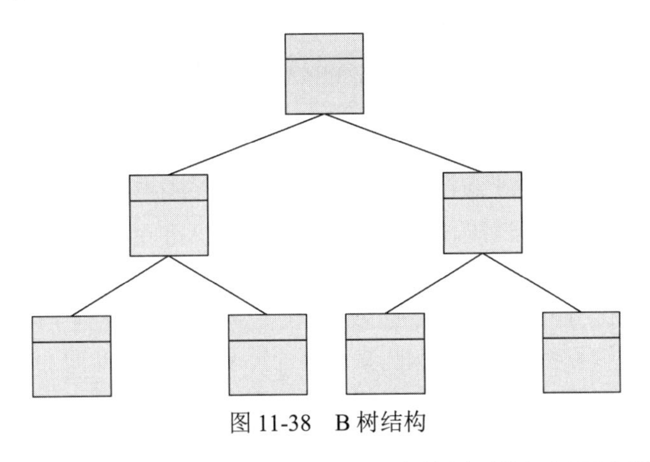

图 11-38 B 树结构

每个层的宽度增加为上一层能够记录的页数，当现有的树不能记录更多的页时，则会创建一个新的层，索引记录的大小受到编入索引列的大小影响，因此编入索引列越窄，则可以放到一个页的索引越多，从而索引需要的层数越少，每一层需要 1 次逻辑读，所以索引树层次越少越好。

11.4.2 填充因子

填充因子是指每个叶子层页填充数据的百分比，提供填充因子选项是为了优化索引数据存储和性能，使用 fill factor 选项可以指定 Microsoft SQL Server 使用现有数据创建新索引时将每页填满到什么程度。fill factor 选项是一个高级选项，如果使用 sp_configure 系统存储过程来更改该设置，则只有在 show advanced options 设置为 1 时才能更改 fill factor，设置在重新启动服务器后生效。

当创建或重新生成索引时，填充因子值可确定每个叶级页上要填充数据的空间百分比，以便保留一定百分比的可用空间供以后扩展索引。例如，指定填充因子的值为 80 表示每个叶级页上将有 20%的空间保留为空，以便随着在基础表中添加数据而为扩展索引提供空间。

填充因子可设置值为 1 到 100 之间的一个百分比，在大多数情况下，服务器范围的默认值为 0，如果将填充因子设置为 0，则表示填充满整个叶级页，但在实际测试过程中一般不会设置为填充满叶级页，因为至少需要留出再添加一个索引行的空间，使用此设置可有效使用叶级空间，但应保留一定的空间以便在不得不拆分页之前进行有限的扩展。

填充因为设置为 0 和设置为 100 含义相同，都表示填充满整个叶级页。并且只有在创建或重新生成了索引后，才会应用填充因子，SQL Server Database Engine 并不会在页中动态保持指定的可用空间百分比，如果试图在数据页上保持额外的空间，将有背于使用填充因子的本意，因为随着数据的输入，数据库引擎将不得不在每个页上进行页拆分，以保持填充因子所指定的可用空间百分比。

如果向已满的索引页添加新行，数据库引擎将把大约一半的行移到新页中，以便为该新行腾出空间，这种重组称为页拆分。页拆分可为新记录腾出空间，但是执行页拆分可能需要花费一定的时间，此操作会消耗大量资源。此外，它还可能造成碎片，从而导致 I/O 操作增加，这样会直接影响数据库的性能。正确选择填充因子值可提供足够的空间以便随着向基础表中添加数据而扩展索引，从而减少页拆分的可能性。如果经常发生页拆分，可通过使用新的或现有的填充因子值来重新生成索引，从而重新分发数据。

尽管采用较低的填充因子值（非 0）可减少随着索引增长而拆分页的需求，但是索引将需要更多的存储空间，并且会降低读取性能，即使对于面向许多插入和更新操作的应用程序，数据库读取次数一般也超过数据库写入次数的 5～10 倍。因此，指定一个不同于默认值的填充因子会降低数据库的读取性能，而降低比与填充因子设置的值成反比。例如，当填充因子的值为 50 时，数据库的读取性能会降低两倍，读取性能降低是因为索引包含较多的页，因此增加了检索数据所需的磁盘 I/O 操作。

11.4.3 聚集索引

对于不同的数据库，索引的类型也不同，按存储的方式划分，SQL Server 通常划分为两种：聚集索引和非聚集索引。

聚集索引基于数据行的键值在表内排序并存储这些数据行，每个表只能有一个聚集索引，因为数据行本身只能按一个顺序存储。

在聚集索引中，叶节点包含基础表的数据页，根节点和叶节点包含含有索引行的索引页，每个索引行包含一个键值和一个指针，该指针指向 B 树上的某一中间级页或叶级索引中的某个数据行，每级索引中的页均被链接在双向链接列表中。

聚集索引在 sys.partitions 中有一行，其中，索引使用的每个分区的 index_id 等于 1，默认情况下，聚集索引有单个分区，当聚集索引有多个分区时，每个分区都有一个包含该特定分区相关数据的 B 树结构。例如，如果聚集索引有四个分区，就有四个 B 树结构，每个分区中有一个 B 树结构。

根据聚集索引中的数据类型，每个聚集索引结构将有一个或多个分配单元，将在这些单元中存储和管理特定分区的相关数据。每个聚集索引的每个分区中至少有一个 IN_ROW_DATA 分配单元，如果聚集索引包含大型对象（LOB）列，则它的每个分区中还会有一个 LOB_DATA 分配单元，如果聚集索引包含的变量长度列超过 8060 字节的行大小限制，则它的每个分区中还会有一个 ROW_OVERFLOW_DATA 分配单元。

数据链内的页和行将按聚集索引键值进行排序，所有插入操作都在所插入行中的键值与现有行中的排序中顺序匹配，B 树页集合由 sys.system_internals_allocation_units 系统视图中的页指针来定位。

对于某个聚集索引，sys.system_internals_allocation_units 中的 root_page 列指向该聚集索引某个特定分区的顶部，SQL Server 将在索引中向下移动以查找与某个聚集索引键对应的行，为了查找键的范围，SQL Server 将在索引中移动以查找该范围的起始键值，然后用向前或向后指针在数据页中进行扫描。为了查找数据页链的首页，SQL Server 将从索引的根节点沿最左边的指针进行扫描。

聚集索引单个分区中的结构，如图 11-39 所示。

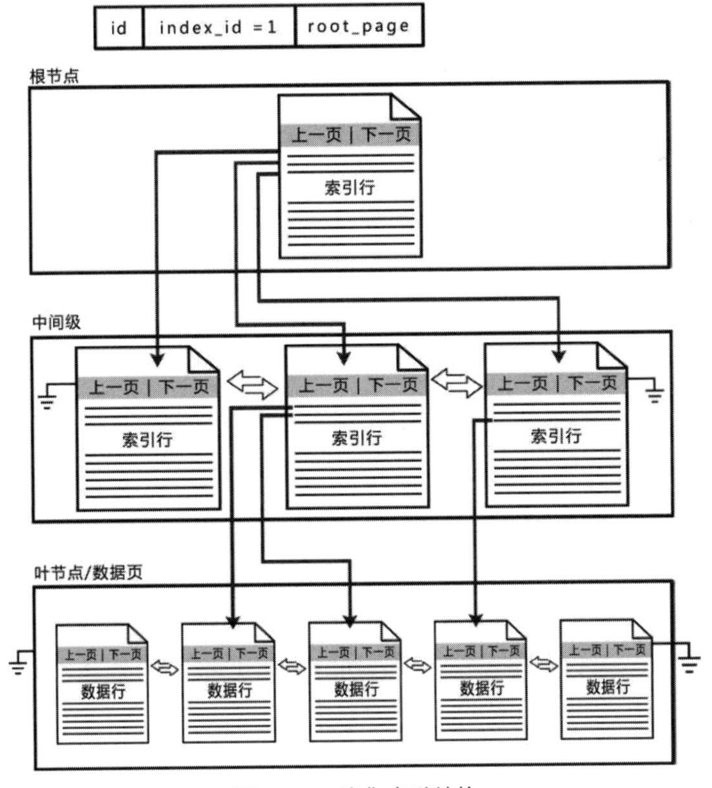

图 11-39　聚集索引结构

通过对表中的列定义聚集索引可以实现以下功能：

（1）可用于经常使用的查询。

（2）提供高度唯一性。

在创建 PRIMARY KEY 约束时，将在数据列上自动创建唯一索引，默认情况下，此索引是聚集索引，但是在创建约束时，也可以指定创建为非聚集索引。

（3）用于范围查询。

如果未使用 UNIQUE 属性创建聚集索引，数据库引擎将向表自动添加一个四字节 uniqueifier 列，必要时，数据库引擎将向行自动添加一个 uniqueifier 值，使每个键唯一，此列和列值供内部使用，用户不能查看或访问。

在创建聚集索引之前，应先了解数据是如何被访问的，对具有以下特点的查询适合使用聚集索引：

- 使用运算符（如 BETWEEN、>、>=、<和<=）返回一系列值。

使用聚集索引找到包含第一个值的行后，便可以确保包含后续索引值相邻的物理行。例如，某个查询是在一系列销售订单号间检索记录，SalesOrderNumber 列的聚集索引可快速定位包含起始销售订单号的行，然后检索表中所有连续的行，直到检索到最后的销售订单号。

- 返回大型结果集。
- 使用 JOIN 子句：一般情况下，使用该子句的是外键列。
- 使用 ORDER BY 或 GROUP BY 子句。

在 ORDER BY 或 GROUP BY 子句中指定的列的索引，可以使数据库引擎不必对数据进行排序，因为这些行已经排序，这样可以提高查询性能。

定义聚集索引时，对数据列也有要求，一般情况下，定义聚集索引键时使用的列越少越好，通常情况下具有以下属性的列，适合使用聚集索引：

- 唯一或包含许多不重复的值。

例如，雇员 ID 唯一标识雇员，EmployeeID 列的聚集索引或 PRIMARY KEY 约束将改善基于雇员 ID 号搜索雇员信息的查询性能，另外，可对 LastName、FirstName、MiddleName 列创建聚集索引，因为经常以这种方式分组和查询雇员记录，而且这些列的组合还可提供高区分度。

- 按顺序被访问。

例如，产品 ID 唯一地标识 AdventureWorks 数据库中 Product 表中的产品。在其中指定顺序搜索的查询（如 WHERE ProductID BETWEEN 980 and 999）将从 ProductID 的聚集索引受益。这是因为行将按该键列的排序顺序存储。

- 如果需要保证列在表中是唯一的，那么定义为 IDENTITY。
- 经常用于对表中检索到的数据进行排序。

按该列对表进行聚集（即物理排序）是一个好方法，它可以在每次查询该列时节省排序操作的成本。

具体有以下属性的列不适合使用聚集索引：

- 频繁更改的列。这将导致整行移动，因为数据库引擎必须按物理顺序保留行中的数据值，这一点要特别注意，因为在大容量事务处理系统中数据通常是可变的。
- 宽键。宽键是若干列或若干大型列的组合。所有非聚集索引将聚集索引中的键值用作查找键，为同一表定义的任何非聚集索引都将增大许多，这是因为非聚集索引项包含聚集键，同时也包含为此非聚集索引定义的键列。

11.4.4 非聚集索引

非聚集索引包含索引键值和指向表数据存储位置的行定位器。非聚集索引与聚集索引具有相同的 B 树结构，但它们之间存在以下两点明显的区别：

- 基础表的数据行不按非聚集键的顺序排序和存储。
- 非聚集索引的叶层由索引页而不是由数据页组成。

既可以在聚集索引表或视图上定义非聚集索引，也可以根据堆来定义非聚集索引。非聚集索引中的每个索引行都包含非聚集键值和行定位符，此定位符指向聚集索引或堆中包含该键值的数据行。

非聚集索引行中的行定位器或是指向行的指针或是行的聚集索引键，遵守以下原则：

- 如果表是堆（意味着该表没有聚集索引），则行定位器是指向行的指针。该指针由文件标识符（ID）、页码和页上的行数生成，整个指针称为行 ID（RID）。
- 如果表有聚集索引或索引视图上有聚集索引，则行定位器是行的聚集索引键。如果聚集索引不是唯一的索引，SQL Server 将添加在内部生成的值（称为唯一值）以使所有重复键唯一，此四字节的值对于用户不可见，仅当需要使聚集键唯一以用于非聚集索引中时，才添加该值。SQL Server 通过使用存储在非聚集索引的页行内的聚集索引键搜索聚集索引来检索数据行。

对于索引使用的每个分区，非聚集索引在 index_id >1 的 sys.partitions 中都有对应的一行。默认情况下，一个非聚集索引有单个分区，如果一个非聚集索引有多个分区，则每个分区都有一个包含该特定分区的索引行的 B 树结构。例如，如果一个非聚集索引有四个分区，那么就有四个 B 树结构，每个分区中一个。

根据非聚集索引中数据类型的不同，每个非聚集索引结构会有一个或多个分配单元，在其中存储和管理特定分区的数据，每个非聚集索引至少有一个针对每个分区的 IN_ROW_DATA 分配单元（存储索引 B 树页），如果非聚集索引包含大型对象（LOB）列，则还有一个针对每个分区的 LOB_DATA 分配单元。此外，如果非聚集索引包含的可变长度列超过 8060 字节行大小限制，则还有一个针对每个分区的 ROW_OVERFLOW_DATA 分配单元。

单个分区中的非聚集索引结构如图 11-40 所示。

可以对表或索引视图创建多个非聚集索引，通常，设计非聚集索引是为改善经常使用的、没有建立聚集索引的查询的性能。

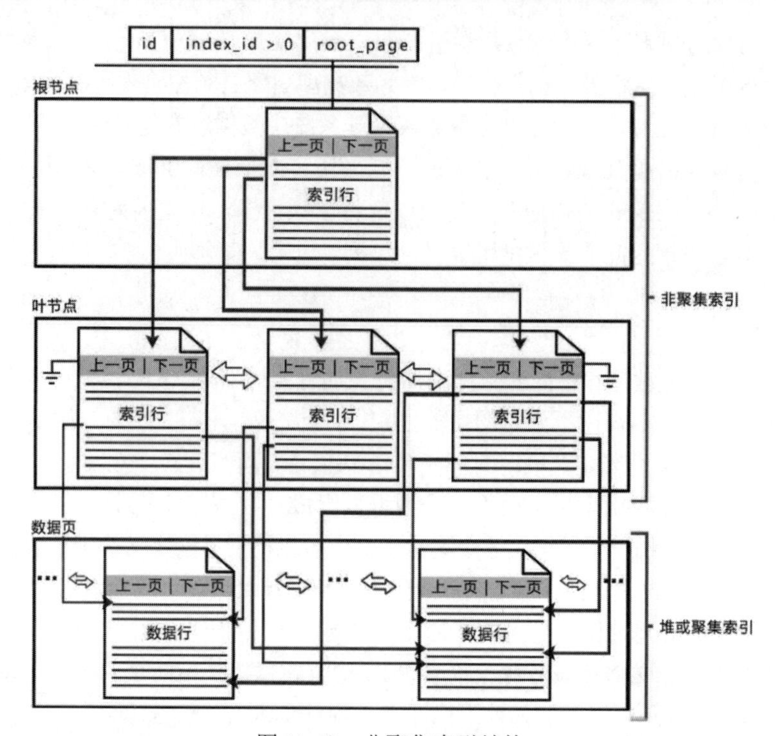

图 11-40　非聚集索引结构

设计非聚集索引时需要注意数据库的特征：

- 更新要求较低但包含大量数据的数据库或表可以从许多非聚集索引中获益，从而改善查询性能。

决策支持系统应用程序和主要包含只读数据的数据库可以从许多非聚集索引中获益。查询优化器具有更多可供选择的索引用来确定最快的访问方法，并且数据库的低更新特征意味着索引维护不会降低性能。

- 联机事务处理应用程序和包含大量更新表的数据库应避免使用过多的索引。此外，索引应该是窄的，即列越少越好。

一个表如果建有大量索引会影响 INSERT、UPDATE 和 DELETE 语句的性能，因为所有索引都必须随表中数据的更改进行相应的调整。

在创建非聚集索引之前，应先了解数据是如何被访问的，对具有以下特点的查询适合使用非聚集索引：

- 使用 JOIN 或 GROUP BY 子句。

应为联接和分组操作中所涉及的列创建多个非聚集索引，为任何外键列创建一个聚集索引。

- 不返回大型结果集的查询。
- 包含经常查询的搜索条件（例如返回完全匹配的 WHERE 子句）中的列。

定义非聚集索引时，对数据列也有要求，通常情况下具有以下属性的列，适合使用非聚集索引：

- 覆盖查询。

当索引包含查询中的所有列时，性能可以提升，查询优化器可以找到索引内的所有列值，不会访问表或聚集索引数据，这样就减少了磁盘 I/O 操作，使用具有包含列的索引来添加覆盖列，而不是创建宽索引键。

如果表有聚集索引，则该聚集索引中定义的列将自动追加到表上每个非聚集索引的末端。这可以生成覆盖查询，而不用在非聚集索引定义中指定聚集索引列。例如，如果一个表在 C 列上有聚集索引，则 B 和 A 列的非聚集索引将具有其自己的键值列 B、A 和 C。

- 大量非重复值，如姓氏和名字的组合（前提是聚集索引被用于其他列）。

如果只有很少的非重复值，例如仅有 1 和 0，则大多数查询将不使用索引，因为此时表扫描通常更有效。

11.4.5 堆表

对于没有聚集索引的表，我们把它称为堆表，堆表结构如图 11-41 所示。

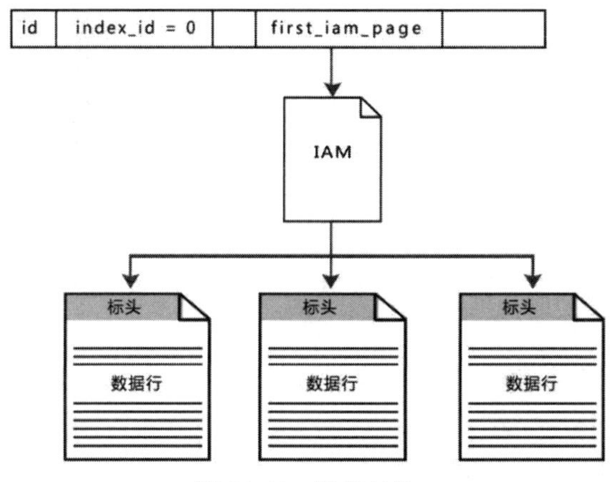

图 11-41　堆表结构

堆表对数据的顺序没有强制要求，所以对于插入记录操作来说，速度会很快，并且将记录插入在表的最末行，但如果堆表是一个包含很多记录的大表，虽然插入记录的速度非常快，但查询和更新的效率会非常低，因为堆表进行查询和更新时是对全表进行扫描，当表过大时扫描的时间会很长，所以堆表只适用于小表，一般情况下会在堆表的基础上创建一个非聚集索引。

11.4.6 用 DTA 调校索引

Database Engine Tuning Advisor 是一个物理数据库设计工具，它是建立在 SQL Server 2000 的 Index Tuning Wizard 技术上，并取而代之，DTA 可以接收包含 Select、delete、update 语句的 T-SQL 脚本的工作负荷或 SQL Profiler 跟踪作为输入，并且会输出一个 T-SQL 脚本，该 T-SQL 脚本是由对索引、索引的视图，以及统计进行创建、删除和划分的建议所组成的，它还会给出性能改进的建议，DTA 的结构图如图 11-42 所示。

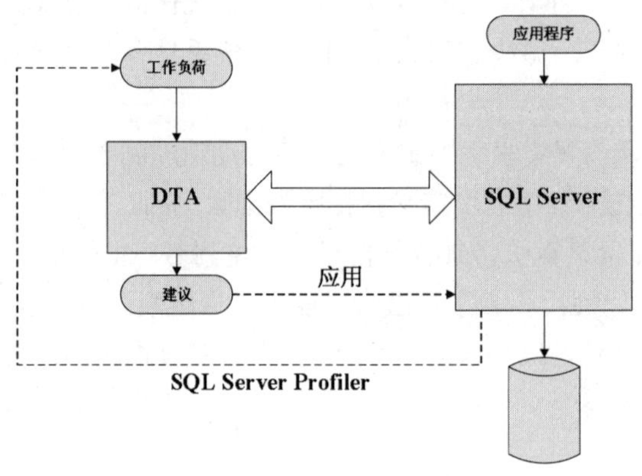

图 11-42　DTA 结构图

DTA 可以对单个查询进行分析，也可以对 SQL Server Profiler Trace 文件进行分析，分析后 DTA 会显示优化查询性能的建议，根据 DTA 提供的优化建议可以对查询语句进行优化，优化后再次对查询进行度量，直到达到性能要求为止。

对单个查询进行调校，包含两个步骤：一是统计查询执行期间的等待时间；二是使用 DTA 进行调校。

在开始调校之前，需要捕获开始度量，为了得到一致的结果，需要捕获一个冷时间和多个热时间，并对这些热时间求平均值。冷时间是指 SQL Server 第一次运行一个查询所需要的时间，执行计划和数据不在缓存中，因此所有的工作必须从零开始，查询后续运行将会由于缓存的缘故快很多（已热身），这样更能够代表一个活动的系统，评估这个相对于平均热时间的性能，可以为系统在繁忙时的性能表现提供一个参考值。

实例：在数据库 people 中创建 people 和 boysnames 两张表，代码如下：

```
CREATE DATABASE [people] ON    PRIMARY
( NAME = N'people',
  FILENAME = N'C:\Program Files\Microsoft SQL Server\MSSQL.1\MSSQL\DATA\people.mdf' ,
  SIZE = 409600KB , MAXSIZE = UNLIMITED, FILEGROWTH = 10240KB )
 LOG ON
( NAME = N'people_log',
  FILENAME = N'C:\Program Files\Microsoft SQL Server\MSSQL.1\MSSQL\DATA\people_log.ldf' ,
  SIZE = 10240KB , MAXSIZE = 102400KB , FILEGROWTH = 10240KB )
GO
CREATE TABLE people
(
  personId UNIQUEIDENTIFIER DEFAULT newsequentialid(),
  firstname VARCHAR(80) not null,
  lastname VARCHAR(80) not null,
  dob DATETIME not null,
```

```
        dod DATETIME null,
        sex CHAR(1) not null
)
go
CREATE TABLE boysnames
   (
        ID INT IDENTITY(0,1) not null,
        [name] VARCHAR(80) not null
   )
Go
```

分别为这两张表插入 10000 条记录，代码如下：

```
declare @i int
set @i=1
while @i <10000
begin
insert into people values(@i,'abc','123','1')
set @i=@i+1
end
declare @i int
set @i=1
while @i <10000
begin
insert into boysnames values(@i,'0')
set @i=@i+1
end
```

现在通过统计信息来统计一个查询语句的执行期间的等待时间，代码如下：

```
use People
go

-- **********************************************
--
-- WARNING This Script empties the people table and fills it with just 8 people!!!
--
-- **********************************************

truncate table people
go

dbcc dropcleanbuffers
dbcc freeproccache
go

-- either do stats time and stats IO, OR showplan_text.    Using all three makes he OP a little hard to read!
```

```
set statistics time on
set statistics io on
go

-- set showplan_text on
-- go

-- Cold run
select * from people
where personid = (select id from boysnames where name = '123')
go

-- first warm run
select * from people
where personid = (select id from boysnames where name = '123')
go

-- second warm run
select * from people
where personid = (select id from boysnames where name = '123')
go

-- third warm run
select * from people
where personid = (select id from boysnames where name = '123')
go

-- set showplan_text off

set statistics time off
set statistics io off
go

-- we ran the SP to insert 2 people 4 times, so there will be 8 people in the DB
select count (*) from people
go
```

执行该过程的结果如下：

```
DBCC execution completed. If DBCC printed error messages, contact your system administrator.
DBCC execution completed. If DBCC printed error messages, contact your system administrator.

SQL Server Execution Times:
    CPU time = 0 ms,    elapsed time = 0 ms.

SQL Server Execution Times:
```

```
    CPU time = 0 ms,    elapsed time = 0 ms.
SQL Server parse and compile time:
    CPU time = 15 ms, elapsed time = 31 ms.
Table 'people'. Scan count 1, logical reads 0, physical reads 0, read-ahead reads 0.
Table 'boysnames'. Scan count 1, logical reads 26, physical reads 0, read-ahead reads 26.

SQL Server Execution Times:
    CPU time = 0 ms,    elapsed time = 64 ms.

(0 行受影响)
SQL Server parse and compile time:
    CPU time = 0 ms, elapsed time = 1 ms.
Table 'people'. Scan count 1, logical reads 0, physical reads 0, read-ahead reads 0.
Table 'boysnames'. Scan count 1, logical reads 26, physical reads 0, read-ahead reads 0.

SQL Server Execution Times:
    CPU time = 0 ms,    elapsed time = 1 ms.

(0 行受影响)
SQL Server parse and compile time:
    CPU time = 0 ms, elapsed time = 1 ms.
Table 'people'. Scan count 1, logical reads 0, physical reads 0, read-ahead reads 0.
Table 'boysnames'. Scan count 1, logical reads 26, physical reads 0, read-ahead reads 0.

SQL Server Execution Times:
    CPU time = 0 ms,    elapsed time = 1 ms.

(0 行受影响)
SQL Server parse and compile time:
    CPU time = 0 ms, elapsed time = 1 ms.
Table 'people'. Scan count 1, logical reads 0, physical reads 0, read-ahead reads 0.
Table 'boysnames'. Scan count 1, logical reads 26, physical reads 0, read-ahead reads 0.

SQL Server Execution Times:
    CPU time = 0 ms,    elapsed time = 1 ms.

(0 行受影响)
SQL Server parse and compile time:
    CPU time = 0 ms, elapsed time = 0 ms.
```

分析输出信息可以发现，冷运行共用时 64 秒，热运行共用时 1 秒，冷运行中共进行了 26 次逻辑读操作，主要是对 boysnames 进行了逻辑读操作。

接下来使用 DTA 对查询语句进行分析，需要分析的语句如下：

```
select * from people
where personid = (select id from boysnames where name = '123')
```

将分析语句保存为后缀名为.sql的文件，单击开始菜单->所有程序->Microsoft SQL Server 2005，选择性能工具中的数据库引擎优化顾问，或在 Microsoft SQL Server Management Studio 主界面中单击工具菜单，在下拉菜单中选择数据库引擎优化顾问选项，弹出如图 11-43 所示的连接对话框。

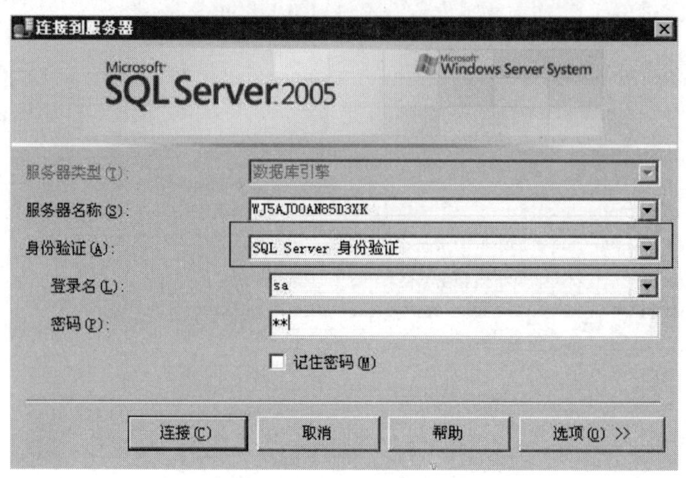

图 11-43　连接数据库服务器对话框

身份验证方式使用 SQL Server 身份验证，不能使用 Windows 身份验证，否则分析过程中会出错。

连接成功后进入 DTA 主界面，工作负荷的方式选择为文件，单击按钮可以设置待分析的文件，同时选择用于工作负荷分析的数据库，如图 11-44 所示。

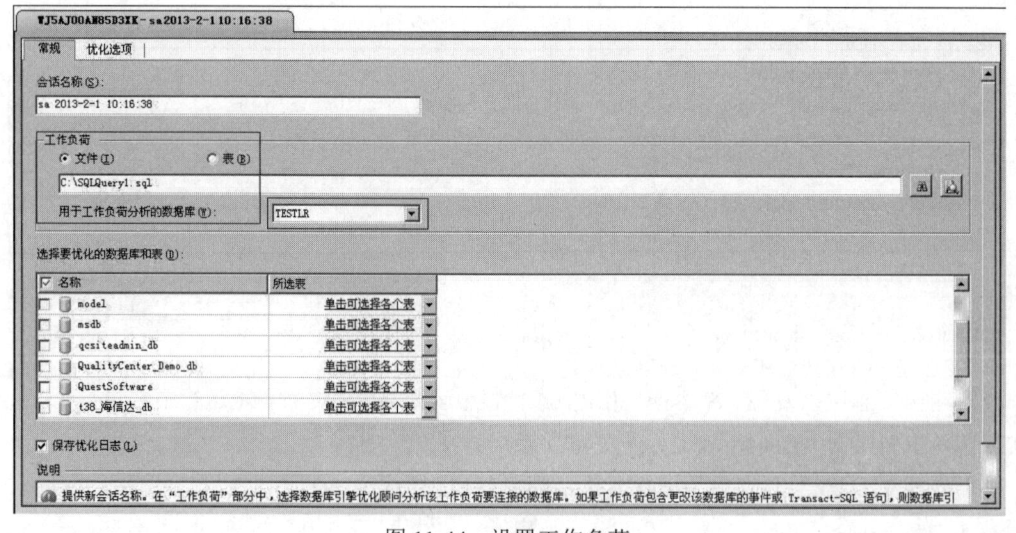

图 11-44　设置工作负荷

开始分析界面如图 11-45 所示。

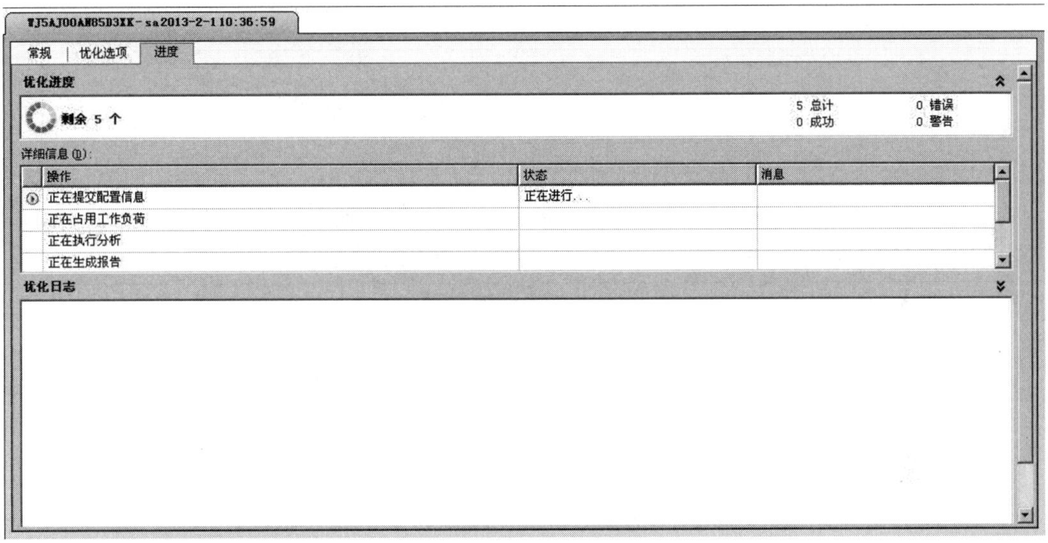

图 11-45　开始分析

分析完成后，DTA 会给出优化的评估建议。

11.4.7　索引维护

索引可以提高查询速度，但并不是说索引没有缺点，当表中的记录在不断地增多时，索引可能就会发生很多问题，随着不断地插入记录、删除记录和更新记录，索引的数据分布可能会不平衡，一些页会被完全充满，这样再插入记录时会导致页拆分的现象，这样其他页中的行可能会变得稀疏，而使用几行数据就会引发很多页被读取的现象，这样就必须对索引进行维护。

索引维护通常包括两部分：一是监控索引碎片；二是整理索引。

（1）监控索引碎片。在 SQL Server 中，可以使用 DBCC SHOWCONTING 来监控索引碎片的情况，使用 DBCC SHOWCONTING 监控索引碎片需要注意，以下几种情况无法监控：

- DBCC SHOWCONTING 不显示数据类型为 ntext、text 和 image 的数据，这是因为 SQL Server 中不再有存储文本和图像数据的文本索引。
- 如果指定的表或索引已分区，则 DBCC SHOWCONTING 只显示指定表或索引的第一个分区。
- DBCC SHOWCONTING 不显示行溢出存储信息和其他新的行外数据类型，如 nvarchar(max)、varchar(max)、varbinary(max)和 xml。

SQL Server 最新版本的所有新功能完全由 sys.dm_db_index_physical_stats 动态管理视图支持，sys.dm_db_index_physical_stats 函数的语法如下：

```
sys.dm_db_index_physical_stats (
    { database_id | NULL }
```

```
    , { object_id | NULL }
    , { index_id | NULL | 0 }
    , { partition_number | NULL }
    , { mode | NULL | DEFAULT }
)
```

参数如下：

1）database_id | NULL | 0 | DEFAULT。

数据库的 ID，database_id 的数据类型为 smallint。有效的可输入数据库的 ID 号包括 NULL、0 或 DEFAULT。默认值为 0，在此上下文中，NULL、0 和 DEFAULT 是等效值。

指定 NULL 可返回 SQL Server 实例中所有数据库的信息，如果为 database_id 指定 NULL，则还必须为 object_id、index_id 和 partition_number 指定 NULL。

可以指定内置函数DB_ID，如果在不指定数据库名称的情况下使用 DB_ID，则当前数据库的兼容级别必须是 90 或更高。

2）object_id | NULL | 0 | DEFAULT。

该索引所基于的表或视图的对象 ID，object_id 的数据类型为 int。

指定 NULL 可返回指定数据库中的所有表和视图的信息。如果为 object_id 指定 NULL，则还必须为 index_id 和 partition_number 指定 NULL。

3）index_id | 0 | NULL | -1 | DEFAULT。

索引的 ID，index_id 的数据类型为 int，有效输入包括索引的 ID 号、0（如果 object_id 为堆）、NULL、-1 或 DEFAULT，默认值为-1，在此上下文中，NULL、-1 和 DEFAULT 是等效值。

指定 NULL 可返回基于表或视图的所有索引的信息，如果为 index_id 指定 NULL，则还必须为 partition_number 指定 NULL。

4）partition_number | NULL | 0 | DEFAULT。

对象中的分区号，partition_number 的数据类型为 int，有效输入包括索引或堆的 partion_number、NULL、0 或 DEFAULT，默认值为 0，在此上下文中，NULL、0 和 DEFAULT 是等效值。

指定 NULL，以返回有关所属对象的所有分区的信息。

partition_number 从 1 开始，未分区的索引或堆的 partition_number 设置为 1。

5）mode | NULL | DEFAULT。

模式的名称，mode 指定用于获取统计信息的扫描级别，mode 的数据类型为 sysname，有效输入为 DEFAULT、NULL、LIMITED、SAMPLED 或 DETAILED，默认值（NULL）为 LIMITED。

在 test 数据库中运行该监控函数，代码如下：

```
use test
go

SELECT *
FROM sys.dm_db_index_physical_stats
    (
```

```
    DB_ID('test'),
    OBJECT_ID('test'),
    NULL,
    NULL ,
    null
    )
go
```

运行的结果如图 11-46 所示。

结果 | 消息

	database_id	object_id	index_id	partition_number	index_type_desc	alloc_unit_type_desc	index_depth	index_level	avg_fragmentation_ir
1	5	2073058421	1	1	CLUSTERED INDEX	IN_ROW_DATA	3	0	0.059790732436472

图 11-46 监控结果

一般情况下不需要监控那么多列的值，只需要常用的几列值即可：index_id、index_level、avg_fragmentation_in_percent，代码如下：

```
use test
go

SELECT index_id, index_level, avg_fragmentation_in_percent
FROM sys.dm_db_index_physical_stats
    (
    DB_ID('test'),
    OBJECT_ID('test'),
    NULL,
    NULL ,
    null
    )
go
```

执行结果如图 11-47 所示。

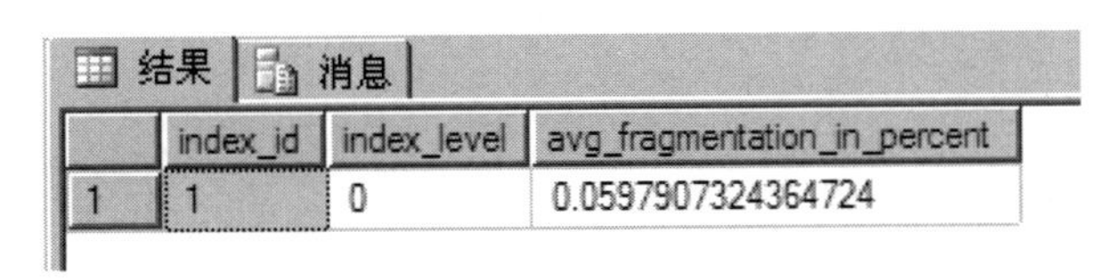

结果 | 消息

	index_id	index_level	avg_fragmentation_in_percent
1	1	0	0.0597907324364724

图 11-47 监控结果

avg_fragmentation_in_percent 显示的是平均碎片总计的值，如果该值大于 30，说明碎片所占百分比超过 30%，那么该索引会影响数据库性能。

还有一种方法可以获得索引碎片百分比，选中索引树，单击右键，选择全部重新组织菜单，弹出重新组织索引对话框，该对话框中会显示碎片总计百分比，如图 11-48 所示。

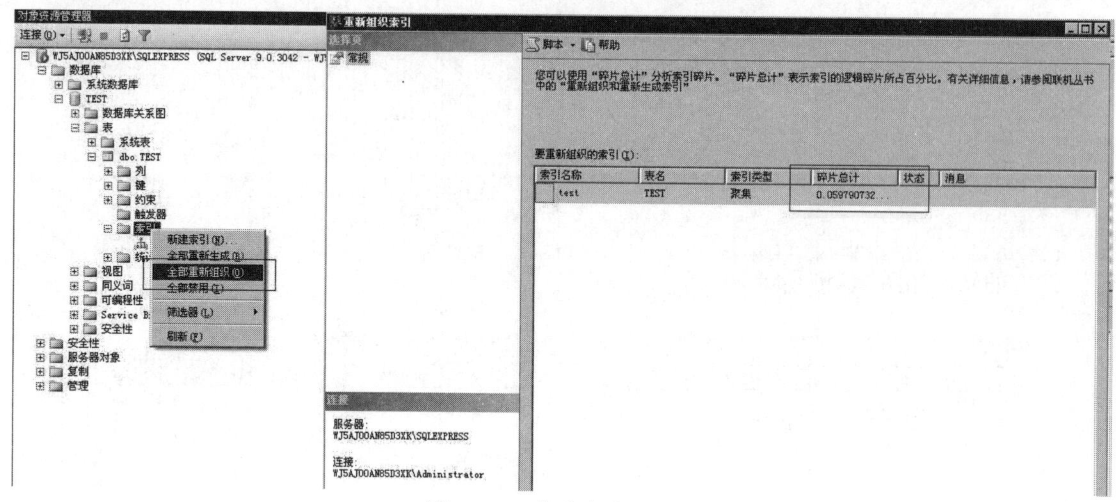

图 11-48　索引碎片百分比

（2）整理索引。DBCC SHOWCONTING 可确定表是否高度碎片化，在对表进行数据修改（INSERT、UPDATE 和 DELETE 语句）的过程中会出现表碎片现象，由于这些修改通常并不在表的行中平均分布，所以每页的填满状态会随时间而改变，对于扫描部分或全部表的查询，这样的表碎片会导致读取额外的页，从而延缓了数据的并行扫描。

如果索引的碎片非常多，可选择以下方法来减少碎片：

- 删除然后重新创建聚集索引。重新创建聚集索引将重新组织数据，从而使数据页填满，填满程度可以使用 CREATE INDEX 中的 FILLFACTOR 选项进行配置，这种方法的缺点是索引在删除/重新创建周期内为脱机状态，并且该操作是一个整体，不可中断，如果中断索引创建，则不能重新创建索引，并且删除和创建操作都是原子的，因此当这个操作发生时，表会被加锁，变得不可用。
- 对索引的叶级节点按逻辑重新排序。使用 ALTER INDEX…REORGANIZE，对索引的叶级节点按逻辑顺序重新排序，由于此操作是联机操作，因此语句运行时索引可用。此外，中断该操作不会丢失已完成的工作，这种方法的缺点是在重新组织数据方面没有聚集索引的删除/重新创建操作有效。

实例：对数据库 test 中的叶级节点按逻辑重新排序，代码如下：

```
ALTER INDEX all ON test REORGANIZE
```

- 联机重新生成索引。

使用 REBUILD 和 ALTER INDEX 联机重新生成索引。

实例：对数据库 test 重新生成索引，代码如下：

```
ALTER INDEX all ON test REBUILD
```

删除碎片后，可以对索引进行重新监控，查询删除碎片后的结果，以联机重新生成索引为例，执行以下监控代码：

```
use test
go

SELECT index_id, index_level, avg_fragmentation_in_percent
FROM sys.dm_db_index_physical_stats
    (
    DB_ID('test'),
    OBJECT_ID('test'),
    NULL,
    NULL ,
    null
    )
go
```

监控结果如图 11-49 所示。

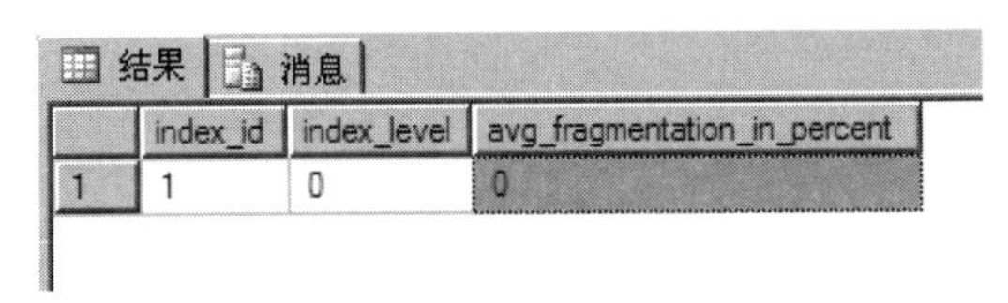

	index_id	index_level	avg_fragmentation_in_percent
1	1	0	0

图 11-49　监控结果

11.5　T-SQL 调优

对 T-SQL 语句进行调校是 DBA 调优数据库性能的主要任务，因为不同的查询语句，即使查询出来的结果一致，其消耗的时间和系统资源也有所不同，所以如何使查询语句最优化是调优数据库的一个重要手段，本节主要介绍常用的 T-SQL 调校方法。

11.5.1　NOT IN 和 NOT EXISTS

在以前的做法中，如果子查询需要扫描子表中的所有行时，将 NOT IN 语句重写为 NOT EXISTS 语句，这是因为子查询会对聚簇索引执行全扫描，并且 NOT IN 不应用于索引，但是现在由于优化器的进步，无论使用哪种方法的代码，都可以较高的效率执行查询语句。

下面是两种查询代码：

```
select * from people
where personid not in
(select id from boysnames where name = '123'
)

select * from people
where not EXISTS
(select id from boysnames where name = '123'
)
```

并行运行这两个查询，并显示估计的执行计划，如图 11-50 所示。

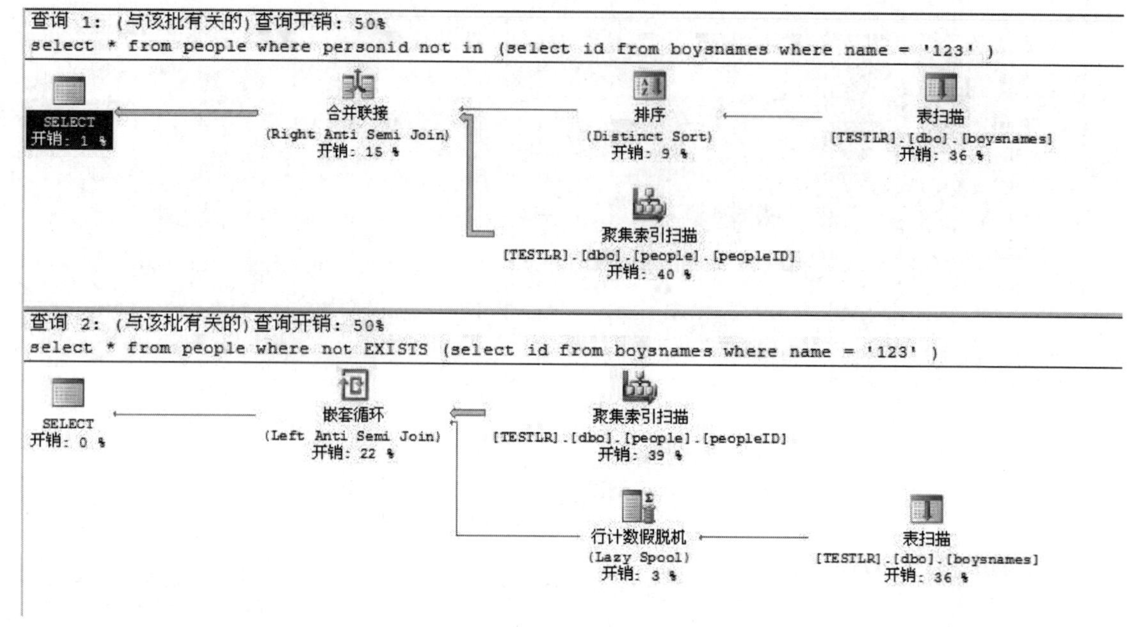

图 11-50　估计执行计划

从显示的执行计划中可以看到，两个查询的开销都为 50%，这说明从效率上来说，两种查询方法所花费的时间是一致的，所以使用 NOT EXISTS 代替 NOT IN，并不能切实地改进查询效率。

11.5.2　谓词的使用

谓词是指允许构造条件处理满足条件的表行，常见的谓词有 IN、BETWEEN、LIKE 和 EXISTS 等。在查询过程中对于谓词的使用应该更明确，并且原则上谓词应该尽早使用，这样可以较早地将行数减少，以便节约成本，如在杂货店，要找一袋食品，通常有两种方法：一种方法是找到所有关于食品类的东西，再在这类食品类的东西里面找需要的食品；另一种方法是直接在所有杂货中找所需要的食品。

下面是一个使用 HAVING 和 WHERE 进行查询的实例：

```
SET SHOWPLAN_ALL ON
select avg(soc.soc),soc.id
from soc
inner join test
on test.id = soc.ID
group by soc.id
having soc.id like '45%'
```

查询的详细信息如图 11-51 所示。

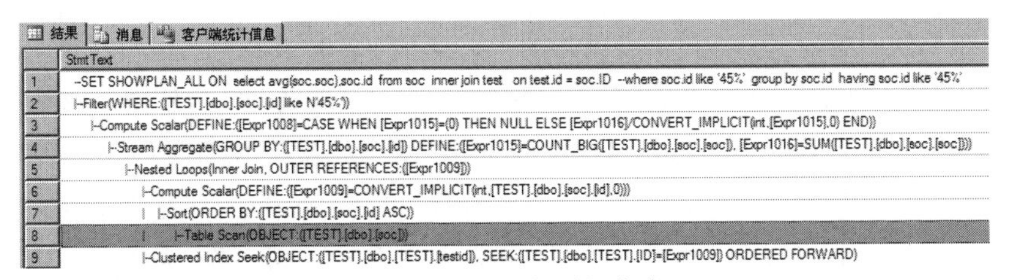

<table>
<tr><th></th><th>Stmt Text</th></tr>
<tr><td>1</td><td>--SET SHOWPLAN_ALL ON select avg(soc.soc),soc.id from soc inner join test on test.id = soc.ID --where soc.id like '45%' group by soc.id having soc.id like '45%'</td></tr>
<tr><td>2</td><td>|--Filter(WHERE:([TEST].[dbo].[soc].[id] like N'45%'))</td></tr>
<tr><td>3</td><td>|--Compute Scalar(DEFINE:([Expr1008]=CASE WHEN [Expr1015]=(0) THEN NULL ELSE [Expr1016]/CONVERT_IMPLICIT(int,[Expr1015],0) END))</td></tr>
<tr><td>4</td><td>|--Stream Aggregate(GROUP BY:([TEST].[dbo].[soc].[id]) DEFINE:([Expr1015]=COUNT_BIG([TEST].[dbo].[soc].[soc]), [Expr1016]=SUM([TEST].[dbo].[soc].[soc])))</td></tr>
<tr><td>5</td><td>|--Nested Loops(Inner Join, OUTER REFERENCES:([Expr1009]))</td></tr>
<tr><td>6</td><td>|--Compute Scalar(DEFINE:([Expr1009]=CONVERT_IMPLICIT(int,[TEST].[dbo].[soc].[id],0)))</td></tr>
<tr><td>7</td><td>| |--Sort(ORDER BY:([TEST].[dbo].[soc].[id] ASC))</td></tr>
<tr><td>8</td><td>| |--Table Scan(OBJECT:([TEST].[dbo].[soc]))</td></tr>
<tr><td>9</td><td>|--Clustered Index Seek(OBJECT:([TEST].[dbo].[TEST].[testid]), SEEK:([TEST].[dbo].[TEST].[ID]=[Expr1009]) ORDERED FORWARD)</td></tr>
</table>

图 11-51　查询的详细信息

从显示的详细信息中可以看出，在第 2 行信息中使用了筛选器，但在第 8 行信息中并没有使用筛选器，导致第 8 行是全表扫描。下面对该语句进行重写，代码如下：

```
SET SHOWPLAN_ALL ON
select avg(soc.soc),soc.id
from soc
inner join test
on test.id = soc.ID
where soc.id like '45%'
group by soc.id
```

查询的详细信息如图 11-52 所示。

<table>
<tr><th></th><th>Stmt Text</th></tr>
<tr><td>1</td><td>SET SHOWPLAN_ALL ON</td></tr>
<tr><td>2</td><td>select avg(soc.soc),soc.id from soc inner join test on test.id = soc.ID where soc.id like '45%' group by soc.id --having soc.id like '45%'</td></tr>
<tr><td>3</td><td>|--Compute Scalar(DEFINE:([Expr1008]=CASE WHEN [Expr1015]=(0) THEN NULL ELSE [Expr1016]/CONVERT_IMPLICIT(int,[Expr1015],0) END))</td></tr>
<tr><td>4</td><td>|--Stream Aggregate(GROUP BY:([TEST].[dbo].[soc].[id]) DEFINE:([Expr1015]=COUNT_BIG([TEST].[dbo].[soc].[soc]), [Expr1016]=SUM([TEST].[dbo].[soc].[soc])))</td></tr>
<tr><td>5</td><td>|--Sort(ORDER BY:([TEST].[dbo].[soc].[id] ASC))</td></tr>
<tr><td>6</td><td>|--Nested Loops(Inner Join, OUTER REFERENCES:([Expr1009]) OPTIMIZED)</td></tr>
<tr><td>7</td><td>|--Compute Scalar(DEFINE:([Expr1009]=CONVERT_IMPLICIT(int,[TEST].[dbo].[soc].[id],0)))</td></tr>
<tr><td>8</td><td>| |--Table Scan(OBJECT:([TEST].[dbo].[soc]), WHERE:([TEST].[dbo].[soc].[id] like N'45%'))</td></tr>
<tr><td>9</td><td>|--Clustered Index Seek(OBJECT:([TEST].[dbo].[TEST].[testid]), SEEK:([TEST].[dbo].[TEST].[ID]=[Expr1009]) ORDERED FORWARD)</td></tr>
</table>

图 11-52　查询的详细信息

将谓词写到 WHERE 子句中，可以发现在第 8 行信息中，使用了筛选，这样选择出来的信息则不是整张表的内容，而是筛选后的内容，接着再进行连接的时候，表行的内容即减少了很多，进而可以节约查询成本，并且 WHERE 子句会在 HAVING 语句之前处理。

11.5.3　为中间结果使用临时表

临时表与永久表相似，但临时表存储在 tempdb 中，当不再使用时会自动删除。临时表有两种类型：本地和全局。它们在名称、可见性以及可用性上有区别，本地临时表的名称以单个数字符号（#）打头，它们仅对当前的用户连接是可见的，当用户从 SQL Server 实例断开连接时被删除。全局临时表的名称以两个数字符号（##）打头，创建后对任何用户都是可见的，当所有引用该表的用户从 SQL Server 断开连接时被删除。

例如，如果创建了 employees 表，则任何在数据库中有使用该表的安全权限的用户都可以使用该表，除非已将其删除。如果数据库会话创建了本地临时表#employees，则仅会话可以使用该表，会话断开连接后就将该表删除。如果创建了##employees 全局临时表，则数据库中的任何用户均可使用该表。如果该表在您创建后没有其他用户使用，则当您断开连接时该表删除。如果您创建该表后另一个用户在使用该表，则 SQL Server 将在您断开连接并且所有其他会话不再使用该表时将其删除。

在编写报表过程中，会产生一些中间结果，特别是一些高度复杂的 OLTP（联机业务分析）结果，并且要求多条遍历路径，那么这些中间结果就变得很有意义，这样可以使用临时表来保存这些中间结果，但使用临时表来保存中间结果会产生四部分成本：结构创建、数据初始化读取、将数据写入到结构中、再次将数据读出，这样做其实挺冗余的，但是在如下一些情况下使用临时表可以提高执行效率：

- 正在检索存储过程调用的结果，这样没有别的办法，只能将这些结果保存在一个临时表结构中。
- 可以重复作用并且复杂的、涉及遍历或聚合的场景，这种情况下，使用临时表可以提高效率，因为只需要对索引结构进行一次遍历，如果对数据进行聚合，则可以消除执行冗余计算过程中的 CPU 和内存的使用。
- 在一个大的数据库中，连接两个大型表的代价很大，如果结果规模很小，则从每个表中先相互独立地将结果提取到临时表中，然后对这些结果进行连接更为有效。
- 如果涉及一些报表查询，可以将中间结果保存到临时表中，这样可以尽量地诊断故障或查询代码，进而降低维护的复杂性。

下面是创建临时表的实例：

```
create table #Temp    --创建临时表
(
    ID int IDENTITY (1,1)        not null,
    No varchar(50),
    primary key (ID)
);

select * into #Temp from test --将查询的中间结果保存到临时表中
Select * from #Temp --显示临时表中的结果
```


11.6 小结

本章主要介绍 MS SQL 如何调优，关于 MS SQL 的调优主要包括四个大方面：MS SQL 服务器资源监控、SQL Profiler 监控工具的使用、索引调优和 T-SQL 调优。服务器资源监控主要是监控 MS SQL 服务器资源消耗的情况，以确定服务器是否遇到瓶颈；SQL Profiler 监控工具则是 MS SQL 自带的一个监控工具，与一般的数据库监控工具不同的是，该工具不但可以监控资源的消耗，还可以监控查询语句执行的时间以及死锁和阻塞，并且通过该工具可以模拟对数据库进行压力测试；索引调优是最常用的调优方法，但并不是使用索引就一定能调优，过多的索引可能导致查询效率降低，并且索引需要进行维护，否则会出现过多的碎片；T-SQL 调优主要是调校查询的 SQL 语句，也是常用的一种调优方法。

第12章 MySQL性能监控与调优

MySQL是最流行的关系型数据库管理系统（Relational Database Management System，RDBMS）之一，在Web应用方面MySQL是最好的RDBMS应用软件之一。在性能测试过程中也经常会遇到MySQL相关的性能问题，当然对于性能测试工程师来说，对数据调优的主要内容是SQL语句的优化，所以必须对MySQL这类常用数据库的优化有一定的了解，这样才能更好地完成性能优化的工作。

本章节主要介绍以下几部分内容：

- 使用LoadRunner直接压测MySQL
- 慢查询
- EXPLAIN语句
- profile语句
- 索引
- 查询执行过程
- SQL执行顺序
- 优化数据类型和优化访问数据
- 状态监控
- 配置文件

12.1 使用LoadRunner直接压测MySQL

一般在做性能测试时，都是通过对业务进行性能测试，进而来关注SQL语句的执行时间的，当然SQL语句的响应时间是性能测试过程中重点关注的一个维度，但其实可以不用通过业务来间接地执行SQL，在性能测试过程中可以使用LoadRunner调用MySQL服务器的一些函数，直接对MySQL服务器进行API的压测，使用LoadRunner直接压测MySQL的步骤如下：

（1）下载一个 MySQL LoadRunner libraries 包。MySQL LoadRunner libraries 包中有 bin 和 include 两个目录，bin 目录是一个 dll 的动态连接的文件，include 目录下主要是.h 的头文件，即后面压测时，需要调用到的相关函数都在 include 目录下。

（2）将 bin 目录下的文件 libmysql.dll 拷贝到 LoadRunner 安装路径下的 bin 目录。

（3）将 include 目录下所有的头文件拷贝到 LoadRunner 安装路径下的 include 目录下。

（4）在 LoadRunner 脚本中的 init.c 部分中添加 Ptt_Mysql.h 文件，这样表示将这个头文件加载到 LoadRunner 中，代码如下：

```
#include "Ptt_Mysql.h"
```

（5）在 LoadRunner 脚本中的 action.c 部分创建两个变量，用于保存查询字符串和连接数据对象的字符串，代码如下：

```
char chQuery[128];      //用于保存查询字符串
MYSQL *Mconn;        //用于保存连接数据库的连接字符串，注意其数据类型 MYSQL，是 MySql 自己定义的
```

（6）在 LoadRunner 脚本中的 action.c 部分导入 libmysql.dll 文件，代码如下：

```
lr_load_dll("libmysql.dll");
```

（7）在 LoadRunner 脚本中的 action.c 中，创建一个连接字符串，代码如下：

```
Mconn =lr_mysql_connect(MYSQLSERVER,MYSQLUSERNAME,MYSQLPASSWORD,MYSQLDB,atoi(PORT));
//MYSQLSERVER:服务器 IP 地址
//MYSQLUSERNAME:表示访问服务器的用户名
//MYSQLPASSWORD:表示访问服务器的密码
//MYSQLDB:表示访问的是哪个数据库
//PORT:表示 mysql 数据库访问的端口号
```

（8）在 init.c 中对这些连接的参数进行宏定义，代码如下：

```
#define MYSQLSERVER "localhost"
#define MYSQLUSERNAME "root"
#define MYSQLPASSWORD ""
#define MYSQLDB "ecshop"
#define PORT "3306"
```

宏定义的目的是将这些传递给连接数据库的字符串设置成一些常量，这样如果需要修改连接不同数据库时，只要修改这些宏定义的变量即可。

（9）将查询字符串存储到变量 chQuery 中，代码如下：

```
sprintf(chQuery," SELECT COUNT(*) FROM 'ecshop3'.'t_goods' AS g WHERE g.is_delete = 0 AND g.is_on_sale = 1 AND g.is_alone_sale = 1  AND (( 1 AND ((goods_name LIKE '%N85%' OR goods_sn LIKE '%N85%' OR keywords LIKE '%N85%' )) )  )");
```

（10）执行查询语句，代码如下：

```
lr_mysql_query(Mconn,chQuery);
```

（11）读取结果集中的数据。执行查询语句后，会返回一些值到客户端，如果需要取出返回结果集中的数据，可以使用以下语法获取：

```
row[col][row].cell
```

因为返回的值是以数组的方式存储着，并且是一个二维数组存储，所以取值时使用了行与列，第一行和第一列都是用 0 表示，即从 0 开始算。

下面是获取结果集中数据的代码，代码如下：

```
lr_save_string(row[0][0].cell, "goods_id");
lr_save_string(row[1][0].cell, "cart_id");
lr_save_string(row[2][0].cell, "goods_sn");
```

（12）在查询执行结束后，需要断开数据库的连接。

```
lr_mysql_disconnect(Mconn);
```

（13）接下来可以对查询语句进行参数化，代码如下：

```
char cQuery[128];
MYSQL *Mconn;
lr_load_dll("libmysql.dll");
Mconn = lr_mysql_connect(MYSQLSERVER,USERNAME,PASSWORD,MYSQLDB,atoi(PORT));
lr_save_string(lr_eval_string("{pram_goods_id}"),"goods_id");
sprintf(cQuery,"SELECT * FROM ecs_goods WHERE goods_id =
%d",atoi(lr_eval_string("{goods_id}")));
lr_mysql_query(Mconn,cQuery);
lr_save_string(row[3][0].cell,"goods_name");
lr_error_message(lr_eval_string("{goods_name}"));
lr_mysql_disconnect(Mconn);
```

12.2 慢查询

慢查询（slow query）的目的是通过慢查询日志来记录当 MySQL 执行时间超过指定时间的查询语句，通过慢查询日志可以查找出哪些查询语句的执行效率比较低，进而对这些语句进行优化。通俗地说，MySQL 慢查询日志主要用于排查有问题的 SQL 语句，但初始化锁的时间并不计算在 SQL 语句执行时间中。

12.2.1 查看慢查询相关设置

默认情况下慢查询日志功能是关闭的，通过查看 slow_query_log 变量的值，可以确定慢查询日志是否开启，代码如下：

```
mysql> SHOW VARIABLES LIKE '%slow_query%';
+--------------------+-------------------------------+
| Variable_name          | Value                                    |
+--------------------+-------------------------------+           |
| slow_query_log         | OFF                                        |
| slow_query_log_file | /var/run/mysqld/slow_query.log |
+--------------------+-------------------------------+
```

slow_query_log 的值如果为 ON 说明慢查询已开启，如果为 OFF 表示未开启慢查询。

slow_query_log_file 表示慢查询日志文件所保存的位置。

查看超过多长时间为慢查询，可以使用 long_query_time 变量来获取，代码如下：

```
mysql> SHOW VARIABLES LIKE 'long_query_time';
+-----------------+----------+
| Variable_name   | Value    |
+-----------------+----------+
| long_query_time | 0.005000 |
+-----------------+----------+
```

12.2.2 启动和设置慢查询

在调优的过程中一般都会开启慢查询，开启和设置慢查询的步骤如下：

（1）找到 MySQL 的配置文件。配置文件一般都在 etc 目录下，配置文件为 my.cnf，如果在 etc 目录下未找到 my.cnf 文件，那么可以在/usr/share/mysql 目录下拷贝一个配置文件，/usr/share/mysql 目录有很多针对不同设置的配置文件，主要包括：my-huge.cnf、my-innodb-heavy-4G.cnf、my-large.cnf、my-medium.cnf、mysmall.cnf，将这些配置文件中的任意一个文件拷贝到/etc 目录下，并将文件名改为 my.cnf 即可。

（2）在 my.cnf 配置文件中，找到[mysqld]的内容，将以下代码添加到其中：

```
//开启慢查询
log_slow_queries = ON
//慢查询日志文件所在位置
slow_query_log_file = /var/run/mysqld/slow_querys.log
//设置慢查询的时间，最小值为 0，默认值为 10
long_query_time = 3
```

如果未指定慢查询日志文件名，则日志默认名为 hostname-slow.log，并且如果未指定日志所在的路径，那么服务器会在数据存储的路径下创建日志文件。

也可以通过以下命令来启动慢查询日志、设置慢查询的时间，命令如下：

```
SET GLOBAL slow_query_log=ON/OFF;
SET GLOBAL long_query_time=n;
```

默认情况下，慢查询日志不会记录管理语句和没有使用索引的相关语句，如果需要记录这两方面的内容，可以使用 log-queries-not-using-indexes 和 log-slow-admin-statements 两个选项进行设置，代码如下：

```
//没有使用索引的 SQL 语句也会被记录下来
log-queries-not-using-indexes
//管理员相关的操作也会被记录下来
log-slow-admin-statements
```

如果将没有使用索引的相关查询也记录下来，慢查询日志文件的增长可能会快很多，如果需要控制慢查询日志文件增长的速度，可以使用 log_throttle_queries_not_using_indexes 参数来设置，默认情况为 0，则表示不限制，如果设置了具体的值，则表示每分钟限制写入慢查询的信息数。

12.2.3 慢查询日志文件分析

启动慢查询日志后，如果有满足条件的查询语句将会被记录到慢查询日志文件中，写入日志的每条语句都是以#号开头，如以下慢查询日志内容：

```
#Time: 211207 20:10:36
# User@Host: root[root] @ localhost []
# Query_time: 0.016021  Lock_time: 0.000197 Rows_sent: 9  Rows_examined: 101
use ecshop3;
SET timestamp=1638879036;
SELECT g.goods_id, g.goods_name, g.shop_price, g.goods_thumb, SUM(og.goods_number) as goods_number FROM 'ecshop3'.'t_goods' AS g, 'ecshop3'.'t_order_info' AS o, 'ecshop3'.'t_order_goods' AS og WHERE g.is_on_sale = 1 AND g.is_alone_sale = 1 AND g.is_delete = 0 AND (g.cat_id IN ('26','27','30','31','28','34','33','32','29','25','18','22','12','1','4','3','35','6','8','9','19','24','20','16','36') OR g.goods_id IN ('77') ) AND g.goods_number > 0 AND og.order_id = o.order_id AND og.goods_id = g.goods_id AND (o.order_status = '1' OR o.order_status = '5') AND (o.pay_status = '2' OR o.pay_status = '1') AND (o.shipping_status = '1' OR o.shipping_status = '2') GROUP BY g.goods_id ORDER BY goods_number DESC, g.goods_id DESC LIMIT 10;
```

第一行为表示执行这条 SQL 语句的时间。

第二行为客户端连接服务器的相关信息。

第三行指令信息的含义如下：

Query_time：查询所消耗的时间。

Lock_time：等待锁的时间。

Rows_sent：表示服务器向客户发送了几条数据。

Rows_examined：表示服务器端一共检索多少条记录，相当于在多少行数据中进行扫描，找到需要的数据，这个值越小越好，避免全表扫描。

最后面的 SELECT 部分是本次慢查询执行的 SQL 语句。

12.2.4　慢查询日志分析工具 mysqldumpslow

MySQL 服务器还提供了一个分析慢查询日志的工具 mysqldumpslow，正常只要安装了 MySQL 服务器就会有这个分析工具，其语法如下：

```
mysqldumpslow [options] [log_file ...]
```

mysqldumpslow 后面直接接日志文件，不加任何选项，可以显示以下摘要信息：

```
[root@localhost mysqld]# mysqldumpslow slow_query.log
Reading mysql slow query log from slow_query.log
Count: 1  Time=0.01s (0s)  Lock=0.00s (0s)  Rows=5.0 (5), root[root]@[192.168.3.33]
  show databases

Count: 1  Time=0.01s (0s)  Lock=0.00s (0s)  Rows=0.0 (0), root[root]@[192.168.3.33]
  show create table 'ecshop3'.'t_card'
```

mysqldumpslow 命令选项如下：

```
[root@localhost mysqld]# mysqldumpslow --help
Usage: mysqldumpslow [ OPTS... ] [ LOGS... ]

Parse and summarize the MySQL slow query log. Options are
```

```
--verbose       verbose
--debug         debug
--help          write this text to standard output

-v              verbose
-d              debug
-s ORDER        what to sort by (al, at, ar, c, l, r, t), 'at' is default
                  al: average lock time
                  ar: average rows sent
                  at: average query time
                   c: count
                   l: lock time
                   r: rows sent
                   t: query time
-r              reverse the sort order (largest last instead of first)
-t NUM          just show the top n queries
-a              don't abstract all numbers to N and strings to 'S'
-n NUM          abstract numbers with at least n digits within names
-g PATTERN      grep: only consider stmts that include this string
-h HOSTNAME     hostname of db server for *-slow.log filename (can be wildcard),
                default is '*', i.e. match all
-i NAME         name of server instance (if using mysql.server startup script)
-l              don't subtract lock time from total time
```

常用到的选项如下：

```
-s：表示按什么方式进行排序
    al  平均锁定时间
    ar  平均返回记录时间
    at  平均查询时间（默认）
    c   计数
    l   锁定时间
    r   返回记录
    t   查询时间

-t：是 top n 的意思，即为返回前面多少条的数据
-g：后边可以写一个正则匹配模式，大小写不敏感的
```

如以下分析实例：

```
[root@localhost mysqld]# mysqldumpslow -t 1 -s t slow_query.log

Reading mysql slow query log from slow_query.log
Count: 1   Time=0.02s (0s)   Lock=0.00s (0s)   Rows=9.0 (9), root[root]@[192.168.3.33]
  SELECT
  g.goods_id,
  g.goods_name,
```

```
g.shop_price,
g.goods_thumb,
SUM(og.goods_number) as goods_number
FROM 'ecshop3'.'t_goods' AS g,
'ecshop3'.'t_order_info' AS o,
'ecshop3'.'t_order_goods' AS og
WHERE g.is_on_sale = N
AND g.is_alone_sale = N
AND g.is_delete = N
AND (g.cat_id IN('S','S','S','S','S','S','S','S','S','S','S','S','S','S','S','S','S','S','S','S','S','S','S','S','S')
OR g.goods_id IN('S'))
AND g.goods_number > N
AND og.order_id = o.order_id
AND og.goods_id = g.goods_id
AND (o.order_status = 'S'
OR o.order_status = 'S')
AND (o.pay_status = 'S'
OR o.pay_status = 'S')
AND (o.shipping_status = 'S'
OR o.shipping_status = 'S')
GROUP BY g.goods_id
ORDER BY goods_number DESC, g.goods_id DESC
LIMIT N
```

mysqldumpslow 并没有显示完整的 SQL 语句，并且里面一些数字或特殊内容会被‘S’或‘N’代替。

```
Count: 1   Time=0.02s (1s)   Lock=0.00s (0s)   Rows=9.0 (9), root[root]@[192.168.3.33]
```

上面这串内容是最核心的内容，其含义如下：

Count：表示这条 SQL 语句一共执行的次数。

Time：表示最大的执行 SQL 的时间，以及总共花费的时间。

Lock：表示等待 lock 锁的时间。

Rows：表示发送给客户端的记录总行数，以及扫描表的总行数。

12.3 EXPLAIN 语句

EXPLAIN 命令可以获取 select 语句执行计划，通过 EXPLAIN 命令可以获取以下相关信息：表的读取顺序、数据读取操作的类型、哪些索引可以使用、哪些索引实际被使用、表与表之间是如何引用的、每张表有多少行被优化器查询等。

12.3.1 EXPLAIN 语法

EXPLAIN 语法格式如下：

```
{EXPLAIN | DESCRIBE | DESC}
    tbl_name [col_name | wild]

{EXPLAIN | DESCRIBE | DESC}
    [explain_type]
    {explainable_stmt | FOR CONNECTION connection_id}

explain_type: {
    EXTENDED
  | PARTITIONS
  | FORMAT = format_name
}

format_name: {
    TRADITIONAL
  | JSON
}

explainable_stmt: {
    SELECT statement
  | DELETE statement
  | INSERT statement
  | REPLACE statement
  | UPDATE statement
}
```

12.3.2 EXPLAIN Output Columns 输出列

先看一个简单的 EXPLAIN 分析结果，如图 12-1 所示。

id	select_type	table	type	possible_keys	key	key_len	ref	rows	Extra
1	SIMPLE	t_goods	ALL	(NULL)	(NULL)	(NULL)	(NULL)	51	

图 12-1　EXPLAIN 简单实例

上面是一个简单的 EXPLAIN 分析实例，关于这些列的内容，下面的章节中会详细介绍。在以前的 MySQL 版本中 EXPLAIN 还有两种用法：一是显示分区信息的 EXPLAIN PARTITIONS；二是显示扩展信息的 EXPLAIN EXTENDED。正常情况下分区和扩展信息默认都是启用的，所以在使用过程中，这两个关键字是可以不使用的。并且不能在同一个 EXPLAIN 指令下，同时使用这两个关键字，这两个关键字还不能使用 FORMAT 选项设置。

EXPLAIN 列的内容如下：

（1）id。id 列的编号是 select 的序列号，如果有多个 select 就会有多个 id 号，并且 id 顺序是按 select 出现顺序增长的。MySQL 将 select 查询分为简单查询和复杂查询。复杂查询分为三类：

简单子查询、派生表（from 语句中的子查询）、union 查询，如图 12-2 所示。

```
EXPLAIN SELECT *
FROM t_goods
WHERE market_price = (SELECT market_price FROM t_goods WHERE brand_id = 1);
```

id	select_type	table	type	possible_keys	key	key_len	ref	rows	Extra
1	PRIMARY	t_goods	ALL	(NULL)	(NULL)	(NULL)	(NULL)	51	Using where
2	SUBQUERY	t_goods	ref	brand_id	brand_id	2	const	1	

图 12-2　id 列

（2）select_type。select_type 表示对应行的查询方式，查询方式通常包括：simple、primary、subquery、derived、union 和 union result。

- simple：表示一个简单的查询，查询中不包含任何子查询和 union，如图 12-3 所示。

```
EXPLAIN SELECT goods_name FROM t_goods
```

Read-only result

id	select_type	table	type	possible_keys	key	key_len	ref	rows	Extra
1	SIMPLE	t_goods	ALL	(NULL)	(NULL)	(NULL)	(NULL)	51	

图 12-3　simple 查询类型

- primary：表示复杂查询中的最外层查询。
- subquery：表示包含在 select 中的子查询，但不包括 from 子句中的子查询，如图 12-4 所示。

```
EXPLAIN
SELECT (SELECT COUNT(*) FROM t_goods e WHERE e.goods_id <= g.goods_id) AS rownum,
goods_id,goods_name
FROM t_goods g
ORDER BY 1;
```

id	select_type	table	type	possible_keys	key	key_len	ref	rows	Extra
1	PRIMARY	g	ALL	(NULL)	(NULL)	(NULL)	(NULL)	51	Using filesort
2	DEPENDENT SUBQUERY	e	index	PRIMARY	PRIMARY	3	(NULL)	51	Using where; Using index

图 12-4　primary 和 subquery 类型

- derived：表示包含在 from 子句中的子查询。MySQL 会将结果存放在一个临时表中，也称为派生表，即 derived 的英文含义，如图 12-5 所示。

```
EXPLAIN
SELECT u.user_id, u.user_name, t.goods_name, t.market_price
FROM(
t_users u
INNER JOIN t_order_info oi
ON u.user_id = oi.user_id
)INNER JOIN(SELECT * FROM t_order_goods og
WHERE og.market_price > 2000) t
ON oi.order_id = t.order_id;
```

id	select_type	table	type	possible_keys	key	key_len	ref	rows	Extra
1	PRIMARY	<derived2>	ALL	(NULL)	(NULL)	(NULL)	(NULL)	10025	
1	PRIMARY	oi	eq_ref	PRIMARY,user_id	PRIMARY	3	t.order_id	1	
1	PRIMARY	u	eq_ref	PRIMARY	PRIMARY	3	ecshop3.oi.user_id	1	
2	DERIVED	og	ALL	(NULL)	(NULL)	(NULL)	(NULL)	19775	Using where

图 12-5　derived 类型

- union：表示在 union 中的第二个和随后的 select。
- union result：表示在 union 临时表检索结果的 select，如图 12-6 所示。

```
EXPLAIN
SELECT u.user_id FROM t_users u
UNION SELECT oi.user_id FROM t_order_info oi
```

id	select_type	table	type	possible_keys	key	key_len	ref	rows	filtered	Extra
1	PRIMARY	u	index	(NULL)	PRIMARY	3	(NULL)	40	100.00	Using index
2	UNION	oi	index	(NULL)	user_id	3	(NULL)	5	100.00	Using index
(NULL)	UNION RESULT	<union1,2>	ALL	(NULL)	(NULL)	(NULL)	(NULL)	(NULL)	(NULL)	

图 12-6　union 类型

（3）table。表示正在访问哪个表，当 from 子句中有子查询时，table 列是<derivenN> 格式，表示当前查询依赖 id=N 的查询，于是先执行 id=N 的查询。当有 union 时，UNION RESULT 的 table 列的值为<union1,2>，1 和 2 表示参与 union 的 select 行 id。

（4）type。这一列表示关联类型或访问类型，即 MySQL 决定如何查找表中的行，这部分的内容将在 EXPLAIN Join Types 中详细介绍。

（5）possible_keys。表示查询过程中可能使用到哪些索引列，如果这列值为 NULL 则表示没有相关的索引，在这种情况下，可以通过检查 where 子句看是否可以创造一个适当的索引来提高查询性能，然后用 explain 查看效果。也可能出现另外一种情况，就是 possible_keys 有值，但是 key 列显示为 NULL 的情况，这是因为表中数据不多，MySQL 认为索引对查询帮助不大，而选择了全表查询。

（6）key。该列表示 MySQL 决定使用的索引列，一般决定使用的索引列与 possible_keys 列中显示的索引列是一致的，如果 possible_keys 列中所有键都不适合查找行，那么 key 会选择其他列做索引。

（7）key_len。表示 MySQL 在查询过程中使用索引时，索引列所占的字节数，如果 key 列的值为 NULL，那么 key_len 的值也为 NULL，由于存储格式的原因，NULL 所占字节数比非 NULL 所占字节数长度大 1，因为需要一个字节长度来判断是否记录为 NULL。key_len 计算规则如下：

字符串类型，char(n)占 n 个字节长度，varchar(n)占 2 个字节长度，如果是 UTF-8 格式，其长度为 3*n+2。

数值类型，tinyint 类型占 1 个字节长度，smallint 占 2 个字节长度，int 占 4 个字节长度，bigint 类型占 8 个字节长度。

时间类型，date 类型占 3 个字节长度，timestamp 类型占 4 个字节长度，datetime 类型占 8 个字节长度。

索引最大长度是 768 字节，当字符串过长时，MySQL 会做一个类似左前缀索引的处理，将前半部分的字符提取出来做索引。

（8）ref。表示在 key 列中，即索引列中，表查找值所用到的列或常量，如果这个值是 func，则表示其使用的值来自于某个函数的结果，如果需要查看是哪个函数，可以在 EXPLAIN 后面使用 SHOW WARNINGS 查看扩展的 EXPLAIN 输出。

（9）rows。表示 MySQL 执行查询时必须检查的行数，但这并不是结果集里面的行数，并且对于 InnoDB 表来说，这个数字只是一个估计值，并不一定是准确的。

（10）filtered。表示返回结果的行占需要读到行数的百分比，最大值为 100，如果为 100 说明返回结果行与读取的行一致，没有对返回的行进行过滤，这个值对于分析 join 操作非常有用，因为前一张表的结果集大小会直接影响到连接的循环次数，例如，总行数为 1000 行，如果过滤列的值显示为 50%，那么连接下一张列的结果集则为 1000*50%，即 500 条记录。

（11）Extra。表示额外信息，包含 MySQL 如何解析查询的附加信息，详细内容将在 EXPLAIN Extra Information 中进行介绍。

12.3.3 EXPLAIN Join Types 连接方式

type 列通常的取值包括：system、const、eq_ref、ref、fulltext、ref_or_null、index_merge、unique_subquery、index_subquery、range、index、ALL。按影响性能的优先排序，从性能高到低依次排序为：system、const、eq_ref、ref、fulltext、ref_or_null、index_merge、unique_subquery、index_subquery、range、index、ALL。

（1）NULL。表示 MySQL 在优化阶段分解查询语句，在执行查询时不需要再访问表或索引，如图 12-7 所示。

```
EXPLAIN
SELECT MAX(goods_id) FROM ecs_goods
```

id	select_type	table	type	possible_keys	key	key_len	ref	rows	Extra
1	SIMPLE	(NULL)	(NULL)	(NULL)	(NULL)	(NULL)	(NULL)	(NULL)	Select tables optimized away

图 12-7　type 类型为 NULL

（2）const 和 system。MySQL 在查询优化时对查询的某部分进行优化并将其转化成一个常量（可以看 show warnings 的结果）。用于 primary key 或 unique key 的所有列与常数比较时，表最多有一个匹配行，只读取 1 次，速度比较快，如图 12-8 所示。

```
EXPLAIN
SELECT * FROM (SELECT * FROM ecs_goods WHERE goods_id = 1) tmp;
```

id	select_type	table	type	possible_keys	key	key_len	ref	rows	Extra
1	PRIMARY	<derived2>	system	(NULL)	(NULL)	(NULL)	(NULL)	1	(NULL)
2	DERIVED	ecs_goods	const	PRIMARY	PRIMARY	3	const	1	(NULL)

图 12-8　type 类型 const 和 system

show warnings 结果如图 12-9 所示。

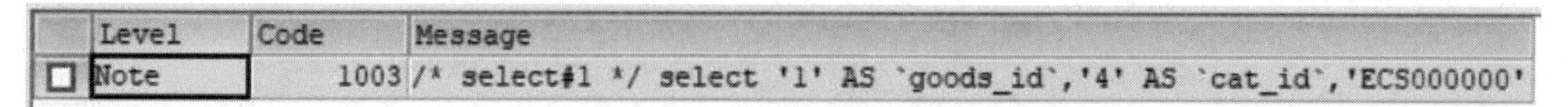

Level	Code	Message
Note	1003	/* select#1 */ select '1' AS `goods_id`,'4' AS `cat_id`,'ECS000000'

图 12-9　show warnings 信息

（3）eq_ref。如果多张表连接，使用 primary key 或 unique key 索引的列进行连接，这样最多只会返回一条符合条件的记录，这应该是除 const 之外最好的联接类型。可以使用“=”对索引列进行比较，比较可以是一个常量，也可以是一个表达式，如图 12-10 所示。

```
EXPLAIN
SELECT *
FROM t_goods g,t_order_goods og
WHERE g.goods_id = og.goods_id
```

id	select_type	table	type	possible_keys	key	key_len	ref	rows	Extra
1	SIMPLE	og	ALL	goods_id	(NULL)	(NULL)	(NULL)	19775	
1	SIMPLE	g	eq_ref	PRIMARY	PRIMARY	3	ecshop3.og.goods_id	1	

图 12-10　type 类型 eq_ref

（4）ref。对于前一个表中的每个行组合，从这个表中读取所有具有匹配索引值的行，如果连接只使用键的最左边前缀，或者该列索引不是 primary key 或 unique 索引，即连接时匹配到的行不是单行，那么 type 的类型为 ref。ref 可用于“=”或“<=>”操作符比较索引列，如图 12-11 所示。

```
EXPLAIN
SELECT *
FROM t_goods g,t_order_goods og
WHERE g.goods_id = og.goods_id AND g.goods_id = 1
```

id	select_type	table	type	possible_keys	key	key_len	ref	rows	Extra
1	SIMPLE	g	const	PRIMARY	PRIMARY	3	const	1	
1	SIMPLE	og	ref	goods_id	goods_id	3	const	4	

图 12-11　type 类型 ref

（5）index_merge。该类型表示使用了索引合并优化，在这种情况下，输出行中的列会包含使用到的索引列表，key_len 表示使用的索引最长键部分列的长度。index-merge 访问方法检索具有多个范围扫描的行，并将它们的结果合并为一个。这种访问方法只合并来自单个表的索引扫描，而不是跨多个表的扫描。合并可以产生其底层扫描的并集、交集或交集的并集，如图 12-12 所示。

```
EXPLAIN
SELECT *
FROM ecs_goods g
WHERE g.goods_id = 50 OR g.goods_sn = 'ECS000050'
```

	id	select_type	table	type	possible_keys	key	key_len	ref	rows	Extra
□	1	SIMPLE	g	index_merge	PRIMARY,goods_sn	PRIMARY,goods_sn	3,182	(NULL)	2	Using union(PRIMARY,goods_sn); Using where

图 12-12　type 类型 index_merge

（6）range。表示通过索引来检索给定范围的行，当检索条件中使用了=、<>、>、>=、<、<=、is NULL、<=>、BETWEEN、LIKE 或 IN()操作符将列与常量进行比较时，type 类型会显示为 range。key_len 包含所使用的最长的键部分，ref 列是 NULL，如图 12-13 所示。

```
EXPLAIN
SELECT *
FROM ecs_goods g
WHERE g.goods_id IN (1,2,3,4,5)
```

	id	select_type	table	type	possible_keys	key	key_len	ref	rows	Extra
□	1	SIMPLE	g	range	PRIMARY	PRIMARY	3	(NULL)	5	Using index condition

图 12-13　type 类型 range

（7）index。表示对整个索引树进行扫描，其实与扫描整张表相似，区别在于一个是扫描整张表，一个是扫描整个索引表，扫描索引表会更快，因为索引大小通常会小于表数据，如图 12-14 所示。

```
EXPLAIN
SELECT SUM(goods_id) FROM ecs_goods g
```

	id	select_type	table	type	possible_keys	key	key_len	ref	rows	Extra
□	1	SIMPLE	g	index	(NULL)	PRIMARY	3	(NULL)	44	Using index

图 12-14　type 类型 index

（8）ALL。表示对整个表中每条信息都进行查找，即全表扫描，这是性能最糟糕的，如果全表扫描通常会通过添加索引来避免全表扫描。

12.3.4　EXPLAIN Extra Information 额外信息

EXPLAIN 输出的 Extra 列包含关于 MySQL 如何解析查询的附加信息，常见的值如下：

（1）Backward index scan。Backward index scan 降序索引是在 MySQL8 之后出现的一种新的索引排序方法，之前的版本显示的是 filesort 的排序方法。filesort 文件排序，并不是真正意义的文件排序，是指将数据读取到内存中后进行的一种排序。现在版本的 MySQL 可以使用降序索引的方法对索引进行扫描，这样效率会更高，以前是忽略降序索引，如以下代码。

```
mysql> EXPLAIN SELECT * FROM ecs_goods ORDER BY goods_id desc
*************************** 1. row ***************************
           id: 1
  select_type: SIMPLE
        table: ecs_goods
   partitions: NULL
```

```
          type: index
possible_keys: NULL
            key: goods_id
      key_len: 10
            ref: NULL
          rows: 1
      filtered: 100.00
          Extra: Backward index scan; Using index
```

（2）distinct。表示 MySQL 如果查询到第一个匹配行后，就会停止查询，不再进行检索，如图 12-15 所示。

```
EXPLAIN
SELECT DISTINCT g.goods_id FROM ecs_goods g LEFT JOIN ecs_order_goods og ON g.goods_id = og.goods_id
```

id	select_type	table	type	possible_keys	key	key_len	ref	rows	Extra
1	SIMPLE	g	index	PRIMARY	PRIMARY	3	(NULL)	44	Using index; Using temporary
1	SIMPLE	og	ref	goods_id	goods_id	3	ecshop.g.goods_id	12	Using index; Distinct

图 12-15　Extra 列之 distinct

（3）Using index。表示对表的请求列是来自于同一索引部分，返回的列数据只使用索引中的信息，并且没有再去访问表中的行记录，如上一个实例。

（4）Using temporary。表示在查询过程中需要创建一张临时表来处理查询，如果查询出 group by 和 order by，那么一般在 Extra 列会出现 Using temporary，如以上实例。

（5）Using where。表示对提取的结果使用 where 条件进行过滤，如图 12-16 所示。

```
EXPLAIN
SELECT
  g.*,
  c.measure_unit,
  b.brand_id,
  b.brand_name    AS goods_brand,
  m.type_money    AS bonus_money,
  IFNULL(AVG(r.comment_rank), 0) AS comment_rank,
  IFNULL(mp.user_price, g.shop_price * '1.00') AS rank_price
FROM 'ecshop'.'ecs_goods' AS g
  LEFT JOIN 'ecshop'.'ecs_category' AS c
    ON g.cat_id = c.cat_id
  LEFT JOIN 'ecshop'.'ecs_brand' AS b
    ON g.brand_id = b.brand_id
  LEFT JOIN 'ecshop'.'ecs_comment' AS r
    ON r.id_value = g.goods_id
      AND comment_type = 0
      AND r.parent_id = 0
```

```
        AND r.status = 1
    LEFT JOIN 'ecshop'.'ecs_bonus_type' AS m
      ON g.bonus_type_id = m.type_id
        AND m.send_start_date <= '1639268527'
        AND m.send_end_date >= '1639268527'
    LEFT JOIN 'ecshop'.'ecs_member_price' AS mp
      ON mp.goods_id = g.goods_id
        AND mp.user_rank = '1'
WHERE g.goods_id = '43'
      AND g.is_delete = 0
GROUP BY g.goods_id
```

id	select_type	table	type	possible_keys	key	key_len	ref	rows	Extra
1	SIMPLE	g	const	PRIMARY	PRIMARY	3	const	1	(NULL)
1	SIMPLE	c	const	PRIMARY	PRIMARY	2	const	1	(NULL)
1	SIMPLE	b	const	PRIMARY	PRIMARY	2	const	0	unique row not found
1	SIMPLE	r	ref	parent_id,id_value	id_value	3	const	1	Using where
1	SIMPLE	m	const	PRIMARY	PRIMARY	2	const	1	Using where
1	SIMPLE	mp	ref	goods_id	goods_id	4	const,const	1	(NULL)

图 12-16 Extra 列之 Using where

（6）Using index condition。表示先过滤索引，过滤完索引后找到所有符合索引条件的数据行，随后使用 where 子句对返回的结果集进行过滤，如图 12-17 所示。

```
EXPLAIN
SELECT goods_id FROM ecs_goods
WHERE goods_sn = 'ECS000000'
```

id	select_type	table	type	possible_keys	key	key_len	ref	rows	Extra
1	SIMPLE	ecs_goods	ref	goods_sn	goods_sn	182	const	1	Using index condition

图 12-17 Extra 列之 Using index condition

（7）unique row not found。表示查询过程中没有行满足表上的 UNIQUE 索引或 PRIMARY KEY 的条件。

（8）Select tables optimized away。当使用聚合函数来访问存在索引的某个字段时，优化器会通过索引直接一次定位到所需要的数据行，例如聚合函数 min，检索时会直接访问存储结构的最左侧叶子节点，但查询语句中不能出现 group by，此时 Extra 列会显示为 Select tables optimized away，如图 12-18 所示。

```
EXPLAIN
SELECT COUNT(goods_id) FROM ecs_goods
```

id	select_type	table	type	possible_keys	key	key_len	ref	rows	Extra
1	SIMPLE	(NULL)	(NULL)	(NULL)	(NULL)	(NULL)	(NULL)	(NULL)	Select tables optimized away

图 12-18 Extra 列之 Select tables optimized away

12.4 profile 语句

EXPLAIN 语句用于分析表的查询、连接方式、索引使用等，如果需要再详细分析某条 SQL 语句执行时所消耗的系统资源、响应时间等性能相关问题，可以使用 profile 语句。

12.4.1 开启 profile

默认情况下 profile 的功能是关闭的，在开启 profile 功能前可以先查看一下 profile 功能是否已开启。

```
mysql> show variables like '%profil%';
+------------------------+-------+
| Variable_name          | Value |
+------------------------+-------+
| profiling              | OFF   |
| profiling_history_size | 15    |
+------------------------+-------+
```

如果 profiling 显示为 OFF 就表示是关闭状态，如果需要开启 profile 功能，可以使用以下代码：

```
mysql> set profiling = 'on';
mysql> show variables like '%profil%';
+------------------------+-------+
| Variable_name          | Value |
+------------------------+-------+
| profiling              | ON    |
| profiling_history_size | 15    |
+------------------------+-------+
2 rows in set (0.00 sec)
```

12.4.2 show profile

使用 show profile 分析 SQL 语句性能的语法如下：

```
SHOW PROFILE [type [, type] ... ]
[FOR QUERY n]
[LIMIT row_count [OFFSET offset]]
```

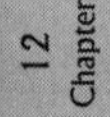

type 类型表示分析相关资源的类型，type 列的选择项主要有以下几种：

（1）ALL。表示列出所有开销信息。

（2）BLOCK IO。表示列出块 IO 输入输出的次数，即磁盘输入输出的次数。

（3）CONTEXT SWITCHES。表示列出上下文切换相关开销信息，上下文切换是重要的一个指标，是指 CPU 处理的任务在不断地切换。

（4）CPU。表示列出 CPU 消耗的情况。

（5）IPC。表示列出发送和接收消息数量。

（6）MEMORY。表示列出内存消耗相关的信息。

（7）PAGE FAULTS。表示列主要和次要的页面故障。

（8）SOURCE。显示源代码函数名、文件名、源代码行的相关信息。

（9）SWAPS。显示交换次数相关开销信息。

FOR QUERY：表示显示哪种查询语句的信息，该选项是可选。

现在可以先运行一些查询语句，如以下语句：

```
SELECT
  b.brand_id,
  b.brand_name,
  b.brand_logo,
  b.brand_desc,
  COUNT(*)        AS goods_num,
  IF(b.brand_logo > '', '1', '0') AS tag
FROM 'ecshop3'.'t_brand' AS b,
  'ecshop3'.'t_goods' AS g
WHERE g.brand_id = b.brand_id
     AND is_show = 1
     AND g.is_on_sale = 1
     AND g.is_alone_sale = 1
     AND g.is_delete = 0
GROUP BY b.brand_id
HAVING goods_num > 0
ORDER BY tag DESC, b.sort_order ASC
LIMIT 3
```

现在如果需要查看当前 session 所有已产生的 profile，可以使用以下命令，如图 12-19 所示。

```
show PROFILES
```

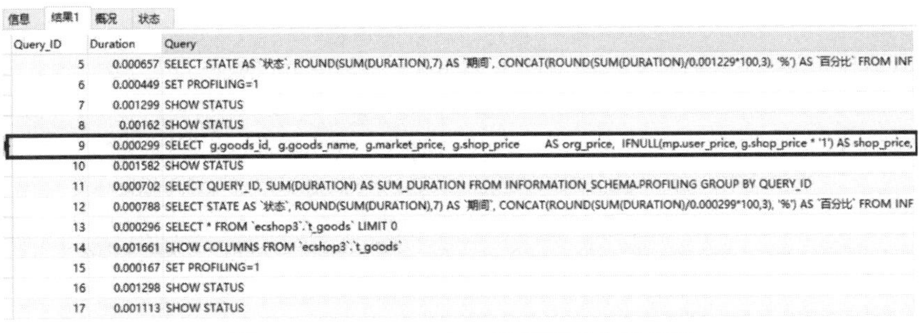

信息　结果1　概况　状态

Query_ID	Duration	Query
5	0.000657	SELECT STATE AS `状态`, ROUND(SUM(DURATION),7) AS `期间`, CONCAT(ROUND(SUM(DURATION)/0.001229*100,3), '%') AS `百分比` FROM INF
6	0.000449	SET PROFILING=1
7	0.001299	SHOW STATUS
8	0.00162	SHOW STATUS
9	0.000299	SELECT g.goods_id, g.goods_name, g.market_price, g.shop_price AS org_price, IFNULL(mp.user_price, g.shop_price * '1') AS shop_price,
10	0.001582	SHOW STATUS
11	0.000702	SELECT QUERY_ID, SUM(DURATION) AS SUM_DURATION FROM INFORMATION_SCHEMA.PROFILING GROUP BY QUERY_ID
12	0.000788	SELECT STATE AS `状态`, ROUND(SUM(DURATION),7) AS `期间`, CONCAT(ROUND(SUM(DURATION)/0.000299*100,3), '%') AS `百分比` FROM INF
13	0.000296	SELECT * FROM `ecshop3`.`t_goods` LIMIT 0
14	0.001661	SHOW COLUMNS FROM `ecshop3`.`t_goods`
15	0.000167	SET PROFILING=1
16	0.001298	SHOW STATUS
17	0.001113	SHOW STATUS

图 12-19　show profiles 显示所有会话信息

显示出来的所有这些信息，其实是保存在 information_schema 库 profiling 表中，但只会保存当前 session 对话信息，即如果关闭了这些信息就会被清空，如果需要保存会话的信息，就必须每次开启 profile 功能，并且默认是只保存 15 条 SQL 信息，如果需要保存更多的 SQL 性能信息，可以使用以下命令：

```
set profiling_history_size = 100
表示将显示的信息保持到 100 条
```

如果要分析最近一条 SQL 的开销信息，需要使用以下命令，如图 12-20 所示。

```
SELECT
    g.goods_id,
    g.goods_name,
    g.market_price,
    g.shop_price AS org_price,
    IFNULL(
        mp.user_price,
        g.shop_price * '1'
    ) AS shop_price,
    g.promote_price,
    promote_start_date,
    promote_end_date,
    g.goods_brief,
    g.goods_thumb,
    g.goods_img
FROM
    'ecshop3'.'t_goods' AS g
LEFT JOIN 'ecshop3'.'t_member_price' AS mp ON mp.goods_id = g.goods_id
AND mp.user_rank = '0'
WHERE
    g.is_on_sale = 1
AND g.is_alone_sale = 1
AND g.is_delete = 0
AND (
    g.cat_id IN ('24')
    OR g.goods_id IN ('')
)
ORDER BY
    g.sort_order,
    g.goods_id DESC
LIMIT 8

获取上面 SQL 语句的开销信息
show PROFILE
```

show profiles 显示所有 SQL 的开销信息，show profile 显示最近一条 SQL 的开销信息，如果发现某条 SQL 的时间较长，需要详细分析其开销信息，可以使用以下命令，如图 12-21 所示。

```
查询某条 SQL 语句的开销，语法格式为：
show profile all for query sql_id
如以下代码是显示 SQL 语句为 57 的开销
show profile all for query 57
```

信息 | 结果1 | 概况 | 状态

状态	期间	百分比
starting	0.0000270	1.796%
Opening tables	0.0000230	1.530%
System lock	0.0000010	0.067%
Table lock	0.0000030	0.200%
init	0.0000040	0.266%
optimizing	0.0000020	0.133%
statistics	0.0000040	0.266%
preparing	0.0000030	0.200%
executing	0.0003050	20.293%
Sending data	0.0002090	13.906%
end	0.0000050	0.333%
query end	0.0000010	0.067%
freeing items	0.0007170	47.705%
removing tmp table	0.0000570	3.792%
closing tables	0.0000030	0.200%
logging slow query	0.0001280	8.516%
cleaning up	0.0000110	0.732%

图 12-20　获取最近一条 SQL 开销信息

信息 | 结果1 | 概况 | 状态

Status	Duration	CPU_user	CPU_system	Context_voluntary	Context_involuntary	Block_ops_in	Block_ops_out	Messages_sent	Messages_received	Page_faults_major
starting	1.8E-5	0	0	0	0	0	0	0	0	
checking query cache for	0.00011	0	0	0	0	0	0	0	0	
checking permissions	3E-6	0	0	0	0	0	0	0	0	
checking permissions	0	0	0	0	0	0	0	0	0	
checking permissions	3E-6	0	0	0	0	0	0	0	0	
Opening tables	0.003953	0	0	4	1	88	0	0	0	
System lock	5E-6	0	0	0	0	0	0	0	0	
Table lock	2.1E-5	0	0	0	0	0	0	0	0	
init	0.000116	0	0	0	0	0	0	0	0	
optimizing	1.6E-5	0	0	0	0	0	0	0	0	
statistics	0.004671	0	0	6	0	160	0	0	0	
preparing	5.7E-5	0	0	0	0	0	0	0	0	
Creating tmp table	3.9E-5	0	0	0	0	0	0	0	0	
executing	2E-6	0	0	0	0	0	0	0	0	
Copying to tmp table	0.011923	0	0	14	0	656	0	0	0	
Sorting result	1.7E-5	0	0	0	0	0	0	0	0	
Sending data	1.7E-5	0	0	0	0	0	0	0	0	
end	1E-6	0	0	0	0	0	0	0	0	
removing tmp table	4E-6	0	0	0	0	0	0	0	0	
end	3E-6	0	0	0	0	0	0	0	0	
query end	1E-6	0	0	0	0	0	0	0	0	

图 12-21　查询某条 SQL 的开销

图 12-21 中纵列的内容含义如下：

initializtion：初始化。

starting：开始。

checking query cache for query：检查缓存查询。

checking permissions：检查权限。

Opening tables：打开表。

init：初始化。

System lock：系统锁。

Table lock：表锁。

optimizing：优化。

statistics：统计。

preparing：准备。

executing：执行。

Sending data：发送数据。

Sorting result：排序。

end：结束。

query end：查询 结束。

closing tables：关闭表/去除 TMP 表。

freeing items：释放物品。

cleaning up：清理。

纵列这些选项其实是 SQL 语句执行的整个过程。

图 12-21 中横列的内容含义如下：

Status：显示一条 SQL 语句在后面执行的整个过程。

Duration：表示执行的时间。

CPU_user：用户消耗 CPU 资源。

CPU_system：系统消耗 CPU 资源。

Context_voluntary：上下文主动切换。

Context_involuntary：上下文被动切换。

Block_ops_in：阻塞的输入操作。

Block_ops_out：阻塞的输出操作。

Messages_sent：消息发出。

Messages_received：消息接受。

Page_faults_major：主分页错误。

Page_faults_minor：次分页错误。

Swaps：交换次数。

Source_function：源功能。

Source_file：调用的源文件。

Source_line：源代码中的第多少行代码。

在分析所消耗的资源时，主要分析的对象包括 CPU、Context_switch、IO 三个指标。

Context-switch 表示上下文切换，上下文切换是指 CPU 从一个进程（线程）切换到另一个进程（线程）。进程是正在执行的一个程序的实例，在 Linux 中，线程可以算作轻量级进程，线程可以并发执行，并且同一进程创建的线程可以共享同一片地址空间及其他资源，即该进程的进程地址空间及属于该进程的其他资源。

通常以下情况会出现上下文切换：

（1）当 nice 的值发生变化时。

（2）当有任务被系统强制挂起时。

（3）开发者强制进行上下文切换。

（4）当 IO 阻塞时，IO 阻塞会导致 IO 不断地请求 CPU 资源，CPU 必须不断进行上下文切换来解决阻塞的问题。

当上下文切换变得很频繁时，一般就会导到 CPU 的使用率上升，原因是当上下文切换频繁后，CPU 或者说任务必须在寄存器与 Cache 中进行来回的工作与切换。监控上下文切换的指标的相关命令有：sar、vmstat、iostat 等。

12.5 索引

如果通过 EXPLAIN 和 PROFILE 发现 SQL 语句执行的速度比较慢，通常最容易想到的解决方案就是为列创建索引，本节就索引如何优化查询性能进行详细介绍。

12.5.1 索引结构

通常说的索引其实有很多种存储结构，也称为索引模型，MySQL 中常用的索引结构包括：二叉树、B-TREE、B+TREE 和 HASH 等。不同的类型分别应用在不同的适用场景，下面先详细介绍这些常用的索引结构。

（1）二叉树。二叉查找树也称为有序二叉查找树，二叉查找树一般满足以下特征：

- 任意节点左子树不为空，则左子树的值均小于根节点的值。
- 任意节点右子树不为空，则右子树的值均大于根节点的值。
- 任意节点的左右子树也分别是二叉查找树。
- 没有键值相等的节点。

如图 12-22 所示，是一个二叉查找树。

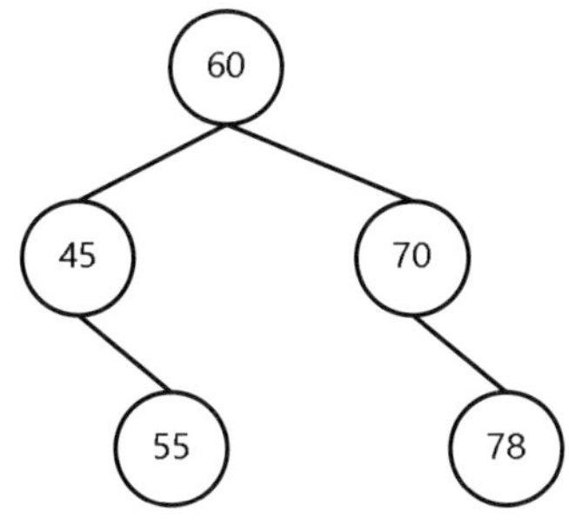

图 12-22 二叉查找树

上面这类二叉查找树在一些极端情况下，会退化成一个有 n 个节点的线性链，这样就起不到二叉查找树的作用，而成为全表扫描，如图 12-23 所示。

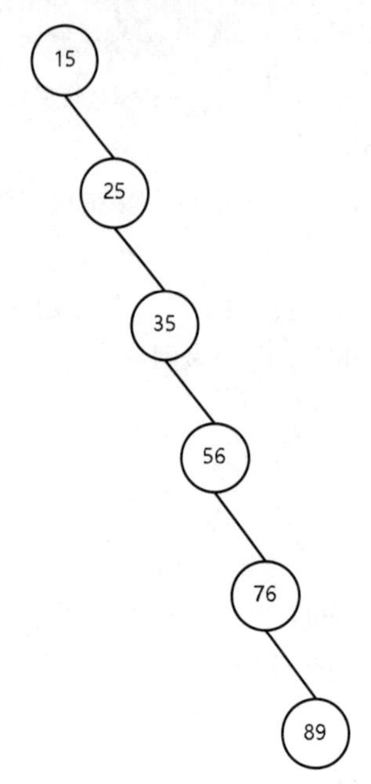

图 12-23　极端情况下的二叉查找树

为了解决上面这种极端情况，通常会设置为带平衡条件的二叉查找树，平衡权的要求是左右子树的树高相同，即左右子树的深度是一致的。但这样会产生一个问题，就是如果有插入或删除操作，二叉查找树为了保持平衡就必须进行旋转，通过旋转来保持树的平衡，但当数据量比较大时，这个旋转就很消耗时间，这样维护二叉查找树的成本就很高。由于维护这种高度平衡所付出的代价比从中获得的效率收益还大，故而实际的应用不多，更多的地方是用追求局部而不是非常严格整体平衡的红黑树。当然，如果应用场景中对插入删除不频繁，只是对查找要求较高，那么 AVL 还是较优于红黑树。

红黑树在每个节点增加一个存储位表示节点的颜色，可以是 red 或 black。通过对任何一条从根到叶子的路径上各个节点着色的方式的限制，红黑树确保没有一条路径会比其他路径长出两倍。它是一种弱平衡二叉树，相对于要求严格的 AVL 树来说，它的旋转次数变少，所以对于搜索、插入、删除操作多的情况，红黑树比严格的平衡二叉树更合理，红黑树满足以下特征：

- 每个节点非红即黑。
- 根节点是黑的。
- 每个叶节点（叶节点即树尾端 NULL 指针或 NULL 节点）都是黑的。
- 如果一个节点是红的，那么它的两个儿子都是黑的。
- 对于任意节点而言，其到叶子点树 NULL 指针的每条路径都包含相同数目的黑节点。
- 每条路径都包含相同的黑节点。

以 10，18，7，15，16，30，25，40，60 数列为例，依次插入 10，18，7，15，16，30，25，40，60 这些数据，下面是整个插入数据过程中，红黑变化的情况，如图 12-24 所示。

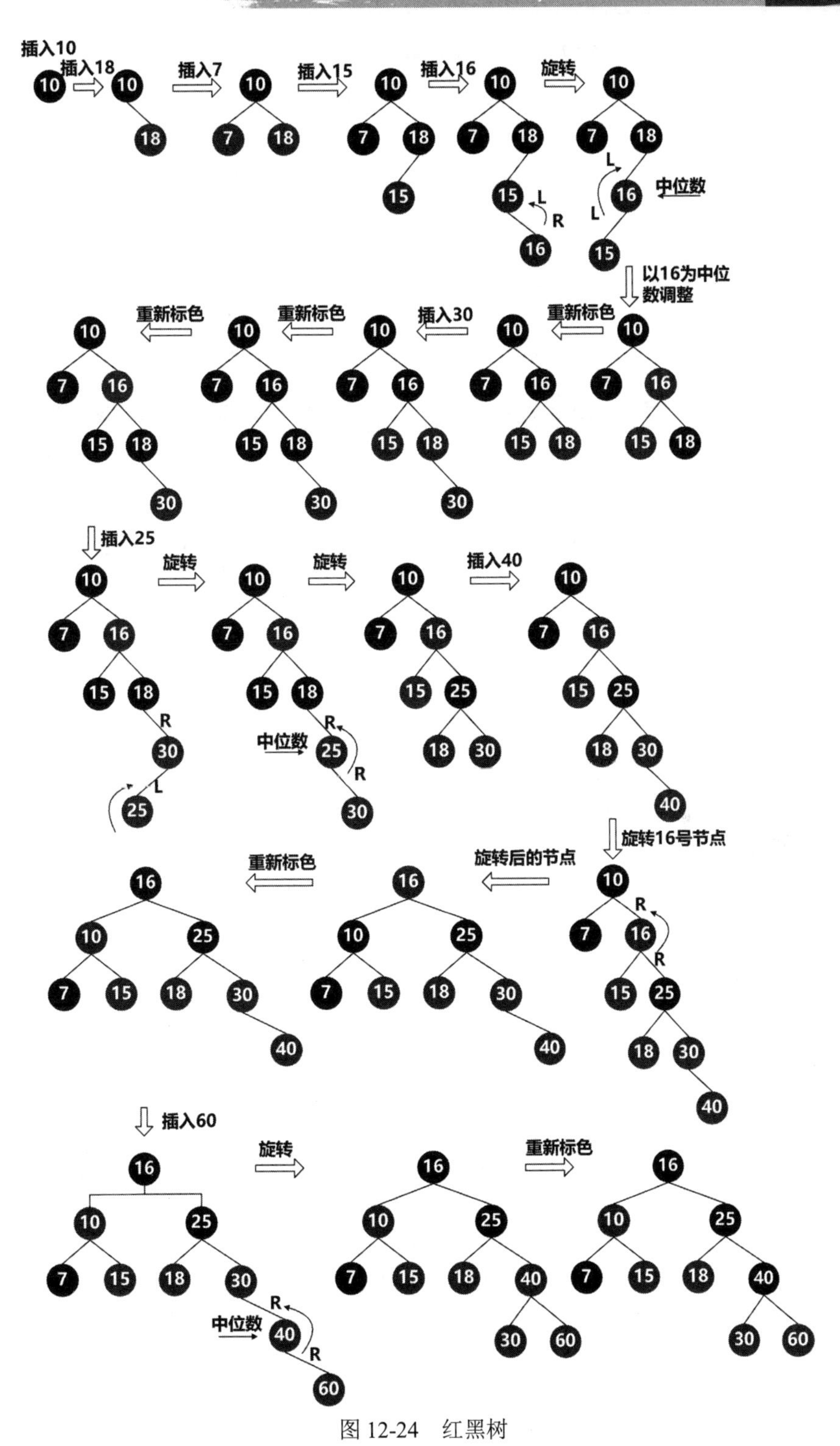
插入10
插入18
插入7
插入15
插入16
旋转
L
R
中位数
以16为中位
数调整
重新标色
插入30
插入25
中位数
插入40
旋转16号节点
旋转后的节点
插入60

图 12-24　红黑树

（2）B-TREE。二叉查找树最大的问题是当数据量很大时，维护索引表的时间就会很长，读取磁盘中的数据时间会更长，所以将二叉查找树进行了优化，进阶到 B-树，也称为 B 树。B 树是一种多路自平衡搜索树，它类似普通的二叉树，但 B 树允许每个节点有更多的子节点，这样树的深度就下降了很多，然后在磁盘中读取数据的速度会快出很多，B 树的存储结构如图 12-25 所示。

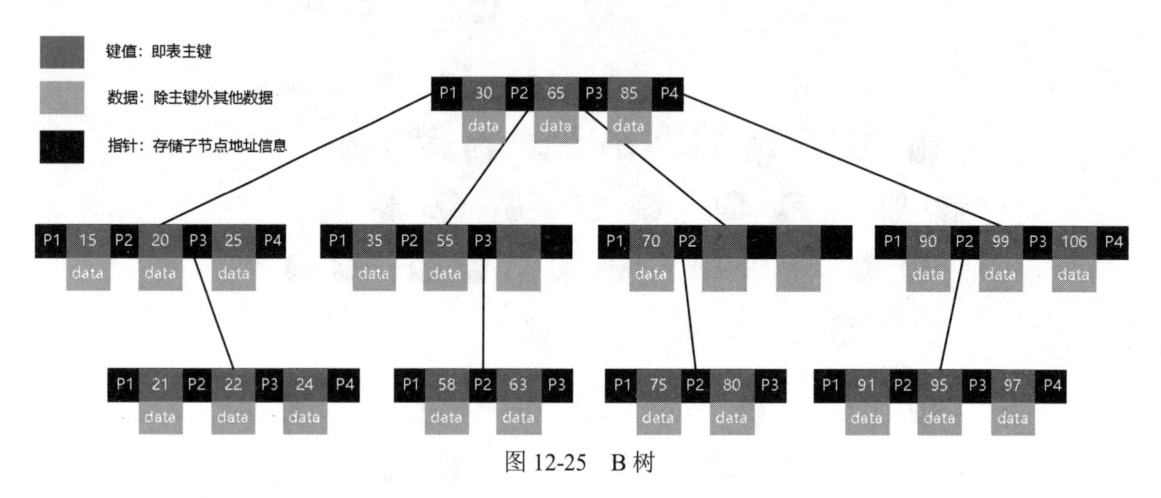

图 12-25　B 树

B 树具有以下特征：

- 所有键值分布在整个树中。
- 任何关键字出现且只出现在一个节点中。
- 搜索有可能在非叶子节点结束。
- 在关键字全集内做一次查找，性能相当于二分查找算法。

（3）B+TREE。B 树在红黑树的基础上已经做出了很多的改进，但是仍然存在以下两个问题：

第一个问题：未定位到数据行，如果数据表的记录有多个字段，仅仅定位到主键是不够的，还需要定位到数据行。

第二个问题：无法处理范围查询，即条件过滤中的范围过滤，在实际业务中，范围查询也是频率非常高的，B 树只能定位到索引位置，很难处理范围查询。

基于以上两点原因，对 B 树进行改进，即 B+树，B+树的结构如图 12-26 所示。

B+树具有以下特征：

- 所有关键字都出现在叶子节点的链表中（稠密索引），叶子节点链表中的关键字是一个双向链表的有序数列。
- 索引数据不可能在非叶子节点上被命中。
- 非叶子节点相当于叶子节点的索引（稀疏索引），叶子节点相当于存储（关键字）数据的数据层。
- 每一个叶子节点都包含指向下一个叶子节点的指针，从而方便叶子节点的范围遍历。
- 更适合文件索引系统。

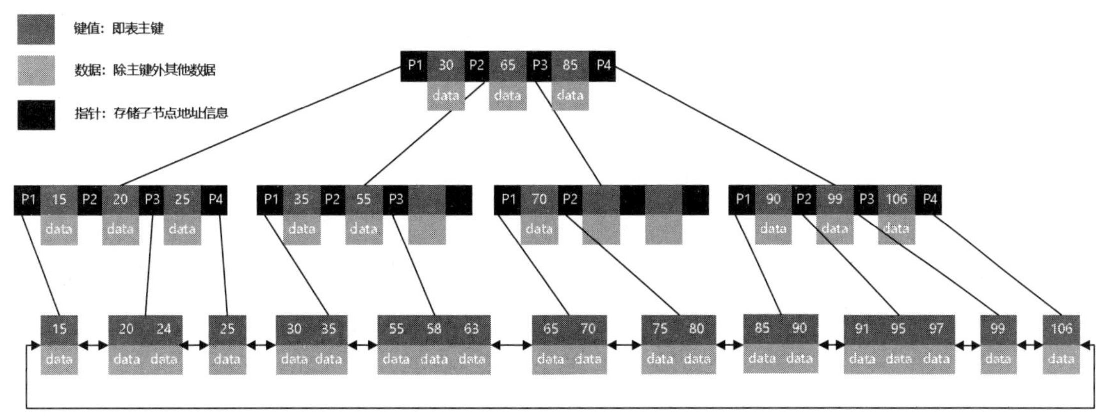

图 12-26　B+树

（4）Hash 索引。哈希索引（Hash Index）是建立在哈希表的基础上，存储引擎会计算出被索引列的哈希码（Hash Code），这些哈希码是一个哈希函数计算出来的，然后将这些哈希码保存在索引中，并且保存了指向哈希表中每一行的指针，通过这个指针可以精确地定位到数据所在的位置。

哈希值是一个很小的值，是一个紧凑型的数值，并且不会受索引列的大小影响。但哈希码可能出现相同的值，即通常说的哈希碰撞。

哈希索引处理的速度其实是很快的，特别是对一些长字符串的比较，哈希索引会比 B+树索引快很多，但哈希索引本身也存在很多局限性，主要有以下局限性：

- Hash 得到的值地址和指针，不是记录本身的值。
- Hash 键值不会进行排序。
- Hash 索引只支持 in、=、<=>条件的检索，例如 count > 100 是不适合的。
- 不适合部分匹配，哈希是一个精确的匹配算法，并且区别分大小。
- Hash 碰撞率太高，会影响 HASH 索引检索的速度。

12.5.2　索引常用策略

创建好索引并不代表这个索引在使用过程中其性能是最佳的，高性能索引策略是结构优化的范畴，必须先理解索引后台处理机制，才能更好地选择高性能的策略。本节就索引常用策略进行详细介绍。

（1）隔离索引列。在写 SQL 语句时，不能让索引放置到表达式中，即不能让索引列为表达式的一部分，并且也不能让索引列放在函数中，如果出现上面的情况会让索引列失效，所以在写 SQL 语句时需要隔离这两种情况。

实例 1：goods_id 是商品编号，是主键也是索引列。

```
EXPLAIN
SELECT * FROM t_goods t WHERE t.goods_id + 1 = 10
```

explain 解析结果如图 12-27 所示。

id	select_type	table	type	possible_keys	key	key_len	ref	rows	Extra
1	SIMPLE	t	ALL	(NULL)	(NULL)	(NULL)	(NULL)	51	Using where

图 12-27　explain 解析结果

从图 12-27 中可以看出，索引列并没有被使用到，依然进行了全表扫描，原因是 goods_id 放到一个表达式中，这个表达式并不会自动进行计算 goods_id 的值，所以索引列无法被使用到。所以在写 SQL 语句时一定要避免将索引列放入表达式中。

实例 2：

```
EXPLAIN
SELECT * FROM t_order_info oi
WHERE TO_DAYS(CURRENT_DATE) - TO_DAYS(FROM_UNIXTIME(add_time))<=5
```

以上实例，即使 add_time 是索引列，也不会使用到索引，因为函数会屏蔽这些索引列，使用 explain 也会产生上面一样的结果，为全表扫描。

（2）前缀索引。如果创建的索引列字符长度很长，如 blog 列、text 列或者很长的 varchar 列，这会导致索引变得很大并且会很慢。此时可以考虑使用前缀索引，只对索引列的前几个字符进行索引，并不对所有值进行索引，这样可以缩小索引所需要的空间。创建前缀索引的语句如下：

```
ALTER table 表名 add index 索引名 (列名(前缀索引常量))
如
ALTER TABLE student ADD INDEX email(email(6))
```

如果使用 email 列全部内容进行索引和使用前缀索引，其存储的结构如图 12-28 所示。

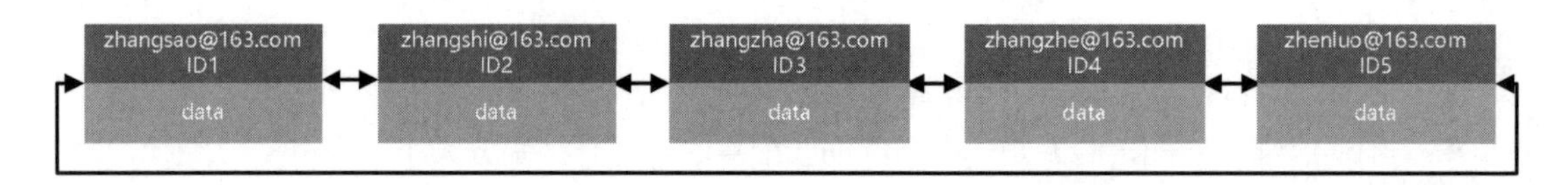

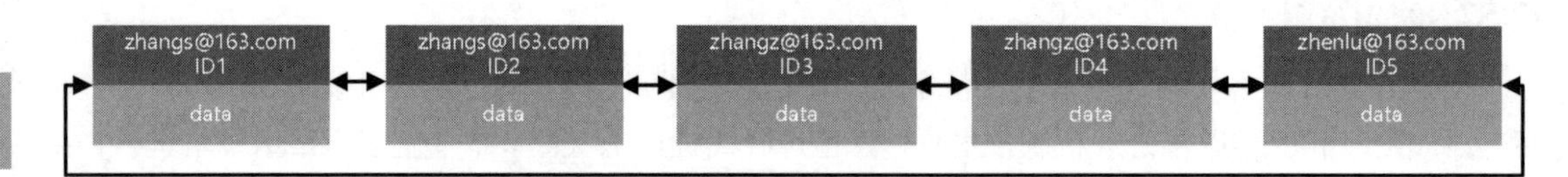

图 12-28　全列索引与前缀索引

```
SELECT email FROM student WHERE email = 'zhangzha@163.com'
```

以上面的查询语句为例，就前缀索引的过程进行解析：

第一步：首先在前缀索引树上找到满足“zhangs”的记录，即 ID1，然后判断 ID1 对应的内容是否满足 WHERE 中的检索条件，如果不满足就丢弃这一行内容。

第二步：再往后继续查询 ID2 是否包含“zhangs”的记录，再判断 ID2 对应的内容是否满足

WHERE 中的检索条件，如果不满足就丢弃这一行内容。

第三步：重复以上步骤，直到取出的索引值不包含“zhangs”的记录结束查询工作。

前缀索引虽然可以让索引空间变小，但是这会降低索引选择性，索引选择性（Index Selectivity）是不重复的索引值（也叫基数 Cardinality）和表中所有行的比值，索引选择性越高，表示在查找匹配的时候可以过滤掉的行越多，唯一索引的选择率为 1，这是最佳的索引选择性。

下面是分别对 email 字段取前缀索引的 3 位、4 位、5 位、6 位和 7 位时索引选择性的值，如图 12-29 所示。

```
SELECT COUNT(DISTINCT LEFT(email,3))/COUNT(*) AS sel3,
COUNT(DISTINCT LEFT(email,4))/COUNT(*) AS sel4,
COUNT(DISTINCT LEFT(email,5))/COUNT(*) AS sel5,
COUNT(DISTINCT LEFT(email,6))/COUNT(*) AS sel6
FROM student
```

sel3	sel4	sel5	sel6
0.3333	0.5000	0.5000	0.6667

图 12-29　索引选择性

（3）覆盖索引。索引列也是可以存储数据的，因为在索引的叶子节点中包含了索引的数据，如果检索过程中返回的数据是来自于索引列，那么就不需要再到表中读取行数据，这样效率是最高的，也称为覆盖索引（Covering Index）。这样可以不需要回表，节约回表操作的时间。

是否使用索引覆盖查询，可以通过 explain 指令输出的 extra 列来判断，如果 extra 列显示为 using index，则表示使用了索引覆盖，如图 12-30 所示。

```
EXPLAIN
SELECT goods_id FROM t_goods WHERE goods_id = 1
```

id	select_type	table	type	possible_keys	key	key_len	ref	rows	Extra
1	SIMPLE	t_goods	const	PRIMARY	PRIMARY	3	const	1	Using index

图 12-30　索引覆盖

下面是一个实例，代码如下：

```
SELECT g.goods_id
FROM t_goods g
WHERE g.goods_id = 1 AND g.goods_name LIKE '%598%'
```

使用 explain 分析的结果如图 12-31 所示。

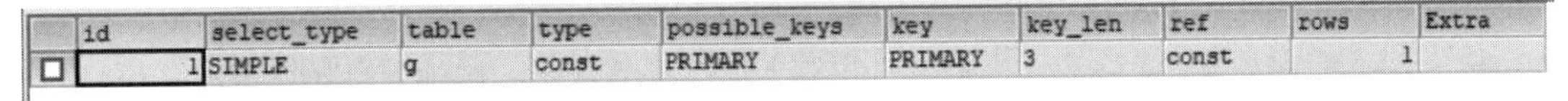

id	select_type	table	type	possible_keys	key	key_len	ref	rows	Extra
1	SIMPLE	g	const	PRIMARY	PRIMARY	3	const	1	

图 12-31　explain 分析结果

通过 explain 分析，发现这个 SQL 语句并没有使用索引覆盖，其原因主要有以下两个：

第一个原因：MySQL 不能在索引中执行 like 操作，这是因为底层存储引擎 API 的限制，它只允许在索引中进行简单的比较。

第二个原因：goods_id 使用了索引，但是 goods_name 并没有使用索引，所以还得读取整个行的内容。

现在使用以下方法对上面的 SQL 语句进行重写，重写后的代码如下：

```
SELECT g.goods_id
FROM t_goods g JOIN
(SELECT t_goods.goods_id FROM t_goods WHERE t_goods.goods_id = 1 AND t_goods.goods_name LIKE '%598%') t1
ON t1.goods_id = g.goods_id
```

重写后使用 explain 分析的结果如图 12-32 所示。

id	select_type	table	type	possible_keys	key	key_len	ref	rows	Extra
1	PRIMARY	<derived2>	system	(NULL)	(NULL)	(NULL)	(NULL)	1	
1	PRIMARY	g	const	PRIMARY	PRIMARY	3	const	1	Using index
2	DERIVED	t_goods	const	PRIMARY	PRIMARY	3		1	

图 12-32　重写后的 explain 分析结果

索引覆盖是一种非常强大的工具，能大大提高查询性能，因为其只需要读取索引而不用读取数据，索引覆盖有以下一些优点：

- 索引项通常比整个行记录要少很多，这样就极大地减少了 MySQL 访问的数据，对缓存的负载也是非常重要的一个优化。
- 索引都按值的大小顺序存储，因此相对于随机从磁盘上提取每一行数据，这种密集型 IO 的范围访问记录就会快很多，并且需要的 I/O 也更少。
- 对绝大部分数据使用引擎处理也会比处理缓存数据更高效。
- 覆盖索引对于 InnoDB 表尤其有用，因为 InnoDB 使用聚集索引组织数据，如果二级索引中包含查询所需的数据，就不再需要在聚集索引中再次查找了。

尽管索引覆盖有很多优点，但在使用时应该注意以下事项：

- 索引覆盖并不适用于任意的索引类型，其要求索引必须存储列的值。
- Hash、空间和全文 full-text 索引不会存储值，所以 MySQL 只能使用 B-TREE。
- 不同的存储引擎实现覆盖索引都是不同的，并不是所有的存储引擎都支持索引覆盖。
- 如果要使用覆盖索引，一定要注意 SELECT 关键字后选择的列，不可以是 SELECT *，因为如果将所有字段一起做索引会导致索引文件过大，查询性能下降。

（4）为排序使用索引扫描。如果查询语句中包含 order by 语句，就会涉及排序的问题，当然如果数据量少，那并没什么问题，可以很快排好序，但是如果是上百万行记录，那排序可能会让查询的性能很糟糕。关于 MySQL 排序一般有两种方式：

- 运用索引排序的特征，直接返回索引列上已排序的数据，这种效率显然是最高的。
- 将查询返回行的数据重新进行排序，也称为 FileSort 排序。

Explain 指令中关于 extra 列的内容，如果 extra 列的内容中返回的值不是通过索引来排序，则都为 FileSort 排序，但是 FileSort 排序并不代表通过磁盘文件进行排序，是否使用磁盘文件取决于

MySQL 服务器对排序参数的设置和需要排序数据的大小。

下面这个实例是通过索引排序，不用进行 FileSort 排序，其中 goods_id 是主键索引列，如图 12-33 所示。

```
EXPLAIN
SELECT g.goods_id FROM t_goods g
ORDER BY g.goods_id
LIMIT 10
```

id	select_type	table	type	possible_keys	key	key_len	ref	rows	Extra
1	SIMPLE	g	index	(NULL)	PRIMARY	3	(NULL)	10	Using index

图 12-33　索引排序

上面的实例是因为排序的列正好是在索引列上，而索引本身就已排序，这样就不需要进行 FileSort 的排序。

但下面的实例就不是使用索引排序，如图 12-34 所示。

```
EXPLAIN
SELECT g.goods_name FROM t_goods g
WHERE g.cat_id = 19
ORDER BY g.goods_id
LIMIT 3
```

id	select_type	table	type	possible_keys	key	key_len	ref	rows	Extra
1	SIMPLE	g	ref	cat_id	cat_id	2	const	9	Using where; Using filesort

图 12-34　FileSort 排序

goods_id 是主键索引，cat_id 是一般的索引，使用 WHERE 过滤后其实是将结果保存在 sort_buffer 中，当然前题条件是 sort_buffer 内存足够大，之后再按 goods_id 进行排序，整张表排序也是按 goods_id 排序，并不按 cat_id 排序，虽然 cat_id 索引本身也排序，但不能决定整张表的排序情况，所以这个实例不是索引排序。

下面的实例使用了两个列的索引，goods_id 和 cat_id 都是索引列，同时对这两列排序，结果如图 12-35 所示。

```
EXPLAIN
SELECT g.goods_id,g.cat_id FROM t_goods g
ORDER BY g.goods_id,g.cat_id
LIMIT 3
```

id	select_type	table	type	possible_keys	key	key_len	ref	rows	Extra
1	SIMPLE	g	ALL	(NULL)	(NULL)	(NULL)	(NULL)	51	Using filesort

图 12-35　多列索引

如果多列索引不进行联合索引，还是不能达到索引排序的效果，如果要解决这个问题，就需要先创建一个联合索引，创建联合索引的代码如下：

```
CREATE INDEX idx_goods_id_cat_id ON t_goods(goods_id,cat_id)
```

创建联合索引后，使用 explain 重新分析，结果如图 12-36 所示，如果对于多列希望索引排序，就必须创建联合索引。

id	select_type	table	type	possible_keys	key	key_len	ref	rows	Extra
1	SIMPLE	g	index	(NULL)	idx_goods_id_cat_id	5	(NULL)	3	Using index

图 12-36　联合索引

如果对 goods_id 列进行升序排序，cat_id 列进行降序排序，代码如下：

```
EXPLAIN
SELECT g.goods_id,g.cat_id FROM t_goods g
ORDER BY g.goods_id ASC,g.cat_id DESC
LIMIT 3
```

使用 explain 分析结果如图 12-37 所示。

id	select_type	table	type	possible_keys	key	key_len	ref	rows	Extra
1	SIMPLE	g	index	(NULL)	idx_goods_id_cat_id	5	(NULL)	51	Using index; Using filesort

图 12-37　多列不同排序规则

goods_id 列使用索引列升序排序即可，排序后再使用 cat_id 进行降序排序，此时使用到的是缓存中的结果，即 cat_id 排序是使用了缓存中的结果进行 FileSort 排序。

一般以下情况会出现 Using FileSort：

- 全表数据默认只会按照主键进行排好序，需要 SELECT *时或 SELECT 筛选的列没有建立索引，就需要再排序。
- 对于联合索引来说，如果 order by 的时候涉及多字段升序和降序混用，会导致无法利用索引的天然排序，或者是只能利用到一部分，另一部分需要再排序。
- 联合索引情况下，order by 多字段排序的字段左右顺序和联合索引的字段左右顺序不一致导致 FileSort。
- 联合索引情况下，order by 多个字段排序时，字段的左右顺序和联合索引字段的左右顺序不一致导致 FileSort。

使用 FileSort 排序又有两种算法：全字段排序和 rowid 排序。

如果使用的是 FileSort 排序，那么 MySQL 会去判断 sort_buffer_size 是否足够大，如果 MySQL 认为这个内存足够大，就会优先选择全字段排序，并且将需要的字段内容放到 sort_buffer 中，这样排序会直接从内存里面返回查询结果，避免回到原始表中去取数据。

使用全字段排序会涉及一个问题，如果查询返回的数据比较多，那么 sort_buffer 里面就会存放很多数据内容，但内存允许存放的数据又很少，例如：查询返回的记录一共有 500 条，但内存中只能存放 200 条，那么此时还有 300 条记录就会被拆分放入到多个临时文件中进行排序，如果单行很大，那么这个方法效率就会大打折扣，在 MySQL 中控制数据长度的参数主要是 max_length_for_sort_data。

假设现在单行超过了 max_length_for_sort_data，就会采用 rowid 进行排序，首先会将需要排序的字段和主键取出来到内存中进行排序，排好序之后，再根据主键进行回表查出其他字段直接返回给客户端。注意，这里回表查询的数据不会存放到内存中，而是直接返回给客户端。这样就缓解了全字段排序可能导致很多记录磁盘排序的问题。但是 rowid 排序同样也引入了另一个问题，那就是回表，如果回表过多也会导致性能下降。

（5）聚集索引。聚集索引（Clustered Index）不是一种单独的索引类型，而是一种存储数据的方式。MySQL 聚集索引被解释为物理管理表行排序的索引，实际上聚集索引被解释为在 MySQL 的 InnoDB 表中管理的索引，如果已经创建了聚集索引，所有的表行都将根据创建聚集索引时实现的键列进行存储。这是因为表行聚集索引按有组织的顺序存储，其中每个不同的表只有一个聚集索引。

下面创建一个表，使用 InnoDB 引擎，目前 MySQL 数据库只有 SolidDB 和 InnoDB 两种引擎是支持聚集索引的。创建表的代码如下：

```
CREATE TABLE Training(TID INT PRIMARY KEY AUTO_INCREMENT, Label VARCHAR(255), Information TEXT)
ENGINE = INNODB;
```

其中 TID 是主键，对主键列进行检索，检索语句如下：

```
SELECT * FROM Training WHERE TID = 1
```

使用 explain 命令解析结果，如图 12-38 所示。

id	select_type	table	type	possible_keys	key	key_len	ref	rows	Extra
1	SIMPLE	Training	const	PRIMARY	PRIMARY	4	const	1	

图 12-38　聚集索引解析结果

直接根据主键查询获取所有字段数据，此时主键是聚集索引，因为主键对应的索引叶子节点存储了 TID=1 的所有字段的值。

聚集索引工作原理如下：

- 每个数据库 InnoDB 表都需要一个聚集索引，它基本上代表了支持插入、更新、选择和删除等数据处理的主键。因此，每当用户在数据库中为 InnoDBtable 声明主键时，MySQL 都会将主键默认作为 MySQL 聚集索引。
- 如果表不包含特定表的任何主键，那么 MySQL 将检查初始的 UNIQUE 索引，该索引定义所有键列指定 NOT NULL 属性并将此 UNIQUE 索引应用为 MySQL 聚集索引。
- 如果 InnoDB 表不包含主键或任何唯一键索引，那么 MySQL 将在内部生成一个隐藏的聚集索引 GEN_CLUST_INDEX，该索引建立在由 row ID 组成的合成列上。因此，可以说每个数据库 InnoDB 表始终只包含一个聚集索引。
- 除聚集索引外的所有剩余索引都定义为二级索引或非聚集索引。二级索引中 InnoDB 表中的每条记录都由非聚集索引中列和行的主键列组成。因此，MySQL 将在聚集索引中使用此主键值进行查找。
- 必须存在一个短的主键，否则当 MySQL 实现二级索引时，它会占用更多空间。通常在 MySQL 中，会为主键列定义一个具有自增整数属性的表列。

- 聚集索引表有助于根据按一个方向排序的键值同时存储索引和数据。MySQL 聚集索引可以使用一列或多列在数据库表中创建索引。

聚集索引有以下优点：

- 使用 MySQL 聚集索引，缓存命中率最大化，页面传输最小化。
- MySQL 聚集索引是具有最小、最大和计数查询的组或范围的最终选项。
- 在范围的开头，它实现了一种查找索引项的定位机制。
- 此外，聚集索引还支持分段和其他操作。
- 数据访问的速度更快，聚集索引把索引和数据都保存到同一棵 B-Tree 中，因此从聚集索引中取得数据通常比在非聚集索引进行查找要快。
- 使用覆盖索引的查询可以使用包含在叶子节点中的主键值。

聚集索引有以下缺点：

- 更新表记录需要很长时间，因为它会强制 InnoDB 把每个更新的行移到新的位置。
- 聚集表可能比全表扫描更慢，尤其是表存储比较稀疏或因为分页而没有顺序存储的时候。
- 聚集能最大限度地提升 I/O 密集负载性能，如果数据能装入内存，那其顺序就无所谓了，这样聚集就没有什么优势。
- 插入速度严重依赖插入顺序，按照主键顺序插入行是把数据装入 InnoDB 表最快的方法，如果没有按照主键顺序插入数据，那么在插入之后最好使用 OPTIMIZE TABLE 重新组织一下表。
- 建立在聚集索引上的表在插入新行，或者在行的主键被更新，该行必须被移动的时候进行分页（Page Split）。分页发生在行的键值要求必须被放到一个已经满了数据的页的时候，存储引擎必须分页才能容纳该行，分页会导致表占用更多的磁盘空间。

（6）压缩索引。数据库压缩是一种技术，用于重新组织数据库内容以节省物理存储空间并提高性能速度，压缩通常由两种方式来实现。

- 无损：原始数据可以从压缩数据中完成重建。
- 有损：减少数据量而牺牲数据质量。

根据数据模式中冗余的性质和程度，压缩方法可能在数据字段内、跨数据行或列、跨整个数据页或分层数据结构中工作。并且基于文本/原始数据与音频视频的压缩方式还有所不同。

虽然大多数压缩算法都是开放和标准的，但像 Oracle 这些公司则有自己专有的算法，运行长度编码、前缀编码、使用聚类压缩、稀疏矩阵、字典编码都是数据库最常用的标准压缩技术。

在 MyISAM 中使用的是前缀压缩（Prefix Compression）以减少索引大小，这样可以将更多的索引内容装入到内存，在正常情况下可以极大地提高性能，默认情况下会压缩字符串，但也可以让它压缩整数。

数据库压缩有以下优点：

- 大小：数据库压缩最明显的原因是减少了组织的总体数据库存储占用空间。它应用关系（表）、非结构化（文件）、索引、网络数据传输和备份数据。根据数据基数（数据值的重复程度），压缩可以将存储消耗从原始空间的 60%减少到 20%。稀疏填充的表（数据中有大量的零和空格）压缩得更好。

- 速度：由于需要将更少的物理数据从磁盘移动到内存，DB 读取操作变得更快（高达 10 倍）。然而，写操作的性能受到轻微影响，因为其中涉及额外的解压缩步骤。
- 资源利用率：磁盘、内存或缓冲池中的页面将容纳更多数据，从而最大限度地降低 I/O 成本。由于 I/O 发生在页面级别，单个 I/O 将检索更多数据。这增加了数据驻留在缓存中的可能性，因为物理页上可以容纳更多的行。压缩还可以大大缩短备份/恢复时间。

关于索引压缩方式，可以在 create table 语句中指定 pack_keys 参数来控制。

```
CREATE TABLE t_goods(
                goods_id int(8),
                goods_sn varchar(8)
        ) ENGINE=InnoDB DEFAULT CHARSET=latin1 PACK_KEYS=1;
PACK_KEYS [=] {0 | 1 | DEFAULT}
0：表示关闭索引压缩
1：表示开启数字和字符串压缩
default：表示只压缩超长字符串 char 和 varchar 列
```

使用以下命令可以查看表中行格式的类型。

```
SHOW TABLE STATUS LIKE '表名'
```

（7）重复和多余索引。MySQL 允许在同一个列上创建多个索引，而 MySQL 并不会主动去检测是否存在重复的索引，这样就可能导致出现重复的索引。

重复索引（Duplicate Index）是类型相同，以同样的顺序在同样的列上创建的索引。

下面的实例中 intcol1 列出现冗余索引，代码如下：

```
Create Table: CREATE TABLE 't6' (
  'intcol1' int(11) DEFAULT NULL,
  'intcol2' int(11) DEFAULT NULL,
  'intcol3' int(11) DEFAULT NULL,
  'charcol1' varchar(255) DEFAULT NULL,
  'charcol2' varchar(255) DEFAULT NULL,
  'charcol3' varchar(255) DEFAULT NULL,
  KEY 'one' ('intcol1'),
  KEY 'two' ('intcol1','charcol1')
) ENGINE=InnoDB DEFAULT CHARSET=latin1
```

intcol1 列上建了一个单独的索引，同时也创建了一个组合前缀索引，故 intcol1 列是一个重复索引，使用以下命令可以看每张表创建的索引，代码如下，结果如图 12-39 所示。

```
SELECT * FROM information_schema.STATISTICS
```

从图 12-39 可以看出，name 列与上面创建表中的 intcol1 列出现了一样的问题，name 列出现多次索引，即重复索引。

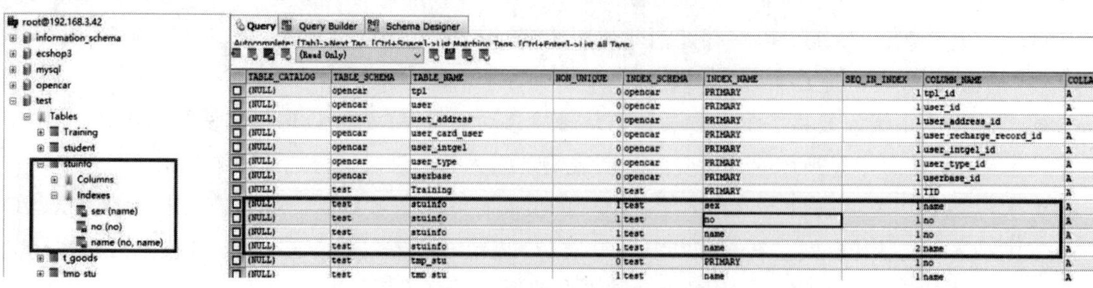

TABLE_CATALOG	TABLE_SCHEMA	TABLE_NAME	NON_UNIQUE	INDEX_SCHEMA	INDEX_NAME	SEQ_IN_INDEX	COLUMN_NAME	COLLATI
(NULL)	opencar	tpl	0	opencar	PRIMARY	1	tpl_id	A
(NULL)	opencar	user	0	opencar	PRIMARY	1	user_id	A
(NULL)	opencar	user_address	0	opencar	PRIMARY	1	user_address_id	A
(NULL)	opencar	user_card_user	0	opencar	PRIMARY	1	user_recharge_record_id	A
(NULL)	opencar	user_intgel	0	opencar	PRIMARY	1	user_intgel_id	A
(NULL)	opencar	user_type	0	opencar	PRIMARY	1	user_type_id	A
(NULL)	opencar	userbase	0	opencar	PRIMARY	1	userbase_id	A
(NULL)	test	Training	0	test	PRIMARY	1	TID	A
(NULL)	test	stuinfo	1	test	sex	1	name	A
(NULL)	test	stuinfo	1	test	no	1	no	A
(NULL)	test	stuinfo	1	test	name	1	no	A
(NULL)	test	stuinfo	1	test	name	2	name	A
(NULL)	test	tmp_stu	0	test	PRIMARY	1	no	A
(NULL)	test	tmp stu	1	test	name	1	name	A

图 12-39　统计索引信息

重复索引对数据库性能的影响主要包括以下几个方面：

- 因为 MySQL 需要检查更多的查询计划，所以它们会使优化器阶段变慢。
- 存储引擎需要维护、计算和更新更多的索引统计信息。
- DML 甚至读查询可能会慢一些，因为 MySQL 需要更新，为相同的负载向缓冲池提取更多数据。
- 数据需要更多的磁盘空间，因此备份将更大、更慢。

MySQL 5.7 及以上版本，可以直接使用以下代码查询冗余索引、重复索引和未使用索引。

查询冗余和重复索引的代码如下：

```
select * sys.from schema_redundant_indexes
```

查询未使用索引的代码如下：

```
select * from sys.schema_unused_indexes
```

针对 5.6 和 5.5 版本，可以使用以下语句来获取冗余索引、重复索引和未使用索引的信息。

查询冗余和重复索引的代码如下，结果如图 12-40 所示。

```
SELECT
  a.'table_schema',
  a.'table_name',
  a.'index_name',
  a.'index_columns',
  b.'index_name',
  b.'index_columns',
  CONCAT('ALTER TABLE ",a.'table_schema',".",a.'table_name'," DROP INDEX ",a.'index_name',"')
FROM ((SELECT
          'information_schema'.'statistics'.'TABLE_SCHEMA' AS 'table_schema',
          'information_schema'.'statistics'.'TABLE_NAME'    AS 'table_name',
          'information_schema'.'statistics'.'INDEX_NAME'    AS 'index_name',
          MAX('information_schema'.'statistics'.'NON_UNIQUE') AS 'non_unique',
          MAX(IF(ISNULL('information_schema'.'statistics'.'SUB_PART'),0,1)) AS 'subpart_exists',
          GROUP_CONCAT('information_schema'.'statistics'.'COLUMN_NAME'   ORDER   BY   'information_schema'.
'statistics'.'SEQ_IN_INDEX' ASC SEPARATOR ',') AS 'index_columns'
        FROM 'information_schema'.'statistics'
        WHERE (('information_schema'.'statistics'.'INDEX_TYPE' = 'BTREE')
```

```
                    AND ('information_schema'.'statistics'.'TABLE_SCHEMA' NOT IN('mysql','sys','INFORMATION_SCHEMA',
'PERFORMANCE_SCHEMA')))
            GROUP BY 'information_schema'.'statistics'.'TABLE_SCHEMA','information_schema'.'statistics'.'TABLE_NAME',
'information_schema'.'statistics'.'INDEX_NAME') a
        JOIN (SELECT
                'information_schema'.'statistics'.'TABLE_SCHEMA' AS 'table_schema',
                'information_schema'.'statistics'.'TABLE_NAME'    AS 'table_name',
                'information_schema'.'statistics'.'INDEX_NAME'    AS 'index_name',
                MAX('information_schema'.'statistics'.'NON_UNIQUE') AS 'non_unique',
                MAX(IF(ISNULL('information_schema'.'statistics'.'SUB_PART'),0,1)) AS 'subpart_exists',
                GROUP_CONCAT('information_schema'.'statistics'.'COLUMN_NAME' ORDER BY 'information_schema'.
'statistics'.'SEQ_IN_INDEX' ASC SEPARATOR ',') AS 'index_columns'
            FROM 'information_schema'.'statistics'
            WHERE (('information_schema'.'statistics'.'INDEX_TYPE' = 'BTREE')
                    AND ('information_schema'.'statistics'.'TABLE_SCHEMA' NOT IN('mysql','sys','INFORMATION_
SCHEMA','PERFORMANCE_SCHEMA')))
            GROUP BY 'information_schema'.'statistics'.'TABLE_SCHEMA','information_schema'.'statistics'.'TABLE_
NAME','information_schema'.'statistics'.'INDEX_NAME') b
          ON ((('a'.'table_schema' = b.'table_schema')
              AND (a.'table_name' = b.'table_name'))))
      WHERE ((a.'index_name' <> b.'index_name')
          AND (((a.'index_columns' = b.'index_columns')
              AND ((a.'non_unique' > b.'non_unique')
                  OR ((a.'non_unique' = b.'non_unique')
                      AND (IF((a.'index_name' = 'PRIMARY'),'',a.'index_name') > IF((b.'index_name' =
'PRIMARY'),'',b.'index_name')))))
              OR ((LOCATE(CONCAT(a.'index_columns',','),b.'index_columns') = 1)
                  AND (a.'non_unique' = 1))
              OR ((LOCATE(CONCAT(b.'index_columns',','),a.'index_columns') = 1)
                  AND (b.'non_unique' = 0))));
```

table_schema	table_name	index_name	index_columns	index_name	index_columns	concat('ALTER TABLE `',a.`table_schema`,'`.`',a.`table_name`,'` DROP I
ecshop3	t_goods	idx_goods_id_cat_id	goods_id,cat_id	PRIMARY	goods_id	ALTER TABLE `ecshop3`.`t_goods` DROP INDEX `idx_goods_id_cat_id`
test	stuinfo	no	no	name	no,name	ALTER TABLE `test`.`stuinfo` DROP INDEX `no`

图 12-40　冗余索引和重复索引

查询未使用索引代码如下，结果如图 12-41 所示。

```
SELECT
    'information_schema'.'statistics'.'TABLE_SCHEMA' AS 'table_schema',
    'information_schema'.'statistics'.'TABLE_NAME'    AS 'table_name',
    'information_schema'.'statistics'.'INDEX_NAME'    AS 'index_name',
    MAX('information_schema'.'statistics'.'NON_UNIQUE') AS 'non_unique',
    MAX(IF(ISNULL('information_schema'.'statistics'.'SUB_PART'),0,1)) AS 'subpart_exists',
    GROUP_CONCAT('information_schema'.'statistics'.'COLUMN_NAME' ORDER BY 'information_schema'.'statistics'.
'SEQ_IN_INDEX' ASC SEPARATOR ',') AS 'index_columns'
```

```
FROM 'information_schema'.'statistics'
WHERE (('information_schema'.'statistics'.'INDEX_TYPE' = 'BTREE')
    AND ('information_schema'.'statistics'.'TABLE_SCHEMA' NOT IN('mysql','sys','INFORMATION_SCHEMA', 'PERFORMANCE_SCHEMA')))
GROUP BY 'information_schema'.'statistics'.'TABLE_SCHEMA','information_schema'.'statistics'.'TABLE_NAME', 'information_schema'.'statistics'.'INDEX_NAME'
```

table_schema	table_name	index_name	non_unique	subpart_exists	index_columns
ecshop3	t_account_log	PRIMARY	0	0	log_id
ecshop3	t_account_log	user_id	1	0	user_id
ecshop3	t_ad	enabled	1	0	enabled
ecshop3	t_ad	position_id	1	0	position_id
ecshop3	t_ad	PRIMARY	0	0	ad_id
ecshop3	t_admin_action	parent_id	1	0	parent_id
ecshop3	t_admin_action	PRIMARY	0	0	action_id
ecshop3	t_admin_log	log_time	1	0	log_time
ecshop3	t_admin_log	PRIMARY	0	0	log_id
ecshop3	t_admin_log	user_id	1	0	user_id
ecshop3	t_admin_message	PRIMARY	0	0	message_id
ecshop3	t_admin_message	receiver_id	1	0	receiver_id
ecshop3	t_admin_message	sender_id	1	0	sender_id,receiver_id
ecshop3	t_admin_user	agency_id	1	0	agency_id
ecshop3	t_admin_user	PRIMARY	0	0	user_id

图 12-41　未使用的索引

12.5.3　索引优缺点

索引是对数据库调优中最重要的手段之一，索引的优点如下：

（1）索引可以让检索速度更快。

（2）主键索引和唯一索引可以避免重复行数据。

（3）在使用分组和排序子句中进行数据检索时，可以减少查询分组和排序时间，即索引覆盖的优点。

（4）可以加速表与表之间的连接。

索引虽然有不少优点，但也有缺点，主要缺点如下：

（1）索引会减慢写入查询的速度，如 insert、update 和 delete。由于 MySQL 必须在内部维护指向实际数据文件中插入行的指针，因此在上述写入查询的情况下需要付出性能代价，因为每次更改记录时，都必须更新索引。

（2）索引要定期维护，随着数据量的增多，索引维护成本也会不断上升。

（3）索引需要占物理空间，除了数据表占数据空间之外，每一个索引还要占一定的物理空间，如果要建立聚簇索引，那么需要的空间就会更大。

12.6　查询执行过程

性能测试过程中对 SQL 查询语句进行性能分析是经常会遇到的问题，前面章节介绍的索引就是优化查询语句的一部分，但查询语句整个执行过程也是必须要掌握的，这样才能更好地理解

MySQL 如何优化和执行查询。

MySQL 查询执行过程如图 12-42 所示。

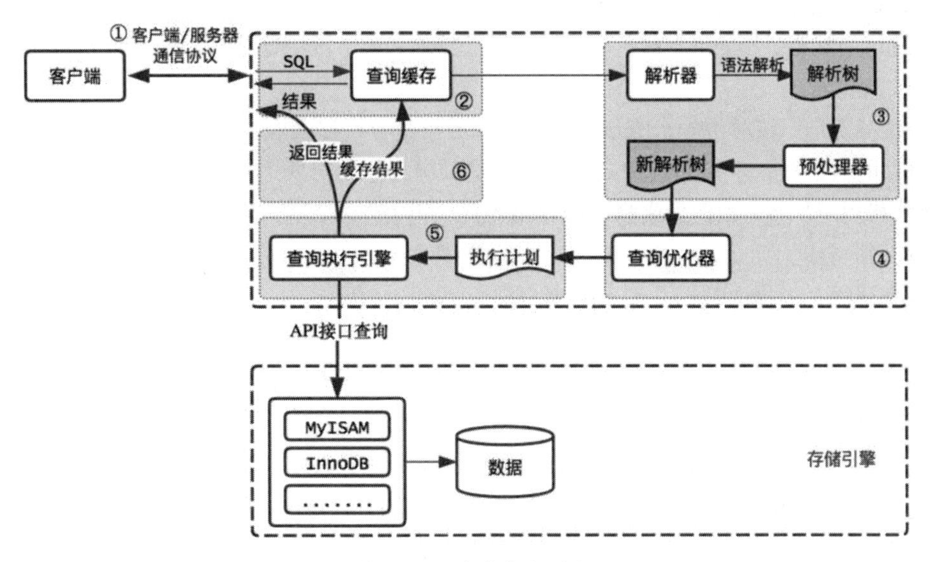

图 12-42 查询执行过程

MySQL 查询执行过程主要包括以下五个步骤：

（1）客户端将查询发送到服务器。

（2）服务器检查查询缓存，如果查询缓存中有需要的数据就将这些数据返回到客户端，否则就进行下一步。

（3）服务器解析，预处理和优化查询，生成执行计划。

（4）执行引擎调用存储引擎 API 执行查询。

（5）服务器将结果发送回客户端。

上面是一个简要的步骤介绍，下面就这五个步骤进行详细介绍。

（1）客户端将查询发送到服务器。首先是客户端将查询的请求发给服务器，MySQL 服务器会通过一个连接器来处理发送过来的查询请求，所以不仅仅是 Web 服务器有连接池的概念，MySQL 数据库也有连接池，关于连接池的大小可以在 MySQL 配置文件中进行设置。

连接器负责的主要工作内容有以下几点：

- 负责与客户端的通信，通信协议是半双工模式，即表示 MySQL 服务器在某个指定时间，可以发送或接收数据，但不能同时发送和接收数据。
- 验证请求的用户账号和密码是否正确，如果账号和密码错误，会报错：Access denied for user 'root'@'localhost' (using password: YES)。
- 如果用户的账号和密码都验证通过了，则会在 MySQL 内置的权限表中查询当前用户的权限。MySQL 中有 4 个控制权限的表，分别是 user 表、db 表、tables_priv 表、columns_priv

表。user 表：存储用户账号信息和全局级别（所有数据库）权限，决定哪些用户可以从哪些主机访问数据库实例。db 表：存储数据库级别的权限，决定哪些用户可以从哪些主机访问这个数据库。tables_priv 表：存储表级权限，这个表决定了哪些用户可以从哪些主机访问数据。columns_priv 表：存储列级权限，该字段决定哪些用户可以从哪些主机访问数据库表。

（2）缓存查询。在解析一个查询前，如果开启了缓存，那么 MySQL 服务器会检查查询缓存，MySQL 缓存的目的是为了提高查询效率，缓存是以键和值的形式形成一张哈希表，这张哈希表对大小写是敏感的，即查询和缓存中有一个字节不同，也表示不匹配，查询就会进入下一个状态。如果缓存和查询内容匹配，那么在返回缓存之前，需要先检查查询的权限，如果权限没有问题，那么 MySQL 就会从缓存中提取数据并返回给客户端。

查看缓存查询相关的参数可以使用以下命令：

```
show variables like "%query_cache%"
```

与缓存查询相关的参数主要有以下几个：

have_query_cache：表示服务器在安装时是否已经配置了高速缓存。

query_cache_limit：表示单条查询语句能够使用的缓存区大小。

query_cache_min_res_unit：表示查询缓存分配内存块的最小单位。

query_cache_size：表示缓存区的大小，单位为 MB。

query_cache_type：表示缓存类型，有三个值可选：0 或者 OFF 表示关闭缓存；1 或者 ON 表示打开缓存；2 或者 demand 表示只缓存带有 sql_cache 的 select 语句。

但需要注意的是 MySQL 的 8.0 版本发布后，缓存已经被正式删除，原因是查询缓存故障非常频繁，如果在写多读少的环境中，缓存会频繁添加和失效。对于一些面临更新压力的数据库，查询缓存的命中率会非常低，MySQL 为了维护缓存，可能会存在一些可伸缩性问题，目前在 5.6 版本中默认已经关闭，建议的做法之一是将缓存放在客户端，性能可能会提高 5 倍左右。

从 MySQL 5.7.20 开始不推荐使用查询缓存，并在 MySQL 8.0 中将查询缓存删除。

（3）查询优化过程。查询优化过程是对原始的查询语句进行优化，进而将查询变成执行计划，查询优化过程会经过解析、预处理和优化。

- 语法解析器和预处理。

MySQL 如果命中查询缓存失败，就会进入分析器，分析器主要完成以下工作：

词法分析：一条 SQL 语句由多个字符串组成。首先需要提取关键词，比如 select、提出查询表、提出字段名、提出查询条件等。

语法分析：根据语法分析的结果，语法分析主要是判断输入的 SQL 语句是否正确，是否符合 MySQL 语法。如果语句有错误，就会收到“你的 SQL 语法有错误”的错误提示。

语法分析程序将整个查询语句分解成各种标志，语法分析根据定义的系统语言将“各种标志”

转换成对 MySQL 有意义的组合。最后，系统生成语法树（AST），这是优化器所依赖的数据结构。

预处理器主要是检查解析器生成的结果树，解决解析器无法解析的语义。

- 查询优化器。

解析器通过验证后，接下来就是准备让优化器将它变成执行计划，但其实每个查询语句通常可以有很多种执行方式，并且不管哪种执行方式，其返回的结果集是一致的，这就像从 A 点到 B 点有多条路可以选择一样，优化器的任务是要在这些执行方案中找到最好的执行方式，或者说找到执行时间最短的方式。

使用以下命令可以查看上一个查询操作的开销，代码如下：

```
mysql> SHOW STATUS LIKE 'last_query_cost';
```

但这个语句显示的最低“成本”并不意味着最快的查询速度，即有时以这个“成本”来判断查询语句的质量是不可靠的。

优化器的优化策略大致可以分为静态优化和动态优化两种。

静态优化就是直接分析之前生成的解析树。例如，where 条件可以通过一些代数变换转换为另一种等价形式。静态优化在第一次完成后生效。即使使用不同的参数重复执行查询，它也不会改变。它可以被认为是一种“编译（预处理）时间优化”。

动态优化是根据上下文而定的，与很多因素有关，如子句中的值和索引中的行数等，动态优化需要在每次查询时重新评估。它可以被认为是一种“运行时优化”。

MySQL 只执行一次静态优化，然后每次运行查询的时候都会进行动态优化，MySQL 有时甚至在执行的时候还会进行优化。MySQL 通常可以处理以下一些优化类型：

- 重新定义关联表的顺序。有时查询语句关联表的顺序对于查询效率可能不是最好的。这时 MySQL 可以自动调整关联表的顺序，来提高效率。
- 将外部连接转换为内部连接。并非所有 out join 语句都必须以 out join 方式执行。MySQL 可以根据实际情况来确定是否对查询进行重写操作，以便它可以调整关联顺序。
- 使用等价变换规则。使用一些等效语句减少比较次数，删除一些常量和非常量条件，例如(10 = 10 and a > 0)将改写为 a > 0。
- 优化 count()、min()和 max()。索引和列是否为空可以帮助优化这种表达式。比如找最小值的时候，可以直接借助索引找到 B 树最左边的记录，这样就不需要查询整个表，而是用一个常量代替。
- 覆盖索引扫描。当索引中的列包含所有查询都需要用到的列时，MySQL 会使用该索引返回需要的数据，而不用查询对应的数据行。
- 提前终止查询。提前终止查询是指当发现查询可以满足要求时，MySQL 会立即停止处理该查询，LIMIT 子句就是一个很典型的例子。还有一种情况可能会终结，比如，MySQL 检查到一个不可能的条件，就会停止整个查询，如以下查询语句：

```
SELECT * FROM t_goods WHERE goods_id = -1
```

Explain 分析结果如图 12-43 所示。

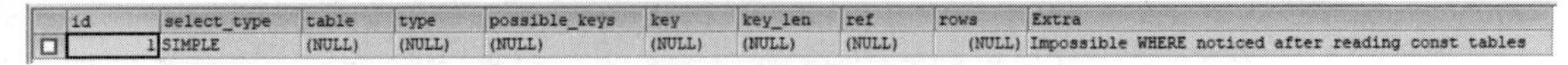

id	select_type	table	type	possible_keys	key	key_len	ref	rows	Extra
1	SIMPLE	(NULL)	(NULL)	(NULL)	(NULL)	(NULL)	(NULL)	(NULL)	Impossible WHERE noticed after reading const tables

图 12-43　提前终止查询

到目前为止，MySQL 服务器层已经根据给定的查询语句给出了一个最优的执行计划。但我们需要知道的是，一些列操作是在服务器层执行的，而不是数据存储的地方。因此，接下来需要将最佳执行计划应用于实际的存储引擎。因此，下一步是从存储引擎获取相应的统计信息。

MySQL 服务器不会生成字节码来执行查询，这方面与其他的数据库有所不同，MySQL 执行计划是树型结构，目的是指导执行引擎产生结果，最终的计划中包含了足够的信息来重建查询。

（4）引擎执行查询。解析和优化步骤生成查询执行计划，MySQL 执行引擎使用它来处理查询，与查询优化阶段相比，查询执行阶段没有那么复杂。MySQL 只是按照执行计划中给出的指令一步一步执行。计划中的这么多操作都是通过存储引擎提供的方法来完成的，这些方法叫处理器 API。

（5）将结果返回到客户端。查询执行的最后阶段是将结果返回给客户端，即使查询不需要将结果集返回给客户端，MySQL 仍会返回查询的一些信息，例如查询影响的行数。

如果查询可以缓存，MySQL 会在这个阶段将查询结果放入查询缓存中。返回结果的过程是一个循序渐进的增量过程。即当得到第一个结果时，就开始返回给客户端，这样做的好处是不会一次返回所有数据，导致内存消耗过大，客户端可以第一时间拿到结果。结果集中的每一行都会带有一个符合 MySQL 客户端/服务器通信协议的数据包，然后通过 TCP 协议传输。在 TCP 传输过程中，数据包可能会被缓存，然后分批传输。

12.7　SQL 执行顺序

在上面的章节中已经介绍了查询执行的整个过程，但是对于 SQL 执行的顺序还没有确定，本节主要介绍 SQL 执行顺序。

SQL 并不是按照写的从前到后、从左到右的顺序，而是按照固定的顺序解析的，主要作用是提供上一阶段执行到下一阶段的结果，SQL 在执行过程中会出现不同的临时中间表，SQL 一般按以下顺序执行，如图 12-44 所示。

以下面的 SQL 语句为例分析 SQL 执行顺序。

```
select distinct s.id from T t join S s on t.id=s.id where t.name="Yrion" group by t.mobile having count(*)>2 order by s.create_time limit 5
```

（1）from。第一步是从 from 关键字后面的表中进行选择，这也是 SQL 执行的第一步，指示从数据库执行哪个表。在本实例中是从 T 表中查找。

（2）join on。求笛卡儿积。不论是什么类型的联接运算，首先都是执行交叉连接（Cross Join），求笛卡儿积，生成虚拟表，以上面查询语句为例，T 表与 S 表执行交叉连接生成一虚拟表 VT1。

on 相当于筛选器，根据谓词进行筛选，筛选出符合要求的数据，生成一张新的虚拟临时表 VT2。

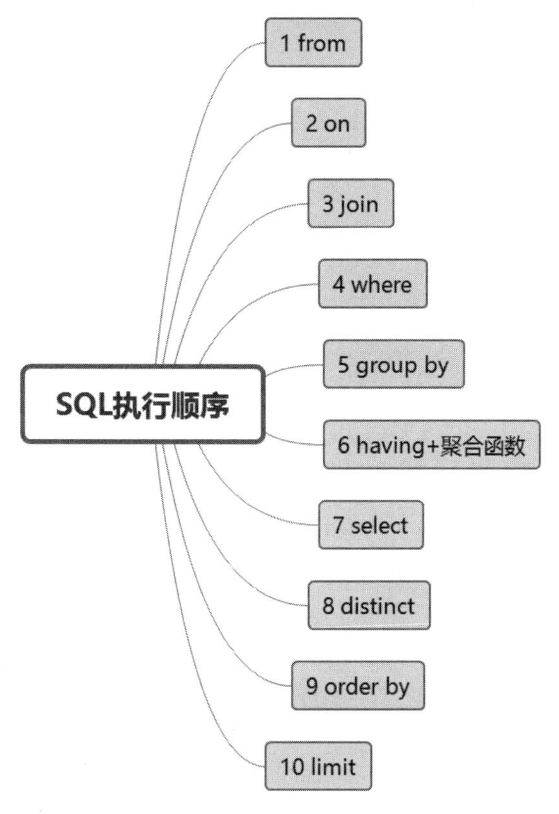

图 12-44　SQL 执行顺序

如果指定了 outer join，如左连接 left outer join、右连接 right outer join，则还会根据外部条件再次筛选生成新的虚拟临时表 VT3，如果 from 子句包含两个以上的表，则对上一个连接生成的结果表 VT3 和下一个表重复依次执行上面的步骤，直到处理完所有的表为止。

（3）where。where 条件相当于对第二步产生的虚拟表进行再次筛选，将符合 where 条件中指定字段值的数据筛选出来，然后再次生成一张临时表，如果在这个阶段找不到数据，则会直接返回到客户端。但需要注意的是 where 条件中不允许使用聚合函数。

上面实例中表示在虚拟表 VT3 中找到 T 表中 name 字段为 Yrion 的数据。

（4）group by。group by 是对 where 条件过滤后的临时表按照分组字段进行分组，再次生成一张临时表，这个过程只是数据的顺序发生了改变，而数据总数并未发生变化，表中的数据以组的方式存在。

上面的实例中是以 mobile 字段进行分组，将符合条件的数据放到一起，产生一张新的临时表。

（5）having。having 其实也是一个筛选条件，但只对分组后的数据进行筛选，将分组后满足条件的数据检索出来，having 后面可以接聚合函数。

实例中将 mobile 分组后，统计每组总数超过 2 个的数据。

（6）select。对分组聚合完的表挑选出需要查询的数据，如果打印列为*号，那将抽起表中所有列的数据，再生成一张临时表。

本实例中，将 T 表和 S 表聚合，对生成的聚合表，将 name 为 Yrion 字段的信息检索出来，并且通过 mobile 分组数量大于 2 的数据筛选出来。

（7）distinct。distinct 会对表中所有的数据进行去重操作，此时如果有 min、max 函数会执行字段函数计算，然后产生临时表。

本实例中，对上一步的临时表进行去重，存储引擎 API 会调用去重函数对数据进行过滤，最终只保留 id 第一次出现的数据，然后产生临时中间表。

（8）order by。order by 会对第七步生成的临时表进行顺序或逆序排序，然后重新生成临时表。排序过程对系统资源消耗更多。

本实例中会按 create_time 列进行排序。

（9）limit。limit 会对临时表中的数据进行分页，然后再次创建一张临时表，并将数据返回到客户端，本例中会将前端五个数据保存到临时表中，并且将数据返回到客户端。

以上就是 MySQL 中查询语句的执行顺序，这样就可以清楚地理解整个 SQL 语句的执行轨迹，也有助于对 SQL 优化的理解。

12.8 优化数据类型和优化访问数据

在性能测试过程中，优化最多的一定是查询的 select 语句和索引，但其实关于创建表时的数据类型和访问时返回的值也是最重要的一个优化维度。

12.8.1 优化数据类型

MySQL 支持的数据类型有很多种，选择一个正确的数据类型对数据库的性能至关重要，其不仅仅影响存储，也影响索引和查询语句的执行速度。

在性能测试过程中，性能测试工程师应该先验证数据库中的数据类型，不管在设计表的过程中如何设计数据类型，设计数据类型时都应该遵循以下原则：

（1）数据越小越好，尽量静态和固定长度存储。数据大小是指数据在运行时所占的内存大小和存储大小，在创建表中尽量使用最小的数据类型，这样可以减少磁盘存储空间，减少运行时内存和 CPU 缓存空间，缩短 CPU 周期。

但需要确保可以存储足够的数据，不能让运行时的数据超出数据类型可以存储的最大值。

数据在存储时默认的格式为静态存储的格式，并且数据的长度尽量固定，这样会提高检索的速度，也更容易计算下一个数据的偏移量。

（2）数据类型越简单越好。在设计表的过程中，使用到的数据类型尽量简单，例如整数就比字符串的数据更简单，比较的性能代价也更低。还有日期、时间等数据类型会更复杂，并且运行过程中经常使用其他函数来处理，这样都会降低查询语句性能。

（3）尽量避免 NULL。在设计列值的时候，尽量避免可以默认被设置为 NULL 的值，除非确实有需求，否则一定要设置为 NOT NULL。

可以为空的列值会给查询语句带来很多性能方面的影响，主要呈现在以下几个方面：

1）空值的比较会更麻烦，需要使用到相关函数进行比较。

2）空列需要更多的存储空间，并且需要在 MySQL 内部进行特殊处理。

3）空列查询不容易被优化，使用索引、索引统计和值都会更复杂。

4）当空列被创建索引时，会影响字节数，因为其要额外的字节来存储，还会影响到索引树的使用。

所以尽量不要使用 NULL，或者可以使用 0 或 1 来表示空与非空。

（4）尽量可以被创建索引。创建的列尽量保证可以被索引，例如 text、image、bit 就不适合添加索引，如果创建索引，尽量将索引覆盖到索引列，提高索引的效率。

（5）数据尽量可以用于比较。数据列中的数据尽量是可以直接用于比较的，这样在索引过程中进行排序和使用 where 条件筛选时，都可以加快查询语句执行的性能。

12.8.2 常见数据类型

MySQL 数据库常见的数据类型包含六大类：数值、字符串、日期与时间、空间、JSON 和 BOOL。每个大类下又分很多小类，具体的数据类型如图 12-45 所示。

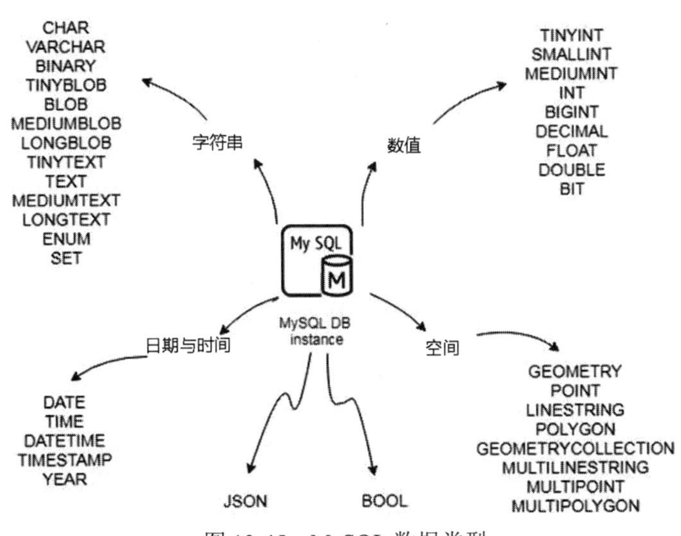

图 12-45 MySQL 数据类型

（1）数值。MySQL 包括一系列适用于不同场景的数值数据类型。具体使用哪种类型取决于计划存储值的精度和范围要求。数值数据类型又可以分为三类：整数、固定精度和浮点型。

1）整数。整数数据类型是一类用于存储不带任何分数或小数的数字的类型。这些可以是正值或负值，不同的整数类型可以存储不同范围的数字。可接受值范围较小的值比可接受范围更大值的整数所占空间更少。

整数类型的数据详见表 12-1。

表 12-1　整数类型

整数类型	所占字节长度	有符号取值范围	无符号取值范围
TINYINT	1 个字节	-128～127	0～255
SMALLINT	2 个字节	-32768～32767	0～65535
MEDIUMINT	3 个字节	-8388608～8388607	0～16777215
INT	4 个字节	-2147483648～2147483647	0～4294967295
BIGINT	8 个字节	-2^{63}～$-2^{63}-1$	0～$2^{64}-1$

在创建上面的字段类型时，一定要满足上面的约束条件，否则在保存数据时就会报错。

2）固定精度。固定精度主要是针对一些小数，固定精度是指在创建字段时就规定好小数的精度。固定精度由两个参数来控制：精度和范围。

精度是指小数点右侧最多可以保留的位数，范围是指整数位加小数位最多可以保留的位数。可以使用 numeric 或 decimal 两种数据类型来设置精度，numeric 可以通过 0～2 个参数来约束小数的精度，即可以一个参数都不带进行约束。

如果一个参数都不带，如以下指令：

```
NUMERIC
```

则以列定义的长度为准，如果列的长度定义为 10，小数点后保留位为 0，则说明最多可以存放 10 位长度的字符，小数点后保留 0 位，即精度到个位。

如果只有一个参数，如以下指令：

```
NUMERIC(6)
```

表示整数位保留 6 位，小数点后保留 0 位，即精度到个位。

如果提供两个参数，如以下指令：

```
NUMERIC(5, 2)
```

前面的参数表示整数部分加小数部分一共保留多少位，后面的参数表示小数点后保留多少位。上面的实例表示一共保留 5 位，小数点后保留 2 位。匹配规则见表 12-2。

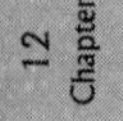

表 12-2　匹配规则

输入值	舍入值	是否适合
400.2808	400.28	是
8.332799	8.33	是
11799.799	11799.8	否
11799	11799	否
2802.27	2802.27	否

3）浮点型。浮点型数是表示十进制数的另一种方式，浮点型没有精确、一致的精度。相反，浮点型数据只有最大精度的概念，允许的最大精度通常与硬件的体系结构和平台有关。

例如，要将浮点列的精度限制为 8 位，可以使用 FLOAT 类型，该类型使用精度在 0～23 位之间的 4 个字节存储结果，如果双精度类型使用 8 个字节来存储数据，可以使用 24～53 位的精度。

由于这些设计选择，浮点数可以有效地处理具有大量小数的数字，但并不总是精确。数字的内部表示可能会导致输入和输出之间的细微差异。在比较值、进行浮点运算或执行需要精确值的操作时，可能会出现差异。

（2）字符串。MySQL 有字符和字符串两类，提供固定长度和可变长度两种方式，这两种方式会影响 MySQL 分配存储空间。

如在 char 中提供一个正整数，如以下指令：

```
CHAR(10)
```

表示不管输入的字符串长度为多少，系统都会分配 10 个字节的存储空间。

如果给定的字符串大于允许的字符数，MySQL 将引发错误。如果溢出字符都是空格，MySQL 将简单地截断多余的空格以适应该字段。

MySQL 还提供了 varchar 的类型，这个类型可以存储一个长度可变的字符串，varchar 一定要接一个参数，表示最大允许的输入字符串长度，如以下指令：

```
VARCHAR(10)
```

这个指令表示最多可以存储 10 个字符，如果输入的字符串少于 10 个，那个内存分配的存储空间以实际输入的字符长度为准，varchar 存储字符串见表 12-3。

表 12-3 varchar 存储字符串

输入	输入字符数	储值	存储空间
'tree'	4	'tree'	4

如果字符串大于最大长度，MySQL 将抛出一个错误。这里出现了与 char 字段中相同的截断行为，如果溢出的字符是空格，它们将被截断以适应最大字符长度。

MySQL 还支持二进制和 varbinary 数据类型。它们的操作方式与 char 和 varchar 类型类似，但存储的是二进制字符串而不是字符串。这会影响到它们的存储和操作方式（如比较、排序等）。

对于 binary 和 varbinary 类型，定义列类型时给出的整数表示字节数，而不是字符数。

MySQL 为字符串和字符存储提供的另外两种数据类型是 blob 和 text。这些类型的操作分别类似于 varchar 和 varbinary 类型，用于存储大型对象。它们的操作基本上与它们的对应项相同，但也有一些不同之处，比如不能使用默认值，以及在创建索引时需要前缀长度。

（3）布尔值。MySQL 支持 BOOL 或 BOOLEAN 两种类型的布尔值，但其实 MySQL 是没有真值与假值的，因为它在内部存储时是使用 TINYINT(1)列来存储的，通过规则来解析为 true 或 false。

在布尔上下文中解释数值时，0 值被视为 false，所有非 0 值均视为 true。

MySQL 识别布尔值 true 和 false，并在存储它们时将 true 转换为 1，将 false 转换为 0。

（4）日期与时间。

1）Date。在处理日期列的输入时，MySQL 可以解释不同的格式以确定要存储的日期。不管日期格式以何种方式出现，其都是按年、月、日的顺序出现。MySQL 可以使用 STR_TO_DATE()函数将其他日期格式转换为 MySQL 可以正常解释的格式。

显示日期时，MySQL 使用 YYYY-MM-DD 格式。可以使用 DATE_FORMAT()函数以其他格式格式化输出。日期类型可以存储 1000-01-01 到 9999-12-31 之间的值。

2）Time。在处理时间列的输入时，MySQL 可以解释多种格式以确定正确的存储时间。当输入中包含冒号时，它通常被解释为 hh:mm:ss。任何缩短值（仅使用一列）将被解释为使用 hh:mm。当输入没有冒号时，处理时间首先填充最小值。例如，1045 被视为 10 分 45 秒。

秒后面还可以指定小数，MySQL 小数点后最多存储 6 位精度。时间列中的值的范围从-838:59:59.000000 到 838:59:59.000000。

显示时间值时，MySQL 使用 hh:mm:ss 格式。与日期一样，提供了一个名为 TIME_FORMAT()的函数，用于使用其他格式显示时间值。

3）Timestamp and datetime。MySQL timestamp 和 datetime 两种不同的形式表示时间戳，使用日期和时间的组合，用于表示特定的时间点。

datctime 类型可以表示 1000-01-01 00:00:00 到 9999-12-31 23:59:59 之间的值。它还可以包括与时间类型类似的最多六位数的小数秒。

时间戳类型可以表示从 1970-01-01 00:00:01 UTC 到 2038-01-19 03:14:07 UTC 的值。它还可以处理分数秒。存储时间戳值时，所有值将从给定时区转换为 UTC 进行存储，并在检索时转换回本地时区。但 datetime 类型不能执行此操作。

从 MySQL 8.0.19 开始，可以在存储时间戳时包含时区偏移量，以显式设置存储值的时区。可接受值的范围从-14:00 到+14:00，表示存储值与 UTC 的偏移量。

在决定是否使用 datetime 或 timezone 类型存储日期和时间值时，应该根据实际场景来确定。

将 datetime 值视为与日历和时钟相关的特定日期和时间（无论在何处检索），不管当前用户处于哪个时区，都可以使用 datetime 值表示该值。

另一方面，时区值最适合表示跨时区明确的特定时间点。若要发送视频通话邀请，时区值将能够确保每个人的会议都在同一时间举行，而不管参与者处于哪个时区。

（5）JSON。MySQL 支持使用 JSON 类型的 JSON 列。存储为 JSON 的数据以二进制形式存储，以便更快地执行和处理，这样服务器就不必解释字符串来操作 JSON 值。

为了对 JSON 列进行操作，MySQL 提供了许多函数来处理文档中的值，处理 JSON 值的具体函数在此就不一一介绍了。

（6）Enumerated 和 set。如果需要对列进行设置有效取值的范围，可以使用 enumerated 和 set 两种类型。

枚举类型是一种字符串类型，允许用户在创建列时定义有效值的集合。任何与其中一个定义值匹配的值都将被接受，而所有其他值都将被拒绝。此功能类似于下拉菜单，可以从一组特定选项中进行选择。例如，可以使用值 winter、spring、summer 和 autumn 创建一个名为 season 的枚举。

创建枚举列使用的类型指定为 enum，将可能的值指定为字符串，枚举中所有的元素都在一组括号内，括号中的元素使用逗号分隔，如以下代码：

```
season ENUM('winter', 'spring', 'summer', 'autumn')
```

与枚举类型相似的一个类型是 set 类型，集合类型允许用户在定义时将有效值指定为字符串。这两种类型的区别在于，在一个集合中，每个记录可以存储多个值。例如，如果您需要一个列来表示一周中志愿者可以工作的天数，您可以有一个如下的集合列：

```
availability SET('sunday', 'monday', 'tuesday', 'wednesday', 'thursday', 'friday', 'saturday')
```

为创建的 availability 列输入值时，提供一个字符串，其中用逗号分隔志愿者的所有可用天数。例如：

```
'monday,tuesday,wednesday,thursday,friday'
'sunday,saturday'
'monday,wednesday,friday'
'thursday'
```

对于 MySQL 中的集合类型，输入中的重复值会被删除，并且在检索时，值遵循集合定义中使用的顺序，而不管在列中输入时的顺序如何。

12.8.3 优化访问数据

查询过多的数据也会影响到查询的效率，所以在获取响应时，尽量避免出现向服务器请求不需要的数据以及在查询过程中检查了过多的数据，这两种情况都会影响到 SQL 查询的速度。

（1）向服务器请求了不需要的数据。在查询时不要请求一些不需要的数据，有的查询会请求一些过多的数据，然后在使用时又丢掉，这样会很影响查询语句的性能。

通常有以下几种情况可能会向服务器请求了不需要的数据：

1）提取数据时，超过需要的列。这是开发人员最容易犯的错，就是 SQL 获取了很多数据，但是使用时只使用了一部分数据，如只使用前五条记录，但 SQL 语句又返回了完全的结果集，这样就多出了很多无效数据，这时可以使用 limit 子句去获取有效值，避免获取过多的行数据。

2）多表联接时提取所有列。多表联接时应该避免获取临时表中的所有列，需要指定列作为返回值，如以下代码：

```
SELECT
    g.goods_name,
    g.goods_sn,
    g.is_on_sale,
    g.is_real,
    g.market_price,
    g.shop_price            AS org_price,
    g.promote_price,
    g.promote_start_date,
```

```
        g.promote_end_date,
        g.goods_weight,
        g.integral,
        g.extension_code,
        g.goods_number,
        g.is_alone_sale,
        g.is_shipping,
        IFNULL(mp.user_price, g.shop_price * '1') AS shop_price
    FROM 'ecshop3'.'t_goods' AS g
        LEFT JOIN 'ecshop3'.'t_member_price' AS mp
            ON mp.goods_id = g.goods_id
                AND mp.user_rank = '0'
    WHERE g.goods_id = '58'
            AND g.is_delete = 0
```

3）提取所有列。正常情况下是肯定不允许提取所有列的，提取所有列不仅仅会增加系统资源的消耗，还会带来索引覆盖的问题，这些都会降低查询语句的性能，下面就是一个负面的实例：

```
SELECT *
FROM 'ecshop3'.'t_favourable_activity'
WHERE start_time <= '1635216353'
        AND end_time >= '1635216353'
        AND CONCAT(',', user_rank, ',') LIKE '%,0,%'
        AND act_type IN('2','1')
```

（2）查询过程中检查了过多的数据。确定要返回的数据后，还有一个指标会影响到性能，那就是在获取数据的过程中比较或检查了多少数据。过多的检查数据会严重影响到查询性能。

但目前并没有能力确定在查询过程中对表中多少数据进行过检查，但所幸的是可以使用 explain 指令帮助分析查询过程，可以大概知道检查数据的多少。

一般情况下最佳优化方式就是通过索引来优化检查的数据，当然关于索引的优化有很多内容，也可以通过优化 where 语句、更改架构等方式来减少检查的数据。

12.9 状态监控

通过查看 MySQL 的状态，可以帮助分析和解决很多关于 MySQL 服务器的问题，服务器相关信息一般有两种方式可以获取：一是标准的 INFORMATION_SCHEMA 数据库；二是使用 SHOW 命令来获取。

12.9.1 SHOW STATUS 语句

MySQL 服务器维护许多状态变量，这些变量提供服务器运行时的相关操作信息。可以使用 SHOW[GLOBAL | SESSION]STATUS 语句查看这些变量及其值。

SHOW STATUS 的语法如下：

```
SHOW [GLOBAL | SESSION] STATUS
    [LIKE 'pattern' | WHERE expr]
```

SHOW STATUS 接受可选 GLOBAL 或 SESSION 变量范围修饰符：

- 使用 GLOBAL 修饰符，该语句显示全局状态值。全局状态变量可能表示服务器本身某些方面的状态（例如，Aborted_connects），或与 MySQL 的所有连接的聚合状态（例如，Bytes_received 和 Bytes_sent）。如果变量没有设置为全局值，则显示会话值。
- 使用 SESSION 修饰符，该语句显示当前连接的状态变量值。如果该变量没有当前会话值，则显示全局时的会话值。
- 如果没有设置任何修饰符，则默认为 SESSION。

SHOW STATUS 语句的每次调用都使用一个内部临时表，并递增全局 Created_tmp_tables 中的值。

SHOW STATUS 会显示所有服务器状态相关的值，本实例中只是挑选了部分进行显示。

```
mysql> SHOW STATUS;
+------------------------+------------+
| Variable_name          | Value      |
+------------------------+------------+
| Aborted_clients        | 0          |
| Aborted_connects       | 0          |
| Bytes_received         | 155372598  |
| Bytes_sent             | 1176560426 |
| Connections            | 30023      |
| Created_tmp_disk_tables | 0         |
| Created_tmp_tables     | 8340       |
| Created_tmp_files      | 60         |
...
| Open_tables            | 1          |
| Open_files             | 2          |
| Open_streams           | 0          |
| Opened_tables          | 44600      |
| Questions              | 2026873    |
...
| Table_locks_immediate  | 1920382    |
| Table_locks_waited     | 0          |
| Threads_cached         | 0          |
| Threads_created        | 30022      |
| Threads_connected      | 1          |
| Threads_running        | 1          |
| Uptime                 | 80380      |
+------------------------+------------+
```

也可以使用 like 语句对显示的结果进行筛选，将与 like 语句中的内容匹配的变量行显示出来，如以下实例。

```
mysql> SHOW STATUS LIKE 'Key%';
+-------------------+----------+
| Variable_name     | Value    |
+-------------------+----------+
| Key_blocks_used   | 14955    |
| Key_read_requests | 96854827 |
| Key_reads         | 162040   |
| Key_write_requests | 7589728 |
| Key_writes        | 3813196  |
+-------------------+----------+
```

12.9.2 SHOW STATUS 变量

SHOW STATUS 显示的服务器变量主要包括以下内容。

（1）Aborted clients：如果客户端成功连接，但未正常断开连接或被终止，则服务器状态码 Aborted_clients 参数会增加。通常以下情况可能导致 Aborted clients 的值增加：

- 客户端程序在退出之前没有调用 mysql_close()函数。
- 客户端未与服务器进行任何情况通信的时间超过 wait_timeout 或 interactive_timeout 的值。
- 客户端程序在传输数据时突然终止。

（2）Aborted connects：表示尝试连接到 MySQL 服务器失败的次数。如果客户端无法连接到服务器，服务器则会增加 Aborted connects 变量的值，通常以下情况可能导致 Aborted connects 的值增加：

- 客户端尝试访问数据库，但没有相关权限。
- 客户端连接时使用了错误的密码。
- 连接数据包中的信息不正确。
- 客户端连接数据库时超过了 connect_timeout 时间。

还可能出现以下原因导致中止连接或客户端出现问题：

- max_allowed_packet 变量值太小，或者查询需要的内存比 MySQL 分配的内存大。
- 线程库出问题，导致读取时中断。
- TCP/IP 配置不正确。
- 以太网、交换机、集线器、电缆等引起的故障。

（3）Binlog cache disk use：表示使用 BinLog 缓存但超过 binlog_cache_size 的值，并且使用临时文件来保存 SQL 语句中的事务数量。Binlog_stmt_cache_disk_use 变量则会单独跟踪导致二进制日志事务缓存写入磁盘的非事务语句数。

（4）Binlog_stmt_cache_disk_use：使用二进制日志语句缓存但超过值 binlog_stmt_cache_size 并使用临时文件存储这些语句的非事务语句数。

（5）Binlog_stmt_cache_use：使用二进制日志语句缓存的非事务语句数。

（6）Bytes_received：从所有客户端接收的字节数。

（7）Bytes_sent：表示服务器发送给所有客户端的字节数。

（8）Com_xxx：Com_xxx 语句计数器变量表示每个 xxx 语句的执行次数。每种类型的语句都有一个状态变量。例如，Com_delete、Com_update 语句等。Com_delete_multi 和 Com_update_multi 类似，但适用于使用多表语法的 delete 和 update 语句。

如果是从查询缓存返回查询结果，则服务器会增加 Qcache_hits 状态变量，而不是增加 Com_select 的值。

通过查看 have_query_cache 可以查看缓存查询是否开启，关于开启缓存查询在之前的章节中有详细介绍。

监控查询缓存性能，可以使用以下指令：

```
mysql> SHOW STATUS LIKE 'Qcache%';
+------------------------+--------+
| Variable_name          | Value  |
+------------------------+--------+
| Qcache_free_blocks     | 36     |
| Qcache_free_memory     | 138488 |
| Qcache_hits            | 79570  |
| Qcache_inserts         | 27087  |
| Qcache_lowmem_prunes   | 3114   |
| Qcache_not_cached      | 22989  |
| Qcache_queries_in_cache | 415   |
| Qcache_total_blocks    | 912    |
+------------------------+--------+
```

在执行语句过程中，若语句参数不正确或执行过程中出现错误，也会增加 Com_stmt_xxx 这个变量的值。也就是说只要是客户端发给服务器的请求数，不管成功与否这个变量的值都会增加。

Com_stmt_reprepare 表示在对语句引用的表或视图进行原数据更改后，服务器自动重新编写语句的次数。reprepare 操作会增加 Com_stmt_reprepare 的值，也会增加 Com_stmt_prepare 的值。

Com_explain_other 表示执行的 explain FOR CONNECTION 语句数。

Com_change_repl_filter 表示执行的更改复制筛选器语句数。

（9）Compression：表示客户端使用客户端/服务器协议连接时，是否进行压缩。

（10）Connection_errors_xxx：这类变量主要是提供有关客户端连接过程中发生错误的信息，这类变量是一个全局变量，表示所有主机连接过程中聚合的错误计数。这些变量还会跟踪主机缓存时产生的错误，例如 TCP 连接错误、不指定 IP 地址等。

下面是常见的连接错误的变量：

- Connection_errors_accept：表示在侦听端口时调用 accept()函数发生错误。
- Connection_errors_internal：表示由于服务器内部错误而拒绝连接的错误，如无法启动新线程或内存不足。
- Connection_errors_max_connections：表示服务器超过最大连接数而拒绝的连接数。
- Connection_errors_peer_address：表示在搜索客户端 IP 时发生的错误数。

- Connection_errors_select：表示在监听端口上调用 select()或 poll()时发生的错误数。
- Connection_errors_tcpwrap：表示 libwrap 库拒绝的连接数。

（11）Connections：表示与 MySQL 服务器尝试连接次数，包括成功与失败。

（12）Created_tmp_disk_tables：表示服务器在执行语句时创建的内部磁盘上的临时表数量。

（13）Created_tmp_files：表示 MySQL 服务器创建的临时文件数。

（14）Created_tmp_tables：表示 MySQL 服务器在执行语句时创建的内部临时表数量。

（15）Flush_commands：表示服务器刷新表的次数，无论是因为用户执行了 FLUSH tables 语句还是由于内部服务器操作，都会通过接收 COM_REFRESH 数据包来递增该变量的值。这与 Com_flush 相反，Com_flush 指示执行了多少次“flush”语句，无论是执行 flush 表，还是 flush 日志等都会被统计为“flush”语句。

（16）Innodb_buffer_pool_dump_status：记录保存在 InnoDB 缓存池中的页面操作进度，由 innodb_buffer_pool_dump_at_shutdown 或 innodb_buffer_pool_dump_now 设置来触发。

（17）Innodb_buffer_pool_bytes_data：InnoDB 缓冲池中包含数据的总字节数，这个数字包括脏页和干净页。

（18）Innodb_buffer_pool_pages_data：InnoDB 缓冲池中包含数据的总页数，这个数字包括脏页和干净页。

（19）Innodb_buffer_pool_read_ahead：预读后台线程读入到 InnoDB 缓冲池的页面数。

（20）Innodb_buffer_pool_read_ahead_evicted：预读后台线程读入到 InnoDB 缓冲池的页数，但这些页数随后会被逐出，并不会被查询访问。

（21）Innodb_buffer_pool_read_requests：逻辑读取请求的数量。

（22）Innodb_buffer_pool_read：InnoDB 无法从缓冲池读取的逻辑数，必须从磁盘中读取。

（23）Innodb_buffer_pool_write_requests：写入 InnoDB 缓冲池的次数。

（24）Innodb_log_writes：对 InnoDB 日志文件物理写入次数。

（25）Innodb_num_open_files：InnoDB 当前打开的文件数。

（26）Last_query_cost：表示查询优化器计算的最后一次编译查询的总成本，这对于比较同一查询的不同查询计划的成本很有用。默认值 0 表示尚未编译查询。Last_query_cost 只能计算简单查询语句的开销，不能计算包含子查询或 UNION 语句的查询开销。

（27）Max_execution_time_exceeded：记录执行超时的 SELECT 语句。

（28）Max_used_connections：记录自服务器启动以来同时使用的最大连接数。

（29）Open_files：表示打开的文件数，只包括服务器打开的常规文件，并不包括其他类型的文件，例如套接字或管道，也不包括存储引擎使用自己内部功能时打开的非服务器级别的打开文件。

（30）Open_tables：打开表的数量。

（31）Select_full_join：表示在进行连接的时候由于连接表没有使用索引而执行表扫描的连接数，如果这个值不为 0，则应该检查表的索引使用情况。

（32）Select_full_range_join：表示在进行连接的时候由于连接表使用范围检索的连接数。

（33）Select_range：表示在连接时第一张表上范围查询的连接数，但这个值并不会影响性能。

（34）Select_range_check：表示在表连接时检查数据行中没有使用索引列的数量，如果这个值不为 0，则应该仔细检查一下表索引使用情况。

（35）Select_scan：表示在连接表时，进行全表扫描的数量。

（36）Select_open_temp_tables：表示副本 SQL 线程当前打开的临时表，如果该值大于零，则表示关闭复制副本是不安全的，临时表会被复制，除非停止了副本服务器，并且已经复制了打开的临时表以供尚未在副本上执行的更新中使用。如果停止副本服务器，这些更新所需的临时表在副本重新启动时将不再可用。为避免此问题，请勿在副本打开临时表时关闭它。

（37）Slow_queries：表示查询执行耗时超过慢查询所设置的时间的次数，不管是否启用慢查询日志，此计数器都会递增。

（38）Sort_range：表示使用范围排序数。

（39）Sort_rows：表示已排序的行数。

（40）Sort_scan：表示通过扫描表的排序数。

（41）Threads_connected：表示当前已经打开的连接数。

（42）Threads_created：表示为处理客户端的请求连接而创建的线程数，如果创建的线程数比较大，则可能需要添加 thread_cache_size 的值。

（43）Threads_running：表示未休眠的线程数。

12.10 配置文件

在 MySQL 服务器启动时会从选项文件中读取启动配置选项，这些选项也称为配置文件，这些配置文件提供了一种很便利的方法来设置常用服务器的一些常用选项，这样就不需要在每次服务器启动时输入这些选项。

12.10.1 使用选项文件

MySQL 服务器中包括很多配置文件，如 my.cnf、mysqld-auto.cnf、defaults-extra-file 等，这些配置文件一般都是纯文本文件，正常使用任何文本编辑器都可以进行编辑。这些配置文件是按顺序执行的，并且这些存在的配置文件都会被读取，如果需要使用的配置文件不存在，那么可以先创建好。

在 UNIX 和类 UNIX 系统中，配置文件执行的顺序见表 12-4。

表 12-4 配置文件执行的顺序

文件名	目的
/etc/my.cnf	这个文件中的所有选项作用域都是全局的
/etc/mysql/my.cnf	这个文件中的所有选项作用域都是全局的
SYSCONFDIR/my.cnf	这个文件中的所有选项作用域都是全局的

续表

文件名	目的
$MYSQL_HOME/my.cnf	服务器特定选项，其作用仅限于服务器
defaults-extra-file	如果在配置文件中使用了该选项配置，那还会加载该文件中的选项内容
~/.my.cnf	用户特定选项
~/.mylogin.cnf	用户特定的登录路径选项，仅限于客户端
DATADIR/mysqld-auto.cnf	使用 SET PERSIST 或 SET PERSIST_ONLY（仅限服务器）设置系统变量

~表示当前用户的 HOME 目录，即主目录。

SYSCONFDIR 表示在构建 MySQL 时使用指定的 CMake 目录。默认情况下，这是在安装编译时的目录。

MYSQL_HOME 是一个环境变量，表示服务器的工作目录，如果在安装时未设置 MYSQL_HOME 的值，并且使用的是 mysqld_safe 程序来启动服务器，则 mysqld_safe 将其设置为 BASEDIR，即 MySQL 安装目录。

DATADIR 表示 MySQL 存储数据库文件的目录，用于查找 mysqld-auto.cnf 文件。默认值是 MySQL 编译时内置的数据目录位置，但可以通过--datadir 进行更改。

如果有多个选项实例文件，则以最后一个实例优先。

这些配置文件一般都是可以直接编译的，配置文件的指令一般包括以下选项格式：

- [group]：group 用于设置选项程序名或组名，在选择程序或组名内设置的行将都用于该组，直到给出选项文件或另一个组行的结尾，选项组名不区分大小写。
- opt_name：这相当于命令行中的--opt_name。
- opt_name=value：这相当于命令行中的--opt_name=value，在这个选项中可以将值放在单引号或双引号内，也可以包含注释符。前导空格和尾随空格将自动从选项名称和值中删除。

12.10.2 配置文件常见设置

my.cnf 是最主要的配置文件，下面介绍 my.cnf 配置文件中常见参数的含义。

[client]配置项内容如下：

```
port = 3306
```

表示客户端连接 socket 的默认端口号。

```
socket = /apps/mysql/lock/mysql.sock
```

表示本地 socket 文件所在的位置。

[mysqld]配置项内容如下：

```
port = 3306
```

表示服务器监听端口。

```
socket = /apps/mysql/lock/mysql.sock
```

表示设置用于客户端与服务器端通信的 socket 文件。

```
basedir = /apps/mysql
```

表示 MySQL 安装目录。

```
datadir = /apps/mysql/data
```

表示 MySQL 数据库数据文件存储目录。

```
pid-file = /apps/mysql/run/mysql.pid
```

表示 pid 进程号文件所在位置。

```
log-error = /apps/mysql/logs/mysql-error.log
```

表示错误日志信息所在位置。

```
user = mysql
```

表示 MySQL 启动时的用户。

```
bind-address=192.168.1.146
```

表示监听的 IP 地址。

```
skip-name-resolve = 1
```

表示禁止 MySQL 对外部连接进行 DNS 解析，使用这一选项可以消除 MySQL 进行 DNS 解析的时间。但需要注意，如果开启该选项，则所有远程主机连接授权都要使用 IP 地址方式，否则 MySQL 将无法正常处理连接请求。

```
skip-external-locking
```

表示跳过外部锁定，External-locking 用于多进程条件下为 MyISAM 数据表进行锁定。如果有多台服务器使用同一个数据库目录（不建议），那么每台服务器都必须开启 external locking。

```
key_buffer_size = 384M
```

用于指定索引的缓冲区大小，增加它可得到更好的索引处理性能（用于所有读取和多次重写）。默认情况下是 InnoDB 存储引擎，这个参数最小设置的值为 64M。对于内存为 4GB 的服务器，正常该参数可以设置为 384M 或 512M。

如果要判断该参数设置是否合理，可以查看 key_ reads/key_ read_ Requests 的比值，这个比值尽量小比较好，一般在 1:100 到 1:1000 之间比较合理，如果这个参数值设置得过大，会降低服务器的效率。

```
max_allowed_packet = 16M
```

表示服务所能处理的请求包的最大大小以及服务所能处理的最大的请求大小（当与大的 BLOB 字段一起工作时相当必要），并可以防止向服务器发送过大的数据包。每个连接都有独立的大小并且大小动态增加。设置最大包，限制服务器接收的数据包大小，避免超长查询语句执行问题，默认值为 16M，当 MySQL 客户端或 MySQL 服务器收到大于 max_allowed_packet 字节的信息包时，将发出“信息包过大”错误提示，并关闭连接。此变量使用较小默认值是一种预防措施，用于捕获客户端和服务器之间的错误数据包，并确保内存溢出不是由意外的大数据包引起的。

```
table_open_cache = 512
```

当 MySQL 每次打开一个表时，都会将这些数据读取放入到缓存的表中，但如果缓存中找不到这些数据，就会从磁盘中去读取，该变量默认值为 64，如果系统有 100 个连接并发，则需要将此参数设置为 100*n（n 表示每个连接所需要的文件描述符数量）。

```
back_log = 600
```

表示最大的可以接收的 TCP 连接请求的队列长度，当 MySQL 主线程在短时间内收到大量连接请求时，会将没有建立 TCP 连接的请求放入到缓存中，最多可以存放的请求数由该参数决定，但如果等待的连接数量超过该参数值，则连接会被直接拒绝，这个参数受操作系统 TCP/IP 连接队列的影响。默认值为 50，对于 Linux 系统推荐设置为小于 512 的整数。如果系统在一个短时间内有很多连接，则需要增大该参数的值。

```
sort_buffer_size = 8M
```

表示查询排序时可以使用的缓存大小，正常情况下如果需要提高排序速度，应该首先考虑使用 MySQL 索引，而不是额外的排序。如果需要重新排序，可以尝试增加该变量的值，该变量默认值为 256K。注意：该参数分配内存是每个连接独立的，即每个连接有单独的内存空间，如果有 100 个连接，那么实际分配的总共排序缓冲区大小为 100×8＝800MB，所以，一般服务器推荐设置为 6～8M。

```
read_buffer_size = 2M
```

该参数用于表顺序扫描，并且也是每个线程独立分配和享有的，例如在执行全表扫描时，MySQL 会按照数据存储顺序读取数据块，每次读取的数据会临时存储在 read_buffer_size 的大小空间中，默认值为 128K。此参数不应设置得太大，通常在 128～256 之间。如果表的顺序扫描请求非常频繁，并且认为频繁扫描进行得太慢，那么可以通过增加变量的值和内存缓冲区的大小来提高其性能。

```
read_rnd_buffer_size = 8M
```

该参数表示用于随机读取表时，为每个线程分配的缓存区大小。例如，如果对非索引列进行排序操作，这些数据就会被读入到这个缓存中，该参数的默认值为 256KB，建议不要将该值设置得过大。一般 MySQL 会先扫描缓冲区，避免磁盘搜索，提高查询速度。如果需要对大量数据进行排序，则需要适当调整该值。然而，MySQL 将为每个客户连接分配这个缓冲区空间，因此应该尽可能适当地设置它，以避免过多的内存开销。

```
myisam_sort_buffer_size = 64M
```

表示 MyISAM 还原表时使用到的缓冲区大小，在修复表、创建索引或者是由于创建索引时需要更改表时会使用到这个缓冲区。

```
myisam_max_sort_file_size = 10G
```

表示 MySQL 重建索引时允许使用的临时文件最大大小。

```
myisam_repair_threads = 1
```

该参数表示设置排序修复时的线程数，如果该值大于 1，表示可以多线程并行进行修复，这对于拥有多个 CPU 和大量内存的情况下是一个不错的选择。

```
thread_cache_size = 64
```

表示缓存中保留的线程数，正常客户端发送请求时，需要一个线程来处理这个请求，如果这个线程已经保存在缓存中，那么可以立即调用缓存中的线程来处理该请求，这样可以快速地响应连接请求，当客户端断开连接后，缓存中的线程数还是少于该参数值时，则会补充新的线程到缓存中来，该参数的默认值为 8。

通常增加该值可以提高系统性能，通过比较连接数和线程可以协助确定该变量值的设置，一般来说物理内存大于 3G 时，建议将该参数设置为 64。

```
query_cache_size = 32M
```

表示查询缓存的大小，但最近的 MySQL 版本已经取消了查询缓存的功能。

```
query_cache_limit = 2M
```

表示单个查询结果可使用缓冲区的大小，如果单个查询结果大于该值，则不进行缓存。

```
tmp_table_size = 64M
```

表示单个临时堆数据表的最大长度，默认值为 32M，如果临时表的值超过该值，则会将结果放到磁盘中。如果内部堆表大小超过该参数值，那么 MySQL 可以根据需要自动将内存中的堆表更改为基于硬盘的 MyISAM 表，可通过增加该值来增加堆表的大小，这样可以提高连接查询速度。

```
join_buffer_size = 64M
```

表示联合查询操作所需要使用到的缓冲区大小，该参数也是为每个连接所分配的，此缓存主要用于优化全联合，类似的联合在大多数情况下性能是很糟糕的，通过修改该参数可以提高性能。

```
thread_concurrency = 4
```

表示允许的并发线程数，即同时被运行的线程数量，该参数的参考值为服务器逻辑 CPU 数量×2，若设置的参数值小于这个参考值，那么会影响服务器的性能，即无法将服务器的性能最大化。例如，服务器有 2 个 4 核的 CPU，如果还支持超线程，那么该参数值应该设置为 32。

```
ft_min_word_len = 4
```

表示最小索引长度，如果索引列分词的长度小于该参数值，那么索引失效，默认值为 4 个字符，这对于英文来说问题不大，但对于中文来说，中文绝大部分分词都是 2 个字符，这样全文索引功能就会失效，所以对于全文索引来说，建议将该值设置为 2。

```
max_connections = 1000
```

表示用于设置 MySQL 的最大连接数，默认值为 100，如果访问数据库时出现“Too Many Connections”的错误提示，则需要增大该参数值。通常该参数设置为 512～1000 即可，从性能角度来说，该参数设置得越大越好，但是如果这个值设置得过大，会消耗过多的 CPU 资源和内存资源，所以不能盲目增加该参数值，可以通过查看“conn%”变量的值，查看当前状态下的连接数，以确定该参数的值。

```
max_connect_errors = 1000
```

表示如果连接错误数超过该参数值，不管是网络异常、应用程序配置错误还有其他的原因，超过该参数值时该用户下次连接都会被拒绝，该主机会被禁用。如果需要解除阻止，需要刷新主机或者重启服务器，目的是访止黑客或非法密码。

```
open_files_limit = 65535
```

表示允许 MySQL 打开的最大文件描述符，默认值为 1024。如果未配置该参数的值，则该值取 max_connections*5 和 ulimit -n 两个参数中的最大值。

```
binlog_format = mixed
```

表示将日志格式设置为混合的格式。

```
binlog_cache_size = 64M
```

当事务未提交时，生成的这些日志将会被记录到缓存中，该参数值即为设置保存记录的缓存大小，当事务提交时日志将会被持久性地写入到保存到磁盘中，该参数的默认值为 32K。

```
max_heap_table_size = 8M
```

该参数用于定义用户可以创建的内存表的最大值，该选项可以防止意外创建了一个超大的内存表而导致内存消耗太大。

```
expire_logs_days = 30
```

该参数表示超过多少天的 binlog 日志会被删除，如果未设置该参数值，这样会耗尽服务器空间，一般设置为 7～30 天。

```
default_storage_engine = InnoDB
```

该参数用于设置默认存储引擎。

```
innodb_file_per_table = 1
```

该参数用于设置 InnoDB 存储引擎是以什么方式来存储数据，InnoDB 存储引擎有两种方式来存储表数据：一是独立表空间；二是共享表空间。最新版本默认是以独立表空间进行存储。

独立表空间是将每张表存放于独立的.ibd 文件中，共享表空间是将所有数据存放于 ibdata*中。每种存储方式都有其优缺点，现在都是使用独立表空间存储。

```
SHOW VARIABLES LIKE '%per_table%'
```

可以使用上面的命令查看当前数据存储的方式。

```
innodb_data_home_dir = /apps/mysql/data
```

表示用于设置 InnoDB 主目录，与 InnoDB 数据表相关的所有目录或文件路径都与此路径相关，默认路径是 MySQL 数据目录。

```
innodb_data_file_path = ibdata1:10M:autoextend
```

用于设置将 InnoDB 作为数据表保存的表空间，设置存储表空间文件名如何自动扩展，每个表空间可以允许的最大存储长度。

```
innodb_log_group_home_dir = /apps/mysql/logs
```

该参数用于设置 InnoDB 日志文件所保存的位置，默认路径为 MySQL 的 datatdir 路径。

```
innodb_buffer_pool_size = 4G
```

该参数用于设置 InnoDB 缓冲池大小，用于保存索引和原始数据，该参数是 InnoDB 存储引擎的核心参数，默认值为 128KB，该参数值设置越大表示访问表中数据所需要的磁盘 I/O 就越少，在独立数据库服务器上可以将此变量设置为服务器物理内存大小的 60%～80%，但不能设置过大，否则，由于物理内存的竞争可能导致操作系统的换页颠簸。

```
innodb_write_io_threads = 4
innodb_read_io_threads = 4
```

该参数用于设置 InnoDB 使用后台线程处理数据页上的读写 I/O 请求，这些请求可以根据 CPU 内核数量进行设置，默认值为 4。

需要注意：这两个参数不支持动态改变，需要把该参数加入到 my.cnf 里，修改完后重启 MySQL 服务，该参数允许值的范围为[1-64]。

innodb_thread_concurrency = 0

InnoDB 存储引擎允许的并发线程数，默认值为 0，表示不限制并发线程数，这样可以更好地发挥 CPU 多核处理能力，通过操作系统来控制线程数进而提高并发量。

innodb_purge_threads = 1

该参数用于设置在 InnoDB 中采用何种方式来定期清理回收无用数据，在以前的版本中，InnoDB 使用主线程对无用数据进行清理，这样会导致在运行时阻止其他数据库的操作。

但从 MySQL 版本 5.5 开始，可以选择使用单独的线程来清理无用数据，并且支持多线程并发性。是否使用单独线程清理无用数据，可以通过该参数来设置，该参数默认值为 0，表示不使用单独的线程，当设置为 1 时则表示使用单独线程进行清理，一般建议设置为 1。

innodb_log_file_size = 1G

该参数表示事务日志文件写入到缓存的最大长度，默认值为 1MB，当然将这个值设置得大些可以提高性能，但同时也会增加恢复故障数据库所需要的时间。

innodb_log_files_in_group = 3

该参数表示可以循环地将日志文件写入多个文件中，一般设置为 2～3 即可。

innodb_max_dirty_pages_pct = 90

该参数是 InnoDB 存储引擎中非常重要的一个参数，用来控制 buffer pool 缓存池中脏页的百分比，当脏页数量占比超过这个参数设置的值时，InnoDB 会启动刷脏页的操作。该参数只控制脏页百分比，并不会影响刷脏页的速度。该参数可以动态调整，最小值为 0，最大值为 99.99，默认值为 75。

innodb_log_buffer_size = 64M

该参数表示用来缓冲日志数据缓冲区大小，当缓存空间快使用满时，日志文件将通过 innodb_flush_log_at_trx_commit 指令刷新写入到磁盘上，该参数默认值为 8MB，通常设置为 16～64MB，不需要设置过大，因为每秒都会刷新一次缓冲池。

innodb_flush_log_at_trx_commit=1

该参数用于设置何时将日志信息写入日志文件，以及何时将这些文件物理写入磁盘，即同步到磁盘。

如果该参数设置为 0，表示日志缓冲区将每秒刷新到磁盘，提交事务时不执行任何操作（由 MySQL 主线程执行）。在主线程中，每秒都会将日志重写到磁盘中。

当设置为默认值 1 时，每次提交事务时，日志缓冲区都会写入日志。

如果设置为 2，则表示每次提交事务都会写入日志，但不会执行刷新操作，日志文件每秒定期刷新一次，但不能保证每次刷新 100%地写入到磁盘，这取决于进程的调度。

设置为 1 是最安全的，但性能页面是最差的（相对于其他两个参数，但不是不可接受）。如果对数据一致性和完整性的要求不高，可以将其设置为 2。如果只需要性能，例如具有高并发写入的日志服务器，请将其设置为 0，以获得更高的性能。

innodb_lock_wait_timeout = 50

该参数表示 InnoDB 事务在回滚之前可以等待锁定的超时时间，如果事务在等待 N 秒后还是没有获取到需要的资源，则会使用 rollback 指令来中止事务，该参数对于发现和处理 InnoDB 数据表驱动程序无法识别的死锁条件具有重要意义。该参数默认值为 50 秒。

```
interactive_timeout = 28800
```

该参数表示 MySQL 服务器关闭交互式连接前等待的时间。交互式客户端定义为在 mysql_real_connect()中使用 CLIENT_INTERACTIVE 选项的客户端。参数默认值为 28800 秒(8 小时)。

```
wait_timeout = 28800
```

该参数表示 MySQL 服务器关闭非交互连接之前等待的秒数。在会话启动时，根据全局 wait_timeout 值或全局 interactive_timeout 值初始化会话 wait_timeout 值，客户端交互类型由 mysql_real_connect()的连接选项 CLIENT_INTERACTIVE 定义。参数默认值为 28800 秒（8 小时）。

针对 wait_timeout 和 interactive_timeout 两个参数总结如下：

- timeout 只是针对空闲会话有影响。
- session 级别的 wait_timeout 继承 global 级别的 interactive_timeout 的值。而 global 级别的 session 则不受 interactive_timeout 的影响。
- 交互式会话的 timeout 时间受 global 级别的 interactive_timeout 影响。因此要修改非交互模式下的 timeout，必须同时修改 interactive_timeout 的值。
- 非交互模式下 wait_timeout 参数继承 global 级别的 wait_timeout。

以上是配置文件中最常用也是最重要的配置参数。

12.11 小结

本章主要介绍了 MySQL 调优化相关的内容，首先介绍如何定位哪些 SQL 语句需要重点分析，再使用 EXPLAIN 语句来分析该语句的连接和索引使用情况，这样可以帮助分析和定位 SQL 慢的部分原因，接着使用 profile 来定位查询时间。接着详细介绍了索引工作原理，索引对查询的影响，以及查询执行的整个过程，深入地分析了 SQL 在后台执行的整个过程，这样可以更好地了解和分析 SQL 语句的性能。然后介绍了 SQL 执行顺序以及数据类型，数据类型会影响到查询和访问的速度。同时介绍如何实时监控服务器在运行时的相关参数或状态值，这样可以更好地帮助分析和诊断服务器性能。最后介绍了如何设置配置文件中的相关参数。

查询的优化、查询工作原理、索引工作原理是必须掌握的内容，也是重中之重的内容。

第13章 Redis 性能监控与调优

Redis 是一个开源（BSD 许可）的、内存中的数据结构存储系统，它可以用作数据库、缓存和消息中间件。它支持多种类型的数据结构，如字符串（strings）、散列（hashes）、列表（lists）、集合（sets）、有序集合（sorted sets）与范围查询、bitmaps、hyperloglogs 和地理空间（geospatial）索引半径查询。Redis 内置了复制（replication）、LUA 脚本（Lua scripting）、LRU 驱动事件（LRU eviction）、事务（transactions）和不同级别的磁盘持久化（persistence），并通过 Redis 哨兵（Sentinel）和自动分区（Cluster）提供高可用性（high availability）。

Redis 作为基于键值对的 NoSQL 数据库，具有高性能、丰富的数据结构、持久化、高可用、分布式等特性，同时 Redis 本身非常稳定，已经得到业界的广泛认可和使用。掌握 Redis 已经逐步成为开发和运维人员的必备技能之一。

本章节主要介绍以下几部分内容：

- 使用 LoadRunner 调用 Redis API 进行压测
- Redis Slowlog
- 持久化
- 主从复制
- 哨兵
- 内存优化
- 性能测试

13.1 使用 LoadRunner 调用 Redis API 进行压测

Redis 提供了很多基于不同语言访问的 API 接口，在性能测试过程中，可以使用性能测试工具 LoadRunner 通过调用 Redis 的 API 接口进行压力测试。使用 LoadRunner 对 Redis 进行压力测试时，一般使用两种语言可以调用其 API 接口，一是 C 语言；二是 Java 语言。Redis 也提供了这两种语言访问 API 接口库，C 语言使用的是 hiredis 库，Java 语言一般使用的是 jedis 库，但是在 Windows 操作系统上，hiredis 并不是很友好，目前 hiredis 只支持 Linux 下版本，所以一般通过 JavaVuser 中的 jedis 库来实现对 Redis API 的接口进行压测试。

使用 LoadRunner 对 Redis 进行压测的步骤如下：

（1）安装 JDK。首先必须保证测试机中已经安装了 JDK，可以安装 JDK1.6 的版本，也可以安装 1.8 的版本。

（2）创建一个 JavaVuser 脚本。在 LoadRunner 中，新建一个脚本，选择 JavaVuser 协议方式。

（3）在 RTS 中设置 JDK 变量。在 Runtime Settings 对话框中，选择 Java VM 菜单，在子菜单 Classpath 中将 JDK lib 中所有的 jar 文件都加载进来，如图 13-1 所示。

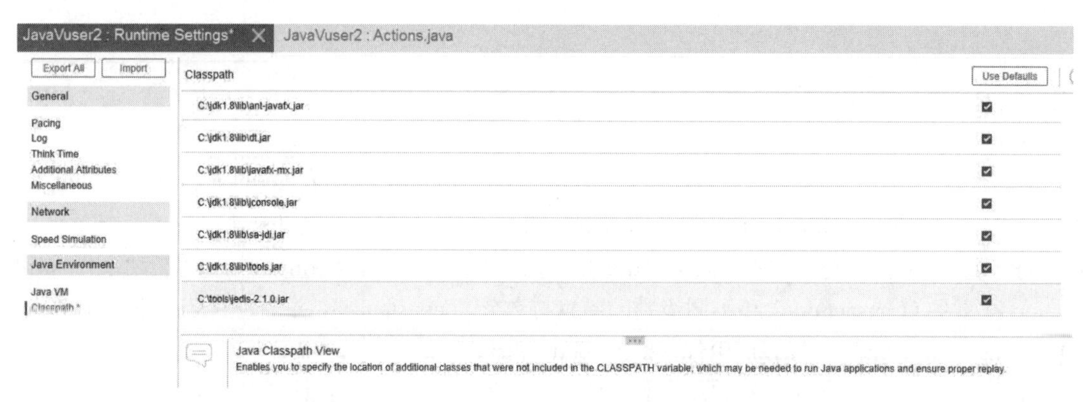

图 13-1 在 Runtime Settings 中设置 JDK 变量

（4）将 jedis 包加载到 RTS 中。使用步骤 3 中相同的方法将 jedis 包加载到 RTS 中。

步骤（3）和步骤（4）的目标是为了下面的步骤中方便地调用需要使用到的包，否则在代码中调用包就会报错。

（5）在 Action 脚本中导入需要使用的库。

```
import java.util.HashMap;
import java.util.Iterator;
import java.util.List;
import java.util.Map;
import redis.clients.jedis.Jedis;
```

（6）在 Action 中定义一个私有的 Jedis 对象。

在 Action 中定义一个私有的 Jedis 对象，用于保存 Redis 的连接对象，代码如下：

```
private Jedis jedis;
```

（7）创建连接 Redis 服务器的方法。

```
public void setup() {
    //连接 redis 服务器，139.9.203.97:6379
    jedis = new Jedis("139.9.203.97", 6379);
    //权限认证，如果没有密钥，下面的代码则可以省略
```

```
    //jedis.auth("202cb962ac59075b964b07152d234b70");
}
```

（8）将需要测试的步骤定义为相对应的方法。

下面是一个测试 Redis set 的方法。

```
/**
* redis 存储字符串
*/
public void testString() {
    //jedis.del("<name>");//先清除数据，再加入数据进行测试
    //-----添加数据----------
    jedis.set("<name>","<value>");//向 key-->name 中放入了 value-->test
    //System.out.println(jedis.get("name"));

    //jedis.append("<name>", "<value>"); //拼接
    //System.out.println(j123is.get("name"));

    //jedis.del("name");   //删除某个键
    //System.out.println(jedis.get("name"));
    //设置多个键值对
    //jedis.mset("name","tom","age","39","tel","13567890987");
    //jedis.incr("age"); //递增 1 操作
    //System.out.println(jedis.get("name") + "-" + jedis.get("age") + "-" + jedis.get("qq"));
}
```

使用同样的方法可以分别测试哈希、列表、集合和有序集合等 API 接口。

（9）在 init 对象中调用连接 Redis 服务器的方法 setup()。

```
public int init() throws Throwable {
    setup();
    return 0;
}//end of init
```

（10）在 action 对象中调用测试 Redis 的方法。

```
public int action() throws Throwable {
    testString();
    return 0;
}//end of action
```

在这里也可以添加事务，如果有多个要测试的方法都可以添加到这部分代码中。

上面步骤都完成后的所有代码如下：

```
import lrapi.lr;
import java.util.HashMap;
import java.util.Iterator;
import java.util.List;
import java.util.Map;
import redis.clients.jedis.Jedis;
```

```
public class Actions
{
    private Jedis jedis;

    public void setup() {
        //连接 redis 服务器，139.9.203.97:6379
        jedis = new Jedis("139.9.203.97", 6379);
        //权限认证
        //jedis.auth("202cb962ac59075b964b07152d234b70");
    }

    /**
    * redis 存储字符串
    */
    public void testString() {
    //jedis.del("<name>");//先清除数据，再加入数据进行测试
        //-----添加数据----------
        jedis.set("<name>","<value>");//向 key-->name 中放入了 value-->test
        //System.out.println(jedis.get("name"));

        //jedis.append("<name>", "<value>"); //拼接
        //System.out.println(jedis.get("name"));

        //jedis.del("name");   //删除某个键
        //System.out.println(jedis.get("name"));
        //设置多个键值对
        //jedis.mset("name","tom","age","39","tel","13567890987");
        //jedis.incr("age"); //递增 1 操作
    }

    public int init() throws Throwable {
        setup();
        return 0;
    }//end of init


    public int action() throws Throwable {
        lr.start_transaction("testString");
        testString();
        lr.end_transaction("testString", lr.AUTO);
        return 0;
    }//end of action
```

```
    public int end() throws Throwable {
        return 0;
    }//end of end
}
```

13.2 Redis Slowlog

Slowlog 也可以称为慢查询日志，一般很多存储系统（如关系型数据库 MySQL）都会提供慢查询日志，来帮助开发、运维、性能测试工程师定位系统存在的慢操作。

13.2.1 什么是 Slowlog

Slowlog 是 Redis 用来记录查询执行时间的日志系统。系统会在命令执行前后计算每条命令的执行时间，若超过预设阈值，就会将这条命令的相关信息记录下来。查询执行时间指的是不包括客户端响应（talking）、发送回复等 IO 操作，而单单是执行一个查询命令所耗费的时间。

另外，Slowlog 保存在内存里面，读写速度非常快，因此可以放心地使用它，不必担心因为开启 Slowlog 而损害 Redis 的速度。

13.2.2 设置 Slowlog

控制 Slowlog 行为由两个配置参数来决定：slowlog-log-slower-than 和 slowlog-max-len。这两个参数可以通过修改 redis.conf 文件或使用 CONFIG GET 和 CONFIG SET 命令对它们进行动态地修改。

（1）参数 slowlog-log-slower-than。表示如果命令执行的时间超过该参数所设置的值，则这个命令将会被记录在日志上，该参数的单位为微秒。

例如，假如该参数值设置为 100，如果命令执行的时间大于等于 100 微秒，那么这个命令将会被记录到慢查询日志中。

该参数设置命令如下：

```
CONFIG SET slowlog-log-slower-than 100
```

（2）参数 slowlog-max-len。该参数表示指定服务器最多可以保存多少条慢查询日志。

例如，将该参数值设置为 50，则表示服务器最多可以存储 50 条慢查询日志信息。

Slowlog 是一个 FIFO 队列，当慢查询存储的条数超过最大值时，会将最早的日志删除，而最新的一条日志会写入到 Slowlog 中。

该参数设置命令如下：

```
CONFIG SET slowlog-max-len 1000
```

使用 CONFIG GET 命令可以查询两个选项的当前值：

```
redis> CONFIG GET slowlog-log-slower-than
```

```
1) "slowlog-log-slower-than"
2) "1000"

redis> CONFIG GET slowlog-max-len
1) "slowlog-max-len"
2) "1000"
```

在 redisServer 服务器状态结构中对这两个配置变量进行了详细的定义，代码如下：

```
struct redisServer {
    // ...
    //下一条慢查询日志的 ID
    long long slowlog_entry_id;

    //保存了所有慢查询日志的链表
    list *slowlog;

    //服务器配置 slowlog-log-slower-than 选项的值
    long long slowlog_log_slower_than;

    //服务器配置 slowlog-max-len 选项的值
    unsigned long slowlog_max_len;
    // ...
};
```

13.2.3 查看 Slowlog

要查看 Slowlog 可以使用 slowlog get 或者 slowlog get number 命令，前者打印所有 Slowlog，最大长度取决于 slowlog-max-len 选项的值，而 slowlog get number 则只打印指定数量的日志。

获取日志信息时，最新的日志会最先被打印。

```
获取慢查询日志
命令：slowlog get [n]
IP:6379> slowlog get
1) 1) (integer) 1
   2) (integer) 1513709400
   3) (integer) 11
   4) 1) "slowlog"
      2) "get"
2) 1) (integer) 0
   2) (integer) 1513709398
   3) (integer) 4
   4) 1) "config"
      2) "set"
      3) "slowlog-log-slower-than"
      4) "2"
```

```
1）表示日志唯一标识符 uid，日志的唯一 id 只有在 Redis 服务器重启的时候才会重置
2）命令执行时系统的时间戳
3）命令执行的时长，以微秒来计算
4）命令和命令的参数
```

如果需要获取慢查询日志列表当前的长度，可以使用以下命令。请注意这个值和 slower-max-len 的区别，它们一个是当前日志的数量，一个是允许记录的最大日志的数量。

```
命令：slowlog len
IP:6379> slowlog len
(integer) 2
```

如果需要对慢查询日志进行重置，可以使用以下命令：

```
slowlog reset
```

重置慢查询日志实际是对慢查询日志列表做清理操作。

slowlogEntry 结构中对慢查询日志的相关信息进行了详细的定义，代码如下：

```
typedef struct slowlogEntry {
    //唯一标识符
    long long id;

    //命令执行时的时间，格式为 UNIX 时间戳
    time_t time;

    //执行命令消耗的时间，以微秒为单位
    long long duration;

    //命令与命令参数
    robj **argv;

    //命令与命令参数的数量
    int argc;
} slowlogEntry;
```

13.3 持久化

Redis 与关系型数据库不同，其数据都存储在内存中，相当于内存数据库，所以当出现服务器重启或断电等一些情况时，就会将所有的数据丢失。为了保证数据的安全，需要定期地将 Redis 中的数据从内存保存到磁盘中，这就是通常说的持久化技术，等下一次 Redis 重启时，使用持久化文件实现数据恢复。此外，对于灾难备份，可以将持久性文件复制到远程位置。

Redis 提供两种持久化的方式：RDB（Redis DataBase）持久化和 AOF（Append Only File）持久化。

（1）RDB 持久化：其原理是将内存中的数据库记录定期保存到磁盘中（就像一张快照）。

（2）AOF 持久化：将操作日志以追加的方式写入文件中（类似于 binlog 的 MySQL）。

13.3.1 RDB 持久化

RDB 持久化表示在指定时间间隔内将内存中的数据以快照的方式写入磁盘，保存的文件后缀为 rdb，rdb 文件是经过压缩的二进制文件；当 Redis 重新启动时，可以读取快照文件恢复数据。

触发持久化生成 RDB 文件的机制通常有两种方式：一是手动触发；二是自动触发。

手动触发可以使用 save 命令和 bgsave 命令来生成 RDB 文件。

save 命令会阻塞当前 Redis 服务器进程，直到 RDB 文件创建完成为止，在 Redis 服务器阻塞期间，服务器无法处理任何命令请求，对于内存比较大的实例会造成长时间阻塞，线上环境不建议使用。运行 save 命令对应的 Redis 日志如下：

```
* DB saved on disk
```

bgsave 是通过 Redis 主进程去执行 fork 操作创建一个子进程，RDB 持久化过程由子进程负责，父进程继续处理其他的请求，bgsave 命令执行时，只有 fork 子进程会阻塞服务器，这个时间一般都很短，而对于 save 命令，整个进程都会阻塞服务器，因此 save 基本不使用。运行 bgsave 命令对应的 Redis 日志如下：

```
* Background saving started by pid 3151
* DB saved on disk
* RDB: 0 MB of memory used by copy-on-write
* Background saving terminated with success
```

除了执行手动触发外，Redis 内部还存在自动触发 RDB 持久化的机制，自动触发最常见的方式是在配置文件中通过 save 命令来设置，命令格式如下：

```
save m n
表示在 m 秒内数据集被修改过 n 次，则触发 bgsave 进行自动触发持久性。
```

自动触发机制实质上是使用 bgsave 命令来执行的，而非使用 save 来执行，bgsave 命令工作过程如图 13-2 所示。

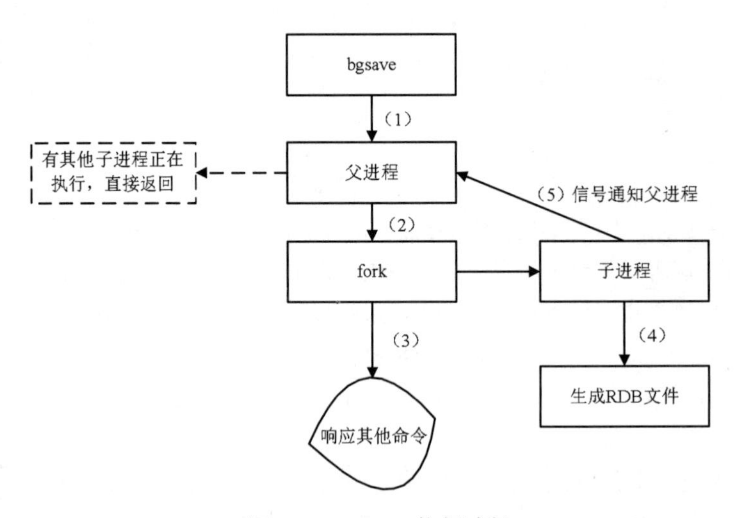

图 13-2　bgsave 执行过程

具体的步骤如下：

（1）首先执行 bgsave 命令，Redis 父进程判断当前是否存在正在执行的子进程，如 RDB/AOF 子进程，如果存在 bgsave 命令则直接返回。

（2）父进程执行 fork 操作创建子进程，fork 操作过程中父进程会阻塞，此时 Redis 无法执行来自客户端的任何命令。通过 info stats 命令查看 latest_fork_usec 选项，可以获取最近一个 fork 操作的耗时，单位为微秒。

（3）父进程 fork 完成后，bgsave 命令返回“Background saving started”信息并不再阻塞父进程，可以继续响应其他命令。

（4）子进程创建 RDB 文件，根据父进程内存生成临时快照文件，完成后对原有文件进行原子替换。执行 lastsave 命令可以获取最后一次生成 RDB 的时间，对应 info 统计的 rdb_last_save_time 选项。

（5）子进程发送信号给父进程表示完成，父进程更新统计信息，具体见 info Persistence 下的 rdb_*相关选项。

RDB 文件加载是在服务器启动时自动执行的，没有特殊的顺序。但是因为 AOF 的优先级更高，所以当 AOF 开启时，Redis 会先加载 AOF 文件来恢复数据；只有当 AOF 关闭时，Redis 才会在服务器启动 RDB 文件时检测到，并自动加载。服务器加载 RDB 文件时会阻塞其他进程，直到加载完成。

Redis（AOF 关闭时）加载 RDB 文件时，会检查 RDB 文件，如果文件损坏，会在日志中打印错误，Redis 启动失败。

关于 RDB 持久化设置的相关参数如下：

```
dbfilename dump.rdb
#设置本地数据库文件名，默认值为 dump.rdb
dir
#设置存储.rdb 文件的路径
rdbcompression yes
#设置存储到本地的数据是否进行压缩，默认是 yes，使用的压缩方式为 LZF。
rdbchecksum yes
#设置是否进行 RDB 文件格式校验
```

在 RDB 持久化时会生成一个 RDB 文件，下面主要介绍 RDB 的文件结构，RDB 文件的结构如图 13-3 所示。

RDB 二进制内部主文件结构如下：

```
----------------------------#
52 45 44 49 53            # Magic String "REDIS"
30 30 30 33               # RDB Version Number as ASCII string. "0003" = 3
----------------------------
FA                        # Auxiliary field
$string-encoded-key       # May contain arbitrary metadata
$string-encoded-value     # such as Redis version, creation time, used memory, ...
```

```
----------------------------
FE 00                          # Indicates database selector. db number = 00
FB                             # Indicates a resizedb field
$length-encoded-int            # Size of the corresponding hash table
$length-encoded-int            # Size of the corresponding expire hash table
----------------------------   # Key-Value pair starts
FD $unsigned-int               # "expiry time in seconds", followed by 4 byte unsigned int
$value-type                    # 1 byte flag indicating the type of value
$string-encoded-key            # The key, encoded as a redis string
$encoded-value                 # The value, encoding depends on $value-type
----------------------------
FC $unsigned long              # "expiry time in ms", followed by 8 byte unsigned long
$value-type                    # 1 byte flag indicating the type of value
$string-encoded-key            # The key, encoded as a redis string
$encoded-value                 # The value, encoding depends on $value-type
----------------------------
$value-type                    # key-value pair without expiry
$string-encoded-key
$encoded-value
----------------------------
FE $length-encoding            # Previous db ends, next db starts.
----------------------------
...                            # Additional key-value pairs, databases, ...

FF                             ## End of RDB file indicator
8-byte-checksum                ## CRC64 checksum of the entire file.
```

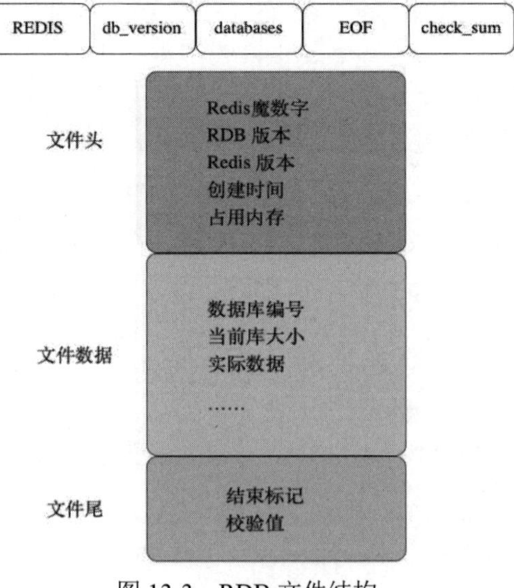

图 13-3　RDB 文件结构

（1）魔幻数。RDB 文件以"REDIS"开头，这个部分的长度为 5 字节，保存着"REDIS"五个字符。通过这五个字符，程序可以在载入文件时，快速检查所载入的文件是否为 RDB 文件。

```
52 45 44 49 53   # "REDIS"
```

（2）RDB 版本号。接下来的 4 个字节存储 rdb 格式的版本号。这 4 个字节被解释为 ASCII 字符，然后使用字符串到整数的转换转换为整数。

```
30 30 30 33 # "0003" => Version 3
```

（3）操作码。初始标题后的每个部分都由一个特殊的操作代码引入。可用的操作码见表 13-1。

表 13-1　操作码

字节	名称	描述
0xFF	EOF	RDB 文件结束
0xFE	SELECTDB	数据库选择器
0xFD	EXPIRETIME	过期时间（以秒为单位）
0xFC	EXPIRETIMEMS	以毫秒为单位的过期时间
0xFB	RESIZEDB	主键空间和过期的哈希表大小
0xFA	AUX	辅助字段

（4）数据库选择器。一个 Redis 实例可以有多个数据库，单字节 0xFE 表示数据库选择器的开始。在这个字节之后，一个可变长度字段指示数据库编号。

（5）重置数据库大小信息。这个操作代码是在 RDB 版本 7 中才引入的。通过对以下两个值进行编码，可以避免额外的大键导致影响 RDB 文件加载。

- 数据库哈希表大小。
- 到期哈希表大小。

（6）辅助字段。这个操作代码是在 RDB 版本 7 中才引入的。表示设置的键和值，分析器会忽略未知字段，主要有以下辅助字段：

- redis-ver：写入 RDB 的 redis 版本。
- redis-bits：写入 RDB 中的操作系统结构，32 位或 64 位。
- ctime：RDB 的创建时间。
- used-mem：编写 RDB 的实例使用的内存。

（7）key_value_pairs 部分。RDB 文件中的每个 key_value_pairs 部分都保存了一个或一个以上数量的键值对，如果键值对带有过期时间，那么键值对的过期时间也会被保存在内。不带过期时间的键值对在 RDB 文件中由 type、key、value 三部分组成。

TYPE 记录了 value 的类型，长度为 1 字节，值可以是以下常量中的一个：

- REDIS_RDB_TYPE_STRING
- REDIS_RDB_TYPE_LIST
- REDIS_RDB_TYPE_SET

- REDIS_RDB_TYPE_ZSET
- REDIS_RDB_TYPE_HASH
- REDIS_RDB_TYPE_LIST_ZIPLIST
- REDIS_RDB_TYPE_SET_INTSET
- REDIS_RDB_TYPE_ZSET_ZIPLIST
- REDIS_RDB_TYPE_HASH_ZIPLIST

以上列出的每个 type 常量都代表一种对象类型或者底层编码，当服务器读入 RDB 文件中键值对数据时，程序会根据 type 的值来决定如何读入和解释 value 的数据。

key 和 value 分别保存了键值对的键对象和值对象：

- 其中key总有一个字符串对象，它的编码方式和REDIS_RDB_TYPE_STRING类型的value一样。内容长度不同，key 的长度也会有所不同。
- 根据 TYPE 类型的不同，以及保存内容长度的不同，保存 value 的结构和长度会有所不同。

（8）key 到期时间戳。本节以一个单字节标志开始。此标志为：

- 0xFD：过期值以秒为单位指定。用 4 个字节表示 UNIX 时间戳为无符号整数。
- 0xFC：过期值以毫秒为单位指定。用 8 个字节表示 UNIX 时间戳为无符号整数。

在导入过程中，必须丢弃过期的密钥。

（9）值类型。单字节标志表示用于保存值的编码格式，对应的具体编码格式如下：

- 0 表示字符串编码。
- 1 表示列表编码。
- 2 表示集合编码。
- 3 表示有序集合编码。
- 4 表示哈希编码。
- 9 表示压缩图编码。
- 10 表示压缩列表编码。
- 11 表示整数集合类型。
- 12 表示压缩列表中有序列表编码。
- 13 表示压缩列表中哈希编码。
- 14 表示快速列表编码。

13.3.2 AOF 持久化

除了 RDB 持久化功能之外，Redis 还提供了 AOF 持久化功能，与 RDB 持久化通过保存数据库中的键值对来记录数据库状态不同，AOF 持久化是通过保存 Redis 服务器所执行的写命令来记录数据库状态的，AOF 会将 Redis 每次写入、删除命令记录在单独的日志文件中，查询操作不会记录，当 Redis 重新启动时再次执行文件中的 AOF 命令来恢复数据。

进入 Redis 配置文件可以开启 AOF 功能，开启 AOF 功能主要需要修改以下参数选项：

```
appendonly yes        #yes 表示开启 AOF 功能，如果设置为 no，表示关闭 AOF 功能
appendfilename "appendonly.aof"        #表示指定 AOF 文件名称
aof-load-truncated yes    #表示是否忽略最后一条可能存在问题的指令，yes 表示忽略
```

AOF 持久化功能分以下三个步骤完成：

（1）追加顺序（append）。Redis 首先将写入命令追加到缓冲区，而不是直接写入文件，目的是避免每次都直接向硬盘写入命令，导致硬盘 IO 成为 Redis 负载的瓶颈。

append 追加的格式是 Redis 命令请求的协议格式，是纯文本格式，兼容性好、可读性高、易处理、操作方便、避免二次开销，在 AOF 文件中，除了指定的数据库选择命令由 Redis 添加，其他都是客户端发送的写入命令。

（2）文件写入（write）与文件同步（sync）。Redis 提供了多种 AOF Cache 同步策略，该策略涉及操作系统的 write 函数和 fsync 函数。

为了提高文件写入的效率，在现代操作系统中，当用户调用 write 函数向文件写入数据时，操作系统通常会将数据存储在内存缓冲区中，当缓冲区被填满或超过指定时间限制时，将缓冲区数据写入硬盘。这种操作提高了效率，但也带来了安全问题：如果电脑宕机，内存缓冲区中的数据会丢失。所以系统还提供了 fsync、fdatasync 等，可以强制操作系统将缓冲区中的数据立即写入硬盘，从而保证数据的安全。

AOF 同步缓存策略有 3 种同步方式，具体如下：

1）appendfsync always：命令写入 aof_buf 后立即调用系统 fsync 操作同步到 AOF 文件，fsync 完成后线程返回。在这种情况下，每次有写命令都要同步到 AOF 文件，硬盘 IO 成为性能瓶颈，一般只能写到几百个 TPS，严重降低了 Redis 的性能；即使使用固态硬盘（SSD），每秒也只能处理数万条命令，而且会大大降低 SSD 的寿命。

2）appendfsync no：命令写入 aof_buf 后调用系统 write 操作，不对 AOF 文件做 fsync 同步，同步硬盘操作由操作系统负责，通常同步周期为 30 秒。在这种情况下，文件同步的时机是不可控的，而且缓冲区中会堆积大量的数据，数据的安全性无法保证。

3）appendfsync everysec：命令 write aof_buf 调用系统写操作后，write 完成后，线程返回；fsync 同步文件操作每秒被一个专用线程调用一次，everysec 是两种策略的折中，是性能之间的平衡和数据安全，所以是 Redis 默认配置，也是推荐的配置。

（3）文件重写（rewrite）。随着时间的推移，Redis 越来越多的写入命令会被服务器执行，AOF 文件就会越来越大，AOF 文件过多不仅会影响到服务器的正常运行，还会导致数据恢复时间过长。

文件重写是指定期重写 AOF 文件，这样可以减少 AOF 文件的体积。AOF 重写就是把 Redis 进程中的数据转换成写命令，同步到新的 AOF 文件中，不对旧的 AOF 文件进行任何读、写操作。

关于 AOF 在持久化方面，强烈推荐使用文件重写，但不是必须的，即使没有文件重写，也可以在启动时将数据持久化存储在 Redis 中，所以在一些情况下，自动化文件重写是关闭的，然后通过定时任务，在一天中的某个时间进行重写。

文件重写有两种触发方式：手动触发和自动触发。

（1）手动触发。手动触发就是直接调用 bgwriteaof 命令，该命令的执行与 bgsave 类似，都是 fork 子进程来处理，并且只在 fork 工作时阻塞其他的进程进行工作。

（2）自动触发。通过设置 auto-aof -rewrite-min-size 选项和 auto-aof -rewrite-percentage 选项来自动化 bgrewriteaof。只有当 auto-aof-rewrite-min-size 和 auto-aof -rewrite-percentage 两个选项都满足时，才会自动触发 AOF 重写，即 bgrewriteaof 操作，这两个参数和含义如下：

```
auto-aof-rewrite-percentage 100
#aof 文件增长比例，指当前 aof 文件比上次重写的增长比例大小，如果当前 aof 与上次重写 aof 文件比例超过该值，就会触发重写操作。如果将该值设置为 0，则表示禁用 aof 自动重写特性。
auto-aof-rewrite-min-size 64mb
#表示当前 aof 文件执行 bgrewriteaof 命令的最小值，避免刚启动 Redis 时由于文件尺寸较小而导致频繁的 bgrewriteaof。
```

文件重写的过程如图 13-4 所示。

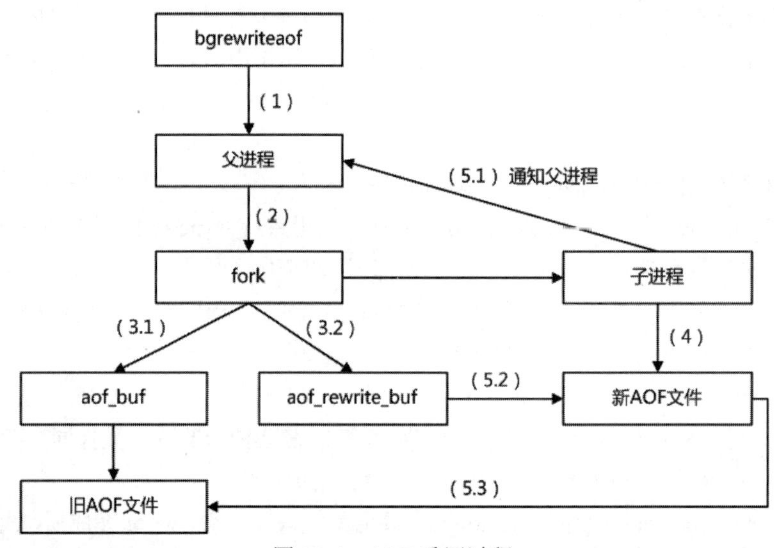

图 13-4　AOF 重写过程

文件重写具体的步骤如下：

（1）执行 AOF 重写请求。

如果当前进程正在执行 AOF 重写，请求不执行并返回如下响应：

```
ERR Background append only file rewriting already in progress
```

如果当前进程正在执行 bgsave 操作，重写命令延迟到 bgsave 完成之后再执行，返回如下响应：

```
Background append only file rewriting scheduled
```

（2）父进程执行 fork 创建子进程，开销等同于 bgsave 过程。

（3.1）主进程 fork 操作完成后，继续响应其他命令，所有修改命令依然写入 AOF 缓冲区并根据 appendfsync 策略同步到硬盘，保证原有 AOF 机制的正确性。

（3.2）由于 fork 操作运用写时复制技术，子进程只能共享 fork 操作时的内存数据。由于父进程依然响应命令，Redis 使用“AOF 重写缓冲区”保存这部分新数据，防止新 AOF 文件生成期间丢失这部分数据。

（4）子进程根据内存快照，按照命令合并规则写入到新的 AOF 文件，每次批量写入硬盘数据量由配置 aof-rewrite-incremental-fsync 控制，默认为 32MB，防止单次刷盘数据过多造成硬盘阻塞。

（5.1）新 AOF 文件写入完成后，子进程发送信号给父进程，父进程更新统计信息。

（5.2）父进程把 AOF 重写缓冲区的数据写入到新的 AOF 文件。

（5.3）使用新 AOF 文件替换老文件，完成 AOF 重写。

在 AOF 开启时，Redis 启动时，会优先加载 AOF 文件恢复数据，只有在 AOF 关闭时，才会加载 RDB 文件恢复数据。若 AOF 打开，appendonly.aof 文件不存在，即使 RDB 存在，文件也不会加载。

Redis 加载 AOF 文件时，会对 AOF 文件进行检查，如果文件损坏，错误会打印在日志中，Redis 启动失败。但如果是 AOF 文件结尾不完整（当机器突然停机时文件结尾不完整），并且 aof-load-truncated 参数打开，日志中将输出警告，Redis 忽略 AOF 文件结尾，成功启动。默认情况下 aof-load-truncated 参数处于启用状态。

13.3.3 RDB 和 AOF 的优缺点

RDB 持久化的优点：RDB 文件紧凑，体积小，网络传输速度快，适合全复制；恢复速度比 AOF 快得多。当然，与 AOF 相比，RDB 最重要的优势之一是对性能的影响相对较小。

RDB 持久化的缺点：RDB 文件的致命缺点是数据快照的持久化模式决定了无法实现实时持久化，在数据越来越重要的今天，数据的大量丢失往往是不可接受的，因此 AOF 持久化成为主流。此外，RDB 文件需要采用特定的格式，兼容性差（比如旧版本的 Redis 与新版本的 RDB 文件不兼容）。

关于 RDB 持久性，一方面是在 bgsave 调用 fork 操作 Redis 服务器时，此时主进程将被阻塞；另一方面，子进程将数据写入硬盘也将带来 IO 压力。

AOF 持久化的优点：支持二级持久性，兼容性好。

AOF 持久化的缺点：文件大，恢复慢，对性能影响大。

关于 AOF 持久性，将数据写入硬盘的频率大大增加，IO 压力更大，甚至可能导致 AOF 额外的阻塞问题。

AOF 文件重写和 bgsave 的 RDB 类似，会出现 fork 阻塞和子流程的 IO 压力问题。相对而言，因为 AOF 将数据写入硬盘的频率更高，所以 Redis 性能可能会受到更多的影响。

13.3.4 备份策略 RDB 与 AOF 相互协同

Redis 对数据备份做得非常友好，因为可以在数据库运行时复制 RDB 文件，RDB 一经生成就不会被修改，而在生成时，它使用一个临时名称，并且只有在新快照完成后，才使用重命名。

这意味着在服务器运行时复制 RDB 文件是完全安全的，所以一般建议按以下方式来设置快照：

- 在服务器中创建 cron 作业，在一个目录中创建 RDB 文件的每小时快照，并在另一个目录中创建每日快照。
- 每次运行 cron 脚本时，调用 find 命令以确保删除太旧的快照。例如，可以在最近 48 小时内每小时拍摄一次快照，并在一两个月内每天拍摄一次快照。快照名使用日期和时间来命名。
- 每天至少一次，确保将 RDB 快照传输到数据中心外部，或至少传输到运行 Redis 实例的物理机器外部。

除了使用 RDB 进行备份外，Redis 还提供了 AOF 进行备份数据，自 Redis 7.0.0 之后，AOF 文件被拆分为多个文件，这些文件位置由 AppendDirName 参数来配置。在正常操作过程中，只需要复制或恢复目录中的文件即可实现备份。但是如果在重写过程中执行此操作，可能会导致备份无效，要解决此问题，必须在备份期间禁用 AOF 重写：

（1）关闭自动重写。使用 config set 设置 auto-aof-rewrite-percentage 参数为 0，并且确保在此期间不要手动启动重写。

（2）在信息持久性过程中不能进行重写，并且确保 auto-aof-rewrite-percentage 参数为 0。

如果想最大限度地减少禁用 AOF 重写的时间，可以创建指向文件的硬链接 appenddirname，然后在创建硬链接后重新启用重写。现在可以复制/恢复硬链接并在完成后将其删除。这是有效的，因为 Redis 保证它只附加到该目录中的文件，或者在必要时完全替换它们，因此内容在任何给定时间点都应该是一致的。
如果想处理在备份期间重新启动服务器的情况，并确保在重新启动后不会自动开始重写，可以通过 CONFIG REWRITE 保留更新的配置。只需确保在完成后重新启用自动重写并使用另一个 CONFIG REWRITE 将其持久化。

在 Redis 7.0.0 版本之前，备份 AOF 文件可以简单地通过复制 aof 文件来完成（就像备份 RDB 快照一样）。该文件可能缺少最后一部分，但 Redis 仍然可以加载它。

Redis 环境中的灾难恢复与备份基本相同，并且能够在许多不同的外部数据中心传输这些备份。即使在某些灾难性事件影响 Redis 正在运行并生成其快照的主数据中心的情况下，这种方式也可以保护数据。

由于许多 Redis 用户处于初始阶段，因此没有足够的成本用于灾难恢复技术。

- Amazon S3 和其他类似服务是实施灾难恢复系统的好方法。只需以加密形式将每日或每小时 RDB 快照传输到 S3。可以使用 gpg -c（在对称加密模式下）加密数据。确保将您的密码存储在许多不同的安全位置（例如，将副本提供给组织中最重要的人）。建议使用多个存储服务以提高数据安全性。

- 使用 SCP（SSH 的一部分）将快照传输到远程服务器。以下是一个相当简单和安全的方法：在离你很远的地方找一个小型 VPS，在那里安装 ssh，并生成一个没有密码的 ssh 客户端密钥，然后将其添加到 authorized_keys 小型 VPS 的文件中。您已准备好以自动方式传输备份。在两个不同的提供商中获得至少两个 VPS 以获得最佳效果。

重要的是要理解，如果没有以正确的方式实施，这个系统很容易失败。至少要绝对确保在传输完成后能够验证文件大小（应该与您复制的文件相匹配），如果使用的是 VPS，可能还有 SHA1 摘要。如果新备份的传输由于某种原因无法正常工作，还需要某种独立的警报系统。

13.4 主从复制

在分布式系统中为了解决单点问题，通常会把数据复制成多个副本并部署到不同的机器上，这样可以满足故意恢复和负载均衡等需求。Redis 也是一样的，它提供了主从复制功能，实现相同数据多个 Redis 副本的情况。

13.4.1 配置主从复制

通过 Redis 复制功能，能使得从 Redis 服务器（下文称 slave）精确地复制主 Redis 服务器（下文称 master）的内容。每次当 slave 和 master 之间的连接断开时，slave 会自动重连到 master 上，并且无论这期间 master 发生了什么，slave 都将尝试让自身成为 master 的精确副本。

Redis 配置主从复制的方法一般有以下三种：

（1）直接使用命令：slaveof {masterHost} {masterPort}。

启动一台主机，其端口为 6379，再启动一台从机，其端口为 6380，并且复制一定是由从机向主机发起，而非主机向从机发起，在从机上输入以下命令进行连接：

```
slaveof 127.0.0.1 6379
```

这样主机与从机连接成功，复制成功后可以使用以下命令来测试复制是否成功：

```
127.0.0.1:6379> set city shenzhen
OK

127.0.0.1:6380> get city
"shenzhen
```

（2）在 redis-server 启动命令后加入--slaveof {masterHost} {masterPort}生效。

在启动从机时使用以下命令可以和主机建立复制关系。

```
redis-server XX.conf --slaveof {masterHost} {masterPort}
如：
redis-server redis-6380.conf --slaveof 127.0.0.1 6379
```

（3）直接在配置文件加入 slaveof {masterHost} {masterPort}指令。

将 slaveof 的指令直接写入从机的配置文件中，然后再启动从机 Redis 即可。

Redis 使用默认的异步复制，其特点是低延迟和高性能，是绝大多数 Redis 用例的自然复制模式。但是，从 Redis 服务器会异步地确认其从主 Redis 服务器周期接收到的数据量。主从节点复制成功建立后，可以使用 info replication 命令查看复制相关状态，命令信息如下：

```
主节点 6379 复制状态信息如下：
127.0.0.1:6379> info replication
# Replication
role:master
connected_slaves:1
slave0:ip=127.0.0.1,port=6381,state=online,offset=28,lag=0
master_replid:271b21c6a9d2c5e4fa1e1d15da64666e093f3197
master_replid2:0000000000000000000000000000000000000000
master_repl_offset:28
second_repl_offset:-1
repl_backlog_active:1
repl_backlog_size:1048576
repl_backlog_first_byte_offset:1
repl_backlog_histlen:28

从节点 6381 复制状态信息如下：
127.0.0.1:6381> info replication
# Replication
role:slave
master_host:127.0.01
master_port:6379
master_link_status:up
master_last_io_seconds_ago:1
master_sync_in_progress:0
slave_repl_offset:42
slave_priority:100
slave_read_only:1
connected_slaves:0
master_replid:271b21c6a9d2c5e4fa1e1d15da64666e093f3197
master_replid2:0000000000000000000000000000000000000000
master_repl_offset:42
second_repl_offset:-1
repl_backlog_active:1
repl_backlog_size:1048576
repl_backlog_first_byte_offset:15
repl_backlog_histlen:28
```

Redis 主从复制的过程如图 13-5 所示。

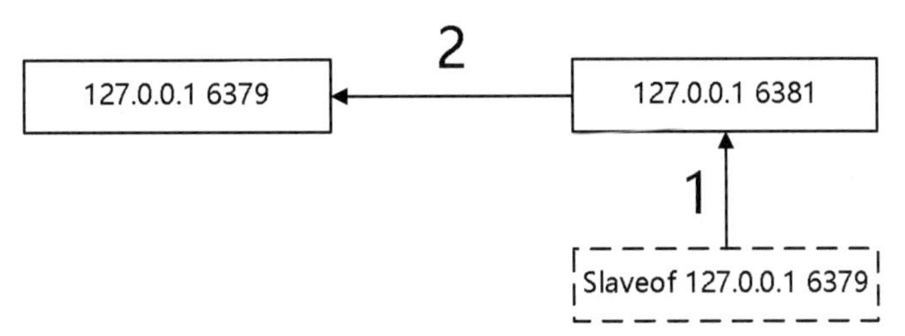

图 13-5　Redis 主从复制过程

关于 Redis 主从复制的具体过程，会在 13.4.3 节中详细介绍。

13.4.2　断开复制

使用 slaveof 命令可以建立复制，同时也可以断开从节点与主节点的复制关系。在从节点执行以下命令，可以将主从节点断开：

```
slaveof no one
```

Redis 主从复制断开的过程如图 13-6 所示。

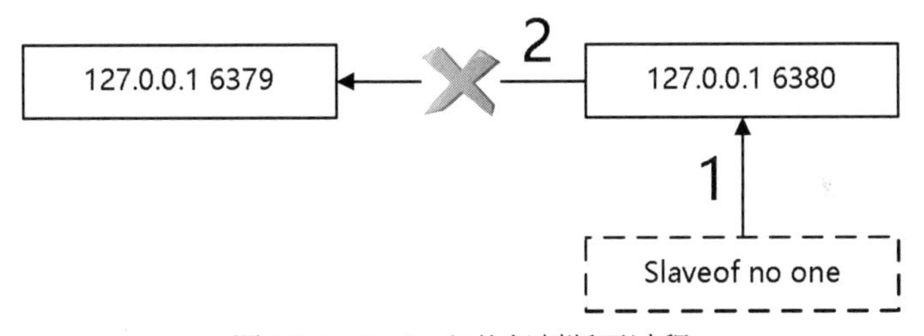

图 13-6　Redis 主从复制断开过程

断开连接主要是断开从机与主机之间的连接，如果设置了哨兵，主机出现问题，会自动在从节点处选择一台从机变成主机。

在主机与从机连接过程中，还可以使用 slaveof 来切换主机操作，所谓切换主机操作是指把当前从节点对主节点的复制切换到另一个主节点，其他工作过程如图 13-7 所示。

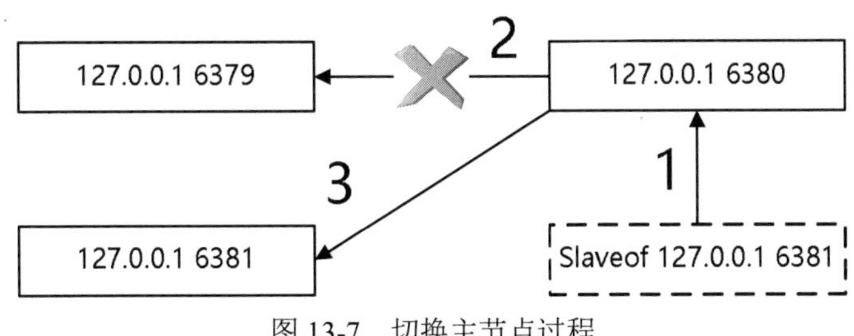

图 13-7　切换主节点过程

切换主节点后从节点会清空之前所有的数据，所以需要谨慎地切换主节点。

对于数据比较重要的节点，可以通过设置 requirepass 和 masterauth 两个参数来控制。

修改配置文件中的 requirepass 参数，这个参数可以用于保护 Redis 服务器，如果设置了这个参数，那么每次连接 Redis 服务器之后，都得使用 auth 指令来解锁，解锁后才可以使用其他的 Redis 命令。

```
127.0.0.1:6379> auth 123456
OK
```

如果 auth 命令输入的密码和 requirepass 参数中的密码一致，服务器则会返回 OK 的信息，并可以接受其他命令的输入。

如果主节点设置了 requirepass 参数，那么从节点应该通过 masterauth 参数来设置一个与 requirepass 参数一致的密码，否则从节点就无法正常复制主节点上的数据。

13.4.3 主从复制工作原理

Redis 主从复制的过程主要分以下几个步骤：

（1）保存主节点（master）信息。

执行 slaveof 指令后从节点只会保存主节点的地址信息，然后直接返回，通过 info replication 命令可以看到以下信息：

```
role:slave
master_host:127.0.0.1
master_port:6379
master_link_status:down
```

从上面的信息中可以看出，主节点的 ip 和 port 信息会被保存出来，但连接状态（master_link_status）还是下线状态，还是未上线。

（2）主从建立 socket 连接。从节点会建立一个 socket 套接字，并且会随机产生一个端口号，专门用于接受主节点发送的复制命令，见如下信息：

```
[root@localhost etc]# netstat -an |grep '6379'
tcp        0      0 0.0.0.0:6379           0.0.0.0:*              LISTEN
tcp        0      0 127.0.0.1:6379         127.0.0.1:13461        ESTABLISHED
tcp        0      0 127.0.0.1:13461        127.0.0.1:6379         ESTABLISHED
tcp        0      0 127.0.0.1:6379         127.0.0.1:13481        ESTABLISHED
tcp        0      0 127.0.0.1:13481        127.0.0.1:6379         ESTABLISHED
tcp        0      0 :::6379                :::*                   LISTEN
```

从节点连接成功后，会打印一条以下日志信息：

```
* Connecting to MASTER 127.0.0.1:6379
* MASTER <-> SLAVE sync started
```

如果连接失败，在从节点中执行 info replication 可以查看到 master_link_down_since_seconds 指标，这个指标会记录从节点与主节点连接失败的自组织系统时间。

（3）发送 ping 命令。socket 连接建立后，从节点发送 ping 请求进行首次通信，ping 的主要目的在于检测主从之前网络连接是否可用，检测主节点当前是否可接受处理命令，发送 ping 命令后，正常情况下主节点会回复 pong，如果从节点没有收到主节点回复，或者请求超时（如网络超时、主节点在阻塞中无法响应命令），从节点会断开复制连接，下次定时发起重连，并且每隔 1s 轮询重试，并且 ping 命令只能是从节点向主节点发送，不能是由主节点向从节点发起，因为一个主节点可能有多个从节点，如果由主节点向从节点发起，那么会消耗主节点很多资源。主节点与从节点建立连接的过程如图 13-8 所示。

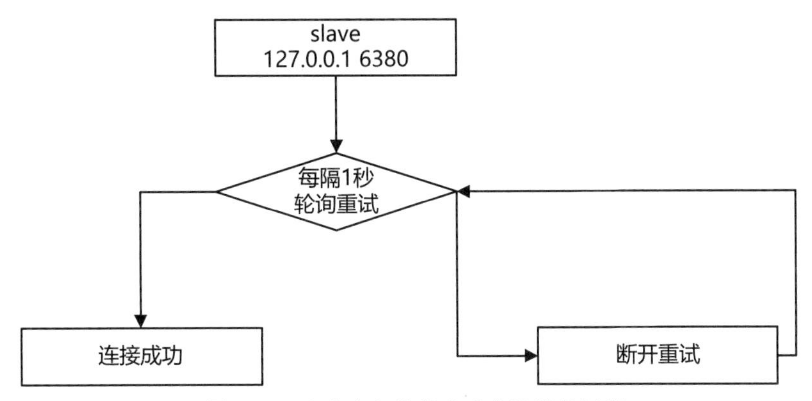

图 13-8 主节点与从节点建立连接的过程

（4）权限验证。如果主节点设置了 requirepass 参数，则需要密码验证，从节点必须配置 masterauth 参数，并且保证 masterauth 参数设置的密码与 requirepass 参数设置的密码一致，才可以通过验证，如果验证失败复制将终止，从节点重新发起复制流程。

（5）同步数据集。主从复制连接正常通信后，对于首次建立复制的场景，主节点会把持有的数据全部发送给从节点，这也是整个复制过程中消耗时间最长的一个步骤。关于同步数据的策略，待介绍完成复制步骤后详细介绍。

（6）命令持续复制。当主节点把当前的数据同步给从节点后，便完成了复制建立流程，接下来主节点会持续地把命令发送给从节点，并保证主从数据一致性。

关于步骤（5）中的数据同步，一般分为两种：全量复制和部分复制。

（1）全量复制。全量复制一般用于初次复制或都不能进行部分复制的情况，在 Redis 早期时只支持全量复制，全量复制会把主节点的全部数据一次性发送给从节点，但是当数据量很大时，这样会对主从节点和网络造成很大的开销。

全量复制过程如图 13-9 所示，具体步骤如下：

第一步：发送 psync 命令进行数据同步，但由于第一次进行复制，从节点没有主节点 runid 和复制偏移量，所以发送 psync ? -1。

第二步：主节点接收从节点的命令后，判定是进行全量复制回复+FULLRESYNC，同时也会将自身的 runid 和偏移量发送给从节点，响应为+FULLRESYNC {runid} {offset}。

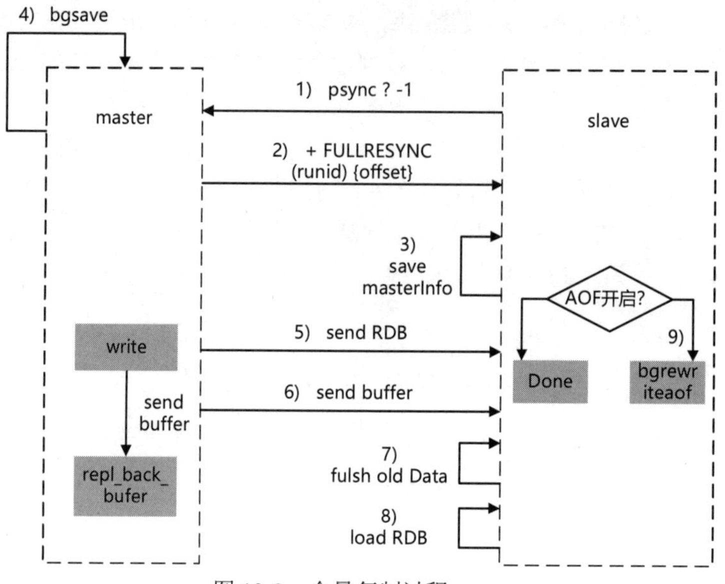

图 13-9　全量复制过程

第三步：从节点接受主节点的响应后，会保存主节点的runid和偏移量offset。通过info replication指令可以看到runid和偏移量。

```
127.0.0.1:6379> info replication
# Replication
role:slave
master_host:127.0.0.1
master_port:6380
master_link_status:up
master_last_io_seconds_ago:8
master_sync_in_progress:0
slave_repl_offset:901
slave_priority:100
slave_read_only:1
connected_slaves:0
master_replid:93bda79d5d02eb9b28cb915d39081ffecbc28fae
master_replid2:0000000000000000000000000000000000000000
master_repl_offset:901
second_repl_offset:-1
repl_backlog_active:1
repl_backlog_size:1048576
repl_backlog_first_byte_offset:1
repl_backlog_histlen:901
127.0.0.1:6379> bgrewriteaof
Background append only file rewriting started
```

第四步：主节点响应从节点命令后，主节点会执行 bgsave 命令，并将生成的 RDB 文件保存到本地，相关的日志信息如下：

```
3468:M 15 Mar 2022 10:29:11.657 * Full resync requested by replica 127.0.0.1:6379
3468:M 15 Mar 2022 10:29:11.657 * Starting BGSAVE for SYNC with target: disk
3468:M 15 Mar 2022 10:29:11.657 * Background saving started by pid 3472
3472:C 15 Mar 2022 10:29:11.670 * DB saved on disk
3472:C 15 Mar 2022 10:29:11.670 * RDB: 0 MB of memory used by copy-on-write
3468:M 15 Mar 2022 10:29:11.681 * Background saving terminated with success
```

在输出的日志开头会有 M、S、C 等标识，对应的含义是： M 表示当前为主节点日志，S 表示当前为从节点日志，C 表示子进程日志，可以根据日志标识快速识别出每行日志的角色信息。

第五步：主节点发送 RDB 文件给从节点，从节点把接收的 RDB 文件保存在本地并直接作为从节点的数据文件。但如果这个文件太大，那么传输文件就会变得非常耗时，所以一般来说会通过 repl-timeout 参数来设置一个超时时间，该参数的默认值为 60 秒。当从节点超过这个时间时，将会放弃接受 RDB 文件并清理已经下载的临时文件，这样全量复制就失败了，当文件特别大时，可以将这个参数值适当调大些。

第六步：在从节点开始接收 RDB 快照到完全接收完成是有一个时间段的，这个时间段主节点仍然会有读写命令，因此主节点会将这个期间的数据保存复制到客户端缓冲区内，待从节点加载完成 RDB 文件后，主节点会再把缓冲区内的数据发送给从节点，这样可以保证数据不会被丢失，保证数据的一致性。

但有时候会出现的问题是，当主节点这段时间高流量写入的数据很多时，就很容易导致客户端缓冲区溢出，设置客户端可以存储多少缓冲数据是由 client-output-buffer-limit 命令来设置的，其默认值如下：

```
client-output-buffer-limit slave 256mb 64mb 60
```

当客户端缓冲区出现溢出时，日志中会有“overcoming of output buffer limits”相关的提示信息。实际使用时应该根据具体的情况来调整这个参数的配置。

第七步：从节点接收完主节点传送来的全部数据后会清空自身老的数据。

第八步：从节点清空数据后会重新加载 RDB 文件，如果 RDB 文件太大，这一步操作依然会比较耗时。

第九步：从节点成功加载完成 RDB 文件后，如果当前节点开启了 AOF 持久化功能，就会立即对 AOF 文件进行重写，这样可以保证全量复制后 AOF 持久化文件立刻可用。

（2）部分复制。部分复制主要是针对全量复制存在的一些弊端而作出的一种优化措施，使用 psync 命令来实现，如果从节点正在复制主节点时，出现网络闪断或者命令丢失等异常情况，从节点会向主节点要求补发丢失的命令数据。如果主节点复制缓存区有积压的数据，则会直接发送给从节点，这样可以保持复制数据的一致性。

部分复制的过程如图 13-10 所示。具体步骤如下：

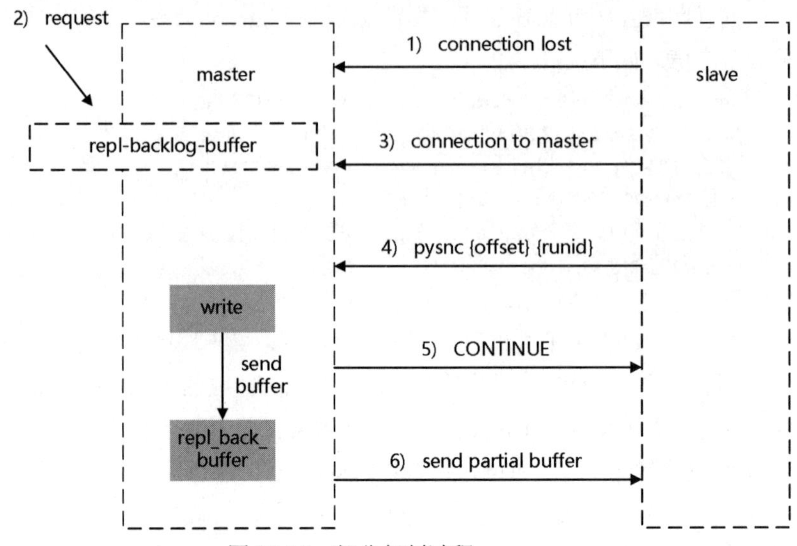

图 13-10　部分复制过程

第一步：如果主节点与从节点之间出现网络中断，或 repl-timeout 超时，则主节点与从节点中断复制。当出现主从节点连接中断时，日志信息中会产生类似以下信息的内容：

```
4515:M 15 Mar 2022 12:57:17.461 # Connection with replica 127.0.0.1:6379 lost.
```

第二步：在主从节点连接中断期间，如果主节点依然有响应的数据，那么会将这个数据复制到缓冲区，因为这段时间无法将数据发送给从节点，但这个缓存默认的最大值为 1MB。

第三步：当主节点与从节点网络恢复后，主从节点就可以再次连接并进行通信复制数据。

第四步：当主从节点连接恢复后，从节点会把 psync 的参数发送给主节点，要求主节点进行部分复制操作，因为从节点会保存上次复制的偏移量和主节点的 ID，并且这个偏移量主节点和从节点是一致的。

第五步：主节点接收到 psync 命令后，会先确定 runid 是否与自身的一致，如果一致则说明之前复制的数据是当前主节点的，然后再根据 offset 偏移量的参数查找缓冲区中的数据，再次将数据发送给从节点。

第六步：根据偏移量参数的值来复制缓冲区中的数据，并发送给从节点，保证主从复制进行正常状态。

主从复制在运行时依靠以下三个主要的机制：

（1）当一个 master 实例和一个 slave 实例连接正常时，master 会发送一连串的命令流来保持对 slave 的更新，以便于将自身数据集的改变复制给 slave：包括客户端的写入、key 的过期或被逐出等。

（2）当 master 和 slave 之间的连接断开之后，因为网络问题或者是主从意识到连接超时，slave 重新连接上 master 并会尝试进行部分重同步，这意味着它会尝试只获取在断开连接期间内丢失的命令流。

（3）当无法进行部分同步时，slave 会请求进行全量同步。这会涉及一个更复杂的过程，例如 master 需要创建所有数据的快照，将之发送给 slave，之后在数据集更改时持续发送命令流到 slave。

Redis 使用默认的异步复制，其特点是低延迟和高性能，是绝大多数 Redis 用例的自然复制模式。但是，从 Redis 服务器会异步地确认其从主 Redis 服务器周期接收到的数据量。

客户端可以使用WAIT命令来请求同步复制某些特定的数据。但是，WAIT 命令只能确保在其他 Redis 实例中有指定数量的已确认的副本，在故障转移期间，由于不同原因的故障转移或是由于 Redis 持久性的实际配置，故障转移期间确认的写入操作可能仍然会丢失。

接下来是关于 Redis 复制的一些原则：

- Redis 使用异步复制，slave 和 master 之间异步地确认处理的数据量。
- 一个 master 可以拥有多个 slave。
- slave 可以接受其他 slave 的连接。除了多个 slave 可以连接到同一个 master 之外，slave 之间也可以像层叠状的结构（cascading-like structure）连接到其他 slave。自 Redis 4.0 起，所有的 sub-slave 将会从 master 收到完全一样的复制流。
- Redis 复制在 master 侧是非阻塞的。这意味着 master 在一个或多个 slave 进行初次同步或者部分同步时，可以继续处理查询请求。
- 复制在 slave 侧大部分也是非阻塞的。当 slave 进行初次同步时，它可以使用旧数据集处理查询请求。也可以配置如果复制流断开，Redis slave 会返回一个 error 给客户端。但是，在初次同步之后，旧数据集必须被删除，同时加载新的数据集。slave 在这个短暂的时间窗口内（如果数据集很大，会持续较长时间），会阻塞到来的连接请求。自 Redis 4.0 开始，可以配置 Redis 使删除旧数据集的操作在另一个不同的线程中进行，但是，加载新数据集的操作依然需要在主线程中进行并且会阻塞 slave。
- 复制可以提高服务器的伸缩性，以便只读查询可以有多个 slave 进行（例如 O(N)复杂度的慢操作可以被下放到 slave），或者仅用于数据安全。
- 可以使用复制来避免 master 将全部数据集写入磁盘造成的开销：一种典型的技术是配置 master Redis.conf 以避免对磁盘进行持久化，然后连接一个 slave，其配置为不定期保存或是启用 AOF。但是，这个设置必须小心处理，因为重新启动的 master 程序将从一个空数据集开始，如果一个 slave 试图与它同步，那么这个 slave 也会被清空。

13.4.4 心跳

当主节点与从节点在进行通信时，有可能出现的问题是主从节点进行连接时出现断开的情况，这样就无法同步数据，这样主从节点就必须以固定的时间和方式进行通信，然后来判断主从节点通信是否正常，这个过程称为心跳命令，并且这个心跳命令一定是从节点向主节点发送的，不能由主节点向从节点发送，因为主节点没那么多资源去管理主从节点的通信情况，并且这个是保持长连接的状态。主从节点心跳命令过程如图 13-11 所示。

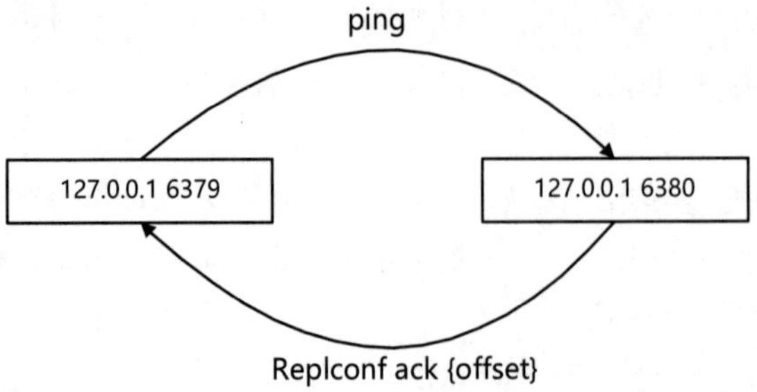

ping

127.0.0.1 6379

127.0.0.1 6380

Replconf ack {offset}

图 13-11　心跳过程

主从节点心跳机制判断过程如下：

（1）主从节点彼此都有心跳检测机制，各自模拟成对方的客户端进行通信。

（2）从节点在主线程中每隔 1 秒发送 replconf ack {offset}命令，给主节点上报自身当前复制的偏移量。

（3）主节点默认每隔 10 秒对从节点发送 ping 命令，判断从节点的存活性和连接状态，可通过参数 repl-ping-slave-period 控制发送频率。

心跳命令的主要作用如下：

- 实时监控主从节点网络状态。
- 用于检测数据是否丢失，如果主服务器发送的数据在网络传输中丢失，那么在下次发送心跳命令时，会根据偏移量从复制缓冲区中拉取丢失的数据，这样就可以保证数据的一致性。检测命令丢失和部分重同步的区别是：检测命令丢失是没断线的情况，部分重同步是断线的情况，使用的场景不同。
- 实现保证从节点的数量和延迟性功能，通过 min-slaves-to-write 和 min-slaves-max-lag 两个参数进行配置。

min-slaves-to-write 表示从服务器少于多少个时，主服务器拒绝执行写命令。

min-slaves-max-lag 表示从服务器延迟值大于或等于设置的时间长度时，主服务器拒绝执行写命令。

```
min-slaves-to-write 3
min-slaves-max-lag 10
```

上面的配置表示：从服务器的数量少于 3 个或者 3 个从服务器的延迟（lag）值都大于或等于 10 秒时，主服务器将拒绝执行写命令。

使用 info replication 命令可以查看主节点与从节点最后一次通信延迟的时长，单位为秒。正常延迟在 0～1 之间，如果超过 repl-timeout 配置的值（默认 60 秒），则判定从节点下线并断开复制客户端连接。

13.4.5　master 关闭持久化，保证复制的安全性

在使用 Redis 复制功能时，强烈建议在 master 和 slave 中启用持久化的功能。但当不可能启用

持久化时，例如由于非常慢的磁盘性能而导致的延迟问题，应该配置实例来避免重置后自动重启。因为当重启后就会丢失一些数据。

下面通过一个实例来理解关闭持久化数据丢失的情况。设置节点 A 为 master 并关闭其持久化设置，从节点 B 和从节点 C 从主节点 A 中复制数据。当主节点 A 崩溃时，它有一些自动重启的系统可能重启进程。但是由于持久化被关闭了，节点重启后其数据集合为空，即数据会被丢失。

从节点 B 和从节点 C 会从主节点 A 复制数据，但是节点 A 的数据集是空的，因此复制的结果是它们会销毁自身之前的数据副本。

当 Redis Sentinel 被用于高可用并且 master 关闭持久化时，如果允许自动重启进程也是很危险的。例如，master 可以重启的足够快，以至于 Sentinel 没有探测到故障，因此上述的故障模式也会发生。

任何时候数据安全性都是很重要的，所以如果 master 使用复制功能的同时未配置持久化，那么自动重启进程项应该被禁用。

13.4.6 Redis 复制如何处理过期的 key

Redis 对一些 key 的生存时间是有限制的，也就是通常说的有效期或存活期，当然对多少 key 设置有效期是根据服务器计算能力来确定的。但这会产生一个问题，Redis 主节点并不知道 Lua 有没有更改过过期的 key，并且会将这个 key 进行复制。

为了解决过期 key 复制的问题，不能依靠主从同步里程，因为这样无法解决 race condition（竞争条件）和数据集不一致的问题，所以 Redis 使用三种主要的技术使过期的 key 的复制能够正确工作。

（1）slave 不让 key 过期，而是等待 master 让 key 过期，当一个 master 让一个 key 到期（或由于 LRU 算法将之驱逐）时，它会合成一个 DEL 命令并传输到所有的 slave。

（2）由于这是 master 驱动的 key 过期行为，master 无法及时提供 DEL 命令，所以有时候 slave 的内存中仍然可能存在逻辑上已经过期的 key。为了处理这个问题，slave 使用它的逻辑时钟以报告只有在不违反数据集的一致性的读取操作中才存在 key。slave 用这种方法避免报告逻辑过期的 key 仍然存在。在实际应用中，使用 slave 程序进行缩放的 HTML 碎片缓存，将避免返回已经比期望的时间更早的数据项。

（3）在 Lua 脚本执行期间，不执行任何 key 过期操作。当一个 Lua 脚本运行时，从概念上讲 master 中的时间是被冻结的，这样脚本运行的时候，一个给定的键要么存在，要么不存在。这可以防止 key 在脚本中间过期，保证将相同的脚本发送到 slave，从而在二者的数据集中产生相同的效果。

一旦一个 slave 被提升为一个 master，它将开始独立地处理过期 key，而不需要任何旧 master 的帮助。

13.4.7 允许只写入 N 个附加的副本

从 Redis 2.8 开始，只有当至少有 N 个 slave 连接到 master 时，才有可能配置 Redis master 接受

写查询。

但是，由于 Redis 使用异步复制，无法确保 slave 是否实际接收到给定的写命令，因此总会有一个数据丢失。

Redis slave 每秒钟都会 ping master，确认已处理的复制流的数量。Redis master 会记得上一次从每个 slave 都收到 ping 的时间。

用户可以配置一个最小的 slave 数量，使得它滞后小于等于最大秒数。如果至少有 N 个 slave，并且滞后小于 M 秒，则写入将被接受。

服务器可能认为这是一个尽力而为的数据安全机制，对于给定的写入来说，不能保证一致性，但至少数据丢失的时间窗限制在给定的秒数内。一般来说，绑定的数据丢失比不绑定的更好。

如果条件不满足，master 将会回复一个 error 并且写入将不被接受。

13.4.8 只读性质的 slave

自从 Redis 2.6 之后，slave 支持只读模式且默认开启。redis.conf 文件中的 slave-read-only 变量控制这个行为，且可以在运行时使用 CONFIG SET 来随时开启或者关闭。

只读模式下的 slave 将会拒绝所有写入命令，因此实践中不可能由于某种出错而将数据写入 slave。但这并不意味着会将一个 slave 实例暴露到 Internet，或者更广泛地说，将 slave 实例暴露在存在一个不可信客户端的网络中，因为像 DEBUG 或者 CONFIG 这样的管理员命令仍在启用。但是，在 redis.conf 文件中使用 rename-command 指令可以禁用上述管理员命令以提高只读实例的安全性。

如果 slave 跟 master 在同步或者 slave 在重启，那么这些写操作将会无效，这样将数据短暂存储在 writable slave 中是比较合理的。

例如，计算 slow Set 或者 Sorted Set 的操作并将它们存储在本地 key 中。

但是注意，4.0 版本之前的 writable slaves 不能用生存时间来淘汰 key。这意味着，如果使用 EXPIRE 或者其他命令为 key 设置了最大 TTL，将会在键值计数（count of keys）中看到这个 key，并且它还在内存中。所以总地来说，将 writable slave 和设置过 TTL 的 key 混用将会导致出现问题。

Redis 4.0 RC3 及更高版本彻底解决了这个问题，现在 writable slaves 能够像 master 一样驱逐 TTL 设置过的 key 了，但 DB 编号大于 63（但默认情况下，Redis 实例只有 16 个数据库）的 key 除外。

另请注意，由于 Redis 4.0 writable slaves 仅能本地，并且不会将数据传播到与该实例相连的 sub-slave 上。sub-slave 将总是接收与最顶层 master 向 intermediate slaves 发送的复制流相同的复制流。所以例如在以下设置中：A-> B -> C，即使节点 B 是可写的，C 也不会看到 B 的写入，而是将拥有和 master 实例 A 相同的数据集。

13.4.9 重新启动和故障转移后的部分同步

从 Redis 4.0 开始，当一个实例在故障转移后被提升为 master 时，它仍然能够与以前 master 的

slaves 进行部分重同步。为此，slave 会记住以前 master 的 replication ID 和复制偏移量，因此即使询问以前的 replication ID，其也可以将部分复制缓冲提供给连接的 slave。

但是，升级的 slave，其新 replication ID 将不同，因为它构成了数据集的不同历史记录。例如 master 可以返回可用，并且可以在一段时间内继续接受写入命令，因此在被提升的 slave 中使用相同的 replication ID 将违反一对复制标识和偏移对只能标识单一数据集的规则。

另外，slave 在关机并重新启动后，能够在 RDB 文件中存储所需信息，以便与 master 进行重同步，这在升级的情况下很有用。当需要时，最好使用 SHUTDOWN 命令来执行 slave 的保存和退出操作。

13.5 哨兵

哨兵（Sentinel）是 Redis 高可用性的重要解决方案，由一个或多个 Sentinel 实例组成 Sentinel 系统，这个系统可以监控任意多个主服务器以及这些主服务器所对应的从服务器。当出现主服务器下线时，Sentinel 系统会自动将下线服务器属下的某个从服务器升级为新的主服务器。

13.5.1 为什么需要 Sentinel

前面介绍了 Redis 的主从复制功能，但是主从复制有一个很大的问题，如果一旦主节点由于故障不能提供报备，则需要人为地将从节点晋升为主节点，并且同时还需要通知应用方更新主节点地址。这是很难接受的，所幸的是现在的 Redis 版本提供了 Sentinel 来解决这个问题，Redis Sentinel 为 Redis 提供高可用性，这意味着使用 Sentinel，可以创建一个 Redis 部署，该部署无需人工干预即可抵抗某些类型的故障。

Redis Sentinel 还提供其他附带任务，例如监控、通知并充当客户端的配置提供程序。

- 监测：Sentinel 会不断检查主节点和从节点是否按预期工作。
- 通知：Sentinel 可以通过 API 通知系统管理员或其他计算机程序，其中一个受监控的 Redis 实例出现问题。
- 自动故障转移：如果一个 master 没有按预期工作，Sentinel 可以启动一个故障转移过程，其中一个副本被提升为 master，其他额外的副本被重新配置为使用新的 master，并且使用 Redis 服务器的应用程序被告知要使用的新地址连接。
- 配置提供者：可以权威地确定 Sentinel 充当客户端，客户端连接到 Sentinel 以请求负责给定服务的当前 Redis 主服务器的地址。如果发生故障转移，Sentinel 将报告新地址。

13.5.2 部署 Sentinel

这节将详细介绍Sentinel如何部署，在介绍Sentinel如何部署之前，需要先了解一些关于Sentinel的基础知识，具体如下：

（1）需要至少 3 个 Sentinel 实例才能进行稳健地部署。

（2）3 个 Sentinel 实例应放置在被认为以独立方式发生故障的计算机或虚拟机中。例如，不同的物理服务器或虚拟机在不同的可用区域上执行。

（3）Sentinel+Redis 分布式系统不保证在故障期间保留已确认的写入，因为 Redis 使用异步复制。然而，有一些方法可以部署 Sentinel，使丢失写入的窗口仅限于某些时刻，还有其他不太安全的方法来部署它。

（4）客户需要 Sentinel 支持，流行的客户端库支持 Sentinel，但不是全部。

Sentinel 部署的步骤如下：

1）配置 Sentinel 节点。在 Redis 的 etc 目录下会有一个 Sentinel 的配置文件，一般内容如下：

```
port 26379
daemonize no
pidfile "/var/run/redis-sentinel.pid"
logfile ""
dir "/tmp"
sentinel myid 1681cda50fbc84d505bd719c84f88f1472016145
sentinel deny-scripts-reconfig yes
sentinel monitor mymaster 127.0.0.1 6380 2
sentinel config-epoch mymaster 28
sentinel leader-epoch mymaster 28
```

配置文件中的具体参数在后面的章节中会详细介绍，这里面需要配置三个 Sentinel 文件，并且需要设置成不同的接口。

2）启动 Sentinel 节点。启动 Sentinel 节点的方法通常有以下两种：

方法一：使用 redis-sentinel 命令。

```
redis-sentinel sentinel-26379.conf
```

方法二：使用 redis-server 命令加--sentinel 参数。

```
redis-server sentinel-26379.conf --sentinel
```

3）确认 Sentinel 节点。配置好 Sentinel 节点后，可以确定相关的节点信息是否正确，Sentinel 节点的本质也是一个特殊的 Redis 节点，使用 info sentinel 命令可以查看到相关的节点信息。

```
[root@localhost etc]# redis-cli -h 127.0.0.1 -p 26379 info sentinel
# Sentinel
sentinel_masters:1
sentinel_tilt:0
sentinel_running_scripts:0
sentinel_scripts_queue_length:0
sentinel_simulate_failure_flags:0
master0:name=mymaster,status=ok,address=127.0.0.1:6380,slaves=2,sentinels=3
```

上面的信息表示一个主节点下面配置了两个从节点，同时有三个 Sentinel 节点。添加 Sentinel 节点后，最终的拓扑结构如图 13-12 所示。

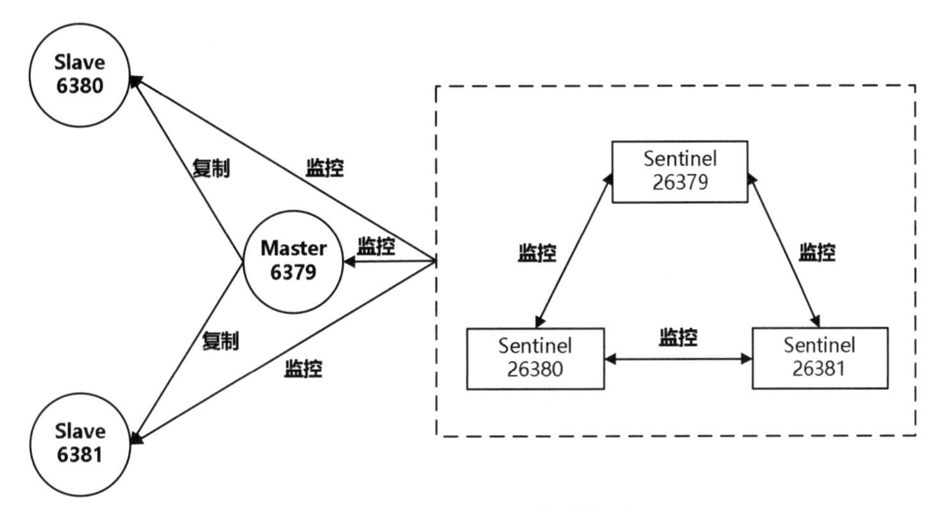

图 13-12　Sentinel 拓扑结构图

13.5.3　主观下线和客观下线

哨兵在工作时，会完成三个定时任务：

任务一：每个哨兵节点会以每秒一次的频率对每个 Redis 主节点、从节点和其余 Sentinel 节点发送一条 ping 命令，做一次心跳检测，来确定这些节点当前是否可达，并实现对每个节点的监控，这个定时任务是节点失败判定的重要依据。

任务二：每个 Sentinel 节点会定时地向主节点和从节点发送 info 命令获取最新的拓扑信息，定时任务会每隔 10 秒发送一次。

任务三：当哨兵监测到主服务器发生故障时，会自动在从节点中选择一台机器，并将其提升为主服务器，然后使用 PubSub 发布订阅模式，通知其他的从节点，修改配置文件，跟随新的主服务器。

当每个哨兵节点以每秒一次的频率对每个 Redis 主节点、从节点和其余 Sentinel 节点发送一条 ping 命令，做一次心跳检测时，当出现某个节点超过 down-after-milliseconds 参数的值时，就表示没有进行有效的回复，这样 Sentinel 节点会对该节点做失败处理，这种行为称为“主观下线”，主观下线适用于主服务器和从服务器。

如果主观下线的节点正好是 master 主节点，此时 Sentinel 节点会通过 is-master-down-by-addr 命令向其他的 Sentinel 节点咨询对 master 主节点判断的情况，如果超过半数以上的 Sentinel 节点认为 master 主节点有问题，则表示 master 主节点为“客观下线”。

当出现 master 主节点客观下线时，需要进行故障转移，即选择出其他的从节点变成新的主节点，但在确定下一个主节点前，需要先进行一个领导者选举的工作，选举出新的主节点。

Redis 使用的是 Raft 算法来实现新的主节点选举工作，其核心步骤如下：

（1）每个在线的 Sentinel 节点都有资格成为领导者，当它确认主节点主观下线时，会向其他

Sentinel 节点发送 sentinel is-master-down-by-addr 命令，要求将自己设置为领导者。

（2）收到命令的 Sentinel 节点，如果没有同意过其他 Sentinel 节点的 is-master-down-by-addr 命令，将同意该请求，即同意该节点为领导者，否则拒绝。

（3）如果该 Sentinel 节点发现自己的票数已经大于等于 max(quorum,num(sentinels)/2+1)，那么它将成为领导者，quorum 是设置的参数，num(sentinels)/2+1 则表示所有节点除以 2 并加 1，取这两个值中的最大值，只要投票时，参与投票的新节点得票数满足达到这个最大值，即可成为新的主节点。

（4）如果此过程没有选举出领导者，将重复上面的步骤进入下一轮选举，最终确定新的领导者。

整个选举过程从哨兵的日志信息中可以看到，当在主节点 6380 中命令 debug sleep 60 命令时，主节点会自动进入休眠 60 秒。接下来会在从节点中重新选举主节点，选择的过程如下：

```
22340:X 19 Mar 2022 21:21:43.378 # +new-epoch 29
22340:X 19 Mar 2022 21:21:43.379 # +vote-for-leader 7b73774ac9725892f79763cae972336dfdd74522 29
22340:X 19 Mar 2022 21:21:43.726 # +sdown master mymaster 127.0.0.1 6380
22340:X 19 Mar 2022 21:21:43.778 # +odown master mymaster 127.0.0.1 6380 #quorum 3/2
22340:X 19 Mar 2022 21:21:43.778 # Next failover delay: I will not start a failover before Sat Mar 19 21:27:44 2022
22340:X 19 Mar 2022 21:21:44.458 # +config-update-from sentinel 7b73774ac9725892 f79763cae972336dfdd74522
127.0.0.1 26380 @ mymaster 127.0.0.1 6380

22340:X 19 Mar 2022 21:21:44.458 # +switch-master mymaster 127.0.0.1 6380 127.0. 0.1 6379
22340:X 19 Mar 2022 21:21:44.458 * +slave slave 127.0.0.1:6381 127.0.0.1 6381 @ mymaster 127.0.0.1 6379
22340:X 19 Mar 2022 21:21:44.458 * +slave slave 127.0.0.1:6380 127.0.0.1 6380 @mymaster 127.0.0.1 6379
```

最终选举出 6379 作为新的主节点，在 6379 节点中输入 info replication 命令可以看到以下信息：

```
127.0.0.1:6379> info replication
# Replication
role:master
connected_slaves:0
master_replid:e263c3fe04eac64c4a38322993f08d80529eb211
master_replid2:a2ce398d7b85e8962fc9f840a32ae93ecf25ae04
master_repl_offset:6911563
second_repl_offset:6908841
repl_backlog_active:1
repl_backlog_size:1048576
repl_backlog_first_byte_offset:5862988
repl_backlog_histlen:1048576
```


13.5.4 故障转移

通过投票选举出新的主节点后，接下来就由 Sentinel 节点负责转移故障，故障转移的步骤如下：

（1）选出一个从服务器，并将它升级为主服务器。

（2）向被选中的从服务器发送 slaveof no one 命令，让它转变为主服务器。

（3）通过发布与订阅功能，将更新后的配置传播给所有其他 Sentinel，其他 Sentinel 对它们自己的配置进行更新。

（4）向已下线主服务器的从服务器发送 SLAVEOF 命令，让它们去复制新的主服务器。

（5）当所有从服务器都已经开始复制新的主服务器时，领头 Sentinel 终止这次故障迁移操作。

当一个 Redis 实例被重新配置（reconfigured），无论是被设置成主服务器、从服务器，还是被设置成其他主服务器的从服务器，Sentinel 都会向被重新配置的实例发送一个 CONFIG REWRITE 命令，从而确保这些配置会持久化在硬盘里。

13.5.5 Sentinel 配置项

本小节主要介绍 Sentinel 配置文件中的各选项含义和配置。

（1）dir。表示文件目录，哨兵进程服务文件存放的目录，默认为/tmp。

（2）port。表示端口号，启动哨兵的进程端口号，默认为 26379。

（3）sentinel monitor。sentinel monitor 的语法如下：

```
sentinel monitor <master-group-name> <ip> <port> <quorum>
如：
sentinel monitor mymaster 127.0.0.1 6379 2
```

master-group-name 表示需要监视的主服务器名，实例中监视的主服务器名为 mymaster。

ip 表示主服务器的 IP 地址，实例中主服务器 IP 地址为 127.0.0.1。

port 表示端口号，实例中主服务器的端口号为 6379。

quorum 表示判断主服务器失效至少需要几个 Sentinel 同意，实例中至少需要 2 个 Sentinel 同意才可以确定主服务器失效。

（4）sentinel option_name 语法。其他选项的基本语法格式如下：

```
sentinel <option_name> <master_name> <option_value>
```

option_name 表示选项名。

master_name 表示主节点名字。

option_value 表示选项值。

常见的选项一般有以下几种：

- down-after-milliseconds：该选项指定 Sentinel 认为服务器已经断线所需的毫秒数。如果服务器在给定的毫秒数之内，没有返回 Sentinel 发送的 ping 命令的回复，或者返回一个错误，那么 Sentinel 将这个服务器标记为主观下线（subjectively down，SDOWN）。

只有一个 Sentinel 将服务器标记为主观下线，并不一定会引起服务器的自动故障迁移，只有在足够数量的 Sentinel 都将一个服务器标记为主观下线之后，服务器才会被标记为客观下线（objectively down，ODOWN），这时自动故障迁移才会执行。

- parallel-syncs：该选项指定在执行故障转移时，最多可以有多少个从服务器同时对新的主服务器进行同步，这个数字越小，完成故障转移所需的时间就越长。
- sentinel failover-timeout：用于指定故障转移允许的毫秒数，若超过这个时间，就认为故障转移执行失败，默认为 3 分钟。

- sentinel notification-script：表示脚本通知，配置当某一事件发生时所需要执行的脚本，可以通过脚本来通知管理员，例如当系统运行不正常时发邮件通知相关人员。
- sentinel auth-pass <master-name> <password>：若主服务器设置了密码，则哨兵必须也配置密码，否则哨兵无法对主从服务器进行监控。该密码与主服务器密码相同。

13.6 内存优化

Redis 所有的数据都是存在内存中的，所以必须去理解 Redis 是如何消耗内存的，以及如何管理内存，这样才可以最高效地使用内存。

13.6.1 获取内存数据

在研究 Redis 消耗内存之前，需要获取内存的数据，一般有两种方法来获取内存的数据：一是使用 info memory 命令；二是使用相关的内存监控工具。

使用 info memory 命令，获取的内存数据如下：

```
127.0.0.1:6379> info memory
# Memory
used_memory:1340416
used_memory_human:1.28M
used_memory_rss:3788800
used_memory_rss_human:3.61M
used_memory_peak:2284392
used_memory_peak_human:2.18M
used_memory_peak_perc:58.68%
used_memory_overhead:947712
used_memory_startup:612464
used_memory_dataset:392704
used_memory_dataset_perc:53.95%
allocator_allocated:1578248
allocator_active:1990656
allocator_resident:6713344
total_system_memory:1986113536
total_system_memory_human:1.85G
used_memory_lua:25600
used_memory_lua_human:25.00K
used_memory_scripts:0
used_memory_scripts_human:0B
number_of_cached_scripts:0
maxmemory:3221225472
maxmemory_human:3.00G
maxmemory_policy:allkeys-lfu
```

```
allocator_frag_ratio:1.26
allocator_frag_bytes:412408
allocator_rss_ratio:3.37
allocator_rss_bytes:4722688
rss_overhead_ratio:0.56
rss_overhead_bytes:-2924544
mem_fragmentation_ratio:2.96
mem_fragmentation_bytes:2510088
mem_not_counted_for_evict:0
mem_replication_backlog:0
mem_clients_slaves:0
mem_clients_normal:334776
mem_aof_buffer:0
mem_allocator:jemalloc-5.1.0
active_defrag_running:0
lazyfree_pending_objects:0
```

下面是获取的内存数据中最常用，也是最重要的数据：

（1）used_memory。表示 Redis 分配器分配的内存总量，也就是内部存储所有数据时内存的占有量。

（2）used_memory_human。表示以更直观的单位展示分配的内存总量。

（3）used_memory_rss。表示 Redis 进程向操作系统申请的内存大小，即 Redis 进程占用的物理内存总量，与 top、ps 等命令的输出一致，即 Redis 使用的物理内存大小。

（4）used_memory_peak。内存使用的最大值，即历史使用中 Redis 的内存消耗峰值。

（5）used_memory_peak_human。以更直观，可读的格式返回 Redis 的内存消耗峰值。

（6）used_memory_lua。表示 Lua 引擎所消耗的内存大小。

（7）used_fragementation_ratio。该值等于 used_memory_rss/used_memory 比值，表示内存碎片率。

如果 used_memory_rss/used_memory 的比值大于 1，那么表示 used_memory_rss 比 used_memory 多出来的内存并没有用于数据存储，而是被内存碎片所消耗，当然，内存碎片是无法避免的，但不能无限多，因为这样显然是很浪费内存的。

如果 used_memory_rss/used_memory 的比值小于 1，表示需要的内存是不够用的，操作系统把 Redis 内存交换到硬盘，即使用了虚拟内存，这样会导致 Redis 性能变差，甚至僵死。一般来说，mem_fragmentation_ratio 的数值在 1～1.5 之间是比较健康的。

（8）used_allocator。表示 Redis 分配内存时使用的分配器，默认为 jemalloc。

（9）used_memory_peak_perc。使用内存达到峰值内存的百分比，used_memory/used_memory_peak *100%，即当前 Redis 使用内存/历史使用记录中 Redis 使用内存峰值×100%。

（10）total_system_memory。表示整个系统内存。

（11）used_memory_lua_human。表示以更直观的格式显示 Lua 脚本存储占用的内存。

（12）maxmemory。表示 Redis 实例的最大内存配置。

（13）maxmemory_policy。表示当使用到最大内存时，剔除对象的策略。

（14）mem_allocator。表示使用的内存分配器。

如果需要查看 Redis 数据库中存储的具体的 key 的信息，可以使用以下两个命令：

（1）dbsize。dbsize 命令用于显示数据库中有效 key 的总数。

```
127.0.0.1:6379> dbsize
(integer) 14
```

（2）info keyspace。该命令显示 Redis 集群中每个可用数据库中 key 的数量。

```
127.0.0.1:6379> info keyspace
# Keyspace
db0:keys=14,expires=0,avg_ttl=0
```

可以使用 memory usage 命令查看键和值消耗的字节数。

```
127.0.0.1:6379> memory usage name
(integer) 38
```

13.6.2 内存消耗模型

上面介绍了如何查看内存使用的相关数据，现在需要整理清楚的就是，哪些对象在使用这些内存，即通常说的内存消耗模型。Redis 进程内消耗的内存主要包括：自身内存、对象内存、缓冲区内存、内存碎片。Redis 进程自身消耗的内存非常少，通常 user_memory_rss 在 3MB 左右。内存消耗的模型如图 13-13 所示。

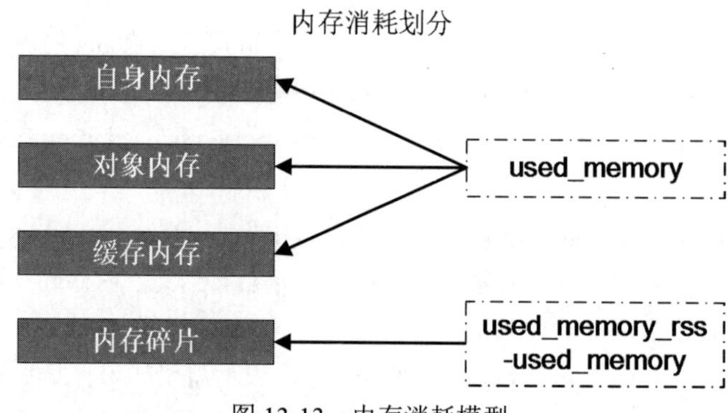

图 13-13 内存消耗模型

（1）对象内存。对象内存是 Redis 内存占用最大的一块，存储着用户所有的数据，Redis 所有的数据都采用 key-value 数据类型，每次创建键值对时，至少创建两个类型对象，key 对象和 value 对象，可以简单理解为 key 和 value 所占内存字节数 sizeof。键对象主要是字符串类型，但在设置键时需要避免过长的键，但 value 对象就会比较复杂，主要包含 5 种基本数据类型：字符串、列表、哈希、集合和有序集合。

（2）缓冲区内存。缓冲区内存主要包括：客户端缓冲、复制积压缓冲区和 AOF 缓冲区。

客户端缓冲指的是所有接入到 Redis 服务器 TCP 连接的输入输出缓冲，输入缓冲无法控制，最大空间为 1G，如果超过则将断开连接，输出缓冲通过参数 client-output-buffer-limit 控制。

复制积压缓冲区是一个环形区域，类似 MySQL 的 redo log 或者 MongoDB 的 Oplog 一样，一旦从节点网络断开时间过长，复制积压缓冲区滚动满一圈，则无法重新建立复制关系，需要重新全量同步数据。Redis 中，使用 repl_backlog_size 参数控制复制积压缓冲区的值，默认为 1MB。

在主从复制时有全量复制和增量复制两种方式，这个内容在主从复制中已经详细介绍过。这两种情况的处理还有一些不同。

全量同步时主节点向从节点传递 RDB 文件的同时，会继续接受客户端上的写请求，此时这些请求就写入了复制缓冲区中。等到 RDB 文件传输完毕后，再把这些命令写入从节点中。主节点会向每个从节点发送这个复制缓冲区的内容，来保证数据同步。一旦这个复制缓冲区溢出，则主从的全量复制也会断开。所以，主节点的数据量不要太大，如果太大，传输 RDB 的时间就会很长，导致写命令堆积超过复制缓冲区，最终复制无法建立。

增量同步时主节点把客户端的写命令同步给从节点的时候，会先将这些命令写入复制积压缓冲区中，一旦从节点发生网络闪断，可以从复制积压缓冲区中读取之前的复制偏移位点，快速重建复制。

AOF 缓冲区是在 Redis 重写期间用于保存最近写入的命令，AOF 缓冲区空间消耗是用户无法控制的，消耗的内存取决于 AOF 重写时间和写入命令量。

（3）内存碎片。一般来说以下几种情况可能会出现内存碎片：

- 内存分配器按照固定大小分配内存，而不是完全按照程序申请的内存大小来进行分配。比如程序申请一个 40 字节的内存，内存分配器会分配一个 64 字节的内存空间，这么做是为了减少分配次数。
- Redis 会申请不同大小的内存空间来存储不同业务不同类型的数据，由于内存按照固定大小分配且会比实际申请的内存要大一些，这个过程中会产生内存碎片。
- Redis 的键值对会被修改和删除，产生内存碎片。

可以通过碎片率参数值来查看是否存在碎片，Redis 默认使用 jemalloc 作为分配器，当然可选的分配器还有：glibc、tcmalloc。

使用 info memory 命令可以查看使用的是什么分配器：

```
[root@localhost ~]# redis-cli info memory |grep mem_allocator
mem_allocator:jemalloc-5.1.0
```

一般情况下，如果出现高内存碎片问题可以使用以下解决方案：

- 数据对齐：在条件允许的情况下尽量让数据对齐，比如数据尽量采用数字类型或固定长度字符串等。这个视业务而定，有些场景无法做到。
- 安全重启：重启节点可以对内存碎片重新整理，如果是高可用架构，可以将碎片率过高的主节点转换为从节点，进行安全重启。

如果碎片率过高，也可以通过自动清理或手工清理的方式来清理碎片。

可以使用以下命令来配置自动清理功能，当然也可以直接修改配置文件来启动自动清理功能。

```
config set activedefrag yes
```

启动自动清理功能后，还需要同时满足下面两个参数设置的条件，才会触发自动清理的功能。

```
active-defrag-ignore-bytes 100mb # 默认 100MB，表示内存碎片空间达到 100MB 时
active-defrag-threshold-lower 10 # 默认 10，表示内存碎片空间占操作系统分配给 Redis 的物理内存空间的比例达到 10%时
```

Redis 是单进程模型，内存碎片自动清理是通过主线程操作的，也会消耗一定的 CPU 资源，为了避免自动清理降低 Redis 的处理性能，可以使用以下两个参数来控制清理动作消耗的 CPU 时间比例的上下限。

```
active-defrag-cycle-min 5：默认 5，表示自动清理过程所用 CPU 时间的比例不低于 5%，保证清理能正常开展
active-defrag-cycle-max 75: 默认 75，表示自动清理过程所用 CPU 时间的比例不高于 75%，一旦超过，就停止清理，从而避免在清理时，大量的内存拷贝阻塞 Redis 导致响应延迟升高
```

也可以使用以下命令进行手动清理碎片。

```
127.0.0.1:6379> memory purge
OK
```

13.6.3 内存上限设置

在内存管理过程中，通常都会为 Redis 设置一个最大可用内存，也是对内存进行一定程度的限制，不允许其最大使用内存是整个物理内存，限制最大可使用内存的主要原因如下：

（1）用于缓存的限制，当超出内存上限 maxmemory 时就会使用 LRU 等删除策略来释放空间，否则就无法继续缓存数据。

（2）防止所有内存超过服务器物理内存。参数 maxmemory 限制的是 Redis 实际使用的内存量，也是 used_memory 统计项对应的内存值。但是由于内存在使用过程中会出现碎片，所以实际消耗的内存可能会比 maxmemory 设置的值大，所以在实际设置过程中，不能将 maxmemory 设置为物理内存的大小，必须预留一些空闲的内存空间，否则就可能出现内存溢出的现象。

可以通过修改配置文件修改 maxmemory 的值，如以下代码：

```
找到 Redis 的配置文件，修改以下选项内容
//设置 Redis 最大使用内存大小为 1GB
maxmemory 1024mb
```

当然也可以使用 config set maxmemory 命令进行动态修改，动态调整 maxmemory 的大小，如以下命令：

```
127.0.0.1:6379> config set maxmemory 1GB
OK
127.0.0.1:6379> config get maxmemory
1) "maxmemory"
2) "1073741824"
```

13.6.4 回收内存策略

当 Redis 数据库达到内存最大限制时，为了给新数据腾出空间，会对旧数据进行删除或驱逐，

一般删除或驱逐键对象的方法有以下两种：

- 删除过期的键对象。
- 当内存达到 maxmemory 上限时触发内存溢出控制策略。

删除过期键对象：Redis 数据库中所有的键都可以设置其过期属性，内部保存在过期字典中。但是由于进程中保存大量的键，如果要精准地维护过期删除机制会导致消耗大量的 CPU，这对于单线程工作的 Redis 来说成本过高，通常 Redis 会采用惰性删除和定时任务删除机制来实现过期键的内存回收。

可以使用 expire 命令来设置键的过期时间，具体如下：

```
127.0.0.1:6379> expire name 20
(integer) 1
```

过期时间单位为秒，如果返回为 1 就表示成功，0 表示该 key 已经设置了过期时间或已不存在。

使用 ttl 命令可以查看该键值还剩余的过期时间，具体如下：

```
127.0.0.1:6379> ttl age
(integer) 28
```

返回设置了过期时间的 key 的剩余过期秒数，如果返回为-1 表示没有设置过过期时间，对于不存在的 key 则返回-2。

惰性删除用于当客户端读取带有超时属性的键时，如果某个 key 已经过期了，就会触发惰性删除策略，将这个过期的 key 值删除并返回空值，这种策略是出于节省 CPU 成本的考虑，不需要单独维护 TTL 链表来处理过期键的删除。无法删除这个过期的 key，将导致内存不能及时释放。

由于惰性删除策略无法保证冷数据被及时删掉，所以 Redis 会定期主动淘汰一批已过期的 key，这也是主动删除的策略。

Redis 内部会维护一个定时任务，默认每秒运行 10 次，定时任务中删除过期键的逻辑采用自适应算法，根据键过期比例，确定是否删除过期键。

具体步骤如下：

第一步：定时任务在每个数据库空间随机检查 20 个键，当发现过期时删除对应的键。

第二步：如果超过检查数 25%的键过期，循环执行回收逻辑直到不足 25%或运行超时为止，慢模式下超时时间为 25 毫秒。

第三步：如果之前回收键逻辑超时，则在 Redis 触发内部事件之前再次以快模式运行回收过期键任务，快模式下超时时间为 1 毫秒且 2 秒内只能运行 1 次。

第四步：快慢两种模式内部删除逻辑相同，只是执行的超时时间不同。

当 Redis 所用内存达到 maxmemory 上限时会触发相应的溢出控制策略，具体策略受 maxmemory-policy 参数控制，Redis 通常支持以下策略：

（1）noeviction。该策略是默认策略，表示不会删除任何数据，当内存达到限制时，不支持写入新的数据，拒绝所有写入操作并返回客户端错误信息 OOM（command not allowed when used memory），此时只支持读操作。

（2）allkeys-lru。根据 LRU 算法删除键，LRU 是采用最近最少使用的淘汰策略，Redis 将对所有（不仅仅是超时的）的键值对采用最近最少使用的淘汰策略，直到腾出足够空间为止。

（3）allkeys-lfu。表示从所有键中驱逐使用频率最少的键，直到腾出足够空间为止。

（4）allkeys-random。在所有的键中随机选择一些键进行删除，直到腾出足够空间为止。

（5）volatile-lru。表示根据 LRU 算法删除设置了过期属性的键，直到腾出足够空间为止。删除了所有过期属性的键空间还是不够使用，那么回退到 noeviction 策略。

（6）volatile-lfu。从所有配置了过期时间的键中驱逐使用频率最少的键，直到腾出足够空间为止。

（7）volatile-random。从过期键集合中随机删除已过期的键，直到腾出足够空间为止。

（8）volatile-ttl。从配置了过期时间的键中驱逐马上就要过期的键，直到腾出足够空间为止。

13.7 性能测试

本小节介绍在对 Redis 进行性能测试时需要主要关注的问题，Redis 自带了基准测试工具 redis-benchmark，以及分析 hot key、big key、延迟的工具 redis-cli。

13.7.1 性能测试工具 redis-benchmark

redis-benchmark 可以为 Redis 做基准性能测试，它提供了很多选项帮助开发和运维人员测试 Redis 的相关性能。redis-benchmark 工具可以用来模拟 M 个客户端同时发出 N 个请求，redis-benchmark 命令语法格式如下：

```
Usage: redis-benchmark [-h <host>] [-p <port>] [-c <clients>] [-n <requests]> [-k <boolean>]

 -h <hostname>        Server hostname (default 127.0.0.1)
 -p <port>            Server port (default 6379)
 -s <socket>          Server socket (overrides host and port)
 -a <password>        Password for Redis Auth
 -c <clients>         Number of parallel connections (default 50)
 -n <requests>        Total number of requests (default 100000)
 -d <size>            Data size of SET/GET value in bytes (default 2)
 -dbnum <db>          SELECT the specified db number (default 0)
 -k <boolean>         1=keep alive 0=reconnect (default 1)
 -r <keyspacelen>     Use random keys for SET/GET/INCR, random values for SADD
  Using this option the benchmark will expand the string __rand_int__
  inside an argument with a 12 digits number in the specified range
  from 0 to keyspacelen-1. The substitution changes every time a command
  is executed. Default tests use this to hit random keys in the
  specified range.
 -P <numreq>          Pipeline <numreq> requests. Default 1 (no pipeline).
 -q                   Quiet. Just show query/sec values
 --csv                Output in CSV format
```

```
-l                    Loop. Run the tests forever
-t <tests>            Only run the comma separated list of tests. The test
                        names are the same as the ones produced as output.
-I                    Idle mode. Just open N idle connections and wait.
```

主要选项具体含义如下：

（1）-c。-c 表示 clients，代表客户端的并发数量，默认值为 50。

（2）-n<requests>。-n 表示 num，代表客户端请求总量，默认值为 100000。

（3）-q。该选项显示 redis-benchmark 的 requests per second 信息。

（4）-r。在一个空的 Redis 上执行 redis-benchmark 只有 3 个键，如果想向 Redis 插入更多的键，可以执行使用-r（random）选项，向 Redis 插入更多随机的键。

（5）-P。该选项代表每个请求 pipeline 的数据量，默认为 1。

（6）-k <boolean>。该选项表示客户端是否使用 keepalive，1 为开启 keepalive，0 为不开启 keepalive，默认值为 1。

（7）-t。该选项可以对指定命令进行基准测试。

（8）--csv。该选项会将结果按照 csv 格式输出，便于后续处理，如导出到 Excel 表中等。

下面通过一些实例来解析。

实例一：100 个客户端同时向 Redis 发送请求，一次执行 20000 次。

```
[root@localhost ~]# redis-benchmark -c 100 -n 20000
====== MSET (10 keys) ======
  20000 requests completed in 0.50 seconds
  100 parallel clients
  3 bytes payload
  keep alive: 1

0.01% <= 1 milliseconds
27.07% <= 2 milliseconds
85.92% <= 3 milliseconds
94.92% <= 4 milliseconds
97.47% <= 5 milliseconds
98.69% <= 6 milliseconds
99.84% <= 7 milliseconds
99.89% <= 8 milliseconds
100.00% <= 8 milliseconds
40080.16 requests per second
```

实例二：使用-t 参数测试需要运行的测试用例。

```
[root@localhost ~]# redis-benchmark -t set,lrange,lpush -n 100000 -q
SET: 89928.05 requests per second
LPUSH: 80840.74 requests per second
LPUSH (needed to benchmark LRANGE): 75528.70 requests per second
LRANGE_100 (first 100 elements): 25438.82 requests per second
```

```
LRANGE_300 (first 300 elements): 11031.44 requests per second
LRANGE_500 (first 450 elements): 8142.66 requests per second
LRANGE_600 (first 600 elements): 6033.18 requests per second
```

实例三：使用-r 命令，设置随机 10 万个 Sadd 类型的 key，一共执行 200 万次。

默认情况下，基准测试使用单一的 key。在一个基于内存的数据库里，单一 key 测试和真实情况下比不会有巨大变化。当然，如果使用一个大的 key 范围空间，可以模拟现实情况下的缓存不命中情况。

```
[root@localhost ~]# redis-benchmark -t sadd -r 100000 -n 2000000
====== SADD ======
  2000000 requests completed in 21.11 seconds
  50 parallel clients
  3 bytes payload
  keep alive: 1
……
94732.85 requests per second
```

默认情况下，客户端发送的请求都是一条一条发的，先发送一条请求，处理完成后再发送下一条请求，一般一条命令分为四个过程完成：发送命令、命令排队、命令执行、返回结果。把这四个步骤称为往返时间（Round Trip Time，RTT）。

Redis 提供了批量操作命令，如 mget、mset，这样可以有效地节约 RTT 的时间，但大部分命令是不支持批量操作的，例如要执行 n 次 hgetall 命令，就没有 mhgetall 命令的存在，这样就需要消耗 n 次 RTT 的时间。

Redis 中 Pipeline 机制改善了上面这类问题，它能将一组 Redis 命令进行组装，通过一次 RTT 传输给 Redis，再将这组 Redis 命令执行的结果按顺序返回到客户端。

一般客户端默认是 50 个并发，当然可以使用-c 来设置这个数量，但如果要一次性发送多条命令，则可以使用 Pipeling 实现。

实例：使用 Pipeline 组织 16 条命令进行测试。

```
[root@localhost ~]# redis-benchmark -n 3000000 -t set,get -P 16
====== SET ======
  3000000 requests completed in 9.01 seconds
  50 parallel clients
  3 bytes payload
  keep alive: 1
……
332815.62 requests per second

====== GET ======
  3000000 requests completed in 5.87 seconds
  50 parallel clients
  3 bytes payload
```

```
    keep alive: 1

510899.19 requests per second
```

不使用 Pipeline 来测试同样的这种指令，结果如下：

```
[root@localhost ~]# redis-benchmark -n 3000000 -t set,get
====== SET ======
  3000000 requests completed in 32.37 seconds
  50 parallel clients
  3 bytes payload
  keep alive: 1

92689.86 requests per second

====== GET ======
  3000000 requests completed in 30.64 seconds
  50 parallel clients
  3 bytes payload
  keep alive: 1

97901.64 requests per second
```

从上面两种测试中可以看到，不使用 Pipeline 测试时，发送同样的命令，所消耗时间会长很多，并且 TPS 也会小很多。

13.7.2 延迟监控与分析

每个 Redis 实例经常被用于每时每刻都要提供大量查询服务的场景，同时，对平均响应时间和最大响应延迟的要求都非常严格。

当 Redis 用作内存系统时，它以不同的方式与操作系统进行交互，例如，持久化数据到磁盘上。再者，Redis 实现了丰富的命令集。大部分命令执行都很快，能在确定时间内或对数时间内完成（对数时间是时间复杂度的一种），另外有些命令则是复杂度为 O(N)的命令，会导致延迟毛刺（Latency Spikes）。

并且 Redis 是单线程的，以查看单核处理量的观点来看，单线程通常被认为是优点，并且能够提供延迟的概况，但同时，从延迟本身的观点来看，单线程也会带来延迟的可能性，因为单线程只能逐个处理任务，例如，对 key 过期时间的处理，不会影响到其他客户端。

最新的 Redis 版本引入延迟监控（Latency Monitoring）的新特性，帮助用户检查和排除可能的延迟问题。延迟监控由以下部分组成：

- 延迟钩子（Latency hooks）：检测不同敏感度延迟的代码路径。
- 以不同事件分隔的延迟毛刺的时间序列记录。
- 报告引擎：从时间序列记录中提取原始数据。
- 分析引擎：提供易懂的报表和按测量结果给出的提示。

在实际情况下，如果只是小比例的一些用例出现高延迟，而其他的所有用例正常，则是可接受的，因此首先得启动延迟监控，在启动延迟监控时，先设置延迟阈值，其单位为毫秒，具体如下：

```
CONFIG SET latency-monitor-threshold 100
```

仅当事件耗时超过指定的延迟阈值才会记录延迟毛刺。用户可根据需要来设置延迟阈值。例如，如果基于 Redis 的应用能接受的最大延迟是 100 毫秒，则延迟阈值应当设置为大于或等于 100 毫秒，以便记录所有阻塞 Redis 服务器的事件，延迟监控默认情况下是关闭状态。

如果遇到延迟问题，可以使用 redis-cli 来测量 Redis 服务器的延迟情况，具体的命令如下：

```
[root@localhost ~]# redis-cli --latency -p 6379
min: 0, max: 68, avg: 0.29 (20167 samples)
```

20167 samples：这是 redis-cli 记录发出 PING 命令和接收响应的次数。换句话说，这是个样本数据。在本示例中，记录了 20167 个请求和响应。

min:0：表示 CLI 发出时间与收到回复时间之间的最小延迟。换句话说，这是采样数据的绝对最佳响应时间。

max:68：该值表示 CLI 发出时间与收到命令回复时间之间的最大延迟。这是采样数据中最长的响应时间。在本示例 20167 个样本中，最长的交易花费是 68ms。

avg: 0.29：该 avg 值是所有采样数据的平均响应时间（以毫秒为单位）。因此，平均而言，从 20167 个样本中，响应时间花费了 0.12ms。

如果需要上报已记录事件的最后一次延迟，可以使用 latency latest 命令，具体的命令如下：

```
127.0.0.1:6379> debug sleep 3
OK
(3.00s)
127.0.0.1:6379> latency latest
1) 1) "command"
   2) (integer) 1648122201
   3) (integer) 3000
```

该报告的具体内容为：

- 事件名称。
- 事件出现延迟毛刺的 UNIX 时间戳。
- 最后事件延迟（单位：毫秒）。
- 本事件的最大延迟（所有时间段）。

最大事件延迟所指的所有时间段并不是指从 Redis 实例启动以来，因为事件数据有可能会使用 latency reset 命令来重置。

使用 latency history 命令来查看延迟的历史数据，具体的命令如下：

```
127.0.0.1:6379> latency history command
1) 1) (integer) 1648122201
   2) (integer) 3000
```

如果需要清除当前记录的延迟事件，并重置最大事件延迟的值，可以使用 latency reset 命令，其语法如下：

```
LATENCY RESET [event-name … event-name]
```

若不带参数，则重置所有事件，丢弃当前记录的延迟毛刺事件并重置最大事件延迟的值。通过指定事件名称作为参数，可以重置指定的事件。该命令在执行期间，会返回已被重置的事件时间序列的序号。

关于延迟的分析，一般从以下几个维度进行：

（1）基准值测试。在测试延迟时，有些延迟是环境引起的一些固有的部分，即由操作系统内核引起的延迟，如果使用虚拟化，虚拟机管理程序也会有延迟，这些延迟是无法消除的，这也称为固有延迟。但还是得去研究这部分延迟，因为可以将这个作为一个基准，作为一个基线，下面是一个基线测试的示例。

```
[root@localhost ~]# redis-cli --intrinsic-latency 100
Max latency so far: 18 microseconds.
Max latency so far: 288 microseconds.
Max latency so far: 1016 microseconds.
Max latency so far: 4275 microseconds.
Max latency so far: 6027 microseconds.
Max latency so far: 6977 microseconds.
Max latency so far: 7066 microseconds.
Max latency so far: 47464 microseconds.

28379328 total runs (avg latency: 3.5237 microseconds / 3523.69 nanoseconds per run).
Worst run took 13470x longer than the average latency.
```

参数 100 是测试将执行的秒数。运行测试的时间越长，就越有可能发现延迟峰值。100 秒通常是合适的，但是可能需要在不同的时间执行几次运行。请注意，该测试是 CPU 密集型的，并且可能会使系统中的单个内核饱和。

这种特殊情况下的 redis-cli 需要在运行或计划运行 Redis 的服务器上运行，而不是在客户端。在这种特殊模式下，redis-cli 根本不连接到 Redis 服务器，它只会尝试测量内核不提供 CPU 时间来运行 redis-cli 进程本身的最长时间。

在上面的示例中，系统的固有延迟仅为 0.018 毫秒（或 18 微秒），但固有延迟可能会随时间变化，具体取决于系统的负载。

（2）网络和通信引起的延迟。客户端使用 TCP/IP 连接到 Redis 时，网络是会有延迟的，通常 1Gbit/s 的网络带宽延迟大概为 200μs，而 UNIX 操作系统中的套接字延迟一般低至 30μs，当然具体的延迟时间与网络和系统硬件有很大的关系，除了系统增加了延迟，虚拟化环境中的系统引起的延迟也明显高于物理机。

高效的客户端将尝试通过多个命令连接在一起来限制返回次数，服务器和大多数客户端都完全支持这一点，如 mset、mget 命令。

一般为了减少网络的延迟，需要注意以下事项：

- 尽量选择物理机而不是虚拟机来托管服务器。
- 尽可能长久地保持联系，减少 TCP 连接的网络延迟。
- 如果客户端与服务器位于同一主机上，请使用 UNIX 域套接字。
- 使用聚合命令（mset/mget）或带有可变参数的命令（如果可能）比流水线方式更合理。
- 使用流水线（如果可能）比往返顺序更合理。
- Redis 支持 Lua 服务器端脚本以涵盖不适合原始流水线的情况（例如，当命令的结果是以下命令的输入时）。

（3）慢指令产生的延迟。单线程有一个问题就是当一个请求执行速度很慢时，所有其他客户端的命令都得等待上一个请求结束后才可以执行。当执行常规则命令时，比如 Get、Set 等不会有问题，因为这些命令都是在恒定时间内执行完成的。但是有一些命令会在很多元素上运行，比如 sort、lret、sunion 等，需要相当长的时间才可以执行完成。

如果有延迟问题，不应该对由许多元素组成的值使用慢速命令，或者应该使用 Redis 复制来运行副本，以运行所有慢速查询，当然可以使用 Redis 慢日志功能监控慢命令。

也可以使用进程监控程序 top、htop 等命令来快速检查主 Redis 进程 CPU 消耗的情况，如果 CPU 消耗很高，但 TPS 不高，那表明可能有慢的命令。

（4）fork 产生的延迟。为了在后台生成 RDB 文件，或者在启用 AOF 持久性的情况下重写 AOF 文件，Redis 必须调用 fork 后台进程。fork 操作（在主线程中运行）本身会导致延迟。

在类 UNIX 操作系统中，后台进程 fork 操作是很昂贵的，因为它会涉及大量复制对象的链接，对于虚拟内存机制相关的页表来说影响更明显。

例如，在 Linux 系统中，内存划分每个页面的大小为 4KB。为了将虚拟地址转换为物理地址，每个进程存储一个页表，至少包含进程地址空间的每一页的指针。因此如果一个 12GB 的 Redis 实例需要 12GB/4KB*8 = 24MB 的页表。

当后台在执行备份操作时，就必须调用到 fork 进程，这将涉及分配和复制 24MB 内存。这样就需要 CPU 资源和时间，尤其是针对大型内存块的分配和初始化，开销是很大的。

（5）透明大页面引起的延迟。Linux 内核如果启用了透明的大页面将导致的问题是，当 Redis 在使用 fork 进程进行持久化时，对磁盘操作会产生延迟。

巨大的页面可能导致以下问题发生：

- 当调用 Fork 时，会创建两个共享巨大页面的进程。
- 在繁忙的情况下，运行循环事件时可能导致大量的目标页，从而导致几乎整个进程内存在写时进行拷贝。
- 会导致大延迟和大内存使用。

所以在使用时尽量禁用透明的大页面，使用以下命令可以禁用透明的大页面：

```
echo never > /sys/kernel/mm/transparent_hugepage/enabled
```

（6）交换页引起的延迟。Linux 操作系统与其他的很多操作系统一样，能够将内存页面从内存重新定位到磁盘，也可以从磁盘写入到内存，这样可以有效地使用系统内存。

当 Redis 使用该内存页中存储的数据时，如果内核正好将一个 Redis 页从内存移到交换文件，此时内核将按顺序停止 Redis 进程将页面移回主内存。这样会涉及随机 I/O 的缓慢操作，会导致 Redis 客户端出现异常延迟。

内核在磁盘上重定位 Redis 内存页主要是因为三个原因：

- 如果正在运行的进程需要的物理内存超过了可用的数量，这样内存就存在压力，就会触发重定位内存表的情况。
- Redis 的实例数据集或部分的数据集，一般都是空闲的，因此内核会交换内存到磁盘。但这种情况是比较少出现的，因为速度稍慢的实例也会使用到这部分内存页，这样迫使内核将所有页保留在内存中。
- 当进程正在生成大量读写 I/O 操作时，系统希望对文件进行缓存，为了增加缓存会进行交换页操作。

如果要检查 Redis 服务器交换页的数据，就必须先获取 Redis 实例的进程号 PID。

```
[root@192 ~]# redis-cli info |grep 'process_id'
process_id:2732
```

接下来需要找到 smaps 文件，smaps 文件所在的位置为/proc/2732，2732 是 Redis 服务器的进行 ID 号。接下来使用 grep 命令查找所有文件中的 Swap 字段：

```
[root@192 2732]# cat smaps |grep 'Swap:'
Swap:                  0 kB
Swap:                  0 kB
Swap:                  0 kB
Swap:                  0 kB
Swap:                  0 kB
Swap:                 12 kB
Swap:                135 kB
Swap:                  0 kB
Swap:                  0 kB
Swap:                  0 kB
Swap:                  0 kB
Swap:                  0 kB
Swap:                  0 kB
Swap:                  0 kB
Swap:                  0 kB
Swap:                  0 kB
Swap:                  0 kB
Swap:                  0 kB
Swap:                  0 kB
Swap:                  0 kB
Swap:                  0 kB
Swap:                  4 kB
```

```
Swap:                    0 kB
Swap:                    8 kB
Swap:                    0 kB
Swap:                    0 kB
Swap:                    0 kB
Swap:                    0 kB
Swap:                    0 kB
Swap:                    0 kB
Swap:                    0 kB
```

如果都是 0kB，或者有零星的 4kB 条目，则一切正常。实际上，本示例中有一些条目显示了更多交换页面。为了调查这是否是一个严重的问题，可以使用以下命令同时打印内存映射的大小：

```
[root@192 2732]# cat smaps | egrep '^(Swap|Size)'
Size:                    4 kB
Swap:                    0 kB
Size:                  120 kB
Swap:                    0 kB
Size:                    4 kB
Swap:                    0 kB
Size:                    4 kB
Swap:                    0 kB
Size:                 1604 kB
Swap:                    0 kB
Size:                    8 kB
Swap:                    0 kB
Size:                    4 kB
Swap:                    0 kB
Size:                   12 kB
Swap:                    0 kB
Size:                   92 kB
Swap:                    0 kB
Size:                    4 kB
Swap:                    0 kB
Size:                    4 kB
Swap:                    0 kB
Size:                    8 kB
Swap:                    0 kB
Size:                   12 kB
Swap:                    0 kB
Size:                    4 kB
Swap:                    0 kB
Size:                    4 kB
Swap:                    0 kB
Size:                   28 kB
```

```
    Swap:                 0 kB
    Size:                 4 kB
    Swap:                 0 kB
    Size:                 4 kB
    Swap:                 0 kB
    Size:               160 kB
    Swap:                 0 kB
    Size:                 4 kB
    Swap:                 0 kB
    Size:                 4 kB
    Swap:                 0 kB
    Size:              1344 kB
```

如果存在磁盘上大量进程交换内存，那么延迟问题可能与交换页有关，也可以通过 vmstat 命令进一步验证，命令如下：

```
[root@192 2732]# vmstat 1
procs -----------memory---------- ---swap-- -----io---- --system-- -----cpu-----
 r  b   swpd    free    buff   cache   si   so   bi   bo   in   cs us sy  id wa st
 0  0      0 1163636 167428  344328    0    0   94   21   97  185  1  1  98  0  0
 0  0      0 1163628 167428  344336    0    0    0    0  110  124  0  2  98  0  0
 1  0      0 1163628 167428  344336    0    0    0    0  108  125  0  0 100  0  0
```

主要查看 si 和 so 两个值，表示从交换文件交换到内存的量和交换到交换文件的内存量，如果这两例中看到是非零的计数，则系统中存在交换活动。

最后可以使用 iostat 命令检查系统全局 I/O 活动。

```
[root@192 2732]# iostat xk 1
Linux 2.6.32-696.el6.i686 (192.168.158.131)     2022年03月26日   _i686_   (1 CPU)

avg-cpu:  %user   %nice %system %iowait  %steal   %idle
           0.56    0.00    0.98    0.13    0.00   98.33

Device:            tps   Blk_read/s   Blk_wrtn/s   Blk_read   Blk_wrtn

avg-cpu:  %user   %nice %system %iowait  %steal   %idle
           1.01    0.00    0.00    0.00    0.00   98.99

Device:            tps   Blk_read/s   Blk_wrtn/s   Blk_read   Blk_wrtn

avg-cpu:  %user   %nice %system %iowait  %steal   %idle
           0.00    0.00    1.01    0.00    0.00   98.99
```

（7）AOF 和磁盘 I/O 导致延迟。在进行 AOF 持久化时，可能出现延迟的现象，AOF 持久化主要有两个步骤可能会影响到延迟的情况：一是 write 写入过程；二是 fdatasync 将缓冲区中的数据写入到磁盘中。

当 appendfsync 配置的参数不同时，其延迟的时间也不同，下面就不同设置分析其延迟的可能性：

- 当 appendfsync 设置为 no 时，则表示不执行 fsync。在这种配置中，延迟的唯一来源是 write 写入文件时的延迟。当这种情况发生时，通常没有解决方案，因为磁盘无法应付 Redis 接收数据的速度。
- 当 appendfsync 设置为 everysec 的值时，Redis 每秒执行一次 fsync。它使用不同的线程，如果 fsync 仍在同步进行中，Redis 会延迟两秒钟将缓冲区写入文件，因为如果 fsync 正在对同一文件进行，那么在 Linux 上写会被阻止。然而，如果 fsync 花费的时间太长，即使 fsync 仍在进行中，Redis 最终也会执行 write 调用，这可能是延迟的一个来源。
- 当 appendfsync 设置为 always 时，每次写操作都会执行 fsync，然后用 OK 代码回复客户端（实际上 Redis 会尝试将同时执行的多个命令聚集到一个 fsync 中）。在这种模式下，性能通常非常低，强烈建议使用能够在短时间内执行 fsync 的快速磁盘和文件系统实现。

（8）expires 产生的延迟。

Redis 有三种方式回收过期的 key 值：

- 惰性删除：设置 key 过期时间后，不检查其是否过期，如果过期就删除，没有过期就返回该 key 值。
- 定时删除：设置某个 key 过期时间的同时，创建一个定时器，让定时器在该过期时间到来时，立即执行对其进行删除操作。
- 每隔一段时间，就对 key 进行检查，删除里面过期的 key。

ACTIVE_EXPIRE_CYCLE_LOOKUPS_PER_LOOP 参数用于设置每次采样数据数量，默认设置为 20 个，并且每秒会执行 10 次，相当于每次只有 200 个 key 过期，当然系统如果只是处理 200 个过期的 key 是没问题的，不会出现延迟。

但是如果每次处理的过期 key 太多，就可能出现在同一时刻删除过多的过期 key 而产生延迟的问题。

13.7.3 big key

big key 是指 key 对应的 value 值所占的内存空间比较大，例如一个字符串型的 value 最多要大到 512MB，当对 big key 进行读取、删除操作时，可能花费很多时间，并且会阻塞单线程的 Redis 服务。此时需要对内存结构进行优化，找出大 key 并进行调整。所以在测试中需要找到 big key。

使用 redis-cli -bigkeys 命令可以统计出 bigkey 的分布，具体如下：

```
[root@192 etc]# redis-cli --bigkeys

# Scanning the entire keyspace to find biggest keys as well as
# average sizes per key type.   You can use -i 0.1 to sleep 0.1 sec
# per 100 SCAN commands (not usually needed).

[00.00%] Biggest string found so far 'key:000000009313' with 3 bytes
```

```
[01.35%] Biggest string found so far 'counter:__rand_int__' with 5 bytes
[05.22%] Biggest hash   found so far 'user:2' with 3 fields
[07.02%] Biggest string found so far 'address' with 8 bytes
[20.80%] Biggest set    found so far 'user:name' with 4 members
[30.32%] Biggest zset   found so far 'userinfo' with 3 members
[35.11%] Biggest list   found so far 'mylist' with 381584 items
[42.00%] Biggest set    found so far 'myset' with 100001 members

-------- summary -------

Sampled 100022 keys in the keyspace!
Total key length in bytes is 1600170 (avg len 16.00)

Biggest string found 'address' has 8 bytes
Biggest   list found 'mylist' has 381584 items
Biggest    set found 'myset' has 100001 members
Biggest   hash found 'user:2' has 3 fields
Biggest   zset found 'userinfo' has 3 members

100011 strings with 300043 bytes (99.99% of keys, avg size 3.00)
2 lists with 381593 items (00.00% of keys, avg size 190796.50)
5 sets with 100016 members (00.00% of keys, avg size 20003.20)
3 hashs with 6 fields (00.00% of keys, avg size 2.00)
1 zsets with 3 members (00.00% of keys, avg size 3.00)
0 streams with 0 entries (00.00% of keys, avg size 0.00)
```

Redis 通过 scan 方式对 key 进行统计，无需担心对 Redis 造成阻塞，上面显示了发现的 big key。

当然这样还是不够的，如果要详细地定义、解决、优化问题，可以使用 debug object key 来进一步进行分析。具体的内容如下：

```
[root@192 etc]# redis-cli debug object myset
Value at:0xb4faa0a0 refcount:1 encoding:hashtable serializedlength:2100026 lru:3507523 lru_seconds_idle:722490
```

在输出的信息中：

- Value at：key 的内存地址。
- refcount：引用次数。
- encoding：编码类型。
- serializedlength：序列化长度，并不代表真实的大小，仅供参考。
- lru_seconds_idle：空闲时间。

关于 big key 带来的危害主要有以下几个维度：

（1）阻塞及超时。由于 Redis 是单线程的执行，但操作 bigkey 又是很耗时的工作，这就意味着 Redis 被阻塞的可能性会增大。

（2）内存空间不均匀、不平衡。big key 会造成节点的内存空间使用很不均匀，也很不平衡，这样会导致内存分页等相关问题出现。

（3）网络拥阻。如果使用 big key，那么每次获取 big key 都会产生较大的网络流量，并且一般服务器都会采用单机多实例的方式来部署，也就是说一个 big key 可能会对其他实例造成影响，其后果是不堪设想的。

big key 如果只是存在也并不是完全致命的，如果这个 big key 存在但几乎不被访问，那么也只会存在内存空间不均匀的问题，相对于另外两个问题并没有那么重要，但是如果该 big key 是一个热点 key，那么它的影响就会变得很大了。

一般优化 big key 有以下几种方法：

（1）优化数据结构。

（2）合理地将 big key 拆分成 N 个小 key。

（3）合理优化命令，确定要不要每次把所有元素都取出来。

（4）物理隔离或升级网卡。

13.7.4 Hot key

如果某个 key 或某些 keys 在某个时间段访问频率比较高，如对应的一些热点话题或热点商品，可能会导致集群时流量不均衡，或者某个节点 QPS 过大的情况，极端情况下热点 key 甚至会超过 Redis 本身能够承受的 QPS。

在日常生活中，有很多热点事件背后会产生一些 Hot key，比如某个突然的热点事件、双十一某个热点商品促销等，因此需要提前预防和优化 Hot key。

通常情况下可以从以下几个维度来分析 Hot key：

（1）凭借经验，预估 Hot key。根据日常工作经验来预估一些可能出现的 Hot key，比如双十一热销的商品或者关注度很高和推广度很高的商品，那么就可能出现 Hot key。

（2）客户端收集。从客户端对 Hot key 进行收集，这应该是最直接的方式，如果加入一些代码来统计每次调用 Redis key 的次数，这样就可以很好地统计出每个 key 的使用次数，即可以判断出 Hot key 的情况。

虽然客户端收集是最方便的方式，但同时也存在以下一些问题：

- 客户端无法预知 key 的个数，这样可能存在内存泄漏的危险。
- 只能了解当前客户端的 Hot key。
- 多语言 SDK 对齐麻烦，维护成本高。

（3）代理层收集。如果使用了代理层进行分布式架构，类似 Twemproxy 或者 Codis 的架构，就可以使用类似客户端收集的方式，在代理层增加 key 使用情况的收集，代理层收集是最适合做 Hot key 统计的，因为代理是所有 Redis 客户端和服务器的桥梁。

（4）Redis 服务器端收集。在服务器端收集 hotkey 可以使用 monitor 命令进行收集和统计，使用 monitor 命令收集的命令和内容如下：

```
[root@localhost redis-faina]# redis-cli -p 6379 monitor
```

```
OK
1648872261.850775 [0 192.168.158.134:1288] "SADD" "user" "who"
1648872261.850998 [0 192.168.158.134:1290] "SADD" "user" "who"
1648872261.851146 [0 192.168.158.134:1294] "SISMEMBER" "user" "who"
1648872261.851458 [0 192.168.158.134:1274] "SREM" "user" "who"
1648872261.851500 [0 192.168.158.134:1293] "SADD" "user" "zheng"
1648872261.851665 [0 192.168.158.134:1298] "SADD" "user" "nono"
1648872261.857509 [0 192.168.158.134:1275] "SADD" "user" "smooth-z"
1648872261.857556 [0 192.168.158.134:1284] "SMEMBERS" "user"
1648872261.857878 [0 192.168.158.134:1252] "SRANDMEMBER" "user"
1648872261.858120 [0 192.168.158.134:1297] "SMEMBERS" "user"
1648872261.858272 [0 192.168.158.134:1260] "SADD" "user" "zheng"
1648872261.858284 [0 192.168.158.134:1300] "SCARD" "user"
1648872261.858368 [0 192.168.158.134:1256] "SADD" "user" "zheng"
1648872261.858511 [0 192.168.158.134:1279] "SMEMBERS" "user"
1648872261.858737 [0 192.168.158.134:1287] "SADD" "user" "nono"
1648872261.858868 [0 192.168.158.134:1282] "SADD" "user" "nono"
```

上面的信息显示了所有正在执行的命令，但没有统计的效率。

Facebook 在 monitor 基础上做了一个开源的 redis-faina 工具，可以对 key 进行统计和分析，使用 faina 工具需要先下载 redis-faina 工具，可以使用 git 命令进行下载，如以下命令：

```
git clone https://github.com/facebookarchive/redis-faina.git
```

再输入以下命令就可以进行统计，下面的实例是统计最近 5000 条命令的 Hot key、耗时分布等数据。

```
[root@localhost redis-faina]# redis-cli -p 6379 monitor |head -n 5000 | ./redis-faina.py
Overall Stats
========================================
Lines Processed          10000
Commands/Sec              7795.89

//表示前缀最多的数据
Top Prefixes
========================================
n/a

//表示使用最多的数据
Top Keys
========================================
user              9167     (91.67%)
name123728          14      (0.14%)
name123726          14      (0.14%)
name123727          14      (0.14%)
name123725          14      (0.14%)
name123729          13      (0.13%)
name123812          13      (0.13%)
```

```
name123724          12          (0.12%)

//使用最多的命令
Top Commands
========================================
SADD                    4147      (41.47%)
SMEMBERS                843       (8.43%)
SREM                    842       (8.42%)
SRANDMEMBER             838       (8.38%)
SISMEMBER               837       (8.37%)
SCARD                   832       (8.32%)
SET                     831       (8.31%)
DEL                     828       (8.28%)

//请求响应时间分布
Command Time (microsecs)
========================================
Median              14.25
75%                 175.25
90%                 295.0
99%                 1182.0

//总体耗时最多的命令
Heaviest Commands (microsecs)
========================================
SADD                516040.75
SET                 165412.25
DEL                 109187.5
SCARD               105681.5
SREM                103395.25
SRANDMEMBER         99988.5
SISMEMBER           96581.0
SMEMBERS            86086.25

//慢请求列表
Slowest Calls
========================================
42494.25            "SADD" "user" "liu"
10717.0             "SREM" "user" "who"
6713.0              "DEL" "user"
6561.25             "SRANDMEMBER" "user"
5626.0              "SADD" "user" "liu"
5010.0              "SREM" "user" "who"
4595.0              "SET" "name123653" "test123652"
4179.0              "SADD" "user" "zheng"
```

（5）Redis 节点抓包。Redis 客户端使用 TCP 协议与服务端进行交互，通信协议采用的是 RESP。因此可以采用对机器上 Redis 端口的 TCP 数据包进行抓取，完成 Hot key 的统计。

监控到 Hot key 后，需要解决 Hot key 的问题，一般解决或优化 Hot key 问题可以从以下几个维度来进行：

（1）对复杂的数据结构进行拆分。假如一些复杂的数据结构，如哈希、集合，如果这些复杂的数据结构是 Hot key，并且里面元素也很多，那么可以将这些复杂的数据结构拆分为若干个新 key，并且可以将这些 key 分布到不同的 Redis 节点上，这样可以减轻服务器压力。

（2）迁移热点 key。在集群的 Redis 环境中，将 Hot key 迁移到一个新的 Redis 节点上，用专门的环境来处理 Hot key，但会增加运维成本。

（3）本地缓存加通知机制。将 Hot key 放在业务端的本地缓存中，然后使用发布订阅机制保证业务端本地缓存与 Redis 数据一致，因为在业务端本地内存中，所以可以大大提高 Redis 的处理能力。

13.7.5 缓存粒度

在系统框架中，数据使用一般会有一个缓存层和一个存储层，缓存层一般使用的是 Redis，存储层一般是 MySQL 或 Oracle，本实例中以 MySQL 为例。

现在需要将 MySQL 中 config_key 的信息为“Shenzhen”的数据使用 Redis 进行缓存，首先需要从 MySQL 中获取 config_key 值为“Shenzhen”的信息，代码如下：

```
SELECT * FROM sys_config WHERE config_key = {City}
```

再将这条信息缓存到 Redis 中。

```
SET config_key:{config_key} 'select * from sys_config where config_key = {config_key}'
```

MySQL 数据库中所有列的信息如图 13-14 所示。

config_id	config_name	config_key	config_value	config_type	create_by	create_time	update_by	update_time	remark
1	主框架页-默认皮肤样式名称	sys.index.skinName	skin-blue	Y	admin	2018-03-16 11:33:00	ry	2018-03-16 11:33:00	蓝色 skin-blue、绿色
2	用户管理-账号初始密码	sys.user.initPasswor	123456	Y	admin	2018-03-16 11:33:00	ry	2018-03-16 11:33:00	初始化密码 123456
3	主框架页-侧边栏主题	sys.index.sideTheme	theme-dark	Y	admin	2018-03-16 11:33:00	ry	2018-03-16 11:33:00	深色主题theme-dark，浅
4	城市	City	shenzhen	Y	admin	2021-05-18 09:33:45	admin	2022-04-03 10:13:01	(NULL)
6	电话区号	TEL	0755	Y	admin	2021-05-19 15:06:42		(NULL)	(NULL)
7	name	name	lilei	Y	admin	2021-05-20 07:25:06		2022-03-21 12:23:51	(NULL)
8	H123	H123	hello	Y	admin	2021-05-20 07:30:42		(NULL)	(NULL)
9	B123	B123	B123	Y	admin	2021-05-20 07:31:16		(NULL)	(NULL)
10	D123	D123	D123	Y	admin	2021-05-20 07:52:30		(NULL)	(NULL)
11	hj	test	111111	Y		2021-05-20 08:50:27		2021-12-16 13:27:32	(NULL)
12	性别	sex	0	Y		2021-05-27 12:54:33		2021-10-15 06:52:58	(NULL)
14	test	redis-test	redis	Y		2021-08-22 01:37:37		2021-08-22 01:41:15	(NULL)
(NULL)				N		(NULL)		(NULL)	(NULL)

图 13-14 MySQL 表列信息

但这里有一个问题就是，将这条记录中所有列的信息全部缓存，还是缓存部分列的信息，上面的例子是将所有的列进行缓存，如果缓存部分列的信息，代码格式如下：

```
SET config_key:{config_key} 'select config_key from sys_config where config_key = {config_key}'
```

具体缓存部分列还是全部列，可以从通用性、空间占用、代码维护三个角度进行分析或确定，上面的实例是只提取了 config_key 的值，并未提取全部列。

（1）通用性。将全部数据缓存比部分数据缓存肯定会更合理，但以实际经验看，很多键值是不使用的，只使用几个重要的属性。

（2）空间占用。缓存全部数据比部分数据占用的空间肯定会更多，但可能会存在一些问题，全部数据缓存会造成内存的浪费，并且大量数据在传输时会产生大量的网络流量的消耗，在极端情况下可能会导致网络阻塞，全部数据的序列化和反序列化的 CPU 开销会更大。

（3）代码维护。部分数据比全部数据维护代码的成本更高，并且部分数据一旦要加新字段需要修改业务代码，修改后还需要刷新缓存数据。

13.7.6 缓存穿透

缓存穿透是指要访问的数据不在 Redis 缓存中，也不在数据库中，导致请求访问缓存，发生缓存未命中，再次访问数据库时，发现没有数据在数据库中访问。在这里，应用程序无法从数据库中读取数据并将其写入缓存以服务后续请求，因此，缓存成为“装饰”，如果应用程序继续有大量请求访问数据，那么缓存和数据库压力会很大。

比如文章 ID，通常主键 ID 是无符号自增类型，但在调用数据库时，每次发送的请求都使用一个负 ID 号，但这个负的 ID 号是不可能存储在数据库中的。

造成缓存穿透的一般有以下两个原因：

（1）业务层误操作：缓存中的数据和数据库中的数据被误删除，导致缓存和数据库中没有数据。

（2）恶意攻击：一些恶意攻击、爬虫专门访问不在数据库中的数据，造成大量空命中。

解决缓存穿透一般有以下两种方法：

（1）缓存空值或默认值。一旦发生缓存穿透，在 Redis Cache 中留一个空值或者与业务层协商确定默认值（例如，库存的默认值可以设置为 0）。然后，当再次查询应用程序发送的后续请求时，可以直接从 Redis 中读取 null 或默认值，返回给业务应用程序，避免向数据库发送大量请求进行处理，保持正常运行数据库。

下面是缓存空对象的实现代码：

```
String get(String key) {
    String cacheValue = cache.get(key);
    if (StringUtils.isBlank(cacheValue)) {
        String storageValue = storage.get(key);
        cache.set(key, storageValue);
        if (storageValue == null) {
            cache.expire(key, 80 * 5); 1
        }
        return storageValue;
    } else {
        return cacheValue;
    }
}
```

但这个方法也可能存在以下两个问题：

1）如果空值可以缓存，这意味着缓存需要更多的空间来存储更多的 key，因为可能会有很多空 key。

2）即使为 null 值设置了过期时间，一段时间内缓存层和存储层的数据也会出现一些不一致，这对需要一致的业务造成了影响。

（2）布隆过滤器拦截。对于恶意攻击，对服务器请求大量不存在的数据会导致缓存渗透。此时可以使用 Bloom 过滤器过滤不存在的数据。Bloom 过滤器通常会过滤掉不存在的数据，不允许将请求发送到后端。当 Bloom 过滤器认为某个值存在时，它可能不存在；当它认为某个值不存在时，这个值就一定不存在。

Bloom 过滤器是一个大的位数组和几个不同的无偏哈希函数。所谓无偏意味着可以更均匀地计算元素的散列值。

当 key 被添加到 Bloom 过滤器时，可以使用多个哈希函数对 key 进行哈希，一个索引值对应一个整数，然后对位数组进行取模运算得到一个位置，每个哈希这些功能都在不同的位置上工作。将数组的这些位置设置为 1。

当访问 Bloom 过滤键是否存在时，也会把哈希算出来，看看是不是这个数字集合中的所有位置都是 1，只要有一位是 0，Bloom 中的这个过滤键就不存在。如果这些位置都是 1，并不是说 key 一定存在，只是很有可能会有，因为这些位被设置为 1 可能是因为别的东西 key 被存在。如果这个位集稀疏，正确判断的概率会很大，如果这个数字集很拥挤，正确判断的概率会降低。

可以使用 guava 软件包附带的 Bloom 过滤器引入依赖项：

```
<dependency>
    <groupId>com.google.guava</groupId>
    <artifactId>guava</artifactId>
    <version>22.0</version>
</dependency>
```

下面是一个调用 Bloom 过滤器的伪代码：

```
import com.google.common.hash.BloomFilter;

// 初始化 Bloom 过滤器
// 1000：预期存储的数据数量，0.001：预期错误率
BloomFilter<String> bloomFilter = BloomFilter.create(Funnels.stringFunnel(Charset.forName("utf-8")), 1000, 0.001);

//将所有数据保存到 Bloom 过滤器中
void init(){
    for (String key: keys) {
        bloomFilter.put(key);
    }
}
```

```
String get(String key) { 1
    //从布隆过滤器缓存中判断 key 是否存在
    Boolean exist = bloomFilter.mightContain(key);
    if(!exist){
        return "";
    }
    // 从缓存中获取数据
    String cacheValue = cache.get(key);
    // 判断缓存是否为空
    if (StringUtils.isBlank(cacheValue)) {
        // 从存储中获取数据
        String storageValue = storage.get(key);
        cache.set(key, storageValue);
        //如果存储的数据为空，需要设置一个过期时间（300 秒）
        if (storageValue == null) {
            cache.expire(key, 60 * 5);
        }
        return storageValue;
    } else {
        // 缓存不为空
        return cacheValue;
    }
}
```

（3）前端请求检测。在请求入口的前端，检查业务系统收到请求的有效性，把恶意请求（比如请求参数不合理、请求参数是非法值、请求字段不存在）过滤掉，不让其访问后端缓存和数据库。这样，就不会有缓存穿透问题。

（4）设置可访问白名单。设置一个位图的类型来定义访问列表，列表 ID 表示在位置中的偏移量，每次访问时都和位图中的 ID 进行比较，如果访问的 ID 不在位置内部，则拦截，不允许其访问。

13.7.7 缓存击穿

缓存击穿是指当访问一个 key 时，由于该 key 已过期，导致无法在缓存中获取该 key，必须到数据库中去获取，这就是典型的缓存击穿现象。

对于一些设置了过期时间的 key，如果这些 key 可能会在某些时间点被超高并发地访问，则是一种非常“热点”的数据。此时就需要考虑缓存被“击穿”的可能性，但缓存击穿与缓存雪崩还是存在区别的，缓存击穿只是针对某个 key 的缓存失效，而缓存雪崩则可能是很多 key 失效。

缓存击穿主要是与 key 过期有关，当 key 出现过期并且在这段时间有大量请求时就会出现“热点缓存问题”，但这与 Hot key 还有所不同，热点 key 也是有大量请求访问，但是这些热点 key 并没有过期，这些 key 还存在缓存中。但击穿的 key 则是由于 key 缓存过期导致的问题。

关于缓存击穿的解决方案通常有以下几种：

（1）设置可访问白名单。对于某个需要频繁获取的信息，缓存在 Redis 中，并设置其永不过期。这种方式比较简单粗暴，对于某些业务场景是不适合的。

（2）设置互斥锁。互斥锁的工作原理是，当请求在 Redis 中获得的 key 的值为空时，此时并不立即到数据库中加载该数据，而是先将 Redis 中这个 key 进行上锁，此时若其他的进程请求该 key，发现其已上锁，那么获取锁将失败，则需要休眠一段时间后再重试。在给 key 加锁的过程中，从数据库中去获取该 key 对应的值，并加载到缓存中，就可以避免超高请求直接访问数据库。

下面是互斥锁实现的代码：

```
public TUser findById(Integer id) {
    TUser user   = (TUser)redisTemplate.opsForValue().get(CACHE_KEY_USER + id);
    if(user==null){
        //针对于小厂解决方案
      /*   user = userMapper.selectById(id);
        if(user!=null) {
            redisTemplate.opsForValue().set(CACHE_KEY_USER + id, user);
        }*/
        //对于大厂，为了高 qps 的优化，先加锁，保证请求操作。让外部 redis 等一会儿，避免 mysql 崩溃
        synchronized (TUserServiceImpl.class){
            //双端检索，再次查询 redis
            user   = (TUser)redisTemplate.opsForValue().get(CACHE_KEY_USER + id);
            if(user==null){
                //如果还是为空，则检查 mysql 数据库
                user = userMapper.selectById(id);
                if(user!=null){
                    redisTemplate.opsForValue().setIfAbsent(CACHE_KEY_USER + id, user,7L, TimeUnit.DAYS);
                }
            }
        }
    }
    return user;
}
```

（3）双缓存保存、定时轮询、互斥更新、差异过期时间。假如需要每两个小时更换一批商品，例如：一批货物从 8:00 到 10:00，另一批货物从 10:00 到 12:00。如果按照预定任务的惯例在 8:00 更新商品，假设数据量大并且在数据到达时缓存可能已过期，这样大量查询会攻击 MySQL，导致服务宕机。

此时可以考虑设置 A 和 B 两个缓存来保存相同的内容，并且两个缓存过期的时间设置为不同时间，其实缓存 B 的过期时间比缓存 A 的过期时间长，这样可以确保缓存中始终存在数据。

先查询缓存 A，如果缓存 A 中没有需要的数据，则查询缓存 B。

```
//使用 lrange 命令进行分页查询
list = this.redisTemplate.opsForList().range(Constants.JHS_KEY_A, start, end);
if (CollectionUtils.isEmpty(list)) {
log.info("=========A The cache has expired. Remember to repair it manually, B The cache automatically lasts for 5 days");
//先查询缓存 A，如果缓存 A 中无法查询到，则查询 B
this.redisTemplate.opsForList().range(Constants.JHS_KEY_B, start, end);
```

先更新缓存 B，再更新缓存 A。

```
//先更新缓存 B
this.redisTemplate.delete(Constants.JHS_KEY_B);
this.redisTemplate.opsForList().leftPushAll(Constants.JHS_KEY_B,list);
this.redisTemplate.expire(Constants.JHS_KEY_B,20L,TimeUnit.DAYS);
//再更新缓存 A
this.redisTemplate.delete(Constants.JHS_KEY_A);
this.redisTemplate.opsForList().leftPushAll(Constants.JHS_KEY_A,list);
this.redisTemplate.expire(Constants.JHS_KEY_A,15L,TimeUnit.DAYS);
```

采用互斥的方式更新和查询，保证两个 key 都有值。

13.7.8 缓存雪崩

雪崩是指正常情况下缓存层承受着大量请求，这样可以有效地保护存储层，但如果缓存层由于某些原因不能正常提供服务时，那么所有的请求都会转到存储层，存储层的连接数就会暴增，造成存储层出现宕机的情况。如键值过期的情况，在双十一快到的时间提前将一些商品信息放入到缓存中，假设对这些键设置的过期时间为 2 个小时，等到凌晨时这些商品缓存就会过期，这样所有对这批商品的访问和查询，都落在了后台数据库上，对于数据库来说，会有周期性的压力峰值，所有的请求都会到达存储层，对存储层的调用次数会猛增，存储层性能就会下降。

如果出现雪崩现象，一般可以从以下几个维度进行解决：

（1）保持缓存层高可用。使用 Redis 哨兵模式或者 Redis 集群部署模式，即使单个 Redis 节点下线，整个缓存层依然可以使用。此外，Redis 还可以部署在多个机房，这样即使机房死机，仍然可以减慢存储层的高可用性。

（2）限流降级组件。缓存层和存储层都有出错的概率，可以看作是资源。作为一个并发量很大的分布式系统，如果某个资源不可用，可能会导致所有线程在获取该资源时出现异常，从而导致整个系统不可用。在高并发系统中降级是正常的，比如在推荐服务中，如果个性化推荐服务不可用，可以降级补充热点数据，以免造成整个推荐服务不可用。常见的限流降级组件有 hystrix、Sentinel 等。

（3）缓存不过期。将 Redis 中的 key 设置为不过期，那么 key 就永远不会失效，所以不会有大量缓存同时失效的问题。但是，Redis 需要更多的存储空间。

（4）优化缓存过期时间。设计缓存时，为每个 key 选择合适的过期时间，避免大量 key 同时失效导致缓存雪崩。

（5）使用互斥体重建缓存。在高并发场景下，为了防止大量请求同时到达存储层，查询数据并重建缓存，可以使用互斥控制。例如，根据 key 查询缓存层中的数据。当缓存层命中时锁定 key，从存储层查询数据，将数据写入缓存层，最后释放锁。如果其他线程发现锁获取失败，让线程休眠一段时间再试。对于锁的类型，如果是单机环境，可以使用 Java Concurrent 包下的锁。如果是分布式环境，可以使用分布式锁（Redis 中的 setnx 方法）。

Redis 分布式锁用于实现分布式环境下的缓存重构，设计思路简单，保证数据一致性；缺点是代码复杂度增加，可能导致用户等待。假设在高并发下重建缓存时 key 被锁定，如果当前有 1000 个并发请求，其中 999 个被阻塞，999 个用户请求将被阻塞等待。

（6）异步缓存重构。该方案通过从线程池中获取线程异步构建缓存，使得所有请求都不会直接到达存储层。在这个方案中，每个 Redis key 都维护一个逻辑超时。当逻辑超时时间小于当前时间时，说明当前缓存已经过期，应该更新，否则说明当前缓存没有失效，直接返回缓存中的值。比如在 Redis 中设置 key 的过期时间为 60 分钟，在对应的 value 中设置逻辑过期时间为 30 分钟。这样，当 key 达到 30 分钟的逻辑过期时间时，可以异步更新 key 的缓存，但是在更新缓存期间，旧缓存仍然可用。

13.8　小结

本章详细介绍了 Redis 服务器在性能测试过程中需要关注的知识点，首先介绍了如何使用 LoadRunner 调用 Redis API 接口对 Redis 服务器进行压测；接着介绍了如何分析 Redis 慢查询日志，通过慢查询日志来定位执行较慢的命令；Redis 如何进行持久化，如何保持数据同步和数据一致性；主机与从机之间如何复制，即主机与从机进行复制备份；通过哨兵进行高可用性部署；Redis 是如何使用内存的，对内存使用进行深入的理解，因为内存使用是 Redis 服务器的一个重要指标；最后介绍了 Redis 性能测试工具，以及常见的性能测试问题。

第14章 前端性能监控与调优

关于对系统性能进行分析，我们花了大量的时间用于对后端的优化——数据库索引、内存管理、编译器设置项等。但其实前端对性能的影响也很大，在事务响应时间中，前端所占的时间至少在10%到20%之间。所以关于前端的优化也很重要，而关于前端性能，前端绝大部分的时间是由于下载组件和前端渲染引起的。所以在这一节里面我们将对前端的监控和优化进行详细地分析。关于前端优化的规则是分析优化前端性能的主要内容。

本章主要介绍以下两部分内容：

- 前端监控工具 YSlow
- 23 大前端性能规则

14.1 前端监控工具 YSlow

在对前端进行优化前，必须得到前端相关的信息，所以在对前端进行优化时，我们需要学会一些前端监控工具，这些工具可以帮助我们获得前端相关的信息，主要包括各种不同的组件信息。这一小节主要介绍前端监控工具 YSlow 的安装和使用。

14.1.1 安装 YSlow

YSlow 是 Yahoo 发布的一款基于 Firefox 的插件，这个插件可以分析网站的页面，并给出前端性能相关的数据，帮助对前端性能进行优化。

通常在工作中会将 YSlow 安装在 FireFox 或 Chrome 浏览器上进行使用。在 FireFox 上的安装步骤如下：

第一步：在安装 YSlow 之前必须先安装 FireBug，在 FireFox 浏览器中的附加组件中单击“扩展”标签页，输入“FireBug”进行搜索，然后进行安装。

第二步：在“扩展”标签页中搜索“YSlow”，找到后进行安装。

通常这样可以将 YSlow 在 FireFox 浏览器中安装完成。但有时候我们在“扩展”标签页搜索不到“YSlow”，有时候即使能搜索后，也可能安装不成功，可能会出现版本不兼容的情况。

在 Chrome 浏览器下安装步骤如下：

第一步：进入 YSlow 官网，网址为http://yslow.org/，因为在 Chrome 浏览器中扩展程序是无法找到 YSlow 进行安装的。

第二步：在 Availability 选项中，找到 Chrome 图标并单击右键，在弹出的菜单中选择“新建标签页中打开链接”，进入 https://chrome.google.com/webstore/detail/yslow/ninejjcohidippngpapiilnmkgllmakh 站点。

第三步：打开 http://crx.2333.me/p 网站，在 ID 文本框中输入扩展程序的 ID 号，ID 号为上面完整的 URL 地址中后面那部分的字符串，即“ninejjcohidippngpapiilnmkgllmakh”。

第四步：将这串 ID 输入到 ID 号文本框中，再单击“Get”按钮。

第五步：下载完成后，对 YSlow 进行安装，将下载下来的文件，拖入到 Chrome 浏览器的“扩展程序”页面，提示安装和添加，单击“添加扩展程序”就可以。

14.1.2 使用 YSlow

如果 YSlow 是安装在 FireFox 浏览器上，那么 YSlow 按钮图标显示在 FireBug 控制台上，如果是安装在 Chrome 浏览器上，那么 YSlow 会在右上角出现。单击 YSlow 图标，可以进入 YSlow 主界面，如图 14-1 所示。

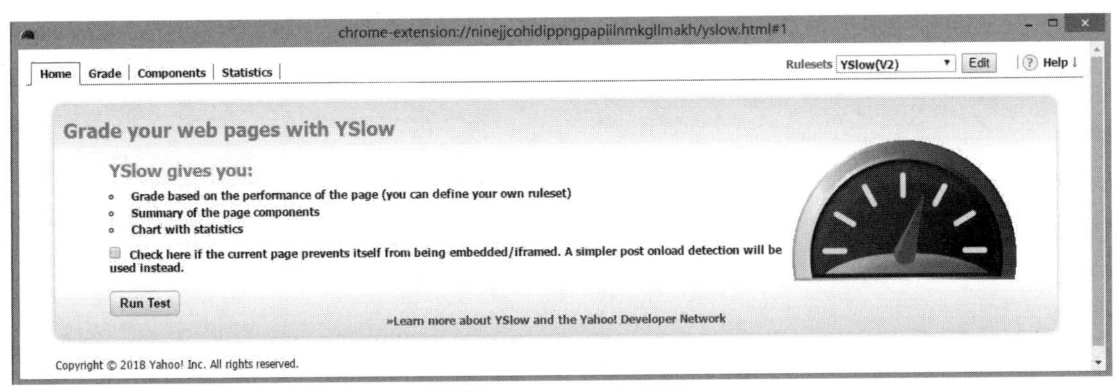

图 14-1 YSlow 主界面

YSlow 显示测试结果的分析主要包含等级、组件和统计信息三个方面。下面将对等级、组件和统计信息三个方面进行详细介绍。

1. 等级视图

在“Home”视图中单击“Run Test”，对页面进行详细的分析，分析结束后单击“Grade”标签页，在等级视图中 YSlow 会显示被分析网页 23 个规则选项所得分的成绩单。每项规则所得分值分为 A 级到 F 级六个等级，A 级为最高。www.jd.com 主页的性能分析，如图 14-2 所示。

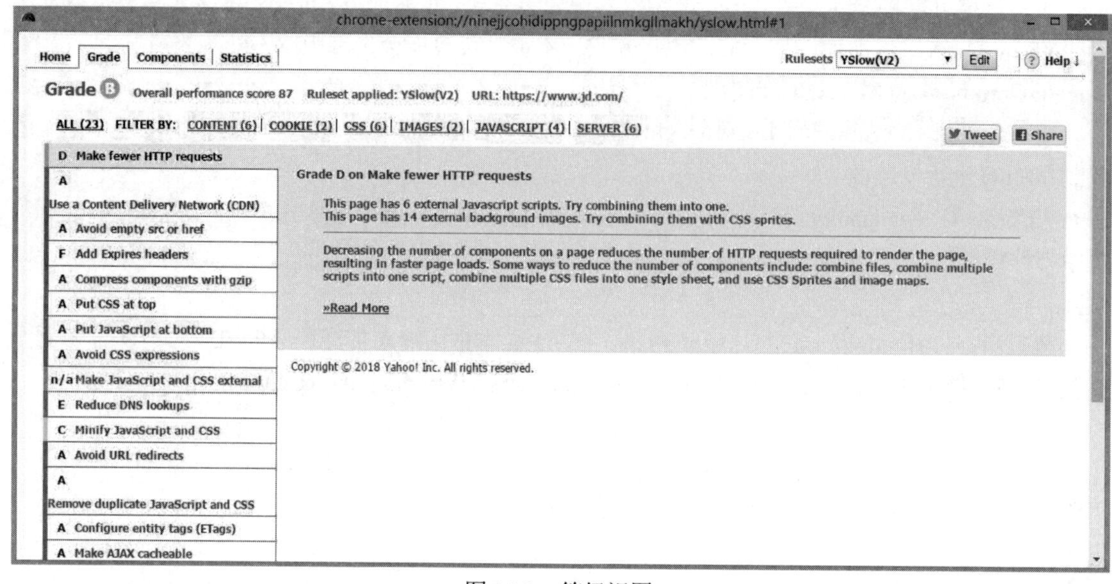

图 14-2　等级视图

有些规则项显示的结果为 n/a，表示该项规则在这个页面中不适用。单击每个规则，YSlow 会给出改进建议。

2. 组件视图

单击“Components”标签，在组件视图中会显示出该页面所包含的所有组件信息，如图 14-3 所示。

chrome-extension://ninejjcohidippngpapiilnmkgllmakh/yslow.html#1

Home　Grade　Components　Statistics　　Rulesets YSlow(V2)　Edit　Help

Components The page has a total of **47** components and a total weight of **1288.3K** bytes

»Expand All

↑TYPE	SIZE (KB)	GZIP (KB)	COOKIE RECEIVED (bytes)	COOKIE SENT (bytes)	HEADERS	URL	EXPIRES (Y/M/D)	RESPONSE TIME (ms)	ETAG	ACTION
⊞ doc (1)	120.9K									
⊞ js (9)	548.1K									
⊞ css (1)	11.8K									
⊞ cssimage (14)	266.5K									
⊞ image (21)	1006.9K									
⊞ favicon (1)	25.2K									

* type column indicates the component is loaded after window onload event
† denotes 1x1 pixels image that may be image beacon

图 14-3　组件视图

单击“Expand All”按钮，可以展开所有组件的详细信息。

下面详细介绍组件视图中每列信息的含义。

TYPE：表示该组件的类型。网页中通常的组件类型主要包括：doc、js、css、flash、cssimage、image、redirect、favicon、xhr、and iframe。

SIZE（KB）：表示该组件的大小，以千字节为单位。

GZIP（KB）：表示使用 gzip 的方法对组件进行压缩的大小，以千字节为单位。

COOKIE RECEIVED（bytes）：表示接收到 Cookie 响应头，以字节为单位。

COOKIE SENT（bytes）：表示在 HPPT 请求报头中发送的 Cookie，以字节为单位。

HEADERS：表示 HTTP 信息头，单击放大镜可以查看详细的信息头信息。

URL：表示组件的 URL 地址。

EXPIRES　(Y/M/D)：表示日期的 Expires 头，属于缓存设置的一种。

RESPONSE TIME（ms）：表示响应时间。

ETAG：表示 ETAG 响应头。

ACTION：表示额外的性能分析。

3．统计信息

单击“Statistics”标签，在统计视图中会显示出空缓存和使用缓存页面加载的情况，如图 14-4 所示。

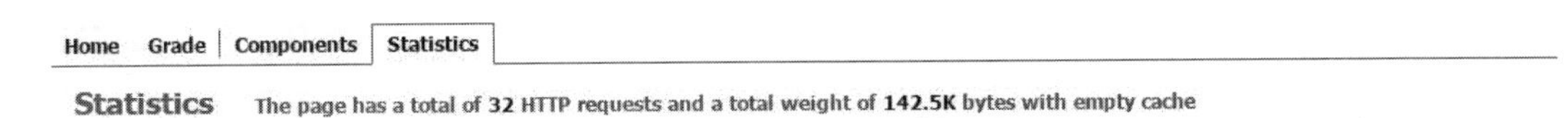

WEIGHT GRAPHS

Empty Cache

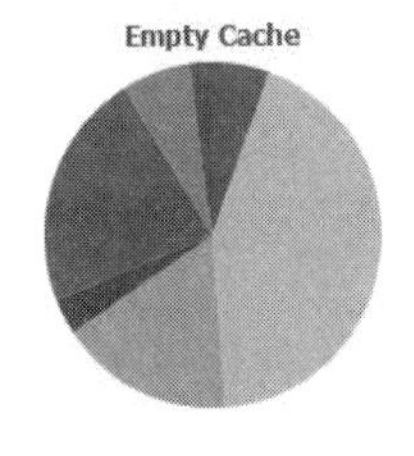

HTTP Requests - 32	
Total Weight - 142.5K	
1 HTML/Text	7.9K
5 JavaScript File	61.5K
1 Stylesheet File	23.9K
1 Flash Object	4.7K
13 CSS Image	31.8K
9 Image	9.2K
2 Favicon	3.0K

Primed Cache

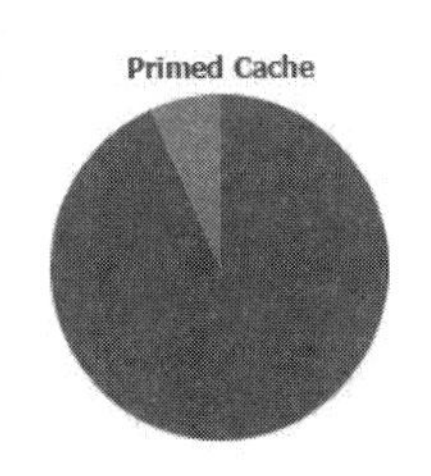

HTTP Requests - 32	
Total Weight - 8.5K	
1 HTML/Text	7.9K
5 JavaScript File	0.0K
1 Stylesheet File	0.0K
1 Flash Object	0.0K
13 CSS Image	0.0K
9 Image	0.5K
2 Favicon	0.0K

Copyright © 2018 Yahoo! Inc. All rights reserved.

图 14-4　统计信息视图

在第一行信息中显示了该网页一共有 32 个 HTTP 请求，页面大小为 142.5KB。统计视图中左侧图表显示的是页面元素在空缓存的加载情况，右侧为页面元素使用缓存后的页面加载情况。从左右两个图可以看到，使用缓存加载页面后，页面大小降低到 8.5K，主要是 HTML/Text 类型的内容在加载，其他的都使用缓存处理来降低页面的大小。

“Statistics”标签中的统计信息与“Components”标签中的组件信息很相似，只是展现的方式不同。要获得性能优化建议还是要看 Grade（第二选项卡）的详细建议。

14.2 23 大前端性能规则

对于前端调优，Yahoo 给出了 23 大调优规则，下面详细介绍这 23 大调优规则。

14.2.1 最小化 HTTP 请求

性能黄金法则揭示终端用户响应时间 80%用于前端，而前端响应时间中 10%～20%的最终用户响应时间花在接收所有请求的 HTML 文档上，剩下的 80%～90%时间花在为 HTML 文档所引用的所有组件（图片、脚本、样式表、Flash 等）的 HTTP 请求上。因此，改善响应时间的最简单途径就是减少组件的数量，进而减少 HTTP 请求的数量。

减少页面中组件数量的方法就是简化页面设计，但是这又与现实中需要实现丰富的内容相冲突，所以我们希望既可以构建出丰富的页面内容，又可以尽量实现响应时间。一般针对于减少 HTTP 请求数量，可以从以下几个方面进行优化：

（1）内联图片（Inline Images）。使用 data:URL 模式可以在 Web 页面中直接引用图片，这样可以避免额外的 HTTP 请求，但这个会增加 HTML 文档的大小。一些浏览器并不支持内嵌图像，所以可以将内嵌图像合并到缓存的样式表中避免增加页面大小。

由于 data:URL 是内联在页面中，在访问不同页面时将不会被缓存。内联图片时不要内联公司的 LOGO，因为编码过的 LOGO 会导致页面变大，这种情况下最合适的做法就是使用 CSS 将内联图片做成背景，同时将 CSS 规则放在外部样式中，这样数据就可以缓存在样式表内部。

（2）CSS Sprites。CSS Sprites 是一种网页图片应用处理的方式，它允许将一个页面涉及的所有零星图片都包含到一张大图中去，这样当访问某个页面时，不需要将图片一张张地加载进来。

CSS Sprites 原理是把网页中一些背景图片整合到一张图片文件中，再利用 CSS 的 “background-image”“background-repeat”“background-position” 组合进行背景定位，background-position 可以用数字精确地定位出背景图片的位置。

（3）合并脚本和样式表（Combined Scripts and Stylesheets）。现在很多网站都使用了 JavaScript 和 CSS，如果采用软件工程师推荐的模块化的原则将代码分开放到多个小文件中，会明显降低性能，因为每个文件都会导致一个额外的 HTTP 请求。通常，组合文件是一种通过将所有脚本合并为一个脚本来减少 HTTP 请求数量的方法，同样也可以将所有 CSS 合并到一个样式表中。但是，当脚本和样式表因页面而异时，将文件组合起来更具挑战性，但合并脚本和样式可以是缩短发布过程的响应时间。

当然并不建议将脚本和样式表合并在一起，但多个脚本应该合并为一个脚本，多个样式表也应该合并为一个样式表。理想情况下，一个页面应该使用不多于一个脚本和样式表。

（4）图片映射（Image Maps）。图片映射是一个能对链接指示作出反应的图形或文本框。单击该图形或文本框的已定义区域，可转到与该区域相链接的目标（URL）。将多个图片组合成单个图像，通过图片映射的方法可以减少 HTTP 请求数量。

图片映射有两种类型：一是服务器端图片映射（Server-side image maps）；二是客户端图片映射（Client-side image maps）。服务器端图片映射是将所有单击提交到同一个目标 URL，向其传递用户单击的 X、Y 坐标，Web 应用程序将该 X、Y 坐标映射为适当的操作。客户端图片映射更加典型，它可以将用户的单击映射到一个操作，而无需向后端应用程序发送请求。

14.2.2 使用内容发布网络

虽然用户平均的带宽每年都在增长，但是随着系统用户特性不同，用户与 Web 服务器的距离也在不断拉长，而用户与 Web 服务器间距离的长短会影响到页面响应时间。网站最初通常将所有的服务器放在同一个地方，当用户群增加时，公司就必须面对服务器放置地点不再合适的问题，有必要在多个地理位置不同的服务器上部署内容。

如果 Web 服务器离用户更近，则 HTTP 请求的响应时间将会缩短，与其重新设计应用程序，不如将应用程序 Web 服务器分散开，这样不仅能达到响应时间大幅减少的目的，还更容易实现，所以我们研究了一种新的技术，即内容分布网络（Content Delivery Network，CDN）。

CDN 的基本思路是尽可能避开互联网上有可能影响数据传输速度和稳定性的瓶颈和环节，使内容传输得更快、更稳定。通过在网络各处放置节点服务器所构成的在现有互联网基础之上的一层智能虚拟网络，CDN 系统能够实时地根据网络流量和各节点的连接、负载状况以及到用户的距离和响应时间等综合信息将用户的请求重新导向离用户最近的服务节点上。其目的是使用户可就近取得所需的内容，解决 Internet 网络拥挤的状况，提高用户访问网站的响应速度。

一些大型互联网公司拥有自己的 CDN，但使用 CDN 服务提供商（如Akamai Technologies，EdgeCast或level3）具有成本效益。对于创业公司和私人网站来说，CDN 服务的成本可能会很高，但随着您的目标受众不断扩大并变得更加全球化，CDN 是实现快速响应所必需的。在雅虎，将静态内容从其应用程序 Web 服务器转移到 CDN（如上所述的第三方以及雅虎自己的CDN）的属性将最终用户响应时间提高了 20%甚至更多。切换到 CDN 是一种相对简单的代码更改，可显著提高网站的速度。

14.2.3 添加 Expires 头

正常如果要访问组件，都必须建立相对应的 HTTP 请求从服务器端查找所需要的组件，这样每次访问都得重新从服务器读取信息，为了提高性能，可以使用浏览器或代理的缓存来减少 HTTP 请求的数量，这就是本节要介绍的 Expires 头。

通过添加 Expires 头能有效地利用浏览器的缓存能力来改善页面的性能，能在后续页面中有效避免一些不必要的 HTTP 请求，Web 服务器使用 Expires 头来告诉 Web 客户端它可以使用一个组件的当前副本，直到指定的时间为止。

例如：Expires：Thu，16 Apr 2018 20：00：00 GMT; 表示浏览器缓存有效性持续到 2018 年 4 月 16 日为止，在这个时间之内相同的请求使用缓存，这个时间之外使用 HTTP 请求。

浏览器第一次访问服务器的过程如图 14-5 所示。

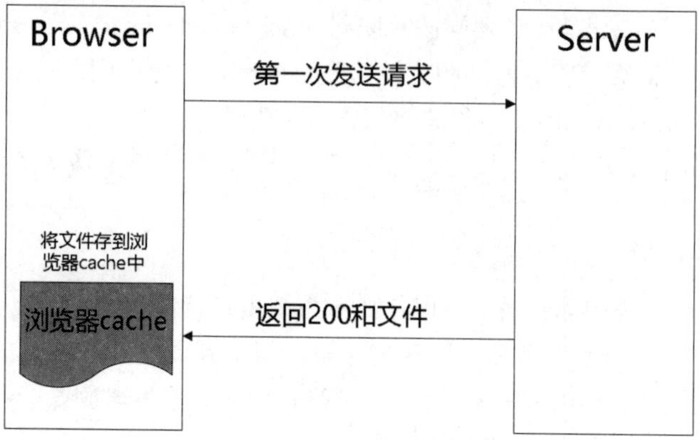

Browser
Server
第一次发送请求
将文件存到浏览器cache中
浏览器cache
返回200和文件

图 14-5　浏览器第一次访问服务器的过程

Expires 有一个非常大的缺陷，它使用一个固定的时间，要求服务器与客户端的时钟保持严格的同步，并且这一天到来后，服务器还得重新设定新的时间。

HTTP1.1 引入了 Cache-Control，它使用 max-age 指定组件被缓存多久，缓存时间精准到秒，如果从组件被请求开始所花费的时间少于 max-age，浏览器就使用缓存中的版本，这就可以避免额外的 HTTP 请求，消除 Expires 的限制。

max-age 的工作原理如图 14-6 所示。

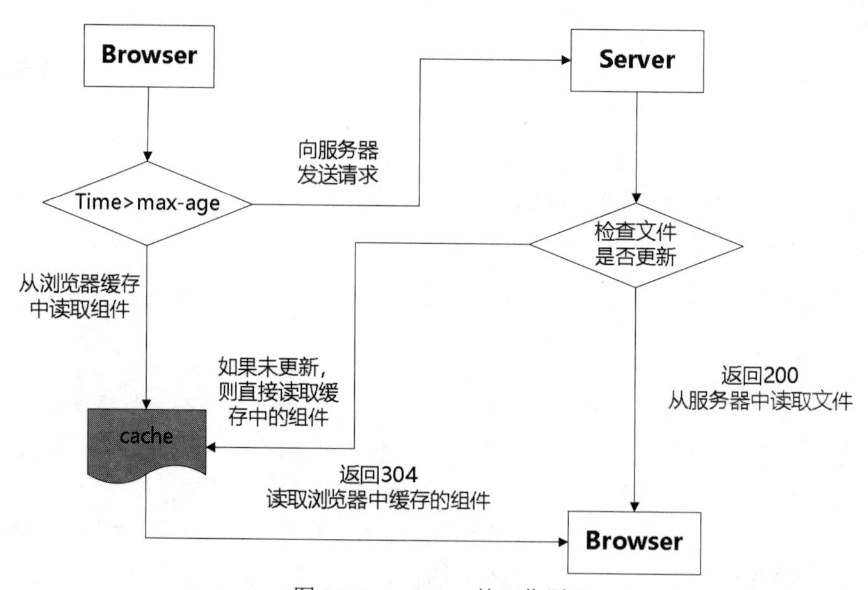

图 14-6　max-age 的工作原理

只有在用户已经访问过网站之后，长久的 Expires 头才会对页面浏览产生影响。当用户第一次访问你的网站时，它不会对 HTTP 请求的数据产生任何影响，因为此时浏览器的缓存是空的。因此，对网站性能的改进取决于用户在访问页面时是否有完整缓存。

通常我们在说“空缓存”或“完整缓存”时，指的是与页面相关的浏览器缓存状态。如果页面中的组件没有放在缓存中，则缓存为“空”，浏览器的缓存可能包含来自其他网站的组件。反之，如果页面中的可缓存组件都在缓存中，则缓存是“完整的”。

14.2.4 Gzip 组件

本节主要介绍如何减小 HTTP 响应的大小来减少响应时间，如果 HTTP 请求产生的响应包很小，那么传输时间就会减少，因为这样只需要将很小的包从服务器传递到客户端。

在现在的 HTTP 协议中，通常会使用 gzip 来压缩 HTTP 响应包，从 HTTP / 1.1 开始，Web 客户端通过 HTTP 请求中的 Accept-Encoding 标头指示对压缩的支持。

```
Accept-Encoding：gzip，deflate
```

如果服务器接收到的语法中包括这个头，就会使用客户端列出来的方法中的一种来压缩响应，Web 服务器通过响应中的 Content-Encoding 头来通知 Web 客户端。

```
Content-Encoding：gzip
```

Gzip 是目前最流行和最有效的压缩方法，Gzip 是 GNUzip 的缩写，它是一个 GNU 自由软件的文件压缩程序。它是由 Jean-loupGailly 和 MarkAdler 一起开发的。第一次公开发布的版本是 1992 年 10 月 31 日发布的版本 0.1，1993 年 2 月发布了版本 1.0。

服务器会基于文件类型选择压缩的内容，一般我们看到很多网站都会压缩其 HTML 文档，但其实对 JS 脚本和样式表压缩也是一种非常好的方法可以对 HTML、XML、JSON、JS 和样式进行压缩。对于图片和 PDF 不应该压缩，因为它们本来就已经压缩好了，如果试图对它们进行压缩，也只是会浪费 CPU 资源，并且还可能会增加文件的大小。

压缩文件也是需要成本的，压缩的成本来自于服务器端所花费的额外的 CPU 周期，客户端要对压缩文件进行解压缩操作。所以在进行压缩时需要考虑收益是否大于开销。

Gzip 通常会将响应大小减少约 70%。目前 90%以上的浏览器是支持 Gzip 压缩的，如果您使用 Apache，配置 Gzip 的模块取决于您的版本：Apache 1.3 使用mod_gzip，而 Apache 2.x 使用 mod_deflate。

14.2.5 将样式表放在顶部

层叠样式表（Cascading Style Sheets，CSS）是一种用来表现HTML（标准通用标记语言的一个应用）或XML（标准通用标记语言的一个子集）等文件样式的计算机语言。CSS 不仅可以静态地修饰网页，还可以配合各种脚本语言动态地对网页各元素进行格式化。CSS 能够对网页中元素位置的排版进行像素级精确控制，支持几乎所有的字体字号样式，拥有对网页对象和模型样式编辑的能力。

在研究前端性能时，我们是希望页面能逐步地加载的，也就是说希望浏览器能够尽快显示内容，而不是等到所有页面加载完成后才开始显示内容，这对于有很多内容的页面以及 Internet 连接慢的用户来说尤其重要。也即为用户提供可视化的反馈的重要性。

进度指示器有以下三个方面的优势：

（1）可以让用户知道系统没有崩溃，只是正在为他或她解决问题。

（2）它们指出了用户大概还需要等多久可以加载完成，以便用户能够在漫长的等待中做些其他的事情。

（3）能给用户提供一些可以看的东西，使得等待不再是那么无聊。

当然在讨论前端性能时，HTML 页面就是进度指示器，当浏览器逐步地加载页面时，页头、导航栏、顶部 LOGO 等，都会为用户等待页提供视觉反馈，这样可以改善整体用户体验。

当将样式放在文档底部时，就会禁止浏览器进行渐进式呈现，这样会阻止浏览器渲染，用户会停留在空白页面，我们将其称为“白屏”。为了避免“白屏”，应该将样式放在文档顶部的 HEAD 中，经过这样修改后的示例网站称为“CSS at the Top”，这样不管页面是如何加载的，页面都会逐步呈现。

14.2.6 将脚本放在底部

本小节主要讨论在处理 HTTP 请求时脚本应该放在什么位置比较合理。因为当脚本正在下载时，浏览器会禁止任何其他的下载，也就是说当下载脚本时浏览器会禁用并行下载的功能，即使是在不同的主机名上。

阻塞脚本并行下载通常有以下两种原因：

（1）脚本可能使用 document.write 来修改页面内容，因此浏览器会等待，以确保页面能够正确的布局。

（2）为了保证脚本能够按照正确的顺序执行，如果并行下载多个其他的脚本，就无法保证响应是按照指定的顺序到达浏览器。例如，如果后面的脚本比前面的脚本更小，那么后面的脚本可能先下载好并执行，如果这两个脚本存在依赖关系，脚本运行就可能会出现 JavaScript 的相关错误。

现在的浏览器是不能一次性将所有的请求都下载下来的，但浏览器一般都支持并行下载。对响应时间影响最大的是页面中组件的数量，如果缓存为空，那么每个组件都会产生一个 HTTP 请求，有时即便缓存是完整的也是如此。

HTTP1.1 规范指明：浏览器应允许每个主机名（hostname）可以支持至少两个并发连接（尽管新的浏览器支持更多的并发数）。如果一个 HTML 文档包含的资源引用（如 CSS、Javascript、图片等）比主机允许的最大并发数多，浏览器则发出允许的最大并发数的请求，并将剩余的请求加入队列中。一旦有请求完成，浏览器会立即发出队列中的下一批允许的最大并发数的请求，它会一直重复这个过程直到下载完所有的资源。也就是说，如果一个页面从一个主机引用了超过 N 数量（N 为每个主机允许的最大连接数）的 HTTP 请求，那么浏览器就必须按顺序依次下载它们。每 N 个资源耗费 1 个往返时间（Round-Trip Time，RTT），所以总的请求往返时间为 M/N（M 为从一个主机上获取的资源数）。例如，如果一个浏览器允许每个主机名可以有 6 个并发连接，并且一个页面可以引用同域的 90 个资源，那么每 6 个资源会占用 1 个往返时间，总的下载时间为 15 个往返时间。

在 FireFox 浏览器中，可以在 about:config 页面中设置最大并发连接数，在 Firefox 浏览器的地址栏中输入“about:config”，会显示出所有的相关参数。

network.http.max-connections：表示最大连接数。

network.http.keep-alive.timeout：表示保持长连接的超时时间。

network.http.max-persistent-connections-per-server：表示支持的最大并发连接数，默认值为 6。

在 Chrome 浏览器中，可以在 chrome://flags/页面中设置并发连接的情况，在 Chrome 浏览器的地址栏中输入“chrome://flags/”，会显出所有的相关参数。

参数 Parallel downloading 用于设置并发下载的情况。

主流浏览器支持的并发连接数见表 14-1。

表 14-1 主流浏览器支持的并发连接数

浏览器	HTTP1.0	HTTP1.1
IE6、7	2	4
IE8	6	6
IE9	10	10
IE10	6	6
IE11	6	6
FireFox	6	6
Chrome	6	6
Opera	4	4
Safari	4	4

HTTP1.1 规范中一般是建议浏览器从每个主机名并行下载两个组件，但实际上现在市场上主流的浏览器都支持更多的并行下载组件，如果支持并行下载组件，我们会看到 HTTP 请求是呈阶梯状态的，以 Chrome 为例，捉到的 HTTP 请求的情况如图 14-7 所示。

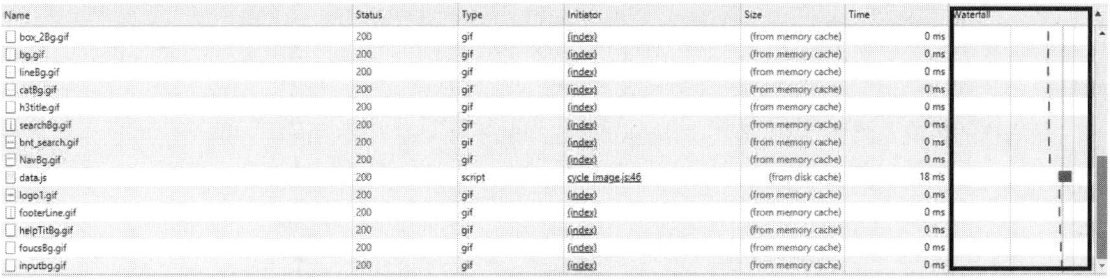

图 14-7 Chrome 浏览器并行下载

Chrome 默认支持 6 个请求同时并发，所以我们可以看到 HTTP 请求很明显的呈阶梯状态，每次同时下载 6 个组件，这样可以大大提高响应时间。

并行下载组件的目的是提高下载组件的响应时间，但当我们在下载 JS 脚本组件时会将浏览器并发下载组件的功能禁用，见以下实例：

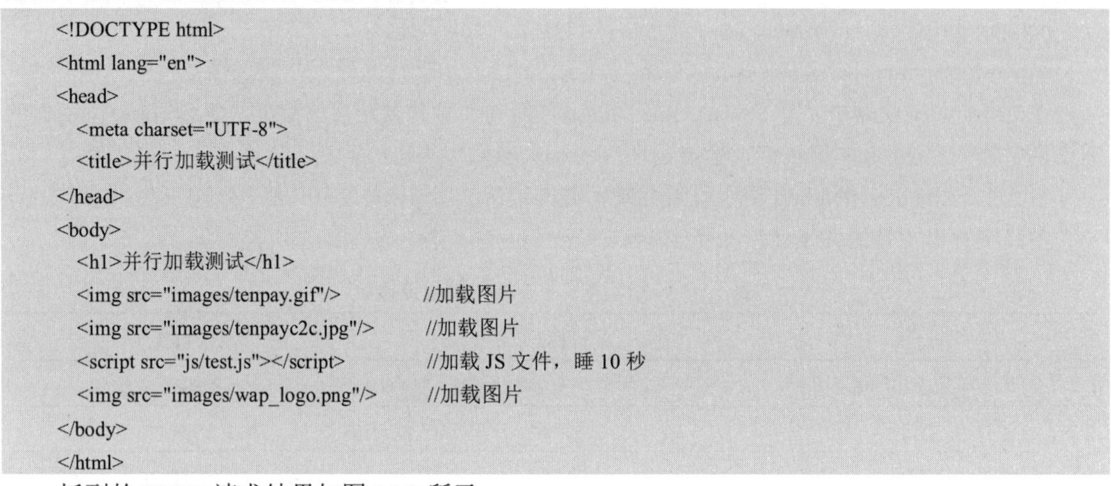

```
<!DOCTYPE html>
<html lang="en">
<head>
  <meta charset="UTF-8">
  <title>并行加载测试</title>
</head>
<body>
  <h1>并行加载测试</h1>
  <img src="images/tenpay.gif"/>            //加载图片
  <img src="images/tenpayc2c.jpg"/>         //加载图片
  <script src="js/test.js"></script>        //加载 JS 文件，睡 10 秒
  <img src="images/wap_logo.png"/>          //加载图片
</body>
</html>
```

抓到的 HTTP 请求结果如图 14-8 所示。

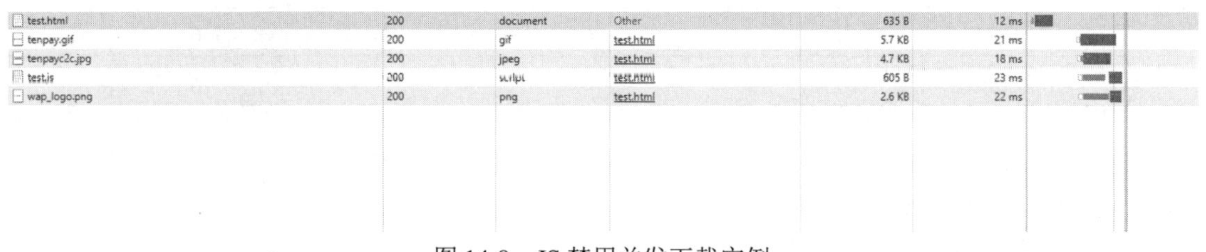

图 14-8　JS 禁用并发下载实例

从图中可以看到图片 tenpay.gif 和 tenpayc2c.jpg 加载完成后，是加载 test.js 文件和 wap_logo.png 图片。正常理解这四个组件应该是同时下载的，但是当我们有 JS 文件在中间时，后面的 wap_logo.png 图片并没有并行下载，而应该是等 test.js 文件加载完成后才开始下载，此时浏览器会阻止其他的组件下载。

为了解决这个阻塞的问题，最好的办法是将 JS 脚本放在页面的底部，这样不会阻止页面内容的呈现，并且这样页面中的可视组件可以迟早下载。

最糟糕的情况是将 JS 脚本放在页面顶部，这样脚本会阻塞对其后面内容的呈现，也会阻塞对其后面组件的下载。所以一般情况下我们建议将 JS 脚本文件放在页面底部。

14.2.7　避免使用 CSS 表达式

CSS 表达式又称为动态属性（Dynamic Properties），是早期微软 DHTML 的产物，用来把 CSS 属性和 JavaScript 脚本关联起来。CSS 的属性可以是元素固有的属性，也可以是自定义属性，也就是说 CSS 属性后面可以是一段 JavaScript 表达式，CSS 属性的值等于 JavaScript 表达式计算的结果。如以下实例，根据浏览器的大小来设置元素的位置。

```
left: expression(document.body.offsetWidth - 180     "px");
top: expression(document.body.offsetHeight - -80     "px");
```

CSS 从 IE5 开始得到支持，后因标准、性能、安全性等问题，微软从 IE8 beta2 标准模式开始，取消了对 CSS 表达式的支持。

微软提供了 4 个 CSS 表达式方法：getExpression、recalc、removeExpression、setExpression。有兴趣的读者可以参考微软提供的 MSDN 帮助文件。一般最常用的是直接在 CSS 中使用表达式。

CSS 表达式技术达到了可以使用表达式或公式来定义 CSS 属性的目的，MSDN 针对 CSS 表达式给出的优点是：减少了页面上的代码，使设计师无需学习 JavaScript 就能实现一些 DHTML 的效果。但这种减少代码主要是减少了 JavaScript 的代码。

CSS 表达式本身也存在很多缺陷：

（1）不符合 Web 标准。CSS 表达式这种在表中插入 JavaScript 代码的方式，有悖于 Web 标准的结构、表现、行为相分离的理念。

（2）效率低。一个 CSS 表达式会反复执行，因为需要不停地去计算 CSS 的属性值，甚至执行成百上千次，这会大大消耗计算机硬件资源，极端情况下可能会导致浏览器崩溃。

（3）安全隐患。CSS 表达式暴露了一个脚本执行的上下文，可能带来脚本注入的隐患。

为了避免常见的 CSS 表达式问题，通常可以使用一次性表达式和处理事件。如果 CSS 表达式必须求值一次，那么可以对这次执行使用 JavaScript 代码进行重写，这样可以避免元素改变大小、滚动或在页面上移动鼠标时频繁地对 CSS 表达式进行求值。

表达式的问题在于它们比大多数人期望的更频繁地进行评估。它们不仅在页面呈现和调整大小时进行评估，而且在页面滚动时以及用户将鼠标移到页面上时也进行评估。向 CSS 表达式添加一个计数器可以让我们跟踪 CSS 表达式的评估时间和频率。

减少 CSS 表达式评估次数的一种方法是使用一次性表达式，第一次评估表达式时，它将 style 属性设置为一个显式值，该值将替换 CSS 表达式。如果样式属性必须在页面的整个生命周期中动态设置，则使用事件处理程序而不是 CSS 表达式。如果必须使用 CSS 表达式，请记住它们可能会被数千次评估，并可能会影响页面的性能。

出于以上原因，我们建议在前面开发过程避免使用 CSS 表达式。

14.2.8 将 JavaScript 和 CSS 置于外部

所谓的将 JavaScript 和 CSS 置于外部，就是我们说的外置 JavaScript 和 CSS。关于 JavaScript 和 CSS 在前端页面中的使用通常有两种方式：一种是内联方式；另一种是外置方式。

内联方式是指将 JavaScript 和 CSS 直接嵌入到前端页面，如以下代码：

```
[head]
    [script type="text/javascript"]
        function IsEven()
        {
            var number = document.getElementById("TextBox1").value;
```

```
                if (number % 2 == 0)
                {
                    alert(number + " is even number");
                }
                else
                {
                    alert(number + " is odd number");
                }
            }
        [/script]
    [/head]
```

外置方式是将 JavaScript 或 CSS 写在一个单独的文件中，后缀名为“.js”或“.css”格式，然后在 HTML 页面中调用这个单独的文件，如以下代码：

```
    [head]
        [script type="text/javascript" src="ExternalJavaScript.js"][/script]
    [/head]
```

内联 JavaScript 和 CSS 的优点如下：

（1）有效减少 HTTP 请求次数，提升前端页面性能，缓解服务器压力。

（2）浏览器加载完CSS才能渲染页面，因此可以防止 CSS 文件无法读取而造成页面裸奔的现象。

内联 JavaScript 和 CSS 的缺点如下：

（1）可维护性差，每天如果有需要修改的内容，必须对很多页面进行修改。

（2）内联 JavaScript 和 CSS 在每次页面加载时都必须重新加载。

（3）协同开发的能力差，不方便多名开发者同步工作。

外置 JavaScript 和 CSS 的优点如下：

（1）当 JavaScript 和 CSS 被多个页面调用时，修改更方便，只要修改一个文件就可以。

（2）分离 HTML、CSS 和 Javascript 可以更容易操纵，方便协同工作。

（3）外置 Javascript 文件可以被浏览器缓存。

外置 JavaScript 和 CSS 的缺点如下：

（1）外置的方式增加了 HTTP 的请求数。

（2）浏览器要加载完 CSS 才能渲染页面，因此影响页面的性能。

在现实世界中使用外部文件通常会产生更快的页面，因为浏览器会缓存JavaScript和CSS文件。每次请求 HTML 文档时，都会下载 HTML 文档中内联的 JavaScript 和 CSS。这减少了所需的 HTTP 请求数量，但增加了 HTML 文档的大小。另外，如果 JavaScript 和 CSS 位于浏览器缓存的外部文件中，则 HTML 文档的大小会减少，而不会增加 HTTP 请求的数量。

关键因素是外部 JavaScript 和 CSS 组件相对于所请求的 HTML 文档数量的缓存频率。这个因素尽管难以量化，但可以使用各种指标进行衡量。如果网站上的用户每个会话有多个页面浏览量，并且许多网页重复使用相同的脚本和样式表，则缓存的外部文件可能带来更大的潜在收益。

在比较内联和外置文件时，知道用户缓存外部组件的可能性很重要，通常用户在第一次访问页面时是空缓存，之后的多次后续页面查看都是具有完整缓存的。当在访问系统时，具有完整缓存的页面占所有查看数量的比例越多，那说明外置文件的收益越高，也就越有利，如果具有完整缓存的页面占所有查看数量的比例很低，那么内联文件的方式更有利。

如果网站中有很多页面使用相同的 JavaScript 和 CSS，那么使用外部文件可以更好地提高这些组件的重用率，在这种情况下使用外部文件更有优势，因为当用户在页面导航时 JavaScript 和 CSS 组件已经位于浏览器的缓存中。当然反过来也很容易理解，如果没有任何两个页面共享相同的 JavaScript 和 CSS，重用率就会很低，当然很少有网站会出现这两种极端的情况。

如果主页服务器知道一个组件是否在浏览器的缓存中，那么就可以在内联或使用外部文件之间做出最佳选择，当然服务器不能查看浏览器缓存中有那些内容，但可以使用 Cookies 做指示器，如果 Cookies 不存在，就使用内联 JavaScript 和 CSS，如果 Cookies 出现了，则可以使用外部组件位于浏览器的缓存中，这就是我们通常说的“动态内联”。

基于以上原因，通常我们建议将 JavaScript 和 CSS 置于外部。

14.2.9 减少 DNS 查找

域名系统（Domain Name System，DNS），万维网上作为域名和IP 地址相互映射的一个分布式数据库，能够使用户更方便地访问互联网，不用记住能够被机器直接读取的 IP 数串。通过域名，得到该域名对应 IP 地址的过程叫作域名解析（或主机名解析）。DNS 将主机名映射到 IP 地址上，就像电话本将人名映射到所对应的电话号码一样，当在浏览器中输入www.baidu.com 时，连接到浏览器 DNS 解析器返回服务器的 IP 地址，像百度官网的 IP 地址为 14.215.177.38。DNS 协议运行在 UDP协议之上，使用端口号 53。在 RFC 文档中 RFC 2181 对 DNS 有规范说明，RFC 2136 对 DNS 的动态更新进行说明，RFC 2308 对 DNS 查询的反向缓存进行说明。

然而，DNS 解析也是存在开销的，通常浏览器查找一个指定主机名的 IP 地址，需要花费 20～120ms，在 DNS 解析完成之前，浏览器不能从主机名那里下载任何东西。DNS 的查找有以下几个步骤：

（1）浏览器检查自身缓存中有没有被解析过的这个域名对应的 IP 地址，如果存在解析就结束了。

（2）如果浏览器缓存中没有命中，即没有找到，那么浏览器会检查操作系统缓存中有没有对应的已解析过的结果。在 Windows 操作系统 C:\Windows\System32\Drivers\etc 路径下有一个 hosts 文件，在这里如果指定了一个域名对应的 IP 地址，那么浏览器会首先使用这个 IP 地址进行访问。

（3）如果前面两步都没有命中域名，那么才会请求本地的域名服务器（LDNS）来解析这个域名，大约 80%的域名解析会到这里完成。

（4）如果 LDNS 仍然没有命中，就会直接跳到 Root Server 域名服务器请求解析。

（5）Root Server 域名服务器会返回一个查询域的主域名服务器给 LDNS。

（6）此时 LDNS 再发送一个请求给上一步返回的主域名服务器。

（7）接受请求的主域名服务器查找并返回这个域名对应的 Name Server 的地址，Name Server 是网站注册的域名服务器。

（8）Name Server 根据映射关系表找一目标 IP，返回给 LDNS。LDNS 缓存这个域名和对应的 IP。

（9）LDNS 把解析的结果返回给用户，用户根据 TTL 值缓存到本地系统缓存中。

DNS 解析的响应时间依赖于 DNS 解析器、它所承担的请求压力、客户端与服务器的距离和带宽速度。

TTL（Time To Live）表示查找返回的 DNS 记录包含的一个存活时间，表明记录可以被缓存多久，这个值告诉客户端可以对该记录缓存多久。过期则这个 DNS 记录将被抛弃。尽管操作系统缓存会考虑 TTL 值，但浏览器通常忽略该值，并设置它自己的时间限制。并且浏览器对缓存 DNS 的记录数量也是有限制的，而不管缓存记录时间，如果用户在短时间访问了很多不同域名的网站，较早的 DNS 记录将被丢弃，必须重新查询该域名。

不同的浏览器对于 DNS 缓存有所不同，Internet Explorer 的 DNS 缓存在[HKEY_CURRENT_USER\Software\Microsoft\Windows\CurrentVersion\Internet Settings]键下由三个设置控制：

1）"DnsCacheTimeout"=30 分钟。

2）"KeepAliveTimeout"=1 分钟。

3）"ServerInfoTimeout"=2 分钟。

这表示如果 DNS 服务器 TTL 值小于 30 分钟，对浏览器进行 DNS 查找的频率产生的影响很小。

对于 FireFox 浏览器在 about:config 中设置就可以：

network.dnsCacheEntries=400

network.dnsCacheExpiration=60

network.http.keep-alive.timeout=115

在 DNS 解析过程中，减少唯一主机名的数量也难以缩短 DNS 解析时间，如果客户端的 DNS 缓存为空，DNS 查找的数量与 Web 页面中唯一主机名的数量相等。但是减少唯一主机名的数量有可能减少页面中发生的并行下载量，减少并行下载可能会增加响应时间。建议将这些组件分成至少两个但不超过四个主机名，这在减少 DNS 查找和允许高度并行下载之间取得了很好的折中效果。

综上所述，减少 DNS 查找通常可以提高响应性能。

14.2.10 精简 JavaScript 和 CSS

JavaScript（JS）是一种具有函数优先的轻量级解释型或即时编译型的编程语言。它是作为开发 Web 页面的脚本语言而出名的，是构建 Web 页面的首选。当然它也被用到了很多非浏览器环境中，例如Node.js、Apache CouchDB 和 Adobe Acrobat。JavaScript 是一种基于原型编程、多范式的动态脚本语言，并且支持面向对象、命令式和声明式（如函数式编程）风格。本节介绍在 JavaScript 部署过程中如何精简 JavaScript 和 CSS。

根据雅虎前端性能测试团队给出的数据，40%～60%的雅虎用户拥有空的缓存体验，所有页面浏览量中约有 20%是使用空缓存完成的，所以我们必须尽可能地保证页面的轻量化。

精简 JavaScript 和 CSS 通常有以下几种方式：

（1）精简（Minification）。精简的目的是减少 JS 文件的大小，从代码中移除不必要的字符，所有的注释以及不必要的空白字符（空格、换行和制表符）都需要移除。缩小 JS 文件可以减小下载文件的时间，这样可以改善响应时间。

（2）混淆（Obfuscation）。混淆是一种可应用于源代码的替代的优化方式，和精简一样，混淆也可以移除注释和空白，当然混淆同时还会改写代码，混淆会将函数和变量的名字转换为更短的字符串，这样代码更加精练，当然代码也变得更加难阅读了，如以下实例：

源代码如下：

```
var a = document.getElementById('a');
a.innerHTML = 'hello world';
```

混淆后的代码如下：

```
(function(a, b, c, d, e, f){
    a[d] = a[b][c](d);
    a[d][e]=f;
})(this, 'document', 'getElementById', 'a', 'innerHTML', 'hello world');
```

混淆比缩小更复杂，因此更容易因迷惑步骤本身而产生错误。尽管模糊处理的尺寸减小了很多，但缩小 JavaScript 风险较小。

JS 混淆器正常有两种：

1）通过正则替换实现的混淆器。

2）通过语法树替换实现的混淆器。

（3）工具精简。两种用于缩小 JavaScript 代码的流行工具是 JSMin 和 YUI Compressor。YUI 压缩机还可以缩小 CSS。

JSMin 是一个过滤器，可以从 JavaScript 文件中删除注释和不必要的空格。它通常会将文件大小减少一半，从而加快下载速度。

下面是使用 JSMin 压缩的一个实例：

获得选定的商品属性源代码如下：

```
function getSelectedAttributes(formBuy)
{
  var spec_arr = new Array();
  var j = 0;
  for (i = 0; i < formBuy.elements.length; i ++ )
  {
    var prefix = formBuy.elements[i].name.substr(0, 5);

    if (prefix == 'spec_' && (
      ((formBuy.elements[i].type == 'radio' || formBuy.elements[i].type == 'checkbox') && formBuy.elements[i].checked) ||
      formBuy.elements[i].tagName == 'SELECT'))
```

```
        {
          spec_arr[j] = formBuy.elements[i].value;
          j++ ;
        }
      }

    return spec_arr;
  }
```

使用 JSMin 压缩后的代码如下：

```
function getSelectedAttributes(formBuy){var spec_arr=new Array();var j=0;for(i=0;i<formBuy.elements.length;i++){var prefix=formBuy.elements[i].name.substr(0,5);if(prefix=='spec_'&&(((formBuy.elements[i].type=='radio'||formBuy.elements[i].type=='checkbox')&&formBuy.elements[i].checked)||formBuy.elements[i].tagName=='SELECT')){spec_arr[j]=formBuy.elements[i].value;j++;}}return spec_arr;}
```

YUI Compressor 设计为 100%安全，并且比大多数其他工具产生更高的压缩率。与 JSMin 相比，YUI 库的测试节省了 20%以上（在 HTTP 压缩后变为 10%）。YUI Compressor 还能够通过使用Isaac Schlueter基于正则表达式的 CSS 缩小器的端口来压缩 CSS 文件。

以上面获得选定的商品属性源代码为例，使用 YUI Compressor 压缩后的代码如下：

```
function getSelectedAttributes(a){var b=[],c=0;for(i=0;i<a.elements.length;i++){var d=a.elements[i].name.substr(0,5);'spec_'==d&&(('radio'==a.elements[i].type||'checkbox'==a.elements[i].type)&&a.elements[i].checked||'SELECT'==a.elements[i].tagName)&&(b[c]=a.elements[i].value,c++)}return b}
```

（4）压缩和精简（Gzip and Minification）。上面介绍的是使用 JSMin 和 YUI Compressor 工具对内容进行压缩，除了可以对文件内容压缩外，也可以对 JS 和 CSS 文件本身进行压缩，通常对文件进行压缩使用最多的是 Gzip 的压缩方式，通常可以使文件大小缩小 70%左右。

Gzip 对 Web 系统中的.js 和.css 文件进行压缩，保存成.jsgz 和.cssgz 的文件，同时将 Web 系统中引用 js、css 文件的地方转换为引用 jsgz、cssgz 文件，客户端请求 jsgz、cssgz 文件时，服务器通过过滤器设置 header，将所有以 jsgz、cssgz 结尾的文件的请求增加设置“header Content-Encoding=gzip”的响应头。

（5）精简 CSS（Minifying CSS）。对 CSS 的精简通常会小于 JavaScript 的精简，因为通常 CSS 中的注释和空白比 JavaScript 少，以 CSS 优化最多的是合并相同的类、移除不使用的等。当然也有很多工具可以用于优化 CSS，类似于 JavaScript 的优化方式。常见的 CSS 优化工具有：TestMyCSS、Stylelint 和 CSS Triggers 等。

14.2.11 避免重定向

URL 重定向（Redirects），也称为 URL 转发，是一种当实际资源，如单个页面、表单或者整个 Web 应用被迁移到新的 URL 下的时候，保持（原有）链接可用的技术。HTTP 协议提供了一种特殊形式的响应——HTTP 重定向（HTTP Redirects）来执行此类操作，该操作可以应用于多种多样的目标：网站维护期间的临时跳转，网站架构改变后为了保持外部链接继续可用的永久重定向，上传文件时的表示进度的页面等。

在 HTTP 协议中，重定向操作由服务器通过发送特殊的响应（即 Redirects）而触发。HTTP 协议的重定向响应的状态码为 3xx。浏览器在接收到重定向响应的时候，会采用该响应提供的新的 URL，并立即进行加载；大多数情况下，除了会有一小部分性能损失之外，重定向操作对于用户来说是不可见的。重定向的原理如图 14-9 所示。

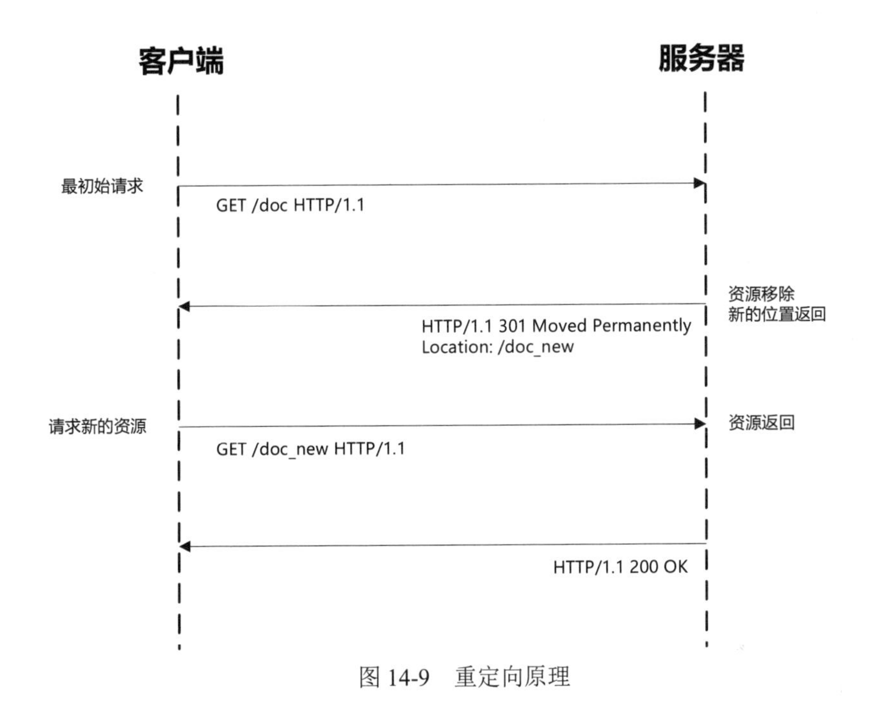

图 14-9　重定向原理

关于重定向通常有以下几种类型：

（1）301。如果返回状态码为 301，表示被请求的资源已永久移动（Moved Permanently），永久移动到新位置，任何对此资源的引用都应该使用本响应返回的若干个 URI 之一。如果可能，拥有链接编辑功能的客户端应当自动把请求的地址修改为从服务器反馈回来的地址。正常这个响应是可缓存的，除非额外指定。新的永久性的 URI 应当在响应的 Location 域中返回，正常实体中应当包含指向新的 URL 的超链接及简短说明，除非是 HEAD 类的请求。

（2）302。如果返回状态码为 302，表示要求客户端临时重定向（Moved Temporarily）。由于是临时重定向，客户端应当继续向原有地址发送以后的请求，并且只有在 Cache-Control 或 Expires 中指定的情况下，响应才可以缓存。

虽然 RFC 1945 和 RFC 2068 规范不允许客户端在重定向时改变请求的方法，但是很多现存的浏览器将 302 响应视作 303 响应，并且使用 GET 方式访问在 Location 中规定的 URI，而无视原先请求的方法。因此状态码 303 和 307 被添加了进来，用以明确服务器期待客户端进行何种反应。

（3）303。如果返回状态码为 303，表示对应当前请求的响应可以在另一个 URI 上被找到，客户端假定服务器已经收到数据，并且应该使用单独的 GET 消息发出重定向。这个方法的存在主要是为了允许由脚本激活的 POST 请求输出重定向到一个新的资源。这个新的 URI 不是原始资源的替代引用。同时，303 响应禁止被缓存。当然，第二个请求（重定向）可能被缓存。新的 URI 应当在响应的 Location 域中返回。除非这是一个 HEAD 请求，否则响应的实体中应当包含指向新的 URI 的超链接及简短说明。

注意　许多 HTTP/1.1 版以前的浏览器不能正确理解 303 状态。如果需要考虑与这些浏览器之间的互动，302 状态码应该可以胜任，因为大多数的浏览器处理 302 响应时的方式恰恰就是上述规范要求客户端处理 303 响应时应当做的。

（4）307。307 状态码表示临时从不同的 URI 响应请求，请求应该与另一个 URI 重复，这个与 302 类似，但 307 不允许更好的请求方法，后续的请求应仍使用原始的 URI。例如，应该使用另一个 POST 请求来重复 POST 请求。

（5）304。如果返回状态码为 304，表示客户端在请求一个文件的时候，发现自己缓存的文件有 Last Modified，此时请求中会包含 If Modified Since，这个时间就是缓存文件的 Last Modified。因此，如果请求中包含 If Modified Since，就说明已经有缓存在客户端。服务端只要判断这个时间和当前请求的文件的修改时间，就可以确定是返回 304 还是 200。

对于静态文件（如 CSS、图片等），服务器会自动完成 Last Modified 和 If Modified Since 的比较完成缓存或者更新。但是对于动态页面，就是动态产生的页面，往往没有包含 Last Modified 信息，浏览器、网关等都不会做缓存，也就是在每次请求的时候都完成一个 200 的请求。因此，对于动态页面做缓存加速，首先要在 Response 的 HTTP Header 中增加 Last Modified 定义，其次根据 Request 中的 If Modified Since 和被请求内容的更新时间来返回 200 或者 304。虽然在返回 304 的时候已经做了一次数据库查询，但是可以避免接下来更多的数据库查询，并且没有返回页面内容而只是一个 HTTP Header，从而大大降低了带宽的消耗。

（6）300。如果返回状态码为 300，表示被请求的资源有一系列可供选择的回馈信息，每个都有自己特定的地址和浏览器驱动的商议信息。用户或浏览器能够自行选择一个首选的地址进行重定向，除非这是一个 HEAD 请求，否则该响应应当包括一个资源特性及地址的列表的实体，以便用户或浏览器从中选择最合适的重定向地址。这个实体的格式由 Content-Type 定义的格式所决定。浏览器可能根据响应的格式以及浏览器自身的能力，自动作出最合适的选择。当然，RFC 2616 规范并没有规定这样的自动选择该如何进行。如果服务器本身已经有了首选的回馈选择，那么在 Location 中应当指明这个回馈的 URI；浏览器可能会将这个 Location 值作为自动重定向的地址。此外，除非额外指定，否则这个响应也是可缓存的。

不同类型的重定向映射可以划分为三个类别：永久重定向、临时重定向和特殊重定向。上面的重定向类型中 301 属于永久重定向类型，302、303 和 307 属于临时重定向类型，300 和 304 是特殊重定向类型。

重定向是如何损伤性能的呢？图 14-10 所示是一个重定向的实例，第一个 HTTP 请求就是重定向，在重定向页面加载完成后才会下载其他的组件，直到 HTML 文档整个下载完成后，用户才会在界面看到显示的内容。

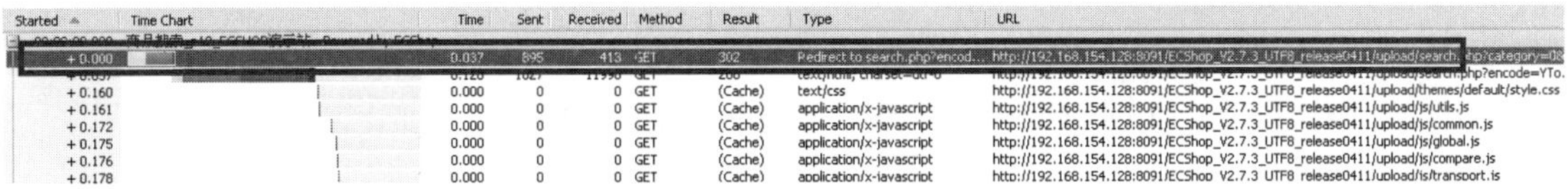

图 14-10　重定向页面变慢

如果要检测页面是否有重定向，可以使用重定向映射工具检查页面上的重定向（它会检测并显示 301 和 302 重定向）。检查所有网页重定向并查看网站，考虑如何更改网页，衡量影响页面性能变慢的可能性。

避免重定向或者将重定向的影响降到最小化通常有以下几种方法：

1）删除并非绝对必要的重定向，再通过其他的方式进行重定向。永远不要链接你已经知道的重定向的页面，永远不要访问经过多次重定向才能访问的资源。

2）结尾的斜线。通常，结尾带有斜线的 URL 表示目录，而没有带斜线的 URL 表示文件，如：

http://example.com/foo/表示目录。

http://example.com/foo表示文件。

即使有区别，但很多网站并不区分这两者的不同，然后搜索引擎确实会将这两种情况视为不同的实体。用户发现这两种 URL 的方式可能导致内容混乱。对于用户定向到相同内容的 URL，必须进行某种类型的重定向，要确定从哪个 URL 重定向到哪个 URL，并检查哪个 URL 返回的 HTTP 响应代码为 200，哪个 URL 返回的 HTTP 响应码为 30X。

通常，人们不希望篡改此类重定向，但在网页上配置链接时，需要知道哪个站点是主站点，哪个站点导致重定向。通过直接链接到站点，可以减少在网页上使用重定向。

3）重定向的不仅仅是 HTML。在加载页面时其实不仅仅是 HTML 文档，还有很多其他的组件。HTML 中没有重定向，不一定整个页面都没有重定向，HTML 中没有重定向，但 CSS 文件、图像、外部 JavaScript 文件也可能有重定向，所以需要确定页面在调用时加载了哪些资源，可以使用页面的相关工具来测试。确保不创建重定向的方式调用所有资源。

4）检查旧的重定向。检查旧的重定向的使用情况，可以通过检查.htaccess 文件或其他服务器配置文件来进行，这些旧的重定向可能是以前某个页面或某个部件添加的，需要检查这些旧的重定向还在使用，有的可能不存在，这个并不是很容易发现。

5）删除不需要的重定向。删除不需要的重定向，通常使用以下步骤：

第一步：查找重定向。

第二步：了解重定向存在的原因。

第三步：确定它是如何影响或受其他重定向影响的。

第四步：如果不需要，则删除这个重定向。

第五步：如果它影响或受其他重定向影响，那么需要对这个重定向进行更新。

第六步：如果站点是安全的，那么可以考虑使用 HSTS 删除 SSL 重定向。

6）清理重定向链。除了需要删除重定向之外，还需要清理重定向链。将所有站点重定向从非 www 版本到 www 版本，然后再重定向到 https 版本。例如键入“test.com”的用户重定向到“www.test.com”，然后再重定向到“https:// www.test.com”，这种情况经常发生。解决的方案是确保旧的全站点重定向不会从非 www 到 www，而是从非 www 到https://www。

14.2.12 删除重复脚本

如果一个页面中有两次使用到同一个 JavaScript 文件，将对页面性能产生很大的影响。导致一个脚本的重复有两个主要因素：团队大小和脚本数量。开发一个网站需要极大数量的资源，不同的团队需要构建一个大型 Web 的不同部分，当团队整合和沟通工作没有做足，则容易出现重复脚本的情况。当然脚本数量也是重要的一环，脚本数量越多越容易出现重复脚本的情况。

重复的脚本通常有两个方面影响页面性能：一是增加了不必要的 HTTP 请求；二是 JavaScript 执行所花费的时间。

如果在执行 JavaScript 时没有缓存，那么执行的时候会产生两个 HTTP 请求，也即浪费了一次 HTTP 请求，例如 Internet Explorer 浏览器，加载 JavaScript 脚本后并不会保存在缓存中，这样重复加载时，就会产生一个新的 HTTP 请求。

即使第一次加载后保存在缓存中，那也只是不会创建新的 HTTP 而已，但 JavaScript 本身执行是需要花费时间的，这个时间是无法节省的。还有一个问题就是即使加载时只有一个 HTTP 请求，但是如果进行刷新还是会产生两个 HTTP 请求。

避免由于意外同一脚本出现两次的方法是在模板系统中实现脚本管理模块。包含脚本的典型方法是在 HTML 页面中使用 Script 标签。

```
<script type =“text / javascript”src =“test.js”> </ script>
```

PHP 中的另一种选择是创建一个名为 insertScript 的函数。

```
<? php insertScript（“test.js”）? >
```

除了防止多次插入相同的脚本之外，此函数还可以处理脚本的其他问题，例如依赖性检查以及向脚本文件名添加版本号以支持将来的 Expires 头文件。

14.2.13 配置 ETags

ETag（Entity Tag 的缩写）意思是实体标签。是 HTTP1.1 规范中新增的一个 HTTP 头信息，也是请求 HEAD 中的一个属性。ETagHTTP 响应头是资源的特定版本的标识符。这可以让缓存更高效，并节省带宽，因为如果内容没有改变，Web 服务器不需要发送完整的响应。而如果内容发生了变化，使用 ETag 有助于防止资源的同时更新相互覆盖（“空中碰撞”）。

如果给定 URL 中的资源更改，则一定要生成新的 Etag 值。因此 Etag 类似于指纹，也可能被某些服务器用于跟踪。比较 Etags 能快速确定此资源是否变化，但也可能被跟踪服务器永久存留。

ETag 的语法如下：

```
ETag: W/"<etag_value>"
ETag: "<etag_value>"
```

'W/'（大小写敏感）表示使用弱验证器。弱验证器很容易生成，但不利于比较。强验证器是比较理想的选择，但很难有效地生成。相同资源的两个弱 Etag 值可能语义等同，但不是每个字节都相同。

"<etag_value>"实体标签唯一地表示所请求的资源。它们是位于双引号之间的 ASCII 字符串（如"675af34563dc-tr34"）。没有明确指定生成 ETag 值的方法。通常，使用内容的散列，最后修改时间戳的哈希值，或简单地使用版本号。例如，MDN 使用 wiki 内容的十六进制数字的哈希值。

当浏览器请求服务器的某项资源（A）时，服务器根据 A 算出一个哈希值（3f80f-1b6-3e1cb03b）并通过 ETag 返回给浏览器，浏览器把"3f80f-1b6-3e1cb03b" 和 A 同时缓存在本地，当下次再次向服务器请求 A 时，会通过类似 If-None-Match: "3f80f-1b6-3e1cb03b"的请求头把 ETag 发送给服务器，服务器再次计算 A 的哈希值并和浏览器返回的值做比较，如果发现 A 发生了变化就把 A 返回给浏览器（200），如果发现 A 没有变化就给浏览器返回一个 304 未修改。这样通过控制浏览器端的缓存，可以节省服务器的带宽，因为服务器不需要每次都把全量数据返回给客户端。

服务器在检测缓存的组件是否和原始服务器上的组件匹配时通常有两种方式：一是比较最新修改日期（Last-Modified Date）；二是比较实体标签。

比较最新修改日期时浏览器会使用 If-Modified-Since 头将最新修改日期与原始服务器进行比较，如果服务器上组件的最新修改日期与浏览器传回的值匹配，那么客户端将继续使用本地缓存，不解析服务器返回的值，并且 HTTP 的状态码返回为 304，这样可以节约组件下载的时间。如果最新修改时间不同，那么客户端重新解析服务器，并获取服务器上的组件，此时返回的 HTTP 状态码为 200，如图 14-11 所示。

Description	Before Request	After Request
URL in cache?	Yes	Yes
Expires	(Not set)	(Not set)
Last Modification	03:16:24 Wednesday, April 11, 2012 GMT	03:16:24 Wednesday, April 11, 2012 GMT
Last Cache Update	09:48:16 Monday, November 12, 2018 GMT	09:48:16 Monday, November 12, 2018 GMT
Last Access	09:50:34 Monday, November 12, 2018 GMT	09:50:39 Monday, November 12, 2018 GMT
ETag	"14196-4724-aa06f200"	"14196-4724-aa06f200"
Hit Count	896	898

图 14-11　Last Modification

Last-Modified 与 Etag 类似。不过 Last-Modified 表示响应资源在服务器最后修改的时间而已。还要使用 ETag，是因为 Last-Modified 存在一些缺点：

（1）Last-Modified 用于标注的最后修改的时间，但其只能精确到秒，如果某个文件在 1 秒钟以内被修改多次，Last-Modified 将不能准确标注出文件的修改时间。

（2）如果一些文件只是被定期地将时间修改了，而文件内容并没有任何变化，Last-Modified 还是会认为这个文件更新了，因此这个文件就必须从服务器端重新获取，而无法使用缓存。

（3）如果服务器没有准确获取文件修改时间，或者与代理服务器时间不一致， Last-Modified 就无法精确地判断，但使用 ETag 可以准确地判断。

ETag 的问题在于通常使用某些属性来构造它，有些属性对于特定的部署了网站的服务器来说是唯一的。当使用集群服务器的时候，浏览器从一台服务器上获取了原始组件，之后又向另外一台不同的服务器发起条件 GET 请求，ETag 就会出现不匹配的状况。

所以如果 Last-Modified 能解决组件修改的问题，就不要使用 ETag，直接移除即可。如果确定要使用 ETag，在配置 ETag 值的时候，移除可能影响到组件集群服务器验证的属性，例如只包含组件大小和时间戳。

14.2.14 使 AJAX 可缓存

AJAX 全称为 Asynchronous JavaScript and XML（异步的 JavaScript 和 XML）。将 AJAX 中处理的一些异步信息叫“即时”信息，保存在缓存中，不要每次去异步处理时，都去调用 DHTML 的元素信息。

正常情况下填好表单信息并提交后，整个表单信息会发送到服务器，服务器会将它转发给处理表单的脚本，通常是后台的 PHP 或 Java，后台脚本执行完成后服务器会发送回全新的页面信息。AJAX 正常会把 JavaScript 技术和 XMLHttpRequest 对象放在 Web 表单和服务器之间，当填好表单信息并提交后，会先使用 JavaScript 代码执行，而不是直接发送给服务器，也就是说 JavaScript 代码会在后台发送请求到服务器，并且可以异步处理，即 JavaScript 代码在发送信息时，不用等待服务器的响应，可以继续发送其他的信息。

AJAX 与 Web 和 DHTML 的关系如图 14-12 所示。

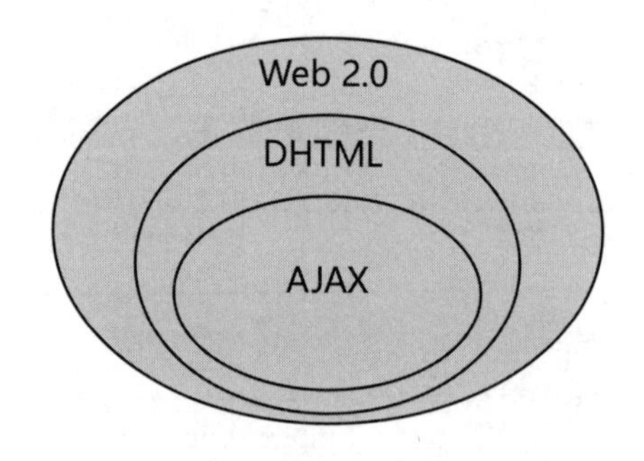

图 14-12　AJAX 与 Web、DHTML 的关系

DHTML 是一种使 HTML 页面具有动态特性的艺术，DHTML 是一种创建动态和交互 Web 站点的技术集。对大多数人来说，DHTML 意味着 HTML、样式表和 JavaScript 的组合。

当发起主动 AJAX 请求时，用户可能仍须等待，所以必须优化请求，优化请求最主要的方式就是使响应可以缓存。即当AJAX发送数据成功后，会把请求的URL和返回的响应结果信息保存在缓存中，这样下次调用 AJAX 发送相同请求时，会直接从缓存中把数据取出来，可以提高请求的响应速度。

AJAX 缓存可以让请求对一些静态页面内容的信息处理得更迅速，比如图片、CSS 文件、JS 脚本等。可以让AJAX可缓存的响应头包括：Expires、Last-Modified 和 Cache-Control。

（1）Expires。Expires 是通过判断内容是否被修改来确定是否使用浏览器缓存中的内容，如果我们知道内容何时修改，那么可以使用 Expires 响应头来处理。

（2）Last-Modified。设置这个标记会通知浏览器使用 if-modified-since 头，通过 GET 请求来检查其本地缓存相关信息，如果数据不需要更新，服务器将使用 HTTP 304 状态码来响应此请求，如果需要更新则服务器返回200的状态码。

（3）Cache-Control。Cache-Control 指定请求和响应遵循的缓存机制。在请求消息或响应消息中设置 Cache-Control 并不会修改另一个消息处理过程中的缓存处理过程。请求时的缓存指令包括 no-cache、no-store、max-age、max-stale、min-fresh、only-if-cached，响应消息中的指令包括 public、private、no-cache、no-store、no-transform、must-revalidate、proxy-revalidate、max-age。如果允许应该被设置为“public”，使其他用户可以在中间代理和缓存服务器上存储和共享数据。Public 指示响应可被任何缓存区缓存。

jQuery 提供了一些 API，可以很轻松地创建 AJAX 请求，通过 jQuery AJAX 方法，能够使用 HTTP Get 和 HTTP Post 从远程服务器上请求文本、HTML、XML 或 JSON，同时能够把这些外部数据直接载入网页的被选元素中。

jQuery 是一个 JavaScript 库，jQuery 极大地简化了 JavaScript 编程。jQuery 提供了 load()、get() 和 post()方法，用于处理 AJAX 请求。

AJAX 缓存有很多优点，但也存在不足，当 AJAX 对一些后台数据进行更改时，虽然数据在服务器端修改了，但是浏览器缓存中的结果并没有改变，浏览器只是简单地从缓存中读取数据并返回到客户端。当然要解决 AJAX 缓存的问题可以禁止页面缓存。

14.2.15 AJAX 使用 Get 请求

当 AJAX 将客户端请求发送到服务器时，我们会使用 XMLHttpRequest 对象的 open()和 send()方法。

```
open(method,url,async)
例：xmlhttp.open("GET","chuansinfo.txt",true)
send(string);
例：xmlhttp.send();
```

其中 method 是指请求类型，通常请求类型有两种：GET 和 POST。

在分析 AJAX 中到底是使用 GET 请求还是 POST 请求之前，必须先确定 GET 与 POST 的区别，GET 与 POST 的区别见表 14-2。

表 14-2　GET 与 POST 的区别

对比项	GET	POST
后退按钮/刷新	无影响	数据会被重新提交（浏览器应该告知用户数据会被重新提交）
书签	可收藏为书签	不可收藏为书签
缓存	能被缓存	不能缓存
编码类型	application/x-www-form-urlencoded	application/x-www-form-urlencoded 或 multipart/form-data。为二进制数据使用多重编码
历史	参数保留在浏览器历史中	参数不会保存在浏览器历史中
对数据长度的限制	是的。当发送数据时，GET 方法向 URL 添加数据；URL 的长度是受限制的（URL 的最大长度是 2048 个字符）	无限制
对数据类型的限制	只允许 ASCII 字符	没有限制。也允许二进制数据
安全性	与 POST 相比，GET 的安全性较差，因为所发送的数据是 URL 的一部分。 在发送密码或其他敏感信息时绝不要使用 GET	POST 比 GET 更安全，因为参数不会被保存在浏览器历史或 Web 服务器日志中
可见性	数据在 URL 中对所有人都是可见的	数据放在 Request Body 中
获取变量值	服务器端用 Request.QueryString 获取变量的值	服务器端用 Request.Form 获取提交的数据

GET 请求会将数据添加到 URL 中，通过这种方式发送到服务器，通常会使用“？”代表 URL 地址的结尾与参数的开端，后面接的参数格式为“名称=值”，如果有多个参数，那么参数与参数之间使用“&”来区分。

POST 请求是将数据放在 HTTP HEADER 中，其组织方式可以是“&”连接方式，也可以是分割符方式，并且参数是可隐藏的，相比于 GET 请求，POST 请求发送大量数据会更方便。

但是我们不建议使用 AJAX 发送大量数据，因为这样不能节约时间，花费的时间会很长，我们建议将大量数据分成多个只传递少量数据的 AJAX 调用，这样可以提高性能。

所以不能单纯地通过发送数据量的大小来决定是使用 GET 还是 POST，而应该按照目的来选择，如果调用是要检索服务器上的数据则使用 GET。如果检索的值会随时间和更新进程的改变而改变，则要在 GET 调用中添加一个时间参数，这样再次调用时就不会受浏览器缓存中数据的影响而导致访问的信息出错，因为 GET 请求会在浏览器中进行缓存。当然如果发送的数据是任意的数据，那么可以使用 POST 请求。

雅虎邮箱团队发现一个现象，在使用 XMLHttpRequest 对象发送请求时，POST 在浏览器中会分成两步来实现：首先发送头文件，然后再发送数据。所以最好使用 GET，这样可以节约一些时间，因为 GET 只需要一个 TCP 数据包发送（除非有很多的 cookie）。IE 中最大的 URL 长度是 2K，所以如果发送的数据超过 2K，则可能无法使用 GET，可以分成多个少量数据的请求进行发送。

所以一般我们建议在使用 AJAX 发送请求时，使用 GET 发送请求信息。除非请求需要修改存储中的数据，如添加、更新、删除，或者是以其他方式更改服务器的状态，如创建文件等，则使用 POST 请求。

14.2.16　减少 DOM 数

HTML DOM（HTML Document Object Model）是专门适用于 HTML/XHTML 的文档对象模型，定义了访问和操作 HTML 文档的标准方法，通常可以将 HTML DOM 理解为网页的 API。HTML DOM 将网页中的各个元素都看作对象，这样可以让网页中的元素被计算机语言获取或者编辑。

DOM 是中立于平台和语言的接口，它允许程序和脚本动态地访问和更新文档的内容、结构和样式。HTML DOM 把 HTML 文档呈现为带有元素、属性和文本的树结构（节点树）。HTML DOM 树如图 14-13 所示。

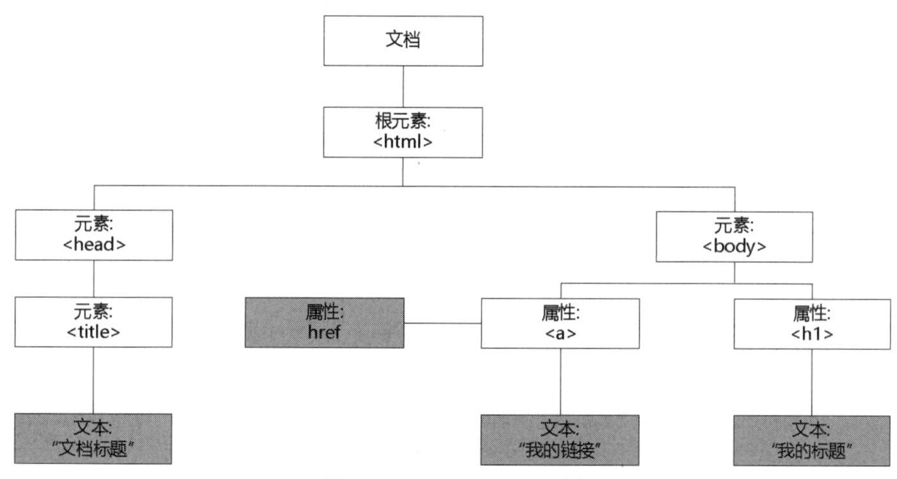

图 14-13　HTML DOM 树

通过 HTML DOM，树中的所有节点均可通过 JavaScript 进行访问。所有 HTML 元素（节点）均可被修改，也可以创建或删除节点。

节点分父节点（parent）、子节点（child）、同胞节点（sibling），节点树中的节点彼此拥有层级关系，父节点拥有子节点。同级的子节点被称为同胞（兄弟或姐妹）。

- 在节点树中，顶端节点被称为根（root）。
- 每个节点都有父节点、除了根节点之外。
- 一个节点可拥有任意数量的子节点。
- 同胞是指拥有相同父节点的节点。

节点之间的关系如图 14-14 所示。

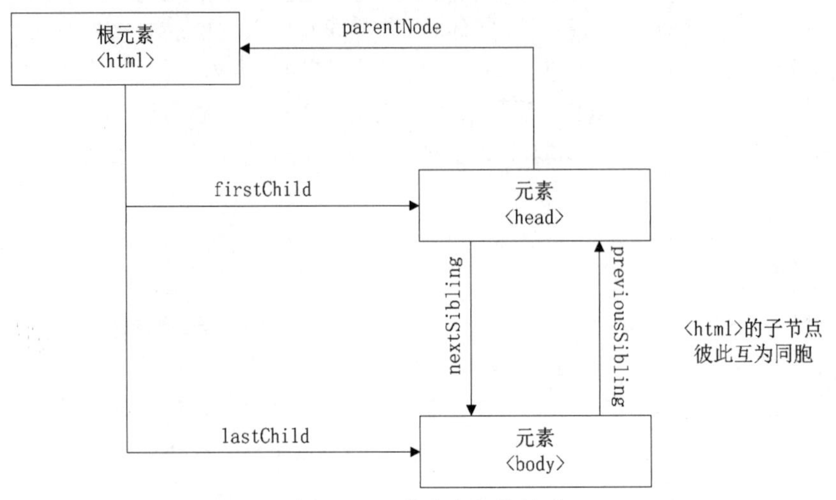

图 14-14　节点之间的关系

JavaScript 或其他语言会通过 HTML DOM 对 HTML 中的元素进行访问，包括修改节点的属性值、插入新的节点、删除节点等操作。为了提高性能，前端页面的 HTML DOM 应该越小越好，如果 HTML DOM 过多，会导致以下几个方面的问题：

（1）HTML DOM 数越多，越复杂，意味着页面加载时下面的字节数就越多。

（2）HTML DOM 数越多，遍历和查找元素的时间就会越长。

需要获取页面中的 DOM 数，可以在 Firebug 的控制台中，输入以下命令。

```
document.getElementsByTagName('*').length
```

雅虎团队建议 DOM 的数量不要超过 700，但现在的页面越来越复杂，一般类似雅虎这类资讯类的网站都远超过 700。常见网站的 DOM 数见表 14-3。

表 14-3　常见网站的 DOM 数

网站	DOM 数
www.163.com	4977
www.sina.com.cn	5359
www.yahoo.com	2394
www.ifeng.com	3926
www.amazon.com/	1188

在前端开发时应该尽量降低 DOM 数，减少 DOM 数的方法通常有以下几种：

- 避免不正确地使用服务器控件。
- 减少不必要的页面内容。
- 如果数据量大，可以考虑分页，或者按需加载。
- 最小化 DOM 深度。

14.2.17 避免空链接

关于空链接通常有两种方式，第一种方式是直接的 HTML 的空链接。

```
<img src="" >
```

第二种方式是使用 JavaScript 动态地设置 src 属性。

```
var img = new Image();
img.src = "";
```

这两种方式写出来的空链接的影响是一样的，但是对于不同的浏览器来说会有所不同。

（1）Internet Explorer 向页面所在的目录发出请求。例如，如果运行的页面是 http://192.168.40.128:8091/ECShop_V2.7.3_UTF8_release0411/upload/test1.html，由于空链接找不到图片，所以会向 http://192.168.40.128:8091/ECShop_V2.7.3_UTF8_release0411/upload 发送请求来查找图片。HTTP 请求如图 14-15 所示。

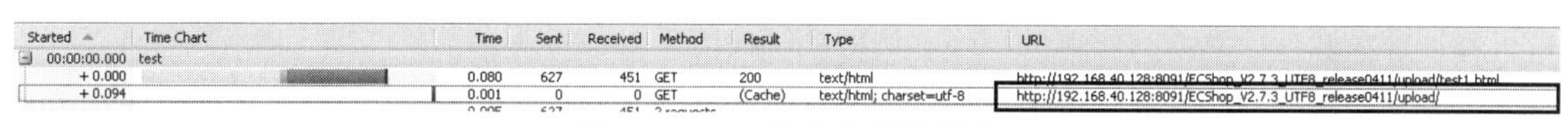

图 14-15 IE 请求空链接图片

（2）FireFox 和 Chrome 会向实际页面提出请求。例如运行的页面是 http://192.168.40.128:8091/ECShop_V2.7.3_UTF8_release0411/upload/test1.html，如果使用 FireFox 或 Chrome 浏览器就只会向这个页面发送请求，请求的是 test1.html 文档，图片的请求会被忽略，如图 14-16 所示。

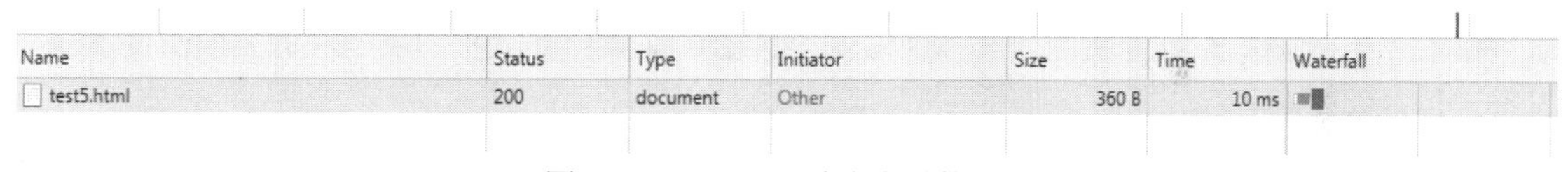

图 14-16 FireFox 请求空链接图片

所以当页面中存在图片空链接时，可能会导致以下两个问题：

第一：可能出现流量峰值。例如上面的例子，访问 http://192.168.40.128:8091/ECShop_V2.7.3_UTF8_release0411/upload/test1.html 页面，如果这个页面中包含空图片链接，那么就会对根目录再次发送请求，这样相当于访问服务的流量增加了一倍。

如果是一个小型网站，访问量不是很多，请求从 1000 变成 2000，服务器也不会出现太大问题，但如果网站每天的流量很大，有上百万的流量时，由于图片空链接导致流量成倍增长，那么对服务器的性能就会产生很大的影响。

第二：用户状态可能受损。如果通过 cookie 或其他方式跟踪请求中的状态，则可能会破坏数据。即使图像请求未返回图像，浏览器也会读取并接受所有标头，包括所有 cookie。虽然其余的响应被丢弃，但可能已经造成了损害。

正常情况下不会出现图片空链接的情况，但是如果出现以下情况就可能出现图片空链接的情况，如以下代码：

```
<img src="$imageUrl" >
```

如果$imageUrl 是由其他代码调用而来，并且$imageUrl 的代码存在问题，那么就会出现图片空链接的现象。

要解决图片空链接带来的问题，最好的方法是完善代码，在代码中消除页面中的违规代码。如果不能保证代码中是否会出现图片空链接的情况，那么可以尝试在服务器上检测空链接，并中止任何进一步的执行。下面是一个 PHP 的检测代码。

```
<?php
    $referrer = isset($_SERVER['HTTP_REFERER']) ? $_SERVER['HTTP_REFERER'] : '';
    $url = "http://" . $_SERVER['HTTP_HOST']Â  . $_SERVER['REQUEST_URI'];
    if ($referrer == $url){
        exit;
    }
?>
```

上面代码的目的是检测页面是否引用自身，如果有引用自身，那么就立即退出，并阻止服务器执行任何其他操作。另一种选择就是记录已发生的情况，并进行分析。

尝试在服务器上检测此类请求的另一种方法是查看 HTTP Accept 标头。除 IE 之外的所有浏览器都会为图像请求发送不同的 HTTP Accept 标头，而不是 HTML 请求。例如，Chrome 会 Accept 为 HTML 请求发送以下标头：

```
Accept: application/xml,application/xhtml+xml,text/html;q=0.7,text/plain;q=0.3,image/png,*/*;q=0.6
```

Firefox 和 Chrome 浏览器都会使用 Accept 为 HTML 请求发送与上面相类似的标头，这样可以去判断需要的内容是否存在，例如判断“image/png”的内容，但是对于 IE 浏览器只会发送所有请求中最后一个请求的 Accept 头的内容，这样就无法在服务器上区分它。对于 IE 以外的浏览器，可以使用以下内容：

```
<?php
    if (strpos($_SERVER['HTTP_ACCEPT'], 'text/html') === false){
        exit;
    }
?>
```

出现图片空链接的问题是由于浏览器中执行 URI 解析方式引起的，在 RFC 3986 统一资源标识中定义，当遇到空字符串作为 URI 时，浏览器解析时会认为是相对 URI。

这其实是浏览器的一个严重缺陷，当然浏览器都在尝试不断地解决这个问题。在 HTML5 中添加了<imag>标记 src 属性的描述，以指示不要再额外地增加其他的请求。

14.2.18 避免 404 错误

当单击某个链接，浏览器并不能向服务器获取所需要的站点信息时，会弹出一个错误，指示所请求的页面不可用。那么服务器将返回类似于 404 的错误码。还有一类不指向任何链接的，称为“死链接”或“断链接”。

通常 404 的错误显示在页面上的可能有以下几种：

- 404 Error
- 404 Not Found
- Error 404
- The requested URL [URL] was not found on this server
- HTTP 404
- Error 404 Not Found
- 404 File or Directory Not Found
- HTTP 404 Not Found
- 404 Page Not Found

提示 404 错误典型的原因是内容已被删除或移动到另外一个 URL 地址，通常有以下原因可能导致出现 404 错误。

（1）删除或移动 URL 或其内容（如文件或图像）。

（2）URL 被写入错误（在创建过程中或重新设计），连接不正确，或输入到浏览器中不正确。

（3）网站的服务器未运行或连接已中断。

（4）DNS 服务器转换为 IP。

（5）输入的域名不存在。

对于网站运营商来说，一定要想办法阻止 HTTP 404 页面，不管是内部的 404 页面还是外面的 404 页面。目前市场上也有一些免费的工具可以帮助我们去找到这些断开的链接，常见的有以下三种工具：

（1）Google Search Console（以前称为“Google 网站管理员工具”）：如果您已经拥有 Google 账户并在那里注册了网站，则可以使用Google Search Console选项，Google 抓取工具发现的任何 404 错误都会显示在网络工具中，也可以在此处标记为已更正。

（2）Dead Link Checker：该工具是用于查找内部和外部链接 404 页面的最简单、最快速的工具。使用此 Web 应用程序，您只需输入要检查的站点的 URL，然后开始检查。您可以选择检查单个网页或整个网站。该应用程序列出了所有跟踪的错误页面，其中包含状态代码和 URL。

（3）W3C Link Checker：万维网联盟（W3C）的这个在线工具在测试单个网站页面时特别详细，因此验证链接所需的时间比其他网站要长。在W3C 链接检查工作就像 Dead Link Checker，只要输入 URL，就可以检查出所有 404 的页面，还可以添加更多详细信息。

如果系统出现 404 错误，对前端性能主要有以下几个方面的影响：

（1）浪费 HTTP 请求，如果出现 404 就说明这个 HTTP 请求是无效的，这样就白白浪费了 HTTP 请求，创建一个页面所花费的响应时间有 80%是在 HTTP 请求中，还有 20%是内容的加载。

（2）阻止并行下载，并行下载的目的是加快 HTTP 请求的提交，但如果当外部 JavaScript 引用的链接出现错误时，糟糕的事情就会发现，这些 404 的页面错误会导致后面的组件不能并行下载。

（3）浏览器可能尝试解析 404 响应正文，以试图去找到我们需要的内容，就像 JavaScript 代码一样，试图找到可用的东西。

出现 404 错误是我们不希望看到的，如果真的出现，也并不代表一定不可以获得所需要的信息，有时候可以获取所需要的信息。如果出现 404 错误，可以从以下几个方面进行修复。

（1）重新加载页面。有时候出现 404 错误也可能是因为页面没有正确加载，此时可以通过单击浏览器中的“刷新”按钮或按“F5”按钮来重新加载页面。

（2）检查 URL。无论您是手动输入 URL 地址还是通过链接定向，都可能有错误。因此，您应该检查网站的指定路径是否存在输入错误的可能性。除了拼写错误之外，还可能是正斜杠被遗漏或错位。但这只能是对于一些比较“干净”的 URL 进行检查，因为 URL 地址中还可能包含不可读的单词，而不是难以理解的缩写、字母、数字和符号。

（3）返回目录级别。例如，如果以下结构 example.com/Directory1/Directory2/Directory3 的 URL 导致 404 错误页面，则可以依次返回到上一级目录来查找出现 404 错误请求的页面在哪个链接中，如果依次返回到上一级目录可以成功地找到，那么就可以给出一个相应的提示。

（4）使用网站的搜索功能。许多网站提供搜索功能作为其主页的一部分。通过输入一个或多个关键字，可以帮助找到要查找的特定页面。

（5）使用搜索引擎。还可以使用搜索引擎来查找相关的网站，可以通过输入相关网站域名或相关关键字来查找目标网站。

（6）删除浏览器缓存和 cookie。如果您可以从其他设备访问该网站，并且 HTTP 404 错误似乎只出现在某台计算机上，则问题可能出于浏览器。因此，应该删除浏览器缓存以及此站点的所有 cookie，这样最终可以允许您访问该页面。

（7）联系网站。如果上述提示均未成功，则唯一剩下的选项可能是与负责网站的人员联系。联系信息通常可以在网站的标头中找到，也可以在特定的“联系我们”页面上找到。网站的运营商应该能够提供有关您要查找的页面是否确实存在的信息。如果有问题的页面已被移到新的 URL 地址下，那么运营商可能通过重定向的方式来对 404 错误进行修复。

14.2.19 减少 Cookie 的大小

HTTP Cookie（也叫 Web Cookie 或浏览器 Cookie）是服务器发送到用户浏览器并保存在本地的一小块数据，它会在浏览器下次向同一服务器再发起请求时被携带并发送到服务器上。通常，它用于告知服务端两个请求是否来自同一浏览器，如保持用户的登录状态。HTTP 协议是无状态的，即所有发送过的请求都不会被记录下来，为了实现记录一些稳定的状态信息，在这些过程中添加了 Cookie。

Cookie 主要用于以下三个方面：

（1）会话状态管理（如用户登录状态、购物车、游戏分数或其他需要记录的信息）。

（2）个性化设置（如用户自定义设置、主题等）。

（3）浏览器行为跟踪（如跟踪分析用户行为等）。

当服务器收到 HTTP 请求时，服务器可以在响应头里面添加一个Set-Cookie选项。浏览器收到响应后通常会保存下 Cookie，之后对该服务器每一次请求中都通过Cookie请求头部将 Cookie 信息发送给服务器。另外，Cookie 的过期时间、域、路径、有效期、适用站点都可以根据需要来指定。

服务器使用Set-Cookie响应头部向用户代理（一般是浏览器）发送 Cookie 信息。一个简单的 Cookie 可能像以下这样：

```
Set-Cookie: <cookie 名>=<cookie 值>
```

关于 Cookie 通常有两种类型：一是会话 Cookie；二是持久性 Cookie。

会话 Cookie 是比较简单的 Cookie，当浏览器关闭之后会话 Cookie 会被自动删除，即会话 Cookie 只在会话期内有效，所以会话期的 Cookie 不需要指定过期时间（Expires）或有效期（Max-age）。但需要注意的是有的浏览器提供会话恢复功能，这样关闭浏览器会话 Cookie 也会被保留下来。

持久 Cookie 与会话 Cookie 不同，持久 Cookie 可以指定一个特定的过期时间，可以通过过期时间（Expires）或有效期（Max-age）来指定。

```
Set-Cookie: id=a3fWa; Expires=Wed, 20 Oct 2019 08:27:00 GMT;
```

Cookie 的工作原理如图 14-17 所示。

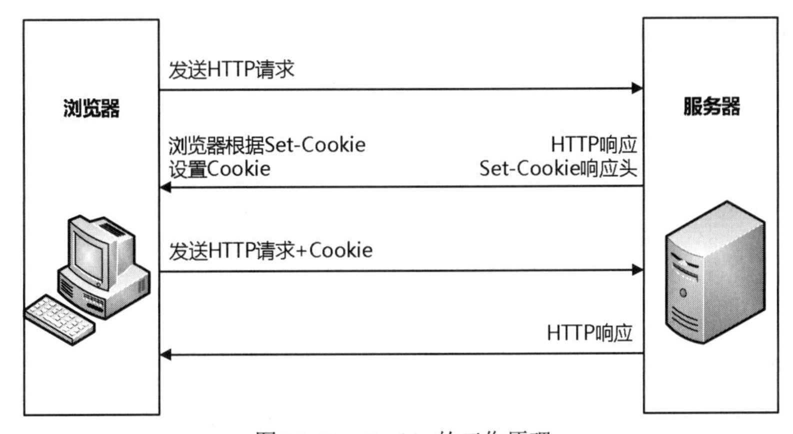

图 14-17　Cookie 的工作原理

使用抓包工具可以看到一个请求中 Cookie 工作的过程，图 14-18 就是一个 Cookie 的处理过程。

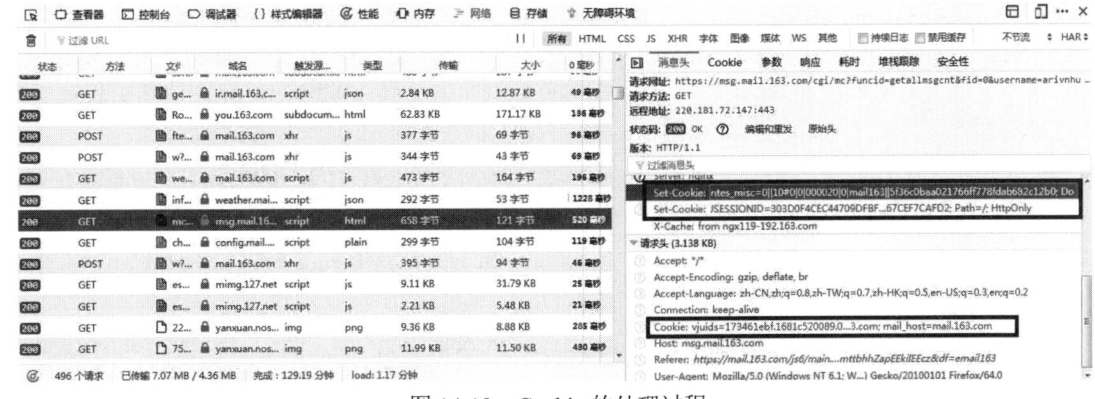

图 14-18　Cookie 的处理过程

首先根据服务器响应头中的 Set-Cookie 计算出 Cookie 的值，然后发送请求时在请求头中会附带 Cookie 一块发送到服务器。图 14-18 中的 Cookie 值内容如下。

```
Cookie:vjuids=173461ebf.1681c520089.0.f2ff3662a3228; vjlast=1546663363.1548567229.11;
_ntes_nnid=a6e42f42f62a6885cfb245a50e5e7e73,1546663362710; _ntes_nuid=a6e42f42f62a6885cfb245a50e5e7e73;
vinfo_n_f_l_n3=14dc7d14c27e42b0.1.34.1546663363061.1548567289154.1549176394131;
UM_distinctid=1681c52358563c-077c8afbdaebad8-143a7540-100200-1681c523586365;
__gads=ID=5fe7d3386d1856c9:T=1546663524:S=ALNI_Mb4nIopouscq3fAV-foo5zHXtu3jw;
hb_MA-BFF5-63705950A31C_source=cp.study.163.com; mail_psc_fingerprint=12b8e026089881a72506b688d269cfda;
Province=0; City=0; usertrack=ezq0o1xF23YwSdniI3xpAg==; NNSSPID=ceff2dd2db5c4497b308fb0feab0a16d;
ne_analysis_trace_id=1549176348973; s_n_f_l_n3=14dc7d14c27e42b01549110593684; _antanalysis_s_id=1549110647552;
NTES_SESS=v24UIcTIQBgw9lOLD1E5Y72JTzoDmsqOH0DhZYhfB.Qe.6Js.4TFkUJCi8zBkK6IlursgxxIw8oyOTANs9oLWilDD
2uoLUftfP_LY5wa5GtUP29SV6AADiDOnYvbOod01Kx0WGaN.jyE1hct5CMbZ72l8AjC7.gDcjDlHuu21Z_SNbugkuflI.wNjolEik
GLYcU9zNTPtPIyU; S_INFO=1549193437|0|2&70##|arivnhuang#arivnhuang@vip.163.com; P_INFO=arivnhuang@163.com|
1549193437|0|mail163|00&99|gud&1546868878&study#gud&440300#10#0#0|&0||arivnhuang@163.com;
mail_upx=t4gd.mail.163.com|t1gd.mail.163.com|t2gd.mail.163.com|t3gd.mail.163.com|t2bj.mail.163.com|t3bj.mail.163.com|t4bj.m
ail.163.com|t1bj.mail.163.com; mail_upx_nf=; mail_idc=;
Coremail=987b4db0582ea%bAzIoQAhJvPRAomttbhhZapEEkiIEEcz%g3a25.mail.163.com;
MAIL_MISC=arivnhuang#arivnhuang@vip.163.com;
cm_last_info=dT1hcml2bmh1YW5nJTQwMTYzLmNvbSZkPWh0dHBzJTNBJTJGJTJGbWFpbC4xNjMuY29tJTJGanM2JTJGb
WFpbi5qc3AlM0ZzaWQlM0RiQXpJb1FBaEp2UFJBb210dGJoaFphcEVFa2lJRUVjeiZzPWJBeklvUUFoSnZQUkFvbXR0Ymho
WmFwRUVraUlFRWN6Jmg9aHR0cHMlM0ElMkYlMkZtYWlsLjE2My5jb20lMkZqczYlMkZtYWluLmpzcCUzRnNpZCUzRGJ
BeklvUUFoSnZQUkFvbXR0YmhoWmFwRUVraUlFRWN6Jnc9aHR0cHMlM0ElMkYlMkZtYWlsLjE2My5jb20mbD0tMSZ0PS0
xJmFzPXRydWU=;
MAIL_SESS=v24UIcTIQBgw9lOLD1E5Y72JTzoDmsqOH0DhZYhfB.Qe.6Js.4TFkUJCi8zBkK6IlursgxxIw8oyOTANs9oLWilDD
2uoLUftfP_LY5wa5GtUP29SV6AADiDOnYvbOod01Kx0WGaN.jyE1hct5CMbZ72l8AjC7.gDcjDlHuu21Z_SNbugkuflI.wNjolEik
GLYcU9zNTPtPIyU; MAIL_SINFO=1549193437|0|2&70##|arivnhuang#arivnhuang@vip.163.com;
MAIL_PINFO=arivnhuang@163.com|1549193437|0|mail163|00&99|gud&1546868878&study#gud&440300#10#0#0|&0||arivnhua
ng@163.com; secu_info=1;
mail_entry_sess=094fcd32f180436f814d019bf2f5fb228a56e60b9093b1387c31f785e7a9cb24407b006d97a01c7482850c4038132b5
07b3872c7cc276f04c77f2421407a21afa8b2a5f060170251c32bc6d7cdd0a31e4a8ab6fb0d7d70ac4be60338ce1da496e9ff8aab7a553b
40f3632f157d544b99891c2061ec1d608ba71dbd0cecc510d99875de12ffb02ab89b164dd80a786af845ee1e82f38efb95920f47501109
a1d85834a67e14ea8e33c6279fa245b3aebbde150a3c8e55757fce40215b53dcedb9; mail_style=js6; mail_uid=arivnhuang@163.com;
mail_host=mail.163.com
```

Cookie 作为请求的一部分从浏览器发送到服务器端，所以我们希望 Cookie 的值越小越好，因为 Cookie 的值越小，传输的时间就会越少。

那么如何计算 Cookie 的值呢？计算 Cookie 的大小就是按所包含的字符所占的字节数来计算，对我国来说一般只有两类字符：一是英文字符；二是中文字符。对于英文字符一般都是占一个字节，对于中文编码的字符，UTF8 一个中文占 3 个字节，GB2312 一个中文占 2 个字节，其他 ASCII 编码都是一个字节。

在浏览器关于 Cookie 数据管理中也可以看到每个 Cookie 的大小，图 14-19 为 FireFox 浏览器中关于 Cookie 管理的信息。

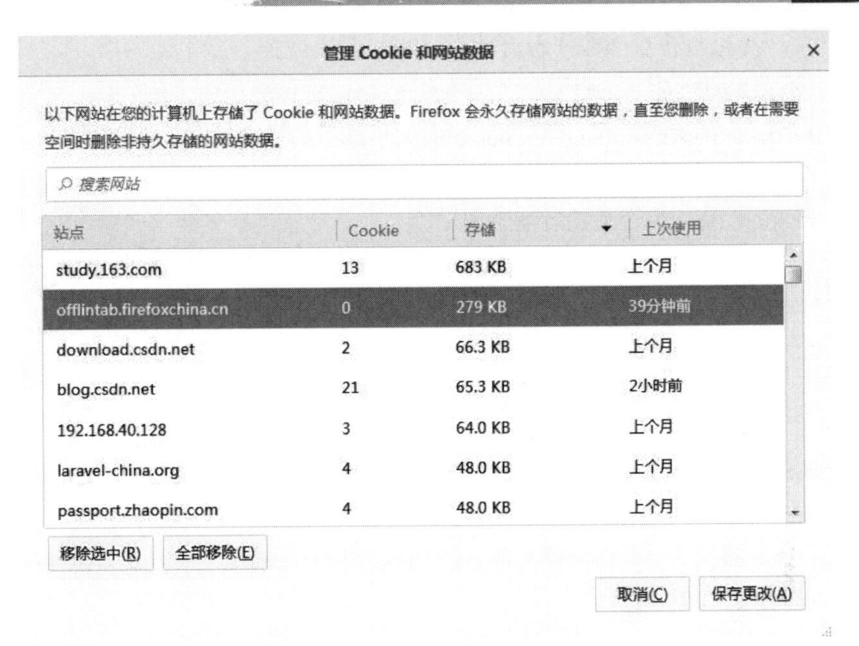

图 14-19　FireFox Cookie 数据管理

对于 Cookie 的使用，浏览器会有一定的限制，一般情况下每个 Cookie 的大小不能超过 4KB，即 4096 个字节，并且每个域名所允许的 Cookie 数也会有限制，一些常见浏览器对 Cookie 的限制见表 14-4。

表 14-4　常见浏览器对 Cookie 的限制

浏览器	最多 Cookie 数	每个 Cookie 允许的大小
Chrome 5～7	70	4096 字节
Chrome 8～58*	180	4096 字节
FireFox 2/3.6.6	50	4096 个字符
FireFox 3.6.13～19*	150	4096 个字符
FireFox 21～52*	150	4096 字节
IE 6	50	4096 个字符
IE 7	50	4096 个字符
IE 8/9/10/11	50	5117 个字符
Opera 8/9/10	30	4096 字节
Opera 11	60	4096 字节
Opera 12	60	5117 字节
Opera 26/46	180	4096 字节
Safari 7	N/A	4096 字节

一般情况下对 Cookie 优化的方法有以下几种：

（1）删除不必要的 Cookie，将一些不需要的 Cookie 可以禁用或直接删除。

（2）减小 Cookie 的大小，尽量将 Cookie 的大小减小到最小化，这样可以减少 HTTP 请求报文的大小。

（3）为 Cookie 设置一个合适的过期时间。

（4）通过使用不同的 Domain 来减少 Cookie 的使用，Cookie 有时候在访问一些资源时，如 JS、CSS 等，会出现一些多余的 Cookie，这样可以使用 Domain 来存储这些静态的资源，而不需要每次发送多余的 Cookie 到服务器端。

14.2.20 使用一些空闲 Cookie 的域

在上一小节中介绍了如何通过减少 Cookie 的大小来提升性能，Cookie 虽然有很多优势，但并不是说 Cookie 是万能的。

当浏览器向服务器发送一些静态文件时，如图片、CSS 样式等，会将 Cookie 也同时发送到服务器，如图 14-20 所示。

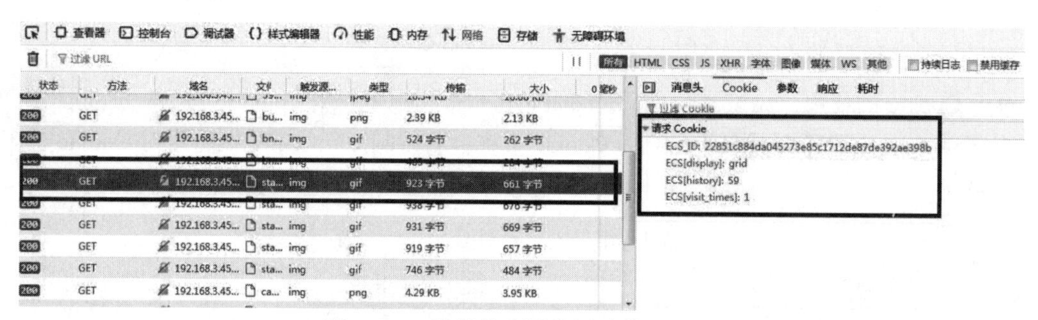

图 14-20 发送静态图片同时带 Cookie

图 14-20 中发送的 Cookie 是和图片的请求一同发送到网站域上的，因为这里并没有使用其他的子域来处理 Cookie 的内容，在 Cookie 的内容中可以看到。

但其实此时服务器并不会对 Cookie 做任何处理动作。这样会使 HTTP 的响应时间变得更长，同时还会浪费网站的带宽，所以我们建议使用 cookie-free domains 的方法来优化该性能。

一些大型网站都不会在浏览器向服务器发送静态文件的同时发送 Cookie 文件，或者由其他子域来完成，图 14-21 是 Yahoo 网站发送静态图片的情况，并没有带 Cookie。

状态	方法	域名	文件	触发源...	类型	传输	大小	0 毫秒
200	GET	s.yimg.com	d1...	img	jpeg	41.70 KB	40.08 KB	615 毫秒
200	GET	s.yimg.com	5c...	img	jpeg	9.94 KB	8.38 KB	613 毫秒
200	GET	s.yimg.com	a2...	img	jpeg	8.51 KB	6.88 KB	613 毫秒
200	GET	www.yahoo....	p.g...	img	gif	1.22 KB	153 字节	427 毫秒
200	GET	sb.scorec...	p?...	img	gif	309 字节	43 字节	168 毫秒
200	GET	geo.yahoo.c...	p?...	img	gif	866 字节	43 字节	196 毫秒
200	GET	s.yimg.com	fav...	img	x-icon	已缓存	5.30 KB	
200	GET	geo.yahoo.c...	p?...	img	gif	866 字节	43 字节	372 毫秒

消息头 Cookie 参数 响应 耗时 安全性

此请求无 Cookie

图 14-21 未发送 Cookie 的图片请求

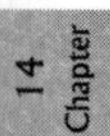

如果将Cookie设置在顶级域（例如yourwebsite.com），则所有子域（例如iym.yourwebsite.com）也将包含已设置的Cookie。因此，在这种情况下，如果要使用无Cookie域，则需要使用单独的域名来提供静态内容。但是，如果您在www子域上设置cookie，则www.yourwebsite.com可以创建另一个子域（例如static.yourwebsite.com）来托管所有静态文件，这样这些文件将不再导致发送任何Cookie。

使用cookie free域有以下优点：

（1）减少网络流量。

（2）减少静态内容的加载时间。

以Nginx为例，如果需求从无Cookie域提供静态内容，那么必须先创建一个不包含Cookie的子域，并将其指向与主域所在的同一个服务器，如以下代码：

```
test.com     A        192.168 .3 .13
static.test.com       A        192.168 .3 .13
```

test.com是网站，static. test.com是存放无cookie内容的地方。

接下来，需要在Nginx配置文件（nginx.conf）并添加以下代码：

```
server {
        listen ip:80;
        server_name       test.com;
        root /srv/http/nginx/ test.com;
        access_log          logs/ test.com.access.log;
        location / {
        index index.html;
        charset    utf-8;
        }


        }


        }

        server {
        listen   192.168.13.33:80;
        server_name        static.test.com;
        root /srv/http/nginx/test.com;
        location / {
                if ($request_filename ~ "\.(jpg|css|gif|png|swf|ico|mp3)$") {
                        break;
                }
        return 404;
        }
        }
```

接下来需要修改前端访问服务器上的内容，如以下代码：

```
正常是使用以下代码来访问图片的：
< img   src = " / images /testimage.png" />
现在应该修改为以下访问图片的方式：
< img   src = "http://static.test.com/images/testimage.png" />
```

现在如果向服务器请求 testimage.png 这个静态文件，Nginx 就会使用 static.test.com 来提供。

14.2.21 避免过滤器

AlphaImageLoader 过滤器是 IE 浏览器专有的一个关于图片的属性，主要是为了解决半透明真彩色的 PNG 显示问题。

AlphaImageLoader 的语法如下：

```
filter : progid:DXImageTransform.Microsoft.AlphaImageLoader ( enabled=bEnabled , sizingMethod=sSize , src=sURL )
```

属性：

enabled：是一个布尔值，表示是否激活滤镜功能，true 表示激活，false 表示禁止。

sizingMethod：设置或检索滤镜对图片所在的对象容器边界内显示方式。

- crop：表示会对图片进行剪切让其适应对象尺寸。
- image：增大或减小对象的尺寸边界以适应图片的尺寸，默认值。
- scale：通过缩放图片的方法来适应对象的尺寸边界。

src：表示背景图像的绝对或相对的 URL 地址。

下面是一个使用的实例：

```
<div style="filter:progid:DXImageTransform.Microsoft.AlphaImageLoader(src='/test.png',sizingMethod='scale');">
```

站在性能分析的角度，不建议使用 AlphaImageLoader 过滤器，主要原因如下：

（1）会增加内在的消耗，因为在加载过程中不是按图像应用来加载的，而是按每个元素的应用来加载的。

如果使用抓包工具或页面分析工具会发现，使用 AlphaImageLoader 过滤器请求的时间明显会更长，并且所消耗的内存也会明显增多。

（2）在下载图片时会阻止浏览器进行渲染并且冻结浏览器。

```
<!DOCTYPE html>
<html lang="en">
<head>
  <meta charset="UTF-8">
  <title>test...</title>
</head>
<body>
  <img src="images/tenpay.gif"/>
  <img src="images/tenpayc2c.jpg"/>
  <img src="images/no_picture.gif"/>
  <h1>test...</h1>
  <div style="filter:progid:DXImageTransform.Microsoft.AlphaImageLoader(src='images/wap_logo.png',sizingMethod='scale');">
```

```
    <a href="/" style="position:relative">Web site</a>
    <table width="546" border="0" cellpadding="0" cellspacing="0" height="100px">
    <tr class="tittr">
    <td > <form><input type="text" name="username" style="position:relative"/></form></td>
    </tr>
  <script src="js/test.js"></script>
  </body>
  </html>
```

上面是一个测试页面，当加载到 wap_logo.png（使用 AlphaImageLoader 过滤器处理）图片时，浏览器被冻结，此时浏览器无法动弹，冻结的时间超过 1 秒。

并且需要注意的是，并行下载不会被阻止，浏览器仍然在后台下载其他页面组件，但是没有渐进式渲染。

由于以上原因，建议尽量避免使用 AlphaImageLoader 过滤器，为了解决图片透明度过滤器的问题，通常还有以下两种方法：

（1）使用 VML 透明度。VML 是 IE 浏览器中关于 PNG 透明的另一种方法。

例如：定义一个 div，里面有一个 vim 空间。

```
<v：rect>
  <v：fill type ="tile" src ="test.png">
    <div>  </ div>
  </ v：fill>
</ v：rect>
```

再声明一个 VML 名称空间：

```
<xml:namespace ns="urn:schemas-microsoft-com:vml" prefix="v" />
```

在样式表中写以下内容：

```
v\:rect   {
      behavior:url(#default#VML);
      width: 500px;
      height: 500px;
      display: block;
}

v\:fill   {
      behavior:url(#default#VML);
```

（2）使用其他的过滤器。当然 AlphaImageLoader 并不是唯一存在的过滤器，另一种流行的是不透明度滤镜。

例如，如果需要 50%不透明度，那么可以使用以下属性。

- opacity: 0.5（一般使用的标准值）。
- -moz-opacity: 0.5（Mozilla 和 FireFox 早期版本）。
- filter: alpha(opacity=50)（对于 IE 浏览器）。

14.2.22 不要缩放图片

关于图片对性能的影响，最核心的是如何减小图片的大小，将图片变小是最常用的优化性能方法。

在前端开发过程中经常看到开发人员对图片进行缩放，认为这样可以减少图片的大小。图片缩放的语法通常如下：

```
<img width="100" height="100" src="mycat.jpg" alt="My Cat" />
```

但是实践发现，使用缩放图片，在发送请求时，HTTP 的大小并没有减小，请求的响应时间也没有缩短。

下面的代码是对 wap_logo.png 进行了缩放，抓包的数据如图 14-22 所示。

```
<img width="65" height="15" src="images/wap_logo.png"/>
```

Started	Time Chart	Time	Sent	Received	Method	Result	Type	URL
22:06:40.769	test...							
+0.000		0.023	288	502	GET	200	text/html	http://192.168.40.134:8091/ecshop/test1.html
+0.033		0.002	352	2689	GET	200	image/png	http://192.168.40.134:8091/ecshop/images/wap_logo.png
		0.035	640	3191	2 requests			

图 14-22　使用了图片缩放

下面的代码是未对 wap_logo.png 进行缩放，抓包的数据如图 14-23 所示。

```
<img src="images/wap_logo.png"/>
```

Started	Time Chart	Time	Sent	Received	Method	Result	Type	URL
22:07:23.300	test...							
+0.000		0.062	479	479	GET	200	text/html	http://192.168.40.134:8091/ecshop/test2.html
+0.068		0.006	352	2689	GET	200	image/png	http://192.168.40.134:8091/ecshop/images/wap_logo.png
		0.075	831	3168	2 requests			

图 14-23　未使用图片缩放

通过比较发现，两次图片加载的过程中，发送的请求字节数和接收到的字节数完全一致，即虽然对图片进行了缩放，但是其实在对服务器发送请求时，请求的信息还是和原图片一样的，所以缩放感觉是图片变小了，但抓包发现 HTTP 的字节数和接收到的字符数并没有减少，所以不建议在开发中对图片进行缩放。

如果真是图片大小的原因导致图片显示不全或其他的问题，那么建议根据不同的尺寸来设计不同大小的图片，而不要使用缩放技术。

14.2.23 使用 icon 格式图片和使用缓存

favicon 是 Favorites Icon 的缩写，顾名思义，其含义是指让浏览器收藏夹中除标题外，还有一个图标也显示在收藏夹中，这样可以很好地区分不同的网站。用户也可以拖曳 favicon 到桌面以建立到网站的快捷方式。当然不同的浏览器在显示 favicon 时也有所区别。

favicon 的语法如下：

```
<link rel="shortcut icon" href="favicon.ico" />
```

代码放在 head 中，href 表示 favicon.ico 文件的位置，一般都是放在站点的根目录下，当引用

favicon.ico 文件时，浏览器会自动在根目录下去检索该文件。

由于 favicon.ico 驻留在服务器的根目录中，因此每次浏览器请求此文件时，都会发送服务器根目录的 Cookie，如图 14-24 所示。

图 14-24　favicon 请求会同时发送 Cookie 到服务器

所以减小图标的大小，并减小服务器根 Cookie 的大小，可以提高检索图标的性能。

同时还应该使用 Expires 标头来让 favicon.ico 文件变得可缓存，以提高性能。

14.3　小结

本章主要介绍前端调优的内容，前端调优的内容不是工具的使用，而是前端调优的规则，工具可以有很多种，不一定是本章介绍的 YSlow，但一般都是同时使用一个前端分析工具和抓包工具，来分析请求和响应的信息。前端调优规则是分析前端性能的核心内容，必须理解每个规则的原理，以更好地使用这些规则来分析前端性能。其实 LoadRunner 分析工具中的页面细分也是对前端的内容进行分析，但是 LoadRunner 分析器所提供的数据太少了，无法更好地支持前端性能优化。